中国石油科技进展丛书（2006—2015年）

油气藏工程

主　编：宋新民
副主编：潘志坚

石油工业出版社

内 容 提 要

本书系统地阐述了中国石油2006—2015年在油气藏工程技术方面取得的重要成果和进展，主要包括油层物理与渗流力学、油气藏精细描述与数值模拟技术、油藏开发方案优化设计技术、剩余油分布预测与开发调整技术、稠油热采技术、天然气开发技术、油气开发的规划优化和经济评价，并分别给出了相应的应用实例。最后，根据油气田开发生产形势及需求，对中国油气藏工程技术的发展趋势进行了展望和思考。

本书可供现场油气田开发工程技术人员、科研院所相关技术的研发人员以及油公司相关管理人员阅读，也可供石油院校相关专业师生参考。

图书在版编目（CIP）数据

油气藏工程 / 宋新民主编．—北京：
石油工业出版社，2019.1
（中国石油科技进展丛书．2006—2015年）
ISBN 978-7-5183-3005-8

Ⅰ．①油… Ⅱ．①宋… Ⅲ．①油气藏–石油工程
Ⅳ．①TE

中国版本图书馆CIP数据核字（2018）第282613号

出版发行：石油工业出版社
　　　　（北京安定门外安华里2区1号　100011）
　　　　网　址：www.petropub.com
　　　　编辑部：（010）64523537　图书营销中心：（010）64523633
经　销：全国新华书店
印　刷：北京中石油彩色印刷有限责任公司

2019年1月第1版　2019年1月第1次印刷
787×1092毫米　开本：1/16　印张：29
字数：710千字

定价：230.00元
（如出现印装质量问题，我社图书营销中心负责调换）
版权所有，翻印必究

《中国石油科技进展丛书（2006—2015年）》编委会

主　任：王宜林

副主任：焦方正　喻宝才　孙龙德

主　编：孙龙德

副主编：匡立春　袁士义　隋　军　何盛宝　张卫国

编　委：（按姓氏笔画排序）

于建宁　马德胜　王　峰　王卫国　王立昕　王红庄
王雪松　王渝明　石　林　伍贤柱　刘　合　闫伦江
汤　林　汤天知　李　峰　李忠兴　李建忠　李雪辉
吴向红　邹才能　闵希华　宋少光　宋新民　张　玮
张　研　张　镇　张子鹏　张光亚　张志伟　陈和平
陈健峰　范子菲　范向红　罗　凯　金　鼎　周灿灿
周英操　周家尧　郑俊章　赵文智　钟太贤　姚根顺
贾爱林　钱锦华　徐英俊　凌心强　黄维和　章卫兵
程杰成　傅国友　温声明　谢正凯　雷　群　蔺爱国
撒利明　潘校华　穆龙新

专　家　组

成　员：刘振武　童晓光　高瑞祺　沈平平　苏义脑　孙　宁
高德利　王贤清　傅诚德　徐春明　黄新生　陆大卫
钱荣钧　邱中建　胡见义　吴　奇　顾家裕　孟纯绪
罗治斌　钟树德　接铭训

《油气藏工程》编写组

主　　编：宋新民
副 主 编：潘志坚
编写人员：

秦积舜	杨正明	熊生春	李　实	吕伟峰	张祖波
高兴军	吴淑红	王宝华	王友净	周新茂	叶继根
童　敏	黄　磊	鲍敬伟	徐梦雅	贾爱林	何东博
位云生	郭建林	李秀峦	曲德斌	贾宁宏	安琪儿
苏　婷					

序

习近平总书记指出，创新是引领发展的第一动力，是建设现代化经济体系的战略支撑，要瞄准世界科技前沿，拓展实施国家重大科技项目，突出关键共性技术、前沿引领技术、现代工程技术、颠覆性技术创新，建立以企业为主体、市场为导向、产学研深度融合的技术创新体系，加快建设创新型国家。

中国石油认真学习贯彻习近平总书记关于科技创新的一系列重要论述，把创新作为高质量发展的第一驱动力，围绕建设世界一流综合性国际能源公司的战略目标，坚持国家"自主创新、重点跨越、支撑发展、引领未来"的科技工作指导方针，贯彻公司"业务主导、自主创新、强化激励、开放共享"的科技发展理念，全力实施"优势领域持续保持领先、赶超领域跨越式提升、储备领域占领技术制高点"的科技创新三大工程。

"十一五"以来，尤其是"十二五"期间，中国石油坚持"主营业务战略驱动、发展目标导向、顶层设计"的科技工作思路，以国家科技重大专项为龙头、公司重大科技专项为抓手，取得一大批标志性成果，一批新技术实现规模化应用，一批超前储备技术获重要进展，创新能力大幅提升。为了全面系统总结这一时期中国石油在国家和公司层面形成的重大科研创新成果，强化成果的传承、宣传和推广，我们组织编写了《中国石油科技进展丛书（2006—2015年）》（以下简称《丛书》）。

《丛书》是中国石油重大科技成果的集中展示。近些年来，世界能源市场特别是油气市场供需格局发生了深刻变革，企业间围绕资源、市场、技术的竞争日趋激烈。油气资源勘探开发领域不断向低渗透、深层、海洋、非常规扩展，炼油加工资源劣质化、多元化趋势明显，化工新材料、新产品需求持续增长。国际社会更加关注气候变化，各国对生态环境保护、节能减排等方面的监管日益严格，对能源生产和消费的绿色清洁要求不断提高。面对新形势新挑战，能源企业必须将科技创新作为发展战略支点，持续提升自主创新能力，加快构筑竞争新优势。"十一五"以来，中国石油突破了一批制约主营业务发展的关键技术，多项重要技术与产品填补空白，多项重大装备与软件满足国内外生产急需。截至2015年底，共获得国家科技奖励30项、获得授权专利17813项。《丛书》全面系统地梳理了中国石油"十一五""十二五"期间各专业领域基础研究、技术开发、技术应用中取得的主要创新性成果，总结了中国石油科技创新的成功经验。

《丛书》是中国石油科技发展辉煌历史的高度凝练。中国石油的发展史，就是一部创业创新的历史。建国初期，我国石油工业基础十分薄弱，20世纪50年代以来，随着陆相生油理论和勘探技术的突破，成功发现和开发建设了大庆油田，使我国一举甩掉贫油的帽子；此后随着海相碳酸盐岩、岩性地层理论的创新发展和开发技术的进步，又陆续发现和建成了一批大中型油气田。在炼油化工方面，"五朵金花"炼化技术的开发成功打破了国外技术封锁，相继建成了一个又一个炼化企业，实现了炼化业务的不断发展壮大。重组改制后特别是"十二五"以来，我们将"创新"纳入公司总体发展战略，着力强化创新引领，这是中国石油在深入贯彻落实中央精神、系统总结"十二五"发展经验基础上、根据形势变化和公司发展需要作出的重要战略决策，意义重大而深远。《丛书》从石油地质、物探、测井、钻完井、采油、油气藏工程、提高采收率、地面工程、井下作业、油气储运、石油炼制、石油化工、安全环保、海外油气勘探开发和非常规油气勘探开发等15个方面，记述了中国石油艰难曲折的理论创新、科技进步、推广应用的历史。它的出版真实反映了一个时期中国石油科技工作者百折不挠、顽强拼搏、敢于创新的科学精神，弘扬了中国石油科技人员秉承"我为祖国献石油"的核心价值观和"三老四严"的工作作风。

《丛书》是广大科技工作者的交流平台。创新驱动的实质是人才驱动，人才是创新的第一资源。中国石油拥有21名院士、3万多名科研人员和1.6万名信息技术人员，星光璀璨、人文荟萃、成果斐然。这是我们宝贵的人才资源。我们始终致力于抓好人才培养、引进、使用三个关键环节，打造一支数量充足、结构合理、素质优良的创新型人才队伍。《丛书》的出版搭建了一个展示交流的有形化平台，丰富了中国石油科技知识共享体系，对于科技管理人员系统掌握科技发展情况，做出科学规划和决策具有重要参考价值。同时，便于科研工作者全面把握本领域技术进展现状，准确了解学科前沿技术，明确学科发展方向，更好地指导生产与科研工作，对于提高中国石油科技创新的整体水平，加强科技成果宣传和推广，也具有十分重要的意义。

掩卷沉思，深感创新艰难、良作难得。《丛书》的编写出版是一项规模宏大的科技创新历史编纂工程，参与编写的单位有60多家，参加编写的科技人员有1000多人，参加审稿的专家学者有200多人次。自编写工作启动以来，中国石油党组对这项浩大的出版工程始终非常重视和关注。我高兴地看到，两年来，在各编写单位的精心组织下，在广大科研人员的辛勤付出下，《丛书》得以高质量出版。在此，我真诚地感谢所有参与《丛书》组织、研究、编写、出版工作的广大科技工作者和参编人员，真切地希望这套《丛书》能成为广大科技管理人员和科研工作者的案头必备图书，为中国石油整体科技创新水平的提升发挥应有的作用。我们要以习近平新时代中国特色社会主义思想为指引，认真贯彻落实党中央、国务院的决策部署，坚定信心、改革攻坚，以奋发有为的精神状态、卓有成效的创新成果，不断开创中国石油稳健发展新局面，高质量建设世界一流综合性国际能源公司，为国家推动能源革命和全面建成小康社会作出新贡献。

2018年12月

丛书前言

石油工业的发展史，就是一部科技创新史。"十一五"以来尤其是"十二五"期间，中国石油进一步加大理论创新和各类新技术、新材料的研发与应用，科技贡献率进一步提高，引领和推动了可持续跨越发展。

十余年来，中国石油以国家科技发展规划为统领，坚持国家"自主创新、重点跨越、支撑发展、引领未来"的科技工作指导方针，贯彻公司"主营业务战略驱动、发展目标导向、顶层设计"的科技工作思路，实施"优势领域持续保持领先、赶超领域跨越式提升、储备领域占领技术制高点"科技创新三大工程；以国家重大专项为龙头，以公司重大科技专项为核心，以重大现场试验为抓手，按照"超前储备、技术攻关、试验配套与推广"三个层次，紧紧围绕建设世界一流综合性国际能源公司目标，组织开展了50个重大科技项目，取得一批重大成果和重要突破。

形成40项标志性成果。（1）勘探开发领域：创新发展了深层古老碳酸盐岩、冲断带深层天然气、高原咸化湖盆等地质理论与勘探配套技术，特高含水油田提高采收率技术，低渗透/特低渗透油气田勘探开发理论与配套技术，稠油/超稠油蒸汽驱开采等核心技术，全球资源评价、被动裂谷盆地石油地质理论及勘探、大型碳酸盐岩油气田开发等核心技术。（2）炼油化工领域：创新发展了清洁汽柴油生产、劣质重油加工和环烷基稠油深加工、炼化主体系列催化剂、高附加值聚烯烃和橡胶新产品等技术，千万吨级炼厂、百万吨级乙烯、大氮肥等成套技术。（3）油气储运领域：研发了高钢级大口径天然气管道建设和管网集中调控运行技术、大功率电驱和燃驱压缩机组等16大类国产化管道装备，大型天然气液化工艺和20万立方米低温储罐建设技术。（4）工程技术与装备领域：研发了G3i大型地震仪等核心装备，"两宽一高"地震勘探技术，快速与成像测井装备、大型复杂储层测井处理解释一体化软件等，8000米超深井钻机及9000米四单根立柱钻机等重大装备。（5）安全环保与节能节水领域：

研发了 CO_2 驱油与埋存、钻井液不落地、炼化能量系统优化、烟气脱硫脱硝、挥发性有机物综合管控等核心技术。（6）非常规油气与新能源领域：创新发展了致密油气成藏地质理论，致密气田规模效益开发模式，中低煤阶煤层气勘探理论和开采技术，页岩气勘探开发关键工艺与工具等。

取得 15 项重要进展。（1）上游领域：连续型油气聚集理论和含油气盆地全过程模拟技术创新发展，非常规资源评价与有效动用配套技术初步成型，纳米智能驱油二氧化硅载体制备方法研发形成，稠油火驱技术攻关和试验获得重大突破，井下油水分离同井注采技术系统可靠性、稳定性进一步提高；（2）下游领域：自主研发的新一代炼化催化材料及绿色制备技术、苯甲醇烷基化和甲醇制烯烃芳烃等碳一化工新技术等。

这些创新成果，有力支撑了中国石油的生产经营和各项业务快速发展。为了全面系统反映中国石油 2006—2015 年科技发展和创新成果，总结成功经验，提高整体水平，加强科技成果宣传推广、传承和传播，中国石油决定组织编写《中国石油科技进展丛书（2006—2015 年）》（以下简称《丛书》）。

《丛书》编写工作在编委会统一组织下实施。中国石油集团董事长王宜林担任编委会主任。参与编写的单位有 60 多家，参加编写的科技人员 1000 多人，参加审稿的专家学者 200 多人次。《丛书》各分册编写由相关行政单位牵头，集合学术带头人、知名专家和有学术影响的技术人员组成编写团队。《丛书》编写始终坚持：一是突出站位高度，从石油工业战略发展出发，体现中国石油的最新成果；二是突出组织领导，各单位高度重视，每个分册成立编写组，确保组织架构落实有效；三是突出编写水平，集中一大批高水平专家，基本代表各个专业领域的最高水平；四是突出《丛书》质量，各分册完成初稿后，由编写单位和科技管理部共同推荐审稿专家对稿件审查把关，确保书稿质量。

《丛书》全面系统反映中国石油 2006—2015 年取得的标志性重大科技创新成果，重点突出"十二五"，兼顾"十一五"，以科技计划为基础，以重大研究项目和攻关项目为重点内容。丛书各分册既有重点成果，又形成相对完整的知识体系，具有以下显著特点：一是继承性。《丛书》是《中国石油"十五"科技进展丛书》的延续和发展，凸显中国石油一以贯之的科技发展脉络。二是完整性。《丛书》涵盖中国石油所有科技领域进展，全面反映科技创新成果。三是标志性。《丛书》在综合记述各领域科技发展成果基础上，突出中国石油领先、高端、前沿的标志性重大科技成果，是核心竞争力的集中展示。四是创新性。《丛书》全面梳理中国石油自主创新科技成果，总结成功经验，有助于提高科技创新整体水平。五是前瞻性。《丛书》设置专门章节对世界石油科技中长期发展做出基本预测，有助于石油工业管理者和科技工作者全面了解产业前沿、把握发展机遇。

《丛书》将中国石油技术体系按15个领域进行成果梳理、凝练提升、系统总结，以领域进展和重点专著两个层次的组合模式组织出版，形成专有技术集成和知识共享体系。其中，领域进展图书，综述各领域的科技进展与展望，对技术领域进行全覆盖，包括石油地质、物探、测井、钻完井、采油、油气藏工程、提高采收率、地面工程、井下作业、油气储运、石油炼制、石油化工、安全环保节能、海外油气勘探开发和非常规油气勘探开发等15个领域。31部重点专著图书反映了各领域的重大标志性成果，突出专业深度和学术水平。

《丛书》的组织编写和出版工作任务量浩大，自2016年启动以来，得到了中国石油天然气集团公司党组的高度重视。王宜林董事长对《丛书》出版做了重要批示。在两年多的时间里，编委会组织各分册编写人员，在科研和生产任务十分紧张的情况下，高质量高标准完成了《丛书》的编写工作。在集团公司科技管理部的统一安排下，各分册编写组在完成分册稿件的编写后，进行了多轮次的内部和外部专家审稿，最终达到出版要求。石油工业出版社组织一流的编辑出版力量，将《丛书》打造成精品图书。值此《丛书》出版之际，对所有参与这项工作的院士、专家、科研人员、科技管理人员及出版工作者的辛勤工作表示衷心感谢。

人类总是在不断地创新、总结和进步。这套丛书是对中国石油2006—2015年主要科技创新活动的集中总结和凝练。也由于时间、人力和能力等方面原因，还有许多进展和成果不可能充分全面地吸收到《丛书》中来。我们期盼有更多的科技创新成果不断地出版发行，期望《丛书》对石油行业的同行们起到借鉴学习作用，希望广大科技工作者多提宝贵意见，使中国石油今后的科技创新工作得到更好的总结提升。

孙龙德

2018年12月

前 言

"十一五"以来，中国石油秉承科技是第一生产力的宗旨，持续开展油气藏工程的科技攻关和矿场实践，油气藏开发技术取得了长足发展，形成了中高渗透、低渗透、特低渗透、超低渗透油气藏、超稠油油藏等开发主体技术，发展了致密油气、页岩气等非常规资源开发技术，有效地支撑了中国石油油气田有效开发和油气产量长期稳定增长。

按照《中国石油科技进展丛书（2006—2015年）》编委会的统一编写工作部署，《油气藏工程》分册于2018年3月完成初稿。之后，根据审稿专家的意见进行了多次修改，石油工业出版社召开了专题审稿会，最后由宋新民、潘志坚、曲德斌和苏婷负责统稿完善。

本分册由中国石油勘探开发研究院负责编写，主要技术资料取自中国石油的科技成果及公开发表的文献，重点介绍了"十一五""十二五"期间中国石油在油气藏工程方面的主要技术进展和重大科技成果，其中包括油层物理和渗流力学等基础理论与实验方法方面的进展，油气藏精细描述和数值模拟、油气藏开发方案优化设计、剩余油分布预测与开发调整、稠油热采和天然气开发技术、油气藏开发规划和经济评价等主体技术的进展。此外，本分册总结分析了目前油气藏工程技术面临的主要问题和挑战，展望了油气藏工程技术的发展趋势，体现了技术的系统性、创新性和实用性。

本分册共分九章，第一章由宋新民、潘志坚编写，第二章由秦积舜、杨正明、熊生春、李实、吕伟峰、张祖波编写，第三章由宋新民、高兴军、吴淑红、王宝华、王友净、周新茂、陈欢庆、胡水清编写，第四章由宋新民、叶继根、李勇、童敏、鲍敬伟、徐梦雅编写，第五章由叶继根、黄磊、潘志坚编写，第六章由贾爱林、何东博、位云生、郭建林编写，第七章由李秀峦、潘志坚编写，第八章由曲德斌、潘志坚、苏婷、安琪儿编写，第九章由潘志坚、苏婷编写。宋新民和潘志坚担任本书的主编，并负责全书的组织和系统审查工作。

在本分册编写过程中，除编者外，还引用了包括贾宁宏、储莎莎、刘学伟、窦景平、张亚蒲、何英、骆雨田、李华、李巧云、李小波、范天一、董江艳、邢国强、刘文岭、王继强、杜庆龙、宋保全、姜岩、何宇航、尹太举、熊春明、王继强、纪淑红、高大鹏、傅秀娟、王经荣、张忠义、张霞林、刘斌、唐玮、冯金德、诸鸣、王小林、郭福军等在内的研究成果。与此同时，中国石油科技管理部撒利明和罗凯，中国石油勘探开发研究院林志芳，中国石油勘探与生产分公司胡海燕和吴宏彪，中国石油咨询中心李刚等专家对有关章节进行了仔细审阅，提出了宝贵的修改意见。编写组全体同仁在此表示真诚的敬意和感谢。

由于作者水平所限，书中难免存在疏漏和错误，敬请广大读者批评指正。

目 录

第一章　绪论 1
第二章　油层物理与渗流力学 11
　　第一节　概述 11
　　第二节　实验理论与方法认识进展 12
　　第三节　油层物理研究进展 65
　　第四节　渗流力学研究进展 87
　　第五节　应用实例 116
　　参考文献 125
第三章　油气藏精细描述与数值模拟技术 127
　　第一节　概述 127
　　第二节　油气藏精细描述技术进展 131
　　第三节　油藏数值模拟技术进展 165
　　第四节　应用实例 177
　　参考文献 203
第四章　油气藏开发方案优化设计技术 205
　　第一节　概述 205
　　第二节　高含水后期层系重组和多井型井位优化设计 206
　　第三节　碳酸盐岩油藏开发方案优化设计与部署技术 220
　　第四节　致密油开发优化设计技术 252
　　参考文献 265
第五章　剩余油分布预测与开发调整技术 267
　　第一节　概述 267
　　第二节　剩余油分布描述技术进展 269
　　第三节　开发调整技术进展 285
　　第四节　应用实例 300

参考文献 ······ 321

第六章　稠油热采技术　　323
第一节　概述　　323
第二节　热力采油物理模拟实验进展　　324
第三节　稠油热采技术进展　　331
第四节　应用实例　　358
　　参考文献 ······ 365

第七章　天然气开发技术　　368
第一节　概述　　368
第二节　天然气开发技术进展　　368
第三节　应用实例　　388
　　参考文献 ······ 402

第八章　油气开发的规划优化和经济评价　　405
第一节　概述　　405
第二节　技术进展　　410
第三节　应用实例　　430
　　参考文献 ······ 436

第九章　油气藏工程开发技术展望　　437

第一章 绪　　论

　　油气藏工程是专门研究油气田开发方法和动态特征及规律的工程科学，主要运用油层物理、渗流力学等基础知识和油藏描述、试井分析、数值模拟、经验统计等技术方法和手段，建立预测和控制油田开发过程的理论、方法和技术，以获得最大的经济油气采收率。

　　本书主要以中国石油天然气集团公司"十二五"期间油气工程重点科技研究项目和重大科技成果为基础，总结汇集了油气藏工程基础研究和科技攻关方面的重要理论和技术进展，在反映新理论、新成果的同时，又按照先进性、系统性、实用性的原则，形成相对完善的油气藏工程技术体系。

　　目前，中国油田多为陆相沉积油田，具有含油层系多、油藏非均质性强、原油黏度较高、天然能量不足、油藏类型复杂等特点，使得油田的开采难度较大。经过多年的高效开发，主力老油田早已进入高含水、高采出程度阶段，深化开发的难度越来越大。新发现的油气藏多具有低渗透、特低渗透、致密、复杂的特点，高效或有效开发难度大。

　　针对油气田开发中面临的问题，"十二五"期间，中国石油天然气集团公司在油气藏工程领域持续进行攻关研究，并在油层物理、渗流力学、油藏精细描述、数值模拟、油藏开发方案优化设计、剩余油分布预测、稠油开采、天然气开发和开发规划优化及经济评价等方面取得了重大的进展，应用效果和效益显著，主体技术已达到国际领先水平。"十二五"期间，共形成了七大领域14项主体技术，59项特色技术。研究成果取得广泛的经济效益、社会效益，为"双高"老油田二次开发、低品位油田有效开发、深层高压气藏稳产提供了强有力的技术支持，为中国石油上游业务"有质量、有效益、可持续"发展提供了重要的技术支撑，并发挥了重要的战略决策参谋作用。

一、渗流机理研究和实验技术不断强化

　　油层物理与渗流力学是研究储层岩石中的流体（油、气、水及人工注入流体）以及流体在岩石中渗流机理的学科。它是认识油气藏储层岩石与流体特征、揭示油气藏中流体的流动和驱替规律，支撑油气田开发理论和技术方法创新的基础。进入21世纪以来，油层物理与渗流力学领域在学科体系、人才队伍、研究方法与手段诸方面均取得了长足的发展。尤其是在"十一五""十二五"期间，油层物理与渗流力学在高含水油藏二次开发和特低渗透油藏有效开发的理论与技术形成并规模化应用、非常规油气资源的勘探与商业化开发中，发挥了积极的作用。

1. 实验方法和技术

1）研制了基于CT扫描的三相测试系统

　　通过深度开发已有的医用CT装置，建成了基于CT扫描的三相测试系统。通过调整扫描方式、扫描电压和电流，扩展了CT值域的宽度，解决了医用CT值域偏窄的问题及油、气、水三相CT值识别的难题，建立了适合岩心驱替的实验条件及扫描方式，实现了三相流体CT值的准确识别。三相测试系统创新性地建立了CT双能同步扫描方法，解

决了多相流体在线精确识别的技术难题，实现了三相流体饱和度的在线定量表征。CT扫描岩心多相驱替系统成为国内唯一能完成岩心驱替实验的医用CT系统，达到国际先进水平。

2）组合岩心的多层油藏水驱实验方法

在油田开发中，油层非均质性是影响油田开发的重要因素之一，尤其是在油层合并注水的情况下，油层非均质性不仅使油层厚度波及系数降低，而且对注水层系中各油层的驱油效率产生较大的影响，降低最终采收率。水驱砂岩油藏经过多年注水开发，油藏中产生了层间矛盾、纵向矛盾和平面矛盾。多层油藏水驱实验深入研究了油藏的层内矛盾，加强了对油水渗流规律的认识。

3）微管流体流动实验

微尺度流动实验通过微圆管中流体的流动特性，研究了微尺度流动的非线性特征、微管流体边界层效应、非线性流动的判定方法，从而验证了尺度效应的存在并将流动特性与H-P方程理论预测相对比，最终阐释了微管流体的流动特征，对油藏渗流力学的发展具有重要的意义。

4）高压填砂微模型气驱实验方法

建立了超薄可视真实砂岩模型制作方法，形成了孔隙条件下观察与研究气液非混相和混相驱替特征的实验方法，为对比分析孔隙介质空间与容器空间的流体相态变化差别提供了新的有效手段。

2. 机理研究

1）气驱理论研究

在众多的油气田开发技术当中，以气体为介质驱油的技术，既是传统技术，又是新兴技术。就气驱技术本身而言，它是一项成熟的技术。然而，考虑CO_2等非烃类气体介质的特点，气驱技术的原理又被赋予了新的内涵，包括在储层岩石孔隙条件下受温度与压力控制的气体—油气藏流体间的相互作用，如气—液组分传质、气—液状态转化、气—液前缘运移等。

2）非线性渗流理论

特低渗透油藏渗流规律是评价特低渗透油田是否建立有效驱动压力体系和制订油田开发方案的理论基础。随着"十一五"特低渗透油藏大规模的开发，人们对特低渗透油藏流体渗流规律的研究和井网部署方式取得了较大的突破，由考虑启动压力梯度的特低渗透非达西渗流理论发展成为考虑液相对渗透率是变化的特低渗透非线性渗流理论。形成的特低渗透油藏井网设计及调整技术为正方形反九点、菱形反九点、矩形3种直井开发井网形式和交错排状水平井开发井网形式提供理论依据和计算方法，使得井网适应不同物性、不同裂缝发育程度的储层，实现了井网与裂缝系统的优化配置。

3）数字岩心技术

利用微焦点CT扫描成像技术，实现了岩心微观成像，其在描述孔道展布、孔道连通以及孔道配位、量化孔隙结构参数等方面具备天然优势。数字岩心技术的发展充分利用了现今计算机的高速运算能力，在保障分析质量的前提下，将分析时间由原来的3个月到1年，缩短至一个月甚至几天之内，使得在勘探完毕后即时制订开发方案成为可能。

二、油藏精细描述向多领域的纵深拓展

中国精细油藏描述研究对象从碎屑岩、碳酸盐岩，到火山岩、页岩、致密砂体等均有涉及。研究内容主要包括储层的精细划分与对比、沉积微相及储层构型等砂体相关分析、井震资料结合储层构造的精细解释、储层综合定量评价、地质建模研究、流动单元研究以及剩余油表征等。研究的方法包括各种基础地质方法、实验分析方法、数值模拟和物理模拟方法、数理统计方法等。目前，许多开发中后期的油田，已开始进行第二、甚至第三轮精细油藏描述。精细油藏描述的研究成果在老油田滚动扩边、二次开发、重大开发试验、水平井规模应用等生产实践中应用，取得了显著的成效和巨大的经济效益。

经过近年不断地发展和进步，精细油藏描述研究形成了众多的特色方法技术，其中主要包括小断层识别技术、薄窄砂体井震结合反演技术、单砂体构型表征技术、水流优势通道描述技术、基于构型的三维地质建模方法等，在油田开发生产实践中发挥了巨大作用。

1. 小断层识别技术

在油田开发领域，在低级序断层解释方面还存在诸多问题，还存在不少对注采关系有影响的井间小断层没有被发现等情况，这都需要结合高精度地震资料对地下断层体系进行再认识。开发地震断层解释的主要成果是要提供各个地质小层的断层体系认识变化图件、新旧断层解释结果叠合图。在确认当前断层解释无误的前提下，对比新、旧断层解释成果，认真分析断层认识变化给油水井注采关系认识带来的影响，对那些断层变化较大部位，因断层的分割作用产生的有注无采、有采无注的区域要进行充分的论证，为设计加密井、补孔、转注、转抽等完善注采关系措施的实施奠定基础。同时对二次加密、三次加密、聚合物驱、三元复合驱和二次开发等油田开发调整方案设计具有重要意义。

2. 薄窄砂体井震结合反演技术

中国陆上老油田沉积呈多旋回性，纵向上油层多，有的多达数十层甚至百余层，层间差异大，特别是东部老油田多数都是典型的薄互层储层。多年来的油田开发实践表明，地质小层是油田开发的基本单元，为此高含水油田开发地震储层预测需要将砂体刻画到地质小层。

经过多年的技术攻关，提出了以地质小层约束降低反演多解性，通过储层物理特征曲线重构实现刻画砂泥岩，以及采用地质统计学反演方法提高反演精度等多项精细反演策略。基于高精度时深关系井震匹配方法和开发地震精细反演辅助软件，深入发展了薄互层储层地震反演技术，提高了薄层预测精度。

3. 水流优势通道描述技术

高含水油田经过几十年的水驱开发，油藏的非均质状况不断恶化，部分油藏甚至产生了渗流优势通道或者大孔道，导致层间、层内矛盾突出，注入水无效循环，严重影响了注水波及体积和驱油效率。

经过技术攻关，在储层静态研究与动态分析基础上，将模糊隶属度函数用于对水流优势通道的预测，实现了静态数据和动态数据综合对该区水流优势通道的预测。水流优势通道的发育严重影响注水开发效果，对提高老油田采收率具有重要意义。

4. 单砂体构型表征技术

国外储层构型研究主要侧重于露头和现代沉积，而地下储层构型研究甚少，未形成有

效的定量研究方法，难以满足地下油藏剩余油分布预测的需要。国内在曲流河、辫状河储层单砂体构型表征技术方法基础上，通过技术攻关，建立了浅水三角洲储层类型的单砂体构型表征技术，总结形成了"量化识别、模式拟合、动态验证、三维可视"的地下储层构型表征思路及"五步法"操作流程，并在大庆长垣得到推广应用。

5. 基于构型的三维地质建模方法

在单井沉积相解释基础上，采用平剖结合，人机交互的方法，建立原型相模型。选取砂体沉积经典区块，对各类型砂体典型层位进行隔层级别的建模，在相控基础上进行属性建模。目前，单砂体内部构型建模仍是难点，用于离散变量（储层构型亦属于一种离散变量）的三维建模方法主要有示性点过程、序贯指示模拟、截断高斯模拟以及多点地质统计学等。从算法本身来看，各种建模方法用于构型建模均存在较大困难。基于萨尔图油田中部西区井网密度大、井距小，尝试采用序贯指示模拟方法和多点地质统计学方法进行单砂体内部构型建模，并尝试对方法进行改进。

三、油藏数值模拟技术向多功能与大规模方向发展

油藏数值模拟不仅描述地下流体（油、气、水等多相多组分）运移的物质守恒关系，也描述各组分的运动、物化反应等动量、能量守恒关系。随着油藏数值模拟对象在储层介质、流体物性和开采方式等方面变得日益复杂，油藏数值模拟技术向多功能、大规模模拟方向发展。依托中国石油天然气集团公司《新一代油藏数值模拟软件》项目，油藏数值模拟技术在精细油藏数值模拟渗流数学模型、大规模油藏数值模拟求解技术及多维可视化交互分析技术等方面取得新的突破。

1. 非线性多模态复杂渗流理论模型

针对中高渗透油藏、低渗透油藏水驱开发中存在的注水诱导大孔道、动态裂缝等现象，在油藏数值模拟中综合考虑大孔道形成和发育、动态裂缝形成与发育、储层润湿性动态变化以及非达西渗流等机理。基于油藏储层介质多尺度损伤理论建立了具有非达西渗流、注水诱导动态裂缝扩展及储层属性动态演化等特征的基质—裂缝非线性多模态复杂渗流规律的理论模型，描述静态裂缝、动态裂缝的开启—伸展—闭合、基质—裂缝渗吸作用与非线性渗流规律，实现对动态裂缝生长、裂缝属性动态变化、多方向多层位复杂裂缝系统和高含水油田注水诱导大孔道或优势渗流通道变化的模拟。

2. 大规模高效油藏数值模拟求解技术

油田开发进入中后期，地质模型和动态模型更精细、规模更大、生产历史更长、井的数目和措施更多、油气分布情况更为复杂，因此油藏数值模拟的数学模型会有更强的非线性、间断性、耦合性和多尺度性，求解的难度更大，模拟过程中求解需要占用整个模拟时间的70%～80%，如何高效求解数值模拟方程成为数值模拟的核心问题之一。

为实现大规模或精细复杂渗流运移的快速、精细模拟，发展了包括代数多重网格方法、块ILU分解、Krylov子空间方法、多阶段预处理等多种方法在内的大规模高效油藏数值模拟求解方法，形成的多阶段预处理大规模高效求解技术综合运用海量数据动态压缩存储、多水平多子域分解、代数多重网格方法、不完全LU分解、GS迭代和广义最小余量迭代法等预处理求解方法，解决了复杂渗流模型非线性严重、收敛性差的问题，大幅度提升了油藏数值模拟速度和模拟规模。

3. 多维可视化油藏数值模拟交互分析技术

随着计算机技术和油藏数值模拟技术的发展，多维可视化交互分析技术成为油藏数值模拟的重要辅助手段。发展的 HiSim®view 应用于油藏数值模拟历史拟合、生产预测和辅助油田开发分析过程，多角度立体展示油藏数值模拟过程中地下油气资源的分布情况、油气水的流动情况以及剩余油饱和度的分布情况，大幅度提高了油藏数值模拟技术在油田开发研究和生产过程管理的便捷性和应用性。

四、复杂油藏开发方案优化设计步入新阶段

近些年来，随着常规油田开采程度加深，勘探开发对象不断向新领域推进，实际开采的对象越来越复杂，使得油藏开发优化设计步入一个新的阶段。高含水老油田开发后期，油藏非均质性和剩余油分布更趋复杂；低品位和致密油开发成为崭新的领域，开发模式和相关技术政策需尽快定型；碳酸盐岩油藏开发需求旺盛，包括中东大型孔隙型碳酸盐岩油藏和塔里木缝洞型碳酸盐岩油藏，均属探索性的攻关研究对象。经过这些年的攻关实践，在这类复杂油藏开发优化设计方面取得了重要的进展。

1. 高含水老油田层系井网重组优化设计

高含水老油田一直是中国石油工业的"压舱石"。这些油田经过长期水驱之后，陆相油藏的非均质性引起的开发矛盾越来越突出，具体表现为两个剖面（注入和采出剖面）的动用状况很差：少数强吸水层和高含水层与大量弱吸水、不吸水和低产液、不产液层之间的矛盾极其突出。平面上注采系统很不完善，单向驱替和见水井比例不断增加，导致高含水阶段缺乏提液增油能力。基于高含水老油田开发实际，积极攻关并实践，层系井网重组优化的设计模式取得显著的生产实效，并且由初期被动地接受转变到后来积极主动地应用。近年来在渤海湾盆地、新疆、青海等油田广泛应用且前景广阔。

2. 非常规致密油开发优化设计

中国石油工业在低渗透油田、特低和超低渗透油田开发，经历了 30～40 年的探索实践，始终坚持规模注水开发原则和模式，取得了丰硕的成功经验。但是在面对渗透率小于 0.5mD 的储层时，也遇到了巨大的挑战；注水开发受效差，注水后见效即见水，且大面积多方向见水。由此深刻地认识到，这些油藏的开发需要裂缝发育，注定要大规模造缝（无缝不出油）。因此，水平井加体积改造的开发理念和模式最适用于这类超低渗透或致密油的开发，的确是崭新的开发领域。经过这些年的攻关实践，提出水平井加体积压裂、密切割、多段多簇、大排量、高入井液量和石英砂，作为主要的开发模式。在储层、裂缝、含油性和脆性等主控因素评价"甜点"的基础上，进行水平井和体积压裂的优化设计，研发了致密油多尺度、多介质、多流态耦合的全周期产能预测方法，致密油非连续、多尺度、多流态、多介质数值模拟动态预测方法，进行致密油开发的优化设计。

3. 碳酸盐岩油藏开发的优化设计

近些年，开发的碳酸盐岩油藏主要是塔里木缝洞型碳酸盐岩油藏和中东大型孔隙性碳酸盐岩油藏。这两类油藏非常具有代表性，更具有挑战性。前者属近些年新发现埋深大、开采难的油藏，后者虽早有开发但并未形成规模，开发技术和模式一直在摸索实践中。经过攻关研究，对缝洞型碳酸盐岩油藏开发形成以下技术思路和模式：开发这些油藏的核心实际上就是研究地下的缝洞储集体。首先通过地球物理手段，在碳酸盐岩溶地质模式指导

下，精细刻划缝洞储集体，然后通过解析及数值试井分析、解析及数值产量不稳定分析和物质平衡法，对储集体类型、动态储量和水体大小进行定量评价，明确了初期采用天然能量开发，随后当出现大的压降时，采用注水、注气替油，或针对连通缝洞单元开展整体注水的优化设计思路和方法。中东两伊地区分布着大量中低渗透强非均质大型块状碳酸盐岩油藏，虽然开发较早，但是规模化的注水开发只有近几年才规模推进并取得进展。由于这类油藏初期产量高，但是纵横向非均质性强、递减大，一直没有规模开发。这些年的攻关研究，初步形成了基于储层和隐蔽隔夹层的突破性认识，建立了分层系开发、大井距面积井网驱替，随后加密调整模式，不断提高对油藏的控制和动用程度，实现较高的水驱采收率。

五、剩余油分布预测与开发调整技术取得重要进展

1. 多信息的剩余油综合预测与评价技术

"十二五"期间，不同类型储层剩余油分布与综合预测技术进一步发展与完善。从单一信息到多种信息的综合运用，通过动静结合，剩余分布预测实现了剩余油表征模式化、定量化、精细化，其中剩余油模式的评价已从含油小层逐步深入到层内及层内单砂体，明确了曲流河、辫状河及不同类型储层及其构型控制的剩余油分布，建立了以单砂体为基础的剩余油定量化评价技术，从而为特高含水油田的挖潜提供了依据。

2. 井网井型优化技术

井网井型的研究随着现代石油工业的诞生而发展，经过多年的探索，对于直井井网的研究，包括点状注采井网、面积注采井网、行列注采井网、不规则井网等的研究已非常深入，对于直井、大斜度井、水平井、复杂结构井等在油田开发调整中应用的研究也较多。"十二五"期间，对井网井型在油田开发调整中应用的研究主要集中在水平井—直井联合井网及其应用。水平井可以增大泄油面积，减小生产压差，抑制水体锥进，广泛适应于底水油藏、厚层层状油藏、低渗透油藏、稠油油藏等各类型油藏。水平井—直井联合井网很好地结合了直井与水平井的优点。

3. 深部液流转向技术

堵水调剖及相关配套技术在高含水油田控水稳产（增产）措施中占有重要地位，但随着高含水油藏水驱问题的日益复杂，加之对高含水油藏现状认识的局限性，常规调剖堵水技术无法满足油藏开发需要。因而，作用及影响效果更明显的深部调剖（调驱）技术获得快速发展，改善水驱的理论认识及技术发展进入了一个新阶段。

深部液流转向技术主要是利用柔性转向剂进入油藏内水驱主流线区域或高渗透、大孔道区域后，在地层孔道中的变形运移过程中形成脉动暂堵、产生动态沿程流动阻力，实现深部液流转向，使注入水转向，扩大水驱波及体积、驱替非水驱主流线上、相对低渗透部位的剩余油，遏制大量注入水沿高渗透孔道窜流的无效循环。该技术的发展是遏制注水开发过程中注入水的低效、无效循环的关键，可进一步扩大波及体积，提高水驱效率。

近年中国在深部调剖（调驱）液流转向剂研究与应用方面取得了许多新进展，形成了包括弱凝胶、胶态分散凝胶（CDG）、体膨颗粒、柔性颗粒等多套深部调剖（调驱）技术，为中国高含水油田改善水驱开发效果、提高采收率发挥着重要作用。仅中国石油天然气股份有限公司所属油田近年来的堵水调剖作业每年就达到了2500～3000井次的规模，增产

原油超过 $50×10^4t$。目前，中国油田堵水调剖的综合技术水平处于国际领先地位。

六、稠油热力采油技术取得突破性进展

"十五"期间，稠油油藏开发方式以蒸汽吞吐为主，通过小井距、密井网实现了年均 2%～3% 高速开发和千万吨的稠油生产规模，采出程度达到 20%～30%。"十一五"初期，稠油开发进入蒸汽吞吐的中后期（平均吞吐周期达 12 轮次以上），地层压力低、高含水、汽窜等问题严重，吞吐产量快速递减，油汽比由初期 1.2 降至不足 0.15，30%～40% 的吞吐周期油汽比低于 0.1，经济效果变差，亟需转变开发方式；新发现的大规模的超稠油油藏，需要能实现经济有效开发及提高采收率的技术。蒸汽驱技术作为蒸汽吞吐后的主要接替技术，在中深层稠油的开发试验取得初步成功，但井网调整、分层注汽，以及配套工艺技术对国内强非均质性普通稠油油藏的适应性还处于试验阶段。直井与水平井组合的蒸汽辅助重力泄油（SAGD）在辽河曙一区超稠油的试验刚刚起步，双水平井还处于室内研究阶段，开发机理、技术有效性及配套工艺技术等还需要进一步验证和攻关；国内历次火驱试验都未能取得预期效果，火驱技术已经废弃多年，火驱作为稠油吞吐后期，除蒸汽驱外的另一项接替技术，面临着燃烧机理、井网调整、点火和控制工艺等更多的技术挑战和不确定性问题。

针对"十一五"初期稠油开发面临的问题，开展了蒸汽驱、蒸汽辅助重力泄油、火驱等提高稠油采收率技术的攻关与试验，并取得了重大突破，初步形成以蒸汽驱、蒸汽辅助重力泄油、火驱等为主体的新一代稠油开发技术，实现了稠油热采开发方式转换，引领稠油开发向可持续、有效益方向发展，有力支持中国石油稠油千万吨稳产。

1. 配套完善蒸汽驱技术，蒸汽驱工业化取得显著效果

新疆浅层蒸汽驱工业化成功地建设了百万吨的生产规模，实现了吞吐后新疆油田的稠油稳产和上产。蒸汽驱高峰期产量达到 $95×10^4t$，油汽比 0.23，经济效益显著。辽河油田的蒸汽驱工业化应用也取得显著效果，齐 40 块转规模蒸汽驱开发 10 年，日产油为 1237t，油汽比 0.15，采油速度 1.2%，阶段采出程度 15.5%，总采出程度达到 47.1%。辽河油田中深层齐 40 块蒸汽驱开发调整方案在 2008 年获中国石油天然气集团公司科技进步一等奖，辽河油田中深层稠油大幅度提高采收率技术在 2010 年获国家科技进步二等奖。水平井蒸汽驱技术 2017 年获中国石油天然气集团公司科技进步二等奖。

2. 攻关发展了 SAGD 技术，实现超稠油的高效上产和稳产

建成 SAGD 物模模拟平台，完善了 SAGD 油藏工程理论和设计方法，攻关了 SAGD 配套工艺，SAGD 现场试验和工业化应用获得有效支持。新疆油田采用双水平井 SAGD 技术，超稠油资源得到有效动用，初步形成浅层超稠油双水平井钻完井、循环预热、高曲率大排量举升等开发配套技术，编制 $200×10^4t$ 的 SAGD 产能规划方案，工业化扩大全面展开，已经初步达到年产超稠油百万吨以上。辽河油田在世界上首次将直井与水平井组合（注汽直井位于水平生产井斜上方）SAGD 进行了技术攻关，对驱泄复合的机理和 SAGD 生产控制方法取得新的认识，成功培养出 10 多口日产油量达到百吨的高产井，经济效益显著，并成功进行了工业化推广应用，SAGD 年产油达到百万吨。SAGD 技术在 2006 年和 2013 年被选列入中国石油十大科技进展，新疆风城 SAGD 技术 2013 年获中国石油天然气集团公司科技进步一等奖。

3. 稠油火驱理论和先导试验取得重大进展，工业化扩大全面展开

建立了火烧驱油试验模拟系列方法，揭示了火烧前沿驱油机理和受控因素，为火驱方案设计奠定了理论基础；初步形成高效点火、火线监测与控制等火烧驱油配套技术。火驱技术被中国石油天然气股份有限公司列为注蒸汽稠油老区大幅提高采收率的战略性接替技术之一，在辽河、新疆火驱先导试验取得成功，工业化扩大也全面展开，目前产量规模也达到 $50 \times 10^4 t$，应用前景广阔。2015 年，直井火驱技术被选列入中国石油十大科技进展。

七、天然气开发技术推动了天然气业务快速发展

以 2004 年年底西气东输运行为标志，中国石油天然气股份有限公司天然气步入快速发展阶段，由 2005 年的 $365 \times 10^8 m^3$ 增长到 2015 年的 $955 \times 10^8 m^3$，天然气在中国石油天然气股份有限公司上游业务地位凸显，发展成为核心主营业务。回顾中国石油天然气股份有限公司天然气开发的历史可以看出，"十一五"以来，天然气开发对象变得越来越复杂，开发难度很大。10 年来，通过持续开展科技攻关，攻克了天然气开发关键技术，基本形成了针对不同类型气藏的开发配套技术，满足了中国石油天然气股份有限公司该阶段天然气开发需求，实现天然气产量的快速增长。根据中国石油天然气股份有限公司天然气资源结构特征，在过去 10 年投入开发的气层气中，低渗致密砂岩气藏、深层高压气藏、复杂碳酸盐岩气藏、疏松砂岩气藏、火山岩气藏等是主要对象，这几类资源的储量与产量之和在当时占中国石油天然气股份有限公司总量比例均超过 90%。面对气藏储层致密、超深高压、流体复杂、多层含水等开发对象，通过"十一五""十二五"的科技攻关，在气藏描述与产能评价、钻井工艺与储层改造、采气工艺与地面集输等多个方面取得了关键技术突破，形成了不同类型气藏开发配套技术，推动了中国石油天然气股份有限公司天然气的快速发展，奠定了持续效益发展的基础。

1. 低渗透致密气藏开发技术

低渗透致密砂岩气藏储层非均质性强，物性差，束缚水饱和度高，天然能量不足。面对这些挑战，以致密气藏特点为切入点，现已形成富集区预测与优化布井技术、低成本快速钻井技术、增产改造技术、井下节流与低压地面集输技术、排水采气技术和数字化管理技术六大开发技术系列，保证了低渗透致密气田经济规模开发。

2. 超深高压气藏开发技术

针对超深高压气藏的特点，以安全高效为目标，科技攻关围绕"已开发气田稳产、正建气田上产、滚动勘探开发"三大工程，创新形成了山前高陡构造异常高压气田精细地质建模技术、异常高压应力敏感性气藏方案设计技术、超高压气藏动态监测与解释技术、高陡构造和窄压力窗口下的优快钻井技术、异常高压特高产气井安全完井工艺技术和高度自动化低能耗的地面高压集输和处理技术等六大技术系列，实现塔里木高压气田高效平稳开发。

3. 碳酸盐岩气藏开发技术进展

针对缝洞型碳酸盐岩气藏特殊的储集空间特征及流体渗流特征、礁滩型碳酸盐岩气藏储层的非均质性以及流体分布的复杂性、岩溶风化壳型碳酸盐岩气藏的储层非均质性导致的优质储层与低效储层分布的复杂性，在碳酸盐岩气藏描述技术、有效储层预测与高效井位优选技术、碳酸盐岩气藏综合动态描述技术、精细控压钻井与长井段酸压技术等 4 个方

面取得了较好的技术进展。

4. 疏松砂岩气藏开发技术进展

该类气藏储层岩石疏松，非均质性强，气水关系复杂。防砂治水是开发全过程的技术挑战。随着开发阶段的发展，在物理模拟实验新技术与新方法、多因素水源识别及综合治水技术、出砂预测及综合治砂技术、潜力层识别及分层储量动用评价技术等多个方面取得新进展，支撑了涩北三大气田的规模稳产。

5. 火山岩气藏开发技术进展

火山岩气藏普遍埋藏较深（超过3500m），储层主要为喷发成因的叠置型、非层状型，内部结构复杂、"甜点"多呈分散性分布，储层非均质性强。针对火山岩气藏的开发难点，初步形成了面向火山岩高效、低效、致密不同品质气藏描述与井位优选和规模效益开发技术，推动了火山岩气藏的规模效益开发。

6. 页岩气开发技术进展

为推动长宁—威远、昭通区块国家级页岩气示范区开发建设，从2009年开始，中国石油天然气股份有限公司逐步加大页岩气科技攻关力度。初步形成了页岩气开发指标快速评价方法、大位移水平井钻井及储层改造技术，推动了页岩气开发关键技术进步。

八、油气田开发规划和经济评价助力可持续发展

从"十一五"到"十二五"，随着中国油气田老区开发程度加深、新区资源品质劣质化，油气田开发对象愈加复杂化，油气田难度不断加大，中国油气开发已经进入新的阶段。其主要特征一是原油开采进入"双高"（综合含水高、采出程度高）和"双低"（新投入开发的储量品位低、单井产量低）并存阶段，二是上游业务总体盈利空间缩小，盈利能力下降，对油气开发成本控制和技术创新提出了新要求。如何调整生产经营策略，如何兼顾产量规模与效益最大化，确保国家原油供应安全，是油公司上游生产面临的难题，也给油气田开发规划和经济评价研究提出了巨大挑战。面对这些挑战，从"十一五"到"十二五"期间，按照谋划长远、聚焦需求、精益评价、服务于国家和中国石油油气开发战略决策的原则，围绕五年规划进行了前瞻性研究和重大专题分析，形成了较为系统的油气业务效益开发的规划优化和经济评价方法体系，编制了多个版本和多个阶段的五年规划和年度计划，为中国油公司上游业务努力实现"有质量、有效益、可持续"发展的战略决策提供了强有力的支撑。

1. 编制中国石油油气开发"十二五"和"十三五"规划和年度计划

1）中国石油油气开发五年规划和科技发展规划编制

围绕中国石油各大油气田的不同开发阶段和具体生产实践，在油气开发规律研究基础上，编制了具有前瞻性和系统性的中国石油油气开发"十二五"和"十三五"规划和配套的科技发展规划，以及大庆油田百年大庆可持续发展规划和新疆地区油气开发专项发展规划。

2）油气产能项目评价优选技术和年度计划编制

探索形成了完善的多层次产能建设项目评价和优选方法体系，可实现油田以及专业公司两个层面的优选评价，形成了具有中国石油特色的产能建设项目评价优选技术。基于项目评价优选编制的年度计划方案，从源头把控投资成本，以投资优化助力总体效益提升。

2. 提出上游业务资源优化方法体系并推动生产应用实践

1）上游业务资源优化方法体系的建立

建立了储量建产评价、技术优化、经济优化、一体化优化和实施调节 5 个环节于一体并相互关联的上游业务资源优化流程，提出了配套的上游业务资源优化方法体系。

2）上游业务资源优化方法平台研制与应用

上游业务资源优化平台是将勘探、开发、生产、经营、效益放到一个框架内进行整体优化的工具。主要是立足上游业务的有效发展，统筹处理好勘探、开发、生产、经营的关系，围绕年度效益目标的实现，立足当前、兼顾长远，为油气业务可持续发展提供全方位的分析工具，提出有针对性解决问题的方案。

3. 油田公司层面的油气效益开发理念和技术方法逐渐成熟

1）辽河油田经济评价打造精细经济评价体系

辽河油田全面建立并实践精细经济评价体系，实现了经济评价从记账式评价向参谋型评价转变、从跟踪式评价向预测型评价转变，助力油田公司的效益开发。

2）大港油田财务与油气开发业务融合促进了整体效益最大化

大港油田有效发挥经济评价和财务辅助决策职能，不断创新边际成本等经济效益评价和财务预算评价管理方法，强化经济、财务与业务的协调，提高生产经营决策的科学性、准确性。

4. 向国家提出支持各类油气效益开发的优惠政策

1）支持老油田稳定和低品位油气田开发的优惠政策

为挖掘老油气田和低品位油气田开发潜力，有针对性提出了 8 项优惠扶持政策和建议，并系统评价了相应政策的效果，可形成国家增收、企业增效的可持续发展战略格局。

2）支持致密气有效开发的财政政策

致密气已成为非常规油气勘探开发的重要领域。中国致密气资源丰富，发展潜力较大，在目前气价和技术条件下，有近一半的剩余资源不能经济有效动用。通过效果评价，向国家提出了有关财政补贴的具体政策建议。

5. 提出油气开发战略、生产经营对策和具体举措

1）定量评价低油价对中国石油油气开发的影响，并提出油气开发战略和对策

从成本的构成和影响因素入手，量化分析低油价对中国石油油气开发成本效益的影响，预测成本效益走势，从科技创新提效、盘活老区存量增效、做优投资增量创效、一体化总体优化、管理创新提效等多个方面提出了中国石油应对低油价的发展战略和生产经营具体对策。

2）精心打造油气开发"决策参考"品牌，助力推动油气开发凸显质量和效益

围绕中国石油上游业务油气开发重大生产问题和挑战、不同阶段制约全局发展的新问题以及低油价下生产经营热点和难点问题，精心打造油气开发"决策参考"品牌。从 2011 年开始，精心组织编写和报送 30 多期有关油气开发方面的决策参考，一批决策参考获得中国石油党组领导批示和采纳，部分建议被提交有关国家部委。

第二章 油层物理与渗流力学

第一节 概　　述

油层物理与渗流力学是研究储层岩石、岩石中的流体（油、气、水及人工注入流体）以及流体在岩石中渗流机理的学科。它是认识油气藏储层岩石与流体特征、揭示油气藏中流体的流动和驱替规律，支撑油气田开发理论和技术方法创新的基础。在中国近70年油气田开发理论与技术进步中，砂岩油藏水驱开发、高含水砂岩油藏提高采收率、复杂油藏和低渗透油藏以及天然气藏开发等理论与技术，占有重要的地位。同时，油层物理与渗流力学领域在学科体系、人才队伍、研究方法与手段诸方面均取得了长足的发展。进入21世纪以来，尤其是"十一五""十二五"期间，油层物理与渗流力学、高含水油藏二次开发和特低渗透油藏有效开发的理论与技术形成并规模化应用，在非常规油气资源的勘探与商业化开发中发挥了积极的作用[1]。

一、油层物理发展现状

油层物理对中国油气田开发理论与技术进步起着支持与支撑作用。经过了以延长、玉门油田实践为基础培养石油工业工程技术人才的学科体系创建阶段；以大庆油田、胜利油田等大型整装油田的全面开发中技术体系全面建设与发展的阶段；以大型整装油田高产和稳产、天然气藏、复杂油藏和低渗透油藏高效开发的理论与技术攻关，实施走出去学习国际先进经验、引进来消化吸收再创新的技术跨越发展的阶段；以及目前的以非常规思维应对油气资源非常规化，油气开发技术进入多元化发展的阶段。

"十一五"以来，面对已开发动用油气藏剩余储量资源的饱和度分布分散化、未开发动用油气藏资源储层致密化、新增油气储量资源的品位劣质化等难题，通过单项与系统测试技术的结合、微观与宏观实验手段的进步、静态与动态分析方法的创新，以及大数据系统的逐步应用，油层物理学全面进入新能源的勘探与开发，助推了油气效益开发模式的转变。重要的标志性事件包括高含水油藏二次开发理论与技术形成并规模化应用，特低渗透油藏有效开发理论与技术形成并规模化应用，气驱技术进入工业化应用，以及非常规油气资源进入商业开发等。

二、渗流力学发展现状

渗流力学是研究流体在多孔介质中运动规律的科学，它既是流体力学的一个独立的分支学科，又是一个与岩石力学、多孔介质物理、表面物理、物理化学、热力学等相互交叉的独立学科。通过运用渗流力学理论和方法，探索油气开发过程中发生的油、气、水等地下流体流动所遵循的规律，可制订正确的油气田开发方案和开发调整方案、评价油气储层、分析区块开发动态、有效地控制和调整开发过程。

渗流力学最早是1856年法国工程师Darcy在均匀砂层渗流实验观察到的线性定律之后发展起来，经历几代科学家漫长的辛勤耕耘，渗流力学走过了创立阶段、发展阶段、现代渗流力学阶段的辉煌历程。"十一五"以来，渗流力学发展表现为以下几个方面：一是渗流力学的研究向非达西方向发展，二是渗流力学向非牛顿流体方向发展，三是渗流力学向非连续介质方向发展。油气渗流力学主要从中高渗透的达西定律，逐渐发展到低渗透—致密油气的非达西渗流，逐步形成完善的非线性渗流理论。

第二节　实验理论与方法认识进展

一、理论认识

1. 气驱理论进展

在众多的油气田开发技术当中，以气体为介质驱油的技术，既是传统技术，也是新兴技术。就气驱技术本身而言，它是一项成熟的技术。然而，考虑CO_2等非烃类气体介质的特点，气驱技术的原理又被赋予了新的内涵。新内涵包括在储层岩石孔隙中受温度与压力控制的气体—油气藏流体间的相互作用，例如：气—液组分传质、气—液状态转化、气—液前缘运移等。

1）地层原油—CO_2体系传质特征新认识

地层流体与注入气体介质之间的组分传质和界面变化现象是气驱机理中的基本现象。准确界定地层流体与外来流体之间的组分传质能力，不仅有助于认识实际油藏条件下的注气过程中油气体系的混相和非混相动态特征，而且可为气驱方案设计和数值模拟提供必要的基础参数。"十一五""十二五"期间，依托国家"973""863"和国家油气专项等项目中基础研究内容，聚焦气驱机理中相关的油气藏流体物理化学性质及其关键参数随温度、压力变化等未知现象，系统进行实验和理论探索，在油气藏流体体系的传质规律、气液体系关键组分相互作用等气驱机理方面，取得多项新认识。

传统理论认为轻烃（C_2—C_6）组分在油气体系混相中起关键作用。形成这种理论认识的根本原因是相关研究对象多为轻烃含量较高的原油。相对于国外海相沉积原油，中国陆相沉积原油中轻烃（C_2—C_6）组分含量相对较少，基于传统理论的油气体系物性计算方法、模型和经验关系式等适用性受到了限制。中国陆相原油与注入气体介质之间的组分传质特征、驱油机理等与传统理论有无差异、差异多大，都需要通过系统的研究、定量的数据和科学的分析给出答案。

（1）不同油区、不同区块的原油组分组成存在明显差异。

以多年积累的国内外油气藏流体高压物性分析资料为基础，结合CO_2驱油机理研究实际，系统汇总和分析了国内8个油区28个油田区块地层原油组分组成数据，绘制了中国陆相沉积地层原油组分组成分布曲线，如图2-1所示。由此得出，不同油区原油组分组成的规律相近，主要特征如下：C_1含量普遍较高，其余烃组分含量随碳数增加呈先降低再升高趋势，在C_7或C_8附近出现峰值，随后持续降低。

按照C_1+N_2、C_2—C_{10}、C_{11+}和C_1+N_2、C_2—C_6、C_{7+}3个拟组分，批分上述28个原油以及10个海相原油的组分组成数据，制作拟3组分图（图2-2）。分析得到，与海相原油相

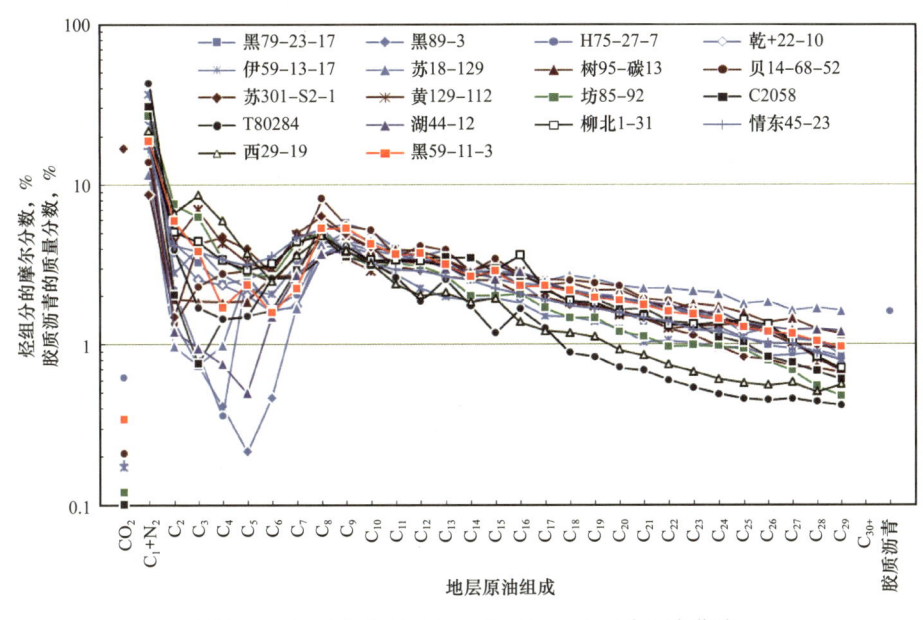

图 2-1 28个低渗透油田区块地层原油组分组成曲线

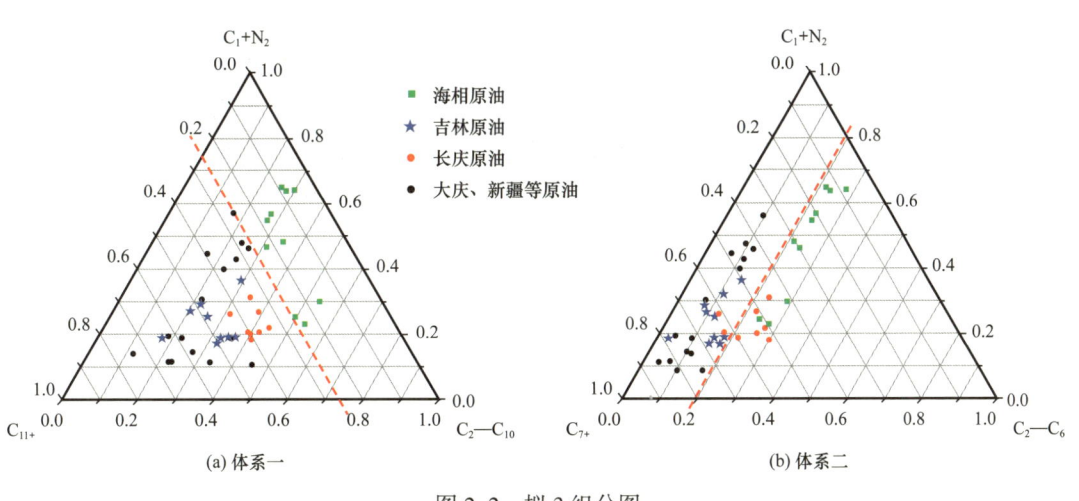

图 2-2 拟 3 组分图

比，陆相原油的 C_{11+} 组分含量普遍较高，如图 2-2（a）所示；长庆油区原油的 C_2—C_6 组分含量与海相原油相近，吉林、大庆等油区原油的 C_2—C_6 组分含量相对低于海相原油，如图 2-2（b）所示。

（2）影响油气体系混相关键组分的新认识。

选用煤油、凝析油、典型活油作为地层原油（液相）样品，与纯净 CO_2 气体构成 3 个在烃组分上有显著差异的体系，即煤油—CO_2 体系、凝析油—CO_2 体系和典型活油—CO_2 体系。利用可视 PVT 装置模拟油气体系接触混相过程，通过实验观察和分析轻烃组分含量对油气体系混相的影响，系统研究了油气体系的组分传质特征和原油中不同组分的传质特点，得出了轻烃（C_2—C_6）组分含量相对较少的中国原油与 CO_2 混相的基本条件和主要控制因素，丰富了油气体系混相理论认识，为中国发展气驱技术提供了科学依据[2-5]。

图 2-3 分别是煤油—CO_2 体系、凝析油—CO_2 体系和典型活油—CO_2 体系的恒质压缩

直至混相过程的视频截图。从图2-3能够观察到3个体系的恒质压缩直至混相过程既有相似的特征，也有明显差异。

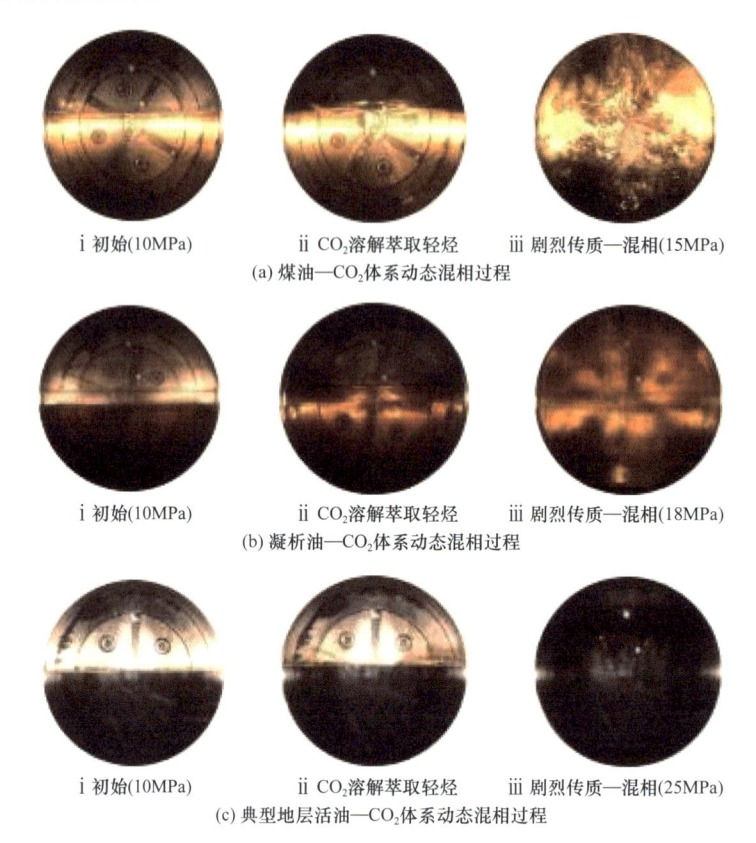

ⅰ 初始(10MPa)　　ⅱ CO$_2$溶解萃取轻烃　　ⅲ 剧烈传质—混相(15MPa)
(a) 煤油—CO$_2$体系动态混相过程

ⅰ 初始(10MPa)　　ⅱ CO$_2$溶解萃取轻烃　　ⅲ 剧烈传质—混相(18MPa)
(b) 凝析油—CO$_2$体系动态混相过程

ⅰ 初始(10MPa)　　ⅱ CO$_2$溶解萃取轻烃　　ⅲ 剧烈传质—混相(25MPa)
(c) 典型地层活油—CO$_2$体系动态混相过程

图2-3　3个体系的动态混相过程

① 相似特征。

a. 如图2-3（a）ⅰ、图2-3（b）ⅰ、图2-3（c）ⅰ所示，在初始压力（10MPa）条件下，油与CO$_2$分为两层，气液界面清晰可见；随着压力的增加，上层的气相CO$_2$逐渐向下层的油相溶解，油相体积微量增加，气相体积微量缩小，此时油气间的传质以CO$_2$溶入油相为主，油相中的少量轻烃组分被CO$_2$萃取，这一过程是CO$_2$富化的过程。

b. 如图2-3（a）ⅱ、图2-3（b）ⅱ、图2-3（c）ⅱ所示，随着实验压力进一步增加，油相中轻烃组分（C$_2$—C$_6$）和相对高碳数组分（C$_7$—C$_{15}$）不断被CO$_2$萃取，CO$_2$持续富化，CO$_2$气体的密度逐渐变大，气液间传质速率加快，同时，溶入油相的CO$_2$使得油相的密度相对变轻。

c. 如图2-3（a）ⅲ、图2-3（b）ⅲ、图2-3（c）ⅲ所示，继续增加实验压力，油气传质加剧，气相的液体性质逐渐显现，液相的气体特征进一步增强，当富化CO$_2$气的密度与地层原油密度之差小于一定值时，油气骤然混相（合），油气界面完全消失。

② 明显差异现象。

a. 3个体系气液传质的剧烈程度和混相过程持续的时间存在差异。煤油—CO$_2$体系的气液传质剧烈程度最显著，混相过程最短，凝析油—CO$_2$体系居中，典型活油—CO$_2$体系排在最后。其根本原因是3个体系中油的组分组成存在差异。这一现象进一步证实，在地层条件下，地层原油—CO₂体系混相过程是多次接触的过程，实际油藏的CO₂混相驱是地层原油与CO₂多次接触的过程中，油气间组分不断传质（或转移）后实现的。

b. 图2-3所示的3个体系在相同温度下混相压力不同。煤油—CO₂体系的混相压力约为15MPa；凝析油—CO₂体系约为18MPa；典型活油—CO₂体系约为25MPa。这表明在同一温度、不同压力条件下，组分不同的3个体系均能够混相。三个体系混相压力的差别说明了不同的烃类物质—CO₂体系中对体系混相做贡献的烃组分也不同。煤油—CO₂体系中对体系混相做贡献的烃组分以C_{10}—C_{13}为主；凝析油—CO₂体系中对体系混相做贡献的烃组分以C_2—C_{15}为主；典型活油—CO₂体系中对体系混相做贡献的烃组分则扩展到C_{16}，甚至更高碳数的烃组分。

c. 图2-4和图2-5的结果表明，随着实验压力增加，观察到了地层原油—CO₂体系的气相分层现象。实验过程中在气相区不同的区域取样，例如图2-4（a）中区域Ⅰ和区域Ⅱ，图2-4（b）中区域Ⅲ和区域Ⅳ，在色谱仪上分析气体样品的组分组成，用实验数据定量分析气液传质过程中气相区不同的区域气体组分。图2-5是前述4个区域气体样品组分组成曲线。如图2-4（a）和图2-5所示，在12.5MPa时，区域Ⅰ的气体中以CO₂为主，有少量的C_2—C_5组分；在油气界面附近区域Ⅱ的气体中C_2—C_6组分含量明显增加。如图2-4（b）和图2-5所示，当压力增加至15.2MPa时，区域Ⅲ的气体的颜色比12.5MPa[（图2-4（a）区域Ⅰ]时加深，对应的烃组分扩展为C_2—C_{10}；在油气界面附近的区域Ⅳ，气体中的组分扩展为C_2—C_{15}。上述定量分析结果表明，首先，在油气体系中，烃分子越小，向气相传质转移越快；其次，油气相间传质的物理本质是气相富化（变"重"）和液相变"轻"的过程；最后，油气混相是由于油气相间传质导致的油相与气相趋同的"终点"。

d. 从图2-4（b）认识到，轻烃组分C_2—C_6具有强传质能力，然后依次是C_7—C_{10}、

(a) 系统压力12.5MPa　　(b) 系统压力15.2MPa

图2-4　地层原油—CO₂增压时气液传质动态

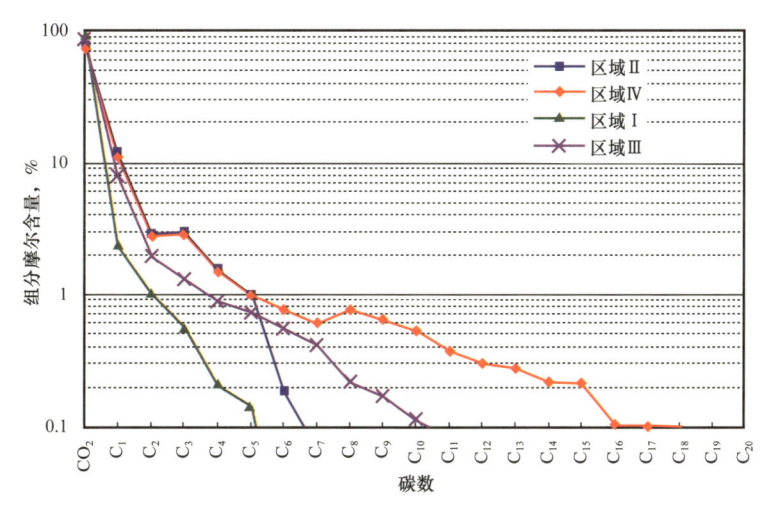

图2-5　CO₂与地层原油混相过程中气相组分变化

C_{11}—C_{15+}等组分。这个发现，在一定程度上"颠覆"了传统认识，即轻烃C_2—C_6是地层原油—CO_2体系混相的关键组分。这一认识的理论意义和实用价值对于中国数十亿吨轻烃（C_2—C_6）组分含量相对较低，中等质量烃含量相对较高的原油是一个"福音"，意味着这些资源有可能成为CO_2驱油技术的应用对象（或潜力）。

2）原油关键组分影响地层原油—CO_2体系传质特征认识

就油气藏而言，生油物源、生油条件、成藏历程与环境是不同的，所以中国不同区域油藏原油在组分组成上均存在显著的差异。对中国5个典型油区（油田）的原油样品（脱气油）按链、环结构组分组成分析表明，原油液相中的链烃、单环、双环、多环烃等组分的相对含量均不同，见表2-1。

由表2-1可以看出，按照链、环结构组分划分，不同油区原油的链、环结构组分存在较大的不同，含量较高的是饱和链烃、单环烃类及双环烃类，其他组分含量很少。在结构形态上，由正构烷烃和异构烷烃组成的链状烃类组分的含量最高，其次为单环烃类组分，然后是双环烃类组分等。文献调研表明，链状烃类组分对地层原油—CO_2体系传质过程影响的研究较为系统，而单环烃类组分，以及多环烃类组分对地层原油—CO_2体系传质过程影响的研究较少。

表2-1 典型油区原油样品（脱气油）主要链、环结构组分相对含量分析数据

组分类别	吉林	大庆	玉门	新疆	蓬莱
饱和链烃	0.725	0.742	0.615	0.575	0.564
单环烃类	0.178	0.180	0.255	0.258	0.267
双环烃类	0.079	0.066	0.107	0.115	0.101
三环烃类	0.010	0.003	0.008	0.035	0.040
四环烃类	0.000	0.006	0.000	0.015	0.027
其他	0.008	0.003	0.014	0.002	0.001
合计	1.000	1.000	1.000	1.000	1.000

（1）原油典型组分选取。

由于原油组分组成十分复杂，要对原油的每一个单组分进行相关实验研究是不现实的。合理的方法是按照烃类物质分子结构形态和对应分子量大小做组分划分，即可以有效覆盖原油中的基本组分，又能合理减少工作量。表2-2是按烃类物质分子结构形态和对应分子量大小划分的原油典型组分表。

表2-2 按烃类物质分子结构形态和对应分子量大小划分的原油典型组分表

样品类别	典型组分
正构烷烃	己烷、壬烷、十二烷、十四烷、十六烷、十八烷、二十烷
单环烃类	苯、环己烷
单环—链状混合结构	丙基环己烷、己基环己烷
双环烃类	苯基环己烷、环己基环己烷

（2）典型单组分烃—CO_2体系传质特征认识。

采用高温高压界面张力仪测试不同温度、压力下各个正构烷烃—CO_2体系的界面张力来研究单组分烃—CO_2体系传质特征，图2-6和图2-7是部分测试结果。

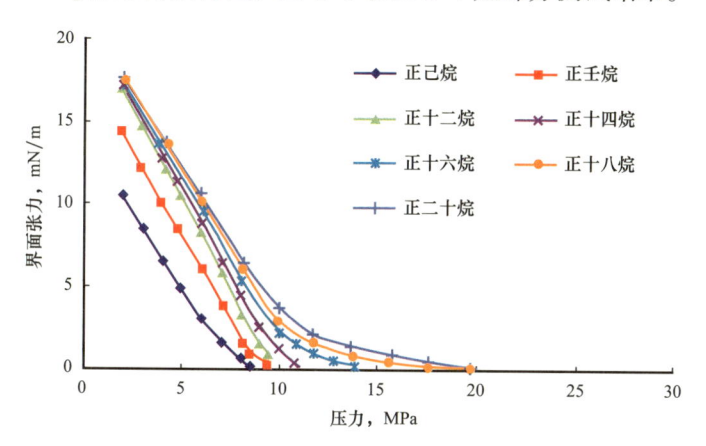

图2-6　50℃时不同正构烷烃—CO_2体系界面张力随压力变化曲线

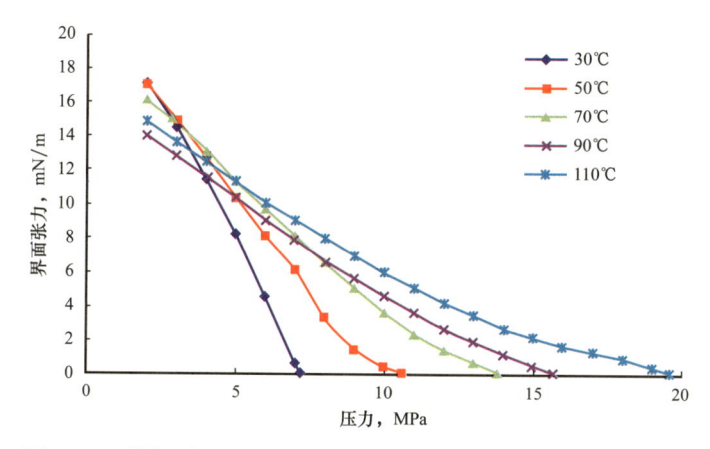

图2-7　不同温度下正十二烷—CO_2体系界面张力随压力变化曲线

由图2-6可见，在50℃条件下，随碳数的增加，正构烷烃—CO_2体系的界面张力逐步增加，体系界面张力与压力的关系逐渐从近线性关系变为两段式线性关系。不同正构烷烃—CO_2体系的界面张力均随压力的增加呈下降趋势。原因是随压力的增加，正构烷烃与CO_2之间传质加剧，两相之间的"差异"变小。

由图2-7可见，温度变化也影响正构烷烃—CO_2体系的界面张力。因为随着温度变化，体系中物质分子的动能相应发生变化。通常，相同的温度变化幅度下，分子越小，其动能变化越大，其结果导致正构烷烃与CO_2之间的动能"差异"增大，两相之间的"差异"变大。对应的结果是，温度越高，正构烷烃—CO_2体系的界面张力曲线的斜率越小，意味着正构烷烃与CO_2混相需要更多的能量。

（3）单环烃类—CO_2体系传质特征认识。

单环烃类是石油液相组分中含量仅次于饱和链烃的组分。考虑代表性，选取了石油中含量相对较多的环己烷及苯分别与CO_2构成单环烃类—CO_2体系，进行体系界面张力测试，研究其传质特征。图2-8和图2-9是部分测试结果。

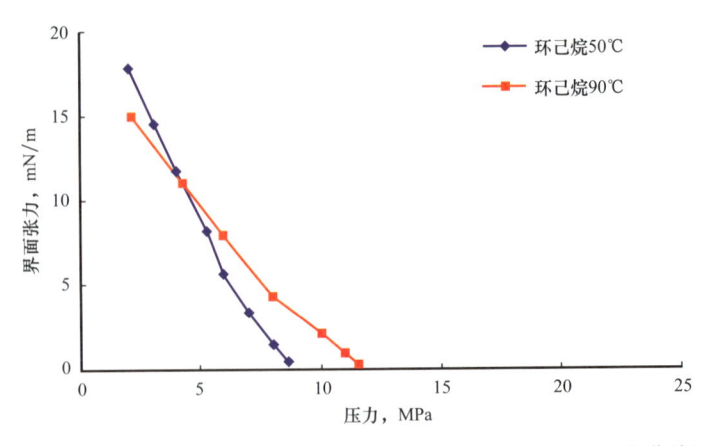

图 2-8　50℃、90℃时环己烷—CO_2体系界面张力随压力的变化曲线图

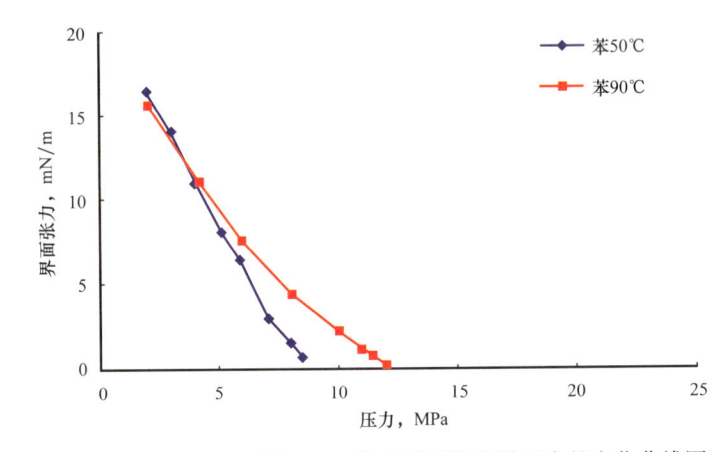

图 2-9　50℃、90℃时苯—CO_2体系界面张力随压力的变化曲线图

由图 2-8 和图 2-9 可见，单环烃类—CO_2体系的界面张力曲线与正构烷烃—CO_2体系的变化趋势相似。与正构烷烃—CO_2体系相比，环己烷—CO_2及苯—CO_2体系界面张力明显高于具有相同碳数的正己烷—CO_2体系。这是因为在特定的条件下，例如在强亲油环境（MFI 分子筛）下，环己烷或苯的动力学直径大于正己烷，且环己烷或苯的扩散能垒也大于正己烷[2,3]。

（4）环链混合结构烃类—CO_2体系传质特征认识。

在石油组分中除了正构烷烃、单环烃类，还有相当含量的链状与环状的混合结构的烃类。考虑代表性，选取了石油中丙基环己烷及己基环己烷两种物质，分别与CO_2构成环链混合结构烃类—CO_2体系，进行体系界面张力测试，研究其传质特征。结果如图 2-10 和图 2-11 所示。

由图 2-10 和图 2-11 可以看出，丙基环己烷和己基环己烷—CO_2体系的界面张力随温度压力的变化规律与环己烷和苯相似。体系的界面张力随压力的升高而下降，高温下体系界面张力的下降速度低于低温时。在图 2-11 中，相同温度下己基环己烷—CO_2体系的界面张力明显高于丙基环己烷—CO_2体系。与正构烷烃相比，丙基环己烷—CO_2体系的界面张力明显高于正壬烷（C_9）—CO_2体系，在高压下与正十二烷—CO_2体系相近，己基环己烷—CO_2体系的界面张力明显高于正十二烷—CO_2体系，在高压下与正十四烷—CO_2体系

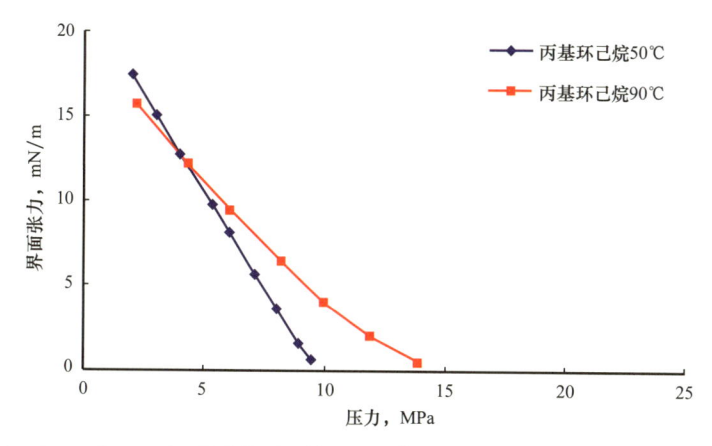

图 2-10　50℃、90℃时丙基环己烷—CO_2体系界面张力随压力的变化曲线图

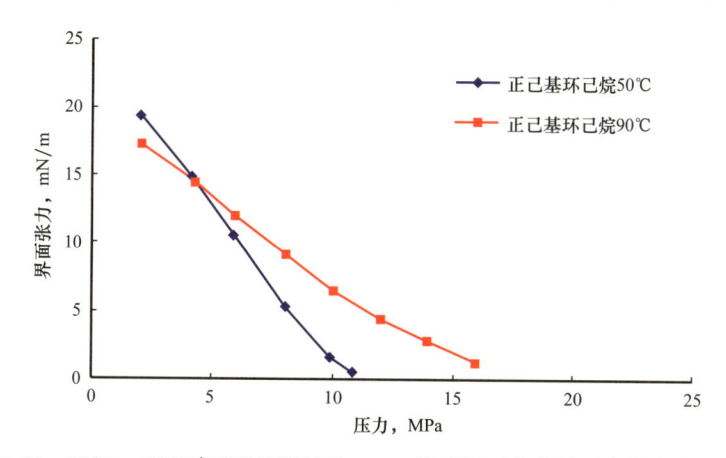

图 2-11　50℃、90℃时正己基环己烷—CO_2体系界面张力随压力的变化曲线图

相近。这个现象表明，烃类分子的碳数越大，其分子结构越复杂，其动力学直径也相应变大，且其扩散能垒也相应增大。

（5）双环烃类—CO_2体系传质特征认识。

尽管地层原油中双环烃类分子的含量相对较少，但其对地层原油—CO_2体系的物理与化学性质的影响程度鲜有文献报道。考虑代表性，选取了石油常见的环己基环己烷、苯基环己烷，分别与CO_2构成双环烃类—CO_2体系，进行体系界面张力测试，研究其传质特征，结果如图 2-12、图 2-13 和图 2-14 所示。

如图 2-12 和图 2-13 所示，环己基环己烷—CO_2体系和苯基环己烷—CO_2体系的界面张力曲线的形态与同碳数链烃—CO_2体系一致，不同点在于在相同温度（例如50℃）对应的压力下的界面张力值高一些。这表明随着分子结构变得复杂，达到相应物理状态的条件变得苛刻了。图 2-14 是苯基环己烷—CO_2、环己基环己烷—CO_2、正十二烷—CO_2、正十六烷—CO_2、正十八烷—CO_2体系的界面张力曲线对比。可以看出，苯基环己烷与环己基环己烷与CO_2组成的二元体系的界面张力曲线几乎重合，这说明同碳数、结构相似的双环烃物质达到某一物理状态的条件是相近的。与正构烷烃相比，双环烃类—CO_2体系的界面张力明显高于与其具有相同碳数的正十二烷—CO_2体系，而在高压下与正十八烷—CO_2体系的界面张力相近。

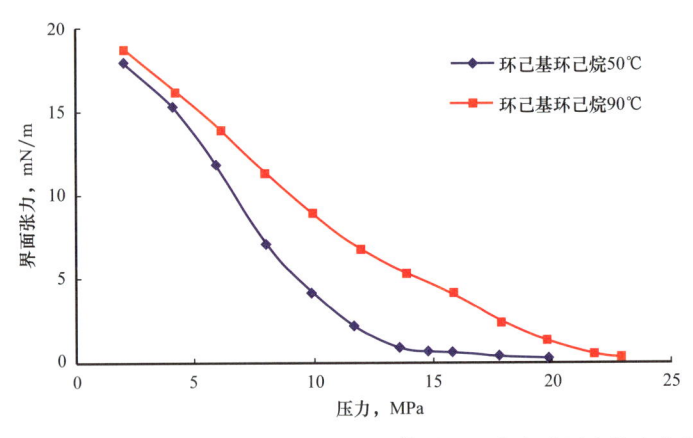

图 2-12　50℃、90℃时环己基环己烷—CO_2体系界面张力随压力的变化曲线图

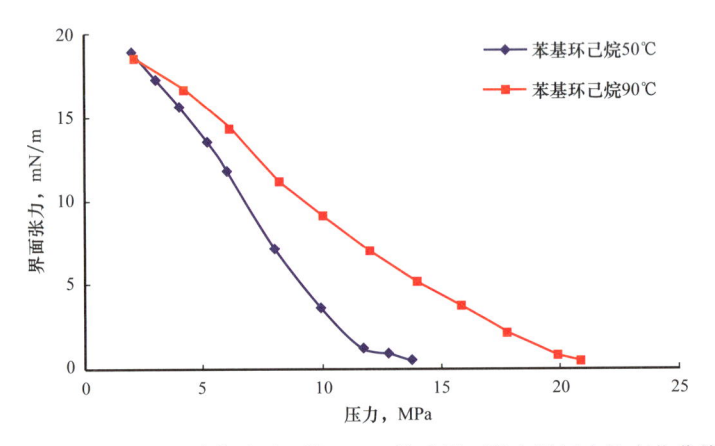

图 2-13　50℃、90℃时苯基环己烷—CO_2体系界面张力随压力的变化曲线图

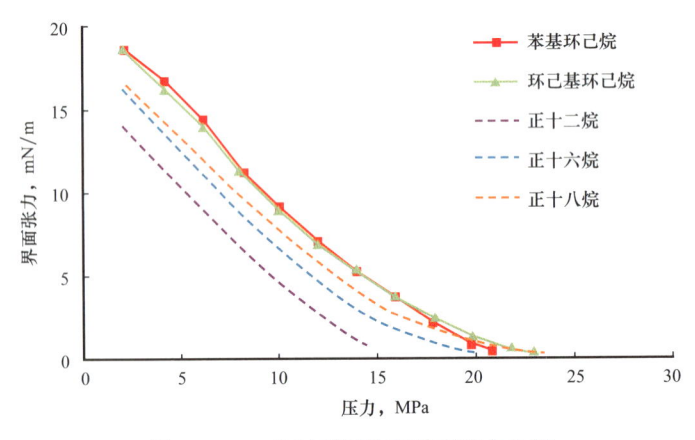

图 2-14　90℃时不同体系界面张力比较

（6）不同类型烃类等效碳数换算关系。

通过总结归纳单组分烃—CO_2体系、单环烃类—CO_2体系、环链混合结构烃类—CO_2体系、双环烃类—CO_2体系等的传质特征认识，发现了一个有趣的现象，在相同温度条件下，带环的烃类与CO_2体系出现低界面张力值对应的压力总是高于同碳数链烃与CO_2体系的压力，并且规律十分明显。

如图2-15所示，90℃时，苯—CO_2与环己烷—CO_2体系的界面张力变化曲线几乎重合。这是由于苯、环己烷的分子大小及其动力学尺寸相近，环状结构使得二者的分子构象相近[4]，故两个体系的压力—体积性质具有相似性。而环烷类分子与链烃分子不仅在分子构象上存在较大差异，它们的分子大小及其动力学尺寸也存在显著差别。所以单环烃类—CO_2体系界面张力随压力的变化规律与饱和链烃—CO_2体系有所不同。在压力相对较低时，单环烃类—CO_2体系的界面张力显著高于同碳数的链烃—CO_2体系，例如：2MPa时单环烃类—CO_2体系的界面张力高于正十三烷—CO_2体系；随压力增加，单环烃类—CO_2体系的界面张力下降幅度明显大于同碳数的链烃—CO_2体系，例如：11MPa时与正庚烷—CO_2体系已与环己烷—CO_2体系的界面张力值相近。

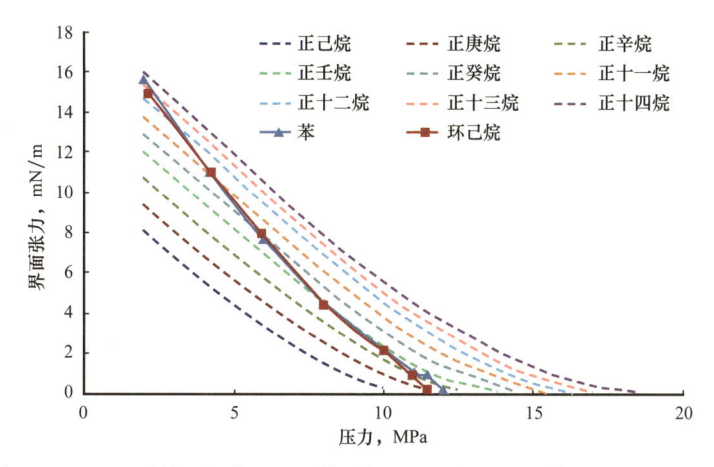

图2-15 90℃时单环烃类—CO_2体系与饱和链烃—CO_2体系界面张力比较

图2-16是相同温度下的丙基环己烷、正己基环己烷—CO_2体系与碳数相近的饱和链烃—CO_2体系的界面张力对比图。从图看出，单环链状混合结构烃类—CO_2体系的界面张力随压力的变化规律与单环烃类—CO_2体系相似，而与饱和链烃—CO_2体系不同。例如，丙基环己烷—CO_2体系的界面张力值在2MPa时高于正十三烷—CO_2体系，在14MPa时介于正癸烷和正十一烷—CO_2体系之间；正己基环己烷—CO_2体系的界面张力在2MPa时高于正二十烷—CO_2体系，在18MPa时与正十四烷—CO_2体系相似。另外，双环结构烃类—

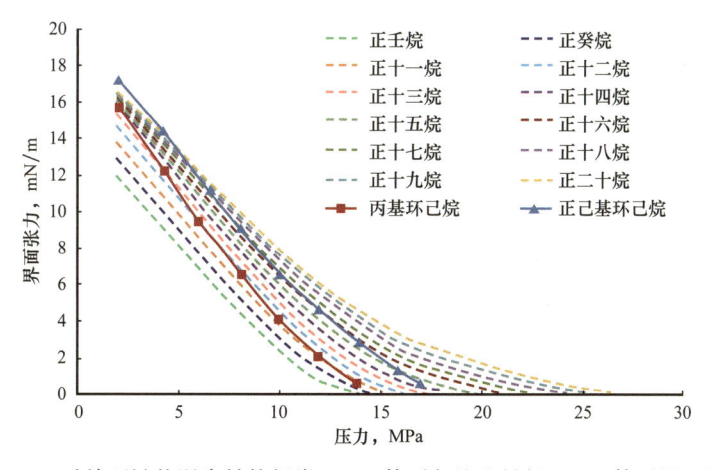

图2-16 90℃时单环链状混合结构烃类—CO_2体系与饱和链烃—CO_2体系界面张力比较

CO_2 体系的界面张力随压力的变化规律与单环烃类—CO_2 体系以及单环链状混合结构烃类体系相近，限于篇幅，不再赘述。

基于室内实验数据与文献报道实验数据，对比分析了饱和链烃、单环、双环烃与 CO_2 构成体系的界面张力在碳数上的变化规律，据此提出并建立了单环、双环烃类—CO_2 体系与饱和链烃—CO_2 体系在界面张力上的等效碳数换算关系，见表 2-3。

表 2-3 环烃—CO_2 体系与饱和链烃—CO_2 体系等效碳数换算表

样品	结构	碳数	碳数增加幅度				
			2～5MPa	5～10MPa	10～15MPa	15～20MPa	>20MPa
环己烷	单环	6	5～8	3～5	1～2		
苯	单环	6	5～8	3～5	1～2		
丙基环己烷	单环与链状混合	9	4～5	2～4	1～2		
正己基环己烷	单环与链状混合	12	>8	5～8	3～5	2～3	
苯基环己烷	双环	12	>8	>8	>8	5～8	5
联环己烷	双环	12	>8	>8	>8	6～8	6

在表 2-3 中，碳数增加幅度是指在特定压力下具有相同界面张力的环状烃类—CO_2 体系与饱和链烃—CO_2 体系中环烃的碳数与饱和链烃的碳数之差，如在 10～15MPa 的压力区间内，与环己烷—CO_2 体系的界面张力值相近的饱和链烃—CO_2 体系中的饱和链烃有正庚烷（C_7）、正辛烷（C_8）。即对应压力区间内，环己烷（C_6）的等值碳数为正庚烷（C_7）或正辛烷（C_8）；也就是说，当界面张力小于 1mN/m 时，单环烃类—CO_2 体系的界面张力值可以用碳数大于 1 或碳数大于 2 的链烃—CO_2 体系的界面张力值替代。同理，单环烃类与链状混合结构—CO_2 体系的碳数增加幅度与单环烃类—CO_2 体系相近，约为 1～3 个碳数；双环烃类—CO_2 体系的碳数增加幅度高于单环烃类，约为 4～6 个碳数。

3）不同相态条件下孔隙介质中地层原油—CO_2 体系驱替特征认识

中国陆相储层非均质性严重，CO_2 与地层原油体系相态关系复杂，应用 CO_2 驱油技术时必须关注控制气体过早突破、扩大波及体积、改善混相条件等环节的技术问题。为此，考虑中国可能实施 CO_2 驱油藏的特点，以深入理解 CO_2 驱渗流机理及驱替特征为目标，以 CO_2 驱物理模拟实验为主要手段，探索了不同相态条件下孔隙介质中地层原油—CO_2 体系驱替条件，初步认识了 CO_2 驱过程中的气液渗流特征及孔隙介质中的驱替前缘变化特征，为深入理解 CO_2 驱机理提供了方法基础与理论支持。

（1）CT 扫描方法研究孔隙内流体变化特征。

将 CT 扫描技术用于研究孔隙内流体（相态）变化的难点是有效区分赋存于岩石孔隙中的气（CO_2）—油—水三相饱和度及其分布。本章第二节将介绍 CT 扫描测试三相饱和度的实验方法和技术进展，本节不做赘述。

① 非混相驱过程的孔隙内流体饱和度变化特征。

驱替实验选用吉林油田大情字井油藏黑 59 区块的岩心，相关基础参数见表 2-4，实验回压为 2MPa，是典型的非混相驱替过程。CT 扫描信息获取时机为 CO_2 注入 0.05PV、

0.1PV、0.2PV、0.25PV、0.3PV、0.5PV、0.7PV、0.9PV、1.2PV、1.5PV、1.8PV 和 2.1PV 等时间节点；每个时间节点沿岩心轴线进行 32 个断层（切片）扫描，获取实验信息，得到岩心各扫描断面含油饱和度随时间变化曲线，主要结果如图 2-17～图 2-20 所示。

表 2-4 CO_2 驱油实验的岩心物性参数

序号	样品号	长度, cm	直径, cm	气测渗透率, mD	He 孔隙度, %	CT 孔隙度, %
1	L5#	7.220	2.492	1.63	15.2	15.6
2	L6#	7.016	2.492	2.11	16.6	14.5

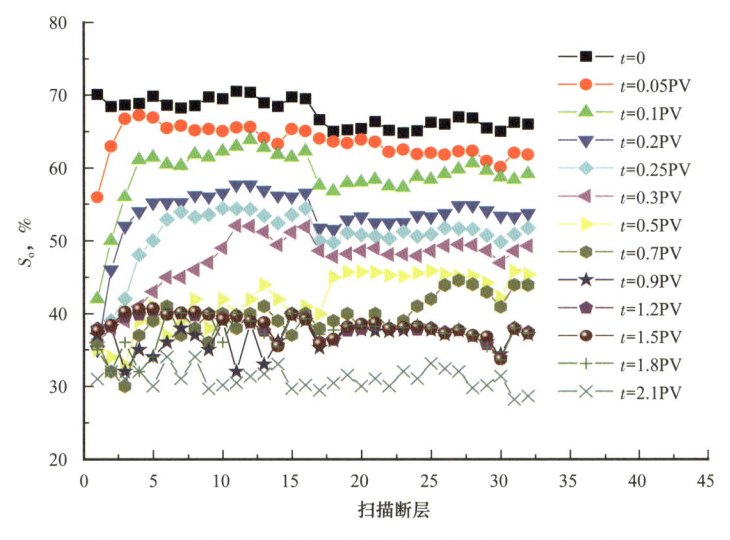

图 2-17 各扫描断层含油饱和度随驱替时间变化曲线

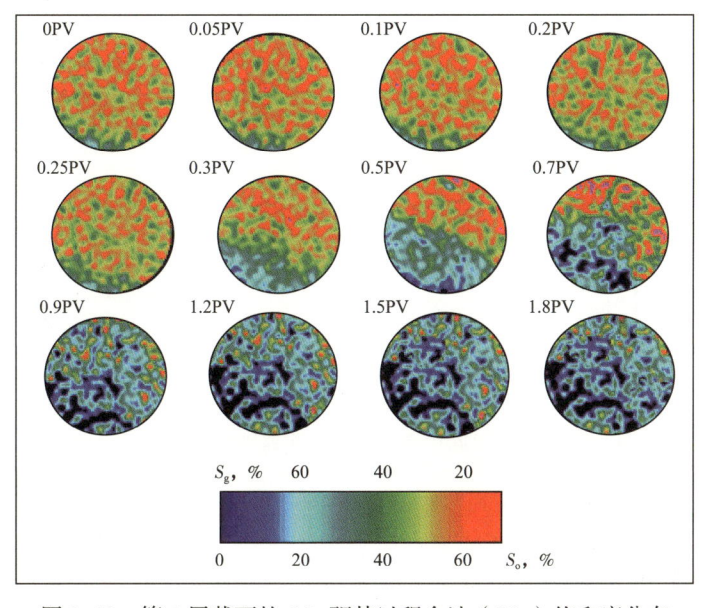

图 2-18 第 7 层截面的 CO_2 驱替过程含油（CO_2）饱和度分布

图 2-17 是不同驱替时刻 32 个断层扫描所得的岩心含油饱和度曲线。$t=0$ 时刻曲线显示，各层面的含油饱和度比较均匀，稳定在 68%～70% 之间。随着驱替过程的开展，含油饱和度下降速度很快，至 0.9PV 含油饱和度趋于平稳，稳定在 35%～40% 之间。驱替到 2.1PV 后含油饱和度基本达到剩余油饱和度状态，为 30% 左右。

图 2-18 是根据第 7 层断层扫描得到的 CO_2 驱替过程的含油（CO_2）饱和度变化及其分布图像。从 0.1PV 开始，图像左下角的含油饱和度逐渐降低，说明 CO_2 首先沿岩心底部渗流，随驱替时间延长，第 7 层断层（截面）的含油饱和度逐渐降低，直至残余油饱和度。利用 CT 扫描技术清晰地得到了岩石孔隙内流体饱和度的变化。图 2-19 是第 7 层断层（截面）对应孔隙体积倍数的气液饱和度数据曲线。图 2-20 是不同驱替时刻 32 个断层扫描所得的岩心 CO_2 饱和度曲线。

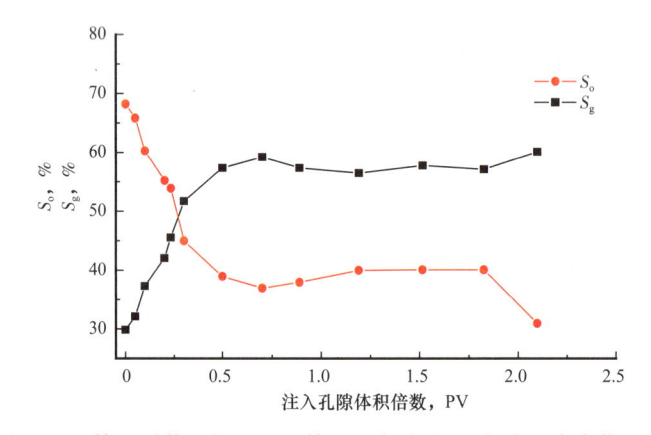

图 2-19　第 7 层截面的 CO_2 驱替过程含油（CO_2）饱和度变化过程

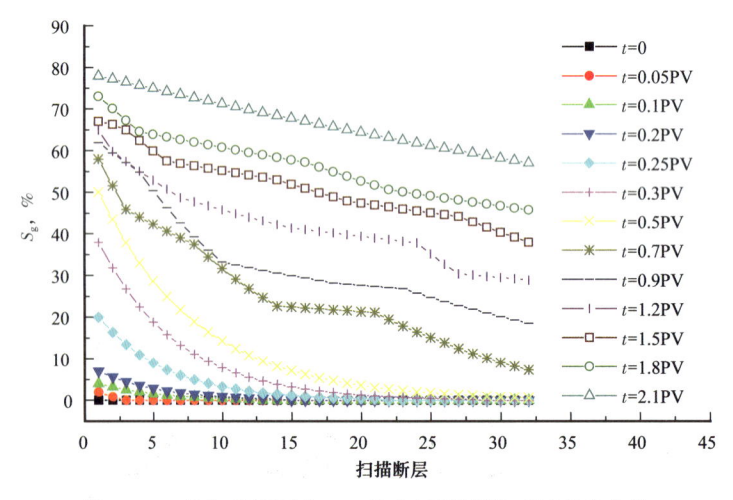

图 2-20　各扫描断层含 CO_2 饱和度随驱替时间变化曲线

② 多孔介质中流体泡点压力。

利用 CT 扫描技术，探索了原油泡点压力识别方法。主要实验条件如下：选用吉林油田大情字井油藏黑 59 区块岩心，基础参数见表 2-5。原油样品为天然气与煤油配制的模拟样品，泡点压力为 6.2 MPa，气油比为 32.4m³/m³。

表 2-5 溶解气原油泡点压力实验的岩心、油样物性参数

样品号	长度，cm	直径，cm	K_a，mD	He 孔隙度，%	CT 孔隙度，%	油样泡点压力，MPa
L7#	6.876	2.486	1.71	14.2	16.1	6.2

实验设计如下：设定 CT 扫描电压 120kV，扫描电流 75mA，扫描体素为 227μm × 227μm × 2500μm。采用轴向扫描的扫描方式，岩心共分为 32 断层（截面）。在回压 12MPa 的条件下用油样饱和岩心；测试时关闭入口阀门，以 0.2MPa 为幅度降低回压，同时扫描岩心内部，静置时间 30min 以上。以第 25 层为例，观察溶解气溢出时的压力情况，结果如图 2-21 所示。

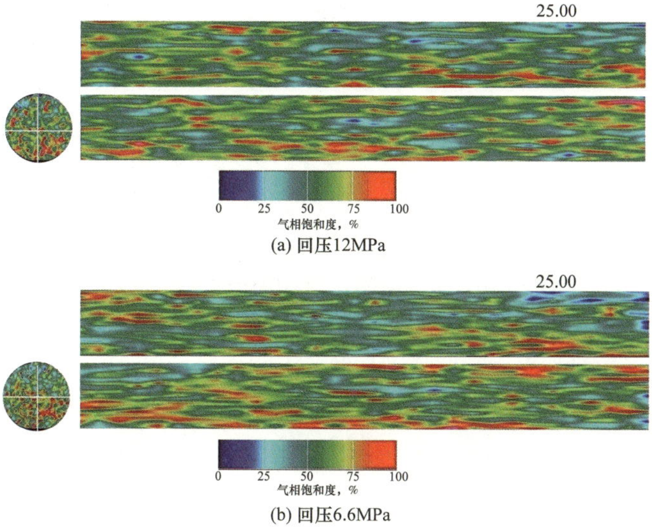

(a) 回压 12MPa

(b) 回压 6.6MPa

图 2-21 第 25 层截面的含油饱和度分布

由图 2-21（b）可知，当回压逐渐降至 6.6MPa 时，在第 25 断层（截面）纵向上方的蓝色区域明显增加，显示出气相饱和度快速升高。由岩心渗流阻力及岩心两端压差计算，第 25 小层处的压力约为 6.8 MPa。通过 CT 技术观测到的泡点压力约为 6.8 MPa，与 PVT 测试值对比，差值为 0.3 MPa，该差值是测量误差还是多孔介质的影响还需要反复实验确定原因。类似地，CT 扫描技术也可以测量流体的其他状态参数。

（2）CO_2 在多孔介质内运移特征。

基于 CO_2 的超临界特性和复杂孔隙结构中多相流渗透率的特点，利用自主研发的填砂微模型气驱实验装置（实验方法介绍见本节第二部分：实验与方法的研究），实验探讨了超临界 CO_2 的微观渗流特征及其与原油间传质的动态变化过程。实验得到了填砂微模型垂直驱替和水平驱替时的非混相气驱和混相气驱特征。

① 高渗透填砂微模型水平驱替和垂直驱替特征。

图 2-22 是高渗透填砂微模型从上向下纵向驱替的非混相气驱和混相气驱过程中记录的图像，图 2-23 是高渗透填砂微模型从左向右水平驱替的非混相气驱和混相气驱过程中记录的图像。由两图可以看到，非混相气驱和混相气驱在驱替效果上有明显的差异。非混

相气驱的气液重力分异作用有利于纵向驱替前缘的自调整,纵向气驱的波及体积远高于水平驱替;相比之下,不管是纵向驱替还是水平驱替,混相气驱都可以消除气液界面,均相驱替,大幅度提高采出程度。

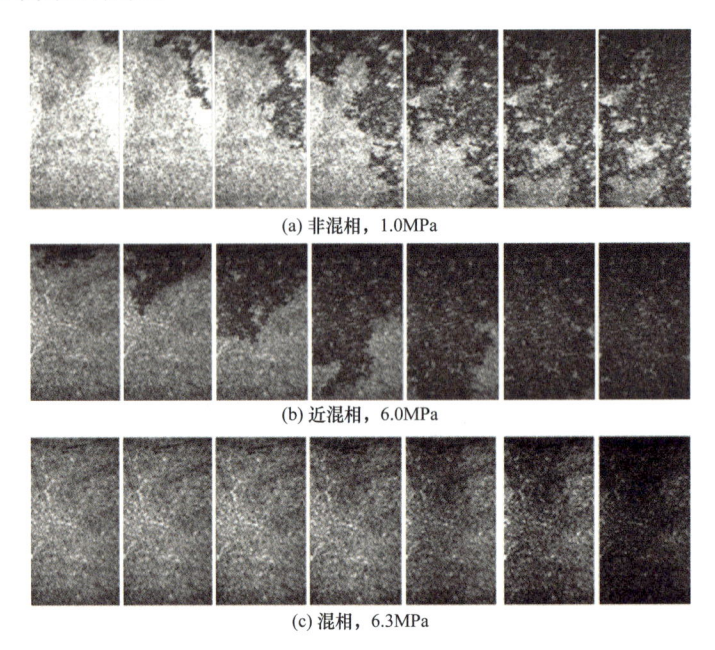

(a) 非混相,1.0MPa

(b) 近混相,6.0MPa

(c) 混相,6.3MPa

图 2-22 非混相气驱和混相气驱驱替效果对比(纵向驱替,从上至下)

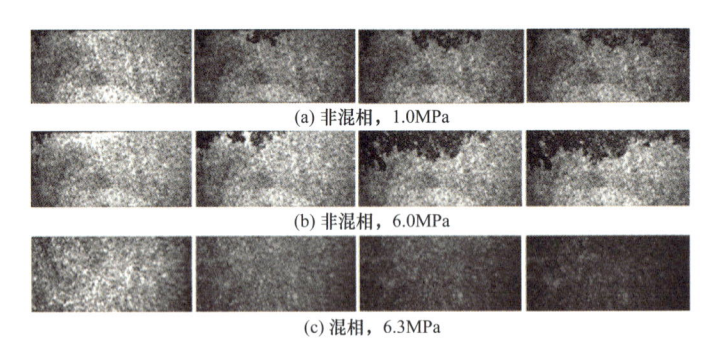

(a) 非混相,1.0MPa

(b) 非混相,6.0MPa

(c) 混相,6.3MPa

图 2-23 非混相气驱和混相气驱驱替效果对比(水平驱替,从左向右)

由上述实验现象得到以下认识:气驱适合于中高渗透储层;对于满足混相条件的中高渗透储层应用驱油技术时,要通过前期调整,完善井网等措施后,以储层(油藏区块)整体混相为目标,实施驱油;对于不满足混相条件的中高渗透储层应用驱油技术时,要根据储层的有效厚度、韵律特点、地层倾角、隔夹层分布等情况,充分利用气液重力分异作用和纵向驱替前缘自调整的优势,以提高采出程度为目标,以扩大波及体积为约束,合理布井,精细设计。

② 低渗透填砂微模型垂直驱替特征。

图 2-24 是低渗透填砂微模型从上向下纵向驱替的非混相气驱和混相气驱过程中记录的图像,注气速度从 0.002mL/min 至 2.0mL/min。由图 2-24 看出,随注入速度增加,初期气体指进现象明显,重力作用微弱;中后期,CO_2 超覆作用出现,指进前缘得到调整,波

及面积逐渐加大，驱油效率增加。图 2-25 是填砂微模型不同注入速度下气驱结束时的图像。

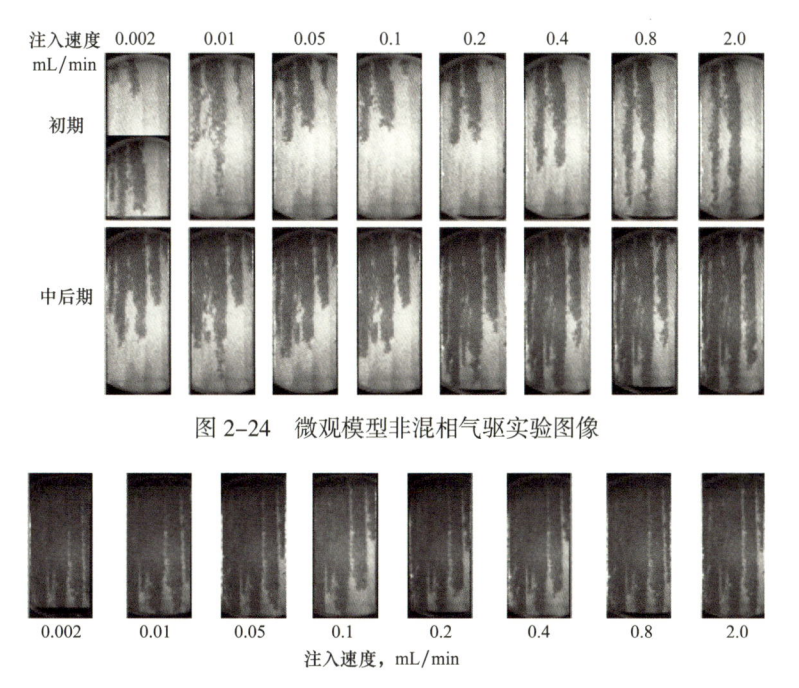

图 2-24　微观模型非混相气驱实验图像

图 2-25　不同注入速度结束时的驱替现象对比

由图 2-25 所示，根据不同注入速度下非混相气驱结束时采出程度数据，绘制不同注入速度非混相气驱采出程度曲线（图 2-26），由图可以看到曲线的两个特征。

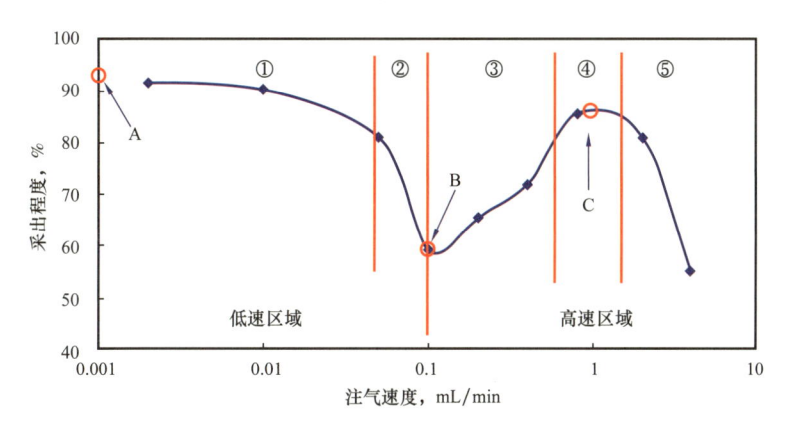

图 2-26　不同注 CO_2 速度实验的采出程度曲线

特征之一是不同注入速度下非混相气驱具有 3 个特征值（图 2-26 中 A、B、C），A 值为气驱理论采收率对应的理论（最优）驱替速度；B 值为采出程度最小值对应的驱替速度（临界速度 1）；C 值为实际采出程度最大值对应的驱替速度（临界速度 2）。

特征之二是不同注入速度下非混相气驱具有 5 个特征区：① 重力高效区；② 重力失效区；③ 增速提效区；④ 高速高效区；⑤ 高速失效区。

图 2-26 曲线表明，考虑渗流阻力与 CO_2 重力分异作用时，非混相气驱存在最佳注气

速度。注气速度合理时，能够获得较好的驱油效果。

2. 储层岩石数字化建模与物性表征方法

通过微观实验得到的多孔介质中流体渗流的微观机理多是定性的。为了定量描述微观机理，探索了基于数字岩心与储层一体化技术的研究。数字岩心与储层一体化技术研究思路主要有以下两点：一是用孔隙网络模型模拟岩心特征，研究储层岩石的物性与渗流机理；二是用真实孔隙空间的数字岩心模型模拟岩心特征，研究储层岩石的物性与渗流机理。

孔隙网络模型的模拟岩心的技术路线如下：首先，通过恒速压汞实验信息提取岩石孔喉及孔隙数据；然后，基于逾渗理论和 Poiseuille 管流运动方程，综合流体渗流中的毛细管力和黏滞力，以及润湿性和形状因子模型，形成准静态、动态孔隙网络模型，研究流体分布、流速、润湿性等对储层岩石的物性与渗流机理的影响。

数字岩心技术是一种全新的、研究多孔介质中流体流动的方法。首先，基于微 CT 扫描获取真实岩样的孔隙架构图像（信息）或岩心粒度组成信息等，构建三维数字岩心；然后，以几何、运动和动力相似准则为约束，重建拓扑等价的三维孔隙（喉）网络模型，进而构建微观流动模拟的研究平台——基于真实岩心的三维孔隙网络模型；最后，通过网络模型与流体运动方程（如 N—S 方程）、界面方程等耦合，实现不同条件下的渗流模拟，形成微观渗流理论和方法（孔隙尺度的渗流理论和方法）。

1）孔隙网络模型的技术方法

孔隙网络模拟技术的核心内容有两点，一是基于恒速压汞资料（信息）等的孔隙网络模型建模技术，二是基于孔隙网络模型的计算应用技术。

（1）孔隙网络模型建模技术。

孔隙网络模型建模技术主要包括孔喉基础参数获取和模型建立两部分。

① 孔喉数据的获取。

孔喉基础数据是真实孔道理想化后，对理想孔道综合分析得出的反映孔道几何尺寸和连通关系等信息的数据体。

a. 利用恒速压汞资料获取孔喉数据的改进方法。

常规压汞、半渗隔板等方法可以获取岩石的最大孔喉半径、孔隙大小分布、主要喉道半径尺寸与分布范围等信息，其缺点是不能给出量化的孔隙和喉道尺寸。针对这个问题，发展了利用恒速压汞资料获取孔喉数据的方法。

图 2-27 为恒速压汞仪的照片以及通过其测得的典型压汞曲线。图 2-28 是根据图 2-27（b）曲线得到的喉道半径（图 2-28）和孔隙半径分布信息（图 2-29），将图 2-28 和图 2-29 两部分信息整合在一起，即形成典型砂岩岩心代表性孔喉数据。上述孔隙和喉道半径分布信息对应孔隙网络模型中孔隙和喉道半径信息，孔隙连通和拓扑结构等信息对应孔隙网络模型的构型以及各个节点孔隙配位情况和连通状况信息[11,12]。

b. 润湿性参数处理方法。

岩石的润湿性是影响多孔介质中多相流体渗流的关键因素之一。图 2-30 是典型水润湿、油润孔隙中油水分布示意图。常用测试方法存在两类问题：一是取得的润湿性信息是岩心整体的宏观润湿性信息，缺少局部信息；其二，取得的润湿性信息多是定性的，缺少定量化的表征。

(a) 恒速压汞仪 (b) 注入压力与进汞量典型关系曲线

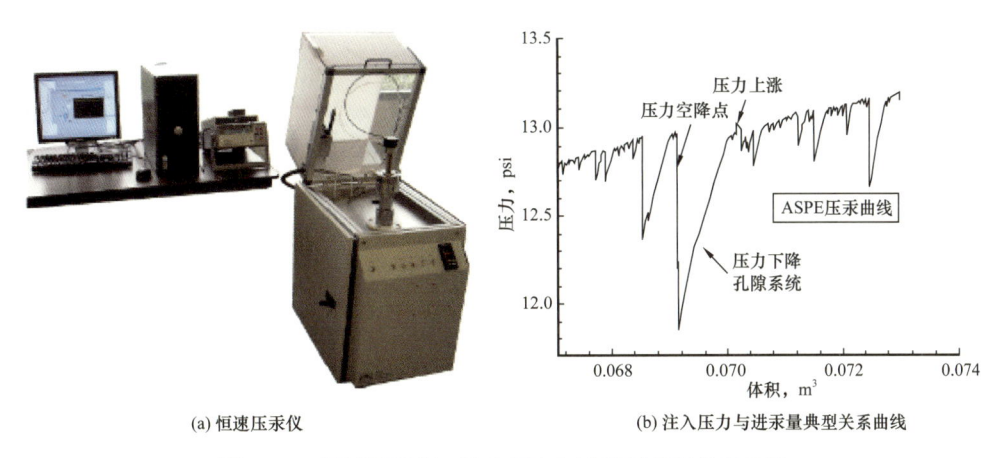

图 2-27　恒速压汞仪、注入压力与进汞量典型关系曲线

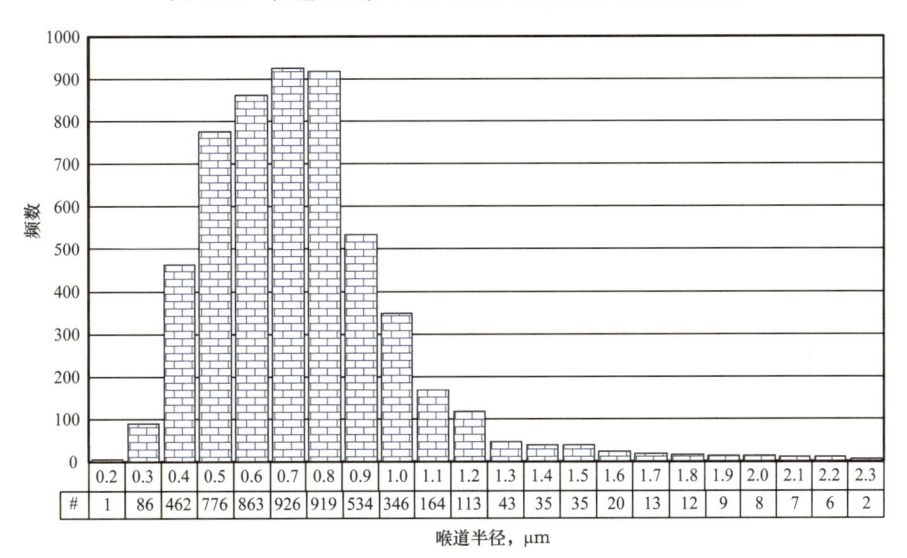

图 2-28　恒速压汞法的喉道半径分布数据

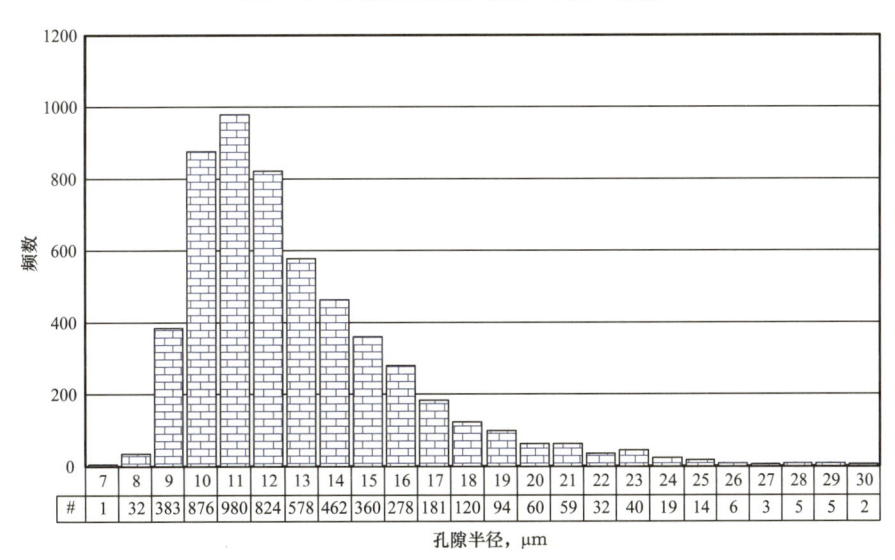

图 2-29　恒速压汞法的孔隙半径分布数据

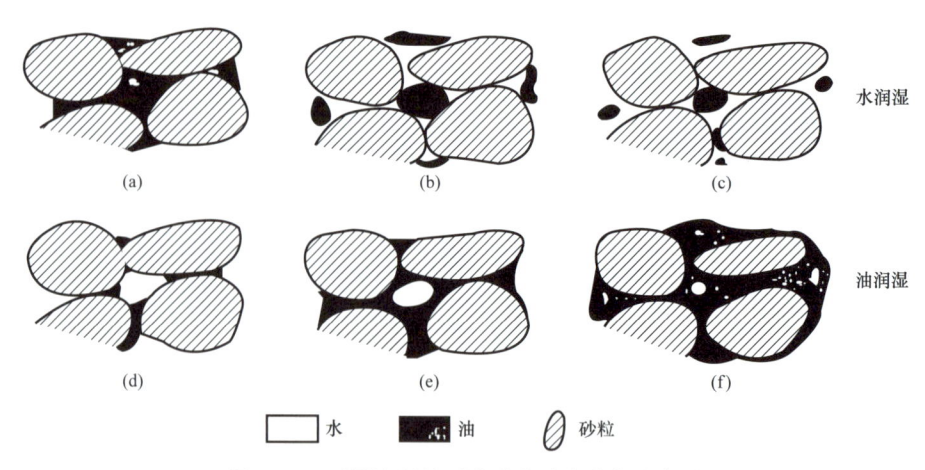

图 2-30 不同润湿性下孔道中油水分布示意图

对不同喉道随机赋值接触角的方式以表征孔隙网络整体或局部的润湿性特征是孔隙网络模拟的优势。这种方法较好地建立了"微观润湿性"与"宏观润湿性"之间的关系，这种方法的关键是设定好接触角分布的中值，控制好接触角分布的走向。图 2-31 为中性润湿情况下喉道接触角的分布图。以下介绍两种提高模型对真实润湿状态分布模拟水平的相关方法。

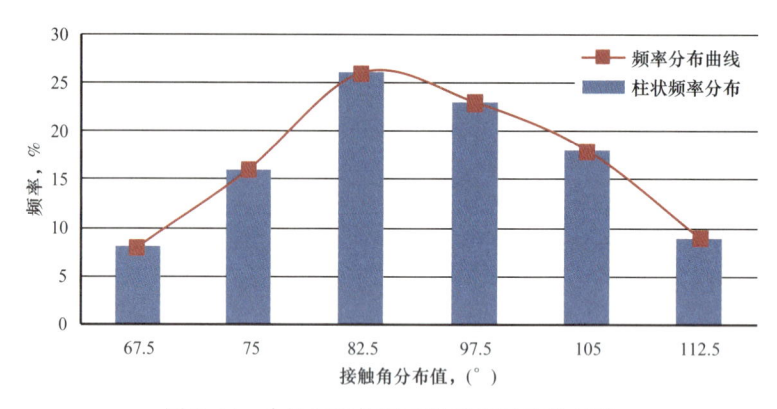

图 2-31 中性润湿情况下喉道接触角分布图

方法一是分析岩心矿物组成分布，根据纯矿物的润湿特征提取岩心的润湿性分布信息。研究表明[5-11]，储层岩石的润湿性与其中矿物组成有很大的关系，可以说每一种矿物对应一种润湿形式；因此可先建立不同岩石矿物与接触角之间的关系，之后用矿物分布来表征接触角分布。图 2-32 是基于 SEM/EDX 岩心自动化岩性矿物分析技术获取的反映岩心矿物组成的"伪彩图"，通过统计图中的矿物分布，可得到接触角分布。这样获取的接触角分布显然更接近岩心中的真实润湿状态。

方法二是基于油气成藏机制的方法，通过建立喉道接触角与喉道半径之间的关系，用喉道半径来获取相应的接触角；在油气二次运移过程中，油气总是优先进入大的孔道，而小孔道仍被水占据，长时间作用下，大孔道往往更倾向于油湿，而小孔道更倾向于水湿，至此不同喉道半径的接触角分布形式就形成了。在实际模拟中，可考虑调整第一次入侵逾渗后喉道接触角状况以满足以上规律，从而较好地反映真实的润湿状态，如图 2-33 所示。

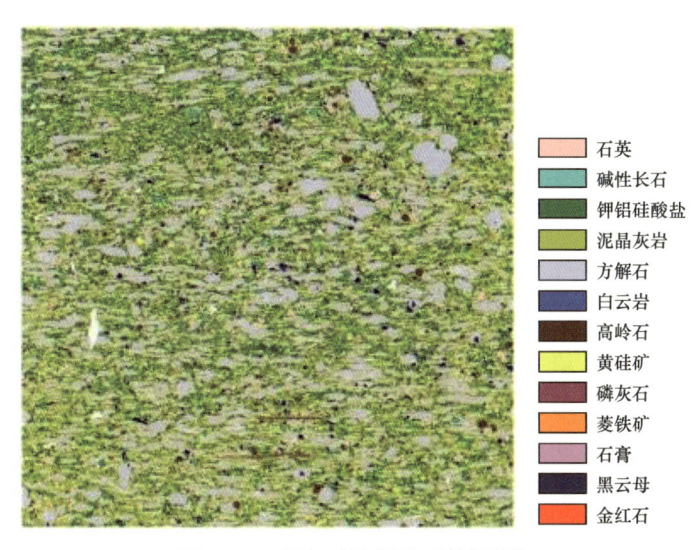

图 2-32　岩心矿物岩性"伪彩图"

c. 孔隙形状因子。

在表征润湿性方面，Martin 教授提出，想要在孔隙网络模型中模拟润湿性的作用，孔隙喉道截面形状应存在角隅。建议将孔隙喉道的截面形状假定为三角形（图 2-34），并对此种形状下的流体分布形态特征进行详细分析。

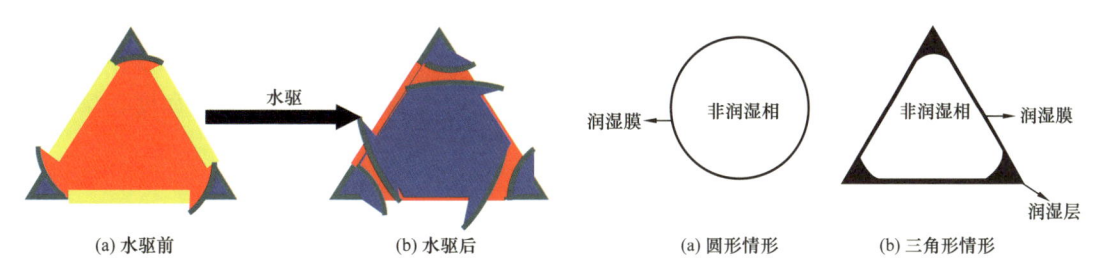

图 2-33　水驱前后喉道中流体分布特征　　　图 2-34　圆形与三角形截面喉道流体分布对比

将 Martin 教授的思想方法用于建立孔隙网络模型，考虑孔隙、喉道的形状以便开展多相流体的流动模拟。为便于问题处理，把孔隙、喉道简化成等截面且截面形状简单的几何体，如简化成截面为正方形、任意三角形或圆形等的毛细管。为此，引入形状因子 G，定义为：

$$G = \frac{A}{p^2} \tag{2-1}$$

式中　A——孔隙、喉道截面面积；
　　　p——孔隙、喉道截面形状的周长（或润湿周长）。

形状因子能够描述多孔介质孔隙空间几何特征，它是孔隙网络建模过程中用到的重要参数。

在所建立的孔隙网络模型中，截面的形状可以是正方形、任意三角形和圆形，利用等截面的柱状体来代替真实岩心中的孔隙和喉道，如图 2-35 所示。由于形状因子表征了孔隙、喉道的空间形态，因此，尽管规则几何体在直观上与岩心孔隙空间差异较大，但它们

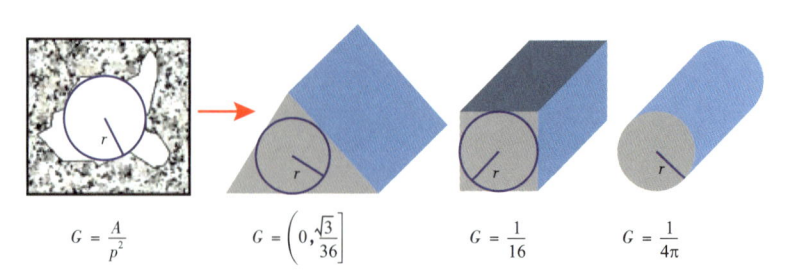

$G=\dfrac{A}{p^2}$ $G=\left(0,\dfrac{\sqrt{3}}{36}\right]$ $G=\dfrac{1}{16}$ $G=\dfrac{1}{4\pi}$

图 2-35　孔隙网络模型中用以表征孔隙、喉道的规则几何体

却具备了孔隙空间的重要几何特征。

d. 微裂缝表征。

微裂缝有几个特征尺度：宽度（$10^0 \sim 10^2 \mu m$ 量级），长度（$10^0 \sim 10^2 mm$ 量级），微裂缝密度与延展方向等。基质孔隙喉道尺度在微纳米量级，孔穴（洞）尺度与成岩类型有关，在微米到毫米甚至厘米量级分布。考虑含裂缝的双重介质的孔隙网络模型的建模主要有 3 个步骤：

第一，将实际的孔隙裂隙介质转化为可供计算机模拟的孔隙裂隙网络，通过实验获得孔隙结构的统计性质和拓扑参数（如孔隙和喉道的分布、配位数及空间相关性），然后将孔、喉、裂隙的分布规律采用某种统计分布函数表示，从而生成网络；

第二，通过由孔隙、裂隙水平微观渗流机制确定的特定的算法模拟孔隙网络的流体运动的规律，从而反映孔隙介质驱替过程的微观面貌；

第三，通过微观流动的模拟，获得裂隙、孔隙网络在不同阶段的宏观参数，包括孔隙—喉道—裂隙等侵入状态、毛细管压力曲线、相对渗透率曲线、流体饱和度、流体速度等。

②孔隙网络流体流动模型。

作为整个孔隙网络模型的核心，孔隙网络流体流动模型是描述流动过程的模型。孔隙网络流体流动模型是在孔隙网络格架模型的基础上按照一定的流动规则模拟流体流动以及反映孔喉界面上物理化学作用的模型。根据流动规则不同，孔隙网络流体流动模型又可分为以下 3 种：静态孔隙网络流体流动模型、准静态孔隙网络流体流动模型和动态孔隙网络流体流动模型。

a. 静态孔隙网络流体流动模型。

静态孔隙网络流体流动模型（以下简称静态模型）是一种针对吸吮过程和自发排替过程的流体流动模型，该模型基于统计物理中的逾渗理论，以毛细管力控制各相流体进出孔喉，从而模拟流体流动。其流动规则为：在非润湿相驱替润湿相时，毛细管力为阻力，由于毛细管力与喉道半径成反比，故此种情况下与驱替相接触的最大喉道总是最先被驱替；而在润湿相驱替非润湿相时，毛细管力为动力，故此种情况下与驱替接触的最小喉道总是最先被驱替。

静态模型最大限度地略去了对流体流动的描述表征，只考虑了流体在岩心内多孔介质中流动时的毛细管力，这是静态模型在计算网络渗流能力时存在的天然缺陷。因而，静态模型在实际应用中比后面的准静态孔隙网络流体流动模型和动态孔隙网络流体流动模型要少得多。

b.准静态孔隙网络流体流动模型。

与静态模型相比,准静态孔隙网络流体流动模型(以下简称准静态模型)和动态孔隙网络流体流动模型(以下简称动态模型)都是综合考虑黏滞力和毛细管力的流动模型。二者的差别在于,准静态模型沿用了静态模型的思路,只是将流动的主控因素换成了黏滞力与毛细管力的相互竞争,本质上还是最优喉道选择更新的问题;动态模型彻底放弃了静态模型和准静态模型的流动研究思路——最优喉道选择更新,动态模型在每次流动阶段中考虑多个喉道的流动更新,不过此种情况下的更新不再是静态模型和准静态模型中对喉道完全改变其状态参数的更新,而是反映不同相流体界面在喉道中移动推进的更新,动态模型正因此得名。由于准静态模型和动态模型中的流动控制因素都涉及黏滞力,因此在孔隙网络计算模型中体现黏滞力的影响是准静态模型和动态模型区别静态模型的关键。

准静态模型介于静态模型和动态模型之间,其结合了入侵逾渗理论和Poiseuille管流运动规律来进行流体流动模拟。准静态模型的流动规则如下:在非润湿相驱替润湿相时,毛细管力为阻力,此时喉道中的净压力等于孔隙网络压力场作用于喉道两端的压力差减去毛细管阻力,故此种情况下总的原则是与驱替相接触的净压力最大的喉道总是最先被驱替;在润湿相驱替非润湿相时,毛细管力为动力,此时喉道中的净压力等于孔隙网络压力场作用于喉道两端的压力差加上毛细管动力,故此种情况下总的原则也是与驱替相接触的净压力最大的喉道总是最先被驱替。

准静态模型考虑了流体在岩心内多孔介质中流动时的毛细管力和黏滞力,相比静态模型,在流动规则上对流体在岩心内多孔介质中的流动模拟描述得更符合实际情况。更重要的一点,准静态模型对孔隙网络的压力场和孔隙网络的体积流量皆有描述,可整合形成孔隙网络渗流能力的计算方法,这也导致准静态模型在实际应用中比静态模型适用性广得多。

c.动态孔隙网络流体流动模型。

与准静态模型不同,动态模型在每步流动阶段中同时考虑多个相邻喉道内的流动情况,直接清楚地反映流体界面如何在喉道中移动推进。在黏滞力与毛细管力之间存在数量级差异时,多喉道同时更新显得更加合理。不同相流体在喉道中的更新不是瞬间完成的,普遍认为是一个流体界面移动推进的过程。动态模型最大的特色就是能较清楚地反映流体界面如何在喉道中运动。

动态模型一方面继承了准静态模型综合考虑流体在岩心内多孔介质中流动时的毛细管力和黏滞力,另一方面发展了研究流体界面在喉道中移动推进的方法,这比起静态模型和准静态模型直接采用喉道状态参数变化反映喉道中不同流体快速变化更新,要更接近岩心中实际情况。

动态模型的不足是流动过程及其表征复杂,压力场求解工作量大,导致编程实现起来十分困难。更重要的一点,由于就整体机理而言,准静态模型和动态模型基本一致,因此,在实际应用中,准静态模型比动态模型适用性广。

(2)孔隙网络物性参数计算理论。

作为一种模拟岩心内多孔介质整体特性的手段,孔隙网络模型在某种意义上代表岩心或多孔介质。在一定程度上可将孔隙网络模拟过程看成室内岩心驱替过程。基于上述对应关系,通常将孔隙网络模型和孔隙网络模拟的结果所反映的岩石物性参数统称为孔隙网络物性参数。

① 孔隙网络孔隙度。

特指孔隙网络格架模型所反映的物性参数。沿用孔隙度的定义,孔隙网络中所有孔隙和喉道体积对应于岩心孔隙体积,用 V_p 来表示;孔隙网络虚拟的岩心体积对应于岩心外观体积,用 V 来表示;孔隙网络孔隙度 ϕ 的表达为

$$\phi = \frac{V_p}{V} \tag{2-2}$$

假设孔隙网络中,孔隙半径用 R 表示,喉道长度用 L 表示,喉道半径用 r 表示;通过统计编号,孔隙网络中共有 m 个喉道和 n 个孔隙。

孔隙网络中单个喉道的体积可表示为:$\pi r^2 L$。m 个喉道的总体积可表示为:$\sum_{i=1}^{m} \pi r_i^2 L_i$。

孔隙网络中单个孔隙的体积和 n 个孔隙的总体积可分别表示为:$\frac{4}{3}\pi R^3$ 和 $\sum_{j=1}^{n} \frac{4}{3} \pi R_j^3$。

孔隙网络的总孔隙体积 V_p 可表示为

$$V_p = \sum_{i=1}^{m} \pi r_i^2 L_i + \sum_{j=1}^{n} \frac{4}{3} \pi R_j^3 \tag{2-3}$$

孔隙网络的孔隙度 ϕ 可表示为

$$\phi = \frac{V_p}{V} = \frac{\sum_{i=1}^{m} \pi r_i^2 L_i + \sum_{j=1}^{n} \frac{4}{3} \pi R_j^3}{V} \tag{2-4}$$

由式(2-4)可知,计算孔隙网络孔隙度的核心问题就是如何获取虚拟岩心的外观体积 V。

② 孔隙网络毛细管力曲线。

在油层物理中,毛细管力曲线定义为非润湿相驱替润湿相进入岩石不同孔隙时的外加压力与对应润湿相饱和度的关系曲线。遵从此定义,在孔隙网络模型中,用排替型驱替过程对应岩心的非润湿相驱替润湿相的过程;用流动阶段网络模型中不同喉道的毛细管力对应非润湿相进入岩心不同孔隙时外加压力;用孔隙网络中润湿相占据的体积比上孔隙网络的总体积来表示润湿相的饱和度。

在孔隙网络中,若第 k 步流动阶段时处于孔隙网络中的孔隙和喉道编号已知,则共有 m 个喉道和 n 个孔隙;其中,喉道编号 i 至 mk 的喉道被非润湿相充满,孔隙编号 i 至 nk 的孔隙被非润湿相充满,其余的孔隙和喉道皆被润湿相充满。孔隙网络中被非润湿相充满的喉道总体积和孔隙总体积可分别表示为

$$\sum_{i=1}^{mk} \pi r_i^2 L_i \text{ 和 } \sum_{j=1}^{nk} \frac{4}{3} \pi R_j^3$$

孔隙网络中被非润湿相充满的总体积可表示为

$$\sum_{i=1}^{mk}\pi r_i^2 L_i + \sum_{j=1}^{nk}\frac{4}{3}\pi R_j^3$$

此时孔隙网络中非润湿相饱和度可表示为

$$S_{ok} = \frac{\sum_{i=1}^{mk}\pi r_i^2 L_i + \sum_{j=1}^{nk}\frac{4}{3}\pi R_j^3}{\sum_{i=1}^{m}\pi r_i^2 L_i + \sum_{j=1}^{n}\frac{4}{3}\pi R_j^3} \times 100\% \quad (mk<k,\ nk<n) \tag{2-5}$$

因此，孔隙网络中润湿相饱和度可表示为

$$S_{wk} = 1 - S_{ok} = \left(1 - \frac{\sum_{i=1}^{mk}\pi r_i^2 L_i + \sum_{j=1}^{nk}\frac{4}{3}\pi R_j^3}{\sum_{i=1}^{m}\pi r_i^2 L_i + \sum_{j=1}^{n}\frac{4}{3}\pi R_j^3}\right) \times 100\% \tag{2-6}$$

式（2-6）是静态模型与准静态模型中润湿相饱和度的求解方法。动态模型的润湿相饱和度求解方法略有不同，区别在于：对存在流体界面的喉道，其中的润湿相占据体积和非润湿相占据体积要严格划分。

静态模型与准静态模型的毛细管压力可直接用公式（2-7）表示

$$p_c = \frac{2\sigma_{ow}\cos\theta_{ow}}{r} \tag{2-7}$$

式中 σ_{ow}——油水之间的界面张力；
$\quad\quad\theta_{ow}$——油水接触角；
$\quad\quad r$——对应喉道的半径。

在动态模型中，由于存在多个喉道同时流动的问题，不再是静态模型和准静态模型中单个最优喉道的问题，公式（2-7）将不再适用。从毛细管力的初始定义出发，即毛细管中弯液面两侧两种流体的压力场，也可认为是非润湿相一侧的压力减去润湿相一侧的压力，由此定义孔隙网络中的平均油相压力和平均水相压力如下：

$$\bar{p}_o = \frac{\iiint_V p_o \gamma_o \mathrm{d}V}{\iiint_V \gamma_o \mathrm{d}V} \tag{2-8}$$

$$\bar{p}_w = \frac{\iiint_V p_w \gamma_w \mathrm{d}V}{\iiint_V \gamma_w \mathrm{d}V} \tag{2-9}$$

式中 $p_o,\ p_w$——孔隙网络中对应体积元 $\mathrm{d}V$ 处的油相压力和水相压力；
$\quad\quad\gamma_o,\ \gamma_w$——对应体积元 $\mathrm{d}V$ 处油相状况和水相状况。

γ_o 和 γ_w 定义如下：当对应体积元 $\mathrm{d}V$ 处为水相时，γ_o 和 γ_w 分别为 0 和 1，反之则相反。

显然，一体积元dV内要么只有油相压力p_o，要么只有水相压力p_w。因此，此时的毛细管力表达式如下：

$$p_{ck}=\overline{p}_{ok}-\overline{p}_{wk}=\frac{\iiint_V p_o\gamma_o\mathrm{d}V}{\iiint_V \gamma_o\mathrm{d}V}\bigg|_k-\frac{\iiint_V p_w\gamma_w\mathrm{d}V}{\iiint_V \gamma_w\mathrm{d}V}\bigg|_k \qquad (2-10)$$

通过上面的分析，对每步流动阶段的润湿相饱和度和相应的毛细管力进行统计，即可获取孔隙网络毛细管力曲线。

③孔隙网络渗透率。

在孔隙网络中渗透率的计算可看作是孔隙网络综合流动能力的宏观评价，因此，孔隙网络中计算渗透率仍需用到达西定律。以下是3种常用的孔隙网络渗透率计算方法。

第一种方法是基于孔隙网络毛细管力曲线推导的方法，在油层物理学教材中均有介绍，在此不做赘述，仅给出结论表达式：

$$K=\frac{(\sigma_{ow}\cos\theta_{ow})^2}{2}\phi\int_0^1\frac{\mathrm{d}S}{p_c^2} \qquad (2-11)$$

第二种方法是基于孔隙网络平均喉道半径推导的方法，在油层物理学教材中也有介绍，在此不做赘述，仅给出结论表达式：

$$K=\frac{\phi r^2}{8} \qquad (2-12)$$

由于以上两种方法不涉及孔隙网络对流体流动的描述，故它们对静态模型、准静态模型和动态模型皆适用。

第三种方法是直接对孔隙网络的综合流动能力进行宏观评价。在孔隙网络的压力场更新结束后，通过更新的压力场计算出从孔隙网络边界处流入的总流量，公式（2-13）中的负号是为了抵消Q_{ij}中的负号，总流量表达式为

$$Q_{system}=-\sum_{i\in Boundary}\sum_{j\in N_i}Q_{ij} \qquad (2-13)$$

孔隙网络与虚拟岩心之间存在一个对应关系。流体流动是发生在孔隙网络当中的，因此可直接用式（2-13）来表示通过虚拟岩心的总流量；但虚拟岩心的截面积A_{system}和长度L_{system}都是孔隙网络转化后的参数，通常也需要考虑孔隙网络和虚拟岩心之间的缩放关系。孔隙网络压力差Δp_{system}可用孔隙网络的压力场在进出孔隙网络的两边界上的压力差来表示，故孔隙网络渗透率的计算公式如下：

$$K_{ab\_system}=\frac{Q_{system}\mu L_{system}}{A_{system}\Delta p_{system}} \qquad (2-14)$$

由于此方法涉及孔隙网络对流体流动的描述，因此，对静态孔隙网络流体流动模型不适用。

④ 孔隙网络相对渗透率曲线。

借用经典相对渗透率的概念，孔隙网络相对渗透率定义为孔隙网络各相对渗透率与孔隙网络渗透率的比值。以下介绍两种常用的孔隙网络相对渗透率曲线计算方法。

第一种方法是沿用孔隙网络渗透率计算方法中基于孔隙网络毛细管力曲线的推导法。当岩石中含水饱和度为 S_w 时，将式（2-11）拓展，可分别获得水相和油相的有效渗透率为

$$K_w = \frac{(\sigma_{ow}\cos\theta_{ow})^2}{2}\phi\int_0^{S_w}\frac{dS}{p_c^2} \qquad (2-15)$$

$$K_o = \frac{(\sigma_{ow}\cos\theta_{ow})^2}{2}\phi\int_{S_w}^{1}\frac{dS}{p_c^2} \qquad (2-16)$$

由式（2-15）和式（2-16）可求得水相和油相的相对渗透率为

$$K_{rw} = \frac{K_w}{K} = \frac{\frac{(\sigma_{ow}\cos\theta_{ow})^2}{2}\phi\int_0^{S_w}\frac{dS}{p_c^2}}{\frac{(\sigma_{ow}\cos\theta_{ow})^2}{2}\phi\int_0^{1}\frac{dS}{p_c^2}} = \frac{\int_0^{S_w}\frac{dS}{p_c^2}}{\int_0^{1}\frac{dS}{p_c^2}} \qquad (2-17)$$

$$K_{ro} = \frac{K_o}{K} = \frac{\frac{(\sigma_{ow}\cos\theta_{ow})^2}{2}\phi\int_{S_w}^{1}\frac{dS}{p_c^2}}{\frac{(\sigma_{ow}\cos\theta_{ow})^2}{2}\phi\int_0^{1}\frac{dS}{p_c^2}} = \frac{\int_{S_w}^{1}\frac{dS}{p_c^2}}{\int_0^{1}\frac{dS}{p_c^2}} \qquad (2-18)$$

不难发现，式（2-17）和式（2-18）满足以下关系：

$$K_{rw} + K_{ro} = \frac{\int_0^{S_w}\frac{dS}{p_c^2} + \int_{S_w}^{1}\frac{dS}{p_c^2}}{\int_0^{1}\frac{dS}{p_c^2}} = 1 \qquad (2-19)$$

由于以上公式在推导过程中未考虑真实岩样与理想岩样之间的差别，通常解决的办法是引入孔道迂回系数 τ_w 和 τ_o 予以校正，经校正后，计算油水两相相对渗透率曲线的公式为：

$$K_{rw} = (\tau_w)^2 \frac{\int_0^{S_w}\frac{dS}{p_c^2}}{\int_0^{1}\frac{dS}{p_c^2}} \qquad (2-20)$$

$$K_{ro} = (\tau_o)^2 \frac{\int_{S_w}^{1}\frac{dS}{p_c^2}}{\int_0^{1}\frac{dS}{p_c^2}} \qquad (2-21)$$

孔道迂回系数 τ_w 和 τ_o 分别是对水相和油相相对渗透率校正的相关系数，具体取值视具体情况而定。

由于此种方法不涉及孔隙网络对流体流动的描述，故它们对静态模型、准静态模型和动态模型皆适用。其缺点是需要视具体情况确定孔道迂回系数 τ_w 和 τ_o，从而使该方法不具备广泛的适用性。

第二种方法是沿用孔隙网络渗透率计算的第三种方法，即直接对孔隙网络针对其中一相的综合流动能力进行宏观评价。由于此方法涉及孔隙网络对流体流动的描述，因此，对静态模型不适用。

2）基于真实岩心的数字岩心技术

数字岩心技术（Digital Core Analysis，DCA）是以数字岩石物理学（Digital Rock Physics，DRP）为理论基础，以岩心三维微观结构作为平台，通过图像分析与数值模拟，获得岩心物理性质和岩心内流体流动特征的技术方法。DCA 发展于 20 世纪 50 年代，1956 年，美国 Fatt 教授最先提出用空间上相互连通的毛细管表征油藏岩石的孔喉通道结构，用电阻表征孔喉，利用电流模拟孔喉内流体流动，初创"数字岩心"学科。20 世纪 70 年代，加拿大滑铁卢大学的 Chartzis 和 Dullien 将计算机技术应用于岩石微观渗流信息的处理，在数字岩心数值计算上取得了突破，并将 DCA 发展到三维，从理论向实践迈进了一步。20 世纪 90 年代初，英国帝国理工大学的 Martin，开发了从球堆模型提取孔隙网络模型的技术，从而将真实多孔介质（砂岩）引入此领域，带动了数字岩心领域的阶段性飞跃。1999 年，在多家大型石油公司赞助下，Martin 教授在帝国理工大学成立了数字岩心中心。2003 年，挪威国家石油公司的专家发明了通过二维 CT 图片模拟地质成岩过程获得三维虚拟岩石的方法，并结合 Blunt 教授的成果形成孔隙网络模型建模技术。基于该技术，2004 年全球首家商业化数字岩心公司成立。此时，数字岩心技术的应用对象仅限于砂岩。2006 年，董虎（帝国理工大学数字岩心中心成员）解决了从任意类型岩石的微米 CT 图像直接提取孔隙网络模型的难题，使数字岩心技术的应用对象扩展到任意类型的岩心。现代 DCA 技术借助于计算机的巨量信息处理能力，在保障分析质量的前提下，将分析时间由原来的数月缩短至几天，大大节省人力成本，使得油藏勘探完毕后即时制订开发方案成为可能。2011 年 8 月中旬，SPE 在美国加利福尼亚州召开了第一届数字岩石论坛，各大石油公司和服务公司经过反复论证，确立了数字岩心作为未来岩心分析手段的地位。

DCA 主要由三维岩心重构、真实岩心拓扑孔隙模型建模和流动模拟 3 项技术构成。数字岩心分析工作流程图如图 2-36 所示。

（1）三维岩心重构技术。

① CT 扫描技术。

计算机断层扫描（Computed Tomography，简称 CT）技术是一种专门用来进行无损检测和探伤的技术。早在 20 世纪 80 年代，CT 技术就被应用于油气藏储层研究，并发展成为研究储集层多孔介质特性的重要工具。

CT 扫描测量岩石中流体饱和度的基本原理如下：由于不同的物质具有不同的 CT 值，从而可以利用各单位体积上 CT 值的差别对不同流体的饱和度进行识别。根据 $S_w+S_o=1$，结合干模型、湿模型和中间模型（即干岩石断层面、100% 饱和一种流体以及油水共存状态下岩石断层面的扫描数据）可以计算出含水饱和度 S_w 和含油饱和度 S_o：

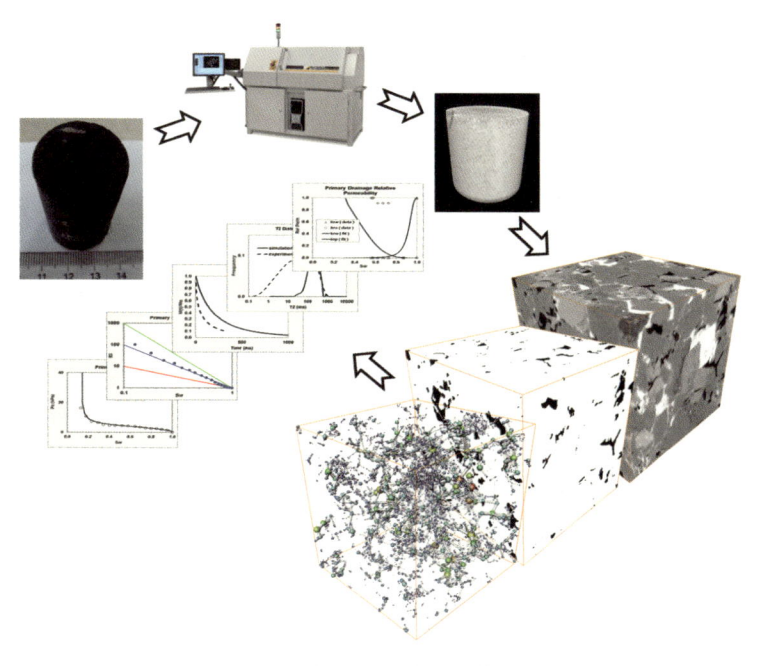

图 2-36　数字岩心分析工作流程图

$$S_o = \frac{CT_\text{waterwet} - CT_t}{CT_\text{waterwet} - CT_\text{dry}} \cdot \frac{CT_\text{water} - CT_\text{air}}{CT_\text{water} - CT_\text{oil}} \tag{2-22}$$

$$S_w = 1 - \frac{CT_\text{waterwet} - CT_t}{CT_\text{waterwet} - CT_\text{dry}} \cdot \frac{CT_\text{water} - CT_\text{air}}{CT_\text{water} - CT_\text{oil}} \tag{2-23}$$

式中　CT_dry——干岩石断层面的 CT 值，即干模型；

CT_waterwet——岩石 100% 饱和水后断层面的 CT 值，即湿模型；

CT_t——中间模型时刻 t 岩石断层面的 CT 值；

CT_water——水的 CT 值；

CT_oil——油的 CT 值；

CT_air——空气的 CT 值。

由于射线衰减系数与物质的密度和原子数有关，普遍的规律是单位体积上物质的密度和原子数越大，该单位体积对应的射线衰减系数越大，其对应的 CT 值也越大，反之则相反。对于同一块岩样，各个位置处的骨架密度基本一致，故 CT 图像中各像素上 CT 值的差异在一定程度上可代表各单位体积中孔隙的差异，因此 CT 图像中 CT 值的分布可在一定意义上表示岩心中孔隙展布和孔隙大小分布情况。

取两块采自同一层位的岩样进行 CT 扫描驱替实验，对岩样编号为 CQ-1 和 CQ-2，二者渗透率接近，分别为 0.8437mD 和 0.7964mD。图 2-37 为 CQ-1 和 CQ-2 的 CT 扫描图（经图像软件处理后的扫描图）。从两扫描图对比可知，岩心 CQ-1 每个断层面的 CT 值变化较大，而 CQ-2 的变化相对较小。经分析，岩心 CQ-1 均质性较差，而 CQ-2 均质性较好。这从微观层面反映出，虽然 CQ-1 和 CQ-2 的渗透率接近且采自同一层位，但其内部的孔道却存在不小的差异。

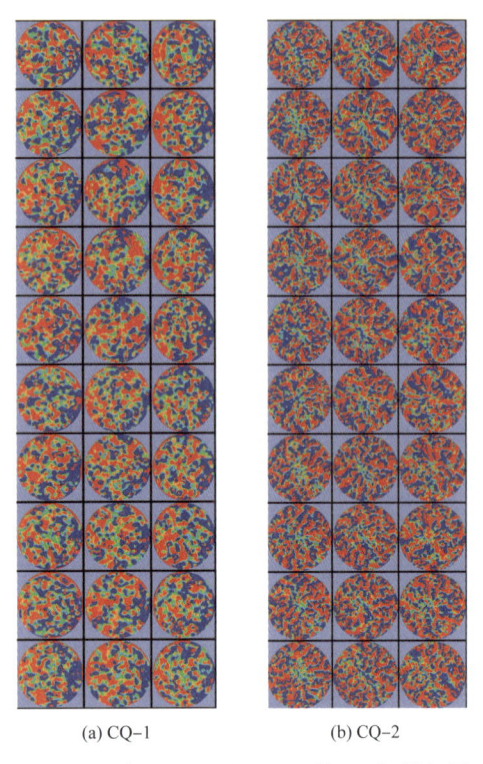

(a) CQ-1　　(b) CQ-2

图 2-37　岩心 CQ-1 和 CQ-2 的 CT 扫描组图

图 2-37 为 CQ-1 和 CQ-2 以同一流速水驱时不同时刻的含水饱和度增量沿程分布图。将两个分布图进行对比可知，CQ-1 和 CQ-2 的水驱过程中含水饱和度增量沿程分布差异显著，这也预示两者的整个驱替过程中流体在其中的流动差异也很大，从而凸显出孔喉数据对流体在岩心内多孔介质中流动的重要性。

② 微焦点 CT 扫描。

微焦点 CT 扫描是一种比医用 CT 扫描精度更高的扫描方式，广泛应用于精密仪器的高精度探伤测试，图 2-38 为微焦点 CT 扫描仪的照片及其扫描获取的某一岩心截面的 CT 扫描图。如图 2-38 所示，根据 CT 图像的灰度值信息，灰度值大的区域（即图中亮色区域）为矿物颗粒，灰度值小的区域（即图中暗色区域）为岩石孔道，由此岩心内的孔道和矿物颗粒清晰可见，该扫描图的分辨率为 $1.1434\mu m$。

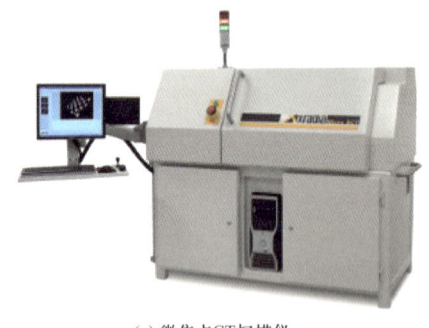

(a) 微焦点CT扫描仪　　(b) 岩心扫描切片灰度图像

图 2-38　微焦点 CT 扫描仪和岩心截面 CT 扫描图

③ 重构三维真实岩心技术。

图 2-39 是对某一体积微元进行微焦点 CT 扫描的 CT 重建三维立体图。从图 2-39 中可知，要想对岩心真实的三维孔道进行准确的描述是极难的，这是由于真实的孔道过于复杂，同时数量又极其庞大。

（2）真实岩心拓扑孔隙模型的建立技术。

关于微焦点 CT 扫描获取孔喉数据的过程可简述如下：利用微焦点 CT 扫描成像技术，实现岩心微观成像；设置灰度阈值，区分基质孔道（如图 2-40 所示，本图为数字化后

图 2-39　CT 扫描三维重建图像

的二值图,即图中各像素点的值为 1 或 0,分别表示此区域为基质或孔道),获得岩心孔道三维信息;将孔道单独提取出来(如图 2-41 所示,是对某一体积微元进行微焦点 CT 扫描从中提取出的三维孔道展布图),通过最大球法将孔道转化为一系列的串珠并对其进行隶属关系判断,分辨孔隙和喉道(如图 2-42 所示,图中白色区域判断为孔隙,灰色区域判断为喉道);对理想简化出的孔隙喉道集合(如图 2-43 所示,图中土黄色区域表示基质,紫色球体表示孔隙,白色管道表示喉道)进行各类参数统计分析,量化孔隙结构参数。

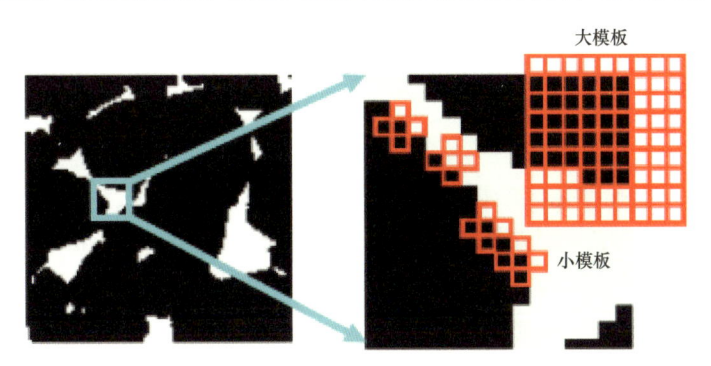

图 2-40 区分基质孔道原理示意图

图 2-41 三维孔道展布图　　图 2-42 隶属关系判断区分孔隙喉道示意图　　图 2-43 理想简化出的孔隙喉道集合示意图

由于微焦点 CT 扫描法处理的岩样通常都很小,因此其获取的孔道几何参数分布往往代表性不强;不过由于此法是对岩心直接成像,因而其在描述孔道展布、孔道连通以及孔道配位等方面具备前面方法所不具备的天然优势。同时,此方法不损害岩心,唯一的不便就是需在测试前制备出直径为 2~3mm 的小岩样。

(3)基于真实岩心拓扑孔隙模型的流动模拟技术。

孔隙级流动模拟技术是以反映孔隙尺度上岩心孔隙空间特征的模型为基础,以定义的孔隙级流动模拟模型为依托,模拟单相或多相流体在孔隙模型中的流动,继而对流动性质进行预测分析的技术方法。因此,开展孔隙级模拟除了需要建立模拟平台(即反映岩心孔隙空间结构特征的微观模型,如数字岩心和孔隙网络模型)外,还需要建立孔隙级流动模拟模型,从而定义流体在微观模型中的流动模拟规则。

迄今,岩心孔隙空间的微观建模技术仍在发展,而孔隙级流动模拟模型则日渐成熟。其中,孔隙级流动模拟模型经过多年的发展和完善,目前已被广泛应用且已取得了很好的应用效果。所以,本节采用该模型开展流动模拟研究,并分析其模拟流体流动的基本过程和计算多相流传输性质。

3. 非线性渗流理论研究进展

学术界将速度与压力梯度满足线性关系，且通过原点的流体渗流称为线性渗流（达西渗流），将不满足上述条件的渗流称为非线性渗流。按照导致非线性渗流的原因，学术界将非线性渗流分为两类，第一类是由于固体介质孔隙与喉道尺寸细小引起的流体渗流偏离达西渗流；第二类是由于流体状态导致的流体渗流偏离达西渗流。这里，着重讨论第一类情况。

对于第一类情况，研究认为，导致非线性渗流的主要原因是允许流体流动的孔隙与喉道尺寸细小，细小孔隙与喉道引起流固边界层效应，以及由此带来附加渗流阻力等。用什么参数来表征和反映这类非线性渗流的基本规律一直是研究的焦点，具有重要的理论意义与应用价值。

1）表征致密储层孔隙孔喉参数的方法

中国新增油气资源中致密油气储量占比越来越高。精细认识、准确评价这些油气资源是科学合理地确定开发方式与制订经济有效开发方案的基础。准确获取致密油气储层的孔隙与喉道参数是区分和评价致密储层的重要内容。研究表明，致密储层（介质）的孔隙和喉道尺寸涵盖4～5个数量级，从数纳米到数百微米。单一的测试方法很难在上述尺度范围获取和展现致密介质的孔隙和喉道的分布规律。表2-6汇总了致密储层介质孔隙与喉道参数的分析测试方法。

表2-6 不同测试方法优点缺点对比

测试方法	有效半径范围	优点	缺点
低温吸附	1～25nm	精细刻画纳米级孔隙分布	有效范围窄，跳跃性大
高压压汞	0.0018～500μm	可较大范围反应孔隙分布情况	高压汞造成人工裂隙；测试微小孔隙误差大
常规压汞	0.007～200μm	技术成熟，广泛应用于中高渗透储层	数据点少，误差大
恒速压汞	≥0.1μm	能区分孔、喉	范围窄，只能测到0.1μm；致密岩样进汞饱和度小于10%
离心-NMR	≥50nm	岩心无损测试，可重复利用	间接反应不同尺度空间含量

（1）低温氮气吸附实验方法。

典型的测试仪器是美国Quantachrome公司的Autosorb®-6B自动等温吸附仪。该仪器在77.35K和相对压力0.01～1MPa的工作条件下测定岩石的等温吸附曲线。主要针对纳米级孔隙，其有效的半径测试范围为1～25nm。

（2）常规压汞和高压压汞测试方法。

常规压汞的孔隙测试范围介于0.007～100μm之间，技术相对成熟，已经广泛应用于中高渗透储层。高压压汞方法是常规压汞测试方法的升级版本，由于加大了测试压力，所以将测试范围拓宽到0.0018～500μm之间。

（3）恒速压汞测试方法。

该方法比较成熟，它的最大优点是通过监测压力涨落，从而定量区分孔隙与喉道的数量。它的主要缺点是测试压力较低，只能测试0.1μm以上孔隙空间。

（4）离心结合核磁共振测试方法。

该方法利用测量样品在不同离心力作用前后核磁共振信息变化，反演获取样品不同尺度孔隙（空间）的含量，并得到不同尺度孔隙的分布。

上述 4 种方法联合应用，可以定量给出致密岩心中孔隙与喉道的尺寸和分布特征。

2）微管（微孔隙）中的流固边界层特征

1904 年，德国人 Prandtl（普朗特）发现了流固边界层现象，并将流固边界层与细小孔隙与喉道中流体渗流结合起来反映和表征非线性渗流规律。

（1）边界层厚度与压力梯度关系表达式。

20 世纪 60 年代，苏联学者提出了流体在微孔流动的尺度效应。但在表征尺度效应方面，主要基于 Hagen-Poiseuille 方程。考虑固—液界面边界层的厚度：

$$Q_{\exp} = \frac{\pi(r-\delta)^4 \Delta p}{8\mu L} \quad (2\text{-}24)$$

式中　$Q_{\exp}$——通过微管的流量；
　　　δ——有效流体边界层厚度；
　　　r——微管实际半径；
　　　Δp——微管两端压差；
　　　L——微管长度；
　　　μ——实验温度下去离子水的表观黏度。

将式（2-24）变形，可以求解出边界层厚度 δ 与压力梯度的关系：

$$\delta = r - \left[\frac{8\mu L Q_{\exp}}{\pi \Delta p}\right]^{1/4} \quad (2\text{-}25)$$

（2）微管（微孔隙）中的流固边界层特征。

为了研究以微小孔隙、孔喉为主的致密油气储层的渗流特征，采用自研发的微（管）模型流动实验装置（实验方法介绍见本节的第二部分：实验与方法的研究）模拟流体（去离子水）的微尺度渗流。实验用微管长度为 8mm，半径分别为 10μm、7.5μm、5.0μm 和 2.5μm，实验温度为 25℃。

利用关系式（2-25）计算不同半径微管在不同压力梯度下的有效边界层厚度。图 2-44 是采用半径为 2.5～10μm 微管测试去离子水在微管中流动时的有效边界层厚度 δ 随压力梯度 |Grad$p$| 的变化关系曲线。由图 2-44 看出，有效边界层厚度随着压力梯度的增加而降低，主要特征是在压力梯度较低时边界层较厚，参与流动的流体较少，随着驱动压力梯度增加，有效边界层变薄，参与流动的流体增加，而当驱动压力梯度大到一定程度时，有效边界层厚度趋于定值。

图 2-44 曲线不能直观表征边界层厚度对微管流动的影响程度，为了描述不同尺寸微管中流体有效边界层厚度与微管管径的比值 δ/r，定义如下公式：

$$\frac{\delta}{r} = 1 - \frac{\left(8\mu L Q_{\exp}/\pi \Delta p\right)^{1/4}}{r} \quad (2\text{-}26)$$

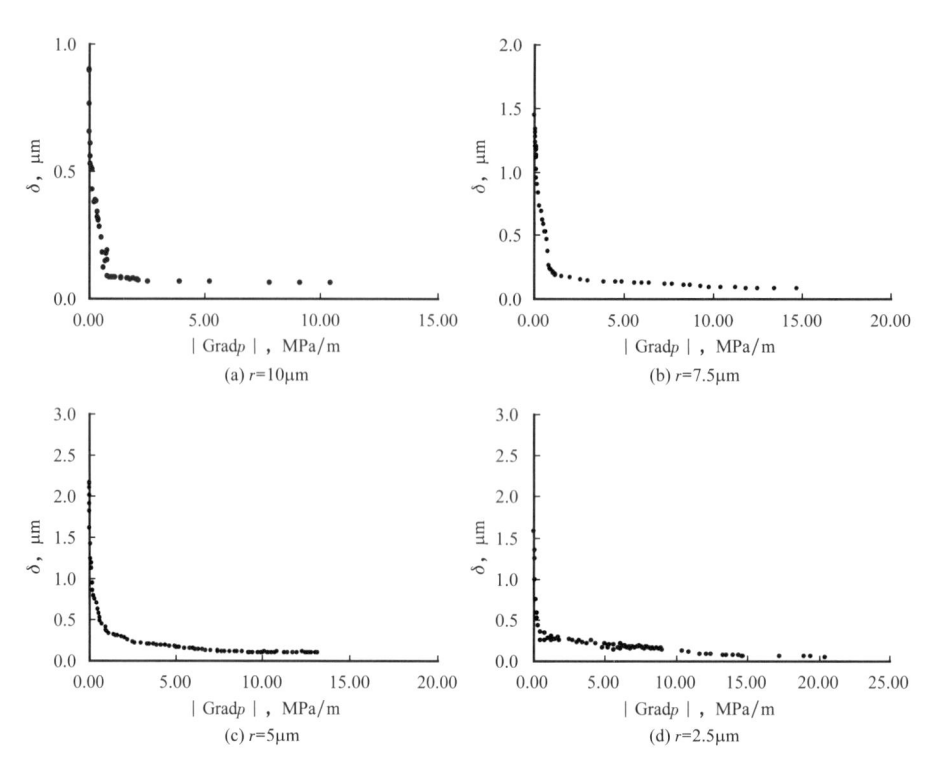

图 2-44　不同半径微管有效边界层厚度与压力梯度的关系

由实验数据建立驱动压力梯度与 δ/r 关系曲线，如图 2-45 所示。从图中可以得到有效边界层厚度占管径的比例随压力梯度的变化关系。

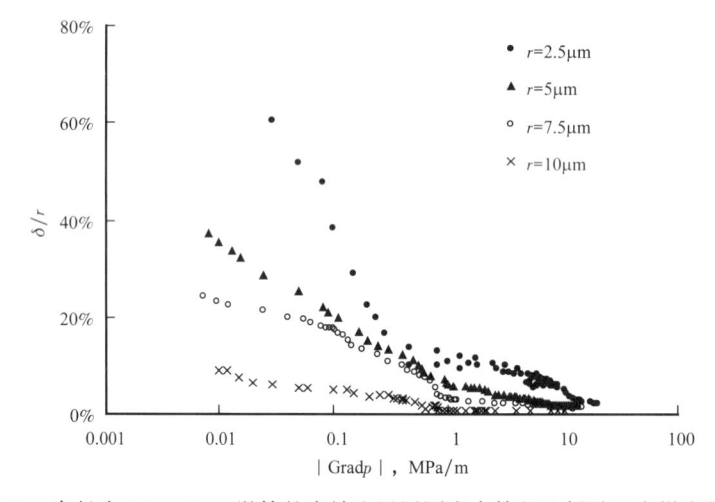

图 2-45　半径为 2.5～10μm 微管的有效边界层厚度占管径比例随压力梯度的变化

由图 2-45 可见，当压力梯度为 0.01MPa/m 时，半径 10μm 微管的有效边界层厚度占管径比例接近 10%，当压力梯度为 1MPa/m 时，该比例降至 1% 以下，对流动的影响小；当压力梯度分别为 0.01MPa/m 和 1MPa/m 时，半径 7.5μm、5.0μm 和 2.5μm 微管的有效边界层厚度占管径比例分别为 23%、35%、60% 和 3.5%、6%、10%（以上）。在相同压力梯度下驱动不同管径微管中的流体，能被动用的流体所占的份额各不相同，管径越大，份额越大，管径越小，相应的份额也就越小。由此可以推断，当微孔隙与喉道尺寸小于 1μm 或更小时，微孔隙中可动用流体的份额将会更少。

考虑到实际致密储层中孔隙与喉道的连通性和表面粗糙程度等因素，致密储层孔隙与喉道的固液有效边界层厚度占孔隙与喉道半径比值更大，对渗流的影响更大。这表明以微小孔隙、孔喉为主的致密油气储层（资源）有效开采难度极大。

3）微管（微孔隙）中流体非线性渗流特征

（1）去离子水在微管中的流动特征。

在实验压力范围内，将实验流速和根据 Hagen-Poiseuille 方程所得理论流速与压力梯度关系绘制成曲线，如图 2-46 所示。从图 2-46 中看出，在实验压力范围内，流体流速与压力梯度之间呈线性关系，且随着管径减小，线性程度变差。当微管半径为 2.5μm 时 [图 2-46（d）]，实验流速与压力梯度的线性关系出现较大偏差，实验流速小于理论流速。将实验流速与理论流速数值相比较，两者间的偏差随管径变小而增大。如图 2-46 所示，在实验压力范围内，半径 10μm、7.5μm、5μm 和 2.5μm 微管实验流速与理论流速数值的最大和最小偏差分别为 17.20%、42.83%、62.11%、93.12% 和 1.26%、2.60%、3.69%、4.29%。

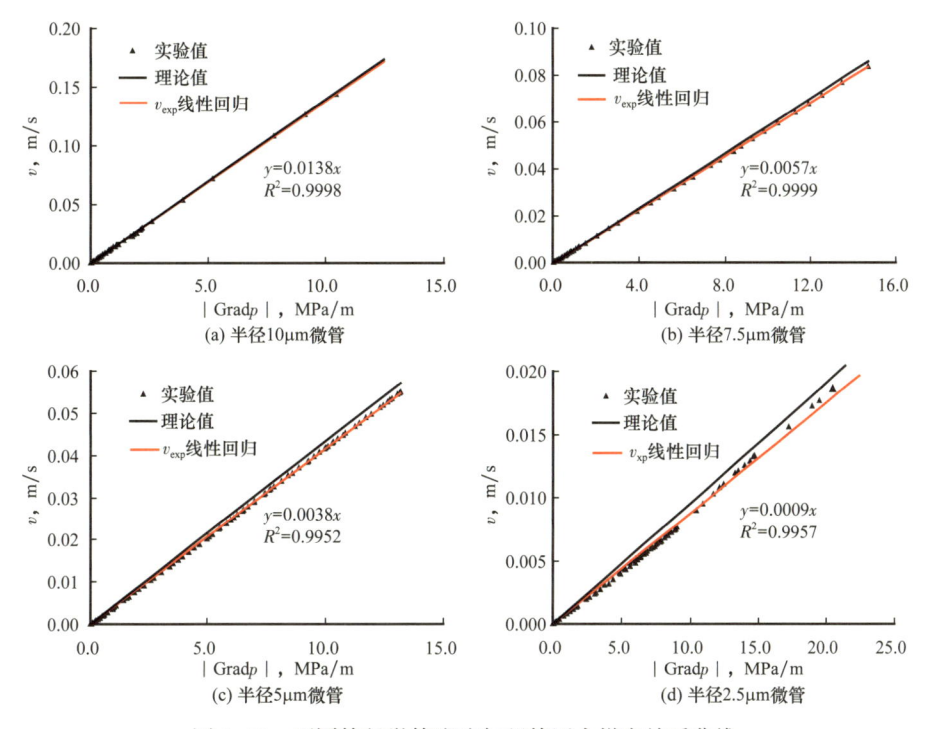

图 2-46 不同管径微管流速与驱替压力梯度关系曲线

将上述 4 种微管的实验流速与理论值偏差对比结果绘制在同一张图（图 2-47）中，能够更清楚地看到流速与压力梯度及管径的关系，即管径越小，实验流速与理论值的偏差越大；随着压力梯度的增大，偏离程度逐渐降低，实验值接近理论值，最终趋于定值。

（2）非线性渗流的判定。

借鉴判别层流与紊流的雷诺数（Re），姚约东等[6]通过岩心驱替实验提出了表征岩心渗流状态的 Re'（拟雷诺数）和渗流阻力系数 f 的表达式，见式（2-27）和式（2-28）。

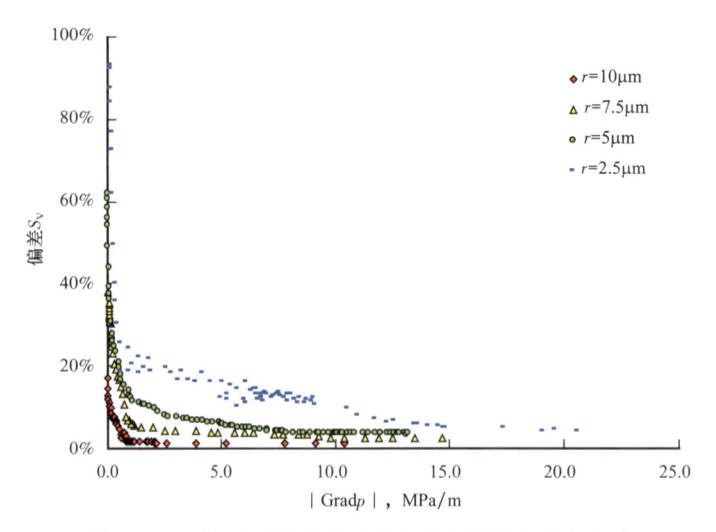

图 2-47 不同内径微管中流速与理论值偏差对比关系

$$Re' = \frac{q\rho\delta}{\mu A\phi} \quad (2-27)$$

$$f = \delta\frac{\Delta p}{\rho \Delta l}\left(\frac{\phi A}{q}\right)^2 \quad (2-28)$$

式中　q——流量，cm^3/s；

　　　ρ——流体密度，g/cm^3；

　　　δ——表征多孔介质的系数；

　　　μ——流体黏度，$mPa \cdot s$；

　　　ϕ——多孔介质的孔隙度；

　　　A——渗流面积，cm^2；

　　　Δp——驱替压差，MPa；

　　　Δl——样品长度，cm。

文献［6］依据实验得到的 Re'（拟雷诺数）与渗流阻力系数 f 的关系，给出了 5 种渗流模式，按 Re' 由小到大，流态依次为超低速、低速、线性、亚高速和高速，对应的渗流模式为启动区、非达西渗流、达西渗流、亚高速非达西渗流以及稳流，如图 2-48 所示。在实验条件下，总结出达西流与低速非达西流的临界无量纲 Re' 约为 8.5×10^{-5}。文献［6］的非达西渗流的临界 Re' 是统计平均的结果，包含岩石微观孔隙结构、岩石矿物形态、实验流体性质等诸多影响因素，$f—Re'$ 的表达式中未考虑流固边界层引起的流体流通面积变化。因而，将文献［6］结果应用于致密储层开发还需要作补充研究。

（3）微管（微孔隙）流动的 Re''（拟雷诺数）与阻力系数。

基于微管流动实验，分析了微管流动的阻力系数与拟雷诺数的关系（$f—Re''$），两者在双对数图中呈线性关系，如图 2-49 所示。由图 2-49 可见，半径 10μm 和 7.5μm 微管的 $f—Re''$ 关系相似，基本符合线性流动规律，直线斜率约为 –1。半径 5μm 微管的 $f—Re''$ 出现了较大的偏差，直线斜率明显偏离 –1，约为 –1.16。半径为 2.5μm 微管的 $f—Re''$ 曲线出现了更为明显的非线性流动特征，并有拐点出现，拐点对应的 Re'' 数值为 0.001。Re'' 数值

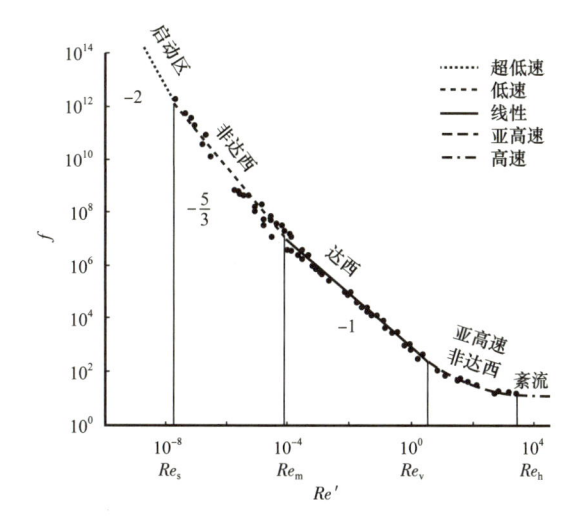

图 2-48 岩心实验 f—Re' 关系曲线

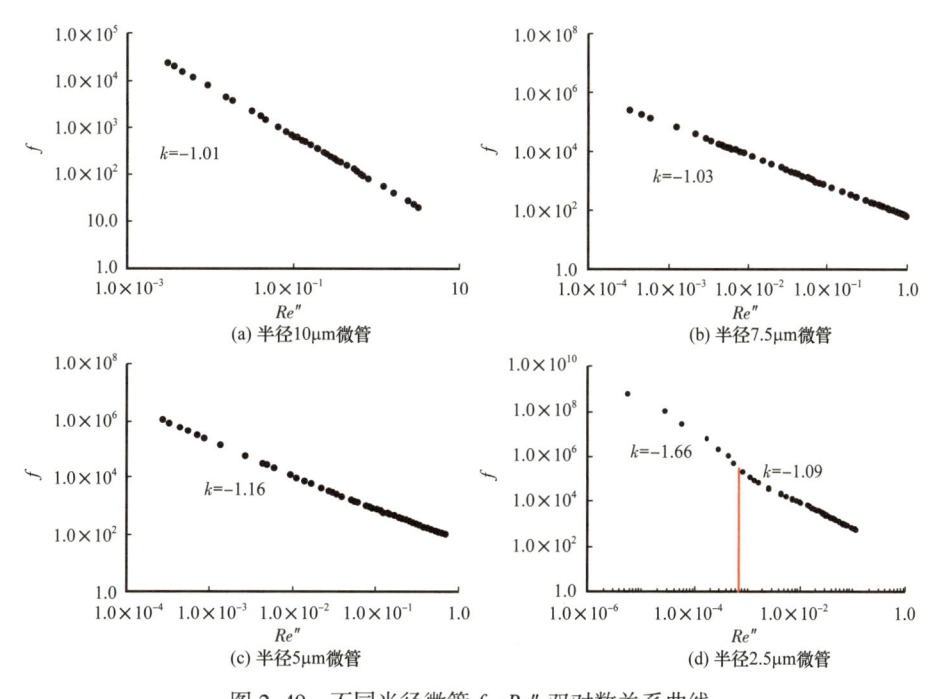

图 2-49 不同半径微管 f—Re'' 双对数关系曲线

大于 0.001 的直线斜率为 -1.66,小于 0.001 的直线斜率为 -1.09。

将图 2-49 的 4 条曲线放在一起制成图 2-50,可清晰地看到当 Re'' 大于 10^{-3} 量级时,各管径微管的 f—Re'' 拟合直线几乎重合,而随着 Re'' 和管径的减小,拟合直线逐渐上翘,且直线的斜率有明显的减小趋势。

Re 是表征宏观尺度下流体流动(层流或紊流)的状态准数。类似地,Re''(拟雷诺数)可作为判定微观流动的非线性特征(状态)的准数。由于微尺度下边界层流体不能忽略,使得微管低速流动产生了不容忽视的附加黏滞阻力,且 Re'' 越小,阻力系数越大。与宏观流动不同,微尺度下阻力系数与 Re'' 的乘积不再是常数,而是随着 Re'' 的减小而增大。

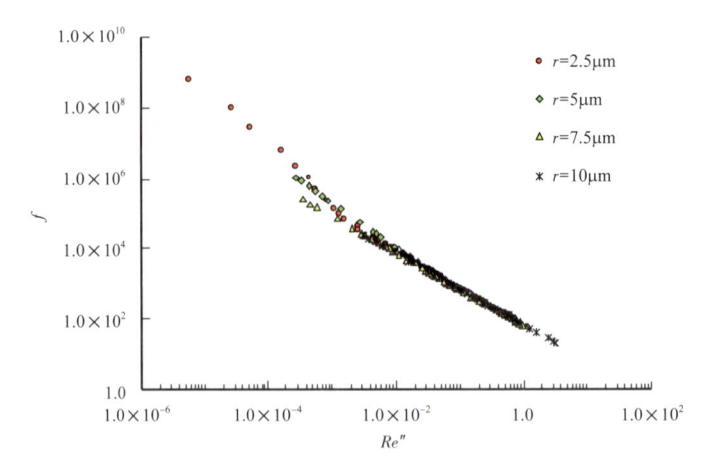

图 2-50　不同半径微管流动的 $f—Re''$ 双对数关系曲线

4）启动压力梯度表征方法

为了探究不同致密孔隙介质经典达西渗流的现象，20 世纪 60 年代有人提出了启动压力梯度的概念。随着非线性渗流问题研究的深入，启动压力梯度在油田应用逐渐增多。

（1）启动压力梯度测试方法。

很难用实验来证明流体在致密孔隙介质中渗流存在启动压力梯度。必须准确获取流体从静止到发生渗流的瞬间施加在岩心两端的压力差值。以目前的技术条件，控制岩石样品中发生渗流的时刻并同步记录相关压力与流量值的难度极大。以测量压力、流量信息为例，实验压力将涵盖 $10^{-5} \sim 10^1$ MPa 量级，流量将涵盖 $10^{-5} \sim 10^{-1}$ mL/s 量级，对实验流程、测量器具精度的要求非常高。同时，还要考虑由于实验温压变化引起的流体体积变化、实验流程空白体积变化、岩石样品体积变化，以及围压加载方式与回压控制等因素。个别探索启动压力梯度文献被诟病的主要原因就是没有翔实介绍实验条件和系统分析影响因素。

目前，可用于高温高压条件下测试微流量的器具是美国 QUIZIX 公司产的 QX 系列计量泵和中国石油勘探开发研究院开发的微米管流量计；泵的体积分辨率为 2.5nL，流量计的计量精度为 0.1nL/s。基本满足启动压力梯度实验的计量精度。

近年来，中国石油勘探开发研究院完善了测试启动压力梯度的方法，称为"压差—流量法"。主要测试步骤是由高到低变换驱替压力，递次测定岩心两端不同压差下的流量值；以压力梯度为横坐标，流速（流量）为纵坐标绘制流量—压力梯度渗流曲线，如图 2-51 所示。将渗流曲线进行分段拟合；将拟合得到的直线段（图 2-51 中 DE 段）外推至横坐标轴，由截距获得拟启动压力梯度值（图 2-51 中 C 点）；再对曲线段（图 2-51 中 AD 段）进行二次拟合，将拟合的二次曲线与横坐标的交点（图 2-51 中 A 点）定为真实启动压力梯度值；将拟合的二次曲线与直线段交点（图 2-51 中 D 点）处所对应的压力梯度（图 2-51 中 B 点）定为临界压力梯度[13-16]。

（2）启动压力梯度特征。

选用渗透率从 0.1~20mD（从低渗透储层到致密储层）岩心为实验样品，以标准盐水（20000mg/L KCl 溶液）为实验流体，实验研究不同渗透率致密孔隙介质样品的启动压力梯度特征。表 2-7 是主要实验样品的基础数据与启动压力梯度测量结果汇总。

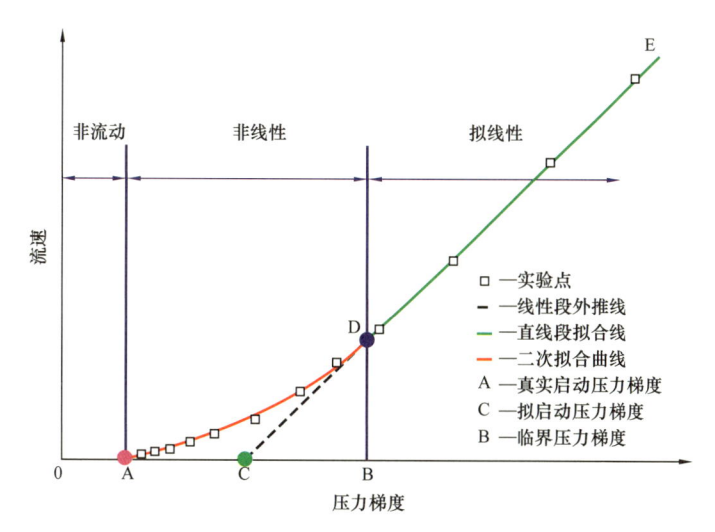

图 2-51 实验获取致密孔隙介质启动压力梯度示意图

表 2-7 低渗—致密岩心启动压力梯度测量值

岩心编号	渗透率, mD	真实启动压力梯度, MPa/m	拟启动压力梯度, MPa/m	临界压力梯度, MPa/m
B4.4.x	0.254	0.031	0.081	0.30
P7-2-x	0.248	0.027	0.092	0.30
B3-4-y	0.277	0.030	0.062	0.30
P7-3-y	0.289	0.032	0.073	0.30
D2-3-x	0.509	0.023	0.035	0.20
D2-2-y	0.515	0.019	0.038	0.20
A5-2-x	0.820	0.017	0.027	0.18
A5-3-y	0.830	0.022	0.052	0.18
A5-1-y	1.320	0.0087	0.015	0.18
B2-3-x	1.950	0.014	0.021	0.12
B2-2-y	2.370	0.008	0.018	0.12

图 2-52 是典型样品的实验曲线。由图 2-52 得到，所有 4 个样品的渗流曲线均不过坐标系的原点。渗透率越低的样品，偏差越大。按照下面方法处理图 2-52 所示实验数据，得到图 2-53 汇总曲线。

（1）根据流量与压力梯度的关系，用达西公式计算各驱替压力梯度下对应的岩心视渗透率：

$$K_i = \frac{Q_i \mu}{A} \cdot \frac{L}{\Delta p_i} = \frac{Q_i \mu}{A} \cdot \frac{1}{\Delta p_i / L} = \frac{Q_i \mu}{A} \cdot \frac{1}{\nabla p_i} \quad (2-29)$$

图 2-52 典型样品渗流曲线

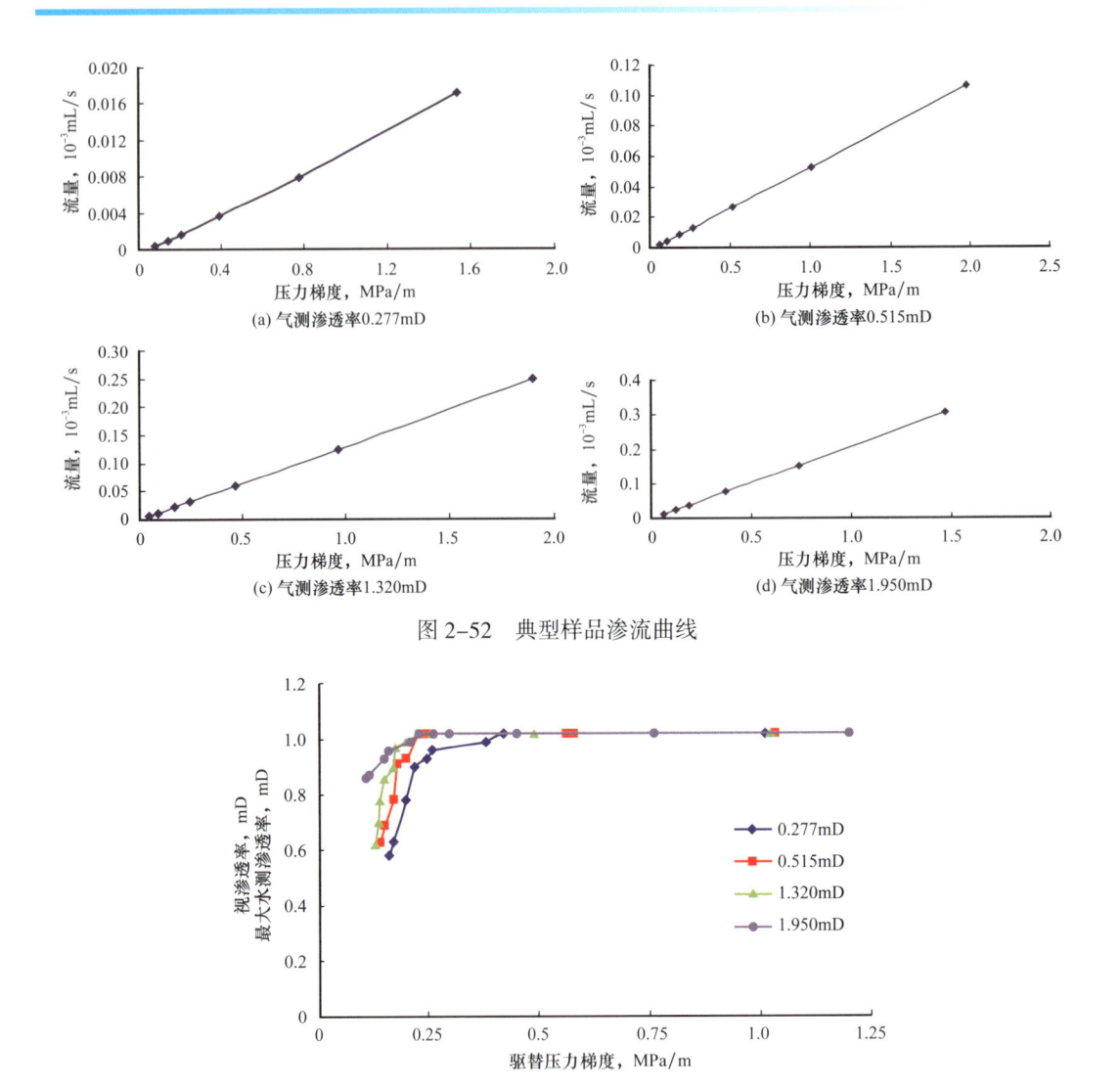

图 2-53 岩心样品归一化渗透率与驱替压力梯度的关系曲线

式中　K_i——某一驱替压力梯度下测试得到的岩心渗透率，mD；

　　　Q_i——对应驱替压力梯度下的岩心驱替流量，mL/s；

　　　μ——流体黏度，mPa·s；

　　　L——岩心长度，cm；

　　　A——岩心横截面积，cm²；

　　　Δp_i——驱替压差，MPa；

　　　∇p_i——驱替压力梯度，MPa/m。

（2）考虑测试特点，定义拟线性段最大渗透率为 $K_{\max}$，由式（2-30）计算

$$K_{\max} = \frac{Q_{\max}\mu}{A} \cdot \frac{1}{\nabla p_{\max}} \tag{2-30}$$

式中　$K_{\max}$——每个岩心拟线性段测得的最大渗透率，mD；

　　　$\nabla p_{\max}$——实验测试中最大驱替压力梯度，MPa/m；

$Q_{\max}$——最大驱替压力梯度对应的岩心驱替流量，mL/s。

（3）联立式（2-29）和式（2-30）得到渗透率归一化公式：

$$K_D = \frac{K_i}{K_{\max}} = \frac{Q_i}{Q_{\max}} \frac{\nabla p_{\max}}{\nabla p_i} \qquad (2-31)$$

由图 2-53 可看出，流体（标准盐水）在岩心样品中渗流存在非线性特征，岩心样品的视渗透率随着驱替压力梯度的减小而降低，并且在低压力梯度段急剧下降，渗透率越低，二者的比值越小，非线性段越长，非线性渗流段越显著。

将表 2-7 中 11 个岩心样品的启动压力梯度测量数据与对应的岩心渗透率（气测）做启动压力梯度—渗透率关系曲线，如图 2-54 所示。从图 2-54 中可以看出，岩心渗透率与真实启动压力梯度之间呈较好的幂函数关系，渗透率越高，真实启动压力梯度越小。

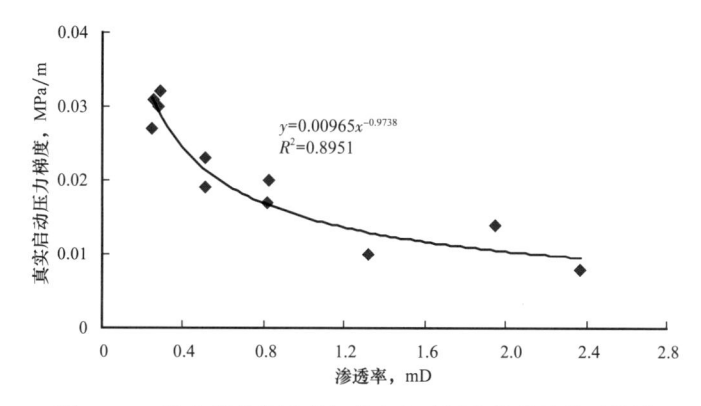

图 2-54　岩心样品渗透率与真实启动压力梯度的关系曲线

（3）启动压力梯度的理论意义。

启动压力梯度的物理意义是指单位长度渗流通道中流体开始渗流所需要的驱动力。研究表明，对于低渗透—致密储层，启动压力梯度是其微观孔隙结构、比表面引起的液固作用、流体黏滞性作用的综合体现，既是致密孔隙介质渗流非线性程度的度量，也是储层渗流能力的表征参数。启动压力梯度数值越大，表征非线性渗流越强，相应的储层渗流能力越低。因此，启动压力梯度是低渗透—致密储层渗流能力评价的重要参数，可以作为致密储层开发潜力评价的重要参数之一。表 2-8 是中国石油勘探开发研究院提出的低渗透油藏储层评价参数表。

表 2-8　低渗透油藏储层评价参数及分类界限

参数	分类			
	一类	二类	三类	四类
主渗流喉道半径，μm	4～6	2～4	1～2	<1
可动流体饱和度，%	>65	50～65	35～50	20～35
启动压力梯度，MPa/m	<0.01	0.01～0.1	0.1～0.5	>0.5
黏土含量，%	<5	5～10	10～15	>15
原油黏度，mPa·s	<2	2～5	5～8	>8

4. 组合岩心的多层"油藏"水驱规律

水驱砂岩油藏的三大矛盾分别是层间、层内纵向和平面矛盾。这些矛盾的本质是油层非均质性。在笼统注水情况下，油层非均质性显著影响油藏水驱开发效果。表现为注入水只在高渗透层（条带）或大孔道流动，使层间波及系数低，水流波及不到的区域留有大量剩余油无法采出，对各油层驱油效率产生影响，进而影响油藏的最终采收率。据检查井取心分析，大庆喇萨杏油田厚度大于1m的主力油层100%见水，剩余油主要分布在水流波及不到的区域，控制了74.4%的剩余地质储量，其中厚度大于2m的油层控制了45.7%的剩余地质储量。厚油层"层内矛盾"已成为高含水阶段的主要矛盾。解决上述矛盾，必须了解流体（注入水）在非均质油藏的运动规律，制订合理生产措施，提高水驱油效率[17-23]。

1）层内非均质模型窜流量的定量表征方法

将自主研发的可分层计量各层流量的非均质岩心夹持器与CT扫描驱油装置结合，建立了层内非均质储层水驱实验方法，解决了层内非均质模型窜流量的计量难题。实现了层内非均质模型水驱过程中层间窜流量的定量表征，并从理论上解释了实验中观察到的窜流现象。

在层内非均质模型水驱实验过程中，按一定时间间隔CT扫描全模型，通过软件处理CT扫描信息，获取模型各层含水饱和度S_{wCT}，可计算各层真实采出程度E_{CT}及采出油量V_{oCT}：

$$E_{CT} = \frac{S_{wCT} - S_{wiCT}}{1 - S_{wiCT}} \times 100\% \qquad (2-32)$$

$$V_{oCT} = E_{CT} \times V_o \qquad (2-33)$$

式中 E_{CT}——利用CT扫描信息计算的采出程度，%；

S_{wiCT}——利用CT扫描信息计算的束缚水饱和度，%；

V_{oCT}——利用CT扫描信息计算的采油量，mL；

V_o——层内含油量，在建立束缚水过程中确定，mL。

利用特殊设计的岩心夹持器，可同时计量各渗透层产出油水量V_{ofc}、V_{wfc}，也可计算非均质模型各小层采出程度E_{fc}（视采出程度）：

$$E_{fc} = \frac{V_{ofc}}{(1 - S_{wi}) \cdot V_p} \times 100\% \qquad (2-34)$$

式中 E_{fc}——分层计量法采出程度，%；

S_{wi}——各层的束缚水饱和度，%；

V_p——各层孔隙体积，%。

通过分层计量方法得到的各层油量是对应层被驱出的真实油量与层间窜流油量的总和。利用CT扫描方法可以得到模型中每一层的剩余油饱和度，进而可计算出本层被驱出的真实油量（CT法），通过比较分层计量方法的采出油量与本层被驱出的油量（CT法）可以得到层间窜流油量。分层计量方法的采出程度比CT法大，说明有油窜入该层；相反，分层计量方法的采出程度比CT法小，说明有油从该层窜出。如图2-55所示，明显看到低渗透层的油窜流到中、高渗透层，见水前窜流量小，见水后窜流量增加。

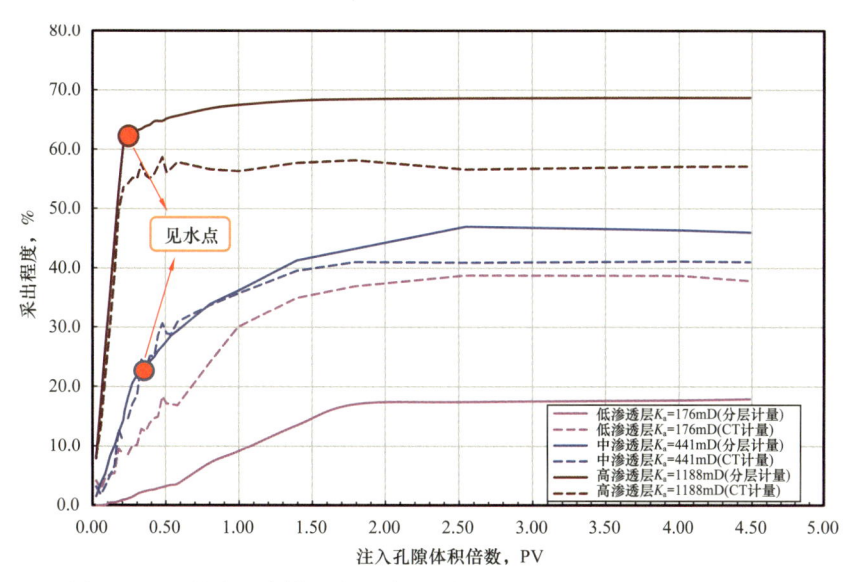

图 2-55 反韵律组合模型分层计量法与 CT 法采出程度随注入倍数变化

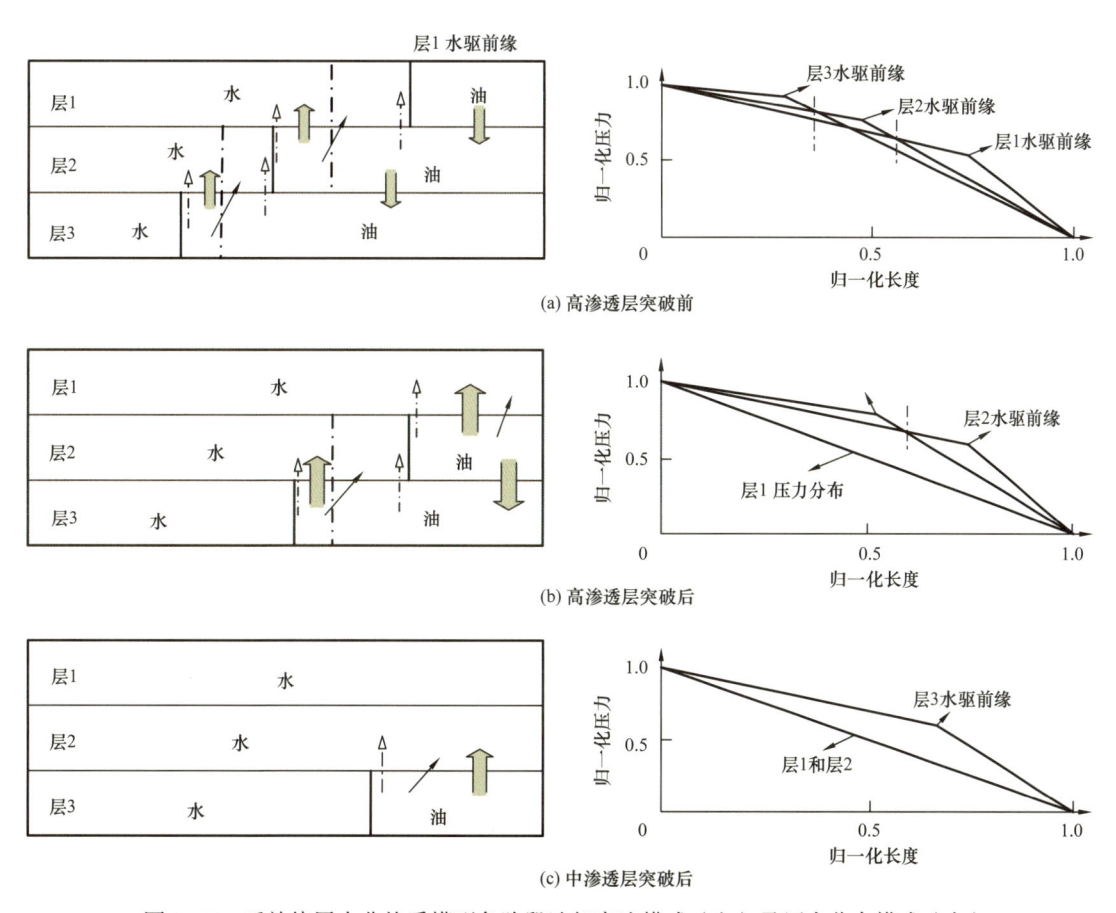

图 2-56 反韵律层内非均质模型各阶段油相窜流模式（左）及压力分布模式（右）

（1）层 1 高渗透层，层 2 中渗透层，层 3 低渗透层；（2）图中双线箭头为黏性窜流、实线箭头为重力窜流、虚线箭头为毛细管力窜流

图2-56所示是将Zapata提出的流度比M大于1时压力分布模式扩展到反韵律3层组合模型的情况，分析和解释了图2-55反韵律组合模型层内非均质水驱油各阶段的压力分布以及油相在黏滞力、毛细管力作用下的窜流模式。

图2-56（a）所示高渗透层突破前，各层油相的窜流情况。从右边各层压力分布图可知，此阶段高渗透层（层1）前缘最快，中渗透层（层2）前缘次之，低渗透层（层3）前缘最慢。中渗透层前缘与高渗透层前缘之间存在一个平衡点［图2-56（a）层1与层2间虚线所示］，在此平衡点左侧，中渗透层压力高于高渗透层压力，垂向上存在黏滞力压力梯度，同时在毛细管力及重力作用下，中渗透层的油将窜入高渗透层中。同理，低渗透层的油也在这几种力的作用下窜入中渗透层中，因而中渗透层此时相当于过渡层，表现为其分层计量法采出程度与CT法采出程度基本相等。该阶段三层模型压力分布相差不多，纵向上压力梯度不大，因此油相总的窜流量不大。

图2-56（b）中，高渗透层突破后，其压力分布变为直线，中渗透层与高渗透层纵向上的压力梯度增大，此时窜入高渗透层中的油量增大，低渗透层中的油在黏滞力、毛细管力和重力的作用下窜入中渗透层中，中渗透层仍表现为过渡层，低渗透层中的油通过中渗透层大量窜入高渗透层中。

图2-56（c）中，中渗透层的前缘到达出口端后，中渗透层的压力分布也变为直线，此时中渗透层与高渗透层间纵向上压力梯度很小，毛细管力作用也很微弱，因此高渗透层的窜流量基本稳定。而低渗透层与中渗透层间纵向上的压力梯度此时仍然存在，低渗透层油相在黏滞力、重力、毛细管力的作用下，窜入中渗透层中，所以该阶段中渗透层采出油量有所增加。

2）层内非均质模型的沿程饱和度分布

图2-57是实验得到的层内非均质模型每一层在不同注入倍数时的含水饱和度沿程分布。如图2-57（a）所示，高渗透层流速大，受毛细管力作用小，前缘陡峭，驱替特征为活塞式驱替，很快便见水，见水后含水饱和度不再明显提高；如图2-57（b）和图2-57（c）所示，中、低渗透层的流速小，受毛细管力作用大，前缘平缓，见水慢，见水后含水饱和度仍缓慢提高。低渗透层束缚水饱和度沿程分布不均匀，这是由这块岩心本身的非均质性造成的。

3）层内非均质模型剩余油分布

通过分层动态饱和度场的CT在线检测，直观地给出各层采取挖潜措施前后，层间干扰、窜流以及剩余油分布，实现层内流动的"可视化"。图2-58是反韵律模型（DQF1）各层饱和度分布情况。该模型高、中、低渗透层渗透率分别为1829mD、502mD、229mD，渗透率变异系数0.82。

从水驱实验看，图2-58a是多层非均质模型在束缚水状态下高、中、低渗透层的含油饱和度情况（分别为63.9%、58.5%、51.3%），模型上部含油饱和度高于下部。

图2-58（b）是注水0.09PV后的情况。注入水最先进入上部的高渗透层，此时水没有突破模型，为无水采油期。

图2-58（c）是注水0.16PV后情况，注入水首先突破上部高渗透层，此时综合含水率为29.2%，对应的无水采出程度为26.0%。

图2-58（d）～图2-58（f）是随着注水倍数从0.16PV增加到2.24PV的情况，注入

(a) 高渗透层

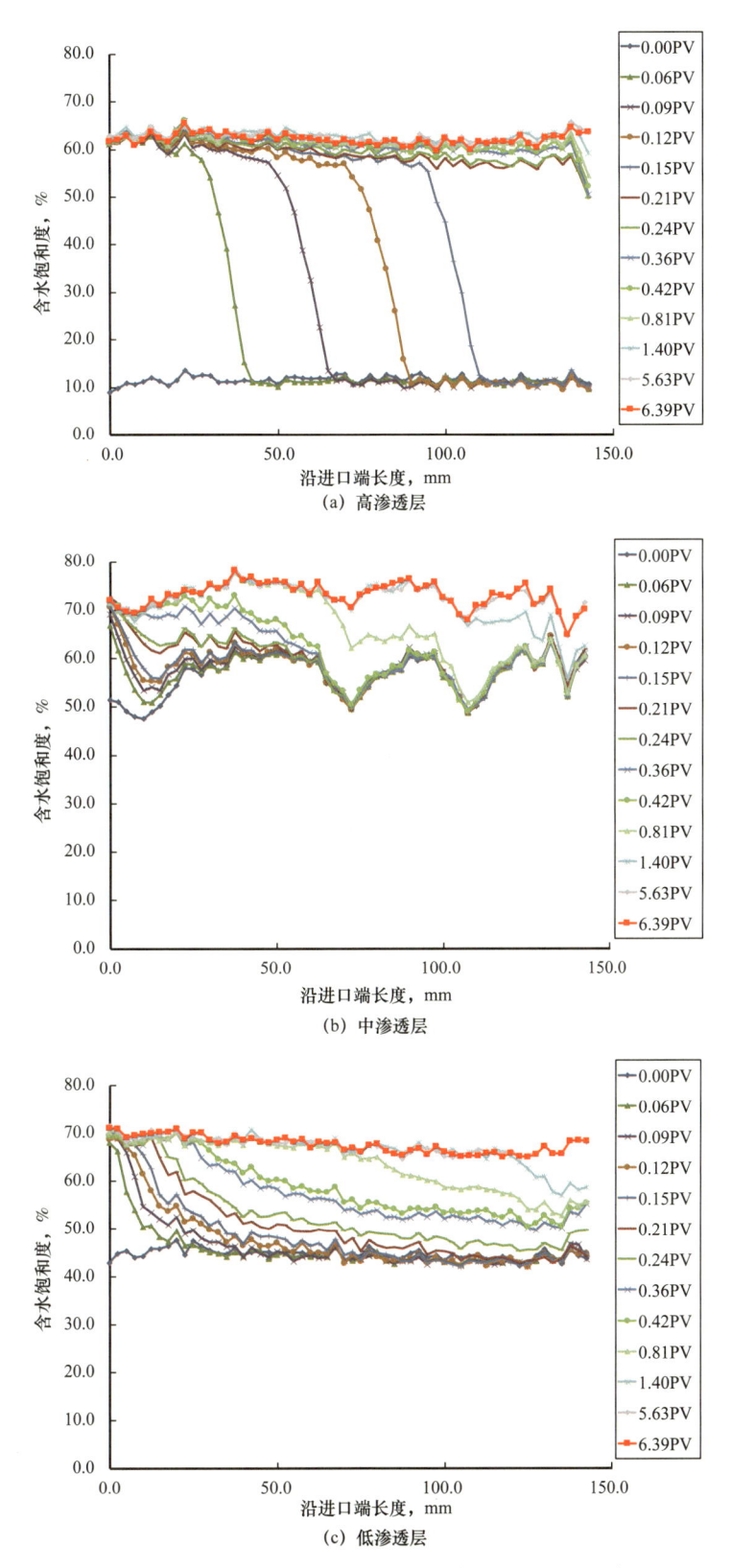

(b) 中渗透层

(c) 低渗透层

图 2-57　反韵律非均质模型各层含水饱和度沿程分布

水逐渐侵入到中、低渗透层，油窜流到高渗透层，大部分从高渗透层产出，含水率快速增加到98.2%，对应采出程度为47.6%。含水饱和度从模型上部到下部逐渐增大，剩余油分布在中、低渗透层，特别集中在下部低渗透层，诠释了低渗透层的动用程度差的原因。

图2-58（g）是高含水后期通过提高注水倍数和压力梯度的情况，在注入9.21PV后采出程度达到57.1%，提高采出程度9.5%，说明采取提高注水倍数和压力梯度措施后，有效动用了中渗透层的油和少部分低渗透层的油，低渗透层仍有可观的剩余油。

图2-58（h）是封堵高渗透层的情况，最终采出程度达到71.2%，提高了14.1%，低渗透层的剩余油被有效动用了。

(a) 束缚水饱和度状态，含油饱和度57.9%

(b) 注水0.09PV，无水采油阶段

(c) 注水0.16PV，含水率为29.2%

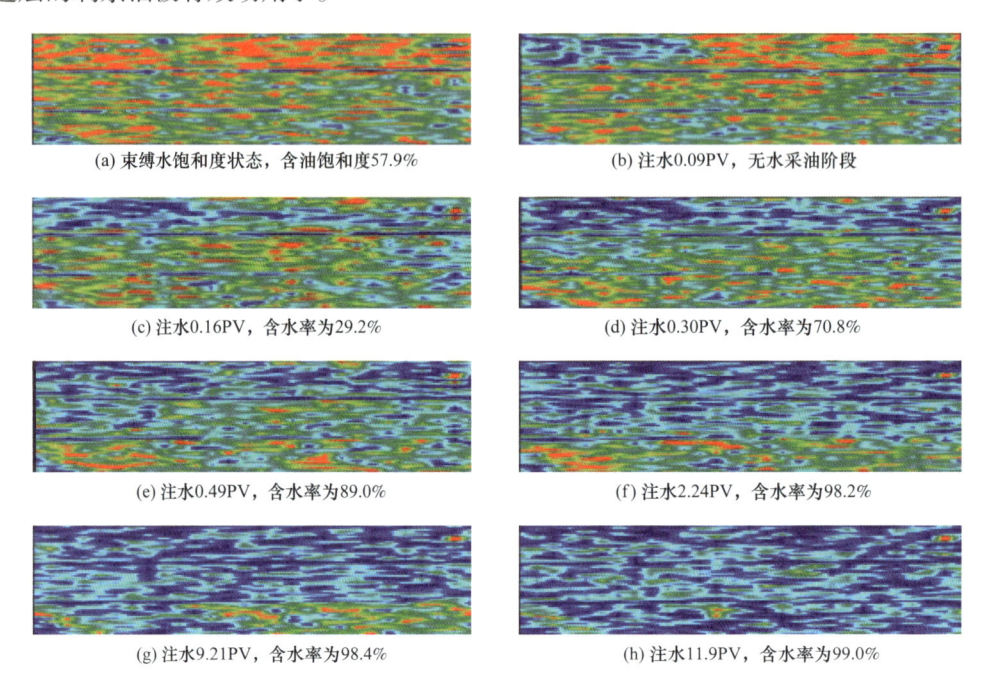

(d) 注水0.30PV，含水率为70.8%

(e) 注水0.49PV，含水率为89.0%

(f) 注水2.24PV，含水率为98.2%

(g) 注水9.21PV，含水率为98.4%

(h) 注水11.9PV，含水率为99.0%

图2-58　DQF1非均质（反韵律）模型水驱过程剩余油分布

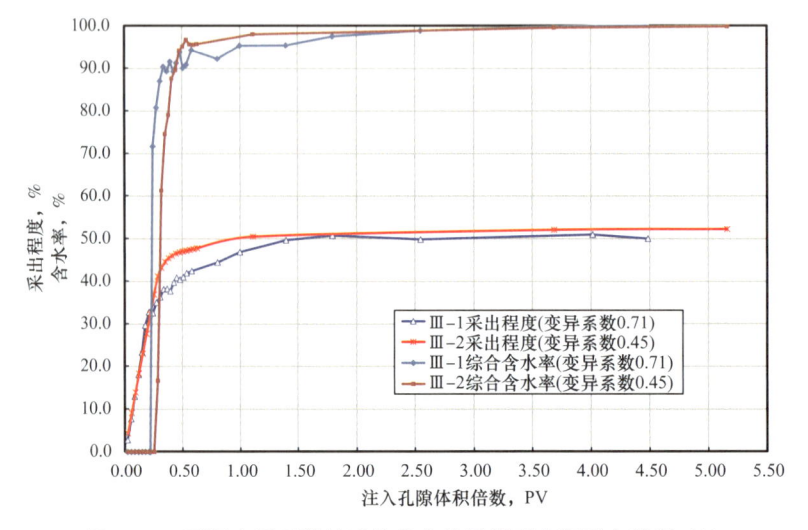

图2-59　不同变异系数的反韵律非均质模型水驱采出程度对比

4）渗透率变异系数对采出程度的影响

反韵律层内非均质模型水驱采出程度与其变异系数有关，如图 2-59 所示。变异系数小的非均质模型水驱效果比变异系数大的好，尤其是在低注入倍数下（<1.5PV）更加明显：变异系数小的采出程度高，含水率低。但随着驱替倍数的增加，两组的采出程度逐渐接近，含水率最终都接近 99.9%。

二、实验方法

1. 基于 CT 扫描的多饱和历程三相相对渗透率曲线测试方法

在油气田开发过程中，都涉及气液多相、多饱和历程的渗流问题，特别是高溶解气油比油藏开发、注气开发、天然气开采中该问题更为突出。三相流动发生在含水饱和度高于残余水饱和度、并且油和气又作为流动相而存在的时候，实际上所有油气藏都可能发生三相流动的情况，石油开采领域的诸多技术也会涉及三相流动问题。

掌握油气水三相相对渗透率和流体饱和度的关系，有助于认识非混相状态下油气水在油层中运移与渗流规律，预测油气藏的生产动态并调整开发生产方式。现有的获取三相相对渗透率数据的方法源自 Stone 模型。该模型基于两相相对渗透率流数据预测三相相对渗透率流情况，为此，Stone 模型做了很多假设，限制因素很多，预测结果与实际相差较大。从国内外文献调研分析，现阶段可用于表征油藏三相相对渗透率流的测试方法仍在探索中。准确获取真实的三相相对渗透率曲线的难点是精确得到多相流体渗流过程中动态饱和度（场）数据和缺少能模拟油藏实际开发过程的驱替模拟实验测定方法。其中对多相流体饱和度在线识别是世界性的难题，直接影响到三相相对渗透率实验的开展及实验结果的获取。

针对上述技术难点，中国石油勘探开发研究院经过 5 年持续攻关，在实验手段和测试方法方面均取得突破。

1）研制了基于 CT 扫描的三相测试系统

通过深度开发已有的医用 CT 装置，建成了基于 CT 扫描的三相测试系统。重点解决了以下问题：

（1）研发出高精度的岩心定位装置，使 CT 扫描的定位精度提高了两个数量级，由 1mm 提高到 10μm；解决了重复扫描的计量误差问题；

（2）开发出适用于 CT 扫描多规格特殊材质岩心夹持器，以及配套的新型恒温加压装置，解决了传统金属夹持器不能满足 X 射线穿透扫描和医用 CT 设备无法模拟油藏条件的技术难题，实现了油藏温度压力条件下驱替实验的 CT 扫描，拓展了多相驱替实验研究的领域；

（3）研发出国内首套岩石 CT 图像数据处理软件及集成化多相相对渗透率计算软件。解决了大批量 CT 扫描数据信息实时处理的问题，实现了岩石扫描数据的快速处理、三维图像重建功能以及三相相对渗透率的准确计算。

形成的 CT 扫描岩心多相驱替系统成为国内唯一能完成岩心驱替实验的医用 CT 系统，达到国际先进水平。

2）形成了高精度的三相饱和度测试方法

在实验研究中，探索了不同 CT 扫描参数对测试精度的影响规律，形成了高精度的三相饱和度测试方法。主要解决了以下问题：

（1）通过调整扫描方式、扫描电压和电流，扩展了 CT 值域的宽度。解决了医用 CT 值域偏窄的问题，建立了适合岩心驱替的实验条件及扫描方式；

（2）筛选出了适合岩心分析的三相流体增强剂，满足油、气、水三相的个性化需求。解决了油、气、水三相 CT 值识别的难题，实现了三相流体 CT 值的准确识别；

（3）建立了 CT 双能同步扫描方法，创新性地推导出 CT 双能扫描数学计算模型。解决了多相流体在线精确识别的技术难题，实现了三相流体饱和度的在线定量表征；

（4）基于人工智能的自学习概念，创新性地提出了 CT 扫描数据的校正方法，使得饱和度的测量精确度由误差大于 5% 提高到误差小于 1%。

3）建立了不同饱和历程下的三相相对渗透率曲线测试方法

针对油田生产需求，建立了可以模拟油藏实际生产过程的多饱和历程测试方法。重点解决了实验中末端效应的影响问题，并成功获取了两种典型饱和历程下（CO_2 非混相驱、高溶解气油比油藏水驱开发）的三相相对渗透率曲线及渗流特征，扩展了三相相对渗透率的应用领域。

应用基于 CT 扫描的多相流体饱和度在线同步精确识别技术，支持正韵律油层水驱、聚合物驱及聚驱后泡沫驱过程中剩余油分布定量刻画及演化规律的研究，揭示了层内窜流、聚驱动用范围、泡沫驱波及范围等重要机理认识。应用 CT 扫描的多相流体饱和度在线同步精确识别技术，支持高含水后期顶部垂直注气驱油提高采收率机理以及多孔介质中的相态特征等研究，准确刻画了油柱富集、相态变化等现象，提升了理论认识的水平。

2. 组合岩心的多层"油藏"水驱实验方法

目前，实验室在水驱规律实验研究中，多采用均质模型，与油藏实际情况不符。如何贴近层内非均质实际开展研究是世界性难题。主要的技术难点一是无可用的真实岩心；二是多层岩石模型的各层动态参数难以准确测量。因而不能定量表征层和层之间注入水的窜流情况、获取每个渗透层的残余油分布以及评价合注分层开采中各油层驱油效率等。

1）层内非均质水驱油实验模型开发

自主开发了非均质多层模型。该模型由等厚度的互相连通的多块单层长方形岩石模型组成，图 2-60 是典型的三层模型。各单层岩石模型可用油藏真实岩心，也可以用露头岩心或人造岩心。由于各单层岩石模型的孔渗物性不同，单层岩石模型组合后形成不同韵律、不同变异系数的非均质多层模型。可用渗透率变异系数、渗透率级差，突进系数等参数来描述非均质多层模型的非均质性。

(a) 实物图 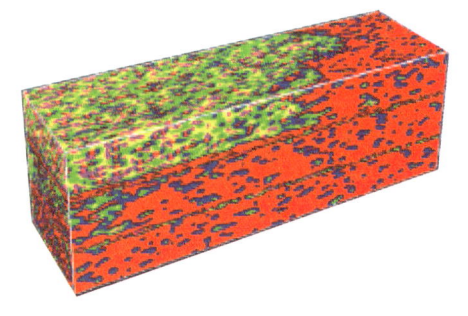　　　(b) 模型图

图 2-60　非均质多层模型

2）设备开发

实验设备主要由 CT 扫描系统、高精度泵组成的驱替系统、围压系统、特殊设计的岩心夹持器系统、压力测量系统和计量系统构成。实验流程如图 2-61 所示。

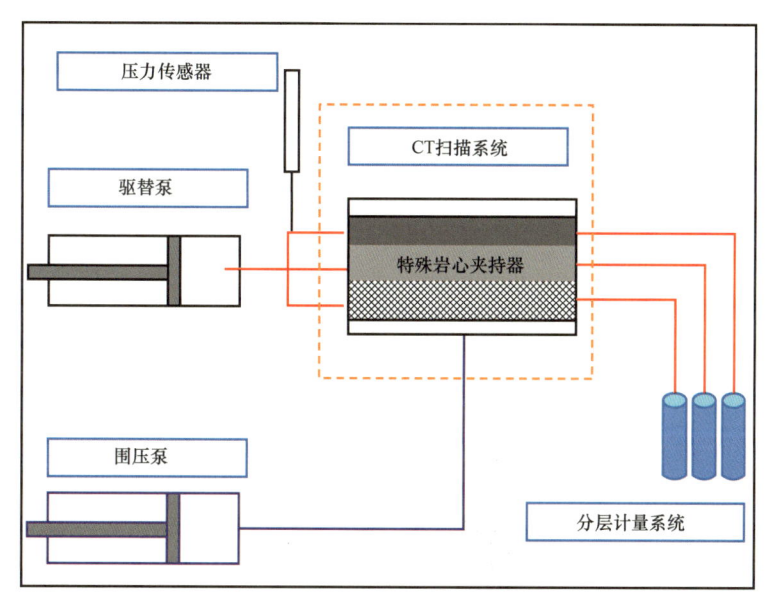

图 2-61　层内非均质水驱实验流程示意图

岩心夹持器是层内非均质水驱实验系统核心单元，其主要特点是：

（1）夹持器采用对 X 射线吸收弱的特殊材料加工而成，减少了 CT 扫描中射线硬化造成的"伪影"效应，避免了水驱油实验过程中的沿程饱和度测量误差；

（2）夹持器耐温耐压，可真实地模拟层内非均质油藏条件；

（3）通过独特设计，可以使流经组合模型的流体分别从不同层位的计量出口流出，实现分层计量；

（4）为了满足层内非均质实验要求，设计了专用的隔离油水的薄膜，简化了原有方法中多个岩心夹持器并联弊病；

（5）该夹持器可适用于单层、多层、圆形和方形岩心模型，可根据渗透率大小自由组合单层模型，每个单层的参数均可以独立获得。

3）实验方法

参照国家标准 GB/T 28912—2012《岩石中两相流体相对渗透率测定方法》制订了层内非均质水驱油实验方法。主要内容包括：

（1）测量每个单层模型的孔、渗等基础物性参数；

（2）岩心模型抽空饱和盐水，按照特定的顺序组合成多层非均质模型放入夹持器内；

（3）对夹持器内的多层组合模型施加围压，造束缚水，同时带压进行 CT 扫描，获取油水饱和度分布信息等；

（4）水驱，分别计量每层出口端的采出油量和水量，同时带压进行 CT 扫描，获取油水饱和度变化信息，直至实验结束；

（5）实验数据处理。

3. 微米管非线性渗流实验方法

1）微米管模型

微观非线性渗流实验研究的主要难点有两个。一是满足实验要求的微孔隙模型。由于流量微小，模型孔隙表面，即水动力接触面的不规则程度将带来流体流动的扰动，所以找到满足实验要求的微孔隙材料很难。二是精确地获取实验全程的流量、压力数据。由于微孔隙模型的体积很小，一般在微纳升数量级，考虑实验流程的空白体积、流体压缩率等因素，精准获取实验全程的流量、压力数据极难[24-29]。

（1）微管模型选择。

通过调研和实验比对，选择新加坡 Molex 公司的 PolyMicro 熔融石英毛细管系列产品。选定的实验用微尺度管的半径分别为 10μm、7.5μm、5μm 和 2.5μm。考虑到微尺度圆管模型制备及实验过程中有多个环节影响实验测试结果的精度，需要对微管的切割、微管与流程连接、微管内表面粗糙度、微管直径和长度等环节进行测量与校准。

（2）微管模型关键参数的测量与校准。

微尺度圆管是微尺度流动实验中最关键的部件。微管内壁粗糙度是衡量实验是否满足 Hagen-Poiseuille 流动的关键参数。采用荷兰 FEI 公司 Quanta200 环境扫描电镜（ESEM）测量微管和计量管内径，测量精度为 0.05μm。图 2-62 为 ESEM 测量内径的截面图。采用国产电子数显卡尺测量管长（管长为 100mm），精度为 0.02mm。上述测量 PolyMicro 熔融石英毛细管内壁粗糙度的结果，在精度上优于前人研究成果。微圆管内壁粗糙度的 AFM 图像在如图 2-63 所示。

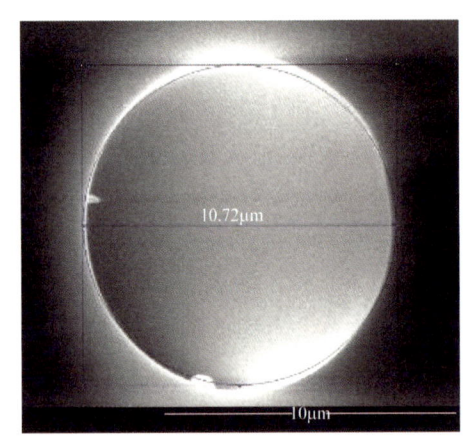

图 2-62　ESEM 测量管径（标称直径 10μm 微管内径横截面）

(a) 显微图　　(b) 高度剖面图

图 2-63　微圆管内壁粗糙度的 AFM 图像

2）实验装置与微流量计量系统

微流动实验涉及的物理参数包括：微管的几何尺寸（包括管径 D 和管长 L）、实验流体的特征黏度 μ、微管两端压力降 Δp 及流动的体积流量 Q 等。

（1）微流动实验系统的组成。

实验系统主要由动力单元、模型单元与测量单元组成，基本实验流程简图如图2-64所示。

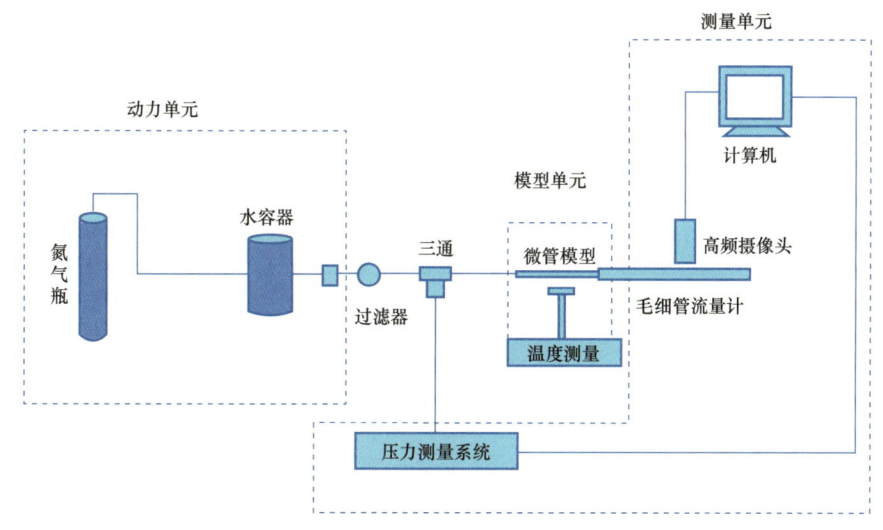

图2-64 微流动实验流程简图

① 动力单元。由高压气瓶（或高精度微计量泵）、高压容器、过滤器、阀门等按照顺序采用管阀件连接而成。

② 模型单元。由微观模型、微观连接头、三通等器件按照顺序采用管阀件连接而成。通常，模型单元是放置在精确温控的恒温箱中。

③ 测量单元。由压力计量器件、微流量计量器件、数据采集板、计算机等按照顺序采用，内管阀件和铠装电缆等连接而成。

（2）高精度微尺度微流量计。

实现精准测量微流量存在两个难题：一是精，要有高的分辨精度，能够精确定量地分辨出流体的微量变化；二是准，要能准确感应到流体的微量变化并将其实时记录下来。

通过采用精密刻度透视毛细管解决了精确定量的分辨出流体的微量变化的难题，分辨率达到纳升级别；通过将气液界面感应器、电子位移显示器和计时器有机组合，实现了透视毛细管中气液界面自动识别与移动距离的记录，解决了感应流体微量变化与记录的难题。图2-65是高精度微尺度微流量计工作原理示意图。图2-66是自主研制开发的高精度微尺度微流量计实物。

3）实验方法

参考国内外文献中有关微流量分析测试的方法，制订了微管微流量实验测试方法。主要内容包括：

（1）微管模型基础参数，如微管直径、长度、粗糙度测量与校准；

（2）流体配制与精滤，流体基础参数，如流体黏—温曲线和流体密—温曲线测定、流体压缩系数测定；

（3）微观模型连接与封装，流程连接；

（4）流程空白体积测定与校准，流量计校准；

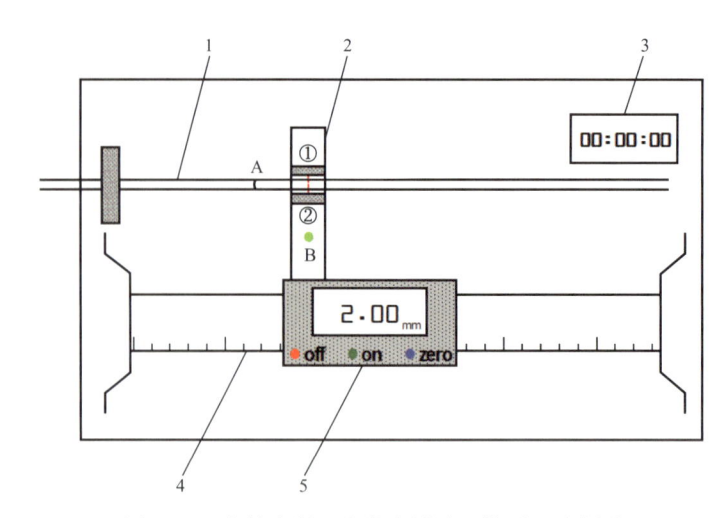

图 2-65　高精度微尺度微流量计工作原理示意图

1—透视玻璃毛细管；2—气液界面感应器；3—计时器；4—标尺；5—电子位移显示器

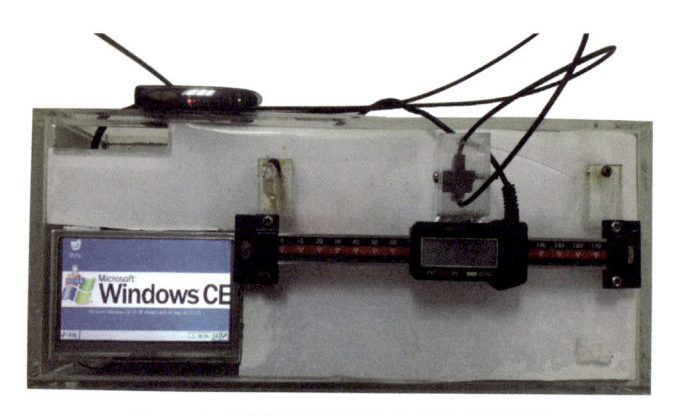

图 2-66　高精度微尺度微流量计实物照片

（5）根据实验方案，采用恒速或恒压流动实验，实时计量压力、流量、温度、大气压力等数据；

（6）实验数据处理。

4. 高压填砂微模型气驱实验方法

建立了超薄可视真实砂岩模型制作方法，形成了孔隙条件下观察与研究气液非混相和混相驱替特征的实验方法，为对比分析孔隙介质空间与容器空间的流体相态变化差别提供了新的手段。

1）超薄可视真实砂岩模型研制

在常规条件下，观察真实岩心孔隙中流体流动和相态特征是不可能的，主要是常规的承压密封材料不可透视。制作超薄可视真实砂岩模型的主要难点是：① 可视真实砂岩模型要求足够薄并且不能破坏孔隙结构；② 可视真实砂岩模型（薄片）边界要保证密封，流体不能沿表面窜流；③ 可视真实砂岩模型要求透光性好，且具有耐压能力；④ 可视真实砂岩模型内的砂粒交错叠合，孔隙成一轴较短的三维分布，流动通道不易观察。

分两步解决上述难题：

（1）建立了岩心薄片制作方法，优选密封材料及密封方式，解决了上述①和②两个难点，制作出 0.4mm 耐压可视真实砂岩模型，但其清晰程度稍差[图 2-67（a）]；

（2）通过引入精细研磨技术，解决了③和④两个难点，制作出符合实验条件的 0.2mm 可视砂岩模型[图 2-67（b）]。

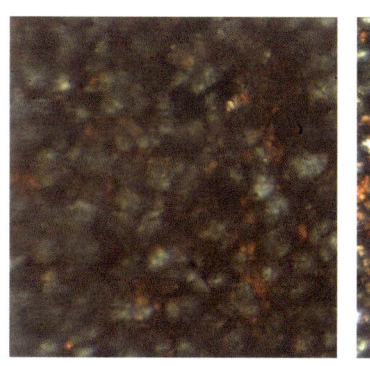

(a) 0.4mm岩心模型　　(b) 0.2mm岩心模型

图 2-67　两种岩心模型观察效果对比

超薄可视真实砂岩模型的有效长度为 9cm，厚度 0.2～0.4mm，如图 2-68 所示。在强光源辅助下，利用体视显微镜能够观察流体在孔隙空间的渗流过程。由于超薄可视真实砂岩模型保留了岩石骨架和孔隙的基础信息，观察到的流体在孔隙内分布与流动特征更接近油藏条件。

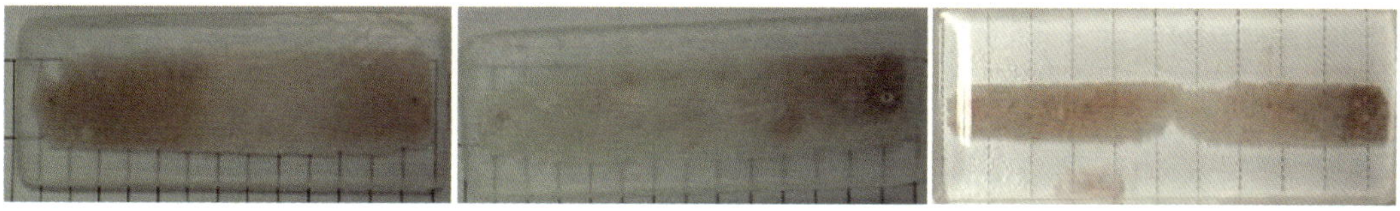

(a) 改进前　　(b) 改进后　　(c) 改进后

图 2-68　改进前后的微观模型

2）实验装置与流程

图 2-69 是高温高压微观模型实验装置实物图。实验装置主要由动力单元、模型单元、测控单元和信息处理单元等构成。

（1）动力单元。由高精度微计量泵、围压泵、油水气高压容器、过滤器等按照顺序通过管阀件连接而成。

（2）模型单元。由透视窗恒温高压釜及放置其中的超薄可视真实砂岩模型等组成，采用专门的密封设计，承压管线穿过透视窗恒温高压釜内与超薄可视真实砂岩模型连接，外与动力单元和微流量计连接（图 2-70），通过管阀件透视窗恒温高压釜与围压泵相连。

（3）测控单元。由工控机、体视显微镜（放大倍数 20～80 倍）、专用光源、高速视频采集仪、信息存储器、微流量计等组成。通过工控机控制高精度微计量泵、围压泵、高速视频采集仪（记录速度 125～1000 帧/s）、信息存储器等运行并记录压力、流量、图像与视频信息。

（4）信息处理单元。由计算机、图形与视频信息处理软件等组成。

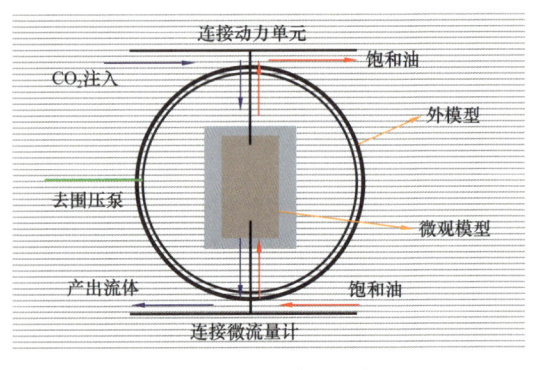

图 2-69　实验装置　　　　　　　　图 2-70　模型单元示意图

高温高压微观模型实验装置的基本性能参数如下。

（1）超薄可视真实砂岩模型：外尺寸 60mm×90mm；有效观察范围 40mm×50mm；最小喉道小于 0.01mm。

（2）体视显微镜：放大倍数 10~100 倍；物镜最高抬升距离 280mm。

（3）高速视频记录仪：最高观察频率 5000 帧 /s。

（4）恒温高压釜：工作压力不大于 30MPa；工作温度不大于 90℃。

（5）压力传感器：压力传感器最大误差 ±100kPa；机械压力表最大误差 ±50kPa。

（6）温度传感器：精度 ±0.5℃。

（7）高精度微计量泵：流量控制精度 ±0.0001mL/min，压力不大于 70MPa。

3）实验方法

参考国内外文献，制订了有关高温高压微观物理模拟实验测试方法。主要内容包括以下内容。

（1）根据实验目的，制作超薄可视真实砂岩模型。

（2）实验流体（模拟活油、模拟地层水）配制与精滤；流体基础参数模拟与测定，如模拟原油组分组成、模拟地层水矿化度、流体黏—温曲线和流体密—温曲线测定、流体压缩系数测定等。

（3）微观模型连接与封装，流程连接。

（4）流程空白体积测定与校准，流量计校准。

（5）根据实验方案，采用恒速或恒压流动实验，实时计量压力、流量等数据，实时采集实验现象图像，全程采集实验过程视频等。

（6）实验数据、图像与视频信息处理。

4）应用实例

（1）实验条件。非混相驱替，气态 CO_2 与油不混相。注入压力 3.0MPa；围压 4.5MPa；温度 45℃；岩石模型渗透率为 0.1mD；可描述孔隙在 5~60μm 范围内。

（2）实验过程。图 2-71 是模型饱和油后的效果图。实验时超薄可视真实砂岩模型为竖直状态。饱和油状态显示：上部岩心较厚，饱和油量较多；中下部岩心薄，约 2~3 个砂粒厚度，饱和油后仍保持很高的清晰度。模型能观察到孔隙及喉道内流体情况，真实地反映了孔隙间的连通状态和流体的渗流状态。图 2-72 是模型局部饱和油的不同放大倍数效果图。

图 2-71　模型饱和油后的图片（左为上右为下）

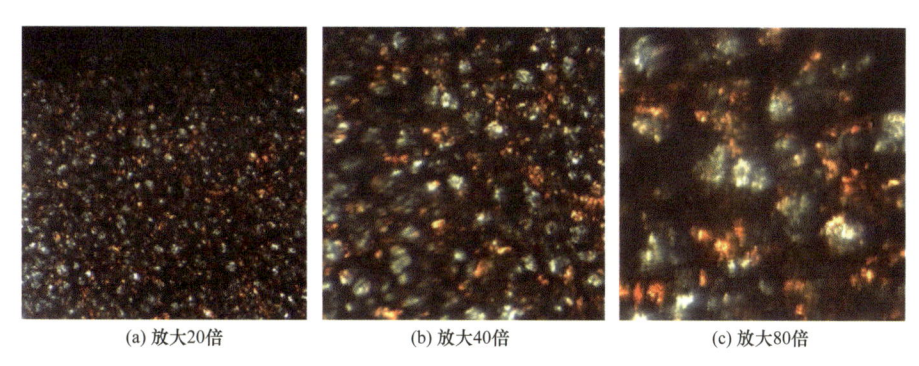

(a) 放大20倍　　　　　(b) 放大40倍　　　　　(c) 放大80倍

图 2-72　模型局部饱和油效果

第三节　油层物理研究进展

一、油气藏流体分析方法的标准化

油气储层岩石孔隙中赋存的流体称为油气藏流体，包括原油、天然气、地层水；其中原油、天然气是油气田开发的主要目标物质。因此，油气藏流体的物性参数是油气藏工程研究的主要对象之一，是油气藏开发方式选择、油气藏工程方案设计与实施的重要基础参数。准确获取这些参数的关键是油气藏流体分析工作的标准化和规范化。

油气藏流体物性分析工作的标准化和规范化的重要标志是 2012 年 1 月 1 日实施的国家标准 GB/T 26981—2011《油气藏流体物性分析方法》[1]。该项标准在理论原理、设备条件、工作程序、精度指标等方面规范了对油气藏流体物性分析工作的要求。其理论意义是统一了油气藏流体物性参数的分析测试原理和表征方法；其技术价值是细致量化了油气藏流体物性参数分析测试条件与操作程序。

1. 从理论上规范油气藏流体取样方案

GB/T 26981—2011 标准从理论上阐述了油气井取样方案设计原则与要求，重点包括储层流体类型识别，储层流体类型对取样设计的影响因素分析等内容。

GB/T 26981—2011 标准以示意图（图 2-73）形式给出了干气、湿气、凝析气、临界流体、易挥发油、黑油等 6 种油气藏流体相图的基本特征。图中标注的泡点线、露点线、临界点、分离器条件、油藏压力线等形象地展示了上述 6 种油气藏流体相图的共性与个性，为区别油气藏流体类型提供了直观的依据。

从不同储层流体类型出发，设计不同的油气井取样方案，使得流体取样更加具有针对性和差异性，以保证各种油气藏类型均能取得具有较好代表性的储层流体。为了规范油气井取样方案设计，GB/T 26981—2011 标准增加了油藏取样点判别方法（图 2-74），即根据地层压力与地层深度关系曲线判断取样点位置；增加了油气过渡带和油水过渡带厚度的判别方法，即利用地层压力梯度与地层深度关系曲线进行判别。

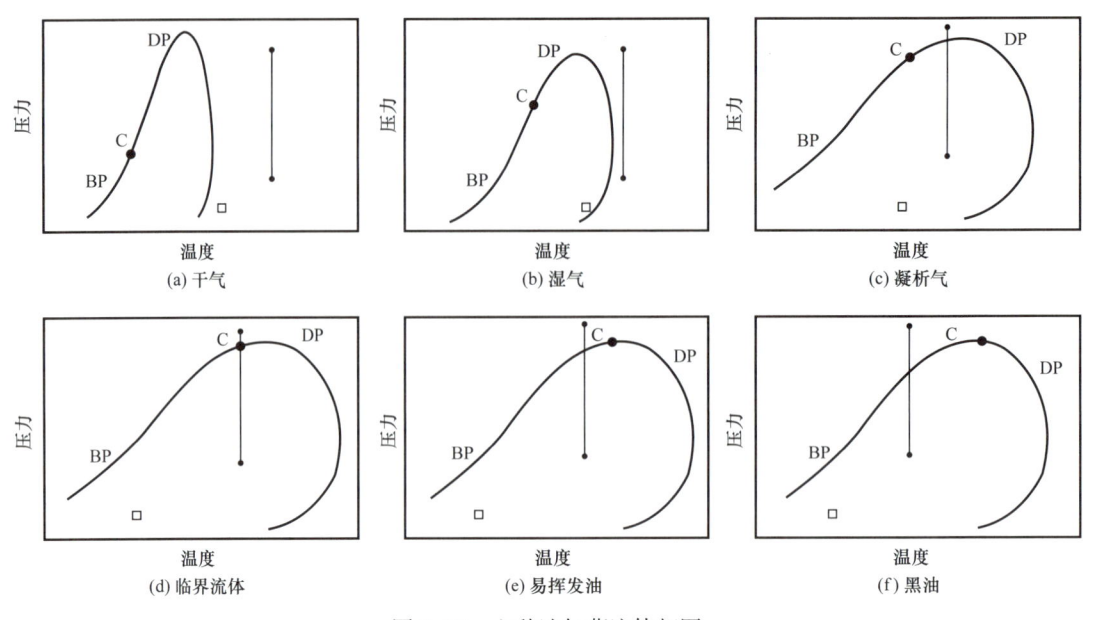

图 2-73　六种油气藏流体相图

（BP—泡点；DP—露点；C—临界点；□—分离器条件；┆—油藏压力线）

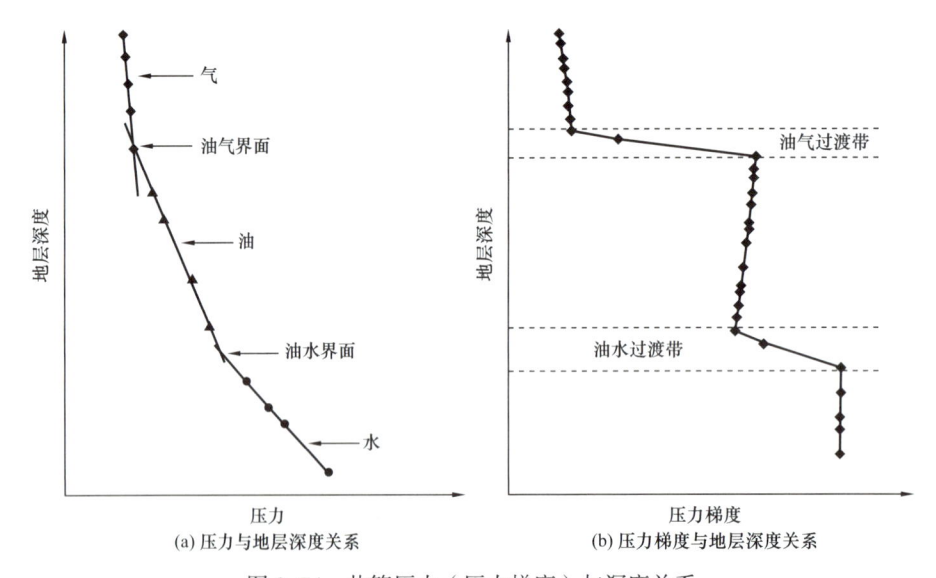

图 2-74　井筒压力（压力梯度）与深度关系

GB/T 26981—2011 标准增加了取分离器油、分离器气的取样瓶温度要求和压力范围判别方法，使得分离器油、分离器气取样的温度和压力要求更加明确，判别方法更加规范。作为对应的操作指导，GB/T 26981—2011 标准增加了 4 种取分离器油样的方法：抽空取油法、活塞式取油法、置换分离器油法、置换分离器气法。增加了一种取分离器气样的方法：活塞式取气法。使得取样方法更加丰富，保证了取得的样品更加具有代表性。

在质量控制和安全控制方面，GB/T 26981—2011 标准还增加、补充和修订样品质量检查方法，取样瓶中样品类型的判别方法、井下取样与地面取样的注意事项，以及取样过程中的安全防范措施与样品运输方法等。以标准化的操作要求，使取样细节更加完善，尽量避免由于质量检查不合理或判别不准造成的样品损失。同时规范了取样和运输过程中的安全措施，确保在成功取样基础上，尽量去除安全隐患。

2. 油气藏流体高压物性分析方法的标准化

基于目前国内相关实验室设备条件多样化以及实验人员素质的实际，综合 SY/T 5542—2000《地层原油物性分析方法》、SY/T 5543—2002《凝析气藏流体物性分析方法》、SY/T 6435—2000《易挥发原油物性分析方法》和 SY/T 6434—2000《天然气藏流体物性分析方法》4 个标准的特点，将上述 4 个标准涵盖的干气、湿气、凝析气、临界流体、易挥发油、黑油等统一为油气藏流体，使得油气藏流体高压物性分析对象更具整体性。

为了从理论上明确油气藏流体与高压物性分析的项目与内容，GB/T 26981—2011 标准首先规范了油气藏流体与高压物性分析有关的 24 个基本术语的定义，保证了标准关键词语的逻辑完整性和理论严谨性。以气体偏差系数为例，定义如下：为修正实际气体与理想气体的偏差而在理想气体状态方程中引入的乘积因子。其物理意义为在规定的温度和压力条件下，任意质量气体的体积与该气体在相同条件下按理想气体定律计算出的体积之比，又称气体压缩系数。

系统考虑目前相关实验室在油气藏流体高压物性分析中使用的关键实验设备与配套测量器具等来源及操作方式的差异，GB/T 26981—2011 标准重点对 PVT 仪与配样装置、高压计量泵、高压黏度计、色谱仪、分子量测定仪，以及配套的物质量、温度、压力、时间等测量器具的工作性能指标与精度指标进行了规范。

按照样品检查、地层流体配制、转样、具体参数项目分析等环节，GB/T 26981—2011 标准明确了操作流程和操作步骤，主要包括油气藏流体的热膨胀、单次脱气、恒质膨胀、多次脱气、定容衰竭，以及流体黏度等 6 种实验的操作流程和操作步骤。

作为油气藏流体高压物性分析的重要内容，基于实验原理，GB/T 26981—2011 标准规范了黑油（普通地层原油）、易挥发油、凝析气、湿气、干气等油气藏流体实验数据的处理方法和相关物性参数的分析方法，避免了因不同数据处理方法造成的差别。

3. 油气藏流体高压物性分析标准的应用

自国家标准 GB/T 26981—2011《油气藏流体物性分析方法》颁布与实施以来，油气藏流体物性分析工作更加规范化，支持了专业技术人才培养、科研课题基础实验以及国际合作。

首先，国家标准 GB/T 26981—2011 正式出现在国内石油院校的油层物理学教材中，作为油气藏流体高压物性分析的基础内容以及高层次专业人才培养的内容之一。

其次，国内各石油公司（含下属油田公司）的油气藏流体分析实验室、国内石油院校（含相关专业）的油气藏流体分析实验室均按照国家标准 GB/T 26981—2011 的要求，完善并规范了油气藏流体高压物性分析的仪器与实验流程、分析操作指导书、质量控制方法、数据处理方法和实验分析报告的模板等，奠定了基于大数据技术建设统一的油气藏流体高压物性参数数据库的方法基础。

第三，国家标准 GB/T 26981—2011 成为中国石油勘探开发研究院的油气藏流体高压物性分析实验室实验分析方法的核心标准之一。基于国家标准 GB/T 26981—2011 以及相关配套技术实践，油气藏流体高压物性分析实验室与国际知名公司的同类实验室在国际技术服务市场上同场竞标并多次中标，宣示中国石油在油气藏流体高压物性分析领域的技术水平。

第四，基于在油气藏流体高压物性分析实验的综合能力，中国石油勘探开发研究院油气藏流体高压物性分析实验室参与了中国首颗微重力科学实验卫星——"实践十号"返回式科学实验卫星的微重力实验项目《微重力条件下石油组分热扩散特性的研究和Soret系数的测量》，具体合作对象是欧洲空间局。微重力实验项目搭载的实验装置如图2-75所示。

图2-75 微重力实验项目搭载的实验装置

第五，近10年来，基于规范化的油气藏流体高压物性分析工作，中国石油勘探开发研究院油气藏流体高压物性分析实验室积累了100多个国内外油田（区块）的油气藏流体样品的全套高压物性参数，包括超过40个的国内油田（区块）的油气藏流体样品。为中国气驱资源潜力评价、油气田开发方案设计和开发方式转变提供了不可或缺的基础参数。

二、烃类—二氧化碳体系状态方程改进及应用

CO_2—原油体系的相态参数是注气机理表征和流体体系物性参数计算的关键要素。由实验数据给出的相图虽然能够直观给出油气烃类体系的相态特征的变化，但由于受实验仪器工作温度、压力范围所限，仅依靠油气体系相态实验测试，还不能得到完整的相图和全部的相态参数。流体相平衡物理方程和热力学平衡方程的建立，以及状态方程的开发和应用来描述和预测CO_2驱油和CO_2—烃类体系的PVT相态特征和变化规律，是油藏工程研究不可或缺的手段[30-32]。

1. 油藏流体状态方程的改进

最基础的状态方程是综合了气体的Boyle定律（1662）、Charles定律（1787）及Gay-Lussac定律（1802）的理想气体状态方程：$pV=RT$。该方程应用于实际气体时有较大的偏差。1873年，Van der Waals（范德华）首次提出适用于真实气体的范德华方程，将压力分解为斥力项和引力项，其温压条件与体积成立方型关系，采用临界点约束条件求取状态方程参数，并可还原为理想气体状态方程的形式，符合理论的严格性。从范德华方程问世至今，状态方程不断发展，且越来越广泛地应用于气液体系相态计算。按照理论基础和应用形式，现有的状态方程可分为：范德华型及其改进型状态方程、varial型状态方程、多参数状态方程（BWR、BWRS等）以及具有严格统计力学基础的状态方程（微扰硬链和转子链等）。

1）现有各类状态方程分析

现有各类状态方程在不断发展和完善中，但仍然不能满足快速发展的工程技术需要。

（1）范德华型状态方程对多相多组分平衡计算的精度不高，特别是在临界点附近以及体系重组分含量较高时，有较大的偏差，对高温高压条件考虑不足，影响实用性。

（2）维里型状态方程则是过多依赖基础参数（获取不易），导致第四及以上的维里系数无法准确给定或通过关联式给出，因而常用的维里方程多是二次或三次截断型维里方程，只能用于密度不高的流体，适用范围有限。

（3）多参数型状态方程是基于维里方程形式的一种经验方程，理论严格性不如维里方程高，并且在非烃气体、重组分及较低温度条件下，计算精度不能令人满意。

（4）具有严格统计力学基础的状态方程形式比较复杂，目前工程应用较少。

在 CO_2 驱油机理表征和 CO_2—原油体系状态参数计算中，由于 CO_2 的分子结构是线性的，特殊的结构导致 CO_2 同烃类物质作用时具有特殊性，特别在临界状态，相间发生显著组分交换，微小的压力变化会使相体积（尤其是液相）发生较大改变，会使流体性质（参数）预测产生偏差，再加上现有状态方程本身存在的缺陷，导致 CO_2—烃体系尤其是高浓度 CO_2—烃体系，状态方程的预测精度偏低。目前的方法是针对具体体系的实验数据对状态方程进行参数拟合来提高精度，但由于体系呈现非理想状态且处于高温高压下，导致大部分拟合结果不够理想且工作量极大。因此，需要对现有状态方程参数进行修正，提高其计算精度。

2）Peng-Robinson 状态方程引力项参数和斥力项参数的修正

Peng-Robinson 为了改进 RK（Redlich-Kwong）方程和 SRK（Soave-Redlich-Kwong）方程，在计算临界压缩因子 Z_c 和液体密度时偏差较大的问题而提出了范德华型 PR 方程，是应用较为广泛的状态方程。形式如下：

$$p = \frac{RT}{V-b} - \frac{a(T)}{V(V+b)+b(V-b)} \qquad (2-35)$$

PR 方程满足范德华型方程所具有的临界点条件，临界等温线上的压力对体积的一阶和二阶导数等于零，即

$$\left(\frac{\partial p}{\partial V}\right)_{T_c} = 0 \text{ 和 } \left(\frac{\partial^2 p}{\partial V^2}\right)_{T_c} = 0 \qquad (2-36)$$

与 SRK 方程相比，PR 方程考虑了体系中组分的影响，式（2-35）中的系数 $a(T)$ 和 b 值的表达式为

$$a(T) = a \cdot \alpha(T) = 0.45724 \frac{R^2 T_{ci}^2}{p_{ci}} \alpha(T) = \Omega_a \frac{R^2 T_{ci}^2}{p_{ci}} \alpha(T) \qquad (2-37)$$

$$b = 0.07780 \frac{RT_{ci}}{p_{ci}} = \Omega_b \frac{RT_{ci}}{p_{ci}} \qquad (2-38)$$

$$\alpha(T) = \left[1 + \left(0.37464 + 1.54226\omega_i - 0.26992\omega_i^2\right)\left(1 - T_{ri}^{0.5}\right)\right]^2 \qquad (2-39)$$

式中 p——绝对压力，Pa；

T——绝对温度，K；

V——单位体积，m³；

R——通用气体常数，取 8.314J/（mol·K）；

$a(T)$——温度影响函数，引力修正系数 a 和温度函数 $\alpha(T)$ 的乘积；

b——分子斥力参数；

$\alpha(T)$——温度函数；

ω——偏心因子，与体系物质分子的极性和构型有关；

T_r——对应温度，体系任一温度与体系临界温度之比；

Ω_a，Ω_b——引力修正系数和体积修正系数中的无量纲参数；

下标 i——体系任一组分；

下标 c——体系临界状态。

（1）PR 方程中引力项参数和斥力项参数修正思路。

鉴于 PR 方程考虑了体系中组分的影响，式（2-37）和式（2-38）中 Ω_a 和 Ω_b 两个无量纲参数是常数，显然不能有效反映体系物质分子的极性和构型的影响，应对其考虑修正，以完善体系中各组分的影响。基本设想是将 Ω_a 和 Ω_b 处理成温度的函数，为了保持其无量纲形式，关联为对比温度的函数，如式（2-40）和式（2-41）所示：

$$\Omega_{aT_{ri}} = f_a(T_{ri}) \tag{2-40}$$

$$\Omega_{bT_{ri}} = f_b(T_{ri}) \tag{2-41}$$

（2）PR 方程中引力项参数和斥力项参数修正。

假设式（2-40）和式（2-40）中 Ω_a 和 Ω_b 与温度有关的参数是对比温度函数的二次方多项式。用上面的表达式式（2-40）和式（2-41）代入方程（2-37）和式（2-38）中，则

$$a(T) = \Omega_{aT_{ri}} \frac{R^2 T_{ci}^2}{p_{ci}} \alpha(T) = f_a(T_{ri}) \frac{R^2 T_{ci}^2}{p_{ci}} \alpha(T) \tag{2-42}$$

$$b = \Omega_{bT_{ri}} \frac{RT_{ci}}{p_{ci}} = f_b(T_{ri}) \frac{RT_{ci}}{p_{ci}} \tag{2-43}$$

根据原油组分—CO_2 体系状态参数的实验数据，例如：气液体系密度实验数据、气液体系饱和蒸汽压数据等，采用实测值与计算值拟合的方法，来确定 $\Omega_{aT_{ri}}$、$\Omega_{bT_{ri}}$。

根据对比温度的不同，$\Omega_{aT_{ri}}$ 得到的拟合关系式如下所示（图 2-76）：

$$\begin{cases} \Omega_{aT_{ri}} = f_a(T_{ri}) = 0.4923 - 0.1017 T_{ri} + 0.0305 T_{ri}^2 & (T_{ri} < 1) \\ \Omega_{aT_{ri}} = f_a(T_{ri}) = 0.3601 + 0.0827 T_{ri} - 0.0711 T_{ri}^2 & (T_{ri} \geqslant 1) \end{cases} \tag{2-44}$$

根据对比温度的不同，$\Omega_{bT_{ri}}$ 得到的拟合关系式如下所示（图 2-77）：

$$\begin{cases} \Omega_{bT_{ri}} = f_b(T_{ri}) = 0.1321 - 0.1479 T_{ri} + 0.1012 T_{ri}^2 & (T_{ri} < 1) \\ \Omega_{bT_{ri}} = f_b(T_{ri}) = 0.0559 + 0.0293 T_{ri} - 0.0166 T_{ri}^2 & (T_{ri} \geqslant 1) \end{cases} \tag{2-45}$$

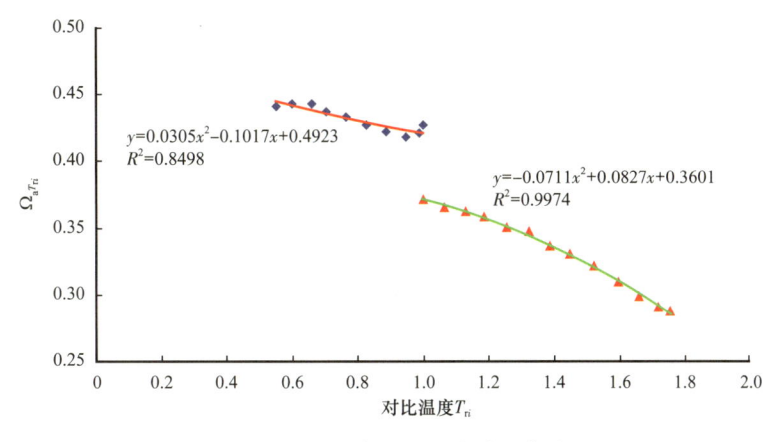

图 2-76　$\Omega_{aT_{ri}}$ 与对比温度关系曲线

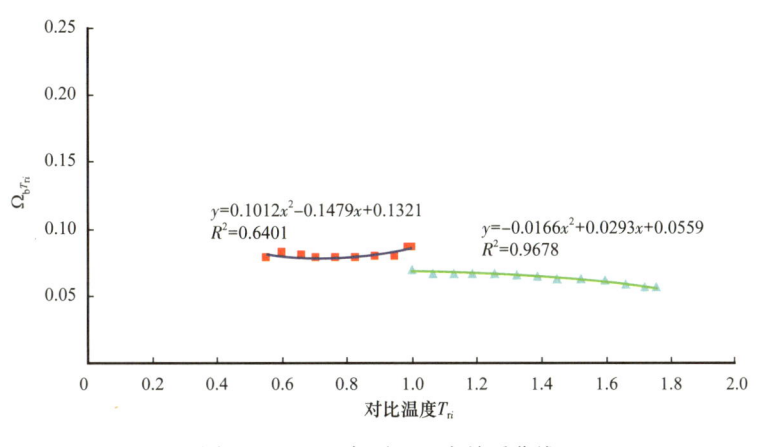

图 2-77　$\Omega_{bT_{ri}}$ 与对比温度关系曲线

2. 组分混合规则的改进

气驱过程中气液体系的相间组分传质和相间相互作用，对气驱机理的描述与表征有显著的影响。由于气液体系（研究目标）组分及其变化的复杂性，需要引入或应用混合规则，才能将原先应用于单一（纯净）物质或简组分物质的计算方法及实测或抽象物理量转变为可应用于混合物质的计算方法及物理量。

从范德华状态方程出现开始，便陆续有大量的组分及其之间作用的混合规则研究。按照应用形式和理论基础，现有混合规则可分为以下几类：维里型混合规则、范德华型混合规则、交互作用参数与组成有关的混合规则，以及基于过量自由能模型的局部组成型混合规则。

这些混合规则各有优点：维里型混合规则遵循严格统计理论，考虑因素全面；范德华型混合规则形式简洁且计算简便，针对非理想性不强的体系精度较好；交互作用参数与组成相关型混合规则多用于描述复杂体系，尤其对如烃类—水体系等两相差异较大的体系有较好的适应性；基于过量自由能模型的局部组成型混合规则基于过量自由能模型推导，可对液相高度非理想体系进行较为准确的描述。

同时，这些混合规则也存在不足：维里型混合规则参数过多且不易通过实验回归，因此常用截断维里型混合规则，导致其只适用于描述低密度流体；范德华型混合规则只针对非理想性不强的体系，对高温高压条件考虑不足，适用范围较窄；交互作用参数与组成相关型混合规则只对引力作用参数进行了修正，并且由于相互作用参数是与组成相关的经验公式而无法恢复到第二维里系数形式，理论上不够严谨，同时具有"Michelsen-Kistenmacher综合症"；基于过量自由能模型的局部组成型混合规则绝大部分不能恢复为第二维里系数的依赖关系，缺乏理论严谨性，并且过量自由能模型计算复杂。

CO_2—原油体系是典型的非理想体系，且处于高温高压状态。精度高、理论性严格的混合规则对于气驱机理的描述与表征有重要的理论意义和实际应用价值。

1）现有范德华型混合规则

最早的混合规则是范德华单流体混合规则，其后，凡是符合范德华单流体混合规则形式的模型都被称为范德华型混合规则，基本形式如下：

$$\begin{cases} a_m = \sum_{i=1}^{n}\sum_{j=1}^{s} y_i \cdot y_j \cdot a_{ij} \\ b_m = \sum_{i=1}^{n}\sum_{j=1}^{s} y_i \cdot y_j \cdot b_{ij} \end{cases} \quad (2-46)$$

现在普遍使用的二元混合规则是Reid[11]修正Redlich-Kwong（RK）混合规则后提出的：

$$\begin{cases} a_m = \sum_{i=1}^{n}\sum_{j=1}^{s} y_i \cdot y_j \cdot (a_i \cdot a_j)^{1/2} \cdot (1-K_{ij}) \\ b_m = \sum_{i=1}^{n} y_i \cdot b_i \end{cases} \quad (2-47)$$

维里型混合规则基于严格统计力学[12]，从理论上可以严格推导得出第q维维里系数是摩尔分数的q次函数，其形式如下：

$$W_q = \sum_{h_1}\sum_{h_2}\cdots\sum_{h_q} x_{h_1} \cdot x_{h_2} \cdots x_{h_q} \cdot W_{h_1 h_2 \cdots h_q} \quad (2-48)$$

由于维里型混合规则理论严格，因此，常用作验证其他二元混合规则正确与否。

2）范德华型混合规则改进

分析CO_2—原油体系的一般性可知，各组分间极性和对称性存在差异，影响参数设为l_{ij}，作用于斥力参数项；压力产生的影响参数设为d_{ij}，作用于斥力参数项（压力参数项）；温度产生的影响参数设为e_{ij}，作用于引力函数项（温度函数项）。则新的混合规则为如下形式：

$$\begin{cases} a_m = \sum_{i=1}^{n}\sum_{j=1}^{s} y_i \cdot y_j \cdot (a_i \cdot a_j)^{1/2} \cdot (1-K_{ij}) \cdot e_{ij} \\ b_m = \sum_{i=1}^{n}\sum_{j=1}^{s} y_i \cdot y_j \cdot \left[(b_i+b_j)/2\right] \cdot (1-d_{ij}) \cdot l_{ij} \end{cases} \quad (2-49)$$

通过变换恢复为第二维里参数来验证新混合规则的理论严格性。对于两参数立方型状态方程，可以变换为

$$B_{\mathrm{m}} = b_{\mathrm{m}} - \frac{a_{\mathrm{m}}}{RT} = \sum_{i=1}^{n}\sum_{j=1}^{s} y_i \cdot y_j \cdot b_{ij} - \frac{\sum_{j=1}^{s}\sum_{j=1}^{s} y_i \cdot y_j \cdot a_{ij}}{RT} = \sum_{j=1}^{s}\sum_{j=1}^{s} y_i \cdot y_j \cdot \left(b_{ij} - \frac{a_{ij}}{RT} \right)$$ （2-50）

可以看出，上式完全符合第二维里系数对组成的二次依赖关系，因此改进混合规则符合理论严格性。

3）对比状态及其他物理量的混合规则改进

对处于高温、高压状态的混合物体系，考虑到体系中各组分性质的差异，引入对比状态。将不同组分参数折算到同一参考系下考量，从而减少组分性质差异的影响。由于物质在临界状态时性质相似[13]，因而常将各个组分的参量分别折算到本组分临界状态，然后进行计算。

将状态方程转化为对比条件状态方程：

$$p_{\mathrm{r}} = \frac{T_{\mathrm{r}}}{AV_{\mathrm{r}} - \Omega_{\mathrm{b}}} - \frac{\Omega_{\mathrm{a}}\alpha(T)}{(AV_{\mathrm{r}} + u\Omega_{\mathrm{b}})(AV_{\mathrm{r}} + w\Omega_{\mathrm{b}})}$$ （2-51）

用对比状态方程进行混合物的描述时，还要对压力、温度和压缩因子等量进行混合计算。为了使 SRK 和 PR 方程的参数混合规则能够应用对比状态原理，将应用于 Redlich-Kwong 方程的临界参数法引入 SRK 和 PR 方程。当用于混合物时，原 RK 方程总摩尔分数通式化为如下形式：

$$z_{\mathrm{m}} = \frac{V_{\mathrm{m}}}{V_{\mathrm{m}} - b_{\mathrm{m}}} - \frac{\Omega_{\mathrm{a}}}{\Omega_{\mathrm{b}}}\frac{b_{\mathrm{m}}}{V_{\mathrm{m}} + b_{\mathrm{m}}}$$ （2-52）

参照式（2-52），将 PR 和 SRK 方程改写为总摩尔分数通式形式：

$$z_{\mathrm{m}} = \frac{V_{\mathrm{m}}}{V_{\mathrm{m}} - b_{\mathrm{m}}} - \frac{\Omega_{\mathrm{a}}}{\Omega_{\mathrm{a}}}\frac{b_{\mathrm{m}}}{V_{\mathrm{m}} + b_{\mathrm{m}} + g(V_{\mathrm{m}})}F_{\mathrm{m}}$$ （2-53）

式（2-53）中的 b_{m} 由式（2-49）表达；式（2-53）中的添加项 $g(V_{\mathrm{m}})$ 为 V_{m} 的函数，在 SPK 方程中为 $g(V_{\mathrm{m}})=0$，在 PR 方程中为 $g(V_{\mathrm{m}})=b_{\mathrm{m}} - b_{\mathrm{m}}/V_{\mathrm{m}}$。式（2-53）中的 F_{m} 为辅助函数，在 SRK 方程中为：

$$F_{\mathrm{m}} = \frac{\sum_{i=1}^{n}\sum_{j=1}^{s} y_i \cdot y_j \cdot (1 - K_{ij}) \cdot e_{ij} \cdot \left\{ \left[T_{ci} \cdot T_{cj} / (p_{ci} \cdot p_{cj}) \right] \cdot F_i \cdot F_j \right\}^{\frac{1}{2}}}{\sum_{j=1}^{j=s} y_j \cdot T_{cj}/p_{cj}}$$ （2-54）

式中：

$$F_i = (1/T_{\mathrm{r}})\left[1 + (0.480 + 1.574\omega - 0.1715\omega^2)\left(1 - T_{\mathrm{r}}^{\frac{1}{2}} \right) \right]^2$$ （2-55）

在 PR 方程中 F_{m} 的形式与式（2-54）相同，但 F_i 的形式不同，分一般条件和偏心因子较大两种情况。

一般条件：

$$F_i = (1/T_r)\left[1 + \left(0.37464 + 1.54226\omega - 0.26992\omega^2\right)\left(1 - T_r^{0.5}\right)\right]^2 \quad (2\text{-}56)$$

偏心因子较大时：

$$F_i = (1/T_r)\left[1 + \left(0.379642 + 1.48503\omega - 0.164423\omega^2 - 0.01667\omega^3\right)\left(1 - T_r^{0.5}\right)\right]^2 \quad (2\text{-}57)$$

拟临界压力和拟临界温度采用通用的定义，如下所示：

$$T_m = \left\{\left[\sum_{j=1}^s y_j \left(T_{cj}^{2.5} \ p_{cj}\right)^{0.5}\right]^2 \Bigg/ \sum_{j=1}^s y_j \left(T_{cj}/p_{cj}\right)\right\}^{\frac{2}{3}} \quad (2\text{-}58)$$

$$p_m = \frac{T_{cm}}{\sum_{j=1}^s y_j \left(T_{cj}/p_{cj}\right)} \quad (2\text{-}59)$$

通过上述方程，可以将原本用于单一纯物质的状态方程应用于描述混合物的相态特性。混合规则和状态方程需要结合组分计算才能进行实际应用，对体系的相态进行研究。

3. 黏度预测模型的改进

在实际油藏气驱设计中，气液体系黏度是开发过程中重要的参量之一，它直接关系到油藏注入能力和地下流体渗流能力。

1) 现有模型特点分析

目前实际使用的黏度预测模型大致分为两类：一类是具有统一形式可同时应用于气液相的黏度模型，包括基于状态方程的 LLS、PT、PR 等黏度模型和基于对应状态原理的黏度模型［剩余黏度模型（LBC）、Lohrenz-Bruce-Clark 模型（1964）、广义对应状态模型（CS）、Pedersen 模型（1987）等］；另一类是仅用于描述气相或液相的黏度模型，包括用于描述气相的黏度模型［Carr-Kobayashi-Burrows（1954）、Dempsey（1965）、Dean-Stiel（1965）、Lee-Gonzalez-Eakin（1966）、Standing（1977）等］和用于描述液相的黏度模型（基于 Eyring 理论和 LVIS 理论的模型等）。这些模型各具优势，但也存在一定不足。

（1）PR 黏度模型分析。

郭绪强等建立基于 PR 状态方程的黏度模型（PR 黏度模型），基于 T-μ-p 图像与 p-V-T 图像存在相似性，可将 PR 方程中的温度和压力进行数值上的互换位置并用黏度替代体积，得到 PR 黏度模型，如下所示：

$$T = \frac{R'p}{\mu - b''} - \frac{a'}{\mu(\mu + b') + b'(\mu - b')} \quad (2\text{-}60)$$

$$b'' = b'\phi(T_r, p_r) \quad (2\text{-}61)$$

$$\phi(T_r, p_r) = \exp\left\{A_2\left(\sqrt{T_r} - 1\right) + A_3\left[\left(\sqrt{p_r} - 1\right)\right]\right\}^2 \quad (2\text{-}62)$$

$$a' = \Omega_a \frac{R_c'^2 p_c^2}{T_c} \quad (2\text{-}63a)$$

$$b' = \Omega_b \frac{R'_c p_c}{T_c} \tag{2-63b}$$

$$\Omega_a = 0.457235 \tag{2-64a}$$

$$\Omega_b = 0.077796 \tag{2-64b}$$

式中 a'，b'——引力和体积修正系数；

b''——改进后的分子体积校正项；

Ω_a，Ω_b——无量纲量。

郭绪强模型的优势在于可以同时对状态方程和黏度方程求解，黏度方程直接参与迭代计算，无密度带来的累积误差。但当模型用于非理想性较强的 CO_2—原油体系时，受原PR方程对差异较大的组分特性考虑不足的影响，计算精度不理想。

（2）CS模型分析。

Pedersen等在1987年提出了广义对应状态的CS模型，假定各种流体的黏度之比与临界温度之比、临界压力之比、相对分子量之比和耦合系数之比存在一定函数关系，得到如下所示方程：

$$\mu(p,T) = \left(\frac{T_c}{T_{c0}}\right)^{-1/6} \left(\frac{p_c}{p_{c0}}\right)^{2/3} \left(\frac{MW_c}{MW_{c0}}\right)^{1/2} \frac{a_c}{a_{c0}} \mu_0(p_0, T_0) \tag{2-65}$$

式中 μ——目标体系黏度，Pa·s；

p——目标体系压力，Pa；

T——目标体系温度，K；

T_c——目标体系临界温度，K；

T_{c0}——参比物质临界温度，K；

p_c——目标体系临界压力，Pa；

p_{c0}——参比物质临界压力，Pa；

MW_c——目标体系分子质量，g/mol；

MW_{c0}——参比物质分子质量，g/mol；

a_c——目标体系偶合因子；

a_{c0}——参比物质偶合因子；

μ_0——参比物质的黏度，Pa·s；

p_0——参比物质的压力，Pa；

T_0——参比物质的温度，K。

CS模型结构简洁，计算过程中累积误差较小，不足之处是应用过程中需要选取与目标体系物理化学性质较为类似的已知纯物质作为参比物质。在用于 CO_2—原油体系时，由于体系各组分性质存在较大偏差，因而无法用一个参比物质作为对照，需要用到较多个参比物质进行对照，这样在迭代计算过程中需要频繁更换参比物质的属性，会导致整个计算过程变得复杂。

（3）LBC模型分析。

Lohrenz-Bruce-Clark等于1964提出了基于剩余黏度理论的LBC模型，将高压、高密度下的黏度与低密度黏度和体系相对密度关联在一起，得到的方程形式如下：

$$\left[\left(\mu-\mu^*\right)\zeta+10^{-4}\right]^{1/4}=a_1+a_2\rho_r+a_3\rho_r^2+a_4\rho_r^3+a_5\rho_r^4 \quad (2-66)$$

式中　μ——所研究体系的黏度，$mPa \cdot s$；
　　　μ^*——体系低密度下的黏度，$mPa \cdot s$；
　　　ζ——黏度系数；
　　　ρ_r——体系相对密度；
　　　a_1，a_2，a_3，a_4，a_5——关联系数，由实验测定，通常取 $a_1=0.1023$，$a_2=0.023364$，$a_3=0.058533$，$a_4=-0.40758$，$a_5=0.0093324$。

LBC 模型形式简洁、变量简单，易于工程应用。不足之处是模型中剩余黏度的四分之一次幂是密度的四次方多项式，尽管关联系数较小，但也会使得密度取值变化会对黏度造成 10 次幂以上的影响，密度细微误差会导致黏度巨大的偏差，在研究高黏度、高密度或临界流体时尤其明显；同时，不同目标体系关联系数不一定完全符合通用值，很多情况下需重新测定，因而也限制了其应用。

基于上述分析，黏度模型还有改进的空间。这里考虑对应用过程中可以同时迭代求解并且无密度累积误差的 PR 黏度模型进行研究和改进，以期能够提高气液体系黏度预测精度，为 CO_2 驱数值计算及下一步在低渗油藏气驱中应用提供理论依据。

2）PR 黏度模型研究与改进

PR 模型对 CO_2—原油体系预测精度不高的原因主要是该模型未能对体系各个组分间的不同性质和相互作用进行足够的考虑。原方程中直接将无量纲变量 Ω_a、Ω_b 定为常数而未能与组分相关联，这与实际情况不相符。为了使模型能够进一步体现组分特性，对每个组分，将 Ω_a、Ω_b 处理成与黏度相关性较强的温度参量的函数，并且为了保持其无量纲形式，关联为对比温度的函数。其具体形式可由实验数据（图 2-76、图 2-77）回归得出。关联对比温度并改进后所得黏度模型变为：

$$T_i=\frac{R_i'p_i}{\mu_i-b_i''}-\frac{a_i'}{\mu_i\left(\mu_i+b_i'\right)+b_i'\left(\mu_i-b_i'\right)} \quad (2-67)$$

$$a_i'=\Omega_{aT_{ri}}\frac{R_{ci}'^2 p_{ci}^2}{T_{ci}} \quad (2-68)$$

$$b_i'=\Omega_{bT_{ri}}\frac{R_{ci}'p_{ci}}{T_{ci}} \quad (2-69)$$

式中　$\Omega_{aT_{ri}}$，$\Omega_{bT_{ri}}$——无量纲量，表达式见式（2-44）和式（2-45）。

其他参数与原 PR 黏度模型相同。

修正后的模型在临界条件下仍然可以还原为 PR 状态方程，因而在理论上可行。

3）修正的 PR 黏度模型的混合规则

式（2-67）只给出了其应用于各个组分的形式，而在应用于混合体系时，可以通过黏度计算混合法则对模型进行修正，原有的混合法则如下所示：

$$T = \frac{R'_m p_m}{\mu_m - b''_m} - \frac{a'_m}{\mu_m(\mu_m + b'_m) + b'_m(\mu_m - b'_m)} \qquad (2\text{-}70)$$

$$a'_m = \sum_i (x_i a'_i) \qquad (2\text{-}71)$$

$$b'_m = \sum_i (x_i b'_i) \qquad (2\text{-}72)$$

$$b''_m = \sum_i \sum_j \left[x_i x_j \sqrt{b''_i b''_j} (1 - K_{ij}) \right] \qquad (2\text{-}73)$$

$$R'_m = \sum_i (x_i R'_i) \qquad (2\text{-}74)$$

式中，下角标为 m 的量为混合物质参量。

由于曲线的相似性，在进行混合法则计算时，作用系数不应影响模型的构型，因此可在原混合规则的基础上引入交互作用系数和斥力作用系数进行修正。则依据作用系数与温度和压力幂指数的关系及限制条件可以得到修正后的混合法则如下：

$$T = \frac{R'_m p_m}{\mu_m - b''_m} - \frac{a'_m}{\mu_m(\mu_m + b'_m) + b'_m(\mu_m - b'_m)} \qquad (2\text{-}75)$$

$$a'_m = \sum_i \sum_j \left[x_i x_j \sqrt{a'_i a'_j} (1 - K_{ij}) \right] \qquad (2\text{-}76)$$

$$b'_m = \sum_i \sum_j \left[x_i x_j \sqrt{b'_i b'_j} (1 - D_{ij}) \right] \qquad (2\text{-}77)$$

$$b''_m = \sum_i \sum_j \left\{ x_i x_j \sqrt{b''_i b''_j} \left[(1 - K_{ij})^{1/2} (1 - D_{ij})^{3/2} \right]^{1/2} \right\} \qquad (2\text{-}78)$$

$$R'_m = \sum_i \sum_j \left\{ x_i x_j \sqrt{R'_i R'_j} \left[(1 - K_{ij})^{3/2} (1 - D_{ij})^{1/2} \right]^{-1/2} \right\} \qquad (2\text{-}79)$$

$$\mu_{cm} = \sum_i (x_i \mu_c) \qquad (2\text{-}80)$$

式中　K_{ij}——二元相互作用系数；

　　　D_{ij}——二元斥力作用系数。

根据对应状态原理，混合物质可看作为具有一类按一定规则求出的拟临界参数且性质均一的虚拟的纯物质，并可以将求出的拟参数用于与纯物质相同的计算方法和模型。模型中涉及拟组分的拟临界参数（拟临界压力、拟临界温度和拟偏心因子）可由 Kesler–Lee 经验关系式求出。

对于 CO_2 组分，侯瑞峰和陈光进等在针对 LBC 模型的改进过程中，引入 CO_2 的有效摩尔分数代替实际的 CO_2 摩尔分数，并对体系中所有组分的摩尔分数进行归一，得到其他组分的有效摩尔分数。

由于CO_2与原油中其他有机组分的性质不同，其存在使得CO_2—原油体系的黏度预测难度加大，而针对CO_2黏度预测的改进对于各种黏度模型都是适用的。因而，现将侯瑞峰和陈光进等在针对LBC模型的改进过程中引入的CO_2有效摩尔分数的概念扩展到本节所修正后的基于PR状态方程的黏度模型中。这一拓展概念表征CO_2与原油有机组分之间的性质差异会对计算结果产生影响，而通过将CO_2组分的真实摩尔分数修正为有效摩尔分数可以有效减小乃至消除这一差异。

通过大量的回归计算得到的CO_2有效摩尔分数的计算关联式如下所示：

$$x'_{CO_2} = B_0 + B_1 x_{CO_2} + B_2 x^2_{CO_2} \quad (2-81)$$

$$B_0 = 0.1435362 - 4.75358 \times 10^{-5} MW_{C_{7+}} + 5.59327 \times 10^{-8} MW^2_{C_{7+}} \quad (2-82)$$

$$B_1 = 0.05692891 + 3.5366 \times 10^{-4} MW_{C_{7+}} - 5.9555 \times 10^{-7} MW^2_{C_{7+}} \quad (2-83)$$

$$B_2 = 0.03306904 - 1.70171 \times 10^{-4} MW_{C_{7+}} + 4.88704 \times 10^{-7} MW^2_{C_{7+}} \quad (2-84)$$

式中　x'_{CO_2}——修正后的CO_2有效摩尔分数；

x_{CO_2}——修正前的CO_2真实摩尔分数；

B_0，B_1，B_2——3个普适化系数，可由实验回归得出；

$MW_{C_{7+}}$——C_{7+}组分的平均相对分子质量。

由于此黏度模型基于状态方程，因而也同样可以通过还原为第二维里系数的相关形式来证明其理论上的严格性，经过变换可得所得模型在理论上是严格的。

4. 状态方程在油气体系计算中的应用

1）油气体系相平衡计算方法

假设已知一个由n个组分构成的烃类体系，取1mol的物质量作为分析单元，那么当其在开发过程中处于任一气液相平衡状态时应有以下特征。

（1）平衡气液相摩尔分量n_g和n_l分别在0和1之间变化，且恒满足物质的量归一化条件：

$$n_g + n_l = 1 \quad (2-85)$$

（2）平衡气、液相的组成$y_1, y_2, \cdots, y_i, \cdots, y_n$及$x_1, x_2, \cdots, x_i, \cdots, x_n$应分别满足组成归一化条件：

$$\begin{cases} \sum_{i=1}^{n} x_i = 1 \\ \sum_{i=1}^{n} y_i = 1 \\ \sum_{i=1}^{n} (y_i - x_i) = 0 \end{cases} \quad (2-86)$$

（3）平衡气、液相各组分的摩尔质量应满足物质平衡条件：

$$y_i n_g + x_i n_l = z_i \qquad (2\text{-}87)$$

（4）任一组分在平衡气、液相中的分配比列可用平衡常数来描述，即

$$K_i = y_i / x_i \qquad (2\text{-}88)$$

以上特征经数学处理，即可得到由平衡气、液相组成方程和物质平衡方程所构成的物质平衡方程组，如下所示：

$$\sum_{i=1}^{n}(y_i - x_i) = \sum_{i=1}^{n}\frac{z_i(K_i - 1)}{1 + (K_i - 1)n_g} = 0 \qquad (2\text{-}89)$$

当油气体系达到气液平衡时，体系中各组分在气液相中的逸度 f_i^V 和 f_i^L 应相等，即

$$f_i^V = y_i \varphi_i^V p = f_i^L = x_i \varphi_i^L p \qquad (2\text{-}90)$$

$$K_i = \frac{y_i}{x_i} = \frac{\varphi_i^L}{\varphi_i^V} = \frac{f_i^L/x_i}{f_i^V/y_i} \qquad (2\text{-}91)$$

根据热力学原理求解 f_i^V、f_i^L 的积分方程为

$$RT\ln\left(\frac{f_i^V}{y_i p}\right) = \int\left[\left(\frac{\partial p}{\partial n_{gi}}\right)_{V_g,T,n_{gj}} - \frac{RT}{v_g}\right]dV_g - RT\ln z_g \qquad (2\text{-}92)$$

$$RT\ln\left(\frac{f_i^L}{x_i p}\right) = \int\left[\left(\frac{\partial p}{\partial n_{li}}\right)_{V_l,T,n_{lj}} - \frac{RT}{v_l}\right]dV_l - RT\ln z_l \qquad (2\text{-}93)$$

相态计算的热力学平衡条件目标方程组为

$$\begin{cases} F_1(x_1, y_1, p, T) = f_1^L - f_1^V = 0 \\ F_2(x_2, y_2, p, T) = f_2^L - f_2^V = 0 \\ \ldots \\ F_i(x_i, y_i, p, T) = f_i^L - f_i^V = 0 \\ \ldots \\ F_n(x_n, y_n, p, T) = f_n^L - f_n^V = 0 \end{cases} \qquad (2\text{-}94)$$

在实际应用过程中，由于研究对象是混合体系，需要引入混合法则对状态方程进行处理，相应地对常用混合法则修正。分析 CO_2—原油的一般体系可知，各组分间极性和对称性存在差异，加入斥力作用系数 D_{ij} 和引力作用系数 K_{ij}，得到针对 CO_2—原油体系的混合法则：

$$\begin{cases} a_m = \sum_{i=1}^{n}\sum_{j=1}^{s} y_i y_j (a_i a_j)^{\frac{1}{2}}(1 - K_{ij}) \\ b_m = \sum_{i=1}^{n}\sum_{j=1}^{s} y_i y_j\left[(b_i + b_j)/2\right](1 - D_{ij}) \end{cases} \qquad (2\text{-}95)$$

式中　p，T——油藏压力和温度；
　　　　f——气液相逸度；
　　　　下标 i——组分数；
　　　　F_n——气液相组成归一化平衡条件目标函数 $[\sum(y_i-x_i)=0]$；
　　　　y_i，x_i——分别为气相和液相中 i 组分的摩尔组成；
　　　　z_i——油气体系总组成；
　　　　K_i——平衡常数；
　　　　n_g，n_l——分别为气相和液相摩尔分数；
　　　　z_g，z_l——分别为平衡气相和液相偏差因子。

2）混合规则的应用

通常在模拟多组分体系的闪蒸过程时使用到混合规则，主要是对多组分体系的各物性参数进行计算。

（1）闪蒸方程。

闪蒸计算时，闪蒸方程是由关联方程和限制条件组成，严格推导可得到 Rachford–Rice 方程，如下所示：

$$\sum_i (y_i - x_i) = \sum_i \frac{Z_i(K_i-1)}{1+N_V(K_i-1)} = \sum_i \frac{Z_i(K_i-1)}{K_i-N_L(K_i-1)} = 0 \quad (2-96)$$

（2）混合物的逸度及逸度因子。

根据热力学相平衡原理，当体系处于热力学平衡时，油气体系的每一组分在各相中的偏摩尔吉布斯自由能相等，即是化学势相等，而转化为辅助函数逸度表示，即油气体系的每一组分在各相中的逸度相等。对于油气两相，平衡条件如下所示：

$$f_i^V = f_i^L \quad (2-97)$$

逸度的计算公式可由逸度系数通过与状态方程的联系导出，如式（2-98）所示：

$$\ln \frac{f_i}{y_i p} = \ln \phi_i = \int_0^p \left[\left(\frac{\partial V}{\partial n_i}\right)_{T,p,n_j} - \frac{RT}{p} \right] dp = -\int_\infty^V \left[\left(\frac{\partial p}{\partial n_i}\right)_{T,V,n_j} - \frac{RT}{V} \right] dV - RT \ln Z \quad (2-98)$$

将导出的混合物状态方程带入，可得到式（2-99）形式

$$\ln \frac{f_i}{y_i p} = \ln \phi_i = \frac{b_{ij}}{b_m}(Z-1) - \ln\left[Z-\left(\frac{b_m p}{RT}\right)\right] - \frac{a_m}{s_1 b_m RT}\left(\frac{2\sum_j y_j a_{ij}}{a_m} - \frac{b_{ij}}{b_m}\right)\ln\left(1+\frac{s_1 B_m}{z+s_2 B_m}\right)$$

$$(2-99)$$

将逸度平衡条件与气液平衡常数联立，得到

$$K_i = \frac{y_i}{x_i} = \frac{\phi_i^L}{\phi_i^V} \quad (2-100)$$

将上式取对数并写成残差形式，得到（2-101）方程：

$$R_i = \ln K_i + \ln \phi_i^V - \ln \phi_i^L \tag{2-101}$$

将所推导的新状态方程及混合规则带入式（2-101），并对 Rachford–Rice 方程进行迭代求解。每次迭代过程中，通过逸度平衡计算求取新的气液平衡常数，带入下一步迭代过程中。

联合以上算式，通过 Newton–Raphson 迭代或者超松弛迭代，可以对体系的相态参数进行计算。

（3）实例计算与分析。

选取 1 个油样进行分析，温度压力条件分别选取井流物条件（温度 20℃，压力 0.1MPa）和地层高压条件（温度为地层温度，压力 25MPa），分别用未改进混合规则的状态方程和改进混合规则的状态方程进行计算。为减少迭代步骤，将测得的各组分合并为 CO_2、C_1+N_2、C_2—C_7、C_8—C_{10}、C_{11}—C_{22} 和 C_{23+} 6 个拟组分，分别用原混合规则和改进混合规则计算油样各组分的气相摩尔分数和液相摩尔分数数据，并将最终结果与实验数据相对照，见表 2-9、图 2-78 和图 2-79。得到各个组分的气相和液相中的摩尔组成。

通过结果分析，可得到如下几点认识。

① 混合规则在计算油样时误差较大，在计算组分时的平均误差超过 15%，在计算密度时的平均误差超过 10%；而改进的混合规则在用于计算时所得结果误差大大减小，在计算组分时的平均误差小于 4%，在计算密度时的平均误差不到 3%，比较接近于实际数据，而且改进的混合规则在计算高压条件和液相条件时的优势更加明显。

表 2-9 油样 1 拟组分的实验数据及不同混合规则计算数据对比

压力 MPa	温度 ℃	组分	实验数据的摩尔分数 % 气+液	液	气	原规则计算的摩尔分数 % 液	气	改进规则计算的摩尔分数 % 液	气
0.1	20	CO_2	0.2083	0	1.1853	0.0070	0.7170	0.0023	1.0292
		C_1+N_2	13.7092	0.0235	77.8831	0.1910	47.7690	0.0793	67.8451
		$C_2\sim C_7$	15.4119	14.2620	20.8040	1.0910	51.4930	9.8717	31.0337
		$C_8\sim C_{10}$	18.8720	22.8694	0.1276	26.3620	0.0010	24.0336	0.0854
		$C_{11}\sim C_{22}$	34.3560	41.6828	0	47.9840	0.0200	43.7832	0.0067
		C_{23+}	17.4426	21.1624	0	24.3660	0	22.2302	0
25.0	71	CO_2	0.2083	0.2530	0.0190	0.3036	0.0380	0.2699	0.0253
		C_1+N_2	13.7092	16.8220	0.3870	8.4110	0.3680	13.7147	0.3744
		$C_2\sim C_7$	15.4119	19.0130	0.0005	19.0130	0.0010	19.0130	0.0006
		$C_8\sim C_{10}$	18.8720	0.0100	99.5930	0.0100	99.5930	0.0100	99.5930
		$C_{11}\sim C_{22}$	34.3560	42.3840	0	54.5314	0	46.4823	0
		C_{23+}	17.4426	21.5280	0	17.7310	0	20.2623	0

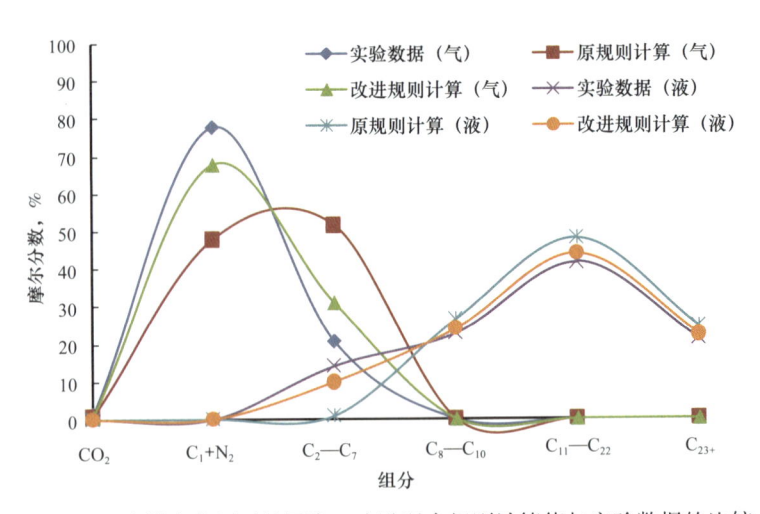

图 2-78　油样在常压下的原先、改进混合规则计算值与实验数据的比较

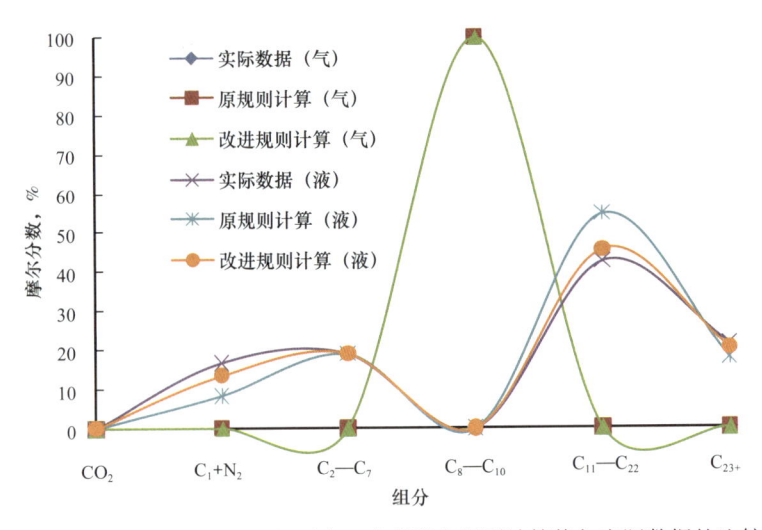

图 2-79　油样在 25MPa 下的原先、改进混合规则计算值与实际数据的比较

② 此类混合规则无论是改进的还是原始的，气相组分计算精度都要高于液相组分计算精度，这种现象主要是由于所使用状态方程形式为两参数立方型状态方程而引起的，此类方程在计算液相时的精度要小于计算气相时的精度。

③ 在计算非烃类组分和重组分时，计算精度有所下降，这是由于体系的非理想性增强造成的，N_2 分子结构比 CO_2 更远离烃类分子结构，而重组分极性相对较强导致分子间作用力与一般轻烃不同。

3）密度计算

根据实际油田油样组成数据，利用已有的常用方法计算油样密度，结果见表 2-10。结果表明，采用 RK 和 PR 状态方程计算的密度偏低，误差较大。通过对 PR 状态方程中的引力项参数和斥力项参数修正，得到修正 PR 状态方程，应用修正的 PR 方程计算油样密度的相对误差在 0.03%～0.74%，与实验结果接近。图 2-80 和图 2-81 是修正的 PR 方程计算结果和误差的对比，可以看出修正的 PR 方程计算的密度误差均小于 1%，表明修正的 PR 方程对 CO_2—原油体系相态参数计算具有适用性。

表 2-10　不同压力下各种方法计算密度结果对比

压力 MPa	密度，kg/m³ 实验值	RK 方程	PR 方程	修正 PR 方程	绝对误差，kg/m³ RK 方程	PR 方程	修正 PR 方程	相对误差，% RK 方程	PR 方程	修正 PR 方程
35.00	759.00	612.2587	714.4029	758.1639	146.74	44.60	0.84	19.33	7.28	0.12
33.00	757.20	610.2649	713.5600	756.9857	146.94	43.64	0.21	19.41	7.15	0.03
31.00	755.40	608.1609	712.6905	755.7607	145.14	41.84	−1.59	19.21	6.86	0.22
29.00	753.60	605.9363	711.7927	754.4844	145.44	40.91	−2.16	19.30	6.73	0.30
27.00	751.80	603.5792	710.8648	753.1519	145.86	40.01	−2.68	19.40	6.60	0.38
25.00	749.90	601.0756	709.9056	751.7574	146.32	39.04	−3.25	19.51	6.47	0.46
23.00	748.10	598.4095	708.9128	750.2938	147.02	38.19	−3.66	19.65	6.35	0.52
21.26	746.40	595.9429	708.0203	748.9573	147.99	37.49	−3.89	19.83	6.26	0.55
19.00	744.20	592.5100	706.8200	747.1200	148.26	36.18	−4.76	19.92	6.07	0.67
17.00	742.30	589.2300	705.7100	745.3900	149.79	35.48	−4.82	20.18	5.99	0.68
15.00	740.30	585.6900	704.5600	743.5300	151.07	34.59	−5.09	20.41	5.87	0.72
13.00	738.30	581.8413	703.3705	741.5315	152.61	33.74	−5.23	20.67	5.76	0.74
11.00	736.30	577.6500	702.1300	739.3400	158.65	34.17	−3.04	21.55	5.92	0.43

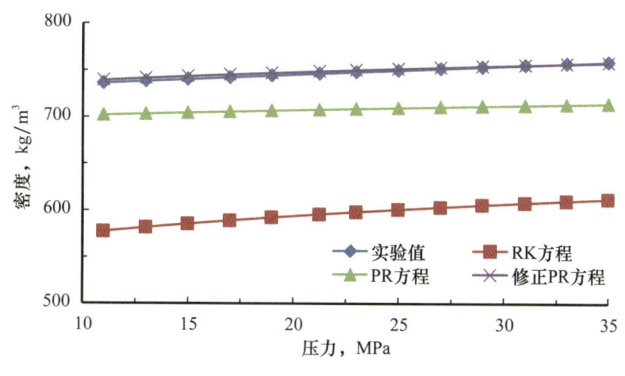

图 2-80　不同压力下各种方法计算密度结果对比

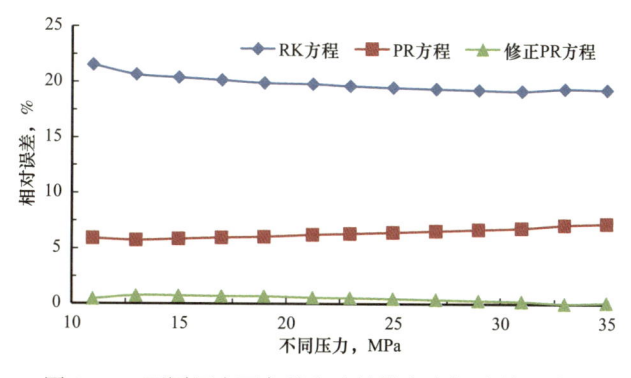

图 2-81　不同压力下各种方法计算密度相对误差对比

4）最小混相压力计算

以细管测试的国内 8 个油田（区块）的油样最小混相压力值为基础，将修正的 PR 方程与国内外文献发表的 5 个经验公式拟合（计算）的最小混相压力值进行对比（表 2-11），结果表明修正的 PR 方程的计算结果误差最小。图 2-82 是各种方法计算最小混相压力结果对比，图 2-83 是各种方法的相对误差对比。

表 2-11 不同方法最小混相压力确定结果对比

油样	细管模拟 MPa	经验公式，MPa					修正 PR 方程 MPa
		API1	API2	GA	Y-M	Glasto	
S301	18.3	11.99	2.20	14.98	29.06	15.55	19.08
B14	19.9	11.68	0.13	9.86	22.92	15.51	20.83
Qf	20.2	11.99	2.20	26.31	29.06	18.63	21.24
HE79	22.1	13.35	11.05	28.10	28.21	24.66	22.64
HE89	22.3	12.30	4.28	24.07	28.89	30.49	23.53
HO75	27.4	14.08	15.67	39.40	27.66	26.51	25.76
SH95	32.6	14.35	17.41	18.66	27.43	28.74	30.25
F18	41.3	12.49	5.49	14.25	28.78	23.55	37.62
相对误差，%	0	38.10	46.90	72.92	35.75	18.91	4.42

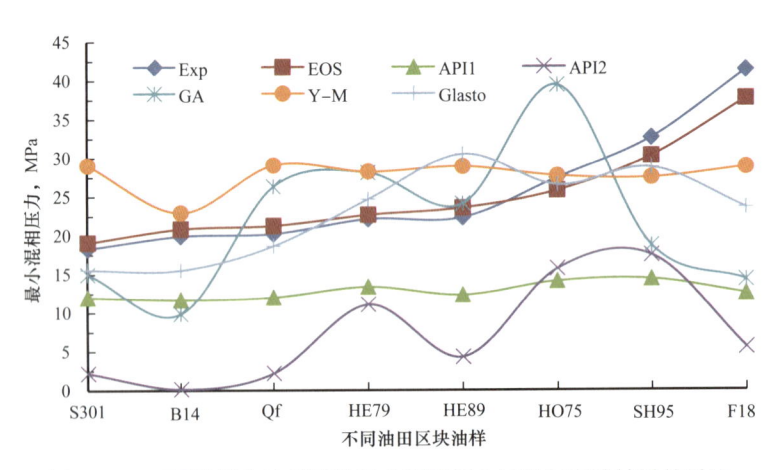

图 2-82 不同计算方法得到的最小混相压力结果与实验结果的对比

由表 2-11、图 2-82 和图 2-83 可以看到，利用修正的 PR 方程计算所得到的 CO_2 驱最小混相压力与实验值比较接近，平均相对误差不超过 5%；而常用估算最小混相压力经验关联式的计算结果与实际有较大的偏差，平均相对误差超过 20%。这一现象的产生是由于传统的经验公式在计算过程中对体系压力和非烃类组分有较大程度的忽略，而修正的 PR 方程不仅考虑了温度、压力和混合组分的影响，并且也修正了方程参数，使得非烃类组分也被考虑进来，因而可以获得比较满意的精度。综上所述，修正的 PR 方程比常用经验关联式具有更高的实际应用价值。

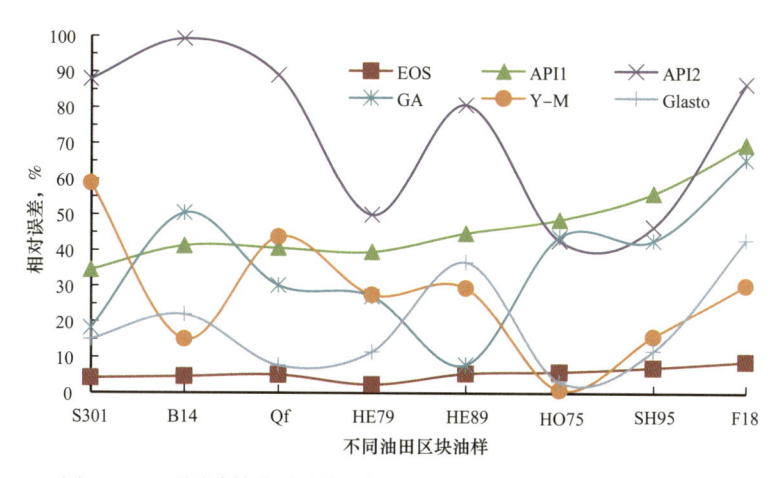

图 2-83 不同计算方法所得到的最小混相压力计算相对误差对比

5）气液体系黏度计算应用

利用改进的基于 PR 状态方程的黏度模型对 8 个实际油田（区块）油样的黏度进行预测，并将预测结果与已有的黏度计算模型的预测结果进行比较。对比结果见表 2-12、表 2-13、图 2-84 和图 2-85。

表 2-12 不同黏度预测模型计算得到的各实际油样黏度

单位：mPa·s

油样	实验值	原 PR 模型	改进 PR 模型	LBC 模型	CS 模型
S301	1.56	1.07	1.50	10.76	20.76
B14	3.16	2.58	3.07	17.78	12.62
Qf	3.57	1.81	3.29	16.96	35.55
HE79	2.08	2.65	2.13	17.99	36.79
D	17.30	14.67	16.62	72.94	11.90
HO75	1.75	2.20	1.82	14.11	34.74
HU129	1.64	1.24	1.59	7.20	17.97
F18	12.30	17.44	13.34	108.71	55.23

表 2-13 不同黏度预测模型计算相对误差

单位：%

油样	原 PR 模型	改进 PR 模型	LBC 模型	CS 模型
S301	31.28	4.14	589.58	33.64
B14	18.28	2.82	462.77	30.96
Qf	49.41	7.71	375.20	28.06
HE79	27.42	2.31	764.78	34.17
D	15.21	3.91	321.62	21.74

续表

油样	原 PR 模型	改进 PR 模型	LBC 模型	CS 模型
HO75	25.82	4.20	706.22	34.58
HU129	24.19	3.08	339.08	25.70
F18	41.77	8.43	783.79	32.22
平均相对误差	29.17	4.58	542.88	30.13

结果表明，LBC 模型的相对误差非常大，超过了 500%，原因是 LBC 模型对密度异常敏感。CS 模型的相对误差较大，超过 50%，原因是 CS 模型对参比物质的选取过于敏感。原 PR 模型的相对误差也较大，接近 50%。改进后的 PR 模型的相对误差最小。原因是状态方程的各相参数都修正为适用于 CO_2—原油体系的参数，并且模型应用与混合物的混合计算法则也根据 CO_2—原油体系的性质进行了改进，因而所得结果与实际数值最为接近，相对误差为 5% 左右，满足工程计算的精度。

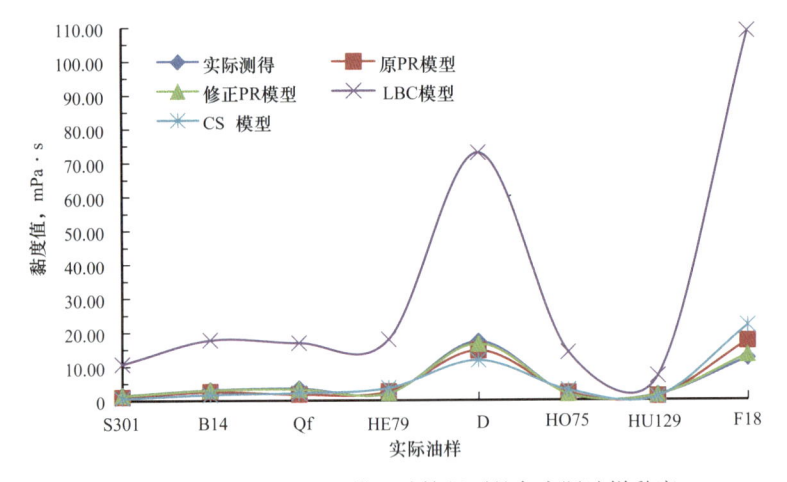

图 2-84　不同黏度预测模型计算得到的各实际油样黏度

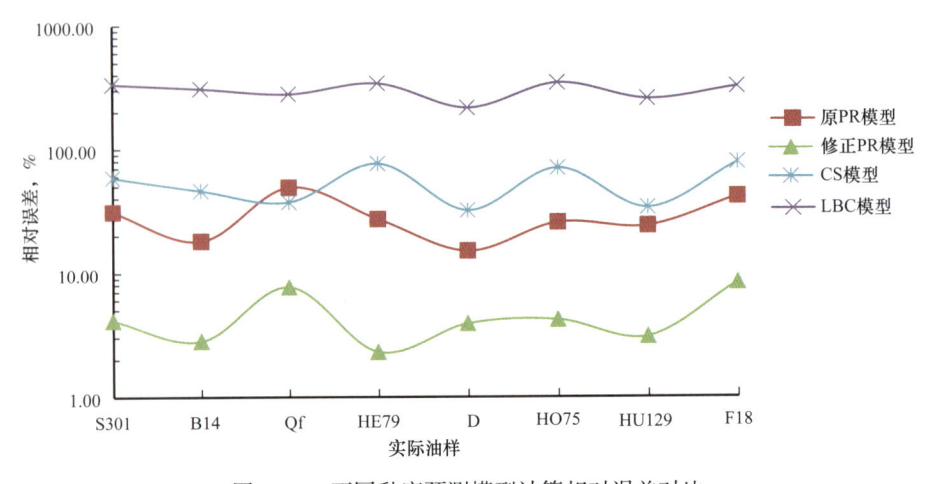

图 2-85　不同黏度预测模型计算相对误差对比

第四节 渗流力学研究进展

一、低渗透和致密油藏微观力学机制

微尺度流动中，涉及到的微观力主要包括：静电力、范德华力、界面力、毛细管力、空间位形力、压力、黏性力、惯性力、重力、溶解力和水合力。这些力或作用于多孔介质的基质，或作用于孔隙壁面，或作用于孔隙中的流体，或作用于流固界面或流体界面。厘清微观作用力作用特征是研究低渗透和致密油藏微观力学机制的核心内容[33-36]。

1. 力学作用机制情况分析

微观作用力的基本特征量是长度尺度，作用于流体上的力主要为体积力和表面力，体积力依赖于特征尺度三次幂，表面力依赖于特征尺度一次幂或二次幂。流动尺度微小所导致的大的比表面对流动流体的传质输运以及受力状况产生较大的影响，当流动尺度为 1mm 时，相应比表面积为 1000m^2/m^3 的数量级，而当尺度为 1μm 时，相应比表面积为 $10^9 m^2$/m^3 的数量级，增加了 100 万倍。而大的比表面积导致体积力作用下降，表面力作用上升，表面作用的增加使质量、动量和能量的交换发生本质变化。

1）通过无量纲数分析受力情况

量纲分析一直以来都是科学研究的一个有力的工具。微尺度流动的本质特征来源于其尺度的微小化，找到无量纲数与特征尺度的关系，则可得出各个力的作用效应的强弱，从而将问题简化。图 2-86 是一些典型事物的特征尺度，其中氢原子位于 0.1nm 位置，人的毛发位于 100μm 的位置。目前，流体渗流研究已达 0.1～5μm 尺度，是毛发尺度的 0.01 倍。若一个无量纲数是尺度的 n 次方（$n \geq 1$），则此无量纲数非常小，组成无量纲数的分子项就存在舍去的可能。

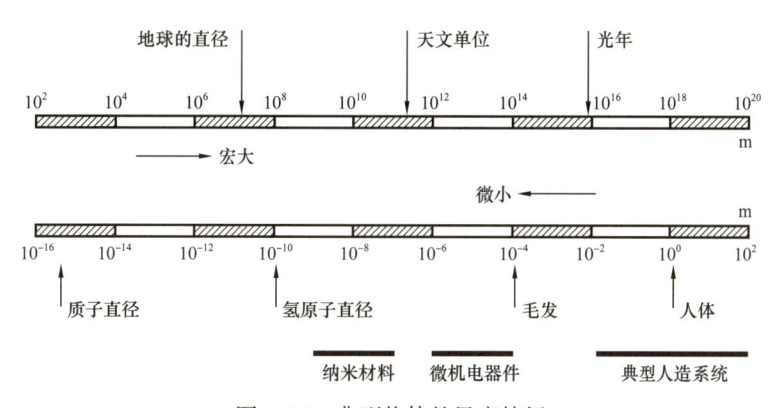

图 2-86 典型物体的尺度特征

表 2-14 是典型无量纲数与特征尺度的幂次关系。其中邦德数是特征尺度的 2 次幂，格拉晓夫数是特征尺度的 3 次幂，雷诺数是特征尺度的一次幂，韦伯数是特征尺度的一次幂，毛细管数是特征尺度的 0 次幂。因此，在微纳米尺度流动中邦德数和格拉晓夫数表示的重力影响通常是可以忽略的，雷诺数和韦伯数表示的惯性力的影响效果也不明显，但毛细管数表示的黏滞力与表（界）面张力是不能忽视的。

表 2-14 无量纲数以及它们与特征尺度的关系

无量纲数	符号	表达式	描述	特征尺度幂次
邦德数	Bo	$\dfrac{\Delta\rho g r^2}{\sigma}$	重力与表（界）面张力之比	2
格拉晓夫数	Gr	$\dfrac{l^3 g\alpha\Delta T}{\nu^2}$	自然对流浮力和黏滞力之比	3
雷诺数	Re	$\dfrac{\rho v l}{\eta}$	惯性力与黏滞力之比	1
韦伯数	We	$\dfrac{\rho v^2 l}{\sigma}$	惯性力与表（界）面张力之比	1
毛细管数	Ca	$\dfrac{v\mu}{\sigma}$	黏滞力与表（界）面张力之比	0

2）静电力

静电力指静止带电体之间的相互作用力。带电体可看作是由许多点电荷构成的，每一对静止点电荷之间的相互作用力遵循库仑定律，又称库仑力。两个静止带电体之间的静电力就是构成它们的那些点电荷之间相互作用力的矢量和。静电力是以电场为媒介传递的，即带电体在其周围产生电场，电场对置于其中的另一带电体施以作用力。

对于微尺度流动，静电力表现出特有的性质。静电力的作用尺度与双电层（Electrical Double Layer，EDL）特征尺度相当，EDL 的特征尺度在 0.5~200nm 之间。静电力可以是吸引力，也可以是排斥力。静电力影响尺度可达到 10μm 范围。在尺度小于 0.1μm 时，影响尤为重要。尺度小于 100μm 时，电场和界面张力作用效果超过压力和惯性力。尺度小于 0.1μm 时，体相流体电中性状态失效。尺度大于 100μm 时，符合经典水动力学理论。因此，静电力是活跃在微纳米级尺度流动状态下极为重要的力。

3）范德华力

范德华力的本质是一种电性吸引力。存在于中性分子或原子之间的一种弱的电性吸引力。范德华力可能有 3 个来源：一是极性分子的永久偶极矩之间的相互作用；二是一个极性分子使另一个分子极化，产生诱导偶极矩并相互吸引；三是分子中电子的运动产生瞬时偶极矩，它使邻近分子瞬时极化，后者又反过来增强原来分子的瞬时偶极矩。这种相互耦合产生的吸引作用，称为伦敦力或色散力。

对于不同的分子，上述 3 种力的贡献不同，通常第三种作用的贡献最大。范德华力约 20kJ/mol，比一般化学键能小得多，也没有方向性和饱和性，所以不算是化学键。但它影响物质的性质，中性分子和惰性气体原子就是靠范德华力凝聚成液体或固体的。范德华力是所有微观力中最弱的一种，是短程力（<2nm），总以吸引力形式存在。当大量分子作用或者考虑表面状况的时候，作用尺度可超过 0.1μm。因此在微纳米级流动中必须考虑其影响。

4）界面力

分子或原子在界面呈现出高能、高应力状态是界面力的主要特征。界面力是微纳米级尺度流动最重要的力之一，其作用效应超过了体积力（比如重力）。界面力是短程力，却可用来解释诸如毛细管现象、表面液滴等宏观尺度力学现象。研究证明该短程力可产生长程效应。

5）EDL

EDL 中文称之为双电层、扩散双电层、带电分子层等。由于断键和表面电荷陷阱，几乎任何固体表面都可能带电，当固体表面是良绝缘体时，陷落电荷会产生高达几百伏到上千伏的电压。当含电解质的液体与固体表面接触时，将导致固体表面电荷重新分布，其结果是固体表面电势将液体中大小相等、符号相反的离子吸引到壁面，形成附着离子薄层；薄层之外，液体中负离子沿固体表面的法向方向随距离多半呈指数衰减分布，这一现象称为扩散双电层（EDL）。EDL 特征长度称为 Debye 长度，与液体中离子浓度的平方根成反比。EDL 层中存在电势梯度，有别于体相流体，因此在 EDL 层中必须考虑静电力的作用。EDL 特征长度计算公式为：

$$\lambda_D = \sqrt{\varepsilon RT / 2F^2 I_c} \qquad (2-102)$$

式中 ε——介电常数；

R——普适气体常数；

T——温度；

F——法拉第常数；

I_c——离子强度。

表 2-15 为水及盐水在典型固体条件下的 EDL 特征尺度数据。

表 2-15 水及盐水 EDL 特征长度

流体	去离子水	空气中平衡水	0.01mmol Nacl 溶液	1 mmol Nacl 溶液	100 mmol Nacl 溶液
EDL 厚度，nm	960	215	96	9.6	0.96

2. 微观渗流力学机理研究

国内外的微尺度流动研究主要集中在微电子机械系统。限于微管制造技术，微尺度测试技术主要在微米级水平。

1）微尺度流动研究的影响因素

（1）微尺度液滴的影响。在无化学剂作用情况下，小于 50μm 的气泡在水中消散得较快。而小于 50μm 的液滴却有相当的稳定性。因此，在液相中产生微尺度气泡的难度较大，而微纳尺度液滴却常见。由此，微尺度液滴将会对微尺度流动产生影响。

（2）流体极性的影响。纯净的流体（油、气、水）总体上不呈现极性，但当流体中含有极性离子时，由于流体中极性离子（在固体表面）的吸附作用，其流动阻力将大于非极性流体。

（3）尺度效应。由于尺度变小产生的大比表面积致使质量、动量和能量的输运发生本质的变化。

（4）EDL 的影响。EDL 特征长度决定各尺度下主要的受力方式以及流体输运方式。

（5）微观的影响。由于微尺度巨大的表面积与体积之比，突出了表面力和其他表面效应的作用。在宏观流动中可以忽略的一些微观力则不能忽略，例如库仑力、范德华力和空间位形力等。

（6）微孔隙表面相对表面粗糙度的影响。粗糙度常与润湿、附着、接触角的变化等过程相关。在微小管道内，即使粗糙度较小，但由此引起的微小扰动也能掺入主流区而影响整个通道内的流动；而且表面粗糙度还可使流体的流动阻力增加。在微流动中，不仅粗糙度单元的大小对流动有影响，单元的分布情况也对流动有一定的影响。

2）处理方法

微米级尺度流动问题用连续介质理论处理时，必须在控制方程中加入常被忽略的力（如静电力）。纳米级尺度流动问题，视具体问题，将连续介质理论和原子论方法结合进行处理。

常用计算模型处理方法有以下3种。

（1）纯粹连续介质处理方法。

（2）相对连续介质部分失效：建立流体—界面相互作用—滑移模型、浸入粒子，小Peclet数Langevin方程。

（3）连续介质近似完全失效：分子模型、中等尺度模型（粗粒度模型：LBM，RSD，DPD，DSMC。混合近似处理：连续介质和分子模型叠加、连续介质—中等尺度模型、中等尺度模型与分子模型结合）。

3）剪切力与牛顿流体近似

在微尺度流动中，当流体中含有大聚合物分子或者一个复杂介质系统（如血液系统），用简单液体来模拟时被观察到违反了Newtonian近似。

流变学研究表明，当剪应变率$\bar{\gamma}$大于分子频率两倍时，流动流体呈现非牛顿流体特性，即

$$\bar{\gamma} = \frac{\partial u}{\partial z} \geqslant 2\tau^{-1} \tag{2-103}$$

其中：

$$\tau = \left(\frac{m\sigma^2}{\varepsilon}\right)^{1/2} \tag{2-104}$$

式中 τ——分子的时间尺度；

m——分子的质量；

σ——分子的特征长度；

ε——分子的特征能量。

液体在微尺度管道中会遇到高剪应变率，其流变特性有可能发生改变。

4）边界条件特性

由于大比表面积，边界条件变得复杂。宏观尺度上成立的一些边界条件（如无滑移边界条件）在微尺度流动中往往失效。微尺度流动界面往往涉及化学问题，因此，微尺度边界条件必须基于电场或者化学理论。在微尺度流动中界面上的分子没有足够的时间达到流固界面间动量和能量传输的平衡，于是在宏观上就表现为固壁上的速度滑移和温度跳跃。

5）流态

对于100μm通道中速度为100μm/s的水来说，雷诺数Re=0.01。其实大多数微纳米级尺度流动中Re远远小于1。这就表明大多数微纳尺度流动都属于层流。过渡流和紊流是很难实现的，这需要很高的压力梯度。但也有学者认为在微尺度流动中，Re数虽然很低，

但是流态不一定是层流。由于在微尺度流动中分子间相对作用的增强，以及可能出现的自由分子流，使得经典的流态判定模式受到挑战。

6）电渗

电渗是电动现象之一。在电场的影响下，带电荷的液体（通常是水）对与之相接触的携带相反电荷的固相介质做相对运动的现象称为电渗。对于 EDL 的形成，特别 EDL 叠合流动过程，在宏观效应上就表现为电渗滑移。对于薄 EDL 和厚 EDL 有着不同的特性，进行流动描述时也有着不同的方法。薄 EDL 代表着体相流场和 EDL 之间在尺度上的分开描述，厚 EDL 可能会出现双电层叠合。

图 2-87 中流体由左向右流动，（a）部分是初始状态，（b）部分是电渗滑移与压力驱动相平衡，（c）部分是电渗滑移量太小，无法弥补或抵消黏性效应，（d）部分是电渗滑移超过压力驱动。

(a) 初始状态

(b) 电渗滑移分压力驱动相平衡

(c) 电滑渗移低于压力驱动

(d) 电渗滑移超过压力驱动

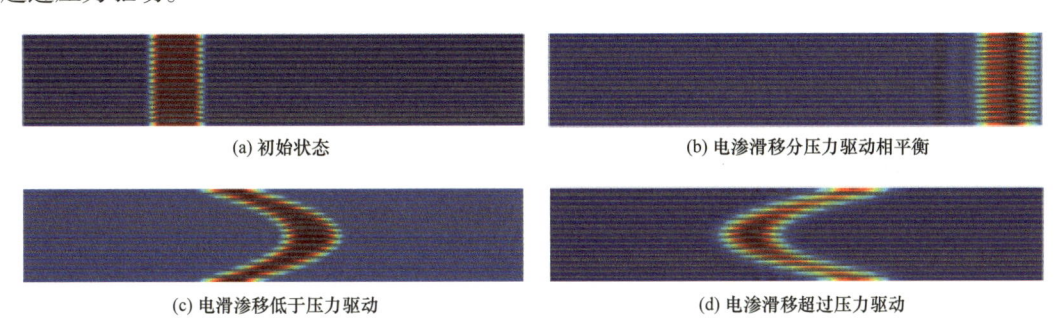

图 2-87 电渗与压力驱动

7）电泳

电泳是指液体介质中带电荷的粒子或分子在电场中迁移的现象。在微孔隙储层中，由于 EDL 的影响，在流动运移过程中将会产生电泳现象。由于各个分子、离子和微粒的电泳迁移率不同，将会造成各自的分散前进。电泳受到电泳介质的 pH 值、离子强度、电场强度和电渗现象等的影响。其中，电泳速度为

$$u_{EP,i} = \mu_{EP,i} E \tag{2-105}$$

总速率为

$$u_i = u + u_{EP,i} \tag{2-106}$$

式中　$\mu_{EP,i}$——电泳迁移率；

$u_{EP,i}$——电泳速度；

E——电场强度；

u_i——表观迁移速度；

u——电渗速度。

不同的微粒在不同的存在环境电泳迁移率都有差别。由此，电泳时将会产生电泳分离，造成微粒分团分簇前进等现象。

8）流体输运描述

单向流动用 Poission-Boltzmann 方程描述：

$$\nabla^2 \varphi = -\frac{F}{\varepsilon}\sum_i c_i z_i \exp\left(-\frac{z_i F \varphi}{RT}\right) \qquad (2\text{-}107)$$

式中　F——法拉第常数；
　　　ε——介电常数；
　　　z_i——第 i 种离子的化合价；
　　　φ——电势；
　　　c_i——第 i 种离子的浓度；
　　　T——开氏温度；
　　　R——气体常数。

对于介质均匀、界面简单的流体，流动速度为

$$u = -\frac{\varepsilon E_{\text{ext,wall}}}{\eta}(\varphi - \varphi_0) \qquad (2\text{-}108)$$

式中　$E_{\text{ext, wall}}$——外加电场作用在管壁的场强；
　　　η——界面半径。

狭窄通道的电渗流边界条件为：

在固壁：$\varphi^* = \varphi_0^*$。

对称轴：$\dfrac{\partial \varphi}{\partial y} = 0$。

（1）单向流电动耦合模型。

在气体的微尺度流动中有一个无量纲数，根据其大小来评价流动状态。这个无量纲数是 Knudsen 数。Knudsen 数表达为：

$$Kn = \frac{\lambda}{L} \qquad (2\text{-}109)$$

式中　λ——分子自由程；
　　　L——流动通道特征尺度，有其特定算法，通道定了 L 就定了。

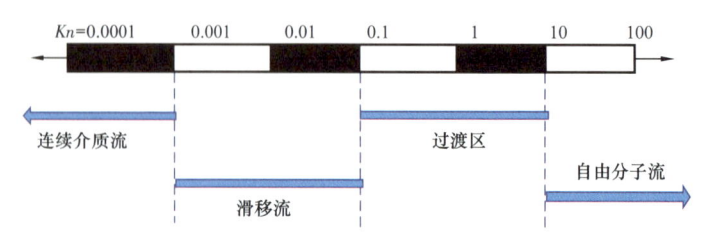

图 2-88　不同 Knudsen 数对应的气体流动状态

从图 2-88 中可以得知，当 $Kn<0.001$ 时，气体呈连续介质流；当 $0.001<Kn<0.1$ 时，气体流动处于滑移流区；当 $0.1<Kn<10$ 时，气体流动处于过渡区；当 $Kn>10$ 时，气体流动呈现自由分子流。

液体微尺度流动提出了一个无量纲数 Debye 率。Debye 率为：

$$d^* = \frac{d}{\lambda_D} \qquad (2\text{-}110)$$

式中 d——水力半径；

λ_D——EDL 特征尺度。

电动耦合模型为

$$\chi = \begin{bmatrix} \chi_{11} & \chi_{12} \\ \chi_{21} & \chi_{22} \end{bmatrix} \qquad (2\text{-}111)$$

考虑微尺度效应，电动耦合方程变为

$$\begin{bmatrix} Q/A \\ I/A \end{bmatrix} = \chi \begin{bmatrix} -\dfrac{dp}{dx} \\ E \end{bmatrix} \qquad (2\text{-}112)$$

对于无限薄 EDL（$d^* \to \infty$）和小界面电势

$$\chi = \begin{bmatrix} r_h^2/8\eta & -\varepsilon\varphi_0/\eta \\ -\varepsilon\varphi_0/\eta & \sigma \end{bmatrix} \qquad (2\text{-}113)$$

对于小 λ_D 但是比较接近 d（$d^* \to 1$）的耦合模型为

$$\chi = \begin{bmatrix} r_h^2/8\eta & -\varepsilon\varphi_0/\eta \\ -\varepsilon\varphi_0/\eta & \sigma + \dfrac{\varepsilon^2\varphi_0^2/\lambda_D^2}{\eta r_h/\lambda_D} \end{bmatrix} \qquad (2\text{-}114)$$

对于小 Debye 率，耦合模型为

$$\chi = \begin{bmatrix} c_{11}r_h^2/8\eta & -c_{12}\varepsilon\varphi_0/\eta \\ -c_{21}\varepsilon\varphi_0/\eta & c_{22}\sigma \end{bmatrix} \qquad (2\text{-}115)$$

① 在控制力学性质下观察流动效应。

若压力梯度为 $-\dfrac{dp}{dx}$，然后电场强度为 0，则平均流速为

$$\frac{Q}{A} = \chi_{11}\left(-\frac{dp}{dx}\right) \qquad (2\text{-}116)$$

式（2-116）说明，厚 EDL 系统增强了流动电流，小直径系统降低了压力驱动效应。

② 在控制一个力和一个输出结果下观察流动效应。

若压力梯度为 $-\dfrac{dp}{dx}$，然后 $I=0$，则

$$E = -\frac{\chi_{21}}{\chi_{22}}\left(-\frac{dp}{dx}\right) \qquad (2\text{-}117)$$

以及

$$\frac{Q}{A} = \left[\chi_{11} - \frac{\chi_{12}\chi_{21}}{\chi_{22}}\right]\left(-\frac{dp}{dx}\right) \qquad (2\text{-}118)$$

以上说明，流动势只与 Debye 率有关，当 Debye 率减小时，流动势也减小；平均流速主要与 d 相关。

（2）变截面微尺度流动。

特低或超低渗透储层流体流动属于变截面微尺度流动。对于变截面问题需要考虑离子分布。通常涉及到以下方程。

Nernst-Planck 方程：

$$\frac{\partial c_i}{\partial t} = -\nabla \cdot \left[-D_i \nabla c_i + u_i c_i \right] \quad (2-119)$$

Poission 方程：

$$-\nabla \cdot \varepsilon \nabla \phi = \sum_i c_i z_i F \quad (2-120)$$

Navier-Stokes 方程：

$$\rho \frac{\partial \boldsymbol{u}}{\partial t} + \rho \boldsymbol{u} \cdot \nabla \boldsymbol{u} = -\nabla p + \eta \nabla^2 \boldsymbol{u} \quad (2-121)$$

质量守恒方程：

$$\nabla \cdot \boldsymbol{u} = 0 \quad (2-122)$$

一维纳米尺度对称通道平衡 Nernst-Planck 模型：

$$-D \frac{\partial^2}{\partial x^2} \left(\frac{-2 q''_{\text{wall}}}{r_{\text{h}}} \right) + \frac{\partial}{\partial x} \left(\frac{-2 q''_{\text{wall}}}{r_{\text{h}}} \bar{u} \right) + \Lambda \frac{\partial}{\partial x} (EC) = 0 \quad (2-123)$$

其中：

$$\Lambda = zF |\mu_{\text{EP}}| \quad (2-124)$$

二、微观渗流理论发展

1. 微观渗流概念与研究意义

在岩石孔隙尺度水平研究流体输运的机理叫作微观渗流研究。储层的诸多宏观性质取决于组成它的固体岩石的孔隙微观结构及其中流体的物理性质。因此，要实现大幅度提高原油采收率的目标，相关理论研究和技术开发不能仅停留在宏观层次上，必须深入石油储集和运移空间——多孔介质内部，从微观层面上开展研究。

2. 微观渗流理论与技术进展

1）理论进展

（1）经典（宏观）渗流理论。

经典渗流力学在解决单相对渗透率流问题时，对于稳态或者非稳态流动，均以 Darcy 定律为基础，建立压力与流量的关系，得出压力分布、界面流量、渗流速度等。不足之处是不能表征液体在介质中的具体流动过程，即无法微观地描述液体在多孔介质内的流动。

经典的两相对渗透率流研究是通过实验建立毛细管力和流体饱和度的关系。在解决两相对渗透率流问题时，分别建立两相的 Darcy 定律方程，边界条件为毛细管力曲线，利用数值解法，如差分法、有限元法对界面流量和渗流速度进行计算。因为毛细管力和饱和度的关系曲线在某一区间变化极其剧烈，在这一区间内取值会存在一定的误差。因此在处理两相对渗透率流问题时，在毛细管力和饱和度变化较大时，很难给出合适的结果。在这些特定情况下，迄今为止连续介质理论仍无法细致地描述多孔介质内油水驱替等微观渗流问题，这也是经典渗流力学目前力求解决的重要问题之一。

经典渗流力学在处理油藏模拟等实际应用问题时，通常在解析试井的基础上采用数值试井技术。解析模型使用起来简单快捷，但是通常只是处理较为简单或理想的情况，对于复杂模型如多相流、非均质、非平面或复杂边界等情况，通常要借助数值模型。数值试井是对整个复杂区域内用适当的离散方法如差分法等对渗流方程组进行离散，求解离散方程组，并将得出的压力数值与实测压力数据进行比较。数值试井与解析试井相互补充，彼此校验，可以解决大量实际应用问题。

综上所述，经典渗流力学不论在单相对渗透率流还是多相对渗透率流问题上，都有着相对成熟的解决方案。经典渗流力学的基础是连续介质理论，将整个多孔介质看成一个由大量特征单元所组成的连续介质，因为在微观渗流领域中目前尚难以给出每个孔隙内具体的界面分布、流动图形和管道内的流动信息。

（2）微观渗流理论。

当气流通道的尺寸与气体分子平均自由程相当时，气体的连续介质假定不再成立，气体在通道壁面处会产生"滑移"（或称"滑动"），滑移速度与气体的努森数（定义为气体分子平均自由程与通道特征尺寸之比）相关，也称为克林肯伯格效应。这种效应在努森数达到0.01时变得显著，使得渗流特性偏离达西渗流。值得注意的是，由于气体的状态受所处温度、压力的影响，因此，对于储层中气体渗流的分析和预测必须考虑非理想气体效应。综合考虑努森效应、非理想气体效应和介质应力变形耦合等的微观气体渗流研究是本领域的前沿。

根据努森数的不同，对微观气体渗流的模拟可以采用不同的方法。当气体渗流处在近连续区或滑移区，一般可以采用滑移修正的方法，例如克林肯伯格修正项。由于滑移发生在孔隙壁面，因此努森效应对孔隙结构相当敏感；如果流体流动通道的微观结构明显区别于常规砂岩的孔隙结构，则需要采用孔隙尺度模拟才能准确预测岩石的物性参数。

微观尺度下单相对渗透率流的尺度效应主要来自固液界面作用力的微观特征，其中最重要的是"电动力"。当电解质溶液与固体壁面接触时，会诱导固体壁面带电，进而导致双电层的变化。双电层的厚度通常在微米量级，在传统宏观渗流中通常可以忽略，但当双电层厚度与通道尺寸比值达到一定程度时，电场的作用显著增加，甚至起到主导作用。

微观尺度下孔隙介质中的电渗流极其复杂。国际上首次对自然随机结构微尺度多孔介质中电渗流的模拟始于2007年，其假设条件是壁面均匀带电下，壁面电荷源于溶液与固壁面的相互作用，因此其电量依赖于溶液特性和固体表面物性，并且随着溶液特性或壁面物性的变化而变化。非均匀带点多孔介质内电渗流的渗流特性研究是国际前沿和巨大挑战。

微观尺度多相对渗透率流是微观渗流的另一重要方面，在油气成藏及开发机理方面有重要应用。多相对渗透率流可以包括气液两相、液液两相、颗粒—液体流及各种组合的三相及更多相流动等情况。多相流动的主要难点在于对相界面的捕捉，相界面受界面及流体相互作用的润湿特性、电动特性、化学反应特性、两相黏度和运动速度等多方面因素的影响,多孔介质内复杂的几何结构也增加了相界面捕捉的难度。

2)技术进展

国内外有关储层孔隙结构的研究比较活跃,相对集中在地质、石油、物理和化学等领域。由于储层岩石及其所处环境的复杂性,孔隙结构的研究依然是油气储集层微观物理研究的核心内容。从实验方法来看,目前应用最为广泛的是常规压汞技术。近年来,随着油气储层的复杂化,常规压汞技术已不能满足生产的需要。恒速压汞、扫描电镜、CT、核磁共振等新技术开始应用,为深入认识储层微观孔隙结构特征提供了新的手段。基于技术进步,在孔隙结构测试方面取得了新的进展,形成了新的理论,解决了一批油气田开发的技术问题。例如:(1)将恒速压汞技术应用于低渗透油藏、气藏、火山岩气藏的微观孔隙结构特征研究,定量表征了孔喉分布特征及对储层渗流能力的影响;(2)将核磁共振技术应用于周期注水驱油机理、岩性润湿性以及聚合物驱油机理、孔隙结构与弛豫时间关系等研究,明确了可动流体百分数是评价低渗透油田开发潜力的关键物性参数之一;(3)将CT扫描技术应用于岩心三维孔隙结构表征,为构建三维孔隙结构模型提供了数据支撑。

应力作用下孔隙结构演化是新的研究领域。目前,主要的研究方法将施加载荷作用前后的试样利用CT或SEM扫描得到孔隙结构变化信息,对比分析孔隙结构的变化规律。但由于试样取出后加载环境发生变化,并不是在线检测,所以不能准确反应孔隙结构的变化特征。

储层微观孔隙结构研究的新认识助力了储层微观孔隙结构理论的蓬勃发展。目前储层微观孔隙结构研究的发展趋势是模型更加精细、逼真,方法和技术更加先进,由定性向半定量、定量化的方向发展。在孔隙结构模型方面,经历了毛细管模型、过程模型、随机堆积模型、孔隙网络模型以及统计模型等的发展过程;从方法和技术来看,经历了注模、压汞、恒速压汞、扫描电镜、CT和核磁共振等技术进步过程。未来随着大数据的应用,孔隙结构及其物理、力学和化学性质等的表征与描述技术将会有质的飞跃。

(1)多孔介质非重建模型。

图2-89是Fatt于1956年提出的简单网络模型。通过在二维规则晶格上随机给定半径,可预测地下水的毛细管压力与相对渗透率。该方法至今仍广泛地应用于岩石多孔介质孔隙网络模型地层因数的求解。众多学者对Fatt模型进行了改进,将Fatt模型的应用扩展到多相流动模拟等方面。Chatzis和Dullien于1977年指出由于二维网络结构无法表征多孔介质的交叉连通性,与三维模型相比,其代表多孔介质微观结构的能力较差。

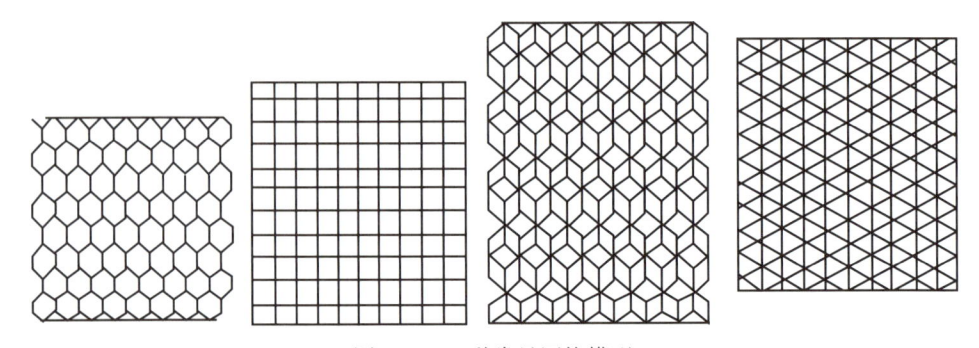

图2-89 4种常见网格模型

图 2-90 是 Purcell 于 1949 年提出的平行毛细管束模型。该模型与 Fatt 模型的不同之处是理想化地描述了多孔介质内孔隙间的连通性。由于该模型的孔隙形状规则，往往用于岩石中复杂流体性质及数学模型的推导。该模型的不足是假定毛细管直径不变，且毛细管间缺乏横跨的连通性。Dullien 于 1975 年将该模型应用于单相流体流动机理的模拟。

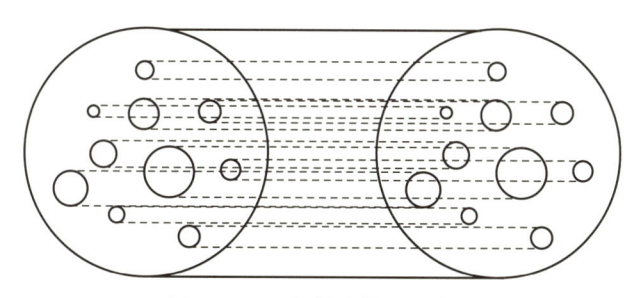

图 2-90　毛细管束模型示意图

为提高毛细管束模型模拟多孔介质拓扑结构精确性，许多学者对毛细管束模型进行了改进。例如，将毛细管变为含有分岔成数股的毛细管，或将毛细管排列成规则的网状，或引用一个与水力阻力和各个毛细管阻力有关的函数以控制模型的分布，或是将分形理论与毛细管束模型结合，建立了弯曲毛细管模型并研究了其中非牛顿流体的渗流特性等。

Bryant 等人于 1992 年率先开展了在真实多孔材料中提取网络结构的研究。他们假设多孔介质是由若干相同直径的球体堆积而成，在考虑到压实和胶结作用的基础上，再现了孔隙网络模型中至关重要的网络水力学连通性，并预测了 Fontainebleau 砂岩渗透率随孔隙度的变化趋势。Bryant 和 Blunt 使用该模型预测了填砂模型和砂岩的相对渗透率曲线，预测结果与实验结果吻合性较高。Øren 和 Bakke 对 Bryant 模型进行了改进。他们基于多孔介质是由不同直径球体堆积而成的假设，模拟了岩石的成岩过程，包括沉降、压实与岩化成岩作用来人工合成沉积岩系微观结构（图 2-91）。因为晶粒的中心位置已知，孔隙网络可由一种与 Bryant 相似的方法［基于 Voronoi Tessellation（曲面细分）的方法］从这些图像中提取出来。这些基于成岩过程构建的岩石微观孔隙结构模型，成功再现了岩土类多孔介质的拓扑结构。很多学者凭借这一模型成功预测了多孔介质中单相流体和包含两相或三相的相对渗透率与毛细管压力在内的流体输运特性。Valvatne 和 Blunt 于 2004 年采用从毛细管力曲线中得到的多孔介质孔隙喉道尺寸分布数据修正了该模型，成功预测了一系列多孔介质的多相流输运特性。

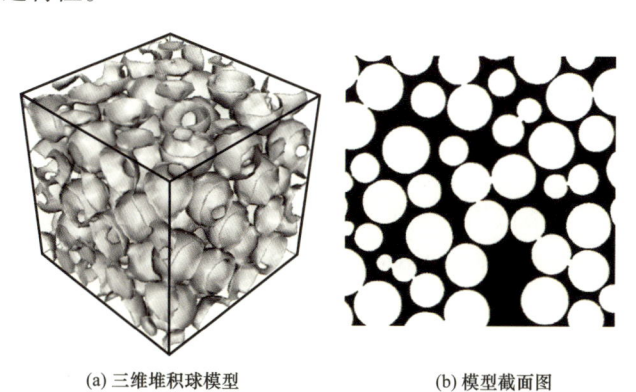

(a) 三维堆积球模型　　　　(b) 模型截面图

图 2-91　堆积球模型

通过将多孔介质固体颗粒假想为一系列不同尺寸的规则的二维图形（如正方形或圆形），叶礼友等人于2008年提出了一种理想多孔介质模型（图2-92）[26]。在该模型中，孔隙之间是相互连通的。基于N—S方程，用有限元法成功模拟了流体在微孔隙中的运移情况，并研究了颗粒形状对多孔介质渗透率的影响。叶礼友模型的不足是没有考虑到孔隙空间上的连通性。

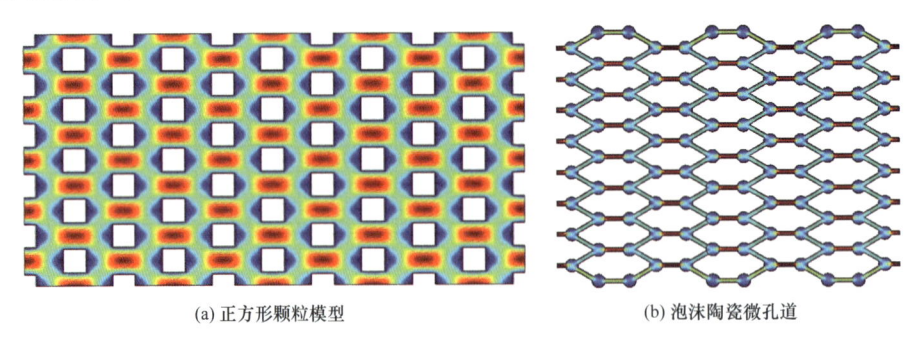

(a) 正方形颗粒模型

(b) 泡沫陶瓷微孔道

图2-92 正方形颗粒模型流速场与泡沫陶瓷微孔道中的流速场

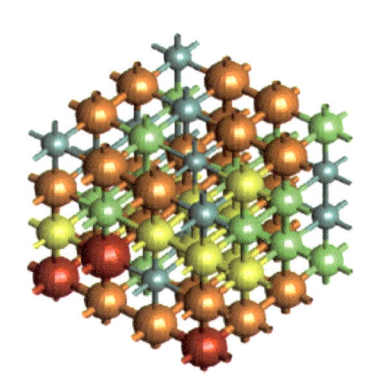

图2-93 三维理想孔隙网络模型
（球体代表孔隙，圆柱体代表喉道）

如果将图2-92中所示的模型扩展到三维空间，就可以得到如图2-93所示的三维理想孔隙网络模型：球体代表孔隙，圆柱体代表喉道。也可用其他诸如长方体、三棱柱等规则进行表示。通过改变与孔隙连接的圆柱体的数目可以实现不同配位数额孔隙网络模型。Békri等人用该模型再现了实验测定的毛细管力曲线、孔隙度、渗透率、地层传导率等参数，并以此成功预测了油水两相对渗透率流机理；Wu等人用该模型研究了燃料电池中氧气在气体扩散层的有效扩散系数。虽然该模型较之以往的二维模型有了很大进展，但仍未实现真实多孔介质中孔隙形状的再现与精确定位。

综上所述，多孔介质孔隙模型不断发展和进步，正在逐步揭示岩石孔隙结构的内涵。从反映岩石孔隙结构的需求看，还需要解决以下难题：一是反映岩石多孔介质内部孔隙结构的真实形状和孔隙之间空间连通关系；二是准确定位实际岩石中的孔隙与喉道的真实位置。

（2）基于岩心微观图像的孔隙重建模型。

如前所述，可以通过各种技术手段获取岩心微观孔隙结构图像，但是这些图像无法直接用于数值模拟研究。为此，相关学者提出了很多从微观孔隙图像中提取岩石孔隙结构的算法，这也是此类算法与理想微孔隙结构模型的不同之处。这部分的研究按照数值模拟方法大致可分为两种：基于离散格子玻尔兹曼方法（Lattice-Boltzmann Method，LBM）的等效孔隙网络模型和基于N—S方程（Navier–Stokes Equation）的多孔介质孔隙网格模型。

① 等效孔隙网络模型。

近年来，LBM方法已发展成为模拟流体流动的一种重要且可靠的算法，该模型能够有效地处理涉及界面动力学或有复杂边界条件（如多孔介质）的流体流动。因而，目前有关微观孔隙结构模型中的流体流动问题大多采用 LBM 模拟方法，即为等效孔隙网络模型。

Zhao 于 1994 年开发了一种沿孔道的多平面扫描识别孔隙与喉道的方法。虽然该方法无法准确定位图像中的孔隙位置，但为后续的研究指明了方向：即孔隙与喉道的识别及其位置与尺寸的获取、孔隙间的连通性对提取微观孔隙网络模型是至关重要的。该模型被后来的学者用来获取沿孔隙空间骨架的水力学半径参数。

Lindquist 于 1996 年提出了基于中轴的孔隙提取算法（中轴法）。该算法首先将孔隙空间简化为沿孔道中心处的中轴线骨架，沿骨架分支处及节点处的局部最小值被定义为喉道，从而实现孔隙与喉道的分割。中轴线可以通过图形细化算法或像素收缩算法（即通过周围岩石像素同时向内收缩所达到的共同点即为孔隙中点，收缩所经过的路径定义为孔喉半径）。其中，孔隙与喉道分别用球体与圆柱体表示，其半径为前面提到的收缩半径。中轴法从理论模型上再现了孔隙空间的拓扑结构。然而，孔隙与喉道的识别仍不够精确。由于采用极小值作为喉道的识别方法，该算法对数字图像的尖锐凸起很敏感，在算法开始前需要对骨架上的琐碎颗粒进行处理并使其边缘光滑化。同时，算法往往在同一孔隙通道处出现多个中轴线。图 2-94 给出了图像处理前后的效果对比图。

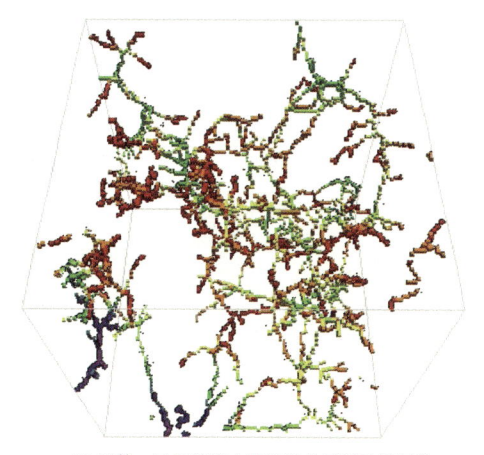

(a) 从某一贝雷砂岩中提取的小区域孔隙网络　　(b) 除去无效中轴线后的效果

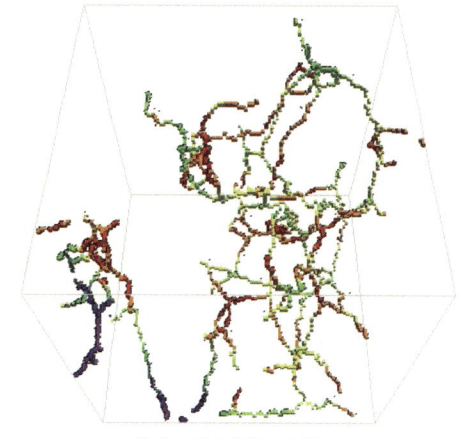

图 2-94　中轴法图像处理前后效果对比图

Sheppard 等人于 2005 年开发了一种评判与孔隙相连的喉道质量评估体系，对系统影响较小的喉道进行剔除。该评估体系将喉道的质量用收缩率（孔隙半径与喉道半径的比值）与长—宽比率的非线性组合来标识。通过假定长的、收缩率较小的喉道为高质量喉道并给出判定阈值，来剔除质量不好的喉道。图 2-95 展示了构建的一个砂岩孔隙网络模型。

② 多孔介质孔隙网络模型。

随着计算机计算能力的进步和配套计算软件的发展，可以利用图像处理技术和有限元网格划分技术，完成微观孔隙模型重构工作。该方向研究起步较 LBM 方法晚，但由于商用有限元计算软件强大的计算能力，该方向具有广阔的发展前景。

叶礼友等人于 2009 年开发了一种将二维孔隙图像转化为有限单元网格的技术。通过搜寻固体颗粒的边缘像素并将搜索到的各点连结起来形成孔隙结构几何模型，采用有限元软件 COMSOL 进行网格划分，开展了数值模拟研究。由于再现了多孔介质微观孔隙图像

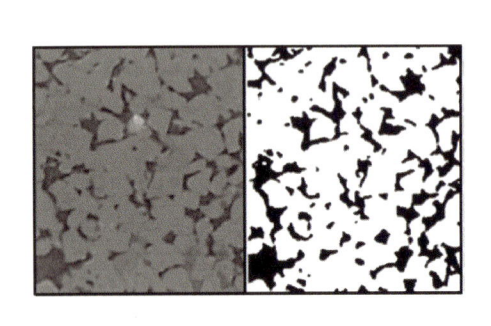

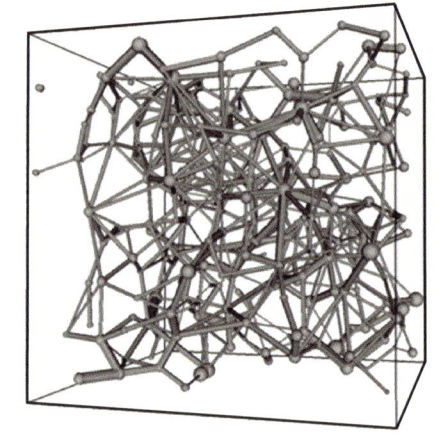

(a) 经分割处理的砂岩三维图像切面　　　　(b) 中轴法构建的等效孔隙网络模型

图 2-95　砂岩孔隙网络模型

的真实几何结构，该模型可被认为相对真实地表征了多孔介质孔隙的特征。Gunde 等人采用同样的模型模拟了水（CO_2）驱油的过程。图 2-96 展示了二维孔隙结构有限元网格模型与速度云图。

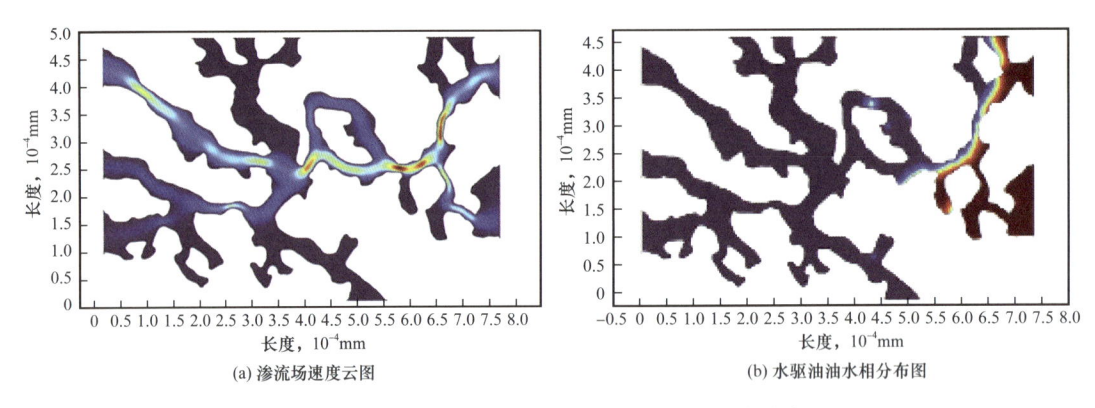

(a) 渗流场速度云图　　　　(b) 水驱油油水相分布图

图 2-96　二维孔隙网络模型的渗流速度场与油水分布图

当叶礼友模型由二维扩展至三维时，原有的建模方法已不能胜任。多段线构成的空间几何体将会占用大量的计算机存储空间（以 512^3 像素的重构图像大约有 1GB 左右），在有限元软件中对这样的几何体进行网格划分几乎是不可能成功的。为了解决这一问题，许多学者将医学 CT 图像重构软件（如 Amira，Mimics，Simpleware 等）引入了多孔介质微观模型的构建。跳过了孔隙结构几何重建这一步骤，直接用面网格包裹孔隙实体，以此为基础生成体积单元网格。Michele Panio 于 2006 年采用 Amira 软件重构了记忆合金的微观孔隙结构模型。Yang 等人用 Mimics 软件构建了岩石多孔介质的微观岩石骨架模型，并以此为基础分析了岩石在波状压力作用下的变形和失效机理（图 2-97）。

尽管多孔介质有限元网格模型研究起步较晚，但在三维空间表征的独特优势使其应用前景广阔。该建模技术亟需解决的关键问题是：一是针对模型采用非结构网格特点，需要提高网格质量以确保数值模拟的精确度；二是提高固体区域网格与流体区域网格的匹配精度，以适应多场耦合的要求。

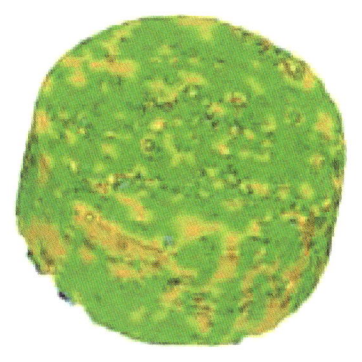

(a) 岩石骨架微观有限元网格模型　　　　(b) 冲击载荷下岩石应力场分布

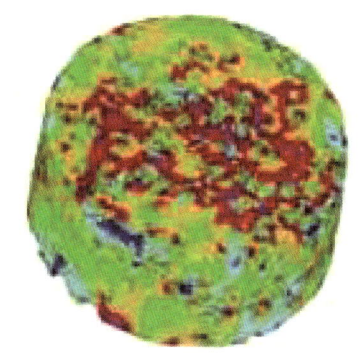

图 2-97　岩石骨架有限元网格模型和应力场分布

3. 微观渗流理论与技术应用

1）CT 扫描建模技术

现在比较常用的处理微观渗流问题的方法是三维重建模拟方法。该方法将经典渗流力学与 CT 扫描建模技术相结合，在 CT 扫描建模技术基础上，从多孔介质数据库中调取数据，利用数学建模，建立三维有限元模型。借助连续介质理论，沿用经典渗流力学的处理方案，将整个三维有限元模型看作是一个连续介质模型，在模型中解决相关渗流问题。

2）逾渗理论

逾渗理论是处理强无序和具有随机几何结构系统常用的理论方法之一，广泛应用于多孔介质渗透概率的研究。常用的模型分为两种：一种是网格大小有限的，用以描述孔隙数目较少的多孔介质或者较为复杂的多孔介质内的一个区域；另一种是网格无穷大或者趋于无穷大，用以描述和研究整个复杂多孔介质的渗透概率和逾渗阈值处系统物理性质发生的变化。整个模型在逾渗阈值附近是极其敏感的，微量的变化也会带来物理性质的波动。

3）微观渗流仿真模拟技术

微观渗流仿真模拟技术在真正意义上观察并模拟多孔介质孔隙内的具体流动细节，并得到多相对渗透率流的流动界面，在微观渗流方面做出了巨大贡献。目前局限于二维实验，需要拓展到三维观测。

4）网络模型

拓扑网络模型在模拟实际多孔介质内的流动时，通过 CT 扫描技术等对实际多孔介质进行扫描，在已知管道的具体性质如管阻等情况下，通过对拓扑网络中管道的管阻等进行赋值，使其达到与真实管道的流动性质一致，更加真实地模拟液体在多孔介质中的流动。拓扑网络模型可以模拟很多实际微观渗流问题，比如多孔介质内的气液分布界面、油田开采过程中的压力与流量问题等，为这些问题提供了一种新的解决思路。

5）格子 Boltzmann 方法

相比于网络模型等方法，格子 Boltzmann 方法能够直接求解微孔隙内的流动特性及两相界面位置。因此，其已被广泛应用于微观渗流机理的研究，并取得较好效果。但对于如何考虑更复杂的微观作用机理，仍需进一步研究和深化。

三、致密油藏（超低渗透油藏）非达西渗流理论

1. 非达西渗流概念与研究意义

非达西渗流是指在多孔介质中流动，渗流速度和压力梯度之间不再满足线性关系（显著偏离达西定律），这种流动称为非达西渗流。其中，低速非达西渗流是指当压力梯度小于某一个数值时，流体不会流动，这样就存在一个大于启动压力梯度的流动区和小于启动压力梯度的静止区，且存在非线性渗流段。理论实验研究和矿场实际均表明，流体在致密油藏储层中流动时出现低速非达西渗流现象，且流动规律不再符合经典的达西定律。因此，深入系统研究非达西渗流规律，建立适合的数学模型，完善现有计算方法，对准确预测致密油藏开发生产动态，提出针对性的增产措施，具有积极的理论意义和实用价值。

2. 非达西渗流理论与技术进展

1）理论进展

自达西定律（1856）问世以来，一直是描述流体在多孔介质中运动的基本方程，在水利学、生物学、土木工程和石油工程等方面得到广泛应用。1869年King Hagen发现低渗透多孔介质存在非线性渗流现象；1924年，苏联学者布兹列夫斯基指出，在某些情况下，多孔介质中只有在超过某个起始压力梯度时才发生液体的渗流，从此低速非达西渗流问题进入石油工程师的视野。1951年，B.A.弗洛林在研究土壤中水渗滤问题时指出，在小压力梯度条件下，因岩石固体颗粒表面分子力俘留的束缚水在狭窄的孔隙中是不流动的，并且它还妨碍自由水在与之相邻的较大孔隙中的流动，只有当驱动压力梯度增加到某一数值后，破坏了束缚水的堵塞，水才开始流动。1963年，Miller等人在研究黏土中水渗流时考虑了启动压力梯度的情况。1977年，马尔哈辛从微观角度阐述了启动压力梯度产生的机理。在微机电和化学工程领域，学者们也指出，低速流动条件下流体在多孔介质中的渗流会偏离达西定律。

在石油工程领域，特列宾在1965年首先提出偏离达西定律的问题。库撒柯夫、列尔托夫、奥尔芬等通过不同实验发现，含有表面活性物质的原油通过很细的沙子时，渗透率会急剧下降，压差与流速呈非线性关系增长，验证了非达西现象的存在。国内对低渗透非达西渗流的研究相当活跃。阎庆来通过室内实验验证了非达西渗流特征并测试了启动压力梯度。20世纪80年代以来，中国的石油研究院所和高校结合低渗透油田开发需求，在低渗透非达西渗流机理方面取得多项新认识。总体看来，可以把目前非线性渗流机理的研究成果归纳为以下几个方面。

（1）储集体孔喉特征。

多孔介质的孔喉大小、孔隙喉道的几何构型及其分布都会显著影响流体在储集体中的运动学特征。致密储层具有孔喉半径小、孔喉比大、比表面大、渗透率极低等特点，这种孔隙结构导致流体在其内流动时，固体与流体间产生较强的相互作用，使得贾敏效应更加突出、卡断现象严重、固液界面作用力对流动影响不可忽略。

（2）非牛顿流变学特征。

流体的流变学性质也是重要的影响因素。首先，石油是由性质不同的组分构成的复杂体系，其流变学特性主要受原油中极性分子的类型及其浓度的影响（如胶质、沥青质），导致原油流变特性十分复杂，可呈现复杂非牛顿流体流变学特性。其次，由于固相壁面界

面张力的作用以及物化作用,边界层流体黏度显著增加,使得牛顿流体表现出非牛顿流体性质,因而流体流速对压力梯度的响应不再是线性关系。

(3)流固相互作用。

流体在多孔介质中渗流时,始终存在固、液两相间界面作用。流体中的表面活性物质与储层岩石颗粒表面产生吸附作用,形成边界层影响流体流动空间,使有效渗透率急剧下降,渗流速度减小;同时渗流过程中发生物理化学反应。外来流体侵入油藏,将会打破原有的物理化学反应过程中的平衡状态。例如,组成黏土的薄晶片具有吸水能力,当流体在黏土中渗流时,在孔壁上形成牢固的水化膜,堵塞孔道。很多学者对原油边界层及其性质做了详细研究,在边界层内,原油的成分呈有序的分布,黏度增大,这也是引起非线性渗流的重要原因。另外,油气生产中,驱油剂与地层油气间的组分传质、地层温压变化等引起流体相变,也会导致非线性渗流。

2)技术进展

(1)实验技术方法。

通过岩心驱替、常规压汞、恒速压汞等室内实验能够获得非线性渗流的基本信息。

① 毛细管平衡法测试启动压力梯度。

利用连通器原理,测定时毛细管和岩心中充满实验流体,进口端液面高于出口端。重力作用使进口端液体流过岩心流向出口端,进口端液面下降,出口端液面上升。由于启动压力梯度的存在,两端充分平衡后,最终会保持一个高度差,高度差是该样品的最小启动压力梯度值。毛细管平衡法测试岩心启动压力梯度,能够精确、灵敏地反映液面的变化,缩短测试周期。缺点是只能测试一个最小启动压力梯度点,不能测试完整的岩心渗流曲线。

② 压差—流量法。

测定不同驱替压差下流体通过低渗透岩心的流速(流量)与压力梯度的关系,描述流体在岩心中的渗流过程,得到启动压力梯度。压差—流量法能够获得连续的渗流曲线和启动压力梯度的范围。

③ 常规压汞方法。

高树生等[36]提出了一种利用常规压汞实验数据确定低渗透岩心启动压力梯度的方法,该方法的原理是通过拟合启动压力梯度和毛细管半径的关系式测算启动压力梯度。

④ 恒速压汞方法。

时宇等[37,38]提出了一种利用恒速压汞实验数据确定低渗透岩心的启动压力梯度方法,该方法的原理是将岩石喉道分布密度函数、毛细管模型与边界层理论结合,建立低渗储层非线性相对渗透率模型,测算启动压力梯度。

⑤ 数值实验方法。

刘曰武等[39]提出了一种综合利用油田岩心毛细管压力曲线或孔喉分布曲线来确定启动压力梯度的方法。该方法的原理是根据低渗透孔隙介质孔隙符合 Maxwell 分布的特点,建立孔隙介质的孔隙结构数值化模型,并利用 LBM 方法模拟计算,将模拟曲线的直线段部分延长并与压力梯度轴相交,得到的交点值即为无量纲启动压力梯度值。

⑥ 稳态测量方法。

宋付权等[40]提出了启动压力梯度的快速测量方法。该方法的原理是用实验验证流体流动的微尺度效应,判定非线性渗流并预测启动压力梯度。

⑦非稳态测量方法。

将低渗透高压状态下的饱和油岩心,一端封闭,装入测压计,系统平衡稳定时,将岩心一端放空至某一压力数值(例如标准大气压),连续测量封闭端压力变化,直至系统达到稳定状态,根据不稳定压力曲线和稳态时的压差,求出岩心的启动压力梯度[41]。

(2)非线性渗流模型。

目前,对低速非线性渗流现象的数学描述主要分为三类:拟启动压力梯度模型、分段模型和连续模型。

①拟启动压力梯度模型。

拟启动压力梯度模型本质上是以直线代替曲线,是对非线性的一种平均表示方法。该模型形式简单,数学处理方便,以该模型为基础的非达西渗流理论在油田普遍应用。拟启动压力梯度模型仅适用于渗流曲线弯曲段不明显的储层。1945年Ф.А.Трею И Н提出了考虑启动压力梯度的一维非线性模型,之后苏联学者B.A.弗洛林(1951)、Irmay(1958)、В.И苏尔塔诺夫(1960)、Swartzendruber(1962)等人都提出了各自的拟启动压力梯度模型。

②分段非线性模型。

分段非线性模型是在实验结果的基础上对测量得到的曲线用分段函数描述,其中包括不流动段、非线性弯曲段、拟线性段3段。使用的数学方法有直线逼近法、幂函数逼近法、指数逼近法、函数二次逼近法等。由于分段模型依赖于实验结果的精度,因而在实际应用时,受界限参数的限制,数学计算比较繁杂。

③连续非线性渗流模型。

连续非线性渗流模型是将非线性渗流现象表征为流度随压力梯度的变化关系,将速度对压力梯度的响应用单一函数描述,形成具有不同特征值的两参数和三参数等模型。2007年,杨清立首次将流体塑性本构关系模型进行改进,提出单一函数模型,该模型仅有两个参数,应用比较方便。2013年,黄延章在分段模型基础上,总结现有模型,提出了新的三参数模型,该模型是对杨清立模型的完善。

总结国内外对非线性渗流规律的数学描述成果,主要有以下几个方面。

a.非线性模型取代线性逼近。随着实验测量技术的发展,非线性测量的结果更加可靠,学术界对非线性的认识逐步走向统一,进而推动了分段模型和连续模型的发展。

b.单一模型取代分段模型。与立足于近似计算的分段模型相比较,连续模型在数值差分计算、解析方法等方面更为方便。

c.模型结构具有高度的概括性。以唯象法为主提出的非线性渗流模型多根据室内岩心实验获得,通过对实验结果拟合获得的模型参数多且缺乏足够的物理意义。陆续出现的三参数模型、两参数模型精简了模型参数,并且使参数具有了较为明确的物理意义,进而得到了长足的发展。

(3)非线性渗流油藏数值模拟。

油藏数值模拟技术从20世纪50年代开始研究至今,已发展成为一项较为成熟的技术,在理论上用于探索多孔介质中各种复杂渗流问题的规律,在工程上作为开发方案设计、动态监测、开发调整、反求参数和提高采收率的有效手段,能为油田开发中各种技术措施的制订提供理论依据。目前,如Eclipse、CMG、VIP等比较成熟的油藏数值模拟软件均以达西渗流模型为基础，在中高渗透油藏得到了很好的应用。流体在特低渗透多孔介质的流动过程中，流动规律表现为存在最小启动压力梯度的非线性渗流，不满足达西线性渗流规律。因此，常规的油藏数值模拟软件在特低渗透油藏中的应用受到了一定的限制。

针对流体在特低渗透多孔介质中的非线性渗流特征，一些学者对油藏数值模拟技术进行了改进以描述流体的渗流规律。目前，考虑非线性渗流规律的数值模拟方法主要有两种：以拟启动压力梯度模型为基础的数值模拟方法和基于非线性渗流规律的变渗透率数值模拟方法。

① 拟启动压力梯度数值模拟方法。

程时清等根据两相低速非达西渗流定律及连续性方程建立了油水两相低速非达西渗流数学模型。韩洪宝等人从渗流机理出发，通过室内物理模拟实验和基础理论研究，建立了三维三相考虑拟启动压力梯度的数学模型，采用 IMPES 方法进行数值求解并编制了考虑拟启动压力梯度的数值模拟软件。赵国忠建立了三维三相非达西渗流数学模型，构造了有限差分离散化方法，并基于黑油模拟器实现了变启动压力梯度的数值模拟方法。除此之外，一些学者也研究了考虑拟启动压力梯度的数值模拟方法。

基于拟启动压力梯度模型的数值模拟方法一定程度上弥补了以达西渗流模型为基础的数值模拟方法的不足，进一步描述了特低渗透储层的非达西特征。然而，拟启动压力梯度模型忽略了渗流的弯曲段，导致模拟结果与实际仍存在一定的误差。

② 变渗透率数值模拟方法。

龙腾等人结合低渗实验的非线性特征阐述了拟启动压力梯度法和变渗透率法两种低速渗流数值处理方式，初步研制了可视化油藏变渗透率数值模拟器。黄远智根据非线性渗流运动规律的研究成果，建立了体现变渗透率的非线性模型，提出了求解非线性渗流数值方程的变渗透率数值方法，开发了相应的数值模拟系统。杨清立根据低渗透储层非线性渗流特征，在黑油模型基础上实现了变渗透率数值模拟方法。

变渗透率数值模拟方法很好地描述了非线性渗流过程，弥补了拟启动压力梯度数值模拟方法未能考虑渗流曲线弯曲段的不足。然而，上述变渗透率数学模型未能给出连续光滑的渗透率状态方程，方程的有限差分离散化存在较大的困难，且难以实现全隐式的数值求解方法。数值求解过程中只能通过读入渗透率与压力梯度的离散点来实现变渗透率渗流过程，难以保证程序求解稳定性和收敛性。

流体在特低渗透储层的渗流规律属于非线性渗流，达西渗流模型的继续使用将夸大储层的渗流能力；忽略渗流弯曲段的拟启动压力梯度模型，夸大了储层的渗流阻力；非线性渗流模型能够准确地描述流体的渗流规律。目前以达西渗流模型为基础的商业化数值模拟软件（Eclipse、CMG、VIP）无法客观描述低渗透油藏的动态开发特征，在该类型油藏中的应用受到了一定的限制。以拟启动压力梯度模型为基础的数值模拟方法又大大降低了储层产能。非线性渗流变渗透率数值模拟方法未能给出连续光滑的渗透率状态方程，在数学模型差分离散化和数值求解上存在一定困难。因此，有必要建立低渗透油藏非线性渗流数值模拟方法。

3. 非线性渗流理论与数学表征

1）低渗透岩心非线性渗流测试实验新方法研究

常规压差流量法大都利用驱替泵作为压力源，然而驱替泵能够提供的最小压力值比较大，并且在压力较低的情况下，驱替泵的误差相对较大。流量计量的方法大多都使用天平，这种方法精度较低并且容易受到外界干扰。由此提出新的测定非线性渗流曲线的实验新方法，即采用光电式微流量检测计计量流量，避免了天平称重存在的受环境影响大、计量不连续的缺点；并且采用气瓶和低压定压装置作为压力源，来完整描述非线性渗流过程，实验流程图如图2-98所示。以4块选自大庆、长庆和华北3个油区的低渗透岩心为例，测试结果如图2-99～图2-102所示。

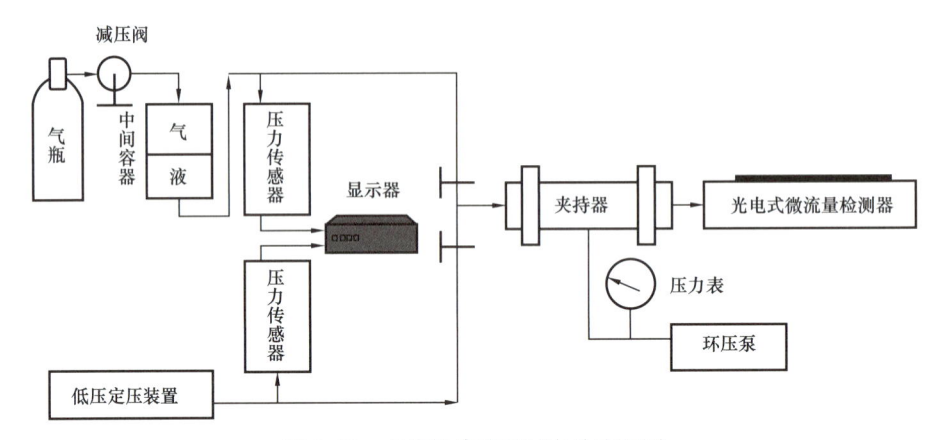

图2-98 非线性渗流测试实验流程图

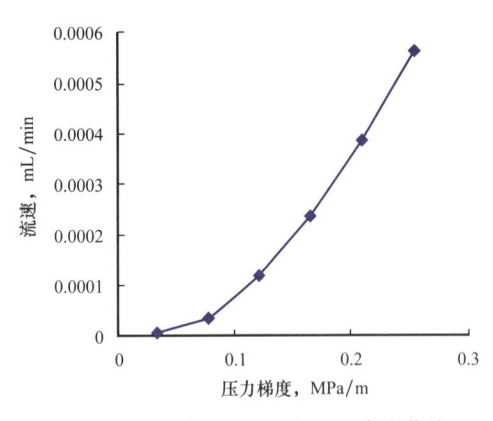

图2-99 渗透率0.26mD岩心的渗流曲线

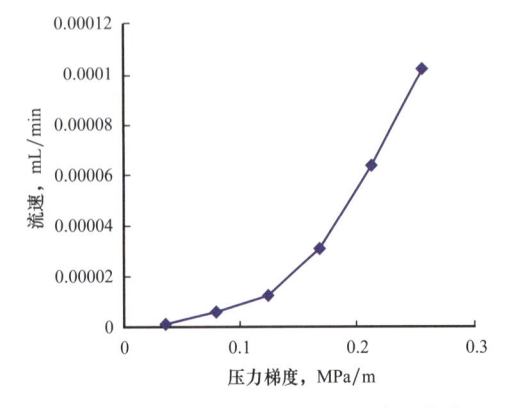

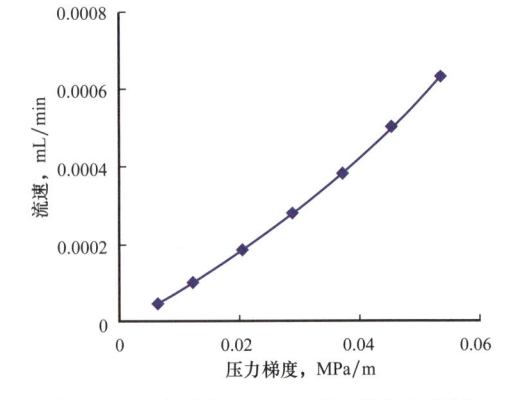

图2-100 渗透率0.67mD岩心的渗流曲线

图2-101 渗透率2.13mD岩心的渗流曲线

图2-102 渗透率4.85mD岩心的渗流曲线

由图 2-99～图 2-102 可以看出：（1）低渗透岩心非线性实验中，在驱动压力梯度很小时，即低速渗流阶段，岩心渗流曲线呈现非线性特征；而随压力梯度的逐渐增加，曲线向拟线性过渡，最后为线性段；（2）用新的实验测试方法可以较好地测得非线性渗流段。

2）不同区块非线性渗流测试结果分析

以大庆外围 17 个岩心、吉林油田的 44 块岩心和长庆 26 块岩心为例，说明不同区块岩心非线性渗流曲线与渗透率的关系，测试结果如图 2-103～图 2-106 所示。

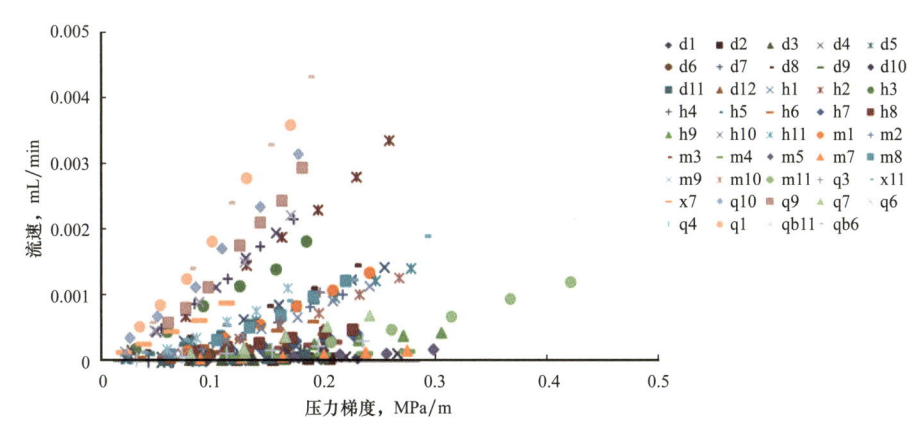

图 2-103 吉林油田 44 块岩心非线性渗流测试数据

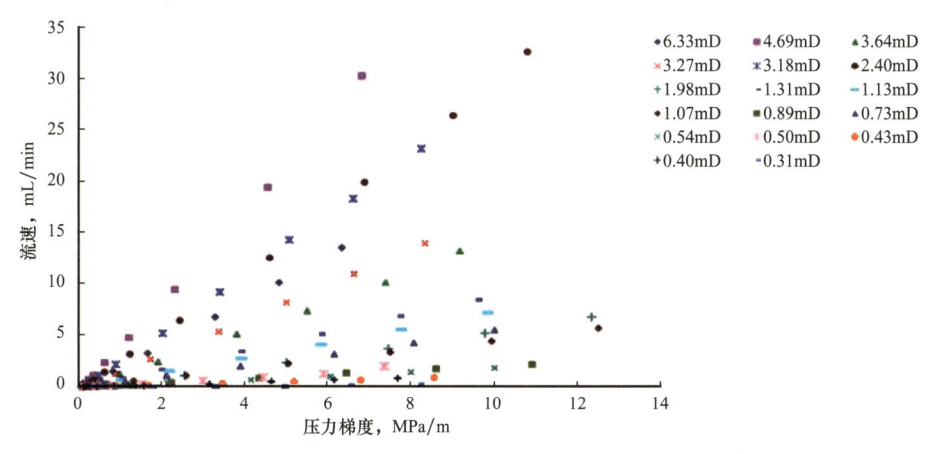

图 2-104 大庆外围 17 块岩心非线性渗流测试数据

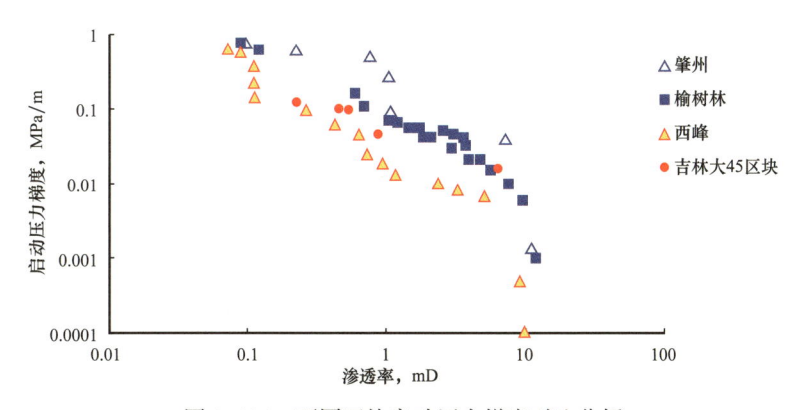

图 2-105 不同区块启动压力梯度对比分析

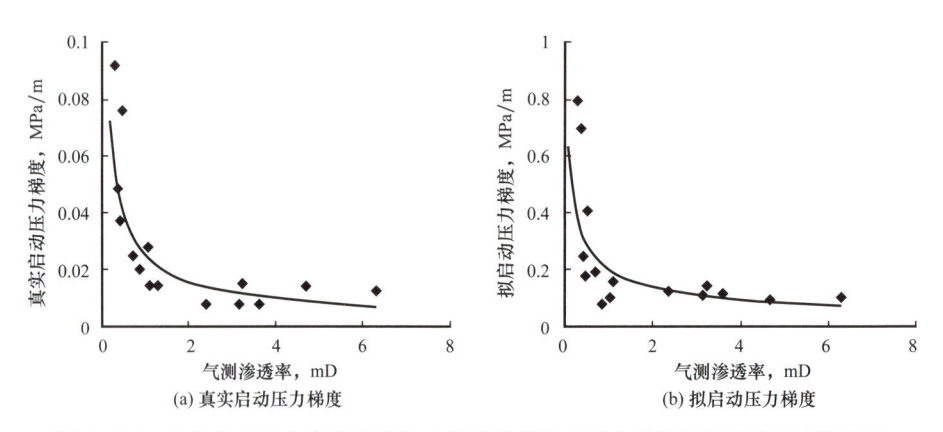

图 2-106 大庆外围岩心真实启动压力梯度和拟启动压力梯度与气测渗透率的关系

从图 2-103～图 2-106 中可以看出：流体渗流呈非线性渗流特征。渗透率越大，渗流曲线越靠上，即在相同的压力梯度下，渗透率大的流速高，渗透率小的流速低。对于同一区块来说，真实启动压力梯度和拟启动压力梯度与气测渗透率有很好的半对数关系。大庆外围实验岩心真实启动压力梯度为

$$\delta_t = 0.0252 K^{-0.68} \qquad (2-125)$$

大庆外围实验岩心拟启动压力梯度为：

$$\delta_p = 0.2106 K^{-0.51} \qquad (2-126)$$

平均实验岩心真实启动压力梯度为 0.028MPa/m，平均实验岩心拟启动压力梯度为 0.244MPa/m，相差将近 10 倍。从真实启动压力梯度和拟启动压力梯度的数据来看，油田开发的大部分区域的压力梯度小于 0.244MPa/m，储层中的流体渗流大多数处于非线性渗流范围。

从图 2-105 可以看出：对于不同区块，在相同渗透率下，启动压力梯度是不同的。长庆西峰区块的启动压力梯度要低于大庆外围肇州区块的启动压力梯度。

3）不同油区非线性渗流测试结果分析

对长庆、吉林和大庆外围 3 个特低渗透油区的 87 块岩心进行了非线性渗流曲线测试研究，研究结果如图 2-107～图 2-111 所示。其中，图 2-107 为不同油区岩心启动压力梯度测试结果，图 2-108～图 2-111 为不同油区不同渗透率范围所测试的非线性渗流曲线。

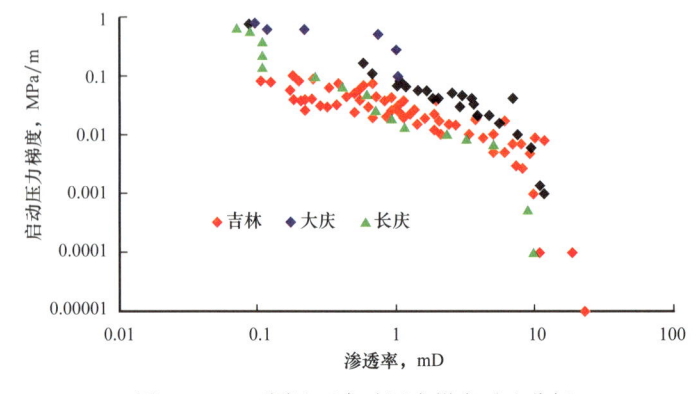

图 2-107 不同油区启动压力梯度对比分析

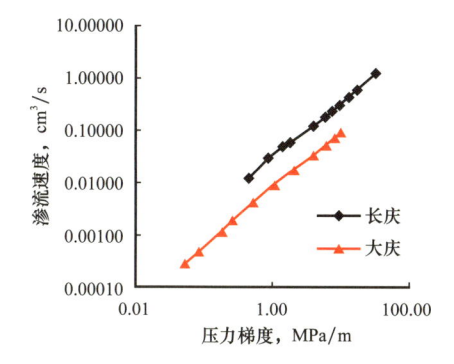

图 2-108 渗透率为 0.22mD 的渗流曲线对比

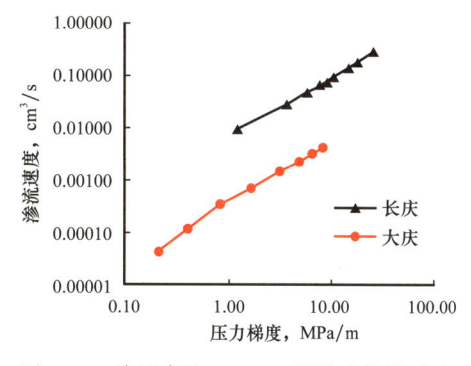

图 2-109 渗透率为 0.73mD 的渗流曲线对比

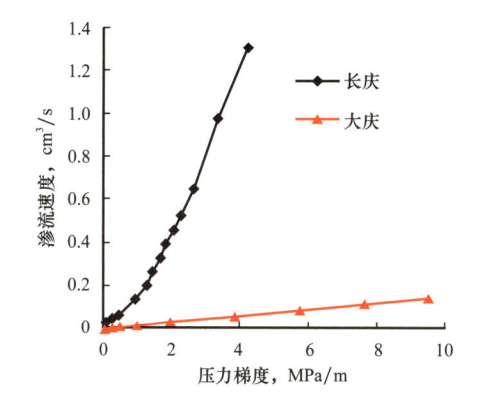

图 2-110 渗透率为 1.32mD 的渗流曲线对比

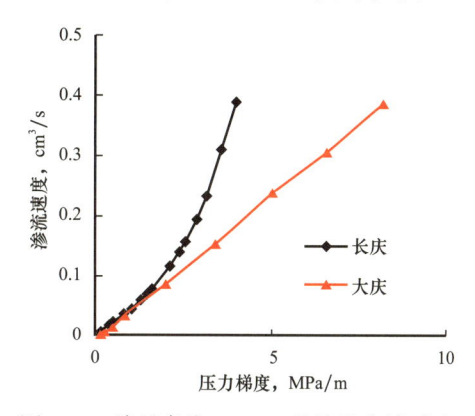

图 2-111 渗透率为 3.85mD 的渗流曲线对比

从图 2-107 可以看出：在相同渗透率下，不同油区的启动压力梯度是不同的。长庆油区的启动压力梯度要小于大庆外围的启动压力梯度；吉林油区的启动压力梯度介于长庆油区启动压力梯度和大庆外围油区的启动压力梯度之间，当渗透率小于 1mD 时，偏向大庆外围油区的启动压力梯度，而当渗透率大于 1mD 时，偏向长庆油区的启动压力梯度。

从图 2-108～图 2-111 中不同渗透率条件下，长庆和大庆外围曲线对比可以看出：在不同的渗透率条件下，长庆油区的渗流曲线在大庆渗流曲线的上方，说明在相同的渗透率条件下，长庆油区岩心的渗流阻力要低于大庆岩心。

4）低渗透油藏流体非线性渗流数学表征

通过低渗透油藏渗流规律和储层特征研究，提出了新的适用低渗透油藏流体的非线性渗流数学模型，见式（2-127）。

$$v = \frac{K(\nabla p)}{\mu}\nabla p \qquad (2-127)$$

与达西定律相比，非线性渗流数学方程中的 K 是可变的，是随着压力梯度变化而变化的参数，这是低渗透油藏的储层特征性质所决定。

对吉林、大庆和华北油田部分岩心实验数据进行了整理，可以得到图 2-112～图 2-114。图中渗透率修正系数可以表达为

$$\tau = \frac{K(\nabla p)}{K_0} \qquad (2-128)$$

式中 K_0——基准渗透率。

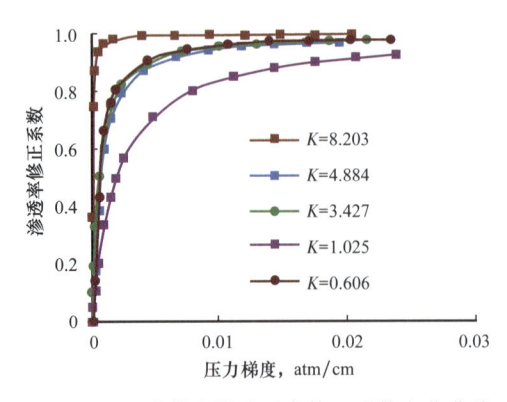

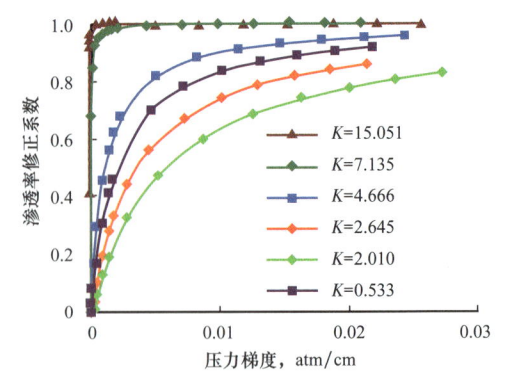

图 2-112　吉林岩样渗透率修正系数变化曲线　　图 2-113　华北岩样渗透率修正系数变化曲线

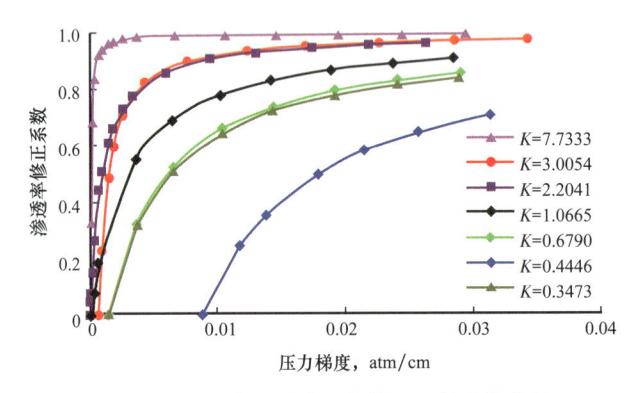

图 2-114　大庆岩样渗透率修正系数变化曲线

从图 2-112～图 2-114 中可以看出：渗透率越大，非线性渗流段越短；渗透率越小，非线性渗流段越长。特低渗透油田大部分开发区域处于非线性渗流段。渗透率修正系数随压力梯度的变化而变化，取值范围为 0～1 之间。

根据上面实验数据的结果，提出了渗透率的状态方程，为：

$$K(\nabla p) = K_0 \left(1 - \frac{1}{a + b\nabla p}\right) \quad (2\text{-}129)$$

从式（2-129）可以看出：渗透率随压力梯度的变化而变化，压力梯度越大，渗透率也越大。

根据上述实验研究和分析，可以得到如下 4 点认识：

（1）特低渗透油藏中的渗流规律为非线性渗流规律，它的重要参数有真实启动压力梯度、拟启动压力梯度和岩样最大渗透率；

（2）特低渗透砂岩油藏某一点的液相有效渗透率是随压力梯度变化而变化的一个参数；

（3）流体在特低渗透油藏渗流时，按照压力梯度的区间分为死油区、非线性渗流区和拟线性渗流区，在油田开发设计中要尽量减少死油区；

（4）在特低渗透油藏中，根据压力梯度分布，大部分区域为非线性渗流区，因此，在特低渗透油藏的开发设计和动态分析指标计算时，应采用非线性渗流理论。

4. 非线性渗流油藏数值模拟软件及应用

以非线性渗流模型为基础，建立了特低渗透油藏三维三相非线性渗流数学模型，构造了相应的有限差分离散化格式，确定了非线性渗流规律下的井—网格方程，给出了特低渗透油藏三维三相非线性渗流数值模型和求解方法，编制了非线性渗流油藏数值模拟软件。

1）非线性渗流油藏数值模型

（1）基本假设。

油藏中的渗流是等温渗流；油藏中最多只有油气水三相，气相遵循达西渗流规律，油水相遵循非线性渗流规律；油藏烃类只含有油气两个组分，油组分是指将地层原油在地面标准状况下经分离后所残存的液体，而气组分是指全部分离出来的天然气；在油藏状况下，油气两种组分可能形成油气两相，油组分完全存在于油相内，气组分则可以以自由气的方式存在于气相内，也可以以溶解气的方式存在于油相中；油藏中气体的溶解和逸出是瞬间完成的，即认为油藏中油气两相瞬时达到相平衡状态；液相有效渗透率是压力梯度的函数。

（2）数学方程。

① 运动方程。

特低渗透油藏考虑非线性渗流、重力及毛细管力的三相运动方程如下：

油相：

$$v_o = -\frac{K^* K_{ro}}{\mu_o}\left[\nabla(p_o - \rho_o gD - \rho_{gd}gD)\right] \tag{2-130}$$

水相：

$$v_w = -\frac{K^* K_{rw}}{\mu_w}\left[\nabla(p_w - \rho_w gD)\right] \tag{2-131}$$

气相：

$$v_g = -\frac{K^* K_{rg}}{\mu_g}\left[\nabla(p_g - \rho_g gD)\right] \tag{2-132}$$

② 状态方程。

流体和岩石的状态方程如下：

$$\rho_o = \rho_o(p_o),\ \rho_w = \rho_w(p_w),\ \rho_g = \rho_g(p_g),\ \rho_{gd} = \rho_{gd}(p_o) \tag{2-133}$$

$$\mu_o = \mu_o(p_o),\ \mu_w = \mu_w(p_w),\ \mu_g = \mu_g(p_g) \tag{2-134}$$

$$\phi = \phi(p) \tag{2-135}$$

$$K_o^* = \beta_o K,\ K_w^* = \beta_w K \tag{2-136}$$

$$\beta_o = 1 - \frac{1}{a_o + b_o \nabla p_o},\ \beta_w = 1 - \frac{1}{a_w + b_w \nabla p_w} \tag{2-137}$$

③ 连续性方程。

在油藏中油、气、水被视为3个独立组成部分，气体可溶解于油相和水相中，连续性方程如下：

$$-\nabla \cdot (\rho_o v_o) + q_o = \frac{\partial [\phi \rho_o S_o]}{\partial t} \qquad (2-138)$$

$$-\nabla \cdot (\rho_w v_w) + q_w = \frac{\partial [\phi \rho_w S_w]}{\partial t} \qquad (2-139)$$

$$-\nabla \cdot (\rho_{od} v_o + \rho_{wd} v_w + \rho_g v_g) + q_g = \frac{\partial}{\partial t}\left[\phi(\rho_{od} S_o + \rho_{wd} S_w + \rho_g S_g)\right] \qquad (2-140)$$

④ 流动方程。

将非线性渗流运动方程带入连续性方程，转换成地面标准状况下体积守恒形式，得到描述油气水运移规律的流动方程：

油相：

$$\nabla \cdot \left\{\frac{\beta_o K K_{ro}}{B_o \mu_o}\left[\nabla(p_o - \rho_o g D)\right]\right\} + q_{osc} = \frac{\partial}{\partial t}\left(\frac{\phi S_o}{B_o}\right) \qquad (2-141)$$

水相：

$$\nabla \cdot \left\{\frac{\beta_w K K_{rw}}{B_w \mu_w}\left[\nabla(p_w - \rho_w g D)\right]\right\} + q_{wsc} = \frac{\partial}{\partial t}\left(\frac{\phi S_w}{B_w}\right) \qquad (2-142)$$

油气水三相：

$$\nabla \cdot \left\{\frac{R_{so}\beta_o K K_{ro}}{B_o \mu_o}\left[\nabla(p_o - \rho_o g D)\right]\right\} + \nabla \cdot \left\{\frac{R_{sw}\beta_w K K_{rw}}{B_w \mu_w}\left[\nabla(p_w - \rho_w g D)\right]\right\} + \\ \nabla \cdot \left\{\frac{K K_{rg}}{B_g \mu_g}\left[\nabla(p_g - \rho_g g D)\right]\right\} + q_{gsc} = \frac{\partial}{\partial t}\left[\phi(\rho_{od} S_o + \rho_{wd} S_w + \rho_g S_g)\right] \qquad (2-143)$$

⑤ 辅助方程。

饱和度方程：

$$S_o + S_w + S_g = 1.0 \qquad (2-144)$$

毛细管压力方程：

$$p_{cow} = p_o - p_w, \quad p_{cog} = p_g - p_o \qquad (2-145)$$

相对渗透率方程：

$$K_{ro} = K_{ro}(S_o), \quad K_{rw} = K_{rw}(S_w), \quad K_{rg} = K_{rg}(S_o, S_w) \qquad (2-146)$$

（3）边界条件。

① 外边界条件。

外边界条件分为外边界定压、外边界定流量或混合边界条件。

外边界压力已知：

$$p_G = f_p(x,y,z,t) \quad (2\text{-}147)$$

外边界流量已知：

$$\left.\frac{\partial p}{\partial n}\right|_G = f_q(x,y,z,t) \quad (2\text{-}148)$$

混合边界：

$$\left.\left(\frac{\partial p}{\partial n} + \alpha p\right)\right|_G = f_q(x,y,z,t) \quad (2\text{-}149)$$

② 内边界条件。

内边界条件分为定压和定产条件：定压条件是指生产井以给定产油、产液、产水量生产，注水井按给定注水量注水；定压条件是指生产井和注水井定井底流压生产。

定产条件：

$$\nabla\left[\frac{K}{\mu}\nabla(p-\rho gD)\right] + q = 0 \quad (2\text{-}150)$$

定压条件：

$$p|_{rw} = p_{wf}(x,y,z,t) \quad (2\text{-}151)$$

（4）初始条件。

数学模型初始条件为已知油藏内部原始压力分布和饱和度分布。

压力分布方程：

$$p(x,y,z,0) = f(x,y,z) \quad (2\text{-}152)$$

饱和度分布方程：

$$S_w = S_{w0}(x,y,z),\ S_o = S_{o0}(x,y,z),\ S_g = S_{g0}(x,y,z) \quad (2\text{-}153)$$

式中　v——渗流速度，cm/s；

　　　K^*——液相有效渗透率，mD；

　　　K_r——相对渗透率；

　　　μ——黏度，mPa·s；

　　　ρ——密度，g/cm³；

　　　D——油藏深度，m；

　　　p——压力，MPa；

　　　ϕ——孔隙度；

　　　K——绝对渗透率，mD；

　　　a，b——非线性渗流参数，m/MPa；

　　　∇p——压力梯度，MPa/m；

S——饱和度;

B——体积系数;

R_s——溶解气油比,cm^3/cm^3;

q——质量流量(注水井为正,生产井为负),$g/(cm^3 \cdot s)$;

x,y,z——笛卡儿坐标系下3个方向上的距离,cm;

t——时间,s;

g——重力加速度,m/s^2;

n——油藏外边界法线方向;

β——无量纲渗透率系数;

下标 o——油相;

下标 w——水相;

下标 g——气相;

下标 d——溶解气;

下标 cow——油水界面毛细管压力;

下标 cog——油气界面毛细管压力;

下标 sc——标准条件。

2)非线性渗流油藏数值模拟软件

非线性渗流数值模拟软件工作界面由五大部分组成：主工作平台（图2-115）、地质图件采集模块（图2-116）、数值模拟参数采集模块（图2-117）、三维动态可视化分析模块（图2-118）、油藏方案对比模块（图2-119）。5部分相对独立而又有机地统一起来,以完成油藏评价和制订方案的工作。下面介绍这5个模块的功能。

图2-115 非线性渗流数值模拟软件主工作平台界面

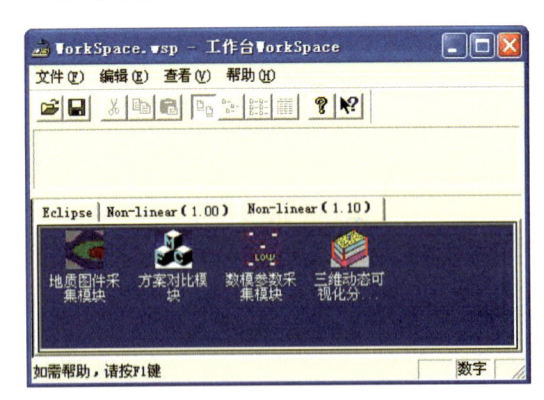

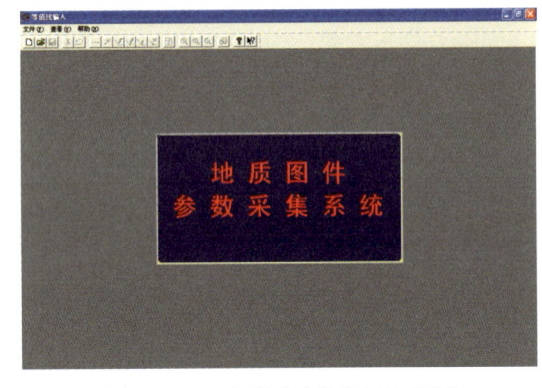

图2-116 地质图件采集模块界面

主工作平台是为了便于各类应用软件的管理和方便用户操作而开发的管理平台,是一体化系统中地质图件数据采集模块、数值模拟参数采集模块、三维动态可视化分析模块和油藏多方案对比模块载体。

地质图件采集模块能够快速、准确地将这些地质图件中的建模信息数字化,可大大降低数值模拟工作者劳动强度,节省劳动时间。该模块的主要功能有：通过对井位图、小层平面图的扫描,采集油藏井位坐标及断层位置;通过对油藏各参数场等值线图扫描,采集油藏场参数;井点各油藏参数值的采集;自动网格划分、层的组合;任意区域的多层或单

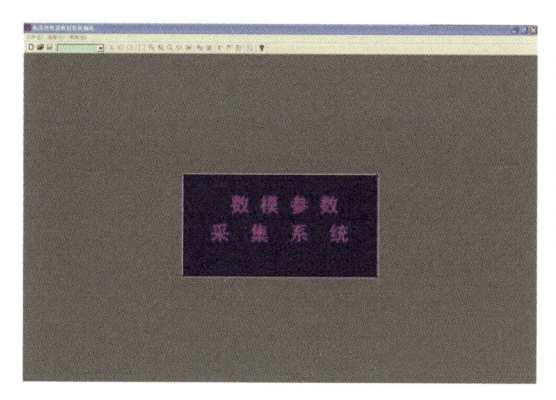

图 2-117　数值模拟参数采集模块界面

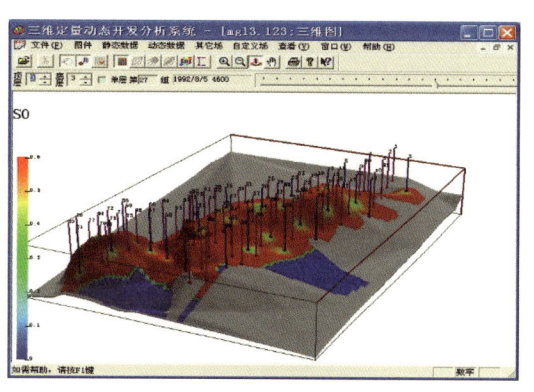

图 2-118　三维动态可视化分析模块

层数值模拟技术；多种区域插值技术；表格和图形化参数输入方式；参数合理范围检查；快捷参数修改功能；错误提示功能。

数值模拟参数采集模块能够有效、快捷、准确地开展油藏数值模拟工作，最大限度地减少油藏数值模拟工作者的劳动强度。油藏数值模拟是一项艰巨而复杂的工作，其复杂性起源于地质模型向数值模型的转化过程，包括油藏网格的划分、模拟层的确定、网格化数据的产生、井位录取等。在这个过程中，涉及大量静态场参数，

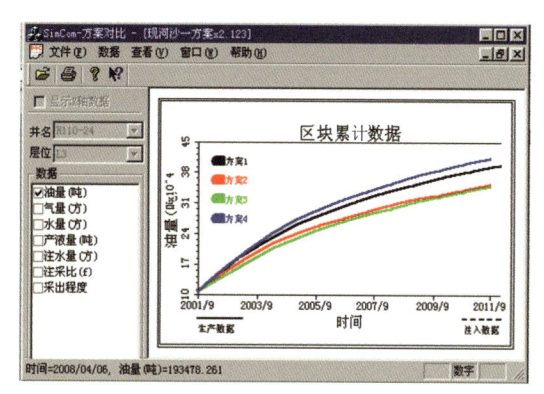

图 2-119　油藏方案对比模块界面

如油藏深度、砂体厚度与有效厚度、孔渗饱参数等，其次是井的开发数据的分类整理及历史拟合过程中的参数调整。该模块的主要功能有：模拟区域自动或手动旋转、平移；自动网格划分；任意层的组合叠加；分区域自动插值；方便独立的储量计算；多区域调整参数；按条件及算术运算进行场数据的拷贝；三类场参数，即原始数据、修改数据、数值模拟数据；断层处理；水平井、斜井；多种射孔方式的选择；图形化参数调整；颜色、数据、等值线表示场数据；直接从数据库整理动态数据；综合多种方法的产量劈分；任意一层、几层或任意井组数值模拟；产量规划；边底水模型；错误检查；

三维动态可视化分析模块是为油藏数值模拟结果的动态分析而开发的，它将油藏开发过程中的大量看似无规律信息集中起来统一管理，以直观、逼真和实用的图形形式和分析手段展现出来，可以减少油藏工作者进行数值模拟的工作强度，使其摆脱枯躁乏味地具体数据分析。三维动态可视化分析模块能够绘制油藏平面图、等值线图、油藏三维图、剖面图、含水柱状图、累油水饼图、各种井数据曲线以及统计各种参数的功能。由于采用了独立的数据文件格式及独特的数据管理方式，它可以支持多种数值模拟的结果绘图和分析。三维动态可视化分析模块具有如下主要功能：交互式的模型演示，如转动、倾斜、跟踪、快速放大等；在任一时间瞬间，显示模型中油藏参数分布的立体图像；模型次一级的结构图像；模型任意剖面图像；油藏特征参数分布随时间的变化演绎；井位置及完井视图；模型中任意单元位置的特征参数"点测"；井的综合数据显示及定位；多窗口开发指标对比分析；任意闭合区域中的指标统计；支持自定义的任意动态和静态场参数组合运算及统计

-115-

分析；支持关联参数场叠加对比分析；支持条件关联的指标分类定量统计；三维立体等值线；图形的任意比例输出。

在完成历史拟合后，油藏工程师接下来的工作就是规划油田未来生产，这种规划是针对油田生产过程中所暴露的问题，例如：含水上升快、产量递减大等，结合历史拟合成果，开展各种旨在提高原油采收率的措施效果评价对比工作。从效果对比中，优选出现场工艺措施可行及经济效益好的方案。方案对比系统主要功能如下：单井、单层、区块瞬时和综合指标对比（缺省：指标与时间）；单井、单层、区块瞬时和综合指标对比（任意两指标关系）；绘图参数调整功能；显示方案数据。

第五节 应用实例

大庆油田外围是中国低渗透、特低渗透油藏分布主要区域，本节以长垣西部各个区块以及榆树林油田为例，介绍上述理论方法在实际生产中的应用。

一、油藏渗流特征

对上述油田不同区块不同渗透率岩心进行非线性渗流曲线测试，计算岩心启动压力梯度结果，形成不同区块不同渗透率级别的启动压力梯度图版。图 2-120 和图 2-121 分别给出了长垣西部各个区块以及榆树林油田的真实启动压力梯度对比图。从研究区块启动压力梯度与渗透率的关系来看，启动压力梯度与渗透率有较好的幂律关系，且随渗透率的减小而增大，当渗透率小于 1mD 时，真实启动压力梯度急剧增大。当渗透率小于 1mD 时，平均真实启动压力梯度为 0.0515MPa/m；当渗透率大于 1mD 时，平均真实启动压力梯度为 0.0082MPa/m。可见，渗透率小于 1mD 的储层开发难度很大。

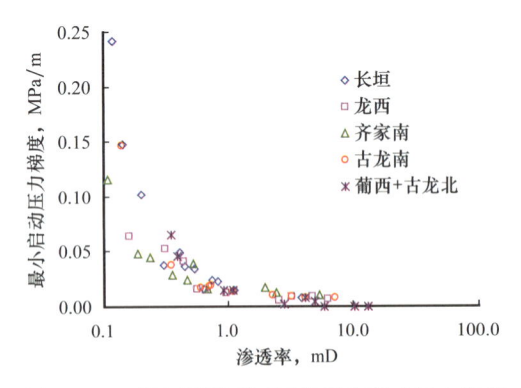

图 2-120　长垣西部不同区块真实启动压力梯度 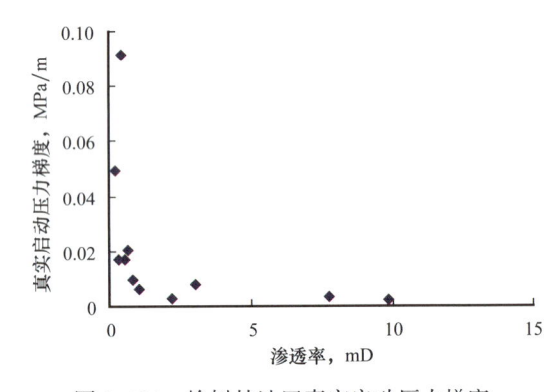　　图 2-121　榆树林油田真实启动压力梯度

二、长垣西部地区井网适应性及合理井网

利用特低渗透油藏非线性渗流数值模拟软件对大庆长垣西部特低渗透油田不同区块进行油藏数值模拟研究，指导认识区块流体渗流区域、有效驱动压力体系，以及井网部署与优化。根据井网部署形式建立了相同井网密度下正方形反九点、菱形反九点和矩形井网单元地质模型，优选井网形式，优化井排距。采用定产量模拟计算，认识地层压力梯度随开发时间（1a、5a 和 10a）和井距的变化规律，并以此为基础绘制地层压力梯度场随开发时

间的分布图，分析其有效动用程度和评价井网适应性。表 2-16 是优化后的长垣西部不同区块井网形式建议。

表 2-16 不同区块井网形式建议

区块	渗透率，mD	现有井网	井网部署建议
葡西油田	2.50	300m×300m 正方形反九点井网	500m×150m 矩形井网
古龙南地区	3.10	300m×300m 正方形反九点井网	500m×150m 矩形井网
龙西地区	1.50	250m×250m 正方形反九点井网	400m×150m 矩形井网
齐家南地区	1.18	300m×300m 正方形反九点井网	500m×100m 矩形井网
长垣地区	1.35	300m×100m 矩形五点井网	井网适应性好，保持现有井网

三、榆树林油田井网适应性及合理井网

利用特低渗透油藏非线性渗流数值模拟软件对大庆榆树林东 16 区块、树 322 区块和树 8 区块特低渗透油藏进行油藏数值模拟研究，分析它们的流体渗流区域、有效驱动压力体系和井网适应性。

1. 东 16 区块

建立正方形反九点井网地质模型，采用定产量模拟计算，计算地层压力梯度在不同开发时间和不同井距条件下的变化规律，并以此为基础绘制地层压力梯度随开发时间的分布图，分析其有效动用程度和评价井网适应性。

（1）相同井距、不同时间下压力梯度的变化规律。

以 300m 井距为例，研究不同时间压力梯度变化的规律，如图 2-122 所示。

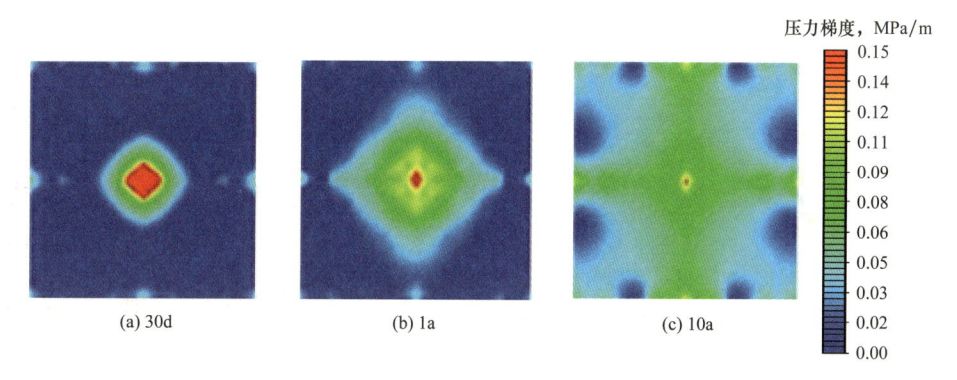

图 2-122 300m 井距不同模拟时间压力梯度分布平面图

从图 2-122 可以看出：地层中压力梯度剖面随着开发时间由井筒附近地层向周围传播。由于注水措施，在注水井和生产井井筒附近地层产生高压力梯度区域。注水井不压裂投产，生产初期压力梯度剖面沿注水井向远处地层传播。在压力未传递到生产井之前，生产井井筒附近地层先向井底供液，此时生产井依靠地层原始能量生产。由于生产井压裂投产，压裂措施产生水平方向的裂缝，在生产井井筒附近产生沿裂缝方向的高压力梯度条带。地层中压力梯度低于真实启动压力梯度的区域为剩余油的富集区，剩余油主要富集在

油井之间。

（2）相同时间、不同井距条件下的压力梯度分布规律。

模拟研究不同井距条件下，地层流体压力梯度变化的规律，模拟结果如图2-123～图2-125所示。

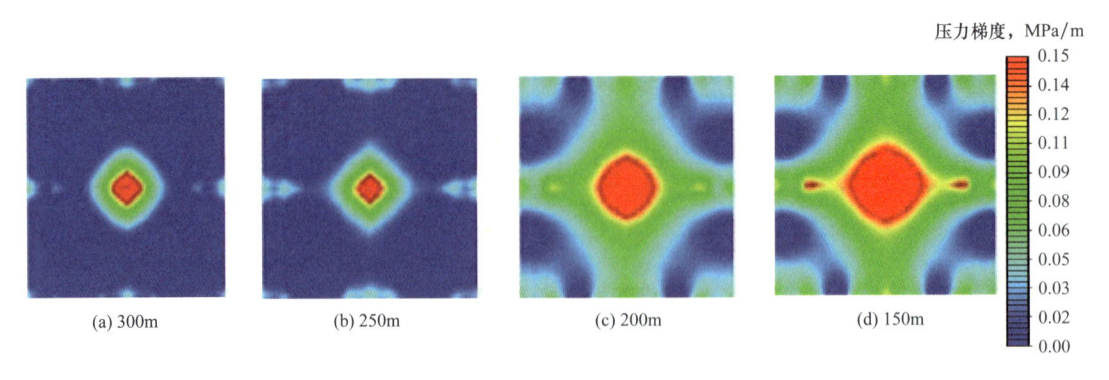

图2-123 模拟时间30d时不同井距的压力梯度分布平面图

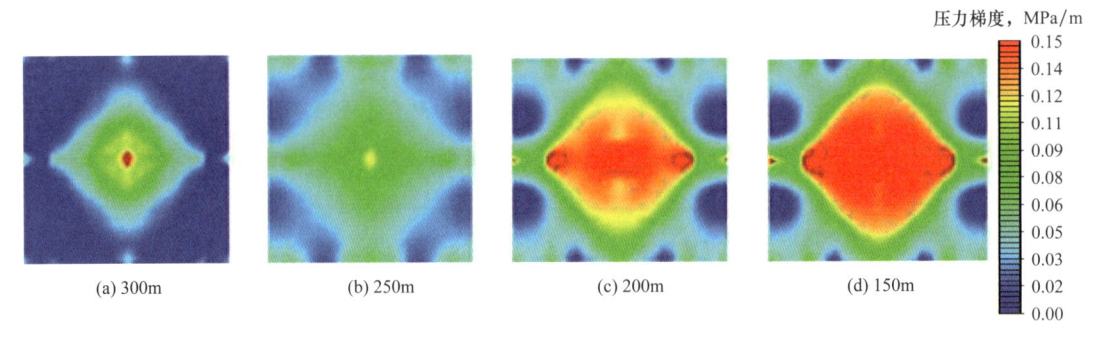

图2-124 模拟时间1a时不同井距的压力梯度分布平面图

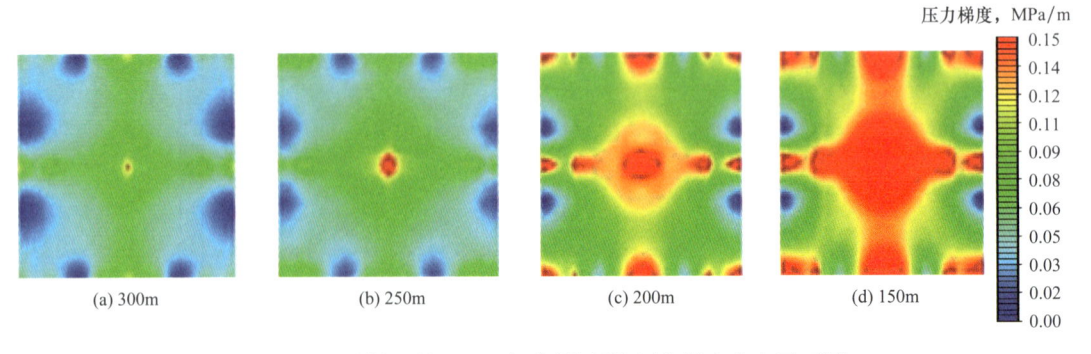

图2-125 模拟时间10a时不同井距的压力梯度分布平面图

从图2-123～图2-125可以看出：开发时间相同时，井距越大，压力传播越慢，油井见效越晚。

根据室内实验获得区块岩石样品的真实启动压力梯度和临界启动压力梯度，将地层的渗流区域划分为死油区、非线性渗流区域和拟线性渗流区域。当地层压力梯度小于真实启动压力梯度时，地层流体不流动，该区域没有动用，称为死油区；当地层压力梯度大于临界启动压力梯度时，发生拟线性渗流，该区域称为拟线性渗流区；当地层压力梯度介于真实启动压力梯度和临界启动压力梯度之间时，地层发生非线性渗流。特低渗透油藏开发过程中，拟线性渗流只发生在井筒附近的局部区域内，而在地层内部相当大的区域内是非线性渗流，非线性渗流占据地层渗流的主导地位。因此，考虑非线性渗流要比以往只考虑线性渗流以及考虑拟启动压力梯度的方法更适合特低渗透油田。

从模拟得到的地层压力梯度分布图（图2-123～图2-125）可以看出，井距200m时，模拟计算到1a时，初步建立有效驱动压力体系；模拟计算到10a时，完全能建立有效驱动压力体系。井距250m时，模拟计算到1a时，较难建立有效驱动压力体系；模拟计算到10a时，能建立有效驱动压力体系。井距300m时，模拟计算到1a时，未能建立有效驱动压力体系；而当模拟计算到10a时，不易建立有效驱动压力体系。

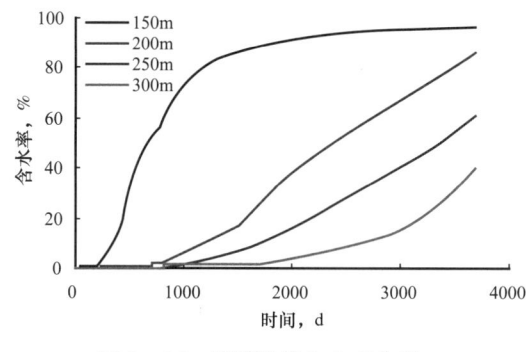

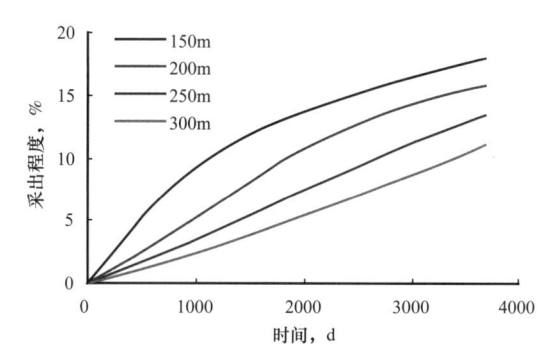

图2-126　模拟计算含水率曲线　　　图2-127　模拟计算采出程度曲线

含水率曲线是指一个正方形井网生产井的平均含水率。从图2-126和图2-127中可以得出，井距越小采油速度越快，相同生产时间下的采出程度越高，含水率上升越快。综合采出程度曲线和含水率曲线，可以看出井距在250m左右时，既能保持较高的采油速度和10a时较高的采出程度，又能有效控制含水率上升。故综合认为该区块的合理井距在250m左右。

2. 树322区块

建立了正方形反九点井网的地质模型。模拟过程中采用定产量计算，计算地层压力梯度在不同开发时间和不同井距条件下的变化规律，绘制地层压力梯度随开发时间的分布图，分析其有效动用程度和评价井网适应性。

（1）相同井距、不同时间压力梯度的变化规律。

以300m井距为例，研究不同时间压力梯度变化的规律，如图2-128所示。

从图2-128可以看出：由于生产井压裂投产，压裂措施产生水平方向的裂缝，导致在生产井井筒附近产生沿水平方向的高压力梯度条带。地层中压力梯度低于真实启动压力梯度的区域为剩余油的富集区，剩余油主要富集在油井之间。

（2）相同时间、不同井距条件下的压力梯度分布规律。

从图2-129～图2-131可以看出：开发时间相同时，井距越大，压力传播越慢，油井见效越晚；特低渗透油藏开发过程中，拟线性渗流只发生在井口附近的局部小区域内，而在地层内部相当大的区域内是非线性渗流，非线性渗流占据了地层渗流的主导地位。从地层压力梯度分布图可以看出，井距为150m时，模拟计算到1a时，已初步能建立有效驱动压力体系；模拟计算到10a时，已完全能建立有效驱动压力体系。井距为200m时，模拟计算到1a时，未建立有效驱动压力体系；而当模拟计算到10a时，能建立有效驱动压力

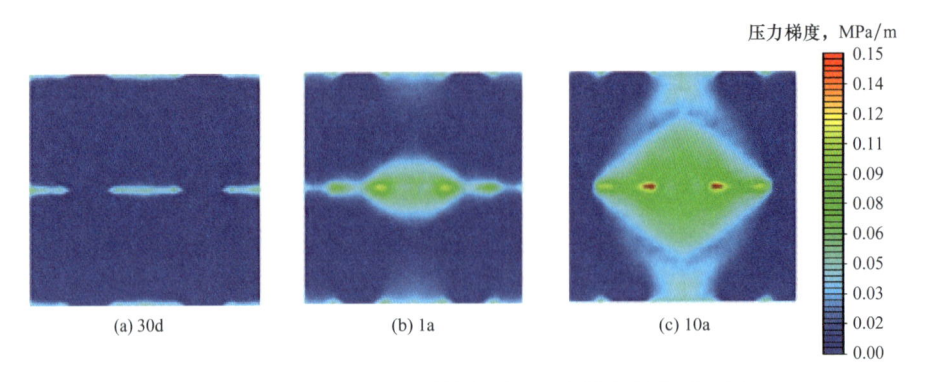

图 2-128　300m 井距不同模拟时间压力梯度分布平面图

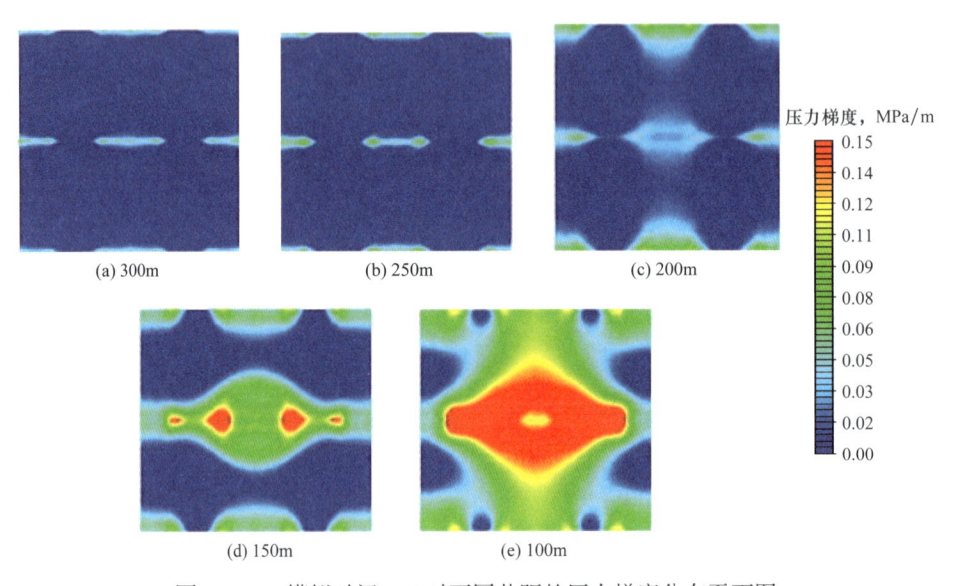

图 2-129　模拟时间 30d 时不同井距的压力梯度分布平面图

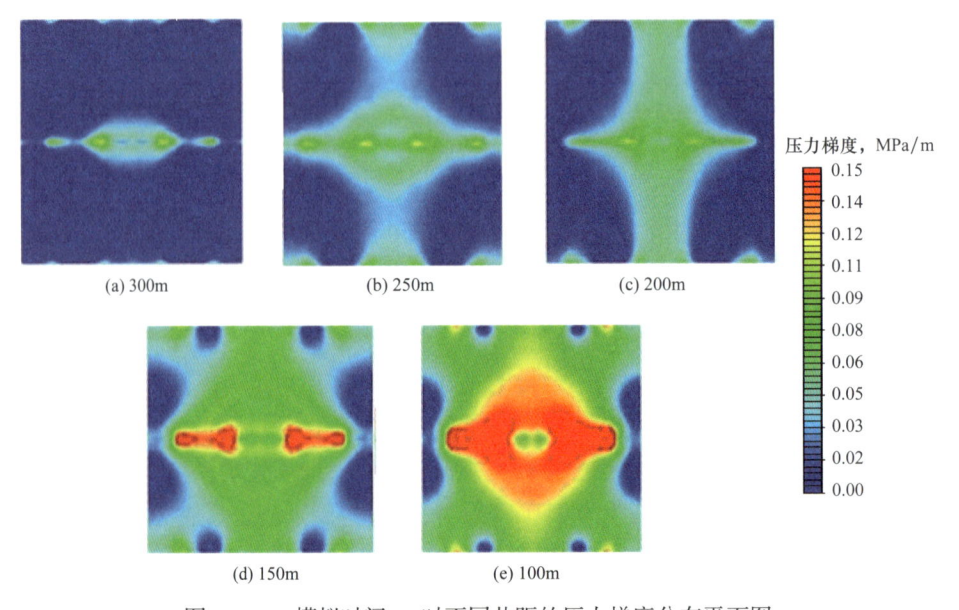

图 2-130　模拟时间 1a 时不同井距的压力梯度分布平面图

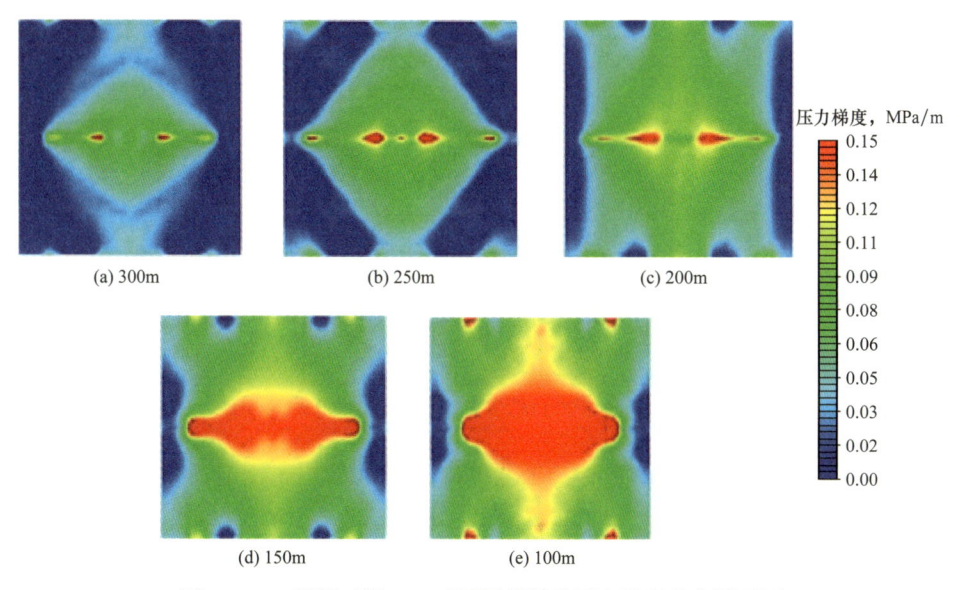

图 2-131 模拟时间 10a 时不同井距的压力梯度分布平面图

体系。井距为 250m 时，模拟计算到 1a 时，未能建立有效驱动压力体系；而模拟计算到 10a 时，也未建立有效驱动压力体系。

图 2-132 和图 2-133 是含水率曲线和采出程度曲线，从中可以看出井距在 200m 左右时，既能保持较高的采油速度和 10a 时较高的采出程度，又能有效控制含水率上升。故综合认为该区块的合理井距在 200m 左右。

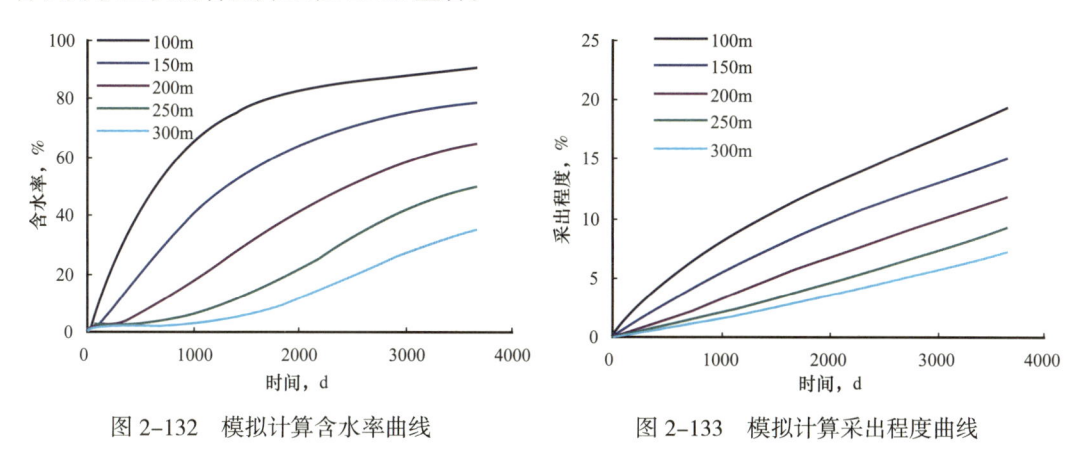

图 2-132　模拟计算含水率曲线　　　　　图 2-133　模拟计算采出程度曲线

3. 树 8 区块

建立正方形反九点井网的地质模型。模拟过程中采用定产量计算，计算地层压力梯度在不同开发时间和不同井距条件下的变化规律，绘制地层压力梯度随开发时间的分布图形，分析其有效动用程度和合理的井网部署。

（1）相同井距、不同时间压力梯度的变化规律。

以 300m 井距为例，研究不同时间压力梯度变化的规律，如图 2-134 所示。从图 2-134 可以看出：由于生产井压裂投产，导致在生产井井筒附近产生沿压裂方向的高压力梯度条带。地层中压力梯度低于真实启动压力梯度的区域为剩余油的富集区，剩余油主要富集在油井之间。

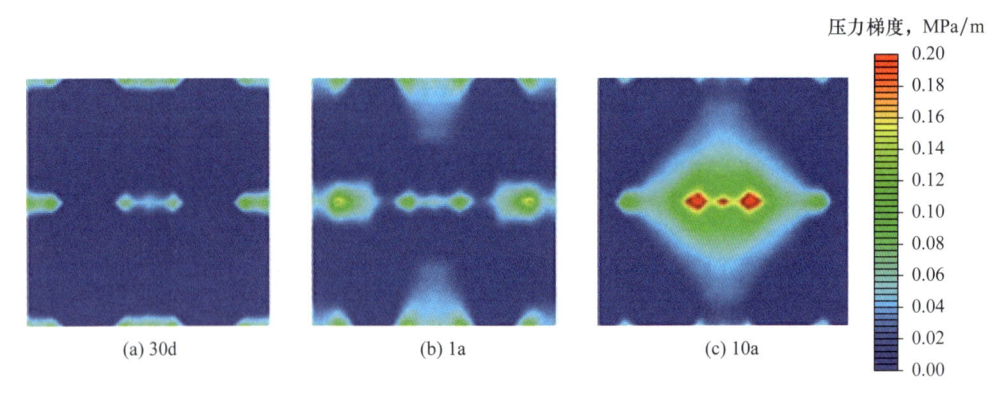

(a) 30d　　(b) 1a　　(c) 10a

图 2-134　300m 井距不同模拟时间的压力梯度分布平面图

（2）模拟时间相同不同井距条件下的压力梯度分布规律。

研究模拟不同井距条件下，地层流体压力梯度变化的规律，模拟结果如图 2-135～图 2-137 所示。可以看出：开发时间相同，井距越大，压力传播越慢，油井见效晚；特低渗透油藏开发过程中，拟线性渗流只发生在井口附近的局部小区域内，而在地层内部相当大的区域内是非线性渗流，非线性渗流占据了地层渗流的主导地位。

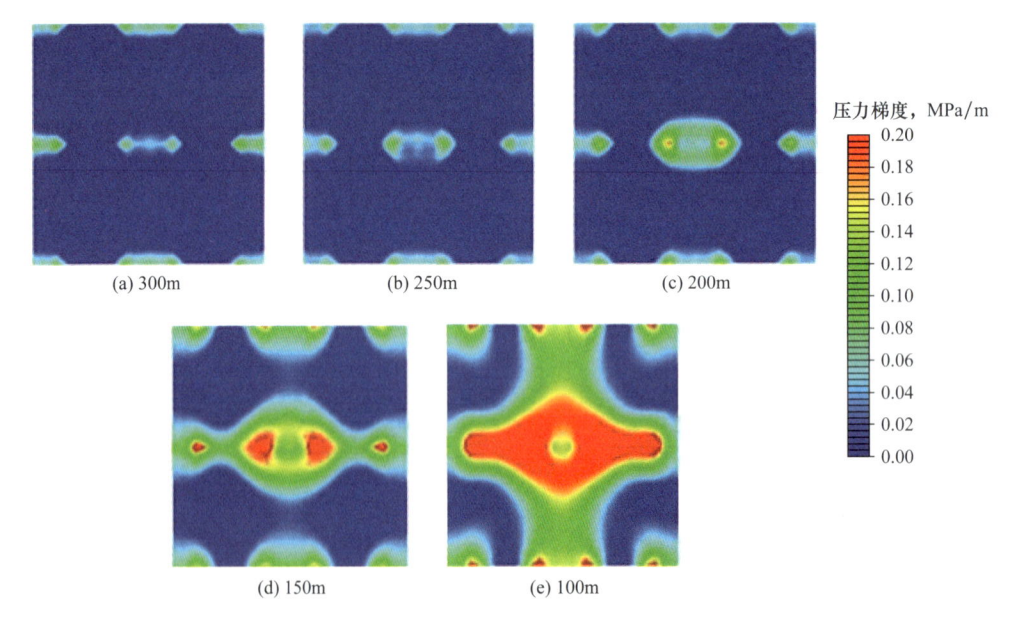

(a) 300m　　(b) 250m　　(c) 200m

(d) 150m　　(e) 100m

图 2-135　模拟时间 30d 时不同井距的压力梯度分布平面图

从地层压力梯度分布图（图 2-135～图 2-137）可以看出，井距为 100m 时，模拟计算到 1a 时，初步建立有效驱动压力体系；模拟计算到 10a 时，已完全建立有效驱动压力体系。井距为 150m 时，模拟计算到 1a 时，未能建立有效驱动压力体系；而当模拟计算到 10a 时，仍较难建立有效驱动压力体系。井距为 200m 时，模拟计算到 1a 时，未建立有效驱动压力体系；模拟计算到 10a 时，仍未建立有效驱动压力体系。

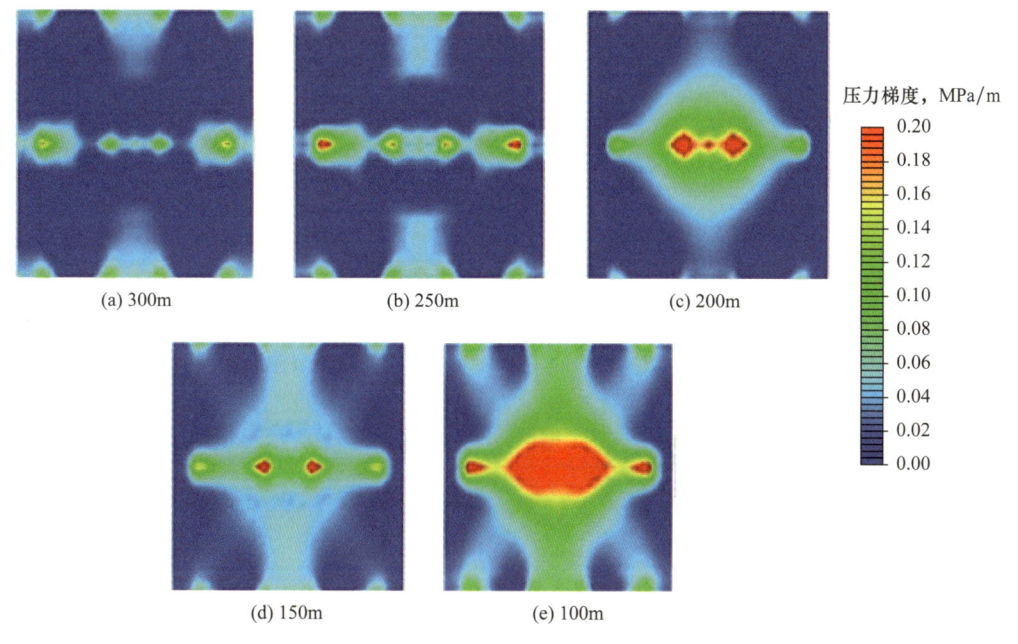

(a) 300m　　　(b) 250m　　　(c) 200m

(d) 150m　　　(e) 100m

图 2-136　模拟时间 1a 时不同井距的压力梯度分布平面图

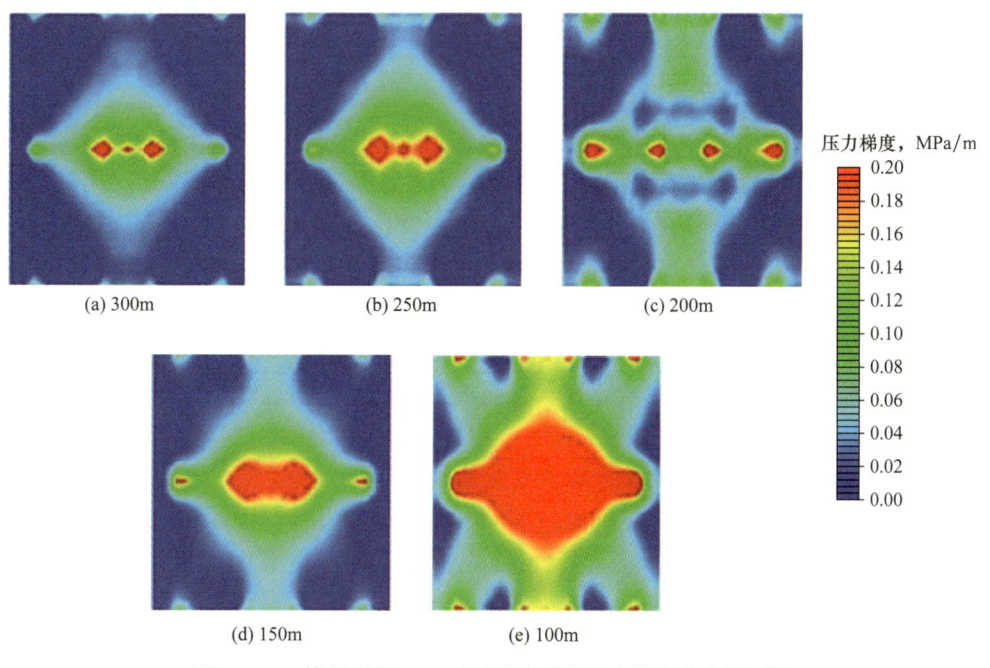

(a) 300m　　　(b) 250m　　　(c) 200m

(d) 150m　　　(e) 100m

图 2-137　模拟时间 10a 时不同井距的压力梯度分布平面图

综合含水率曲线（图 2-138）和采出程度曲线（图 2-139），可以看出井距在 100m 左右时，既能保持较高的采油速度和 10a 时较高的采出程度，又能有效控制含水率上升。故综合认为该区块的合理井距在 100m 左右。

综合前面分析，为了能建立有效驱动压力体系，给出合理井排距（见表 2-17）。

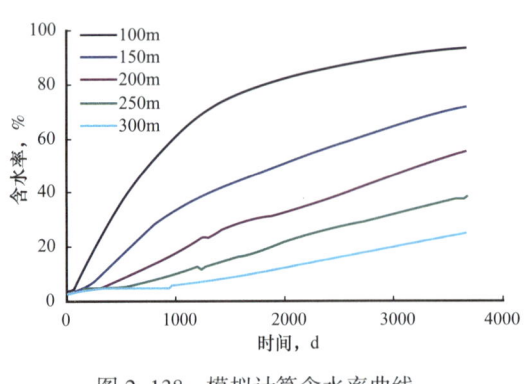

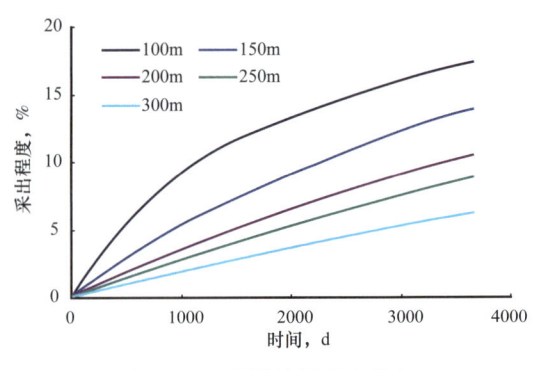

图 2-138 模拟计算含水率曲线　　　　图 2-139 模拟计算采出程度

表 2-17 榆树林油田合理井距

区块	东 16	树 322	树 8
井距，m	230～250	120～150	80～100

四、实施效果

1. 榆树林油田北区东 16 区块加密调整试验

东 16 区块于 1993 年采用 300m×300m 正方形反九点井网投入开发，由于油水井均压裂投产，且天然裂缝较发育，裂缝方向与井排方向基本一致，导致注水井排大部分油井含水率超过 90%，油井排油井受效较差。为改善开发效果、提高最终采收率，选择见水程度较高的东 160 断块进行井网加密调整试验。根据推荐的井网井距，试验区共钻加密井 8 口，平均单井钻遇有效厚度 15.8m，压裂井 3 口，老井转注 5 口，形成两排水井夹三排油井线状注水。加密井初期平均单井日产油 3.8t，综合含水率 31%，1 年后平均单井日产液 4.0t，日产油 2.3t，含水率 41.6%，有 4 口井含水率较高，至目前，8 口井平均单井日产油 0.8t，综合含水率 78.1%。注水 1 年后老油井产液量和产油量没有递减趋势，流压略有上升，通过三口加密井静压测试表明，加密井排处地层压力较高，接近油层原始压力状态，表明试验区注水强度大，井排受效较好。目前单井产油量已超过经济极限产量，井网加密取得了较好的经济效益。

2. 榆树林油田南区树 8 区块小井距开发试验

榆树林油田南区树 8 区块储层埋藏较深、天然裂缝不发育、物性相对较差，采油速度低，综合含水率低，突出反映了该区在 250m×250m 反九点注水井网下，油水井间没有建立起有效驱动体系这一核心问题。为了改善该区开发效果，并为同类区块的有效开发提供指导，选择在树 96-20 井区进行井网加密调整试验。

试验区为扶杨油层，含油面积 0.5km^2，地质储量 44×10^{4}t。储层埋藏较深（平均井深 2300m），天然裂缝不发育，主力油层物性较差，平均孔隙度一般在 9.5%～11.5% 之间，空气渗透率一般在 0.5～1.5mD 之间，属低孔隙特低渗透储层。该井区原有油水井 8 口，其中油井 5 口，注水井 3 口，平均井网密度 16 口/km^2。截至加密调整前，试验区累计产油 2.1948×10^{4}t，累计注水 13.1216×10^{4}m^3，采油速度 0.32%，采出程度仅为 4.9%，综合含水率较低，为 10.8%，反映出在 250m×250m 反九点注水井网下，油水井间没有建立有效的驱动体系。根据推荐的井距，优选加密方案采取了 88m×88m 反九点注水井网，井网密度分别为 128 口 /km²。88m×88m 井组以新钻注水井树 961- 加 191 井为中心，共布署加密井 18 口，实际完钻 16 口，平均单井钻遇有效厚度 15.3m，与老井厚度接近。其中扶余油层占总有效厚度的 30.6%，杨大城子油层占总有效厚度的 69.4%。为避免扶、杨油层层间矛盾，探索杨大城子油层合理开发井距，加密井初期只射开杨大城子油层。加密后该区注水井憋压状况得到明显改善，平均注水压力为 21.6MPa，降低了 1MPa，平均静压为 36.89MPa，降低了 2.4MPa。油井压后初期平均单井日产油 1.85t，综合含水率 9.25%，1 年后平均单井日产油 1.3t，综合含水率 35.1%。通过试验看出，注采井距在 88m 下，油层可建立有效的压力系统，油井注水受效程度可大大改善。

参 考 文 献

[1] 油气田开发专业标准化委员会.油气藏流体物性分析方法：GB/T 26981—2011［S］.北京：石油工业出版社，2012.

[2] 袁帅，龙军，田辉平，等.烃分子尺寸及其与扩散能垒关系的初步研究［J］.石油学报，2011，27（3）：376-380.

[3] 武杰.烃分子动力学直径与分子筛择形催化性能的相关性［J］.化工进展，2016，35（51）：167-173.

[4] 刘云.基于环己烷及取代环己烷构象的教学研究［J］.凯里学院学报，2015，33（3）：48-50.

[5] Jiang Ren-Jie, Song Fu-Quan, Li Hua-Mei. Flow Characteristics of Deionized Water in Microtubes［J］. Chinese Physics Leffers, 2006, 23（12）：3305-3308.

[6] 姚约东，葛家理.石油非达西渗流的新模式［J］.石油钻采工艺，2003，25（5）：40-42.

[7] 潘继平，车长波，金之钧.加强开发低品位石油储量的探索［J］.中国矿业，2004，13（8）：1-6.

[8] 李道品.低渗透油田开发概论［J］.大庆石油地质与开发，1997，16（3）：33-37.

[9] 罗英俊.在全国低渗透油田开发技术座谈会上的总结讲话［J］.西安石油学院学报，1994，9（1）：4-9.

[10] 韩德金，魏兴华，时均莲.低渗透油田开发决策风险性评价研究［J］.大庆石油地质与开发，1998，17（4）：17-19.

[11] 潘兴国.总结经验提高效益开创低渗透油田开发新局面［J］.西安石油学院学报，1994，9（1）：10-16.

[12] 秦同洛.关于低渗透油田的开发问题［J］.断块油气田，1994，3（1）：21-23.

[13] 郝明强.微裂缝性特低渗透油藏渗流特征研究［D］.廊坊：中国科学院研究生院，2006.

[14] 叶文波，李长胜.井网部署研究在坪北特低渗透油田中的应用［J］.内江科技，2006，27（5）：158.

[15] 侯建锋.安塞特低渗透油藏合理开发井网系统研究［J］.石油勘探与开发，2000，27（1）：72-75.

[16] 邓明胜，汪福成，迟立田，等.朝阳沟裂缝性低渗透油田井网适用性研究［J］.大庆石油地质与开发，2003，22（6）：27-29.

[17] 付国民，刘云焕，宁占强.裂缝性特低渗透储层注水开发井网的优化设计［J］.石油天然气学报，2006，28（2）：94-96.

[18] 张旭东，崔锐锐.低渗透油藏水力压裂裂缝与井网组合优化研究［J］.石油天然气学报，2008，30（4）：124-127.

[19] 袁昭，李江予，李正科，等.吐哈低渗低粘油田开发技术及攻关方向概述［J］.吐哈油气，2007，12（3）：223-227.

[20] Ping Yaluo, Ying Fengmeng.Some problems in the exploration and exploitation low permeability of oil and gas resources in China[J].SPE50923.

[21] Li Xingxun, Wang Zhengde, Du Wenjun.Effective development of a low permeability reservoir achieved: acase study[J].SPE50915.

[22] 王伟, 蒲辉, 殷代印, 等. 低渗透油藏井网合理加密方式探讨[J]. 小型油气藏, 2006, 11（2）: 33-34.

[23] 王国勇, 刘天宇, 石军太. 苏里格气田井网井距优化及开发效果影响因素分析[J]. 特种油气藏, 2008, 15（5）: 76-79.

[24] 徐绍良, 岳湘安, 侯吉瑞, 等. 边界层流体对低渗透油藏渗流特性的影响[J]. 西安石油大学学报, 2007, 22（2）: 26-28.

[25] J.W.Cooper, Xiuli Wang, and K.K.Mohanty.Non-darcy-flow studies in anisotropic porous media[J].SPE57775.

[26] 吕成远, 王建, 孙志刚. 低渗透砂岩油藏渗流启动压力梯度实验研究[J]. 石油勘探与开发, 2002, 29（2）: 86-89.

[27] Thauvin F. Modeling of Non-Darcy Flow Through Porous Media[J].SPE38017.

[28] Gavin Longmuir. Pre-darcy flow: a missing piece of the improved oil recovery puzzle[J].SPE89433.

[29] HoJeen Su.A Three-Phase Non-Darcy Flow Formulation in Reservoir Simulation.SPE88536.

[30] 杨清立. 特低渗透油藏非线性渗流理论及其应用[D]. 廊坊: 中国科学院渗流流体力学研究所, 2007.

[31] 徐德敏, 黄润秋, 邓英尔, 等. 低渗透软弱岩非达西渗流拟启动压力梯度试验研究[J]. 水文地质工程地质, 2008, 26（3）: 57-60.

[32] 依呷, 唐海, 吕栋梁. 低渗气藏启动压力梯度研究与分析[J]. 海洋石油, 2006, 26（3）: 51-54.

[33] 熊敏. 利用启动压力梯度计算低渗油藏极限注采井距的新模型及应用[J]. 石油天然气学报, 2006, 28（6）: 146-149.

[34] 计秉玉, 李莉, 王春艳. 低渗透油藏非达西渗流面积井网产油量计算方法[J]. 石油学报, 2008, 2（29）: 256-261.

[35] 李松泉, 程林松, 李秀生, 等. 特低渗透油藏合理井距确定新方法[J]. 西南石油大学学报, 2008, 30（5）: 93-96.

[36] 高树生, 边晨旭, 何书梅. 运用压汞法研究低渗岩心的启动压力[J]. 石油勘探与开发, 2004, 31（3）: 140-142.

[37] 时宇, 杨正明, 黄延章. 低渗透储层非线性渗流模型研究[J]. 石油学报, 2009, 30（5）: 731-734.

[38] 时宇, 杨正明, 杨雯昱. 低渗储层非线性相对渗透率规律研究[J]. 西南石油大学学报: 自然科学版, 2011, 33（1）: 78-82.

[39] 刘日武, 丁振华, 何凤珍. 确定低渗透油藏启动压力梯度的三种方法[J]. 油气井测试, 2002, 11（4）: 1-4.

[40] 宋付权. 低渗透多孔介质和微管液体流动尺度效应[J]. 自然杂志, 2004, 26（3）: 128-131.

[41] 宋付权, 刘慈群, 吴柏志. 启动压力梯度的不稳定快速测量[J]. 石油学报, 2001, 22（3）: 67-70.

第三章 油气藏精细描述与数值模拟技术

第一节 概　　述

油藏描述是指一个油（气）藏发现后，对其开发地质特征进行全面综合描述的过程。精细油藏描述是以剩余油分布研究为核心，以认识剩余油分布特征、规律及其控制因素为目标，进行油藏多学科综合研究。开展精细油藏描述和数值模拟研究，对于全面认识开发中后期的储层地质特征，提高石油采收率和剩余油挖潜等均具有十分重要的生产实践意义。

一、油气藏描述研究现状

2006年年底，中国石油各油田平均采出程度已达到73.9%，综合含水率为84.94%，普遍进入高含水后期，甚至特高含水期。该阶段剩余油总体分布零散，局部富集，油田开发表现为稳产难度越来越大、产量递减快的特点。尽管如此，中国70%以上的原油产量仍然来自上述高含水老油田的贡献，一方面高含水期仍然是可采储量的主要开采期，另一方面该阶段提升采收率空间仍然较大。在中国对外石油依存度逐步增大的背景下，提高高含水油田的采收率是油田开发的工作重点，也为该阶段的精细油气藏描述工作指明了方向，即紧密围绕剩余油分布主控地质因素，开展以"重建地下认识体系"为重点的开发地质基础研究工作。

油气藏描述是斯伦贝谢公司在20世纪70年代以测井服务为目的提出的概念。20世纪80年代，随着计算机技术和各种勘探技术的发展，油气藏描述的内涵由于其技术内容的扩展而更丰富。Larry W. Lake等[1]于1986年编著了《储层表征》的专著，该书中对储层表征的不同研究成果进行了详细介绍。20世纪90年代，中国国家储量委员会明确提出要求，申报中国新油气田探明储量必须采用油气藏描述技术，这极大促进了油气藏描述技术的发展和进步[2]。刘泽容等[3]于1993年系统总结了油藏描述原理与方法技术。裘怿楠等[4]于1996年从开发角度入手，对油藏描述中油藏构造描述、碎屑岩储层描述、碳酸盐岩储层描述、油气水系统、特殊类型油藏描述、油藏地质模型和不同开发阶段对油藏描述的要求等内容进行了详细介绍。张一伟等[5]于1997年分勘探阶段、开发早期阶段和开发中后期阶段等，对陆相油藏描述进行了详细阐述。王志章等[6]于1999年出版了《裂缝性油藏描述及预测》的专著，书中以火烧山油田裂缝性油藏为例，详细介绍了裂缝性油藏描述原理与方法、裂缝原型模型和形成机制、裂缝系统定量评价与预测、裂缝性油藏地质建模等内容。Masoud Nikravesh等[7]于2001年对智能储层表征技术的研究现状和发展趋势进行了综合分析。Julianne Fic等[8]于2013年以加拿大萨斯喀彻温省西南部中侏罗统Shaunavon上段和伊斯特布鲁克油藏为例，利用地球物理测井资料、精细的岩心描述资料、镜下薄片和岩心分析数据对致密油储层进行了表征。师永民等[9]于2004年系统总结了不同开发阶段油藏描述的技术和方法（表3-1）。近年来，随着气藏开发的重要性日益提升，研究者也提出了不同开发阶段气藏描述关键参数（表3-2）。

表3-1　不同开发阶段油藏描述的技术和方法

开发阶段		主要任务和内容（开发研究）	主要任务和内容（油藏描述）	技术和方法（油藏描述）	油藏描述阶段
开发准备阶段	评价阶段	计算油藏的探明地质储量和预测可采储量，编制可行性开发方案	落实主要构造、储集层特点和宏观的油气水分布及油藏类型；建立初步的油藏概念模型	地震构造解释、层序地层分析、地层划分与对比、地震多信息油气检测技术	早期油藏描述
	方案设计阶段	编制油藏、钻井、采油和地面建设的总体设计	进一步落实可采储量、构造、储集层及油气水分布，完善油藏地质概念模型	地震构造解释、沉积微相研究和概念模型建立技术	
主体开发阶段	方案实施管理阶段	制订射孔方案和初期配产配注方案；提出调整意见；进行动态监测，实施各种增产增注措施，分析储量动用、能量保持和利用的现状及潜力；编制综合调整方案	编制大比例尺构造图、分层油气水分布图；全油田小层对比统层、沉积微相描述，建立储集层数据库和静态模型，综合静动态资料，完善和精细化储层静态模型，并逐步向预测模型发展	小层划分与对比统层技术，以钻井资料为主的构造编图技术、储集层综合评价和预测技术，油藏工程技术；静态地质模型建立技术，油藏数值模拟技术	中期油藏描述
提高采收率阶段	改善水驱和三次采油阶段	搞清油田的剩余油分布特征及其控制因素；开展各种改善水驱提高采收率的工作及三次采油试验和工业化推广	储层微构造和沉积微相研究；流动单元划分与对比；隔层和夹层预测；注水开发过程中储集层物性和油气水动态变化分析；建立储集层预测模型	层次界面分析和流动单元研究技术；随机建模技术；开发地震新技术，动态集成化预测油藏模型建立技术；油藏四维动态监测技术	精细油藏描述

表3-2　不同开发阶段气藏描述关键参数表

气藏描述阶段	所拥有的主要资料	储层	沉积相	构造研究精度	地质模型网格精度
早期	钻井、取心、测井资料；地震资料及精细处理结果；气井测试及试采资料	碳酸盐岩：段或亚段	亚相或微相	碳酸盐岩：断距不小于20m，长度不小于500m	根据不同的开发阶段和目的选择相应的网格精度
		碎屑岩：砂层组或小层		碎屑岩：描述三级以上断层	
中期	分层测试、试井生产动态；开发测井资料	碳酸盐岩：段或亚段	微相	碳酸盐岩：断距不小于20m，长度不大于500m	
		碎屑岩：小层		碎屑岩：断距大于5m，长度不小于300m	
晚期	井网及动静态资料、加密井资料	碳酸盐岩：段或亚段	微相	碳酸盐岩：断距不小于20m，长度不大于500m	
		碎屑岩：流动单元		碎屑岩：断距不大于5m，长度小于100m	

"十一五"以来中国精细油气藏描述取得了很大发展，主要有以下几点进展。

（1）开发地质研究在精细化和定量化方面发展迅速。开发地质研究进展主要表现在不同成因类型碎屑岩储层构型精细表征。单砂体及内部构型表征技术研究内容主要是基于高精度等时地层格架之上的沉积学分析，构型划分体系的建立，不同级次构型单元的识别，构型单元在空间发育规律刻画，构型之间隔夹层的分布特征，储层构型三维地质建模，构型单元在空间上的配置样式研究，构型要素的动态验证，不同沉积成因类型构型模式差异分析，储层构型对剩余油分布规律的控制作用。基于野外露头、现代沉积、测井资料、地震资料、分析测试资料、岩心观察描述资料和油气田生产动态资料等，建立了不同级别的储层构型划分方案，最小可至纹层级别。同时开展岩心尺度构型刻画，为剩余油分布模式的建立提供地质依据。储层构型表征的重点是紧密结合密井网资料和开发生产动态资料，针对不同成因砂体内部储层结构进行解剖，揭示成因砂体内部储层非均质性。依托构型研究成果，可以进行精细注水、规模部署水平井等，有效地改善了油田开发效果，提高了油田开发水平。

（2）开发地震技术在微构造（特别是小断层）解释中得到应用。开发地震技术是勘探地震技术向油田开发阶段的延伸。开发阶段地震技术主要用于提高微构造分辨率、提高储层描述和烃类检测精度、建立精细三维油气藏模型。精细的三维地震采集、处理和解释技术与测井技术相结合，为微构造，特别是小断层的精细解释提供了有力工具。在工作中利用地震切片解释、相干数据分析、地震属性分析、地震频谱分解、地震波形分类、地层切片解释、三维可视化解释、精细速度分析与速度建模、平衡剖面与构造演化分析等相关技术，充分挖掘地震信息，实现微构造精细解释，为剩余油表征提供了坚实基础。依据微构造精细解释成果，利用大斜度井在断层区挖潜剩余油，在大庆等油田取得了很好的效果。

（3）生产动态资料在精细油藏描述中作用凸显。油藏开发是一个动态过程，因此精细油藏描述也是一个动态过程。随着开发工作的不断进行，各种地质静态和生产动态资料不断增加，对储层发育特征的认识程度也不断更新和深入。动态数据中主要包括各种生产动态数据，例如压力、试油试采、吸水剖面、产液剖面等。突出生产动态资料在精细油藏描述研究中的应用，注重研究成果的实践应用效果，主要表现在水流优势通道识别和动态裂缝表征等两方面。水流优势通道识别研究中，主要包括水流优势通道的概念和分类研究，分析水流优势通道形成的条件，水流优势通道形成的主控因素，水流优势通道与储层非均质性关系研究，水流优势通道的动静态响应研究，水流优势通道的识别，水流优势通道的分布特征和规律刻画，水流优势通道对储层物性和含油气性变化规律分析等。动态裂缝表征方面，也取得了一定进展。动态裂缝描述技术具体包括动态裂缝形成机理分析，基于岩心、测井、生产动态分析、监测等多种资料的动态裂缝识别描述，动态裂缝对油田开发影响作用分析等。动态裂缝的产生、激化延伸与注水压力、注采比以及油、水井改造措施等密切相关。动态裂缝为特低渗透储集层特有且具普遍意义的开发地质新属性，在动态裂缝发育的岩性段及其对水驱波及体积的影响、多方向动态裂缝的成因机理等方面都有待于进一步研究。

（4）测井技术，特别是水淹层测井解释技术为剩余油表征提供坚实基础。水淹层测井解释作为开发中后期精细油藏描述研究中剩余油表征最重要的手段之一，一直受到研究者的高度重视，目前进展主要表现在大庆聚驱后水淹层测井解释和新疆砾岩水淹层测井解释两方面。对于大庆油田而言，水驱、聚驱和三元驱后，地层含油性及油水分布发生变化、地层水矿化度发生变化、储层物性及微观孔隙结构发生变化、储层润湿性发生变化，这些变化都为水淹层测井解释提出了巨大的挑战。在水驱、聚驱和三元驱后水淹层测井响应分析基础上，开展岩石物理实验研究，确定厚油层内部细分解释界定标准和厚油层内部水淹层解释方法，实现了水淹层定量精细解释。在新疆砾岩油藏水淹层测井解释研究中，针对岩性的准确识别比较困难，饱和度计算模型难以确定，砾岩油藏的水淹敏感参数需要重新构造，砾岩油藏水淹层评价标准以及具体的识别规则目前国内外还没有可参考的资料，近年来在研究的基础上提取砾岩油藏水淹敏感参数，建立水淹层评价方法和识别规则，提高水淹级别的解释精度和符合率。工作中利用决策树方法，识别砾岩油藏岩性，建立水淹层测井解释模型，将常规测井方法和特殊测井方法相结合，实现水淹层定性识别。在此基础上进行水淹层定量评价，利用产液剖面进行验证，基本上定性识别与定量判断的水淹级别与产液剖面吻合，说明砾岩油藏水淹层评价方法的准确性和可靠性。

（5）精细地质建模技术得到更加深入的发展。油藏描述的最终成果是建立定量的油藏地质模型，作为油藏模拟和油藏工程以及采油工程等研究工作的基础。在油藏地质模型中，地质、地球物理和各种分析测试资料及生产动态资料被计算机工具综合在一起，以空间三维可视化的成果展示出来，最终实现储层的精细描述和表征。精细地质建模技术主要表现在多条件约束油藏地质建模技术和储层构型建模技术等两方面。多条件约束油藏地质建模是在建模工区内，将有关的二维、三维空间中的地球物理、地球化学、测井、地质、开发动态等资料作为限制条件或计算参数，以相关的先进配套技术为手段，建立精度相对较高的油藏地质模型。其中的"多条件约束"主要有3种基本含义：属性空间约束、属性转换约束和属性校正约束。总体而言，由于综合了多方面因素进行约束，使得地质建模成果的精度和准确度得到很大提高。储层构型建模，主要是基于主要沉积类型储层构型分析级次，明确沉积模式和研究方法，探索确定储层构型单元规模的模式认知方法。在此基础上提出以井数据为基础、以模式为指导、以沉积层面为约束的井间储层构型建模方法。建立储层的三维构型模型，真正体现了不同级次构型单元、渗流屏障和渗流差异的三维分布。与传统的沉积微相建模相比，地质模型的精度大大提高。

（6）多学科协同综合一体化平台建设初见成效。精细油藏描述研究是一项系统工程，包含的信息量巨大，需要各个部门之间相互协作，协同攻关。只有加强精细油藏描述研究的计算水平，将这些海量的数据都存储在统一格式的数据库中，才能将研究者从整理数据的基础劳动中解放出来，有更多的时间思考。油藏描述数据和成果是数字油藏的核心内容，经过中国石油第一阶段规模化开展精细油藏描述工作，尤其在老资料数字化方面，需要对老油田油藏描述中大量的非数字化信息进行数字化（如早期的沉积相图、测井曲线、生产测试、试井、措施数据等，它们普遍以纸介质形式存在）。把这些详略不一的图形和数据资料数字化、标准化，建立和完善了精细油藏描述专业数据库、成果数据库和一体化平台系统，对精细油藏描述至关重要。具体包括数据成果共享技术中专业数据库建设、成果数据库建设和多专业协同研究技术中多专业协同综合一体化平台建设、多专业协同研究等。通过计算机技术的发展应用，油田不同研究单位的各种数据集成在一个平台上，实现基础数据、研究成果和应用软件等的共享，大大减小了工作量，提高了工作效率。同时不同领域的专家和研究者可以实现实时沟通，使得研究过程中出现的问题能够快速得到处理和解决。

二、油气藏数值模拟研究现状

油气藏数值模拟不仅描述地下流体（油气水等组分）运移的物质守恒关系，也描述各组分的运动、物化反应等动量、能量守恒关系。油气藏数值模拟对象在储层介质（例如碳酸盐岩储层孔—缝—洞介质）、流体物性（例如化学驱流体）和开采方式（例如注CO_2驱和火烧油层）等方面变得日益复杂。例如，注水开发过程中储层局部渗透率等物性呈动态变化，开发中后期油井见水具有明显的方向性，低渗透油藏在特定注水条件下形成动态裂缝，大规模复杂地质模型（多油水界面复杂、小层多、井数多）的全生命周期历史拟合和预测等。

"十二五"期间，油气藏数值模拟针对上述生产问题，在精度、求解技术和多维可视化方面取得新的突破，大大提高了油气藏数值模拟工作效率和矿场应用水平。主要进展包括：（1）低渗透油气藏和高含水油田多模态渗流模型建模，如描述高含水油藏大孔道演化和储层属性动态演化、低渗透油藏水驱非达西渗流特征和注水诱导动态裂缝变化等关键性机理的新一代油藏数值模拟数学理论模型；（2）大规模高效油藏数值求解技术，如"可扩展多功能模型架构、非结构化网格、高精度空间（时间）离散、多重预处理线性求解"等新一代油藏数值模拟 HiSolver 求解技术等；（3）多维可视化和交互油藏数值模拟分析技术；（4）研发黑油模型和化学驱模型的新一代油藏数值模拟软件系统 HiSim。

第二节　油气藏精细描述技术进展

自 2006 年以来，特别是依托中国石油"二次开发"工程，全面推进各油田的油气藏描述工作，通过持续攻关，收获了重点领域的新进展和相关特色方法技术。例如，井震结合小断层识别技术、窄小河道砂体井震结合预测技术、单砂体及内部构型表征技术、动态裂缝描述技术、水流优势通道描述技术等，推动了油气藏描述技术的升级换代。另一方面，各油田大力推动的精细油气藏描述数字化平台建设为海量数据成果共享以及多学科协同工作打下了良好的基础，大大提高了工作效率，在油田开发生产实践中发挥了重要作用，为油田的开发调整和稳油控水提供了强有力的技术支撑。

一、井震结合小断层识别技术

随着油田开发调整对象的细化，对注采关系有影响的井间小断层识别成为开发地震专家关注的重点。但该领域在低级序断层解释方面还存在诸多问题，如目前大庆长垣油田断层认识主要靠井数据进行解释，存在许多难以组合的孤立断点，甚至有一些错误的断点组合，还存在不少对注采关系有影响的井间小断层没有被发现等，这都需要结合高精度地震资料对地下断层体系进行再认识。

"十一五"以来，发展了蚂蚁追踪、相干分析、定向滤波、边缘检测和三维信息可视化融合方法，以小断层发育模式及地震响应特征为基础，以"井中断点引导、地质分层数据控制"为特色，创新发展了井震联合低级序小断层地震识别解释技术，使得 3m 以上断距断层得以有效解释，断点组合率由 85% 提高到 95% 以上，为断层附近剩余油挖潜提供了可靠依据。

1. 地震正演模拟小断层识别可行性分析

油田开发通常所指的小断层是断距仅为几米的断层，如在大庆长垣油田开发中要求识别3m以上的断层。为了研究地震资料解释小断层是否具有可行性，建立了以大庆长垣为原型的正演模型（图3-1）。通过断层特征地震正演模拟，在加入10%噪声和20%噪声的情况下，断距5m以上的断层地震反射同相轴错断现象明显，断层特征较为清楚；3m断距的小断层地震同相轴尽管受到一定的噪声影响，但同相轴抖动现象仍然存在且可辨；而1m断距的小断层，则难以识别（图3-2）。由此可见，在地震资料信噪比相对较高的情况下，结合密井网井数据，地震解释断距3m左右的小断层具有可行性。

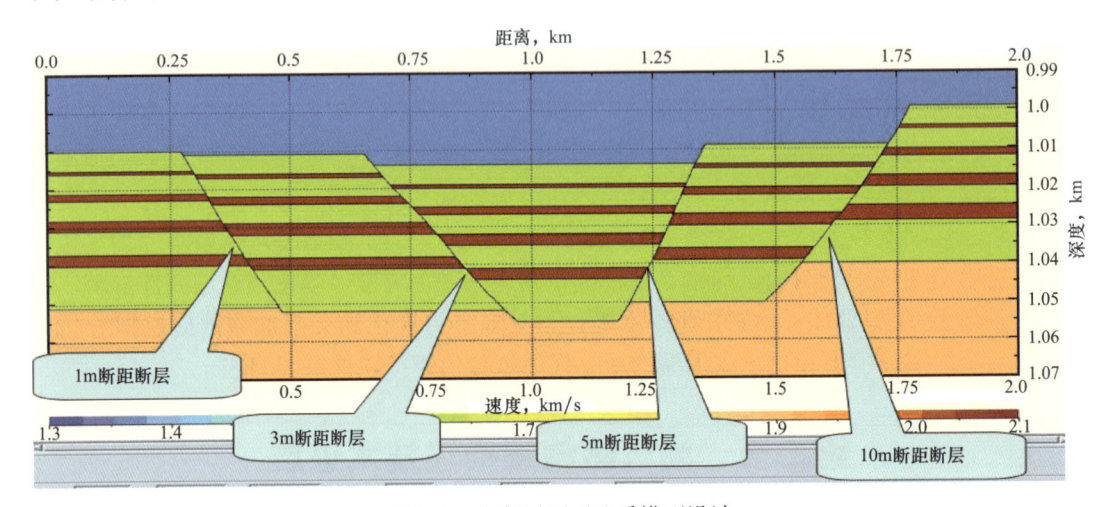

图3-1　小断层原型地质模型设计

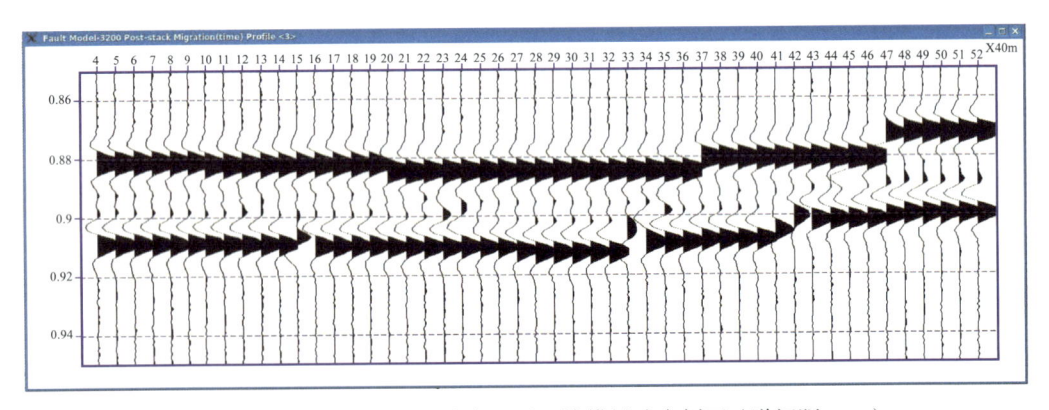

图3-2　加10%噪声60Hz主频地震正演模拟响应剖面（道间距40m）

2. 地震小断层解释关键技术方法

1）定向滤波方法提高信噪比技术

噪声消除是地震资料处理的一个重要步骤，常规频谱算法由于在另外一个数据域处理信号，所以无法区别和噪声有着同样频谱特征的边界信息。在压制噪声的同时，也压制了尖灭、断层、河道、裂缝、不整合等地质信息。同样，利用信号空间连续性的算法消除噪声，则无法保留地震资料边界信息，导致去噪后无法分辨地震剖面的细节。

定向滤波算法在减小噪声的同时，能够增强同相轴及其所反映的重要地质结构特征。通过将图像处理学中的定向滤波算法引入地震资料解释，解决了降噪过程中均值滤波、中值滤波边缘保持能力较弱的问题，经定向滤波过滤后的剖面，信噪比更高，同向轴及断层信息更为清晰。定向滤波实际上是一种方向性平滑技术，它包括三个要素：（1）定位分析，确定反射的局部方位，即局部数据或图像中相干性最强的方向；（2）边缘检测，确定可能的反射终止位置；（3）保持边缘的平滑，即在数据的局部方位上进行平滑，而不穿过检测到的边界进行滤波。

将定向滤波算法应用于大庆油田杏六中三维地震资料处理，取得了比较理想的效果。图 3-3（a）为常规滤波剖面，图 3-3（b）为采用定向滤波方法得到的叠后剖面。通过对比可以看出：经定向滤波过滤后的剖面，信噪比更高，断层位置同向轴错断及分叉等特征更为清晰，为后续开展断层边缘提取奠定了高品质地震资料基础。

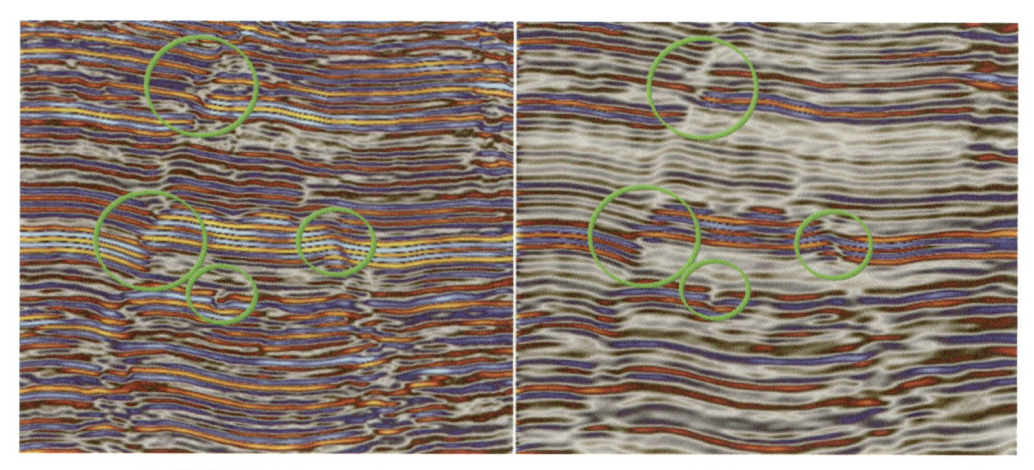

(a) 常规滤波剖面（inline1493）　　(b) 定向滤波处理后剖面（inline1493）

图 3-3　常规滤波与定向滤波处理结果对比

2）相干体技术

相干是多道数据间相似程度的一种度量。相干体分析通过计算地震数据体中相邻道与道之间的相似性，形成反映地震道相似与否的新数据体。具有相同反射特征的区域表现为高相干性，反之表现为低相干性。相干体技术突出了数据的不连续性，断层存在引发地震同相轴错动时，相邻道之间将产生明显的不连续性，表现为低相干，因而相干数据体可用于识别断层。对相干体的解释往往采取切片的方式进行（图 3-4），在地震资料较好时，相干切片对断层的分辨能力大大高于常规振幅切片。相干切片因断层附近的地震道通常与相邻地震道有不同的地震特征，表现出相干性的突变，因而条带状低相干带可以反映断层的存在及其展布规律。

相干体技术存在多解性，低相干数据异常不一定都是断层，也可能是因岩性变化、噪声或其他地质现象所致。因此，利用相干体解释断层时，要注意相干技术的多解性，进行综合分析判断。相干体计算过程中参与计算的道数有 3 道、5 道和 7 道等。参与计算的道数越多，平均效应越大，压制噪声的效果越好，但同时也降低了对小断层的识别能力，主要反映大断层的变化。而采取小道数计算，则平均效应小，能够提高小断层的分辨率，但同时也增加了断层解释的多解性。

(a) 相干切片　　　　　　　　　　　　(b) 断层解释图

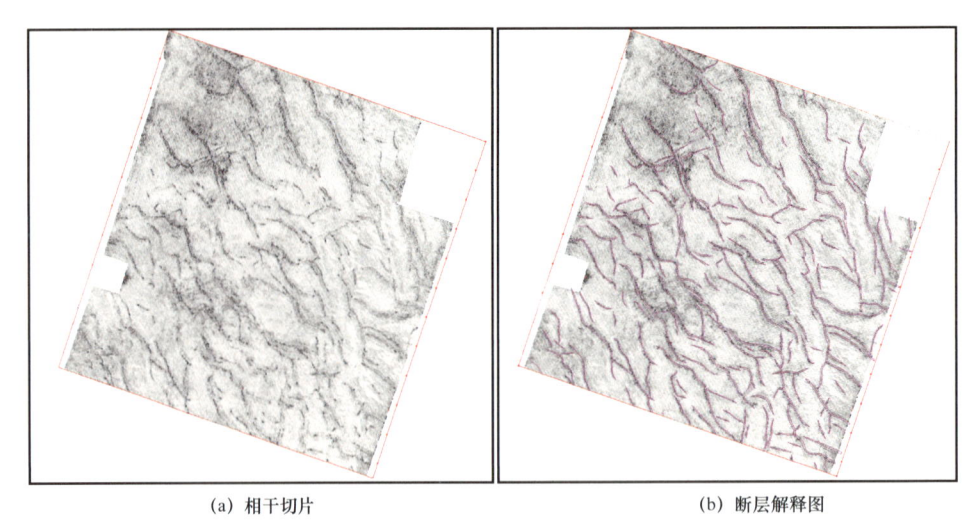

图 3-4　沿层相干切片与断层解释图

3）倾角检测技术

倾角检测技术的依据是当地层存在断层时，构造层面不是一个光滑的曲面，倾角的导数会突然变大。小断层在地震剖面上特征不是非常明显，往往只是局部同相轴出现扭曲现象。这种细小的变化一般难以引起解释人员的注意，很难解释出断层，而倾角检测技术给解释人员提供了比剖面解释更好的直观的断层解释工具。

4）蚂蚁追踪技术

蚂蚁追踪技术是一项新的断层解释技术，其原理是根据蚁群优化算法。在地震数据体中播撒大量的人工蚂蚁，在地震属性体中发现满足预设断裂条件的断裂痕迹的蚂蚁将释放某种信号，召集其他区域的蚂蚁集中在该断裂处对其进行追踪，直到完成该断裂的追踪和识别。而其他不满足断裂条件的痕迹将不进行标注，从而获得一个低噪音、具有清晰断裂痕迹的数据体。

5）边缘检测技术

图像的边缘检测（或边缘增强）是使图像的轮廓更加突出的图像处理方法。它是一种重要的区域处理技术。将边缘检测技术应用到地震领域，突显地震资料中小断层微弱信号，提高井间断层识别与解释精度。在实际应用当中，常用的边缘检测方法包括微分算子（Roberts、Sobel、Prewitt、Krisch、Gauss_Laplace）边缘检测、轮廓提取或轮廓跟踪、利用平滑技术提取图像边缘、利用差影技术提取图像边缘、利用小波分析技术提取图像边缘等方法。

在常规边缘提取方法的基础上，"十一五""十二五"期间提出了一种用 Sobel 算子细化边缘的新技术，具体步骤如下：（1）沿某一方向或沿层读取地震数据组成二维图像；（2）对灰阶图像作中值滤波，去除噪声；（3）对灰阶图像作带衰减因子的 Sobel 处理，得到灰阶边缘图；（4）对所得灰阶边缘图再作带衰减因子的 Sobel 处理；（5）第（3）步灰阶边缘图减去第（4）步 Sobel 处理结果，再将与负值部分对应的边缘点的值改为零，就得到细化了的边缘图。步骤（1）到（5）细化的 Sobel 算子边缘提取方法极大地提高了有效边缘信息的识别程度。

应用多种断层识别技术对大庆杏六中工区地震数据进行处理，提取 G1 层顶面切片，与其他现有地震断层识别技术对比可以看出：经细化 Sobel 边缘提取方法识别的断层，平面线性特征更为连续，上下盘位置刻画更为清晰（图 3-5）。

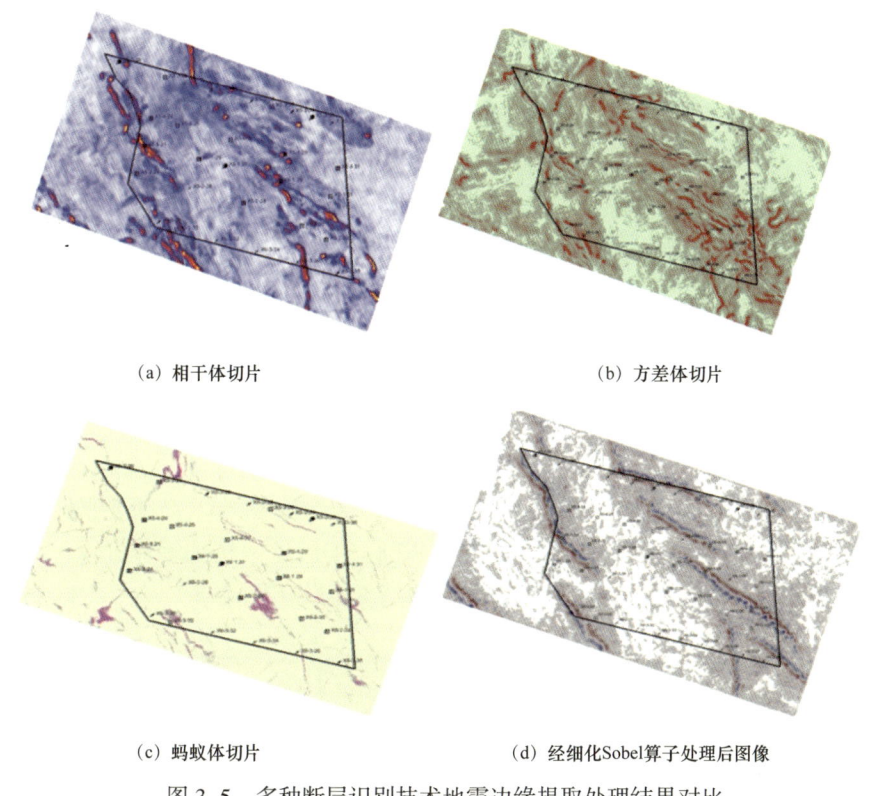

(a) 相干体切片　　　　　　　　　　(b) 方差体切片

(c) 蚂蚁体切片　　　　　　　　(d) 经细化Sobel算子处理后图像

图 3-5　多种断层识别技术地震边缘提取处理结果对比

3. 井震结合小断层精细解释技术流程

在井震结合小断层解释的过程中，首先应用经过定向滤波处理的地震成果数据体，进行相干体、蚂蚁体及边缘检测的计算，实施初步的断层解释；然后，通过地震剖面识别、三维可视化检查，实现断层的三维立体解释；最后应用深时转换后的井断点，对地震解释断层进行验证，并对井断点实施系统归位。主要解释过程分为以下 4 步。

1）应用相干体对断层进行初步解释

在地震相干数据体上解释断层实质是对不相干数据带进行解释。相干体对断层反映比较灵敏［图 3-6（a）］，相干结果完全通过地震数据运算得到，不存在解释人员的主观判断，不依赖剖面上的断层识别，更不受地震反射层位解释的控制，工作效率高，对断层的空间分布了解得更清楚，尤其是对判断小断层的存在与否有很大的帮助。

目前条件下，虽然相干是断层解释的重要支撑技术，但还没有实现完全依赖于相干结果的自动断层解释，要实现对断层精确的刻画，解释人员对断层进行逐剖面的精细解释仍必不可少。在断层解释过程中，除了相关体以外，其他方法对于断层解释也可以起到必要的辅助作用，图 3-6（b）展示了倾角检测的结果。

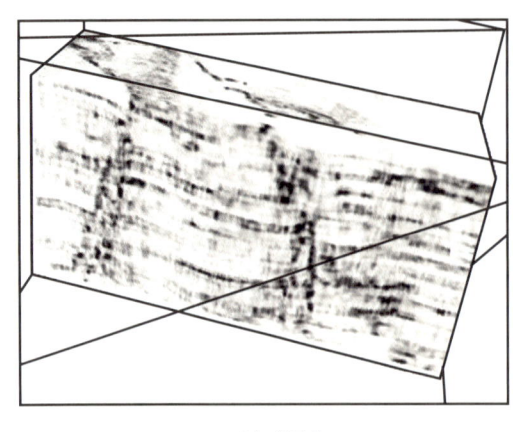

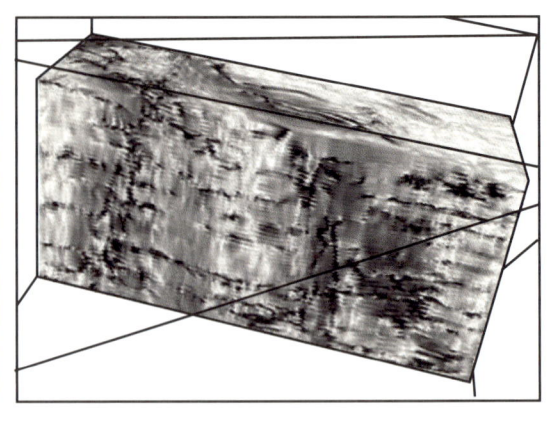

(a) 相干体　　　　　　　　　　　　(b) 倾角检测

图 3-6　初步断层解释

2) 垂直剖面解释对断点进行精确定位

垂直剖面的解释不仅可以准确落实断层的位置、断距的大小及产状要素，而且能够确定断层断遇的层位及空间位置。在相干处理的基础上实施这一精细解释过程，可以在保持断层整体性的同时，实现对断层及其断遇层位的精确定位（图 3-7）。

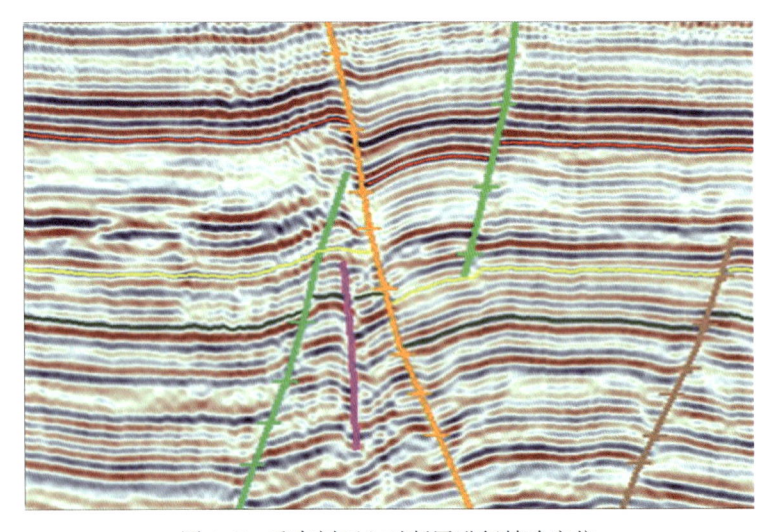

图 3-7　垂直剖面上对断层进行精确定位

3) 地震断层解释结果的三维可视化检验

可视化技术是以三维可视化立体显示为基础，以地质研究对象为目标，从点、线、面、体等多渠道以及数据的多侧面，全方位解剖三维地震数据体，最终获得三维可视化构造模型。彩色、阴影、三维透视显示使来自于层位、构造和断层解释的信息得以综合呈现，将经过三维相干数据体初步解释，并经过垂直剖面精细定位的断层，应用三维可视化技术在三维空间中进行检查，重点是通过可视化技术检查断面的光滑程度以及其空间分布的合理性（图 3-8）。

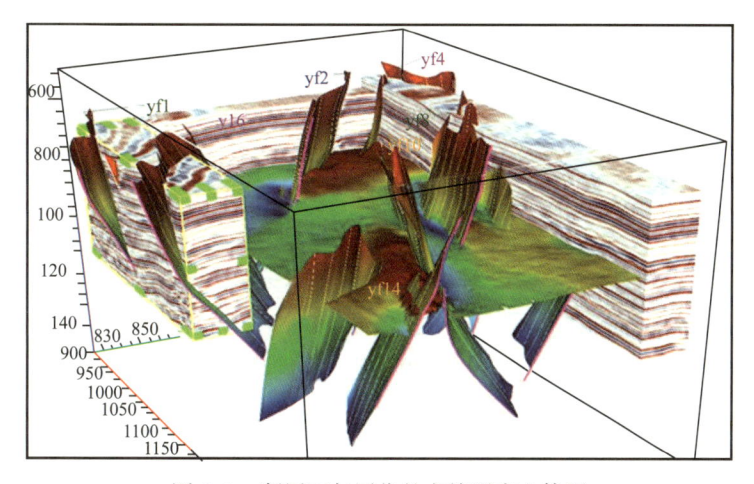

图 3-8 断层面与层位的交接形态立体图

4) 井断点引导与井震结合精细构造建模

井中解释断点与地震解释断面在三维空间相结合，交互验证的同时，进行井中解释断点的空间归位。在这一过程中，井解释断点作为硬数据，井震结合的断层建模主要是通过对地震解释断层进行系统微调实现的，最终建立与井震高度吻合的断面模型（图 3-9），从而实现断层空间产状的精细解释。

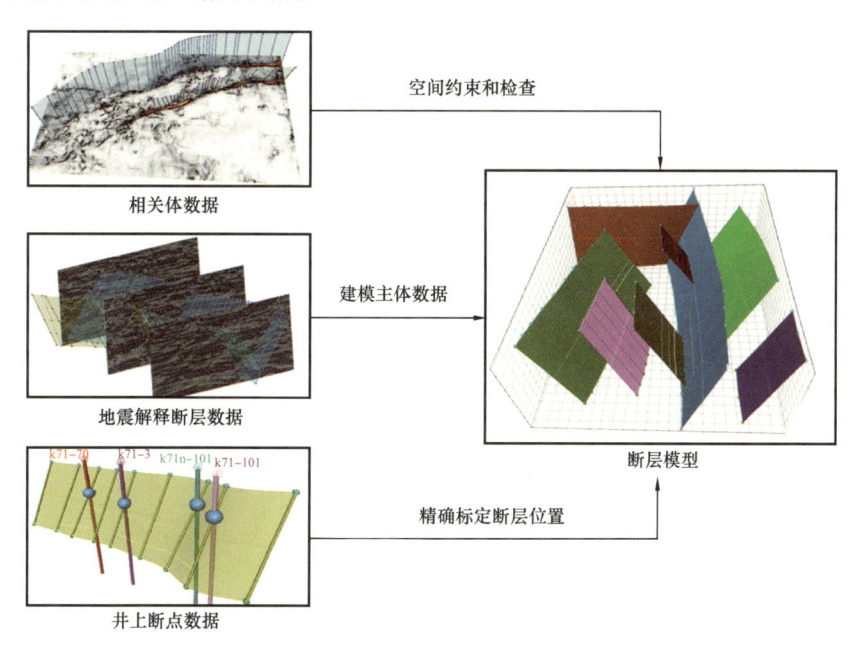

图 3-9 井震结合断层建模流程

二、井震结合储层横向边界刻画技术进展

在岩石物理分析、地震识别厚度分析的基础上，基于等时地层切片、地震属性融合方法，建立了地震沉积学储层横向边界刻画技术，增强了砂体边界识别及组合的确定性，实现了相对较厚河道砂体边界的有效预测。

1. 地震沉积学储层预测方法流程

地震沉积学是应用地震信息研究沉积岩及其形成过程的学科，它是继地震地层学、层序地层学之后的又一门新的边缘交叉学科。地震沉积学研究要以地质研究为基础，在沉积学规律的指导下进行。90°相位转换、地层切片和分频解释是地震沉积学中的3项关键技术。90°相位转换相当于对地震资料进行了没有测井约束的波阻抗反演，从而使地震资料具有了地层意义，可以用于高频层序地层的地震解释；地层切片是以两个等时界面为边界约束条件，等比例内插出一系列层面，用内插界面对地震数据体进行切片，然后用切片来研究沉积体系和沉积相平面的展布；基于不同频率地震资料反映地质信息的不同，采用分频解释方法，使得地震解释结果的地质意义更加明确。

针对大庆油田薄互层储层特点，充分利用三维地震横向分辨优势和高含水后期井多的优势，采取区域地震属性体切片分析砂体宏观趋势，确定不同时期窄河道迁移、摆动特征以及接触关系；基于目标砂体追踪定走向，在"泥中找砂"确定窄河道走向及展布特征；利用井点微相进一步校正地震属性反映的窄河道信息；井震结合空间演化分析，确定地震信息反映的窄河道层位归属，剥离邻近单元信息的干扰。具体技术流程如图3-10所示。

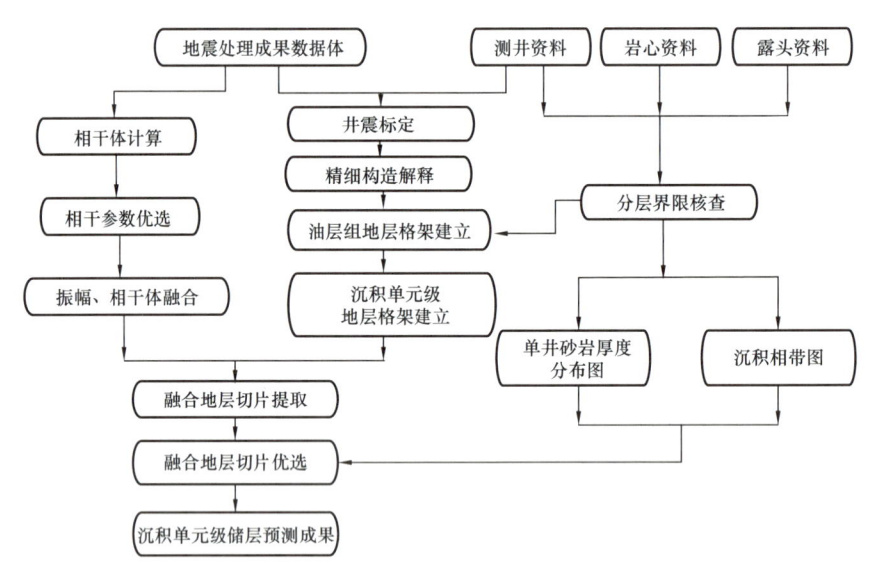

图3-10 地震沉积学储层预测技术流程

2. 储层横向边界预测关键技术

1）逼近沉积单元级的等时地层格架建立技术

地震沉积学储层预测是应用地震动力学属性的横向变化反映储层的横向变化，但这种横向变化必须以等时为前提。大庆长垣地震资料的分辨率无法达到分辨厚度为5~8m小层的要求，要建立时间域小层级等时地层格架，首先需要通过追踪油层组顶、底的地震层位建立时间域等时地层格架，然后在该等时格架的控制下，采用密井网小层厚度比例劈分时间层位的方法来实现。该方法的基本原理是假设等时地层格架内地层沉积速率变化不大，认为小层时间域厚度所占比例与深度域厚度所占比例一致，即可得到地震剖面上小层或沉积单元顶面的标定图（图3-11），在此基础上进行沉积单元顶面地质层位追踪并建立小层级时间域相对等时的地层格架。

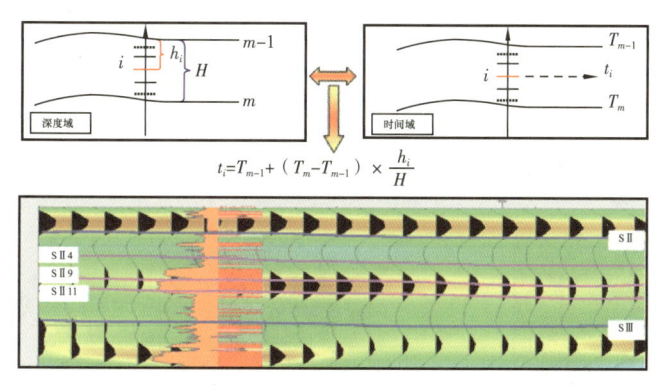

图 3-11 小层级等时地层格架建立示意图

$$t_i = T_{m-1} + (T_m - T_{m-1}) \times \frac{h_i}{H}$$

2）地震属性切片提取和优选技术

地震属性指的是那些由叠前或叠后地震数据，经过数学变换而导出的有关地震波的几何学、运动学、动力学或统计学特征。要想实现合理的属性切片，需要确定沉积单元对应的地震反射层位，快速且准确地优选出最适合开展储层刻画的地震属性切片。具体包括以下几个方面。

（1）沉积单元—地震反射层位精细匹配。

建立小层级时间域地层格架，根据系列切片信息与垂向上的变化，分析垂向砂体沉积规律，确定各沉积单元地震数据体的时间界面。

（2）滑动时窗内属性定性分析。

提取沉积单元对应反射层位的多属性切片，"定性分析"寻找与地质模式（基于井的沉积微相平面分布特征、一类砂岩厚度平面分布特征）匹配的属性切片（图 3-12），用于储层预测和刻画。

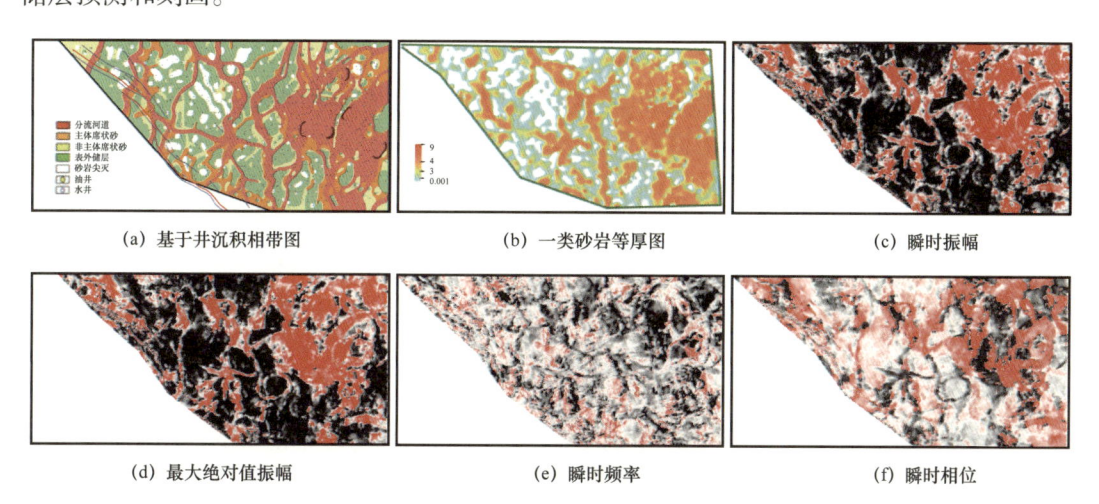

图 3-12 对比地质模式多属性优选

基于上述匹配的结果，提取反射层位上下滑动时窗内多张匹配属性的切片，在其中寻找与地质模式（基于井的沉积微相平面分布特征、一类砂岩厚度平面分布特征）最相似的属性切片，用于储层刻画（图 3-13）。

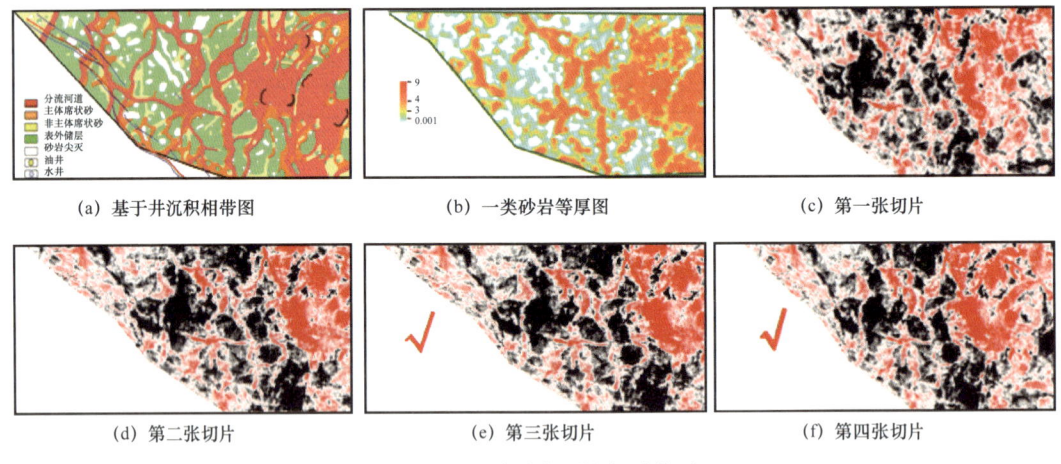

(a) 基于井沉积相带图　(b) 一类砂岩等厚图　(c) 第一张切片
(d) 第二张切片　(e) 第三张切片　(f) 第四张切片

图 3-13　滑动时窗属性切片优选

（3）相干分析。

地震相干体技术是20世纪末期发展起来的一项功能强大的地震属性解释技术，主要应用于地质构造、沉积环境的解释和隐蔽油气藏的勘探开发。常规地层切片与相干体切片的对比表明，相干体增强了河道砂体边界的预测效果，使河道的整体形态更加清晰。

（4）多属性融合。

属性融合是在储层物性、地质规律、沉积特征的指导下，通过综合考虑不同属性的物理意义，选取表征不同储层特征的多个属性，并经过一定的数学运算融合在一起，从而使融合属性能从不同的侧面反映储层的不同特征，达到最佳的储层预测效果。利用融合属性可充分挖潜数据内含信息，去除重复冗杂信息，降低储层预测的多解性，提高储层预测精度。

目前地震属性融合方法主要包括 RGB 方法、聚类分析方法、多元线性回归方法、人工神经网络方法、基于模糊逻辑属性融合法、色表分配地震属性融合法。基于大庆长垣油田砂泥岩薄互层储层地震预测经验，振幅类属性能够有效预测河道砂体储层的展布趋势，而相干属性则适合用于河道砂体边界的有效预测，彼此融合有利于提高储层预测的精度和效率。色表分配融合法通过不同属性对色表的瓜分来达到同时显示不同属性的目的。由于同时显示不同的属性，属性的覆盖问题不可避免，所以属性不能过多，两种属性效果最佳。这里所谓的覆盖就是指在形成的融合体中，不同的属性占据不同的空间位置。振幅和相干的融合就需要对相干体进行镂空处理，而被镂空的空间被相应的振幅数据占据。

3. 预测精度分析

利用融合体技术完成了大庆北一区断东西块、中区西部等多个区块的地震储层预测工作。融合体地层切片在常规地层切片预测河道砂体横向展布趋势的基础上，增加了相干体检测出的储层边界信息，使展布趋势更加明显，横向变化细节更加丰富，提高了储层预测的精度，有利于进一步提高井震结合储层描述的精度和效率（图3-14）。

为检验地震沉积学储层预测结果的有效性，选择了具有代表性的、以不同类型沉积砂体为主导的沉积单元进行地层切片储层预测效果评价。

(a) 砂岩等厚图　　(b) 振幅切片

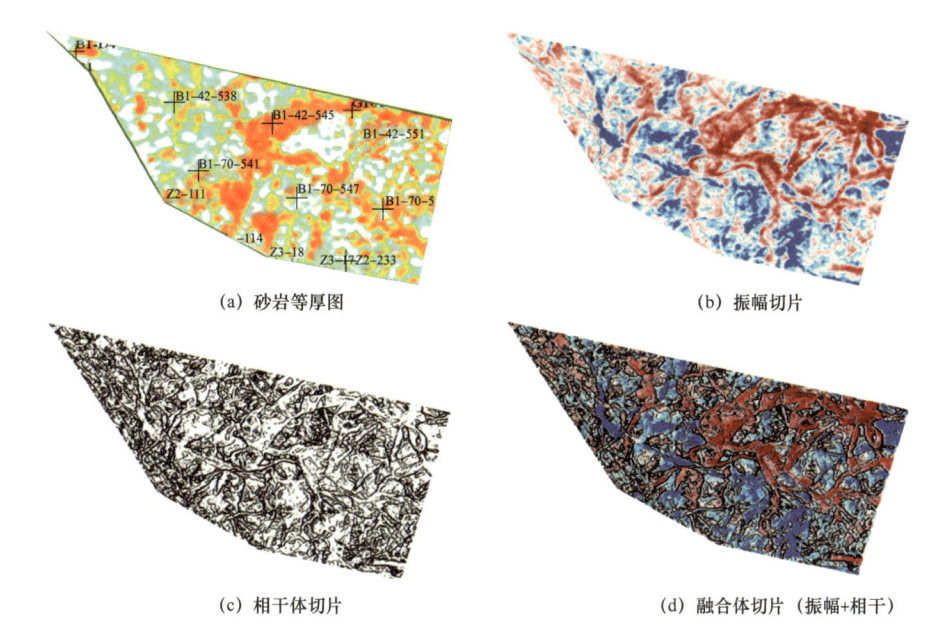

(c) 相干体切片　　(d) 融合体切片（振幅+相干）

图 3-14　不同方法储层预测效果对比图

根据一类油层葡Ⅰ2沉积单元河道砂体厚度发育特点，将井点解释厚度分为小于2m、2～8m和大于8m 3个等级，分别由绿色、黄色和粉色表示。地震储层预测结果由"蓝→白→红"表示由泥岩向砂岩逐渐过渡。从图3-15中看出预测砂体边界清晰，条带性明显，振幅的强弱变化能够有效反映砂体厚度的相对变化，厚度2.5m以上储层预测的符合率达到65%。

根据二类油层萨Ⅱ10沉积单元河道厚度发育特点，将测井解释厚度分为小于2m、2～4m和4m以上3个等级，分别由绿色、黄色和粉色表示。地震储层预测结果由"蓝→白→红"表

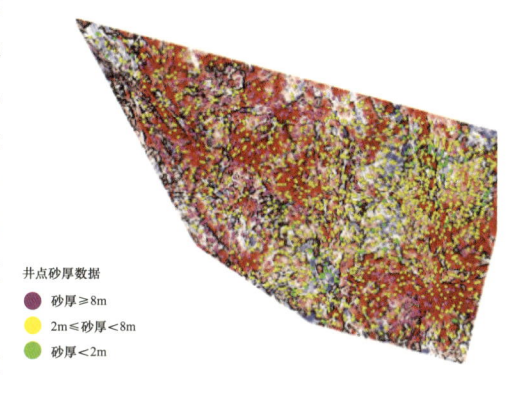

井点砂厚数据
砂厚≥8m
2m≤砂厚<8m
砂厚<2m

图 3-15　北一区断东西块葡Ⅰ2单元井震属性对比图

示由泥岩向砂岩逐渐过渡。从图3-16中看出，预测砂体边界清晰，条带性明显，振幅的强弱变化能够有效反映砂体厚度的相对变化，厚度2m以上储层预测符合率达到70%。

同样地，根据三类油层高Ⅰ6+7沉积单元井震属性对比图（图3-17）可以看出，预测河道砂体边界清晰，条带性明显，振幅的强弱变化能够反映砂体厚度的相对变化，厚度2m以上储层预测的符合率达到75%。

统计表明，在北一区断东西块曲流河—三角洲分流平原以及三角洲前缘相沉积中，可用地震融合体切片开展河道刻画的小层有35个。地层切片和融合体切片储层预测方法可广泛用于分析萨葡高主力储层的宏观沉积演化规律，识别曲流河、分流平原和三角洲内前缘主干河道砂体边界，储层预测结果有利于深化储层认识，落实调整潜力。

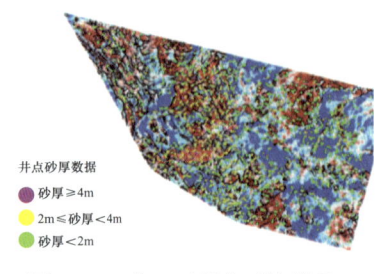

图 3-16　北一区断东西块萨Ⅱ10
单元井震属性对比图

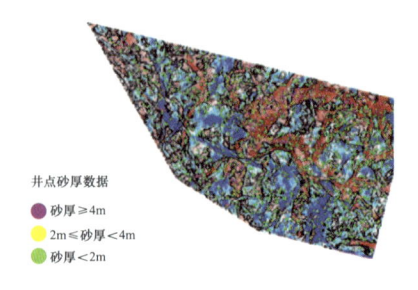

图 3-17　北一区断东西块高Ⅰ6+7
单元井震属性对比图

三、单砂体及其内部构型表征技术

中国陆相油藏成功开发的实践证明，认识油藏的非均质性并解决油藏的非均质性矛盾是认识并解决油田开发矛盾的切入点和贯穿开发全过程的指导思想。针对高含水开发阶段暴露的日益突出的层内矛盾和平面矛盾，必然要从储层非均质性角度进行深入研究。目前，开发井网控制的基本单元都是常规划分的小层，无论井网对油层的控制程度还是对油水井的措施均是对小层而言。所以，要解决小层内的矛盾和小层沉积变化引起的平面矛盾，必然要从对小层内部非均质性的深入认识入手，一个小层一般由一个或多个单砂体组成。对小层内部非均质性的认识，就是对单砂体及其内部构型的解剖研究。因此，解决层内矛盾和平面矛盾的关键基础就是对单砂体及其内部构型的精细刻画，并将储层非均质性的研究推进到一个更深的层次。

1. 单砂体及内部构型界面划分及表征技术思路

构型界面是指一套具有等级序列的岩层接触面。Allen在河流沉积中第一次明确划分了三级界面，这一界面划分方案被许多地质学家广泛采用。Miall在Allen界面的基础上，通过对河流相储层的深入研究，提出了一个9级界面方案，即0级至8级界面，地下储层单砂体及构型表征重点分析3～5级界面的分布特征。

5级界面限定的构型要素大体相当于沉积微相组合规模，如曲流河的曲流带（河道）、辫状河的单期辫流河道带、三角洲分流河道等。4级界面限定的构型要素大体相当于单一微相，如曲流河的单一点坝（侧向增生巨型底形）、辫状河的单一心滩坝、三角洲的单期分流河道等。3级界面限定的构型要素大体相当于单一微相内部的构成单元，如点坝内部的侧积体及侧积泥岩、辫状河的水平落淤夹层、三角洲河道内的水平夹层等。

根据以上理论，建立了曲流河、辫状河、三角洲沉积单砂体及构型要素表（表3-3）。在上述构型要素表的指导下，以沉积学与储层地质学为指导，综合应用密井网信息（岩心、测井、生产动态）、露头和现代沉积模式，分5步对储层单砂体构型进行研究，形成了基于测井、地质、地震、动态信息的单砂体及内部构型表征技术。考虑到地质研究的垂相精度，对现有最小沉积单元小层进行垂向分期，划分出能识别的最小沉积单元——单砂层。然后对单砂层进行沉积微相图研究，在沉积微相基础上进行侧向划界，划分出河道带及单期次分流河道沉积，并进行平面组合，进而完成单砂体的识别。对识别出的单砂体进行分析，统计其规模大小，总结其分布规律。然后对单砂体内部的夹层进行识别，并统计夹层规模，总结夹层分布规律，进而完成单砂体内部的构型研究，最终建立基于构型的三维地质模型（图3-18）。下文以曲流河为例介绍单砂体及内部构型表征技术及应用。

表 3-3　不同类型沉积单砂体构型级次及要素

构型级次	曲流河	辫状河	三角洲
6级（亚相）	河床亚相 堤岸亚相 河漫亚相	河床亚相 河漫亚相	三角洲平原 三角洲前缘
5级（微相）	点坝带，牛轭湖	单期河道带	分流河道，席状砂，薄层砂
4级（单砂体）	单期点坝，废弃河道	单期心滩，单期辫状水道	单分流河道，单河口坝
3级（构型）	侧积体，侧积泥岩	近水平夹层	河道—水平夹层，河口坝—前积夹层

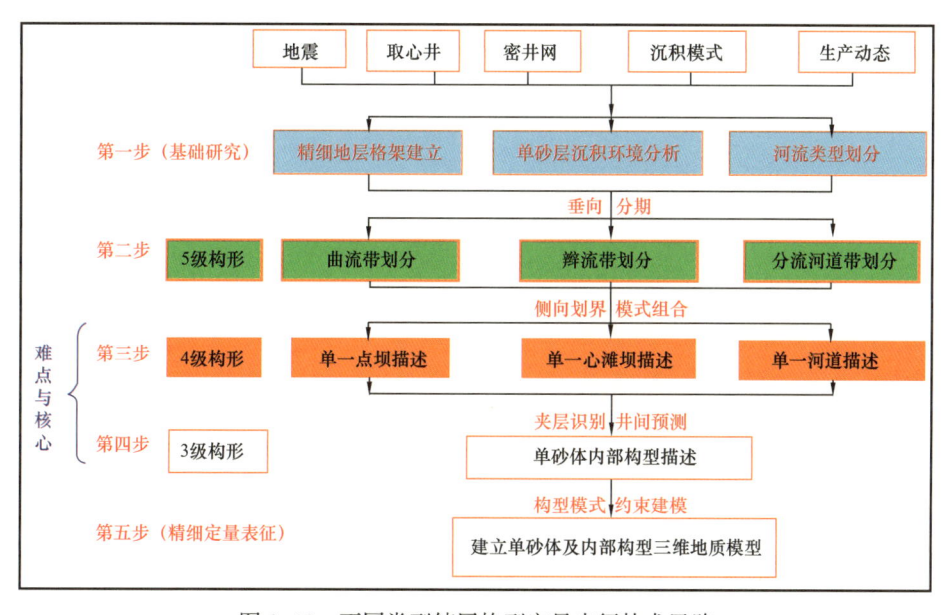

图 3-18　不同类型储层构型定量表征技术思路

2. 单砂体表征技术

曲流河单砂体表征的关键是对废弃河道和点坝发育范围形态的描述，是对点坝与废弃河道配置关系的表征。以沉积学与储层地质学为指导，综合应用沉积模式、岩心资料、测井相和砂体展布等资料，采用5步对曲流河单砂体进行研究，包括：单井识别、侧向划界、平面组合、单一砂体描述和单砂体间隔层描述。

1）单井识别

（1）点坝单井识别。

点坝砂体单井垂向剖面呈明显的正韵律（图 3-19），构成曲流河"二元结构"的主体。点坝砂体是由若干个侧积体和侧积层叠加而成，自然电位、自然伽马测井曲线整体上以钟形为主，微电极曲线幅度差大，侧积层发育的部位微电极曲线明显回返，幅度差减小，自然伽马与自然电位曲线也见轻微回返。

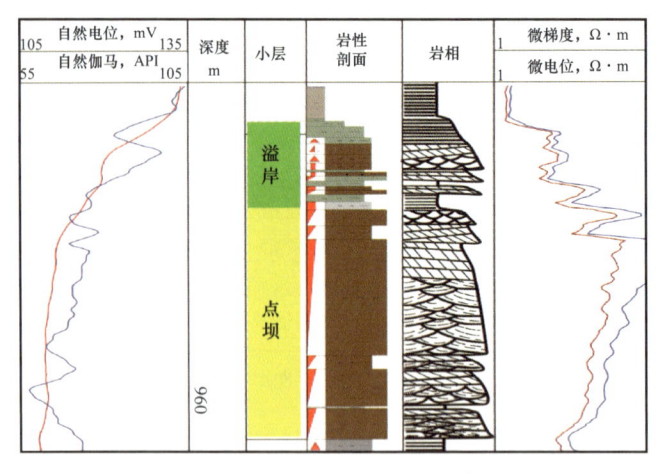

图 3-19 点坝测井响应特征（L6- 检 PS2331）

（2）废弃河道单井识别。

废弃河道不同废弃方式形成的沉积体，在测井响应上有共同点，其底部都发育有小套薄层的细粒砂体，而在上部，不同废弃类型有不同的响应特征。渐弃型废弃河道在自然电位及伽马曲线上一般呈塔松状的正韵律响应［图3-20（a）］。突弃型废弃河道测井曲线为近泥岩基线的小型锯齿状，如图［3-20（b）］所示。

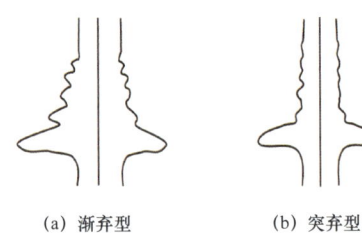

图 3-20 废弃河道测井响应特征

2）侧向划界

点坝边界的准确识别是划分单砂体的关键，识别标志主要依据点坝的分布模式，包括点坝的几何形态、规模及叠置关系。提出单一点坝边界的 5 种识别标志如下。

（1）废弃河道的存在。

废弃河道是单一河道砂体边界的重要标志。根据废弃河道的成因，在曲流带内部，废弃河道代表一个点坝的结束。依据测井识别的废弃河道可以区分出不同的河道砂体（图3-21）。

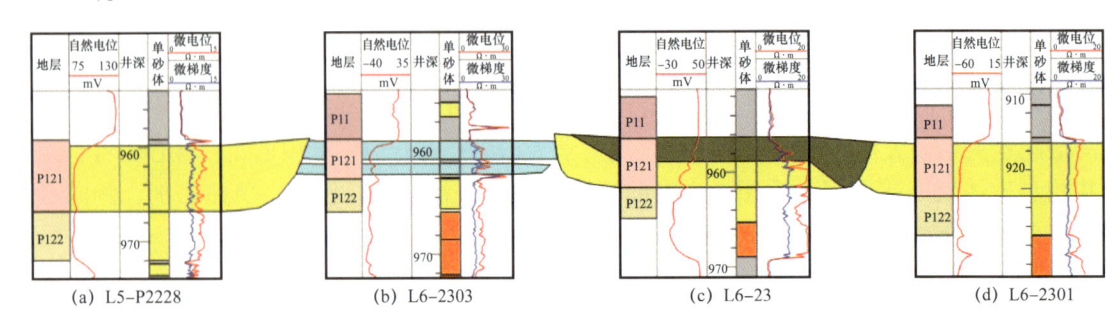

图 3-21 废弃河道指示单河道边界

（2）两期河道侧向叠置。

连井剖面上，在同一时间单元内识别出后期沉积的河道对前期形成的河道侧向切割，则可认为是两期河道叠置（图 3-22）。

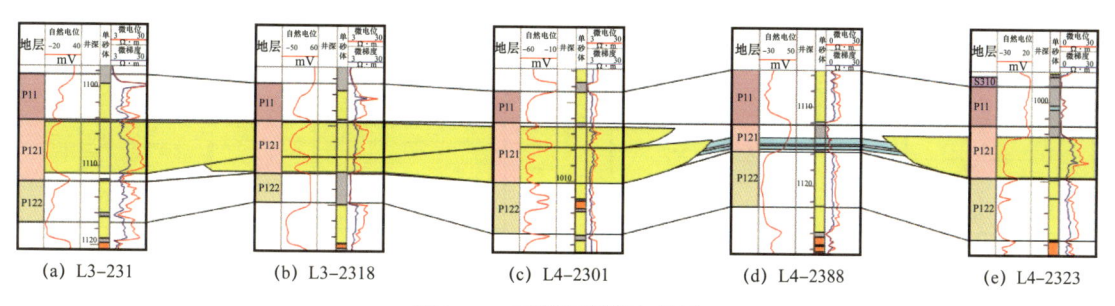

图 3-22　两期河道侧向叠置

（3）"厚—薄—厚"特征。

连井剖面上，如果同一时间单元内砂体厚度连续出现"厚—薄—厚"变化特征，则其间可能存在点坝边界（图 3-23）。

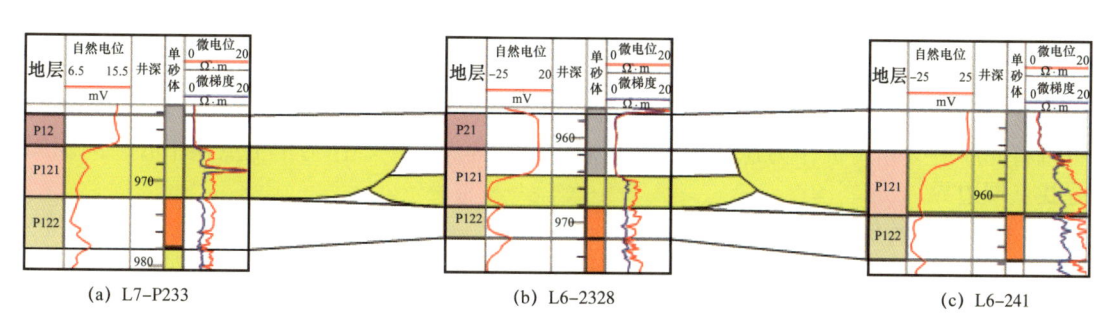

图 3-23　不同期次点坝间存在"厚—薄—厚"变化特征

（4）砂体顶面层位高程存在差异。

连井剖面上，在同一时间单元（一个单层）内，可发育不同期次的点坝。由于不同期次点坝发育的时间不同，因此其点坝砂体顶面距地层界面（或标志层）的距离会有差别，即不同点坝顶面层位的相对高程会有差异（图 3-24）。

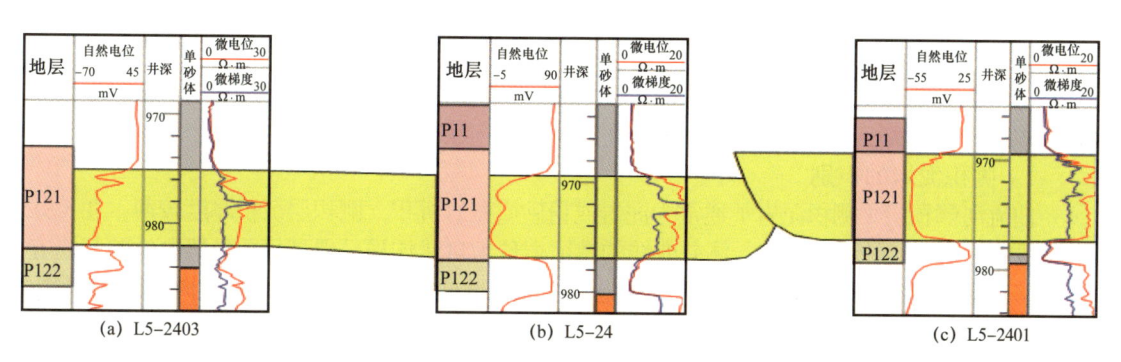

图 3-24　不同期次点坝顶面存在高程差异

（5）砂体曲线特征存在差异。

连井剖面上，不同的点坝水动力强度不同，水流速度不同，或者是点坝的规模不同均造成测井曲线上的特征不同，该差异是不同点坝的显著标志（图 3-25）。

- 145 -

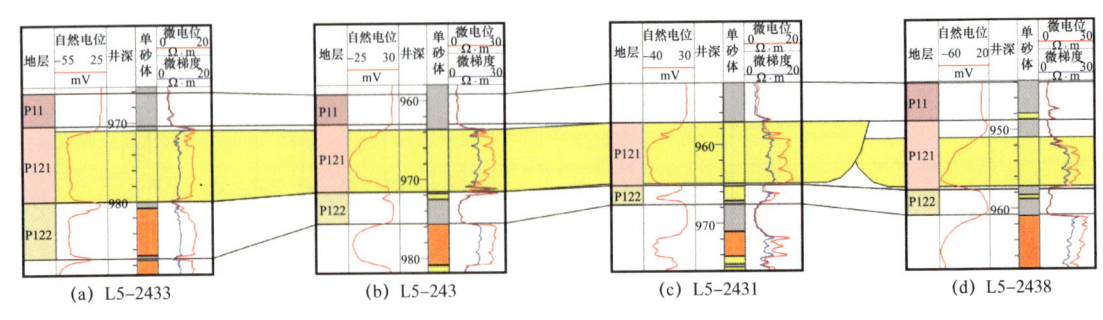

图 3-25　不同期次点坝测井曲线存在差异

3) 平面组合

在单井识别和侧向划界的基础上，对单砂体进行平面组合。平面组合的主要约束条件是水流方向（即物源方向）、砂体厚度和分布模式。

(1) 水流方向的约束。

在单井识别的基础上，按照侧向划界的 5 项原则，以点坝沉积模型为指导，按顺水流方向连接已知单井河道和废弃河道，初步把单一点坝识别出来。

(2) 砂体厚度的约束。

从点坝成因可以看出点坝砂体是曲流河道内部厚度最大的组成部分，一般呈透镜状，可以将此厚度分布特征作为识别点坝的标志。以砂体厚度中心作为单个点坝中心，向四周寻找点坝边界。

4) 单砂体展布描述与动态验证

根据曲流河单砂体模式，结合现代沉积反映的不同微相单元叠置模式，对油田地下河流相储层单砂体开展了精细研究，编制单砂体分布图件。通过单砂体精细刻画，点坝间末期（废弃）河道对流体可以起到遮挡作用，曲流河单砂体间是不连通或弱连通的。所以连片砂体被末期（废弃）河道分隔成相互独立的点坝砂体。如港西二区 Nm Ⅲ -4-1 单砂层西 8-15 井区（图 3-26），原认识断层左侧砂体为一个油藏，单砂体刻画后被末期河道分隔为两个油藏，油藏之间不连通。油田现场通过示踪剂监测，验证了地质上的新认识。向西 11-15 井与西 12-14 井注入示踪剂，监测到西 11-14 井、西 12-16 井、港 121 井见剂，末期河道东侧的西 10-14-2 井和西 7-15-1 井等井无示踪剂显示，示踪剂监测资料证实单砂体间的不连通性。

3. 单砂体内部构型表征技术

点坝内部构型三要素包括侧积体、侧积面、侧积层。对点坝内部构型的表征，首先是对侧积泥岩的识别，核心是对侧积体规模、侧积层产状的定量表征。

1) 侧积泥岩的识别

曲流河侧积层（侧积泥岩）通常为泥岩或粉砂质泥岩沉积，侧积层沉积厚度较薄，在单井上一般以泥岩夹层的形式存在。测井曲线的特征表现为自然伽马呈现高值，自然电位向基线方向偏移，深浅电阻率相对砂岩段下降，微电位、微梯度曲线幅度差变小，总体向低值区偏移。

2) 侧积层产状的定量描述方法

(1) 地层倾角测井法。

地层倾角测井处理后的成果图可以清晰地反映地层及沉积构造的产状，在点坝内部构型研究中，也可以用于确定侧积泥岩夹层的倾角。

(2) 小井距对子井计算方法。

根据曲流河点坝单砂体描述成果，选取同一点坝内部距离较近的对子井（开发更新井），在单井测井识别侧积泥岩的前提下，通过小层顶标志层拉平，进行井间夹层对比。若两井共同钻遇同一侧积泥岩，通过几何计算可以确定夹层的视倾角 α，再经产状校正后可求得点坝内侧积泥岩的真倾角 θ（图 3-27）。

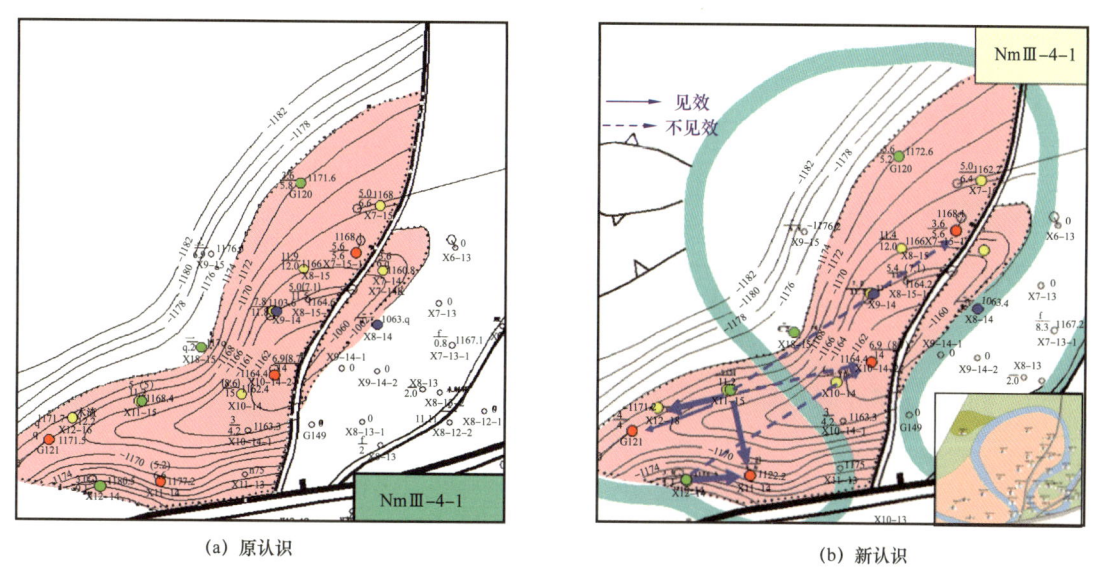

(a) 原认识

(b) 新认识

图 3-26　港西二区 NmⅢ-4-1 单砂层主力油藏研究前后对比及示踪剂测试结果验证

3）侧积体规模的定量描述方法

（1）小井距对子井求取侧积体规模。

在小井距对子井夹层对比的基础上，可以根据侧积泥岩倾角及两套侧积泥岩之间垂向厚度反推出侧积体的宽度。如图 3-27 和图 3-28 所示，GX8-15 井区的点坝，GX8-15 井与 GX8-15-1 井两井间直线距离为 99m［图 3-27（b）］，其在废弃河道法线方向的投影距离为 45.4m（图 3-28）。在此点坝内，侧积泥岩倾角 θ 为 5.2°，GX8-15-1 井上两套侧积泥间砂岩厚度值 H 为 7.25m，单一侧积体规模宽度是 $L=H/\tan\theta\approx 80m$。

(a) 对子井平面分布图

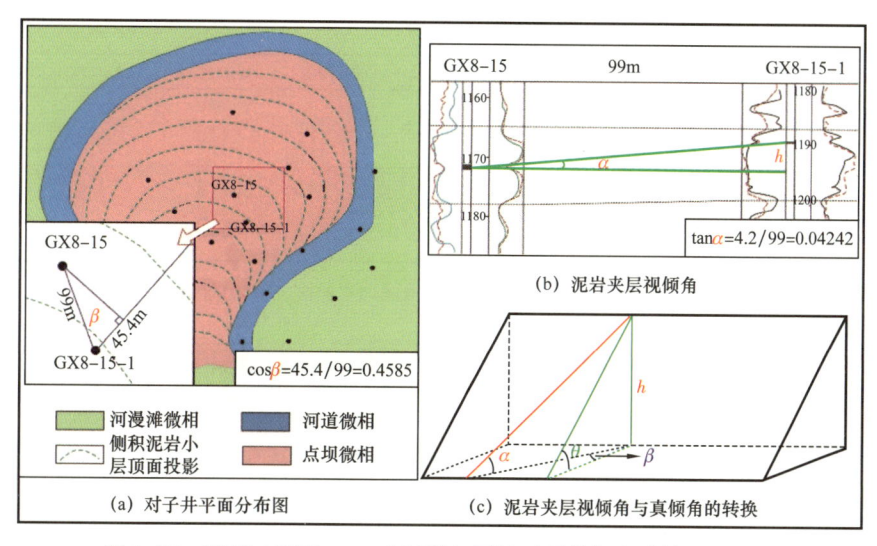

(b) 泥岩夹层视倾角

(c) 泥岩夹层视倾角与真倾角的转换

图 3-27　港西二区西 8-15 井区微相图及对子井倾角计算法示意图

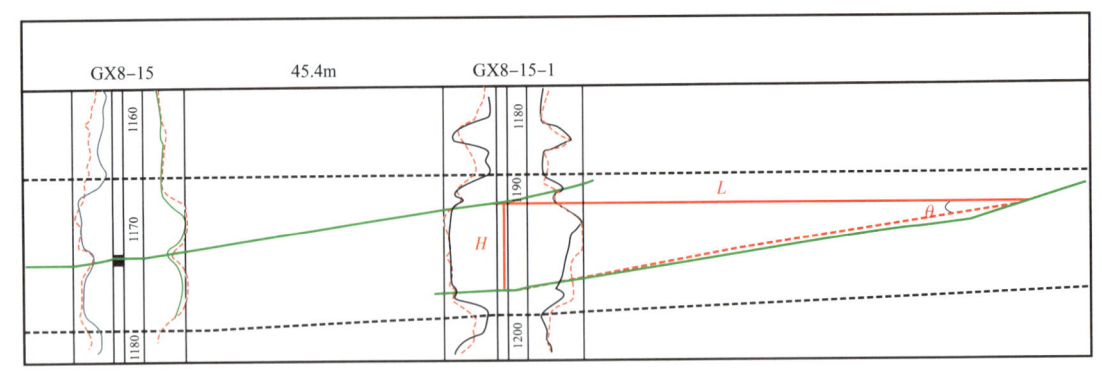

图 3-28 根据对子井求取侧积体规模

（2）应用水平井测井曲线确定侧积体规模。

根据钻遇点坝的水平井自然伽马和电阻率测井曲线，可以识别出钻遇的侧积泥岩夹层。根据两个相邻夹层间砂体的厚度值，确定水平井钻遇侧积体的视宽度。将水平井轨迹投影到点坝描述成果图上，测量轨迹方向与废弃河道法线间的夹角，通过计算可以转换为侧积体真实宽度。

4）点坝内部构型表征及应用

以点坝内部具有明显夹层的井点为控制点，根据研究区侧积泥岩倾角，侧积泥岩的产状和侧积体的宽度规模的统计规律，结合点坝废弃河道与点坝的配置关系，在平面上和剖面上逐一刻画每一期侧积体。图 3-29 为港西二区 NmⅢ-4-1 单砂层西 8-15 油藏内部构型刻画的结果，该点坝单砂体与图 3-27（a）相对应，由 17 期侧积体叠瓦状组合而成，每期侧积体规模约为 70m，平面展布呈弧形的窄条带状，走向与废弃河道走向保持一致趋势。侧积泥岩真倾角约为 3°～8°，其倾向指向废弃河道一侧；侧积泥岩发育范围约占砂体总厚度的 2/3，如图 3-29 所示。

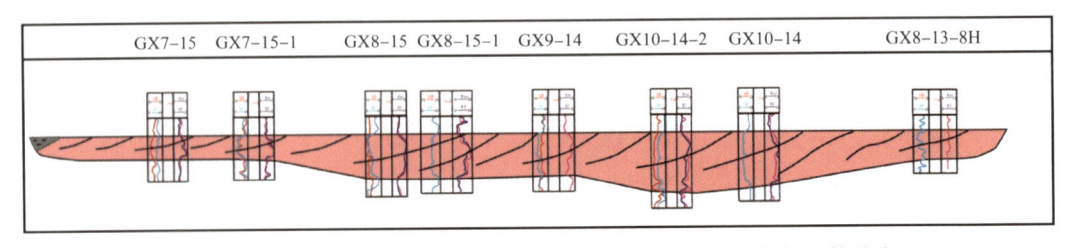

图 3-29 港西二区 NmⅢ-4-1 单砂层西 8-15 井区点坝内部侧积体分布

构型研究表明，在 GX9-14 井与 GX8-15 井间发育多套侧积泥岩，这些侧积泥岩有效地遮挡了 GX9-14 井的注水驱替，在侧积泥岩夹层上部会形成剩余油富集带。加密新井 GX8-15-1 井测井成果显示（图 3-30），在夹层上部电阻值高、曲线形态饱满为油层，而下部虽然自然电位与上部基本一致，但电阻较上部明显降低，为典型的水淹特征。上述分析表明，构型表征的结果得到了新钻井资料的验证。

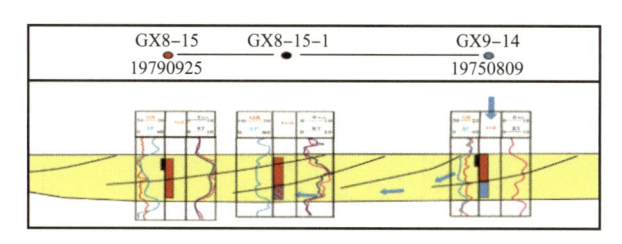

图 3-30　西 8-15-1 井侧积泥岩及水淹状况分析图

四、水流优势通道描述技术及应用

中高渗透储层注水开采过程中，储层岩石孔隙表面吸附着的大量黏土颗粒，随着原油流动，黏土极易被带走；另一方面，黏土遇水膨胀、水化、分散、运移，进一步减弱了油藏岩石的胶结作用，造成油藏出砂。因此，高含水油田经过几十年的水驱开发，油藏储层孔隙结构发生了较大变化，注入水对储层孔隙、骨架颗粒、胶结物和油藏流体的作用，以及油层温度和压力的变化，造成储层渗透率增大，孔喉半径增大，油藏的非均质状况恶化，从而在储层中形成高渗透带及特高渗透带，即水流优势通道。水流优势通道的出现，导致层间、层内矛盾更加突出，注入水低效循环，甚至无效循环，油井含水上升快，严重影响了注入水波及体积和驱油效率，同时也形成局部剩余油富集。

1. 水流优势通道形成的影响因素

1）油藏静态非均质性对水流优势通道形成的影响

中国多层砂岩油藏属陆相沉积，水流优势通道的形成和储层非均质性有密切的关系。由于储层本身的非均质性，导致在注水开发过程中注入水优先沿高渗透部位流动，这种长期的不均衡流动导致高渗透层水洗程度明显比低渗透层水洗程度高，而且这种差异随着注入体积倍数的增加在逐步扩大，注入水也就沿着强水洗部位逐步形成优势渗流通道。

（1）层间、层内非均质性特征对优势通道形成的影响。

层间非均质性是引起注水开发过程中层间干扰和单层突进的内在原因。通常情况下，高渗透储层的水驱启动压力低，容易进行水驱，水线推进快，造成高渗透层产液量高；而低渗透层启动压力高，吸水少，出油少，水线推进慢，甚至不吸水。由于高渗透层和低渗透层的层间矛盾往往出现高渗透层"单层突进"的现象，从而促进水流优势通道的形成。相同水动力条件下不同渗透率级差的水驱油渗流规律和水淹规律实验结果表明，对于渗透率级差小于 2 的均质油藏，高渗透层和低渗透层见水时间几乎一致。见水后，含水率上升规律接近，实验结束时达到的最终含水率也很相似。当渗透率级差大于 2 后，随着高渗透层渗透率的增加，高渗透层见水时间缩短，意味着低渗透层的吸水量随渗透率级差增大而减小，甚至出现不吸水的情况（图 3-31）。

通过对大港港西注水前后储层层间渗透率变异系数和突进系数的比较表明（表 3-4），层间的变异系数、突进系数普遍都增大了，表明长期注水开发后，储层的层间非均质性进一步增强。从注水井吸水剖面（图 3-32）上看，注水后期单层（或单砂体）间吸水特征出现明显差异。GX11-9 井在 1975 年以前吸水较均匀；1977 年，厚度较大的 4 号层吸水百分比增大明显；封堵下面 4、5、6 三个砂层以后，1979 年和 1981 年再次测量吸水剖面时，相对较厚的 1 号层吸水百分比增大，3 号层甚至不吸水了，这也说明随着注水时间的延长，层间非均质性不断增强。

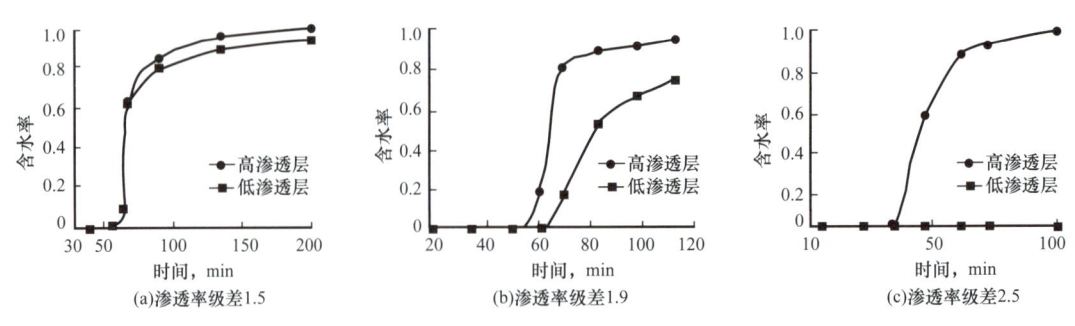

图 3-31 不同渗透率级差模型储层含水率变化曲线

表 3-4 注水前后层间非均质性变化对比表

层位	变异系数 水淹前	变异系数 水淹后	突进系数 水淹前	突进系数 水淹后
NmⅡ	0.708	0.922	2.37	3.60
NmⅢ	0.780	0.864	3.60	3.01
NgⅠ	0.933	1.179	2.95	3.46
NgⅡ	0.871	0.996	2.09	2.53

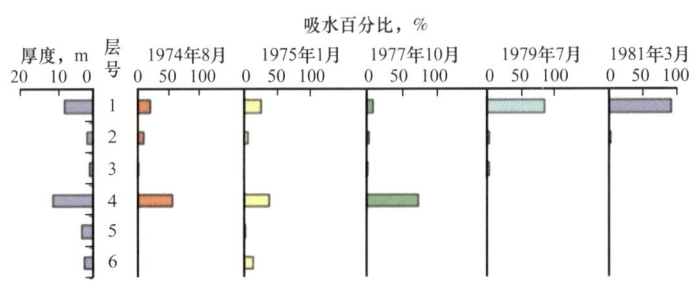

图 3-32 GX11-9 井吸水变化剖面图

层内非均质性是指一个单砂层内垂向的物性变化，它是直接控制和影响着一个单砂层层内垂向上注入剂波及体积的关键地质因素。在注水开发的油田中，一般注入水的密度要大于油的密度。如果储层是均质地层，在水驱的过程中注入水优先占据储层的下部，正韵律沉积模式就加剧了这种非活塞式驱替，最终造成水驱效果变差。正韵律的储层更容易形成底部窜流通道，进而形成水流优势通道。大庆喇嘛甸油田对同一口井不同年份的吸水剖面测试资料显示，随着注水开发，油层内部注入差异逐年变大，层内主要吸水部位厚度比例逐年变小，厚油层内注入矛盾突出。2008 年测试剖面显示，大量的注入水沿正韵律厚层底部突进，而顶部几乎已经不吸水（图 3-33）。

（2）沉积非均质性对水流优势通道形成的影响。

不同沉积环境形成不同类型的沉积砂体，各类单砂体的几何形态、分布规模、伸展方向、发育状况，以及与其他砂体之间的连接方式等均有所不同，会导致形成各式各样的优势通道。各类砂体内部发育的夹层尤其是非水平夹层，对水流优势通道的形成有重要的影响。

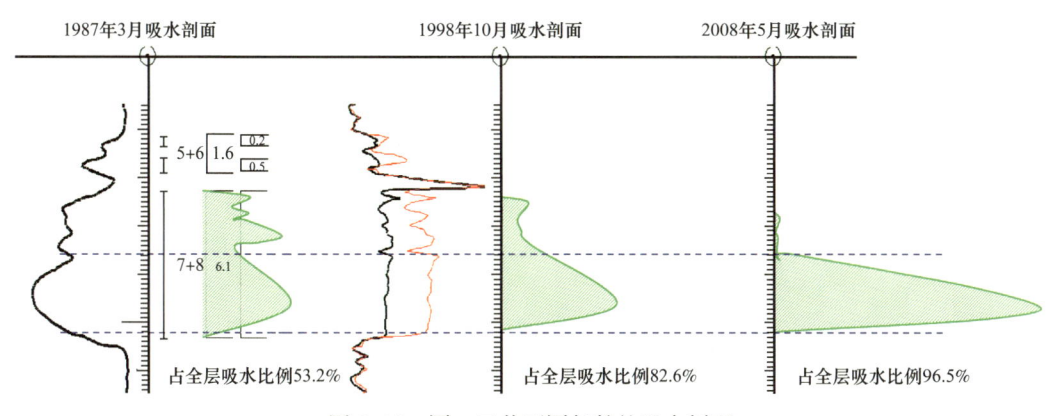

图 3-33 同一口井不同年份的吸水剖面

曲流河型河道砂体是典型的侧向加积的产物，曲流带中的每一个点坝都是由单个河曲的侧向迁移、加积形成的，其砂体内部形成了典型的侧积夹层。侧积夹层在水位变化规则的河流中呈简单斜列式分布，在水位变化不规则的河流中则呈阶梯式或复杂式分布。这些侧积夹层和牛轭湖沉积都在局部起到侧向渗流的遮挡作用，从而阻断高渗透带的连续性，使点坝上部不连通。如果在垂直侧积夹层方向注水开发，由于点坝上部储层物性较差，且存在侧积夹层的遮挡，则注入水只能沿着点坝下部推进，造成下部冲洗强度大，加速了水流优势通道的形成。

根据大港港东一区的示踪剂测试资料，在 G3-26 井注入示踪剂，2 天后在 G2-21 井见示踪剂，两井井距为 498m，水驱速度接近 250m/d。因此，可以初步判断两井之间存在水流优势通道。根据 G3-26 井吸水剖面资料可以看出，该井的主要吸水层位为 NmⅢ-3-2 小层，其相对吸水量为 82.71%（图 3-34），从其对应的生产井 G2-21 井的生产动态可以发现，G2-21 井从 1999 年起出砂严重，现场针对 NmⅢ-3 层做防砂处理。因此，

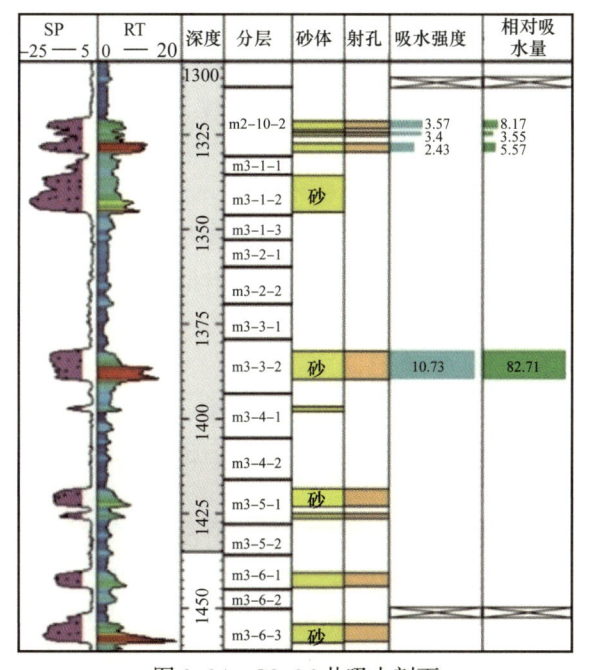

图 3-34 G3-26 井吸水剖面

可以判定这一注采井在NmⅢ-3-2小层发育优势通道。结合地质分析可以看出，两井在NmⅢ-3-2小层是位于同一个点坝砂体内，主流线方向斜交于点坝内的侧积夹层，注入水从G3-26井向G2-21井流动的过程中，在点坝上部受到侧积夹层的隔挡，沿砂体底部突进，大量粉砂质填充物被冲出，G2-21井出砂严重，从而形成水流优势通道（图3-35和图3-36）。

2）不合理开发方式对水流优势通道形成的影响

生产过程中强注强采、低注高采及高速开发等不合理的开发方式对水流优势通道的形成具有重要的影响。一般情况下，强注强采的开发方式最容易导致水流优势通道的形成。通过模拟不同注采速率条件下压力变化特征和出砂情况，结果表明注采强度越大，作用在岩石颗粒上的压力梯度越大，砂粒越容易脱落，出砂量越大，越容易形成高渗透带，进而形成水流优势通道。

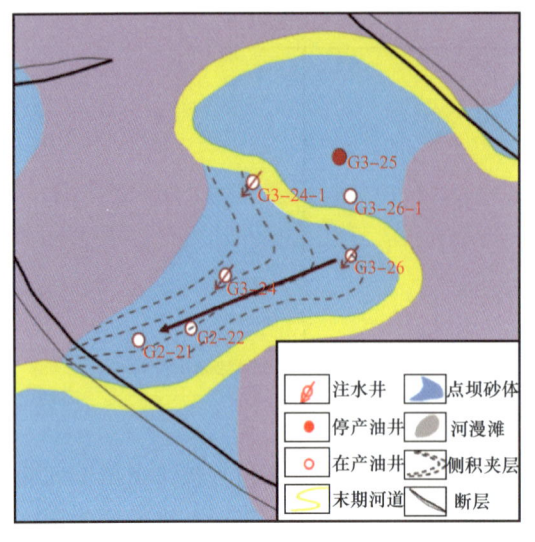

图3-35　G3-26井区单砂体内部的构型模式

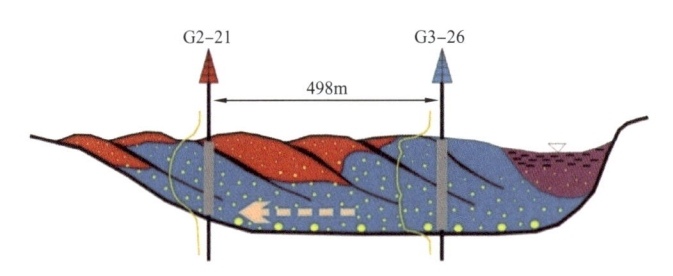

图3-36　G3-26和G2-21两井之间水流优势通道示意图

2. 水流优势通道生产动态响应与CM模型预测技术

1）生产动态响应特征

生产动态资料不仅是油藏开发状况的综合反应，还可以实时地反映储层的变化。在油田开发的过程中，油水井之间的连通关系直接反映在生产动态上，这也是利用生产动态资料确定井间是否存在水流优势通道的基础。当注采井间存在水流优势通道时，动态响应具有以下几方面的特征。

（1）注水井流压降低，油井的井底流压升高。

在优势通道形成以前，流动趋于稳定，压力保持比较稳定。水流优势通道形成以后，储层的渗透率提高，压力消耗在地层中的损失降低，因此，出现注水井的注入压力降低和油井井底流压升高的特征。

（2）注水井的吸水指数升高，油井的产液指数升高。

在排除套损漏失及串槽吸水等情况后，如果注水压力保持不变，而注水量大大增加，即吸水指数增加，则说明地层中已经形成水流优势通道。同样，对于生产井，在排除提液、换大泵等措施后，如果含水率、产液量、水油比等数据均发生突变上升，则表明该井受到水流优势通道的影响。

（3）地层存水率低。

从油藏区块总体和单井的指标分析来看，如果油藏存在水流优势通道，则地层的存水率低于理论存水率，地层无效水循环严重。

2）基于 CM 模型的预测技术

油田现场对水流优势通道的识别主要依靠试井监测、吸水剖面测试和示踪剂测试等手段，具有较高的精度，但也存在一定的弊端。一方面，由于需要停井作业，测试费用高、周期长，不可能在工区内普遍进行这类测试工作，往往只能对重点井或者井组开展工作，因此，其应用具有一定的局限性；另一方面，应用测试手段识别优势通道，只是反映测试时间段内地下储层及流体存在状态，具有很强的时效性，不能实时地反映地下水流优势通道的发育状况。针对测试手段存在的不足，运用系统分析理论，提出了基于动态资料内隐含的信息，实现快速、有效地判别油水井间是否存在水流优势通道的方法。

（1）CM 模型的基本原理。

依据系统分析理论，将油田的注水井、生产井以及井间储层作为一个系统，其中，水井注入量（激励）是系统的输入信号，油井产液量（响应）则是系统的输出信号。油、水井动态资料往往表现为油井的产液量的波动滞后于水井的注水量的波动，其滞后时间的长短取决于地下储层性质及连通情况。因此可以根据油井产液量对水井注水量变化响应时间的长短和响应特征，确定井间储层水流优势通道是否存在。即在相同井距和相似生产条件下，若油井对水井注水量的响应时间越短，则井间连通程度越高，反之则低。当注采井间发育优势通道的情况下，注水井的注水量发生变化时，将引起与之连通的生产井产液量的显著变化。在生产动态上表现为，若注水井注水量增加，引起相应油井的产液量在短时间内也明显增加，即受效时间很短；反之，注水量降低或关井，亦引起油井产液量在短时间内相应减少。

根据上述理念，利用物质平衡方程可以建立油井和水井的 CM（Capacitance Model）模型，充分考虑注采系统内的注入量和产出量的差造成的地层压力的变化：即注入量大于产出量时地层压力升高，注入量小于产出量时地层压力降低。式（3-1）为 CM 模型，其中，参数 τ 为体现了产油量和注水量时间滞后性的参数，称为完全受效时间系数；V_p 是水井和油井之间的泄流孔隙体积；c_t 是油藏总压缩系数，J 为注水井对采油井采液指数的贡献量。

$$\tau = \frac{c_t V_p}{J} \qquad (3-1)$$

当油、水井之间发育水流优势通道时，注采井间渗透率 K 将急剧增大，注水井注水量改变所带来的地层压力和流体运动速度的改变，快速沿着水流优势通道传播到油井，进而影响油井生产动态，因而表现为完全受效时间短，τ 值相对较小。

（2）CM 模型预测成果与监测资料验证。

CM 模型中参数 τ 值是井间储层物性的综合反映，因此可以利用参数 τ 的值来判别水流优势通道。基于大港油田港东一区一断块部分井的动态资料，采用 CM 模型预测方法识别水流优势通道，并用示踪剂监测资料进行检验。

港东一区一断块位于北大港构造带，为构造岩性油藏，主要开发层系为新近系的明化镇油组。储层物性好，岩性以细砂岩为主，胶结疏松，平均孔隙度31%，平均空气渗透率986mD，平均有效渗透率332mD。现阶段采出程度46.44%，综合含水率达91.3%，已进入了特高含水开发后期，发育水流优势通道，井口出砂较为严重，低效无效循环加剧。

选定港东一区一断块6个有示踪剂测试资料的注采井组进行分析（图3-37），将与测试时间相对应的时段内的油井和水井的日生产数据作为CM模型的输入，计算得到每一个注采井对应的参数τ值，然后与示踪剂测试资料进行对比分析（表3-5）。计算τ值与示踪剂突破天数具有很好的正相关关系，消除井距因素后的值（τ/井距）也很好地反映了渗流速度的变化，渗流速度越大，τ/井距值越小。

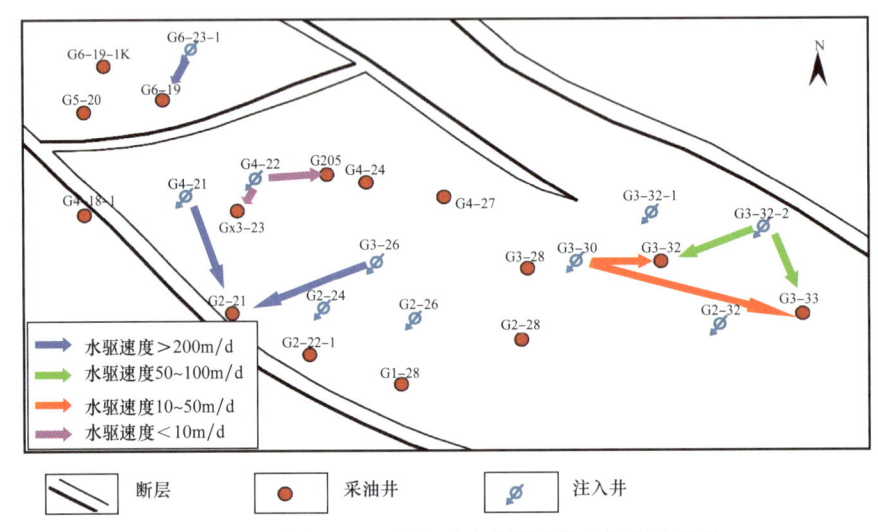

图3-37 港东一区一断块示踪迹测试井对井位示意图

表3-5 示踪剂测试资料和参数τ的计算结果对比

注水井	注入时间	受益井	初见示踪迹时间	示踪剂突破时间, d	渗流速度 m/d	参数τ	τ/井距
G3-26	2003.4.9	G2-21	2003.4.11	2	275.00	6.2	0.011
G4-21	2003.4.9	G2-21	2003.4.11	2	200.00	6.9	0.017
G3-30	2003.1.21	G3-32	2003.2.2	12	20.33	9.3	0.038
		G3-33	2003.2.4	14	35.70	9.9	0.020
G3-32-2	2003.1.21	G3-32	2003.1.26	5	70.00	8.2	0.023
		G3-33	2003.1.27	6	51.00	8.7	0.028
G6-23-1	2004.6.21	G6-19	2004.6.23	2	135.00	7.4	0.027
G4-22	2008.4.8	G205	2008.10.25	200	1.50	143.0	0.477
		GX3-23	2008.05.22	44	2.27	97.0	0.971
		G4-18-1	未见剂			1000.0	3.500

从示踪剂测试可以看出，G3-26 井、G4-21 井和 G6-23-1 井这 3 口注水井对应油井示踪剂突破时间都很短，注入水以大于 100m/d 的速度推进到采油井，说明注采井间已发育形成水流优势通道。另外，G2-21 井从 1999 年起出砂严重，后针对 Nm3-3 层做防砂处理；G6-19 井从 2003 年起做防砂处理；G4-21 在 2004 年对 Nm4-2 小层做调剖堵水作业。CM 模型计算得到的这 3 个注采井对间 τ 值均小于 8，τ/ 井距值小于 0.03，反映出采油井对注水量改变的完全受效时间很短，井间发育水流优势通道的概率极高。相反，G4-22 井和 G4-18-1 井之间，由于断层的封堵导致井间不连通，从示踪剂测试也证明了这一观点，计算得到的 τ 为模型迭代的初始值 1000，同样反映了 G4-18-1 井对 G4-22 井注水改变的完全受效时间为无限长，与测试结论吻合。

从实际资料的验证分析可以看出，参数 τ 准确地反映了井间水流优势通道存在的可能性。对于同一套注采井网，参数 τ（τ/ 井距）值越小，井间发育优势通道的概率越大。因此，可以根据这一认识，通过选取合适的生产数据，快速判断一个区块内的注采井间优势通道发育的概率。

五、基于单砂体内部构型的地质建模技术

在众多的沉积类型中，曲流河点坝内部侧积泥岩复杂程度最高，不仅具有平面上弯曲的新月形结构，剖面上又具有一定的角度，斜穿点坝砂体，且具有上部 2/3 遮挡，下部 1/3 连通的特点，因此其建模难度最大，是近年来研究关注的重点。下面以曲流河点坝为例简要介绍"十一五""十二五"期间的主要技术进展。

1. 序贯指示模拟与人机交互方法

序贯指示模拟方法可以模拟复杂的各向异性地质现象，对于具有不同连续性分布的类型变量，可分别指定不同的变差函数，从而建立各向异性的模拟图像。由于序贯指示模拟不能很好表征对象的具体几何形态，而点坝砂体内部建筑结构则具有复杂而确切的空间形态。因此，对于点坝内部侧积夹层则需要通过人机交互的方法对模型进行再处理，使得模型内侧积夹层的空间形态符合地质解剖的实际认识（倾向、倾角、延伸长度和水平间距）。通过序贯指示模拟和人机交互结合的方法，最终使得三维地质模型既与井点吻合，井间又符合地质模式的认识。具体的步骤如图 3-38 所示。

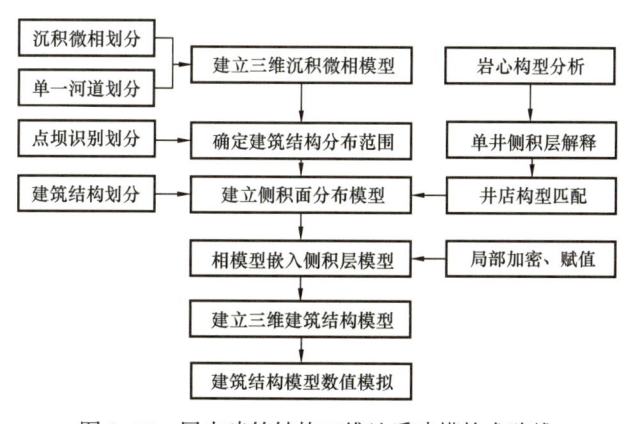

图 3-38 层内建筑结构三维地质建模技术路线

（1）首先采用序贯指示模拟方法应用沉积微相和单一河道划分结果建立三维沉积微相模型，再通过确定性人机互动的方式，精细刻画并建立三维相模型，根据点坝砂体划分结果确定不同点坝砂体的分布范围。

（2）应用岩心刻度测井的方法在单井上进行单井建筑结构要素解释，根据点坝砂体内部建筑结构解剖结果（倾向、倾角、延伸、间距）采用自动模式拟合方法建立侧积面三维样条曲面模型，在三维视窗内进行侧积面空间形态调整，使之符合地质认识结果。采用二次加密网格的方式，将侧积层模型嵌入三维微相模型中。在此基础上，采用相控建模方法建立三维储层参数模型。

① 基于二维平面微相分布图，根据点坝侧积发育模式，勾绘侧积面在平面二维投影的起始及终止边界，反映了侧积层的长度、宽度及渐变发育模式（图3-39）。

② 以单个点坝为研究单元，根据点坝平面区域范围，自动提取井点处的侧积层顶面点的三维坐标信息，作为侧积面三维空间模式拟合的原始数据。

③ 将侧积层发育特征信息，包括侧积层间距、倾向及倾角等，作为模式拟合算法的模型参数。同时综合井点数据，在三维地层网格模型（网格坐标）基础上，模拟得到侧积面三维模型（图3-40）。

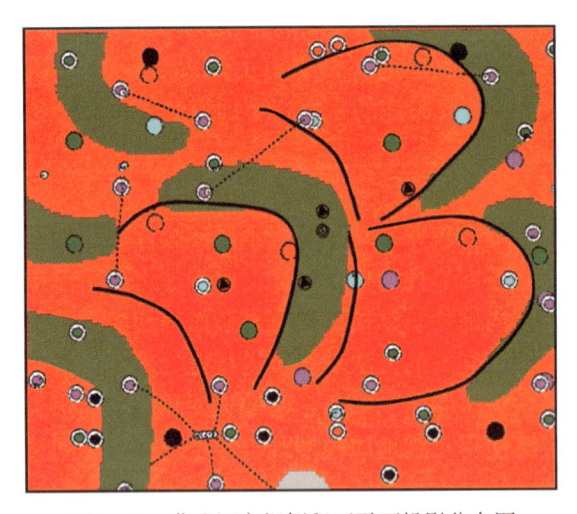

图3-39　曲流河点坝侧积面平面投影分布图　　图3-40　侧积层模式拟合及侧积面三维分布

④ 根据多井建筑结构解释剖面，在三维空间进行综合研究，验证并完善侧积面模型。

⑤ 通过提取单井点建筑结构界面处夹层的厚度，进行网格化插值，然后将夹层厚度分布与三维建筑结构界面叠加在一起，得到点坝内部泥质侧积层的空间分布，将侧积层模型嵌入相模型中得到建筑结构模型，并进行局部网格加密（图3-41、图3-42）。

⑥ 储层参数三维建模的目的是获取储层各种参数（孔隙度、渗透率）的三维分布规律，表征储层参数的空间非均质分布特征。为了使所建的储层物性参数模型更符合地质实际，采用建筑结构控制参数建模的思路，即针对不同的建筑结构要素赋予不同的参数分布，以反映不同沉积微相内部储层参数空间变化的差异性。

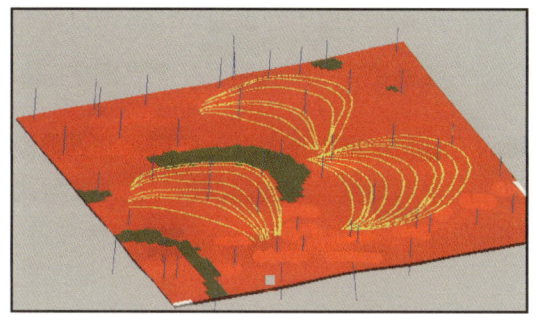

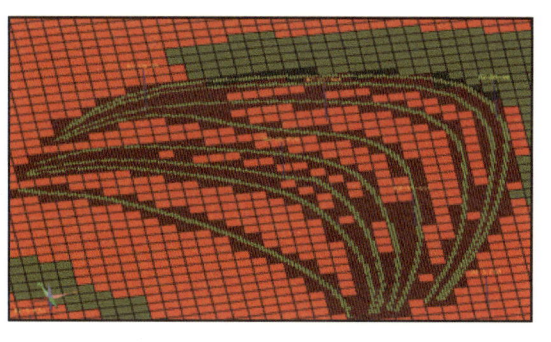

图 3-42 侧积层嵌入相模型　　　　图 3-43 侧积面附近局部加密网格

图 3-43、图 3-44 和图 3-45 为通过相控序贯高斯模拟方法，建立大庆北二西区块萨Ⅱ1+2b 单元的孔隙度、渗透率和含油饱和度三维模型，储层参数三维模型的建立为三维油藏数值模拟及剩余油分布预测提供了可靠的地质基础。

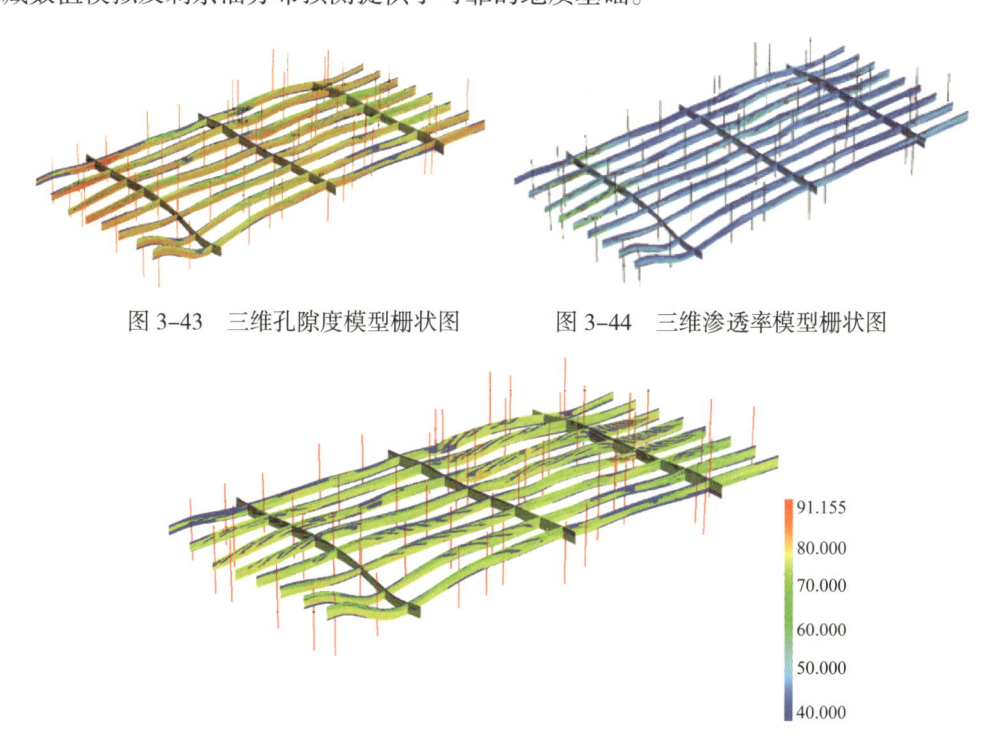

图 3-43 三维孔隙度模型栅状图　　　　图 3-44 三维渗透率模型栅状图

图 3-45 三维饱和度模型栅状图

通过砂体内部建筑结构建模方法研究，建立了基于井点数据的厚油层砂体内部侧积夹层三维空间模型，突破了二维（剖面、平面）厚油层砂体内部建筑结构的描述技术，建立了实际区块的厚油层砂体内部建筑结构三维地质模型，并可用于实际油藏的数值模拟。通过对典型区的实际解剖，形成了一套以"层次分析、模式预测"为主要研究思路的具有可实际操作性的内部建筑结构三维表征方法，在统一平台下实现了从砂体内部建筑结构解剖到建筑结构三维表征的全部工作。砂体内部建筑结构建模方法具有以下 4 方面优点。

（1）操作简便，易于掌握。

砂体内部建筑结构建模在沉积微相模型基础上仅需简单操作的 5 步操作即可完成，其完成过程自动化率达到了90%以上。具备砂体内部建筑结构地质知识的操作者可以在非常短的时间内达到熟练应用的程度。

（2）实现井点硬数据与模型预测匹配。

现在国内外实现各种砂体内部建筑结构建模的方法均存在一个普遍的问题：井点数据完全由模型预测，无法实现在井点数据控制下的井间模型预测。本建筑结构建模方法解决了这一难题，实现了井点硬数据与井间模型预测的匹配。

（3）三维夹层界面灵活调整。

建模过程中生成的侧积夹层空间分布界面可以在三维空间内任意调整，其调整方法与断层面编辑方法一致，简单快捷，能够表征复合地质人员要求的复杂的建筑结构界面空间分布形态。

（4）实现局部网格加密。

砂体内部建筑结构建模可以精确表征侧积夹层空间分布形态，因此其网格设置一般比较小，因此导致模型网格数量巨大，为后期应用带来很大麻烦，而粗网格又无法精确表现厚度很小的侧积夹层（$H<0.2m$）的分布。本建模方法实现了建筑结构界面局部网格加密技术，既保证界面外网格数较少，又保证了界面处网格精细分布，是建模方法的一大进步。

2. 基于沉积界面的构型建模技术

1）概述

为了实现复杂点坝构型的三维建模，前人的建模方法是将侧积泥岩嵌入到已有的点坝模型中，实现夹层构型结构的三维表征。这种方法的特点是，侧积泥岩是在点坝模型建立以后，镶嵌到模型中来的，模型中并没有体现侧积体侧向加积的沉积特点。近年来国际上提出了基于沉积界面建模技术，该技术的核心是建模的网格体系是受沉积界面控制的，而不是简单应用砂岩的顶底面约束划分网格。基于这一新的技术路线，针对点坝复杂内部构型建模，提出了基于侧积面的网格划分体系，如图3-46所示。该网格体系将单一期次侧积体约束在独立的网格体系内，充分体现了实际的沉积规律。"十一五""十二五"期间为了实现这一技术思路，提出了在空间中构建侧积面的三维空间数据集，并生成相应的多组侧积面，在侧积面之间控制点坝单一侧积体内部网格划分的新技术，该技术已经成功实现了单一点坝概念模型和实体模型的建模[10]。

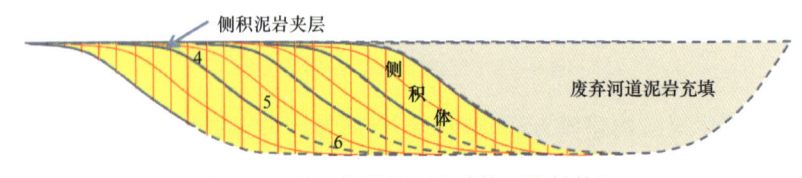

图3-46 基于沉积界面的建模网格结构图

2）侧积面的空间数据构建技术

点坝由多期砂体侧向加积而成，侧积体之间夹一定厚度的侧积泥岩。尽管侧积泥岩夹层的个数较多，但只要确定了单一侧积泥岩夹层顶底面的数字化表征方法，即可解决多期夹层的表征问题。

图3-48为图3-47中某一侧积泥岩底界面的空间视图，其中已知侧积泥岩与点坝顶

部交线（弧线 A_1-M_i-A_n）坐标序列 [A_1 (a_1, b_1), A_2 (a_2, b_2), A_3 (a_3, b_3), …, A_n (a_n, b_n)]。在实际操作中，该数据序列是以图 3-47 地质成果描述图件为基础，应用数字化软件按较小的间距采样获得的。通过数学问题的求解，可以在 A_1, A_2, …, A_n 数据系列平面坐标已知的条件下，根据侧积泥岩的倾角 θ 和砂体厚度 h 信息（对于概念模型 h 可以设置为定值，对于实体模型 h 可以由砂厚图确定），用计算机程序将图 3-48 所示的蓝色侧积泥岩底界面数字化表征出来，作为建模软件的沉积侧积界面的输入数据。相应地，该侧积泥岩的顶界面在侧积夹层厚度已知的情况下可以直接平移一个夹层厚度求得，模型中侧积泥岩顶底面之间直接赋值为泥岩，这样操作就可以把侧积泥岩在三维模型中表征出来。需要说明的是，在平移生成侧积泥岩顶面时，充分考虑侧积泥岩在点坝底部 1/3 连通的特点，因此仅上部 2/3 平移，保持下部 1/3 顶底面数据重合，二者之间没有泥岩充填。

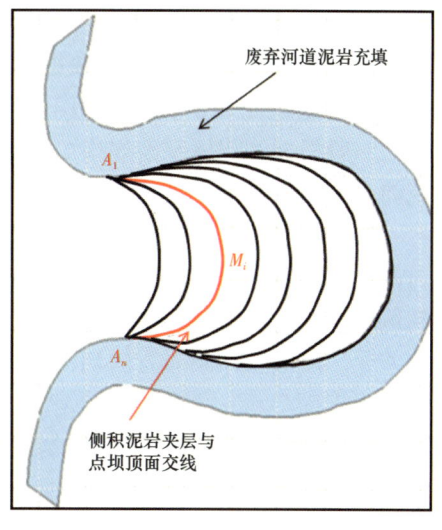

图 3-47 点坝及侧积层平面描述

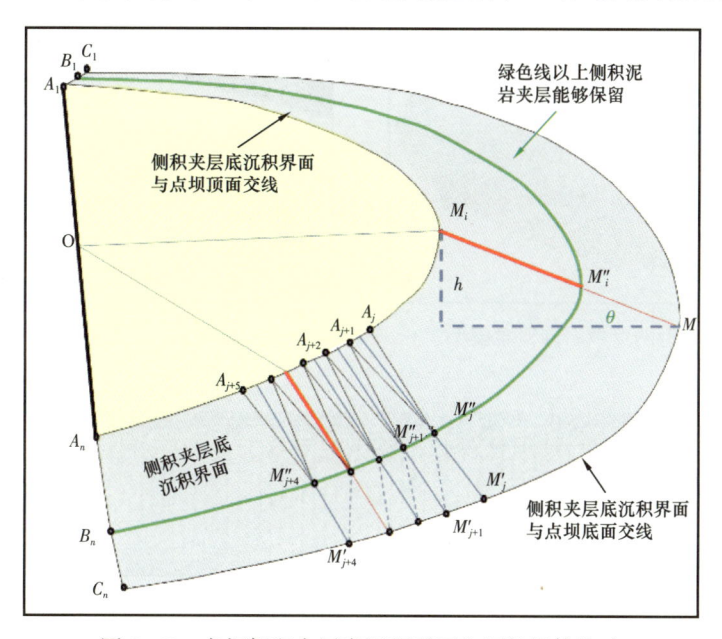

图 3-48 点坝侧积夹层底沉积界面空间数据体构建

3）基于构型的概念模型与实体模型建模实例

（1）概念模型。

以大港油田北部明化镇组曲流河点坝基本参数为基础，设计概念模型参数如下：① 废弃河道宽度 100m；② 点坝规模 600m×600m×10m；③ 点坝由 7 个侧积体叠加而成；④ 侧积泥岩夹层厚度 5cm，倾角 5°，且在点坝下部 1/3 尖灭；⑤ 孔隙度呈正韵律，20%～38%。

运用上述方法，创建了点坝中存在的 8 个侧积泥岩夹层顶底面的空间数据体，共 16 个空间离散数据面。将上述数据导入 Petrel 建模软件，并进行细分层和三维网格结构创建，单一侧积泥岩顶底面之间不必细分网格，并直接赋值岩性为泥岩。侧积泥岩夹层之间，一般根据侧积体厚度规模可以适当细分为 5 个小层，岩性赋值为砂岩，物性按照点坝正韵律渐变赋值。

图 3-49 为应用该方法建立的基于构型的点坝模型，灰色部分为侧积泥岩，黄色部分为侧积体砂岩，模型清晰地反映了侧积体在平面上呈新月形弧状分布，侧积泥岩垂向延伸到侧积体 2/3 高度。图 3-50 为点坝模型的纵横切片，从不同的视角观察到侧积泥岩产状的差异。沿侧积体倾向方向切得剖面显示，侧积体呈叠瓦状排列；而沿上述方向的正交方向切得剖面显示，侧积体间叠置方式更像是顶部被剥蚀的一组"背斜"构造。图 3-51 为沿侧积体倾向方向（图 3-49 中剖面 AB）所切的岩性模型和孔隙度模型，呈现出清晰的不规则网格结构，真实反映了曲流河点坝的侧向加积的地质过程。

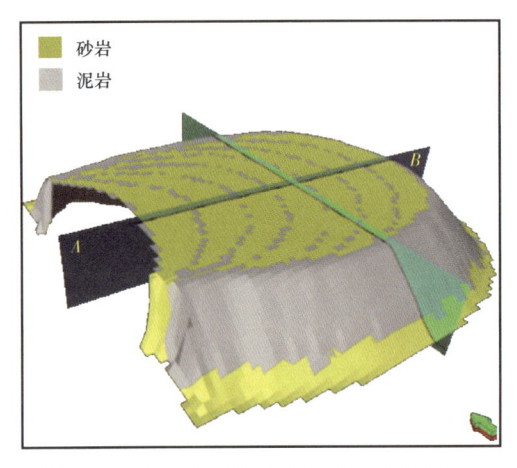

图 3-49　基于构型的点坝岩性概念模型

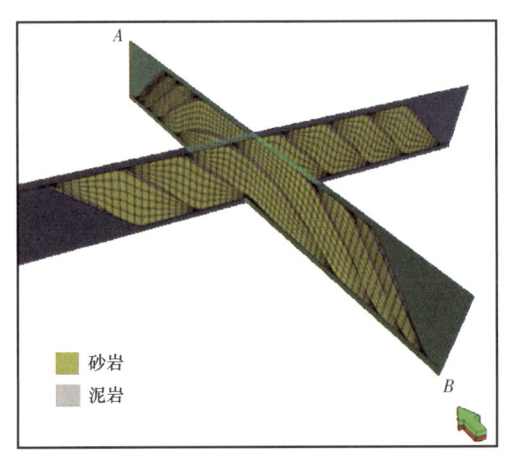

图 3-50　点坝构型岩性概念模型纵横切片

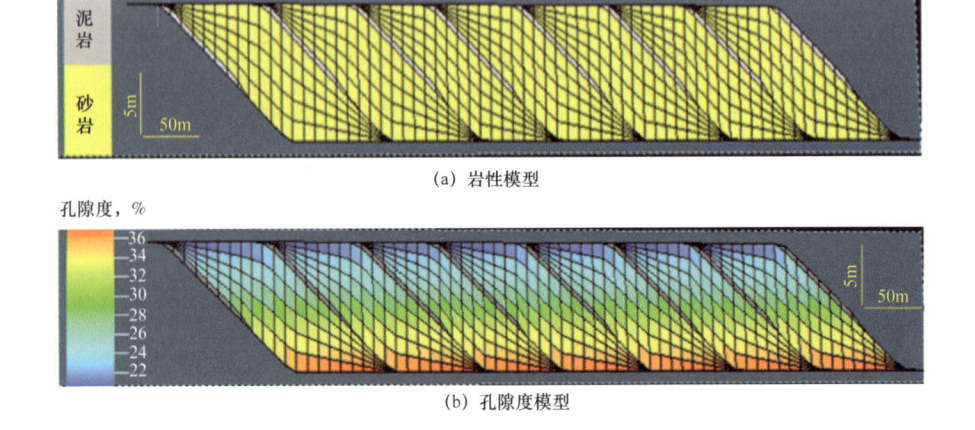

(a) 岩性模型

(b) 孔隙度模型

图 3-51　点坝构型模型切片（沿图 3-50 中 AB 方向）

（2）实体模型。

以大港港东油田明化镇组 S 小层典型曲流河油藏为例开展实体建模研究。图 3-52（a）为点坝单砂体及内部构型描述的成果图，其中点坝 1 内存在 2 口横穿多个侧积体的水平井 GH2 井和 GH3 井，给点坝构型描述提供了丰富的信息，基于构型的建模针对点坝 1 展开。该油藏含油面积 0.155km², 平均有效厚度 9.5m，地质储量比较丰富。从图 3-52（a）可以看出，该点坝包含 14 个侧积体。从图 3-52（b）所示的构造与含油面积图显示，构造下倾方向为 WS 方向，且存在明显的油水界面（深度为 1445m）。

(a) 点坝及内部构型描述　　(b) 油藏含油面积图

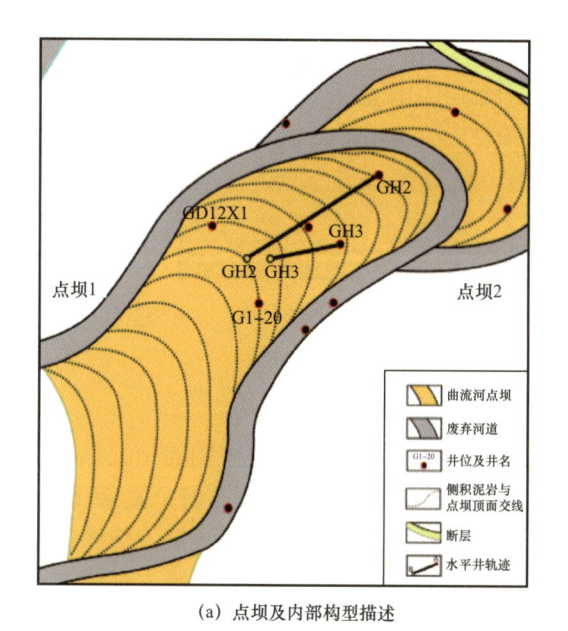

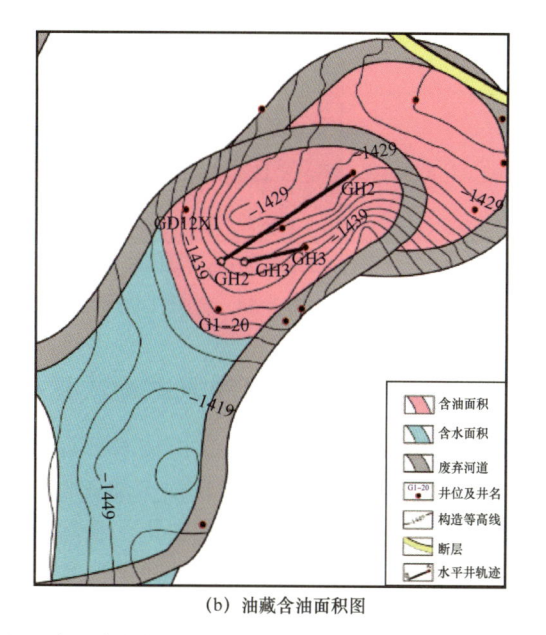

图 3-52　港东油田明化镇组 S 小层点坝描述结果

运用上述建模方法，建立了点坝 1 的三维构型模型（图 3-53）。该模型清晰显示点坝的构造形态，侧积泥岩分布及油水关系。图 3-54 为模型沿侧积体倾向方向的切面，展示了侧积夹层与 GH3 水平井的位置关系。从图 3-54 中可见，侧积泥岩之间的距离为 50~60m，由于 GH3 井钻遇油藏点坝偏低部位，钻遇夹层较薄或尖灭，夹层测井响应存在，但不明显。另外 GH3 井钻井时间较晚，由于油藏前期开发一段时间，边水上升明显，因此，在 GH3 井水平段末端出现电阻率降低的现象。

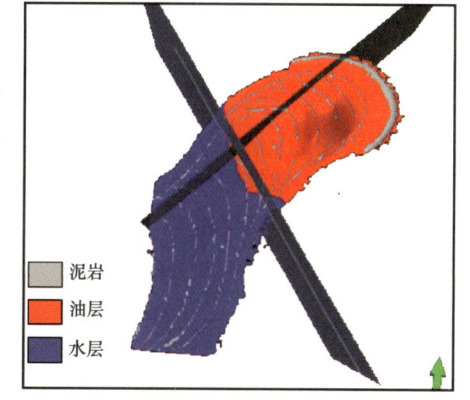

图 3-53　点坝 1 地下实体构型模型（含油水分布）

基于沉积界面建模方法的提出及技术的推进，为基于构型的建模开辟了新的视野，目前该模型在单一点坝开发机理模拟研究方面具有很好的应用前景。

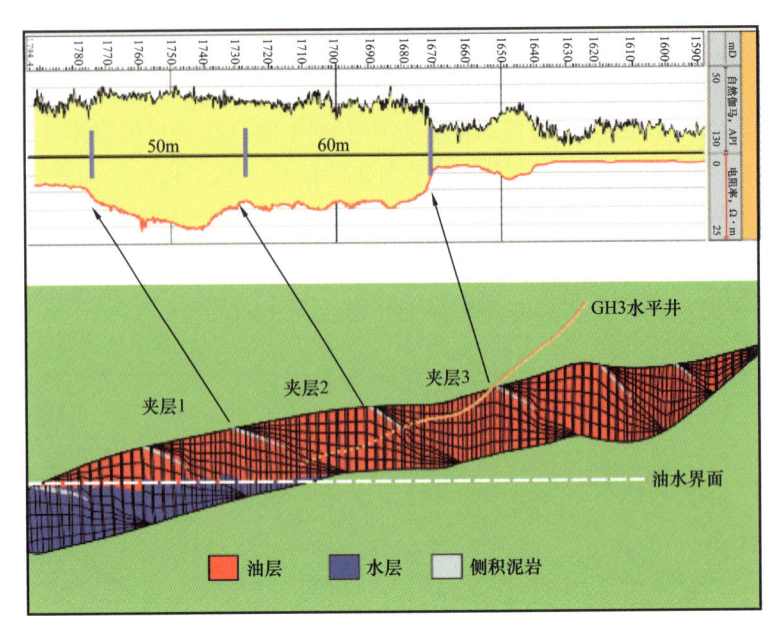

图 3-54 点坝 1 地下实体模型沿 GH3 切片及其与测井曲线对比

六、多条件约束油气藏地质建模技术

多条件约束油藏地质建模技术享有中国石油独有知识产权，是针对中国陆相沉积建模特点（陆相沉积体系相变较快，油气储集层连续性和连通性相对差，分布特征复杂多变，油藏构造常被断层切割而复杂化）和需求（已开发老油田中后期水流优势通道、低渗透油气藏微裂缝及动态裂缝、碳酸盐油气藏中裂缝或溶蚀孔洞描述、火成岩等特殊岩性储层建模）发展起来的。

所谓多条件约束油藏地质建模，是在建模工区内，将有关的二维、三维空间中的地球物理、地球化学、测井、地质、开发动态等资料作为限制条件或计算参数，用相关的先进配套技术方法，建立精度相对较高的油藏地质模型的过程。其中，"多条件约束"主要包括：（1）属性空间约束；（2）属性转换约束；（3）属性校正约束。该技术可根据其自身与建模属性的最佳相关关系转换为该属性建模的一组基本数据，求出的建模属性数据更加可靠，多条件约束做出来的属性模型更准确。"十一五"以来已在复杂构造建模、储集层属性建模、流体分布建模等方面广泛应用。

1. 多条件约束地质建模特色技术

1）断层隔挡技术

断层隔挡技术就是指构造离散点网格化过程中，将断层以分隔面或分隔线的形式，放入三维或二维构造离散点数据体中，通过断层和离散点的相对位置关系，控制每个网格点构造数值的技术。断层隔挡技术理论简图如图 3-55 和图 3-56 所示。

2）多边界技术

多边界技术是指在某个二维、三维空间中，当大量存在着互不相连的任意形态的封闭区域（二维、三维边界）时，判定该空间内某一点与那些封闭区域的位置关系技术。多边界技术的理论简图（以二维为例）如图 3-57 所示。

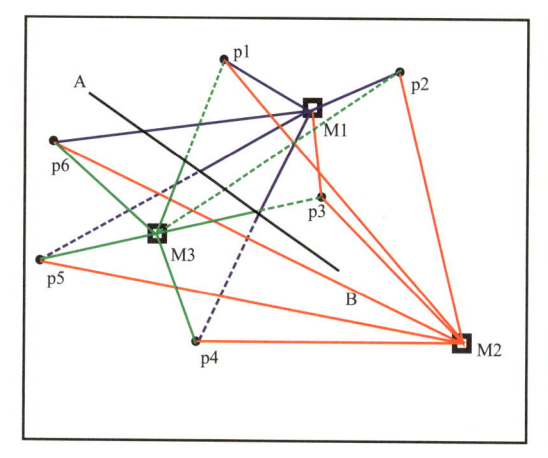

图 3-55　二维空间上断层隔挡示意图

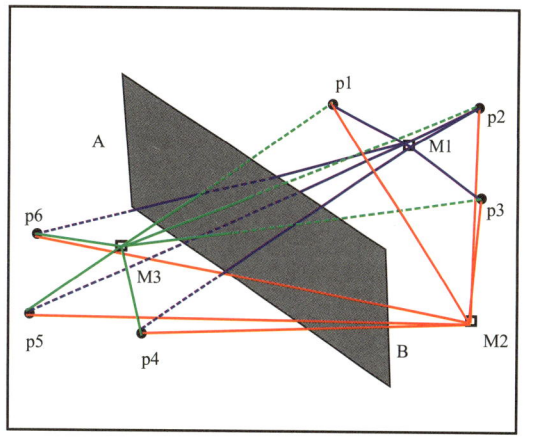

图 3-56　三维空间上断层隔挡示意图

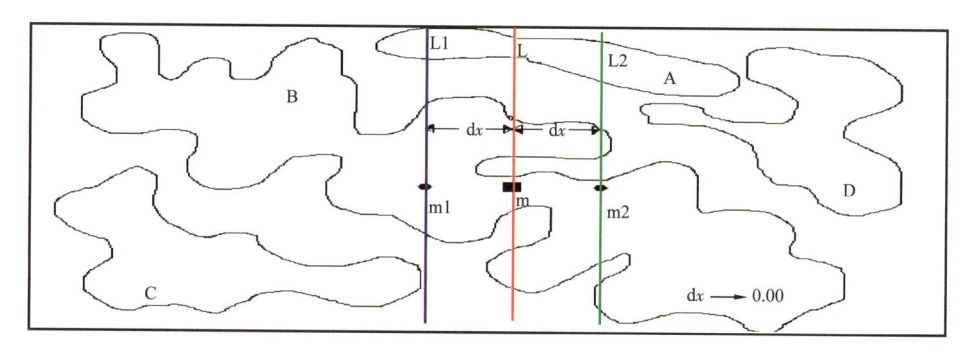

图 3-57　多边界技术理论示意图

3）储层反演厚度数据与储层小层厚度匹配技术

储层反演厚度数据与储层小层厚度匹配技术是指将来自反演的储层厚度数据去伪存真，并将其正确地劈分到各小层的技术，如图 3-58 所示。

4）三维储层物性离散数据自动生成技术

三维储层物性离散数据自动生成技术主要针对早期开发井数有限的新油气田储层物性建模。根据有限的井资料和地震资料，进行初步的沉积相研究确定基本的物源方向、砂地比、河流摆幅及波长等参数的变化范围，寻找出该区域内的储层物性分布统计规律。具体步骤就是将沉积相研究成果输入三维储层物性离散数据自动生成模块，让计算机输出一个满足该区域范围内沉积规律的三维储层物性数据体，可广泛用于随机建模之中。

2. 多条件约束地质建模特色软件

经过 20 多年潜心研究和研发，成功地将多条件约束油藏地质建模技术编写成程序模块，形成了基于 Windows 操作系统下的中国石油首套具有自主产权的油气藏地质建模系统（MGMS），如图 3-59 所示。该软件系统除了具有同类商业化建模软件所有的功能外，还具有适合中国高含水、低渗透、复杂岩性等特殊油气藏的专有功能模块。

实践证明，MGMS 系统解决了同类商业化软件在复杂断块油气藏地质建模过程中难以解决的技术难题。MGMS 建模软件系统已成功应用于国内外各种大型油气田和复杂油气藏的地质建模和开发方案优化设计，如青海英东一号逆断块油藏、海南花场断块凝析油藏、新疆火烧山油藏、长庆靖 81 块气藏和吉林长岭气藏等，取得了很好的生产应用效果和经济效益。

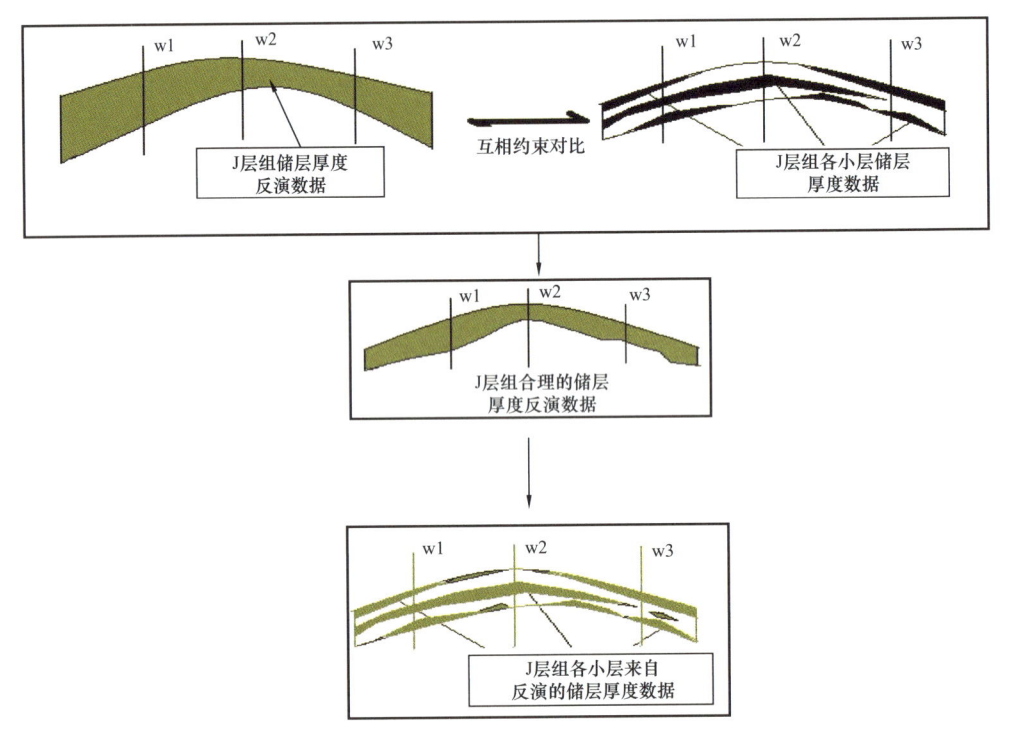

图 3-58　储层反演厚度数据与储层小层厚度匹配技术示意图

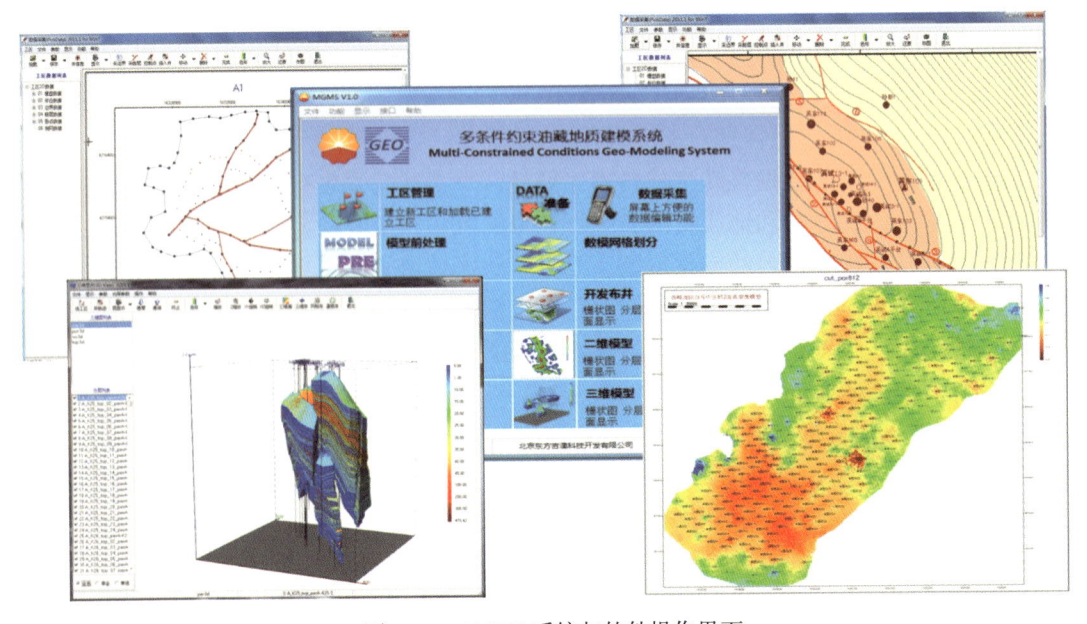

图 3-59　MGMS 系统与软件操作界面

第三节　油藏数值模拟技术进展

"十二五"期间，油藏数值模拟技术在低渗透油气藏和高含水油田多模态渗流模型、大规模高效油藏数值求解技术以及新一代油藏数值模拟软件研发方面取得突破性进展，主要包括：（1）描述高含水油藏大孔道演化和储层属性动态演化、低渗透油藏水驱非达西渗流特征和注水诱导动态裂缝变化等关键性机理的新一代油藏数值模拟数学理论模型；（2）"可扩展多功能模型架构、非结构化网格、高精度空间（时间）离散、多重预处理线性求解"等新一代油藏数值模拟求解技术 HiSolver；（3）油藏数值模拟多维可视化和交互分析技术；（4）具有黑油模型和化学驱模型的新一代油藏数值模拟软件系统 HiSim。

一、新一代数值模拟理论模型

1. 高含水油藏大孔道演化和储层属性动态演化数学模型

国内高含水油藏以河流三角洲沉积环境为主，储层非均质性严重。从吉林扶余油田曲流河储层微相看，砂体类型包括点砂坝、废弃河道砂体、决口砂体等多种，其中点砂坝是储集条件最好的微相，砂体内部以细砂和粉砂为主；从冀东高尚堡油田三角洲沉积环境的砂岩类型看，以岩屑长石砂岩、长石岩屑砂岩为主，包含中—粗砂和中—细砂岩两个或者两个以上级别的粒级；而克拉玛依油田山麓洪积相环境下的二中西八道湾组砾岩油藏储层岩性主要为砾岩、砂砾岩、粗砂岩。

在长期注水开发过程中，由于油层非均质性及不合理的工作制度等因素，储层中极易形成高渗透带及特高渗透带，亦称为大孔道。大孔道已成为影响高含水期注水开发效果的主要因素，它使得纵向和平面波及系数难以提高，导致油井含水上升快，水驱动用程度低，最终影响油田采收率及开发效益的提高，因此建立描述大孔道变化规律及其渗流规律是油藏数值模拟技术有效应对高含水油藏模拟的理论基础。

在油藏数值模拟中，孔渗参数用于描述油气渗流储层介质，一套孔渗参数对应一种介质，多套孔渗参数体现不同岩性的储层介质差异。大孔道中流体惯性力突出，小孔道中流体黏性占优，对于孔隙半径分布集中度差、孔隙半径分布频率图上出现双峰的储层，那么采用一套孔渗参数不能很好地描述介质储渗能力，应该采取两套孔渗参数，即单一介质和双重介质的理论模型。[11]

对于已开发老油田尤其是出现大孔道的高含水油藏，其储层介质性质与原始状态的单一介质不同，是原始基质系统和大孔道共同存在的复杂储层介质，可使用基质和大孔道双重介质数学理论模型。对于大孔道（裂缝）或者砾岩系统，既具有储存流体的能力（孔隙度），也有让流体通过的能力（渗透率）。

对于小孔道（基岩）或者砂岩系统，赋予其储存流体的能力（孔隙度），而取消流体通过的能力。实际上，小孔道也存在让流体通过的能力，但描述上把小孔道的流通能力归并到大孔道中，宏观上表现出流通能力保持一致。

对于山麓洪积相环境下的砂砾岩油藏，由于粒度分选差表现出"复模态"特性，砾岩部位的储渗能力远大于砂岩部位，此时也可考虑用双重介质处理。

1)地层物性动态变化

在储层中大孔道随着局部渗透率增加而形成,建立储层渗透率动态变化模式的数学模型可解决大孔道形成与演化的数学描述问题。考虑到注入水的累积冲刷作用是渗透率演化的主要因素,注水开发过程中储层局部渗透率通常呈现先期缓慢增加、中期快速增加、后期又缓慢增加的特点,采用公式(3-2)描述渗透率随注水累计线流量增加的规律:

$$K = \begin{cases} K_0(1+\lambda\beta) & (Q_t \leq Q_c) \\ K_0(1+\lambda) & (Q_t > Q_c) \end{cases} \quad (3-2)$$

其中

$$\beta = 0.5 + 0.5\sin\left[\frac{\pi}{Q_c}\left(Q_t - \frac{Q_c}{2}\right)\right] \quad (3-3)$$

式(3-2)中当累计线流量 Q_t 超过临界流量 Q_c 时渗透率不再变化。

2)非线性渗流特征

高含水油田经过长期注水开发后,内部孔隙结构会发生很大变化,在对长期水淹层进行岩心测试分析时发现偏离达西线性流动的实验现象。储层中流体流动受惯性力和黏性力共同控制,当流动速度足够慢或者尺度足够小时可以忽略惯性力,此时流体流动主要受黏性力控制,即线性的压力与渗流速度关系。

考虑高速流动情况下惯性和湍流的影响,Forchheimer 定律可写为

$$-\frac{\mathrm{d}p}{\mathrm{d}x} = \frac{\mu}{K}u + \rho\beta u^2 \quad (3-4)$$

式中 β——非达西流动系数;
μ——流体黏度;
ρ——流体密度;
u——流体速度;
p——渗流压力;
K——流体的有效渗透率。

描述压力梯度与渗流速度的关系式可写为指数型:

$$u = c\left(\frac{\mathrm{d}p}{\mathrm{d}x}\right)^n \quad (3-5)$$

式中 n——渗流指数,其值在 0.5~1 之间,当 $n=1$ 时渗流满足达西线性渗流定律。

2. 低渗透油藏多模态渗流数学理论模型

在长庆安塞、吉林新民油田等国内一系列典型的低渗透油田的开发过程中,开发中后期的主要矛盾体现在油井见水具有明显的方向性。低渗透油藏由于储集层物性差,造成注水井周围憋压,导致地层中产生微裂缝,这些裂缝在特定的注水条件下不断延伸,形成动态裂缝。动态裂缝是影响地层动态非均质性和方向性见水的重要因素[12, 13]。

1)动态裂缝开启延伸数学模型

动态裂缝的成因通常由于低渗透油藏储层吸水能力差,注入水不能及时进入储层,导致注水井周围地层压力不断升高,当压力达到某一极限时,地层产生微裂缝,这些裂缝在

特定的注水条件下不断延伸，便形成了动态裂缝。注水井井底压力超过岩层破裂压力时裂缝开启，开启压力公式如下[14-16]：

$$p_f = p_p + (p_0 - p_p)\left(\frac{2v}{1-v} - k\right) + S_{rt} \qquad (3-6)$$

裂缝在一定压力下不断生长延伸，扩大规模，延伸压力公式如下：

$$p_{tip} = \sigma_{Hmin} + \sqrt{\frac{\pi UE}{2(1-v^2)r_f}} \qquad (3-7)$$

2）连续裂缝模型

根据油藏实际情况，将动态裂缝的高度看成是一个常量，而动态裂缝的宽度较小，忽略流体在裂缝横断面上的流动，将动态裂缝模型简化成其在长度上的演化。在动态裂缝起裂、延伸、闭合等演化过程中，裂缝渗透率等属性产生相应的动态变化。动态裂缝的渗透率随地层压力的变化关系如图3-60所示。当地层压力增大到动态裂缝的起裂压力p_f时，动态裂缝产生，其渗透率发生突跳，当地层压力继续增加时，渗透率逐步上升。当地层压力逐步降低时，裂缝渗透率逐步下降，变化趋势与地层压力上升阶段相反，最后趋于定值。此外，考虑应力敏感等因素，地层压力下降阶段渗透率变化幅度比地层压力上升阶段变化幅度大。动态渗透率公式为

$$K_f(p) = \begin{cases} f_1(p) & \text{地层压力上升阶段} \\ f_2(p) & \text{地层压力下降阶段} \end{cases} \qquad (3-8)$$

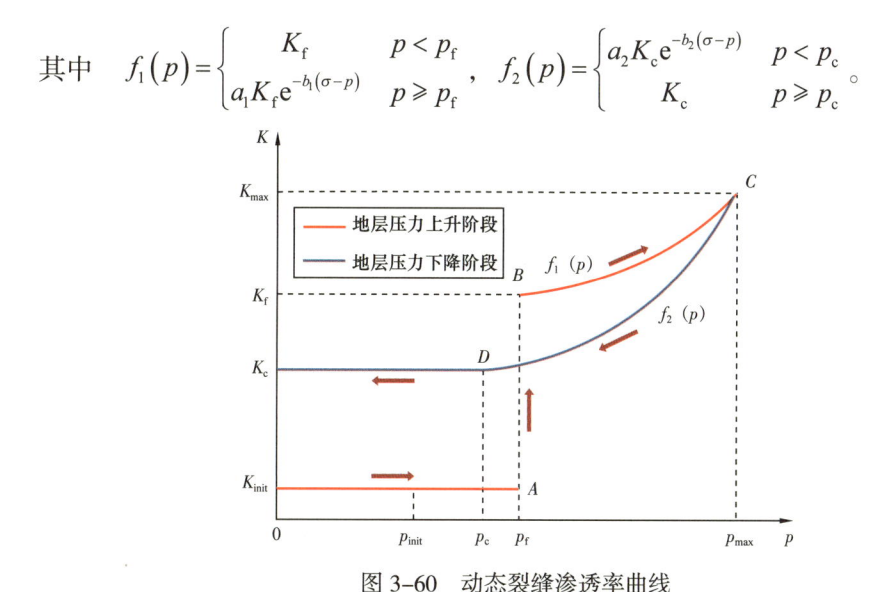

其中 $f_1(p) = \begin{cases} K_f & p < p_f \\ a_1 K_f e^{-b_1(\sigma-p)} & p \geqslant p_f \end{cases}$，$f_2(p) = \begin{cases} a_2 K_c e^{-b_2(\sigma-p)} & p < p_c \\ K_c & p \geqslant p_c \end{cases}$。

图3-60 动态裂缝渗透率曲线

3）离散裂缝模型

离散裂缝模型采用非结构化网格以及对裂缝几何体进行"降维"的处理方式，可根据裂缝实际尺寸和分布形态对其进行完整和显性的描述。裂缝与基质网格之间的传导率计算是其中最重要的问题，可分为基质—基质传导率、基质—裂缝传导率和裂缝—裂缝传导率。

（1）基质与基质的传导率。

由于非结构网格的控制体形状多样，相邻两个网格之间难以恒定正交，相邻网格间距 L_{ij} 难以直接确定，因此采用非结构控制体积有限差分方法近似处理两点之间流体流动。任意形状的基质网格 i、j 之间的传导率 T_{ij} 为一个与变量无关，仅与网格的几何形状和多孔介质属性有关的参数，如下所示：

$$T_{ij} = \frac{\alpha_i \alpha_j}{\alpha_i + \alpha_j} \tag{3-9}$$

其中 $\alpha = A \cdot \dfrac{K}{D} \cdot \boldsymbol{n} \cdot \boldsymbol{f}$

（2）裂缝与裂缝的传导率。

裂缝—裂缝传导率计算分为如下两种情况。

① 相连裂缝网格之间的传导率。

一般情况下，两个裂缝网格之间不存在公共面，因此无法直接使用公式进行计算。为了解决这个问题，引入了一个体积无穷小的虚拟网格——"0网格"，其特点是与相连两条裂缝都是"正交"连接的。相连裂缝网格间的传导率为：

$$T_{12} = \frac{T_{01} T_{02}}{T_{01} + T_{02}} \cong \frac{\alpha_1 \alpha_2}{\alpha_1 + \alpha_2} \tag{3-10}$$

② 相交裂缝网格之间的传导率。

当裂缝出现相交（包括分支、汇合等）情况的时候，会出现3条及以上相交裂缝网格间的传导率计算。与上述类似，也需在交点处加入"0网格"。对于任意 n 个裂缝网格相交于同一节点的情形，其中任意两个裂缝网格 i 和 j 之间的传导率公式如下：

$$T_{ij} \cong \frac{\alpha_i \alpha_j}{\sum_{k=1}^{n} \alpha_k} \tag{3-11}$$

（3）基质与裂缝的传导率。

基质—裂缝的传导率计算与基质—基质的传导率计算基本一致，如下所示：

$$T_{mf} = \frac{\alpha_m \alpha_f}{\alpha_m + \alpha_f} \tag{3-12}$$

其中 $\alpha_m = A_m \cdot \dfrac{K_m}{D_m} \cdot \boldsymbol{n}_m \cdot \boldsymbol{f}_m$，$\alpha_f = A_f \cdot \dfrac{K_f}{D_f}$。

4）低渗透油藏多模态渗流模型

低渗透油藏多模态渗流模型是基于低渗透油藏基质非线性渗流模型及动态裂缝连续模型建立的。该模型同时考虑裂缝开启延伸闭合等形态变化及相应的裂缝渗透率动态变化。多模态渗流模型又可分为双孔双渗模型及双孔单渗模型。

（1）双孔双渗模型。

双孔双渗模型将低渗透储层看作单纯基质孔隙介质和单纯裂缝介质在空间上的叠合，即：空间上存在两套渗透率场、孔隙度场、饱和度场、流体流速场及流体压力场等。该模型适用于天然裂缝不十分发育的低渗透油藏，为描述动态裂缝的演化，在原有基质模型中加入动态裂缝模型。

模型中流体流动包括：① 相邻网格间流体从基质到基质的流动；② 相邻网格间流体从裂缝到裂缝的流动；③ 同一网格块内流体从基质到裂缝的流动；④ 流体从基质到井的流动；⑤ 流体从裂缝到井的流动。

双孔双渗模型的基本微分方程为（以油相为例）：

基质系统：

$$\nabla \cdot \left\{ \frac{KK_{ro}\rho_o}{\mu_o} \left[1 - \frac{1}{a+b\left|\nabla\left(p_o - \gamma_{og}D\right)\right|} \right] \nabla\left(p_o - \gamma_{og}D\right) \right\}_m + q_{mo} - \tau_{mfo} = \frac{\partial}{\partial t}\left(\phi\rho_o S_o\right)_m \quad (3\text{-}13)$$

裂缝系统：

$$\nabla \cdot \left[\frac{KK_{ro}\rho_o}{\mu_o} \nabla\left(p_o - \gamma_{og}D\right) \right]_f + q_{fo} + \tau_{mfo} = \frac{\partial}{\partial t}\left(\phi\rho_o S_o\right)_f \quad (3\text{-}14)$$

基质与裂缝窜流项：

$$\tau_{mfo} = \sigma_m \cdot \left(\frac{KK_{ro}\rho_o}{\mu_o}\right)_m \left[1 - \frac{1}{a+b\left|\nabla\left(p_o - \gamma_{og}D\right)\right|} \right] \left[\left(p_o - \gamma_{og}D\right)_m - \left(p_o - \gamma_{og}D\right)_f \right] \quad (3\text{-}15)$$

（2）双孔单渗模型。

双孔单渗模型由连续且互相连通的裂缝系统和被裂缝系统所切割开的不连续的基质岩块组成。该模型适用于天然裂缝较为发育的裂缝性低渗透油藏。为描述动态裂缝的演化，在原有裂缝模型中加入动态裂缝演化的判定条件，使裂缝系统既可以描述天然裂缝，又能够描述动态裂缝。

模型中流体流动包括：① 相邻网格间流体从裂缝到裂缝的流动（相邻网格间基质与基质不发生流动）；② 同一网格块内流体从基质到裂缝的流动；③ 流体从裂缝到井的流动（无流体从基质到井的流动）。双孔单渗模型的基本微分方程为（以油相为例）：

基质系统：

$$-\tau_{mfo} = \frac{\partial}{\partial t}\left(\phi\rho_o S_o\right)_m \quad (3\text{-}16)$$

裂缝系统：

$$\nabla \cdot \left[\frac{KK_{ro}\rho_o}{\mu_o} \nabla\left(p_o - \gamma_{og}D\right) \right]_f + q_{fo} + \tau_{mfo} = \frac{\partial}{\partial t}\left(\phi\rho_o S_o\right)_f \quad (3\text{-}17)$$

基质与裂缝窜流项：

$$\tau_{mfo} = \sigma_m \cdot \left(\frac{KK_{ro}\rho_o}{\mu_o}\right)_m \left[1 - \frac{1}{a+b\left|\nabla\left(p_o - \gamma_{og}D\right)\right|} \right] \left[\left(p_o - \gamma_{og}D\right)_m - \left(p_o - \gamma_{og}D\right)_f \right] \quad (3\text{-}18)$$

二、新一代油藏数值模拟技术

1. 大规模高效油藏数值模拟求解技术

目前，中国已开发的油田经过数十年的开发大都已进入注水开发的后期，油田生产总体上已经进入高含水、高采出阶段[11]；新开发的油藏亦以低渗透、特低渗透油田为主。要进一步获得经济有效的产量，需要深化对油气藏的描述，进行更精细的陆相储集层等地质研究，建立起更精细的地质模型。这些模型与以前的地质模型相比，描述地质细节所用的网格数目更多、生产历史更长、井的数目和措施多、油气分布情况更为复杂，这些变化极大地增加了油藏数值模拟历史拟合和调整方案预测的工作量、难度和耗时。同时，油藏数值模拟的数学模型由多个非线性偏微分方程耦合而成，具有强非线性、强间断性、强耦合性和多尺度性，求解这些微分方程组通常需要占用整个模拟时间的70%～80%，而且随着问题规模的增加，这个比例还会增加，因此如何高效地求解这些方程组成为数值模拟的核心问题之一[17,18]。

油藏数值模拟中的多相相对渗透率流方程组离散和线性化后得到线性代数方程组，解这些方程组的时间一般占全部模拟时间的一半以上，且随着模拟规模的增加，线性求解时间的比例也迅速增加。为实现大规模复杂地质模型（多油水界面复杂、小层多、井数多）几十年全生命周期以及复杂生产制度变化的正确拟合和预测，需要提高线性方程组的求解速度，缩短油藏模拟的历程，为此研发了集多阶段预处理、（块）不完全LU分解、Krylov子空间方法等多种预处理求解技术于一体的大规模高效数值模拟求解技术，解决了大规模油藏数值模拟的高奇异性、不稳定性难题，计算速度提升5倍以上；在处理规模上，创新形成了海量数据动态压缩存储技术，解决了大规模模拟数据存储、搜索、调用等内存有效利用和数据高效调用的技术难题，在普通PC机上模拟规模突破千万节点，大幅度提高了模拟规模、速度、精度和扩展性[19]。

1）多阶段预处理方法

针对复杂渗流模型非线性严重、条件数分散（谱）、收敛性差的问题，将不同物理性质的变量分阶段处理，综合运用代数多重网格方法、不完全LU分解、高斯—赛德尔迭代和广义最小余量迭代法等求解方法，创新形成了多阶段预处理迭代求解MPG技术并研发了多阶段预处理解法器。其基本思想为针对渗流模型的物理和数学特征，将原问题解耦并引入辅助空间，将复杂的非线性全局问题转化成一系列简单的线性子问题，根据各子问题的数学物理性质设计相应的高效求解方法，然后将其合理组合得到快速、稳定的求解器，并利用已有算法进行求解。实际油藏及油藏模拟标准测试表明该方法具有稳定性强、精度高、收敛速度快等优点，能够高效准确地模拟油藏的生产动态及地层压力的变化[20,21]。

在黑油数值模拟中线性方程组系数矩阵由压力变量、饱和度变量及井底压力变量的系数构成，因此可以利用Quasi IMPES、True IMPES、交替块分解（ABF）、CPR或初等反射阵（Householde变换阵）等解耦方法削弱不同未知量之间的强耦合关系，将油藏代数系统分解为压力、饱和度及井底压力3个子系统，然后为每个子系统引入相应的辅助问题，为其构造辅助空间预条件子。

（1）压力子系统的快速求解。

压力方程具有椭圆方程特性，利用代数多重网格（AMG）方法可以快速、准确求解这类方程组，但在实际计算中，油气藏的非对称和非均质性质、预处理步骤及井未知量都会破坏压力块辅助问题的椭圆性质，导致AMG方法性能退化，AMG与ILU乘性结合的方法可以有效地解决这一问题。具体过程如下：

① 构造 AMG 算法所需网格、延拓算子并选择光滑算子，令方程组的初始解 $x_{k,0} = x_k$；
② 利用 AMG 算法求得近似解 $x_{k,1}$；
③ 以 $x_{k,1}$ 为初始值，利用 ILU–GMRES 法求得近似值 $x_{k,2}$；
④ 以 $x_{k,2}$ 为初始值，再利用 AMG 算法求得近似值 x_{k+1}。

（2）饱和度子系统的求解。

渗流方程中的饱和度方程是双曲型（对流占优）的，采用顺风高斯—赛德尔迭代法求解一步即能得到满足精度的近似解。在多孔介质中，多相流通常由高压强流向低压强，在离散过程中，两个单元和之间的流动相仅依赖于上游单元的饱和度。由此可按照压力下降的顺序给各网格节点重新排序得到下三角方程组，然后利用高斯—赛德尔迭代式即可快速求解饱和度方程组。同样，对于压力与饱和度耦合的系统以及油藏与井的耦合子系统，亦可采用顺风高斯—赛德尔迭代法。

（3）井子系统的求解。

对于隐式井方程组，由于井和油藏的耦合只发生在井筒通过的网格上，因此可将油藏网格分为两类：井通过的网格和没有通过的网格。将井通过的网格与井耦合在一起重新排序，其规模相对于油藏部分比较小，直接求解即可。

（4）压力、饱和度、井子空间预处理算法的耦合。

设压力变量空间 $V_p \subset V$，饱和度变量空间 $V_s \subset V$，S 为原空间 V 的磨光算子，定义乘法型的多阶段预处理子如下：

$$I - B_{msp}A = (I - SA)(I - \Pi_p B_p \Pi_p^T A)(I - \Pi_s B_s \Pi_s^T A)(I - \Pi_w B_w \Pi_w^T A) \quad (3\text{-}19)$$

式中　B_p，B_s，B_w——分别为压力、饱和度、井子空间的预处理子；
　　　Π_p，Π_s，Π_w——分别为从 V 到压力、饱和度及井底压力变量空间的限制矩阵。

将步骤（1）～步骤（3）中的预条件子带入乘性算子式（3-19）中即得到完整的预处理方法，求解流程如图 3-61 所示。

2）不完全 LU 分解方法

不完全 LU（ILU）分解法广泛使用于油藏数值模拟的线性方程组求解中，当矩阵 A 的非零元较少且按一定的规则分布时，它的 LU 分解产生的单位下三角矩阵 L 和上三角矩阵 U 一般不能保持和 A 相同的稀疏模式，即如果 A 为带状矩阵，由其分解而成的矩阵 L 和 U 增加了大量的非零元素，不再具有带状形式，加大了计算量和计算难度。ILU 分解就是将稀疏矩阵 A 近似分解为特定结构的稀疏下三角矩阵 L 和稀疏上三角矩阵 U 乘积的形式：

$$A \approx L(G)U(G) \quad (3\text{-}20)$$

其中 G 为非零指标集，L 和 U 中 G 位置之外元素均设定为零，矩阵 LU 就是预条件子 M。当设定的非零指标集结构与 A 的非零结构完全相同时，式（3-20）是 ILU（0）分解。在 ILU 分解基础上，发展了块 ILU（BILU）分解方法，即将系

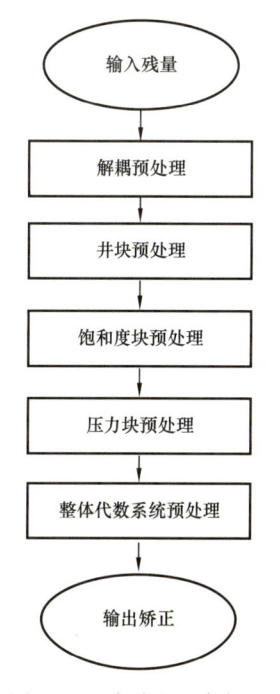

图 3-61　多阶段预条件子求解流程图

矩阵中的每一个子块（每个网格上的线性系统）看作一个矩阵元素进行运算，相应的代数运算是通过分块矩阵的加、减、乘、求逆来完成的。在油藏数值模拟中，线性系统系数矩阵满足块对角占优，BILU 比 ILU 方法更稳定、收敛速度更快。

3）Krylov 子空间求解方法

对线性方程组预处理后，利用 Krylov 子空间方法就可快速有效地求解。

Krylov 子空间方法主要包括共轭梯度 ORTHOMIN、广义极小残差 GMRES 及双共轭梯度 BiCGStab 等方法，这些迭代法主要由矩阵向量乘积及向量间的运算构成，存储量小（系数矩阵压缩存储），计算量小、易于实现，且具有精度高、稳定性好、收敛速度快的优点，目前已经成为求解油藏数值模拟问题的成功、有效方法。

广义极小残差法（GMRES）是 Krylov 子空间方法中的一类重要迭代方法，它将待求问题转化为求解极小值问题式（3-21）的解。

$$f(x) = \min_{x \in x_0 + \kappa_m(A, r_0)} E(x) = \min_{x \in x_0 + \kappa_m(A, r_0)} \left[A(x - x^*), (x - x^*) \right]^{1/2} \quad (3-21)$$

其中

$$r_0 = b - Ax_0 \quad (3-22)$$

式中　x_0——R^n 中任意向量；

　　　x^*——方程 $Ax = b$ 的真实解；

　　　$K_m(A, r_0)$——R^n 中关于 A 和 r_0 的 m（$m \geq 1$）阶 Krylov 子空间。

GMRES 及其变形的一些方法如灵活的 GMRES（FGMRES）、自动重起 GMRES（VGMRES）等对线性方程组的系数矩阵没有特殊的要求，可以求解大型非对称稀疏线性方程组，对于大规模的运算，其存储量和计算量均远远低于 ORHTOMIN 方法。

目前，已形成包括 ORTHOMIN、GMRES、FGMRES、块 GMRES 及 BiCGStab 等算法在内的求解库，实际运算时可以根据模拟问题的情况进行选择。

4）块行压缩存储方法

油藏数值模拟中形成的代数系统矩阵规模大且相对稀疏，即非零元素占全部元素的比例很小。此时存储格式的选择对于算法的实现效率起到至关重要的作用，好的存储格式有利于提高缓存数据使用概率、编译器优化，从而提高计算效率。本节主要采用块行压缩存储（BSR）格式作为稀疏矩阵的存储格式，需用到的变量和数组如下。

（1）nb：子块的阶数。

（2）ROW，COL，NZ：分别表示矩阵的块行数、块列数及非零块的总数。这里非零块指至少包含一个非零元素的块。

（3）val：长度为 $NZ \times nb \times nb$ 的实型数组，存放所有非零块中的元素值，非零元按块逐行存放。对于每一个子块，$nb \times nb$ 个非零元素逐行存放，行内的 nb 个元素按照列号从小到大的顺序排列。

（4）IA：长度为 $ROW+1$ 的整型数组。记 $NNZ(j)$ 为矩阵的第 j 个块行中非零块的个数，则 IA 的分量可写为如下形式：$IA(1) = 1$，$IA(j) = IA(j-1) + NNZ(j)$，$j=2, 3, \cdots, ROW+1$。

（5）JA：长度为 NNZ 的整型数组，$JA(j)$ 表示 val 中的第 j 块在对应的块稀疏矩阵中的列号。

2. 多维可视化油藏数值模拟交互分析技术（HiSim View）

多维可视化交互分析技术是油藏数值模拟应用研究的重要辅助手段，在油藏数值模拟历史拟合和产量预测中，一方面可以全方位多视角立体展示地下储层的分布及连通关系和油、气、水等流体的分布与流动情况；另一方面也可以利用交互手段分析吸水—吸气—产液剖面、纵向和平面波及系数等，辅助油藏工程师准确分析和预测油气田开发效果。

多维可视化油藏数值模拟交互分析技术 HiSim View 主要包括：四维可视化技术（HiSim^{4D}）、多层位汇总分析技术（Grid-to-Zone Inversion，HiSim^{G2Z}）以及水驱动态交互分析技术（Waterflooding Interactive Analysis，WIA）、交互式井网部署技术（Interactive Well Placement，IWP）等 4 个方面。

1）四维可视化技术 HiSim^{4D}

如何直观、逼真再现油气田储层分布和油气田开发历程是油气藏数值模拟的后端关键技术，是油藏数值模拟计算结果数据的可视化展示，直接影响油气田开发模拟研究的时效性和可靠性。

HiSim^{4D} 整合传统计算机三维可视技术、时空联动显示技术、任意剖面切分技术、流线模拟可视技术以及井轨迹雕刻技术等可视化技术，实现对油藏数值模拟计算结果进行多空间、多视角的展示，逼真展示储层的几何构造形态［图 3-62（a）、图 3-62（b）］、孔渗饱等地质静态属性以及任意时刻地层压力、含油饱和度等动态属性［图 3-62（c）］，展示井位分布、井轨迹、射孔及封堵等生产历程变化［图 3-62（d）］。

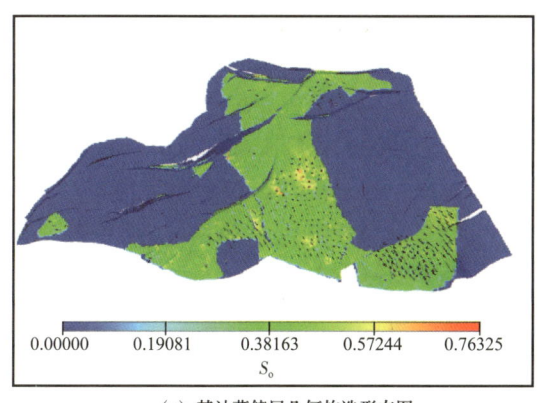

（a）某油藏储层几何构造形态图

（b）某油藏原始含油饱和度图

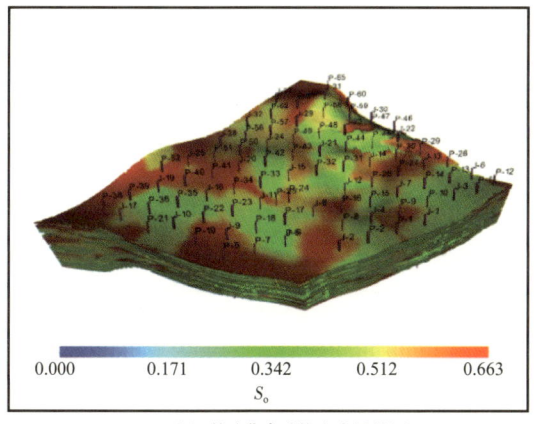

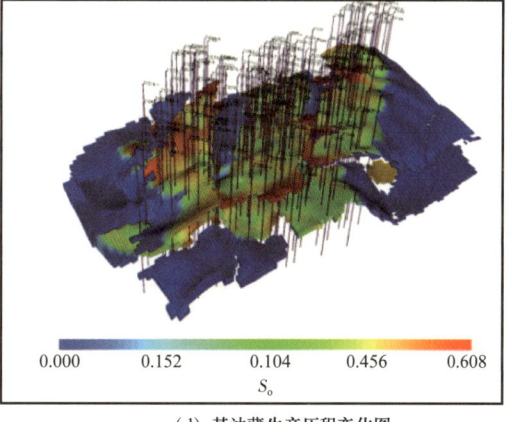

（c）某油藏含油饱和度属性图

（d）某油藏生产历程变化图

图 3-62　四维可视化技术 Hisim^{4D}

HiSim^{4D}连井剖面动态展示技术实现任意注采单元油水井间各层连通关系、受效关系以及井间剩余油分布的动态展示（图3-63）。

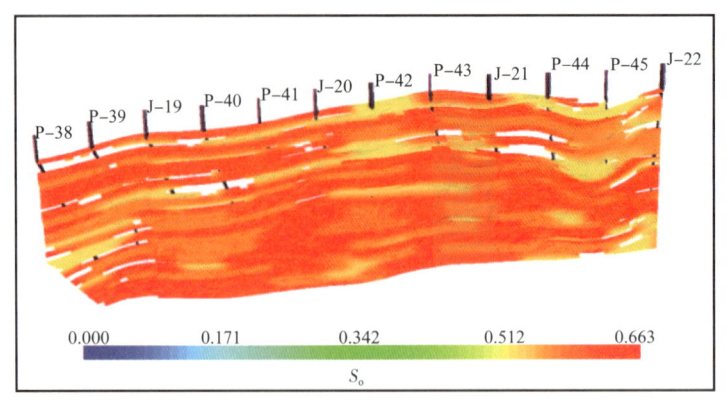

图3-63　某油藏井间剩余油剖面

2）多层位汇总分析技术HiSim^{G2Z}

油藏数值模拟技术借助离散网格信息载体记录储层内各种地质特征，如埋藏深度、砂体厚度、有效厚度、孔隙度、渗透率、饱和度以及地层压力等静态和动态属性。开发地质和油藏工程中所记录的砂体、小层、层组等概念在油藏数值模拟中被离散为纵向的一个或多个数值模拟小层，因此，油藏数值模拟展示的结果也以数值模拟小层为载体。如何把数值模拟计算小层（Grid）的信息映射到地层层位（Zone）的信息一直是困扰油藏工程师的难点。

HiSim^{G2Z}多层位汇总分析技术针对不同的属性，分别采用求和、算术平均、调和平均、加权平均等算法实现多信息的模拟层位与地质层位的对应映射关系，处理信息包括：砂体厚度、有效厚度、净总厚度比、孔隙度、渗透率、饱和度、压力、储量丰度等。例如，该技术将数模模拟小层的对应压力、饱和度等属性进行孔隙体积加权平均，然后得到对应地质小层的压力、饱和度（图3-64）。

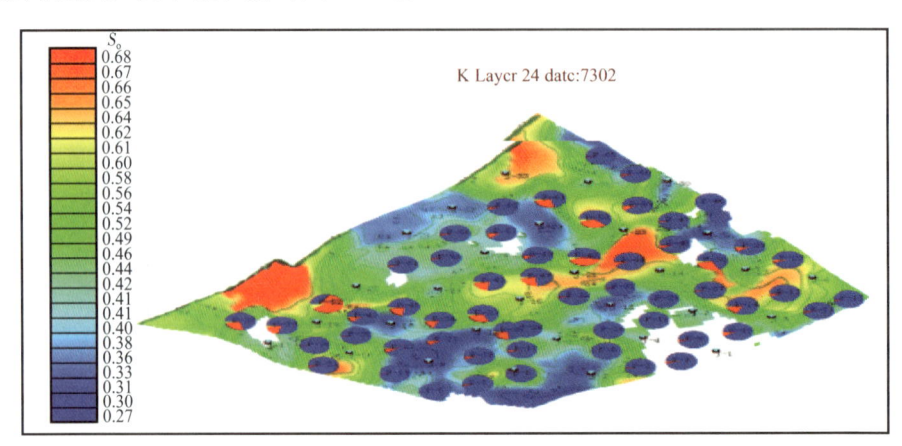

图3-64　剩余油饱和度按层位叠合

3. 水驱动态交互分析技术（WIA）

动态分析是油田开发过程中的重要研究内容，水驱动态交互分析技术WIA基于可视化交互环境，充分利用油藏数值模拟计算结果和生产动态、测试资料进行交互分析，查找油田开发存在的问题、评价开发效果、预测开发指标，辅助开发方案优化。

水驱动态交互分析技术 WIA 包括产吸液剖面分析 PPA、波及系数分析 RCA、产量递减分析 PDA、水驱特征曲线分析 WCA、含水与采出程度关系分析 WRA（图 3-66）。

产吸液剖面分析技术 PPA：展示数值模拟小层的产油、产水、产气、注水等信息；展示地质小层的产油、产水、产气、注水等信息；数值模拟产液剖面与实际测试产液剖面的交互对比［图 3-65（a）］。

波及系数分析技术 RCA：通过分析计算不同时期、不同区域或井组、不同层位的水驱波及系数，对水驱波及效果进行评价，量化平面矛盾、层间差异，为后期开发调整提供依据。

产量递减分析技术 PDA：进行单井、井组、小层、油田产量递减分析，任意圈定的区域内产量递减分析。根据生产历史数据或模拟计算得到的日产量、累计产量数据，分析油藏或单井的产量递减规律和递减类型，计算递减率，评价未来产量和预期采收率［图 3-65（b）］。

水驱特征曲线分析技术 WCA：分别对任意井组、油田、层系进行各类水驱特征曲线分析。根据实际生产或模拟计算得到的累计产油量、累计产水量等数据，进行多种类型的水驱特征曲线回归分析，预测油田动态，估计油田可采储量和最终采收率［图 3-65（c）］。

含水与采出程度关系分析技术 WRA：对井组、油田、层系进行含水率与采出程度关系分析。针对不同油水黏度比下的含水与采出程度关系，建立含水率—采出程度理论图版，结合实际生产数据，认识含水率上升规律［图 3-65（d）］。

(a) 产吸液剖面分析技术PPA

(b) 产量递减分析技术PDA

(c) 水驱特征曲线分析技术WCA

(d) 含水与采出程度关系分析技术WRA

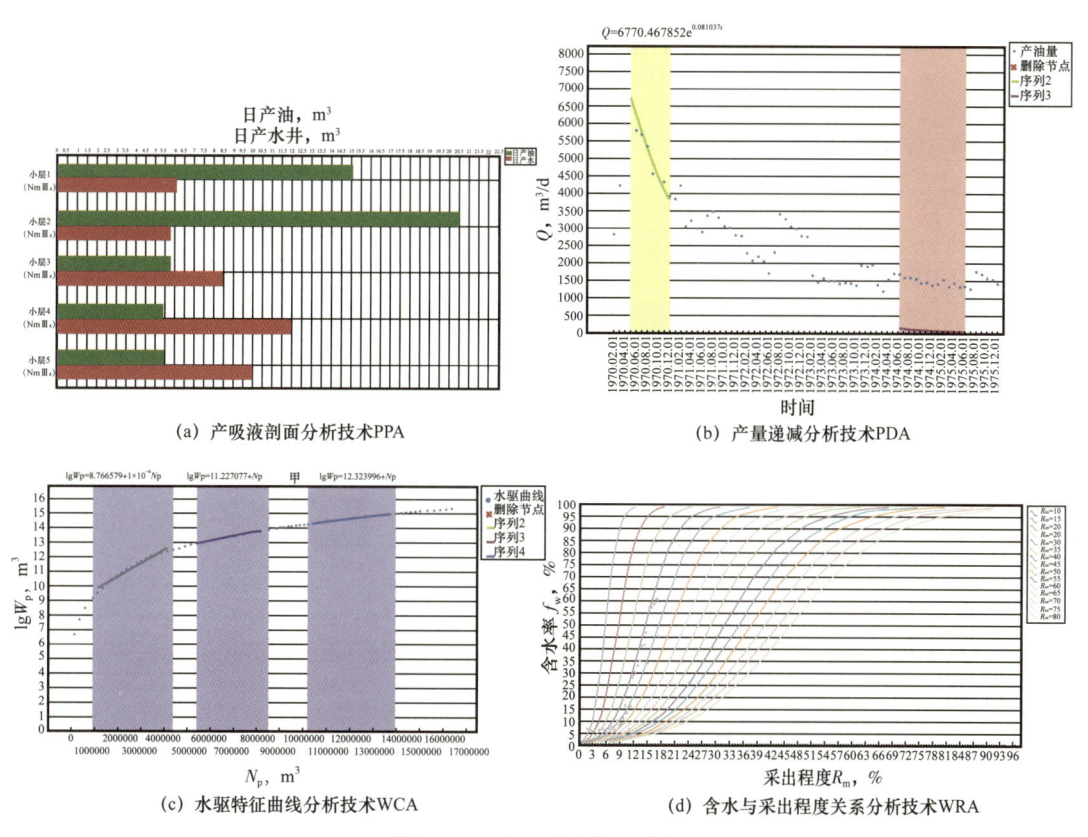

图 3-65　水驱动态交互分析

4）交互式井网部署技术 IWP

井网部署和加密是油田开发方案的核心工作，交互式井网部署技术 IWP 基于四维可视化技术 HiSim^{4D} 和多层位汇总分析技术 HiSim^{G2Z}，由模拟结果汇总分析得到的地质层剩余油饱和度、储量丰度、油层有效厚等信息作为多条件约束（如剩余油饱和度大于 0.4，有效厚度大于 1m 等），通过多窗口联动和三维可视化交互操作，生成井网和确定加密井井位，为油藏工程师输出井位数据（射孔段大地坐标），为油藏数值模拟人员输出油藏数值模拟文件格式的井位 IJK 坐标及生产控制数据（图 3-66）。

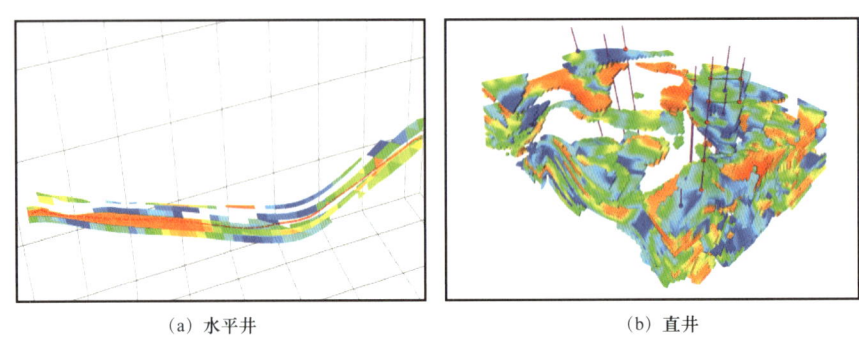

(a) 水平井　　(b) 直井

图 3-66　剩余油饱和度约束条件布井

三、新一代油藏数值模拟软件系统 HiSim

新一代油藏数值模拟软件系统 HiSim（图 3-67）用于油气藏常规黑油模拟、化学驱模拟，对中国高含水油藏、低渗透和特低渗透油气藏的模拟具有很好的适用性和针对性[22]。

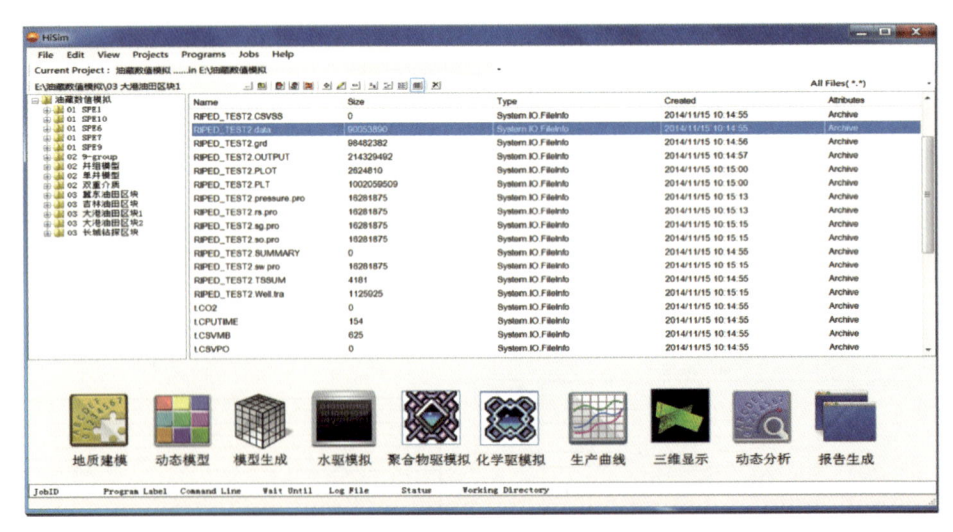

图 3-67　油藏数值模拟软件 HiSim

HiSim 软件包括数据输入与质量控制模块、油藏地质建模模块、常规黑油模拟模块、化学驱模拟模块、多维可视化交互分析及智能井网部署模块等。适用性如下：

（1）适用油藏类型：低渗透和特低渗透油气藏、高含水油气藏、中高渗透砂岩油藏、孔隙—裂缝性油藏、碳酸盐岩油藏、边底水油藏等。

（2）适用开发方式：天然能量开采、水驱开发、非混相气驱、气水交替驱等。

（3）适用井型：直井、斜井、水平井及多分支井。

（4）特色模拟：高含水油田水驱优势渗流模拟和低渗透油藏多模态非线性渗流模拟。

（5）适用网格：块中心网格、角点网格和径向坐标网格3种网格系统。

（6）其他特性：非相邻网格的连接计算、岩石压实作用、毛细管力及相对渗透率滞后处理。

第四节 应 用 实 例

一、长垣多层砂岩油田油藏精描述实例

1. 杏六中区块小断层识别实例

杏六中区块在5km²面积范围内，新发现断层1条，原2条断层重新组合为1条，明显摆动5条，延长4条，缩短3条（图3-69中，蓝色线为原仅靠井数据对比解释的断层，红色线为地震资料解释的断层）。图3-69（a）中黑色圆点代表葡萄花油层顶面的井位，图3-69（b）中的数字为这些井在葡萄花油层顶面附近的断点的断距。因为图中所示断层为葡萄花油层顶面的断层，为此该层面附近的断点平面投影不一定正好位于图中断层多边形上。在开展井中断点引导地震资料断层解释之前，对地质人员仅通过井资料对比解释的断点数据进行了井震联合复查。采用井震联合方法对断层重新解释后，井资料解释的断点与断层多边形配置更加合理，去掉图3-68中左下方X6-30-618和X6-D3-620井上2个不合理断点（图3-69、图3-70），加之X5-30-618、X5-D3-218、X5-31-728和X5-31-729井上原本4个孤立的断点得到有效组合，油田断层数据表中断点组合率由原来的72.7%提高到100%。

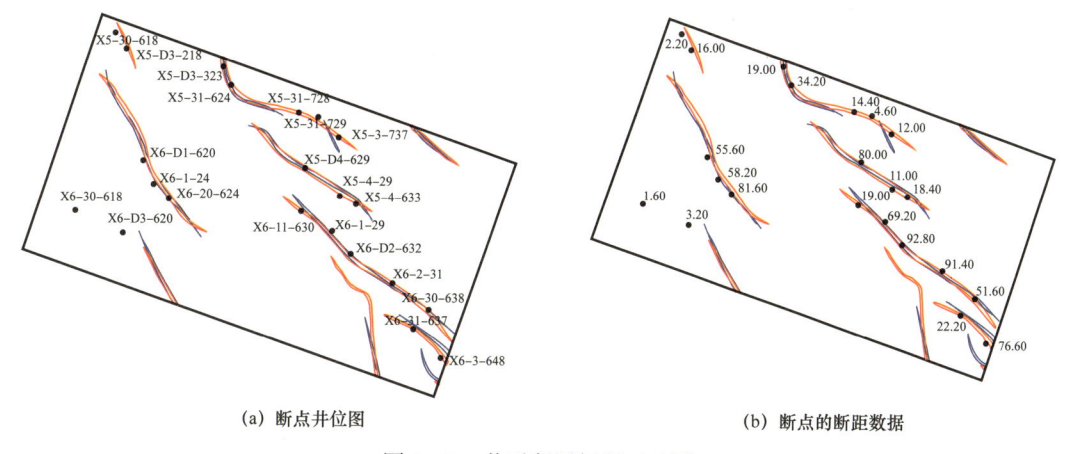

(a) 断点井位图　　　　　　　　(b) 断点的断距数据

图3-68　井震断层解释对比图

1）新解释的断层

在杏树岗油田主力油层葡萄花油层顶发现了大量的平面延伸1km左右，甚至更长的井间小断层，这些井间小断层少数为层间小断层，多数为下方较大断层的上部断距变小的部位（图3-71）。如图3-71所示，在井中断点的引导下，新开断层后，X5-D3-218、X5-30-618两口井上解释的未组合断点得到有效组合。

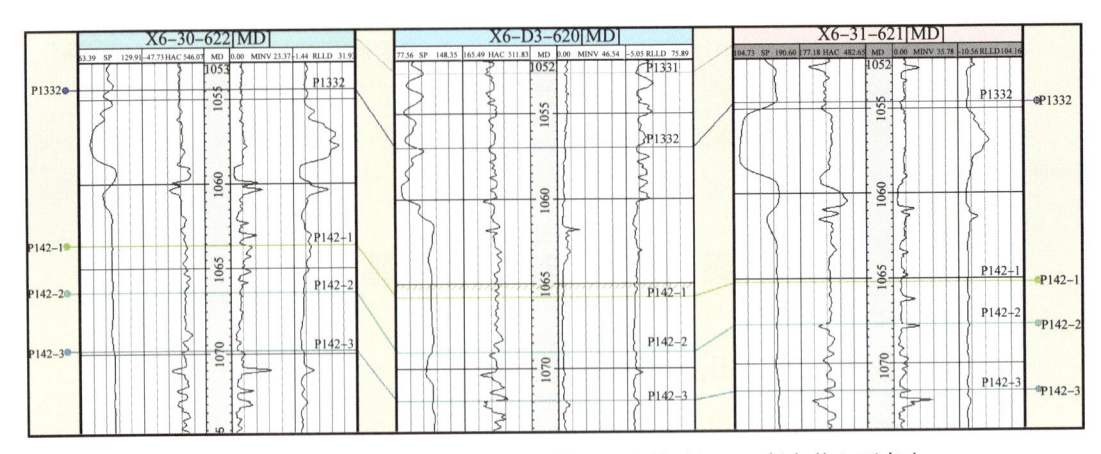

图 3-69　连井剖面显示 X6-D3-620 井 P142 原解释 3.2m 断点井上不存在

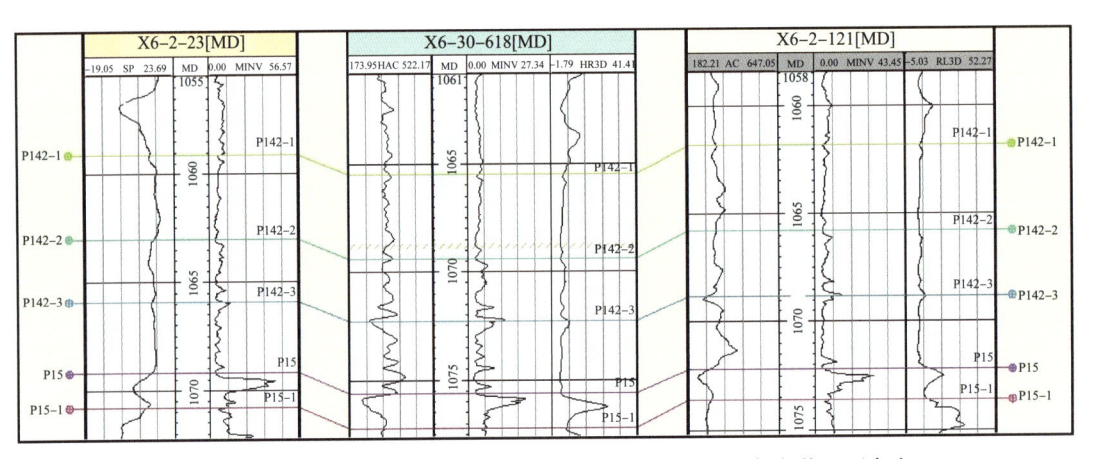

图 3-70　连井剖面显示 X6-30-618 井 P142 原解释 1.6m 断点井上不存在

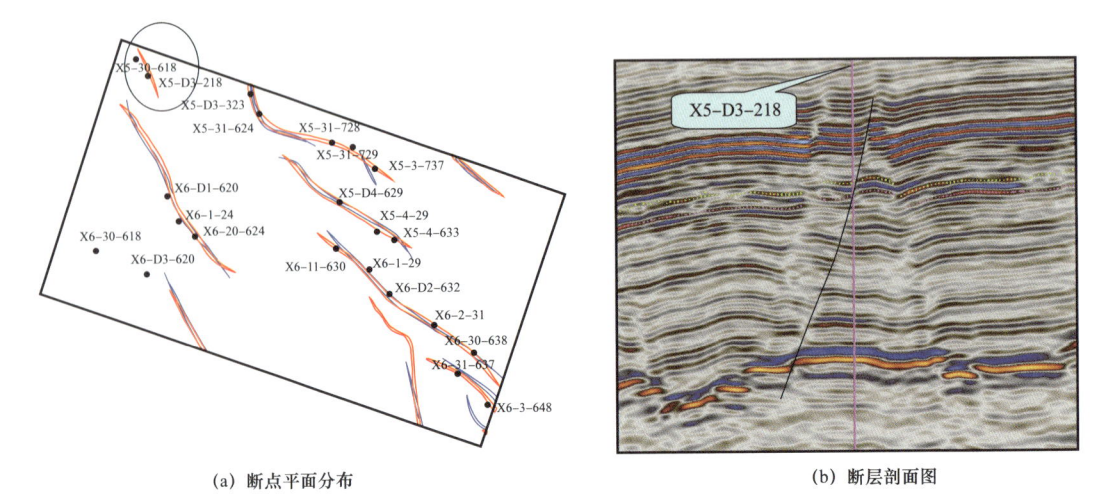

(a) 断点平面分布　　　　　　　　　　(b) 断层剖面图

图 3-71　新解释的断层平面分布与剖面图

2）重新组合的断层

如图3-72所示，在图上方2条原仅靠井数据解释的蓝色断层，被重新组合为1条（红色）。断层重新组合后，X5-31-728和X5-31-729两口井上解释的未组合断点得到有效组合，X5-3-737井上断点与断层多边形配置更加合理。图3-73间隔测线显示的地震剖面揭示原来解释的两条蓝色断层之间Xline3216测线X5-31-728井位处存在断层，并且与这两条蓝色断层同为一条断层。

3）横向位置认识发生摆动的断层

如图3-74所示，在杏六中区块内，地震解释的断层较仅靠井资料解释的断层，横向位置发生认识摆动的有5条，"摆动"位置主要发生在断层的两端。而以研究区右下方靠近X6-31-637和X6-3-648井的断层横向位置变动较大，如图3-75所示，在葡萄花油层顶面该断层的下降盘正好过X6-31-637井，井控地震断层解释较仅靠井资料解释的断层空间位置更具合理性。

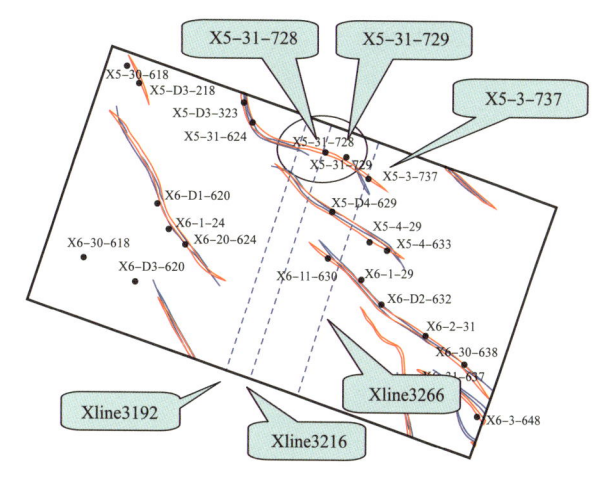

图3-72　断层组合平面图

(a) Xline3192　　(b) Xline3216　　(c) Xline3266

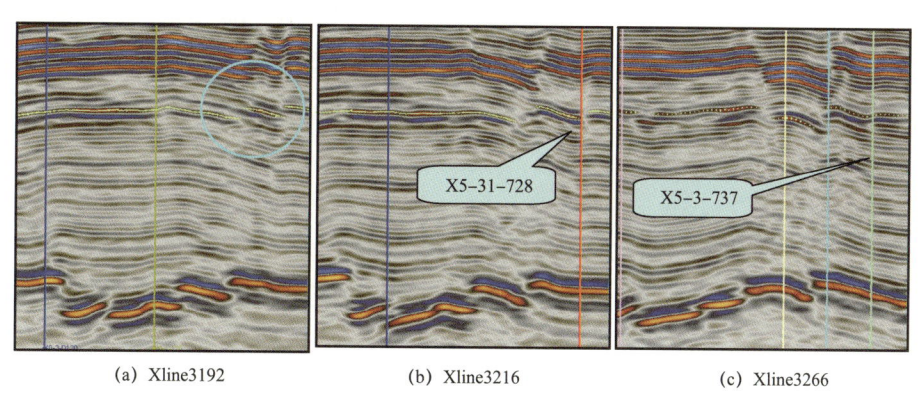

图3-73　断层组合连续对比剖面图

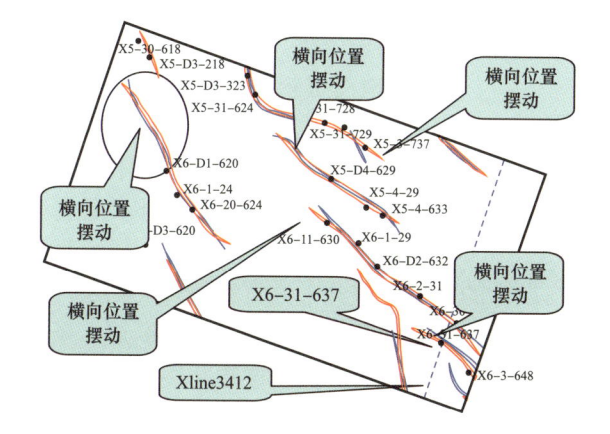

图3-74　横向位置认识发生摆动断层分布图

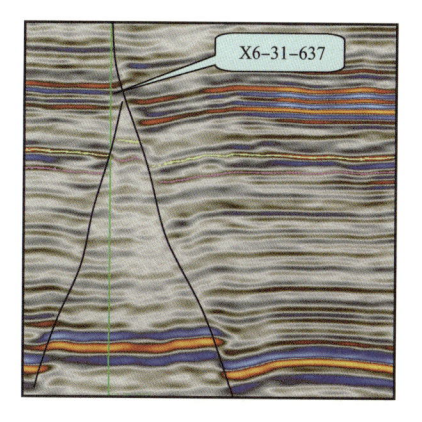

图3-75　井控精细解释断层横向位置（Xline3412剖面）

4）延长的断层

如图3-76所示，在杏六中区块内，地震解释的断层较仅靠井资料解释的断层，平面位置延长的有4条。其中以研究区最右下方的断层延长的长度最大。图3-77展示在X6-D2-632井所过断层的左侧还存在1条断层，这说明了该井左下方断层延长的合理性。

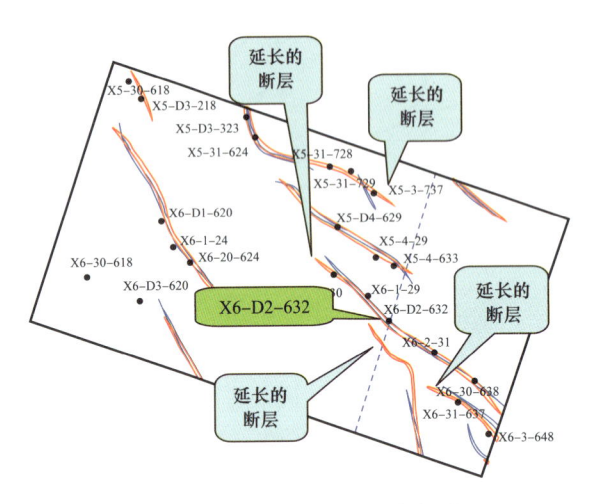

图3-76　延长的断层分布图

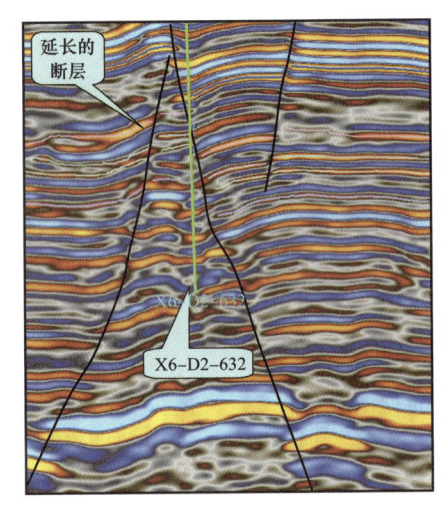

图3-77　过X6-D2-632井地震剖面

5）缩短的断层

如图3-78所示，在杏六中区块内，地震解释的断层较仅靠井资料解释的断层，平面位置缩短的有3条。其中以研究区右下方的断层缩短的长度最多，图3-79连续对比剖面显示，在Xline3456测线上还存在的断层［图3-79（a）中3条断层最左侧的断层］，在Xline3436测线上不存在，这说明了该断层缩短的合理性。

6）实施效果

根据地震资料解释对断层体系的上述新认识，对油田现场开发调整方案进行了论证分析。图3-80是研究区井震断层解释对比图，从图3-80（a）基于井数据解释的断层分布图来看，根据原断层解释结果

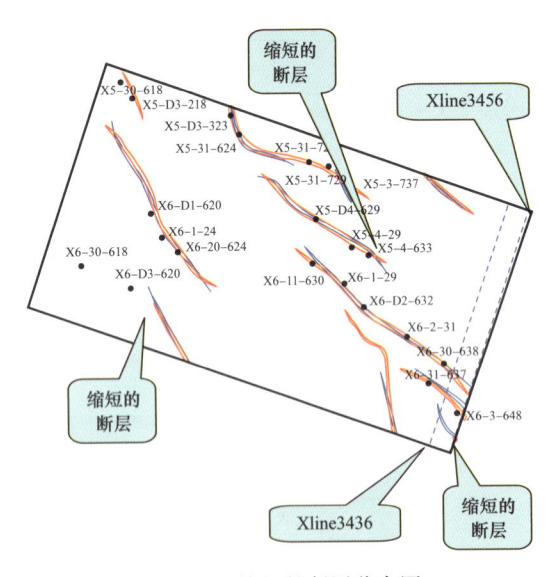

图3-78　缩短的断层分布图

（仅靠井资料对比解释），采用五点法布井新设计的井位都避开了井资料解释的断层。而经过地震解释，断层认识体系发生了一些较大变化，在上述研究区域内新发现断层1条，原2条断层重新组合为1条，明显摆动5条，延长4条，缩短3条。这些断层的变化使得基于井数据解释的断层而部署的井位存在两方面问题：一是有部分设计的井位正好落在断层上，造成目的层位存在断失或部分断失；二是断层的分割作用产生油水井注采关系不完善情况，如图3-80（b）右图所示。为此，根据断层变化指导优化开发调整方案井位设计，

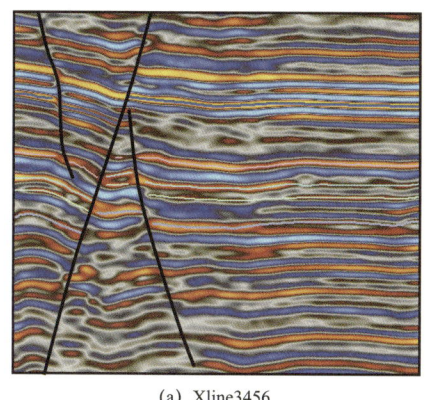

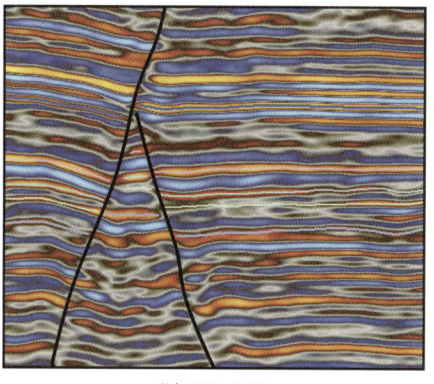

(a) Xline3456　　　　　　　　　　(b) Xline3436

图 3-79　缩短断层的解释剖面

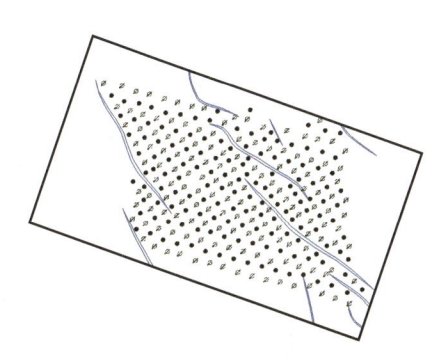

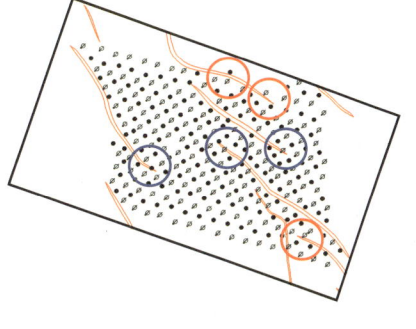

(a) 油田现场仅靠井资料解释的断层分布图　　　(b) 井震联合绘制的断层分布图

图 3-80　井震断层解释对比图

因设计井位所在目的层位存在断层（图 3-81），建议移动井位 3 口［(图 3-80 (b) 蓝色圆圈所示]；为慎重起见，因离断层过近，可能会出现断失情况，建议油田现场特别关注的井有 13 口；因断层对注采关系的分割作用，建议取消井位设计 3 口［图 3-80 (b) 红色圆圈所示]。共计涉及设计井位 19 口，占开发调整方案 299 口井的 6.35%。这些井位调整有利于改善井网注采对应关系，可以有效提高采收率，方案实施后能够取得较原方案更好的经济效益。

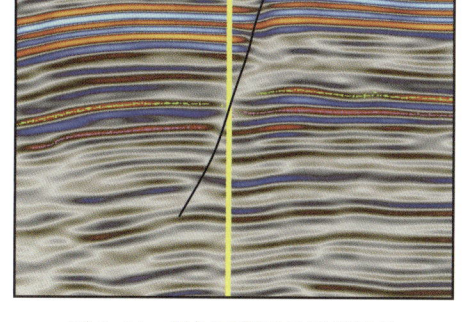

图 3-81　根据原断层认识设计的井位部署在断层上

2. 北一区薄窄砂体井震结合反演实例

1）区域地震储层预测特征分析

（1）分析大区域地层切片的振幅冷暖色调相对变化（即暖色调代表砂岩，冷色调代表泥岩），确定河流体系的平面展布特征。

针对一类、二类油层中的大规模复合河道，通过"砂中找泥"，即在暖色调中寻找冷色调，初步确定废弃河道（河间砂）的趋势和规模，分析废弃河道（河间砂）的展布特征，识别单一曲流带（河道）的边界，最终确定不同曲流带（河道）接触关系［图3-82（a）］。

针对二类、三类油层中的窄河道砂体，通过"泥中找砂"，在冷色调背景寻找暖色调，初步确定河道的趋势和规模，进而确定不同河道之间的接触关系［图3-82（b）］。

通过分析不同时期的地层切片，进一步明确不同时期水体的变化，确定不同时期河道的迁移和摆动特征。

（2）在区域沉积演化背景控制和沉积模式指导下，结合地震信息反映河道的平面特征，确定不同河流体系的规模、走向、展布及演化特征。

以高Ⅰ6+7为例，从整个地震工区地层切片可以分析出，全区共有8条水系，整体上以自北向南延伸为主，最东部水系在北一区断东西块工区东部发生分流，形成自东向西延伸的横向河流体系［图3-82（b）］。

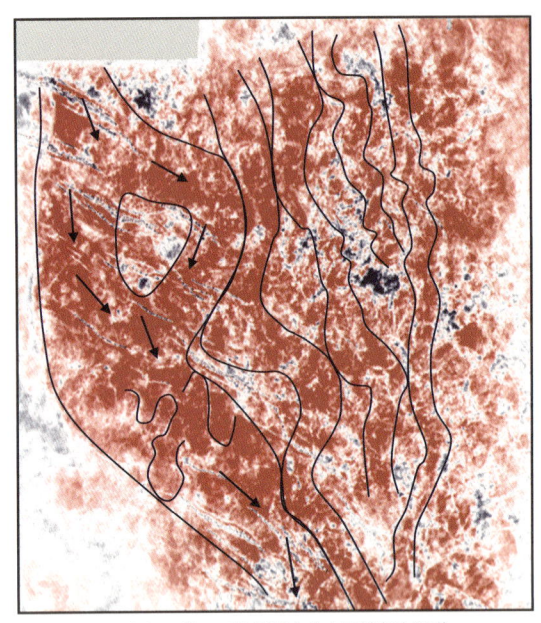

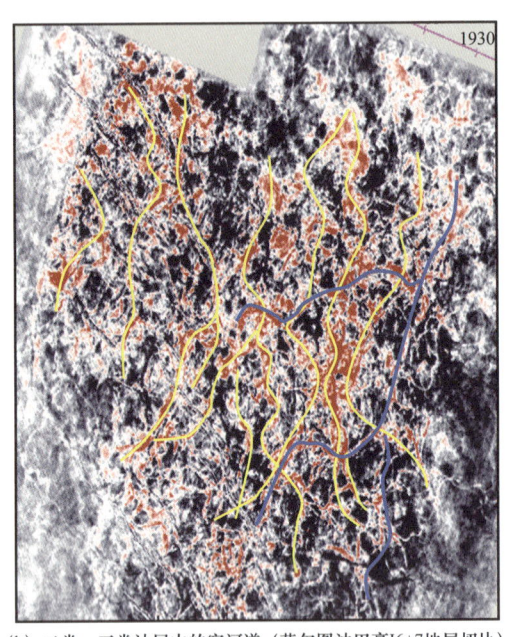

(a) 一类、二类油层中的大规模复合河道　　(b) 二类、三类油层中的窄河道（萨尔图油田高Ⅰ6+7地层切片）

图3-82　区域地震属性切片初步确定河道展布特征

2）目标区精细分析

目标区地层切片储层预测是有条件的。当砂岩厚度越大、相邻层位沉积继承性越强、上下隔层厚度越大时，储层预测的效果就越好；否则效果变差。提取目标区描述层位上下一定时窗内的地层切片（每隔1ms提取一张切片），自下而上分析切片振幅信息的变化（即暖色调代表砂岩，冷色调代表泥岩），初步确定地层切片上反映河道的规模、走向以及接触关系等信息。

在区域沉积规律分析基础上，综合以上分析成果，确定地震储层预测成果反映的单砂体平面组合面貌，河道走向、规模及展布特征。以高Ⅰ6+7为例，根据地层切片，确定了地震信息反映出的5条河道。中部发育的复合河道为两条单一河道叠加而成，中部和东部发育枝状、网状分布的窄河道（图3-83）。

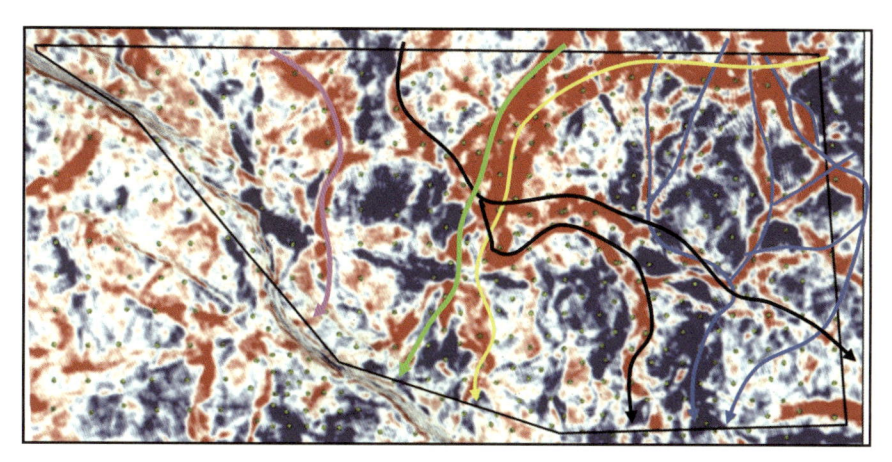

图 3-83 北一区断东西块高 I 6+7 地震属性切片

3）井震一致性分析

（1）建立基于井的岩相三维模型，提取描述目标层位及相邻层位（一般上下各选两个层位）的岩相模型。

（2）提取对应层位的地层切片。

（3）依据目标区地震储层预测分析成果与测井相空间上的匹配关系，确定地震信息反映的河道层位归属。

以高台子油层高 I 2+3—高 I 8 层段为例，高 I 8 的地层切片分析认为，该层位有 6 条河道，而从高 I 8 基于井的岩相模型可以看出，只有中部和西部的两条自北向南流的河道为本单元的河道信息，因此确定高 I 8 单元分布 2 条河道；从高 I 6+7 的地震属性切片分析认为该层位有 5 条河道，而从高 I 6+7 的基于井的岩相模型可以看出，只有一条东部物源的条带河道和一条北西—东南走向的枝状河道为本单元的河道信息，因此确定高 I 6+7 单元分布 2 条河道；从高 I 4+5 的地层切片分析认为该层位有 2 条河道，而从高 I 4+5 基于井的岩相模型可以看出，只有东部的网状河道为本单元的河道信息，因此确定高 I 4+5 单元分布 2 条河道；从高 I 2+3 的地层切片分析认为该层位有 5 条河道，而从高 I 2+3 基于井的岩相模型可以看出，只有一条北部物源的横向河道、一条自北向南流的河道及东部的两条网状大规模河道为本单元的河道，因此认为高 I 2+3 分布 2 条河道（图 3-84）。

4）河道砂体平面组合

以"地震趋势引导，井点微相控制，平面与剖面结合，动静结合，不同类型砂体区别对待"为原则，精细刻画不同类型河道砂体。

（1）废弃河道识别和组合。

在沉积模式控制下，以反映刻画层位河道特征的地震信息为趋势引导，井点确定微相类型，"砂中找泥"确定废弃河道（河间砂）的展布特征，划分单一曲流带（河道）。

① 平面上地震振幅能量突变判断为河道边界（图 3-85）。

② 剖面上分析地震波形变化，确定大规模河道井间边界（图 3-86）。

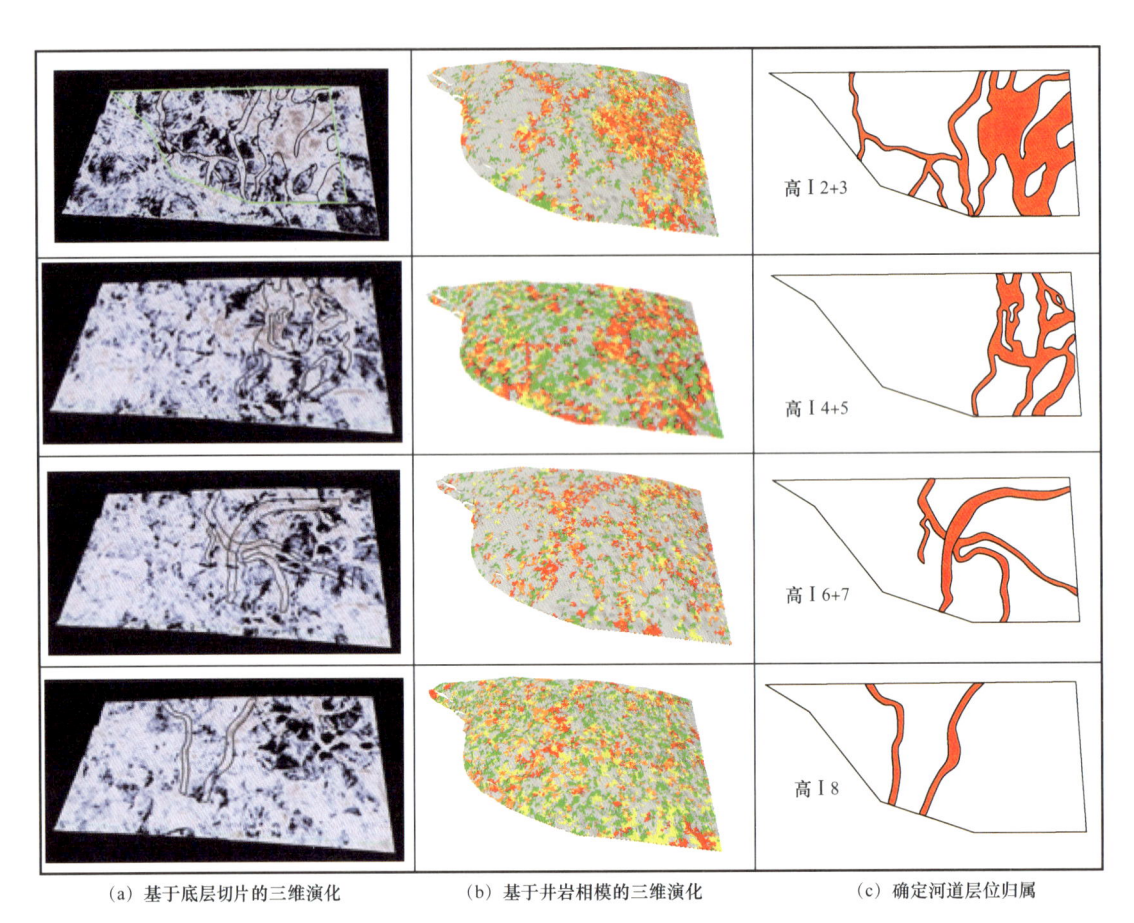

(a) 基于底层切片的三维演化　　(b) 基于井岩相模的三维演化　　(c) 确定河道层位归属

图 3-84　井震结合确定北一区断东西块高 I 2+3—高 I 8 层段河道归属

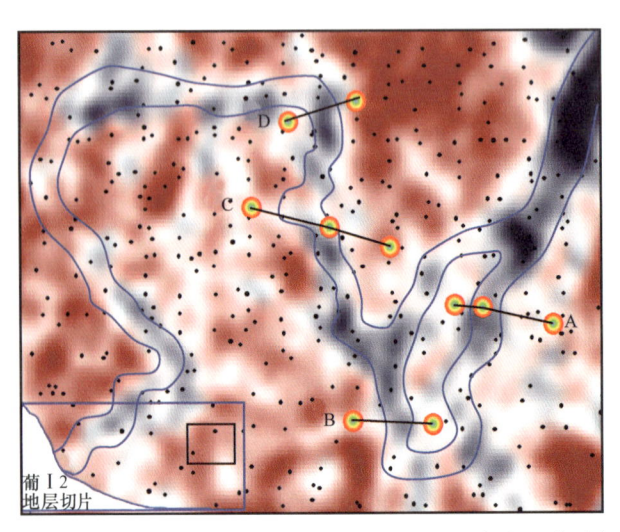

图 3-85　北一区断东西块葡 I 2 地震属性切片反映废弃河道展布特征

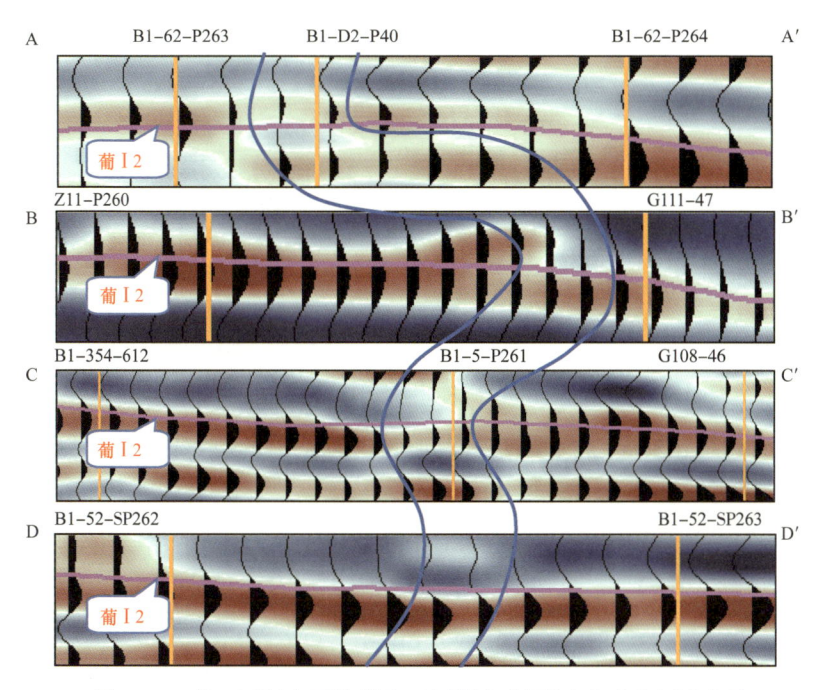

图 3-86　北一区断东西块葡Ⅰ2地震剖面波形变化确定河道边界

③ "砂中找泥"确定废弃河道的边界、规模、形态特征（图3-87）。

(a) 古构造图　　(b) 地层切片　　(c) 井震结合沉积相带图

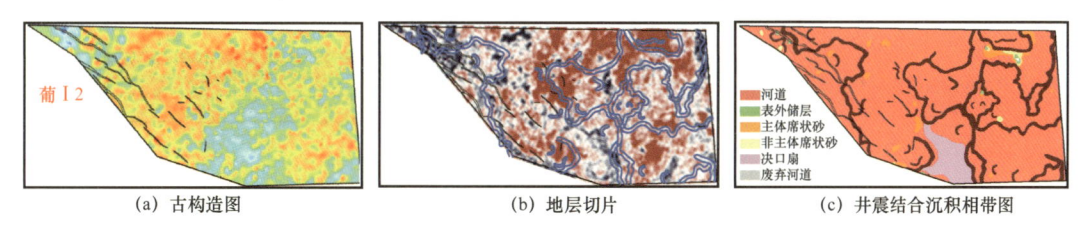

图 3-87　北一区断东西块葡Ⅰ2井震结合识别废弃河道特征

（2）单一河道识别组合。

① 属性突变、波形突变确定废弃河道边界和组合废弃河道（图3-88）。

② 平面上根据点坝发育规模、河间砂等信息，初步划分单一河道边界（图3-89）。

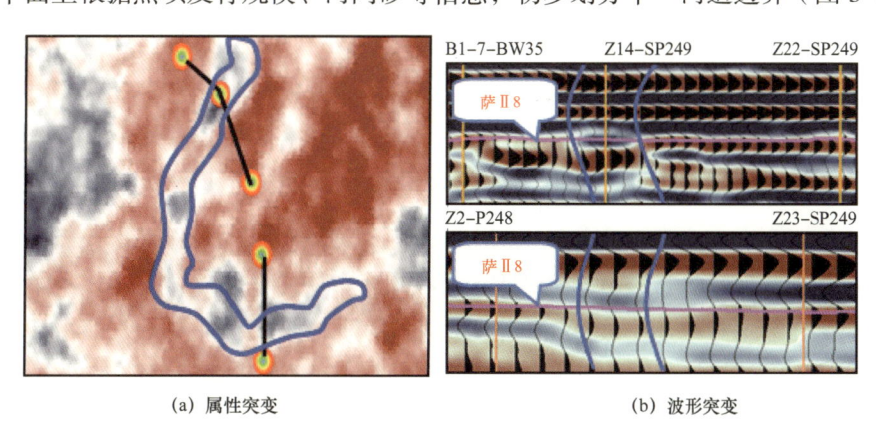

(a) 属性突变　　(b) 波形突变

图 3-88　北一区断东西块萨Ⅱ8废弃河道边界识别

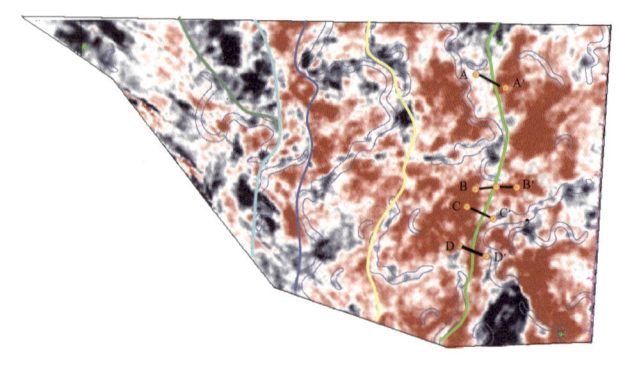

图 3-89 北一区断东西块萨Ⅱ8 地层切片划分单一河道边界

③ 剖面上根据"井剖面高程差异、河间砂、厚度差异、曲线形态差异及地震剖面上波形变化"落实单一河道边界（图 3-90）。

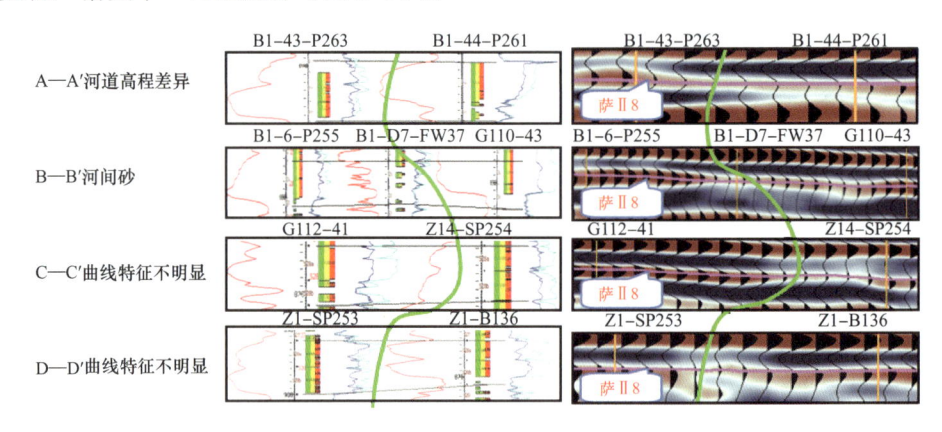

图 3-90 北一区断东西块萨Ⅱ8 井震结合剖面上判别河道边界

④ 地震趋势引导，井点相控制，识别单一河道边界（图 3-91）。

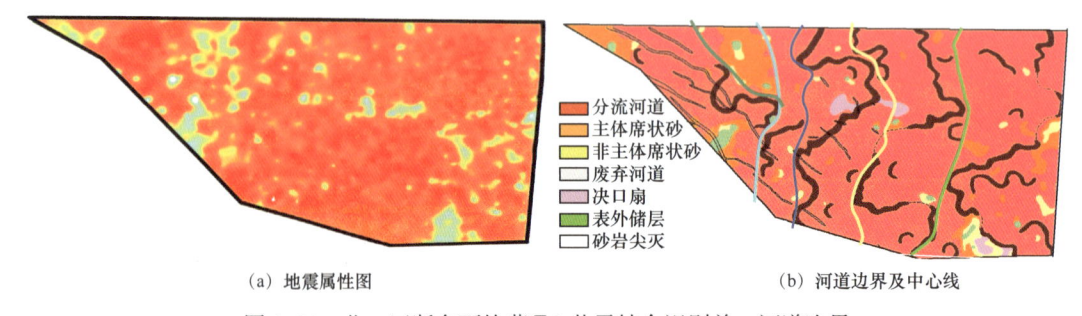

(a) 地震属性图　　　　　　　　　　　(b) 河道边界及中心线

图 3-91 北一区断东西块萨Ⅱ8 井震结合识别单一河道边界

（3）窄河道走向及边界识别。

在沉积模式控制下，以反映刻画层位河道特征的地震信息为趋势引导，根据井点确定河道与河间微相，通过"泥中找砂"，确定窄河道的展布特征。

① 以优选切片为中心，对时窗内多张振幅切片分析，辅助识别窄河道走向和边界，如图 3-92 所示。

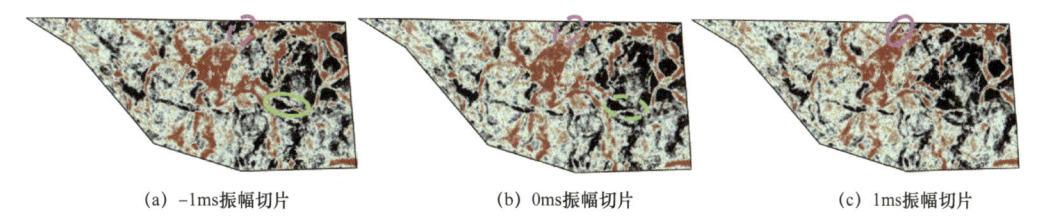

(a) -1ms振幅切片　　　　　　(b) 0ms振幅切片　　　　　　(c) 1ms振幅切片

图 3-92　北一区断东西块高Ⅰ6+7 多张振幅切片识别窄河道走向和边界

② 平面上地震属性突变、相干体高值，确定河道边界和走向，如图 3-93 所示。

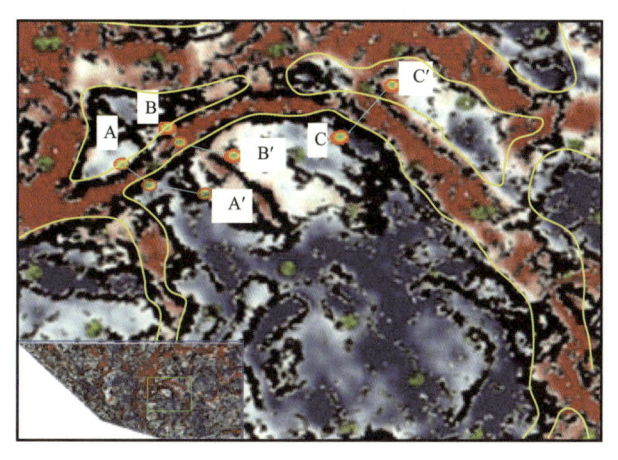

图 3-93　北一区断东西块高Ⅰ6+7 平面属性能量突变识别窄河道边界

③ 剖面上地震波形变化和反演岩性特征辅助刻画井间河道边界，如图 3-94 所示。
④ 以地震为趋势引导，井点相控制，确定河道的边界和走向（图 3-95）。

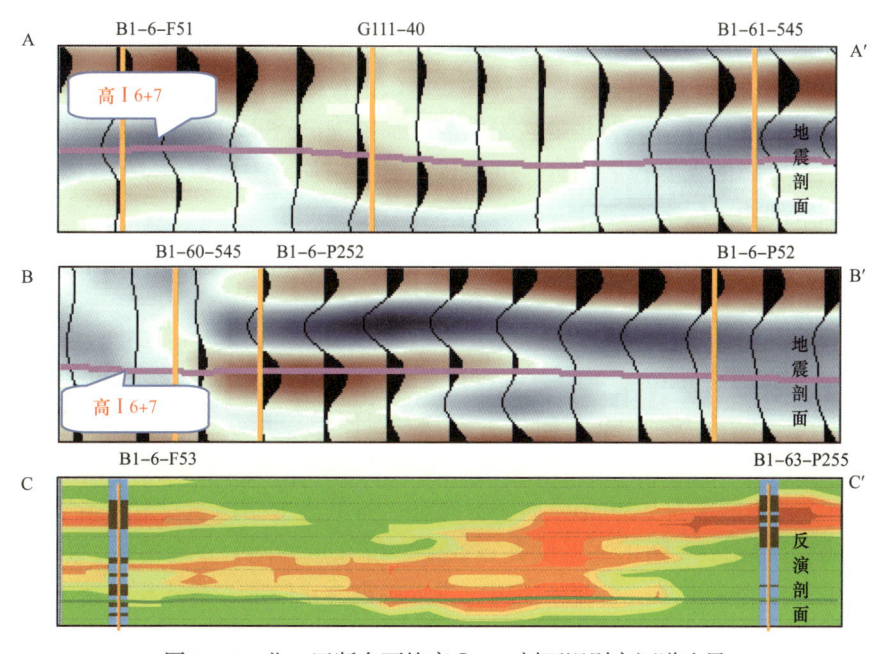

图 3-94　北一区断东西块高Ⅰ6+7 剖面识别窄河道边界

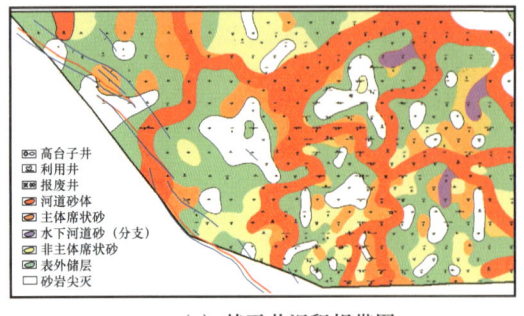

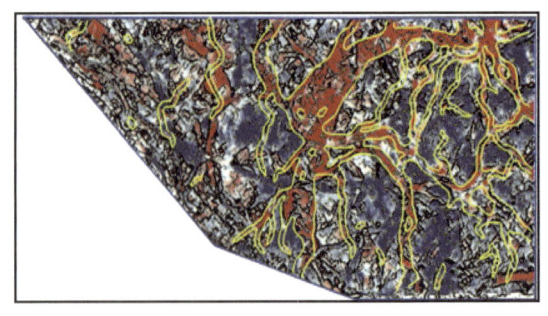

(a) 基于井沉积相带图

(b) 地层切片

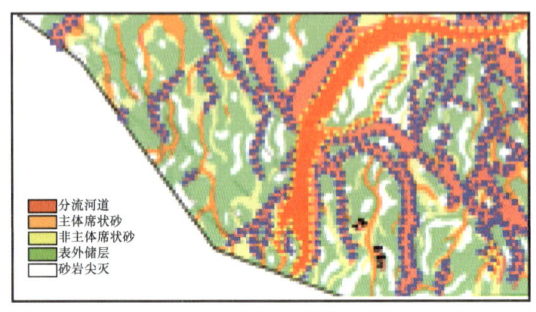

(c) 井震结合沉积相带图

图 3-95 北一区断东西块高 I 6+7 井震结合识别窄河道展布特征

二、长庆特低渗透油藏精细描述和数值模拟实例

"九五"以来，通过建立有效压力驱替系统，发展"超前注水、井网优化和开发压裂"等核心技术，实现了低渗透油田有效开发。开发的渗透率下限不断突破，原油产量不断攀升，目前低至 0.3mD 的储集层都实现了注水开发。以鄂尔多斯盆地安塞、靖安油田和松辽盆地新民、新立油田为代表的典型特低渗透油田普遍进入中高含水阶段，含水率快速上升，采油速度大幅下降，油田稳产面临挑战。剩余油控制因素和分布模式不清，成为制约油田提高采收率的瓶颈。动态裂缝是这类低渗透油藏中高含水阶段出现的新的开发地质属性，也是剩余油分布的重要控制因素。低渗透油藏非均质性主要包括动态裂缝和复合砂体内部构型精细解剖两个层次。

1. 特低渗透油藏动态裂缝非均质描述

1) 油田概况

安塞和靖安油田构造位置位于鄂尔多斯盆地伊陕斜坡，为一西倾单斜，地层平缓，倾角仅 0.5° 左右。生产层位是三叠系延长组长 6 段（图 3-96），为内陆坳陷型浅水湖盆三角洲沉积体系，物源方向为北东向。主力开发层段是一套近 30~50m 厚的细砂—粉砂沉积物，主要为水下分流河道、河道侧翼、薄层溢岸砂等成因砂体类型，平均孔隙度为 13.7%，平均空气渗透率为 2.29mD，属于低孔隙、特低渗透储层。安塞和靖安油田开发初期多采用 300~330m 不规则正方形反九点或菱形反九点井网、一套层系，并且优先射开物性相对好的层段合采生产。目前，油田已进入中高含水阶段，含水率快速上升，采油速度大幅下降，油田稳产难度加大。

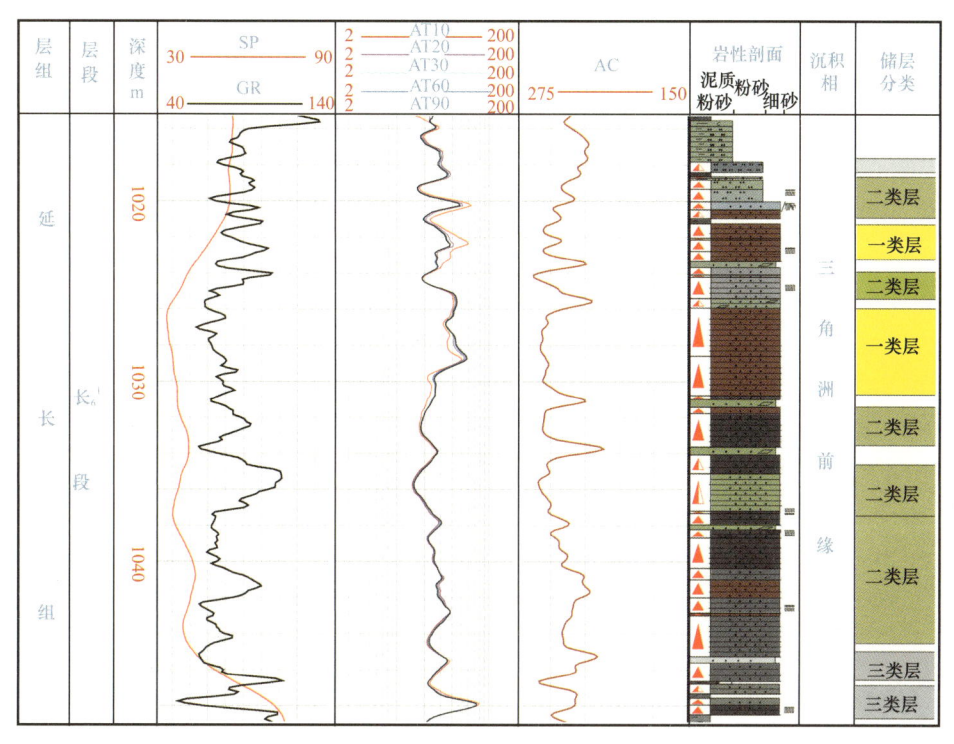

图 3-96　主力开发层段长 6_1^1 段（安塞油田）

2）中高含水阶段动态裂缝非均质性认识

（1）动态裂缝的新开发地质属性分析。

特低渗透油田进入中高含水阶段后，油田开发主要矛盾表现为油井见水具有明显的方向性。从安塞王窑老区资料统计来看，因高含水关井或转为注水井的油井有 89% 位于与原始井网注水井连通方向，为现今构造应力场最大水平主应力方向（简称主向井），其含水呈台阶式上升 [图 3-97（a）]；相应注水井试井解释分析表现出裂缝渗流特征 [图 3-97（b）]；吸水剖面表现为由多段吸水演化为个别段尖峰状 [图 3-97（c）]；示踪剂监测具有明显的方向性 [图 3-97（d）]。

安塞油田主力开发层长 6_1^1 段孔隙度与渗透率的相关性较差（图 3-98），岩心分析基质渗透率平均为 1.29mD。目前试井解释分析的有效渗透率比岩心分析的渗透率高出 1～2 个数量级，从王窑老区试井解释统计分析来看，渗透率平均为 10.54mD，与基质的渗透率级差可达 5～8。试井解释裂缝半长在 200m 以上，并且裂缝半长与渗透率具有较好的相关性（图 3-99）。随着时间推移，裂缝半长在增长。

这些注水动态现象表明，特低渗透油藏在长期注水开发过程中，由于注水井近井地带憋压，当井底压力超过岩层破裂、延伸压力，或原始状态下闭合、充填的天然裂缝被激动、复活，将产生新生、有效裂缝通道。这些裂缝受现今地应力场控制，随着注水量的增长和井底压力的升高，不断向油井方向延展，直至与油井压裂缝连通。将这些新生、有效裂缝定义为动态裂缝，其与国外文献中提到的"注水生长缝"形成机理类似。

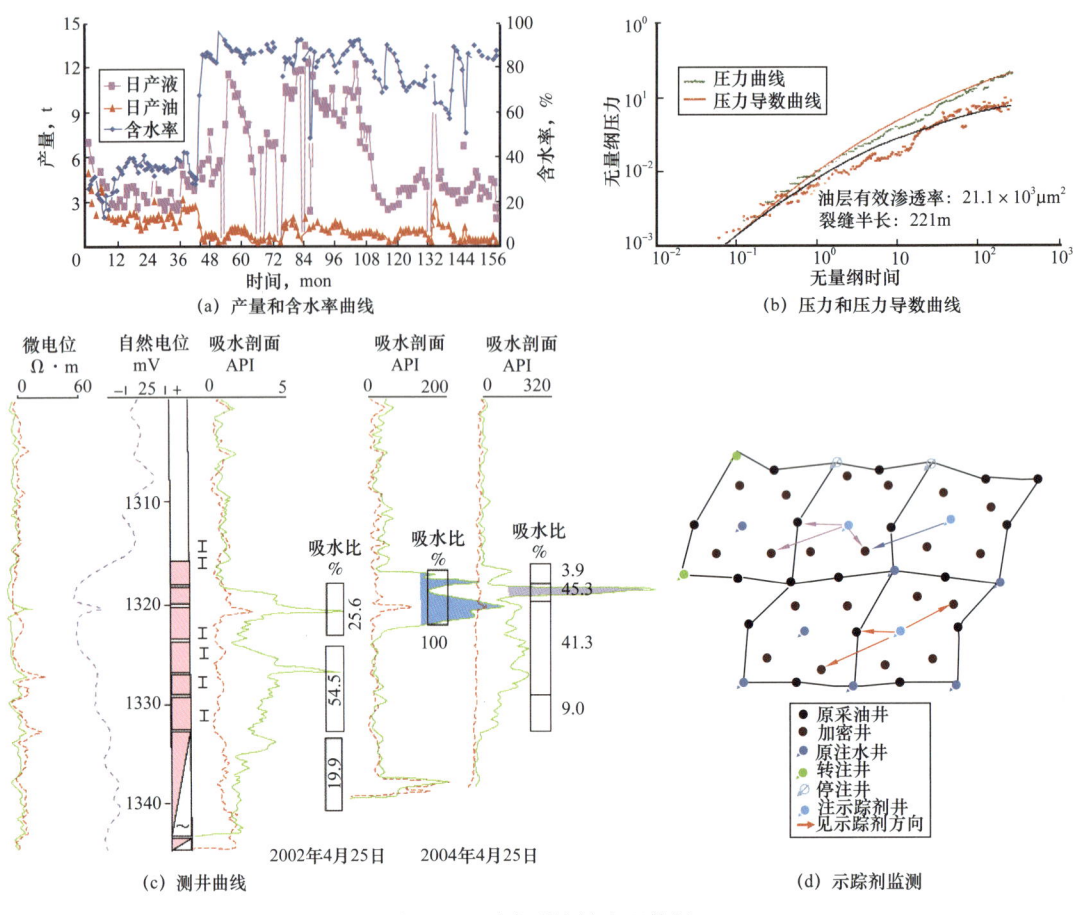

图 3-97 动态裂缝的表现特征

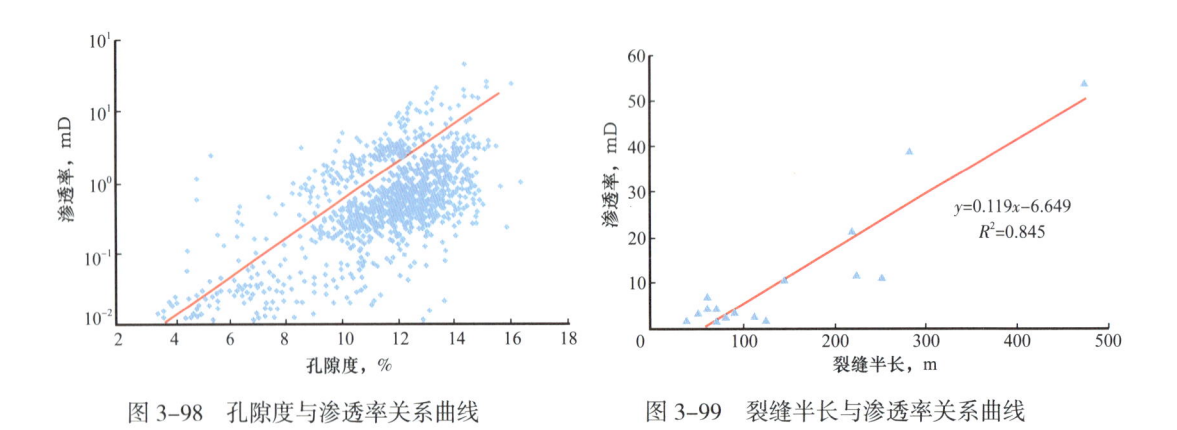

图 3-98 孔隙度与渗透率关系曲线

图 3-99 裂缝半长与渗透率关系曲线

（2）动态裂缝的形成机理分析。

① 新生缝。

裂缝产生过程中压力变化规律为：首先井底压力不断升高，直至岩层破裂压力产生裂缝；随后压力略有下降，在裂缝延伸压力下，裂缝不断生长延伸，扩大规模。岩层破裂压力由式（3-23）计算：

$$p_{f} = p_{p} + \left(p_{o} - p_{p}\right)\left(\frac{2v}{1-v} - k\right) + S_{rt} \tag{3-23}$$

式中 p_f——岩层破裂压力，MPa；

p_p——孔隙压力，MPa；

p_o——上覆岩层压力，MPa；

v——泊松比；

k——地质构造应力系数；

S_{rt}——抗张强度，MPa。

裂缝延伸压力由式（3-24）计算：

$$p_{tip} = \sigma_{H\min} + \sqrt{\frac{\pi UE}{2\left(1-v^2\right)r_f}} \tag{3-24}$$

式中 p_{tip}——裂缝延伸压力，MPa；

$\sigma_{H\min}$——最小水平主应力，MPa；

U——缝面能，J/cm^2；

E——弹性模量，GPa；

r_f——裂缝半长，cm。

裂缝延伸压力也可以简化为式（3-25）计算，即裂缝延伸压力至少需要克服最小水平主应力和岩层抗张强度之和。

$$p_{tip} \approx \sigma_{H\min} + S_{rt} \tag{3-25}$$

注水开发过程中注水井附近憋压，井底压力超过岩层破裂压力时裂缝开启，并随着注水量的增长和井底压力的升高不断向油井方向延展，直至与油井压裂缝连通。特低渗透油藏油井一般是水力压裂投产，为增强水井注水能力大多采用爆燃、爆炸压裂或者是复合射孔投注。爆燃、爆炸压裂改造的是近井带地层，可形成径向入射状多条短裂缝，不受地应力控制，其规模远比人工压裂缝小得多。复合射孔技术是射孔与高能气体压裂同时完成，不但提高了储集层孔渗性，而且使射孔孔道以裂缝的形式向前延伸扩展，形成多方位裂缝。爆燃、爆压或复合射孔造成的近井地带小规模新生裂缝在裂缝延伸压力下，沿现今最大水平主应力方向延伸，造成主向油井暴性水淹。

通过岩石力学实验和偶极声波测井资料分析表明，王窑区延长组长 6 段泊松比为 0.122～0.335，弹性模量为 7.30～13.66GPa，张性破裂压力为 23.6～28.8MPa，最小水平主应力为 17～20MPa，岩石抗张强度为 3.5～5.0MPa，裂缝延伸压力可以粗略计算为 20.5～25.0MPa。区块部分水井井底压力已经达到裂缝破裂、延伸压力。在当前注水开发技术政策下，裂缝不断延展，并最终与油井压裂缝沟通，形成裂缝渗流通道。

② 有效缝。

低渗透油藏一般发育天然构造裂缝。鄂尔多斯盆地三叠系延长组地层受燕山和喜马拉雅两期古构造应力场影响，发育 2 组天然裂缝。燕山期在北西西—南东东向水平构造挤压应力作用下，形成北西向、东西向一组共轭剪切裂缝；喜马拉雅期受到北北东—南南西向水平构造挤压，形成了南北、北东向一组共轭剪切裂缝（图 3-100）。鄂尔多斯盆地安塞—志靖地区现今构造应力场最大水平主应力方向是北东 70°左右，平行于此方向的裂缝易于张开、复活或强化，而燕山期北西向、喜马拉雅期南北向裂缝受到现今构造应力场遏制。实测地质露头主裂缝方向分别是北东 92°和北东 22°（图 3-101）。岩心观察可观测到高角度裂缝（图 3-102），角度在 80°左右，缝长 40～70cm，缝面上可见方解石胶结小团块。成像测井资料分析表明，裂缝倾角主要在 71°～85°，裂缝走向集中在北东东向（图 3-103）。注水开发过程中，注水井近井地带憋压，井底压力超过裂缝开启延伸压力，天然裂缝由无效缝激活为有效缝并延伸，形成动态裂缝。

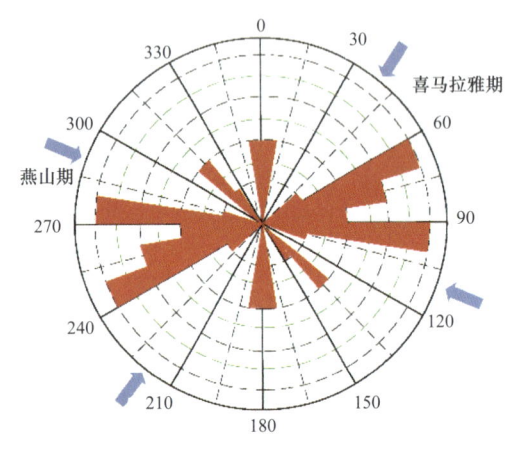

图 3-100 天然裂缝产状玫瑰花图

图 3-101 裂缝（地质露头）

(a) 实物图

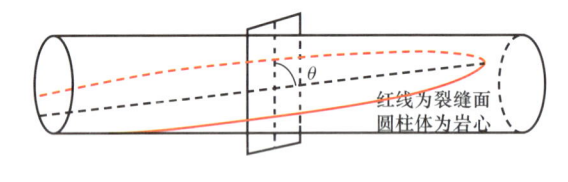

(b) 模型图

图 3-102 裂缝（岩心）

（3）动态裂缝的剩余油特征分析。

① 纵向剩余油分布。

a. 裂缝驱（动态裂缝起主导作用）。

L76-60 井组位于靖安油田五里湾一区高强度压裂区，油井改造规模大，水井复合射孔投注。主向油井 L75-61 生产 1 年多就见水，动态裂缝的产生导致主向上油井高含水。目前含水率已达 90%，累计产油仅有 4889t，判断来水方向为 L76-60 井。L75-61 井虽然高含水，但从最大主应力方向部署的检查井 LJ75-61 分析来看，仍有大量的剩余油分布，受动态裂缝的影响，剖面的动用程度仅有 9%［图 3-104、图 3-108（a）］。水洗部位主要是在物性较差的钙质砂岩和水平层理发育的致密砂岩段，岩心观察有水渗出。动态裂缝直接贯通油水井，油井投产即高含水。

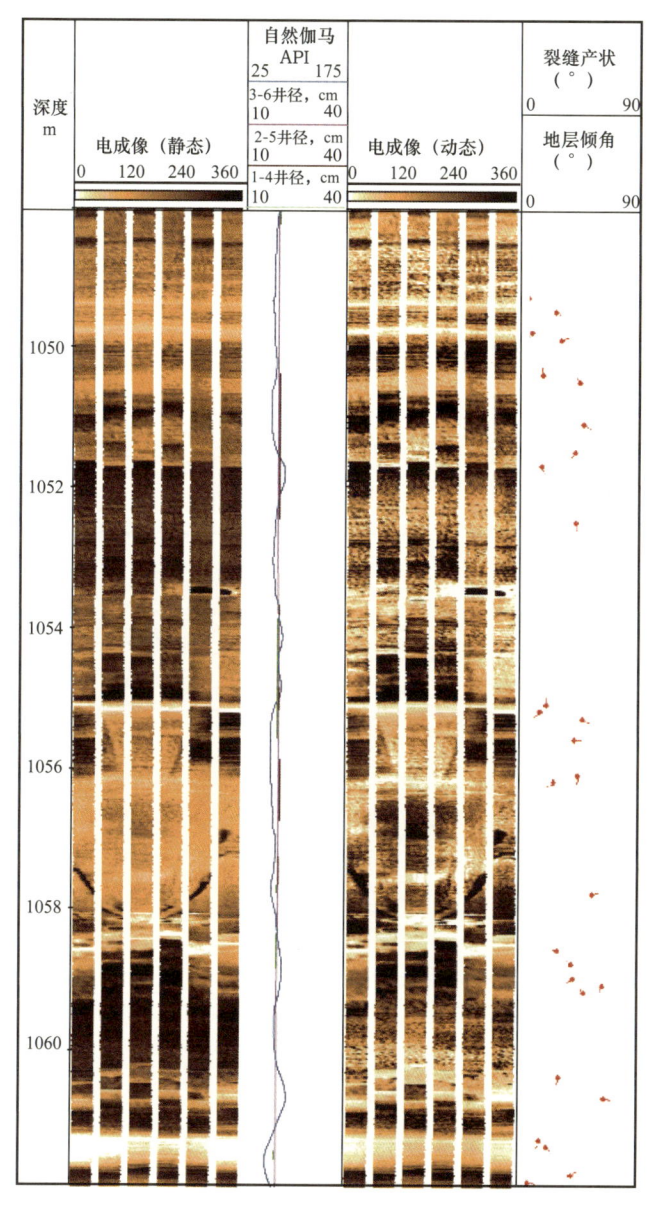

图 3-103　WJ16-155 井成像测井

b. 基质近活塞驱。

L88-40 井组位于靖安油田五里湾一区中部，油井压裂规模小，水井洗井投注。从开发 10 年的情况来看，油井小规模的改造措施和较温和的注水开发方式以及较合理的开发技术政策，没有激化产生动态裂缝，注采单元内水驱相对均匀，采出程度高，而且含水率低。井组内 8 口油井呈理想的基质近活塞驱，含水上升规律如图 3-104 所示。根据油藏工程计算，井组理想均质地层水驱半径在 190m 左右。在最大水平主应力方向上距注水井 L88-40 井 310m 处部署密闭取心井 LJ87-41 井，其取心段整体未水洗［图 3-105、图 3-108（b）］。

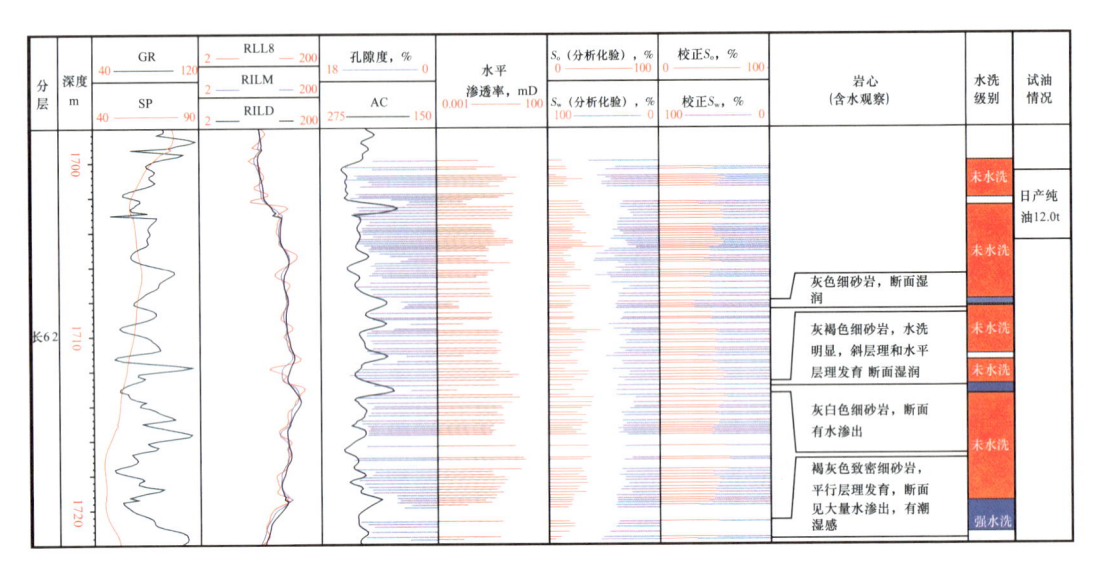

图 3-104　LJ75-61 井单井剩余油分析图

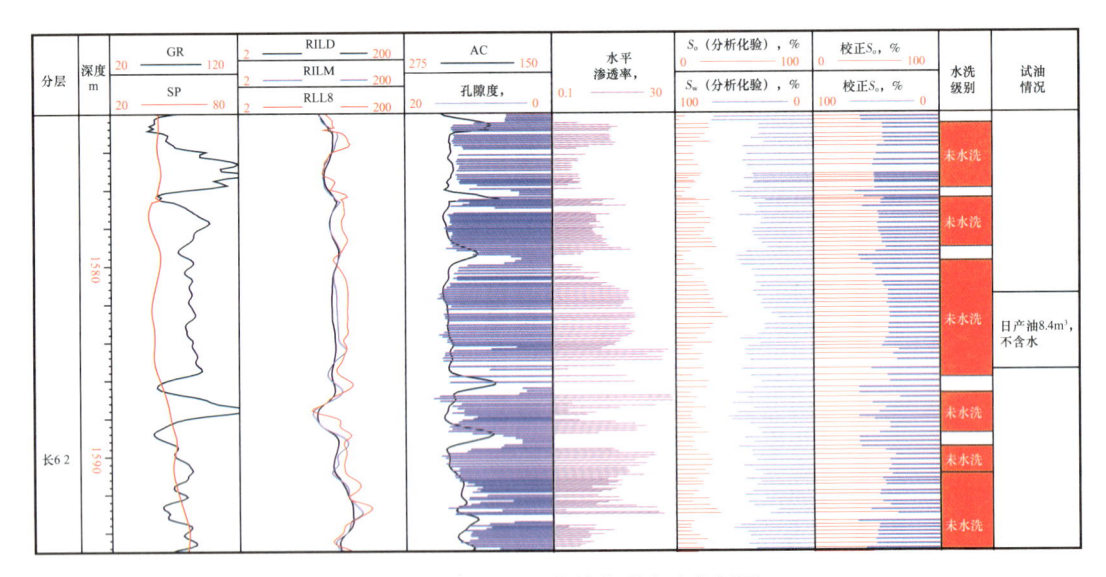

图 3-105　LJ87-41 井单井剩余油分析图

c. 基质—裂缝驱。

W16-15 井组位于安塞油田王窑老区中西部。W15-18 井 1990 年 8 月投产，生产 3 年后见到注入水，之后含水率台阶式上升，钻密闭取心井之前含水率为 76.2%，单井产能仅有 0.32t，累计产油为 $0.9106×10^4$t，该井的来水方向为 W16-15 井，分析认为动态裂缝的产生导致 W15-18 井高含水。因此，在 W16-15 井与 W15-18 井的连线上部署检查井，也就是位于最大水平主应力方向距水井 W16-15 井 187m 处部署 WJ16-151 井。综合分析，W16-15 井组水驱过程中基质与裂缝共同作用，该井剖面动用程度为 48%〔图 3-106、图 3-108（c）〕；其中弱水洗比例占 43%，中水洗比例 34%，强水洗比例 23%。强水洗段驱油效率达到 30% 左右。

第三章 油气藏精细描述与数值模拟技术

d. 基质侧向驱。

WJ16-153井位于W16-15井组内，是在垂直最大水平主应力方向上部署的一口检查井。该井的剖面动用程度仅为30%，水洗部位主要为水下分流河道砂体的底部，为弱水洗[图3-107、图3-108（c）]。驱替类型为基质侧向驱。

纵向剩余油分布受裂缝和物性综合影响，动态裂缝的产生影响了剖面动用程度。动态裂缝占主导作用的井组内两口密闭取心井剖面动用程度仅有10%，基质—裂缝驱的井组内8口密闭取心井动用程度平均为50.7%。

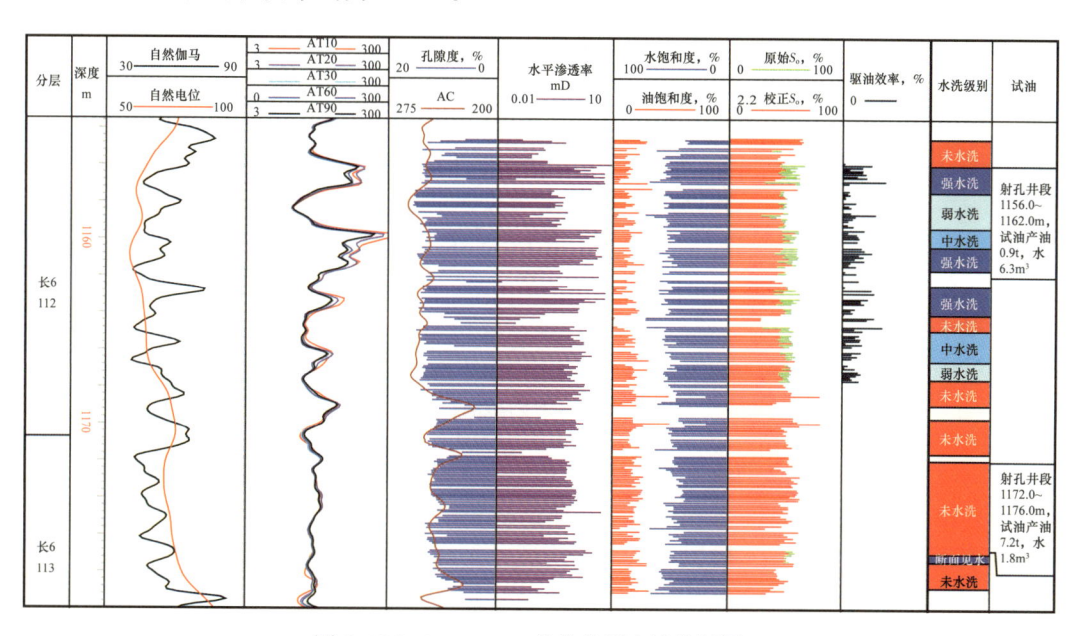

图3-106 WJ16-151井单井剩余油分析图

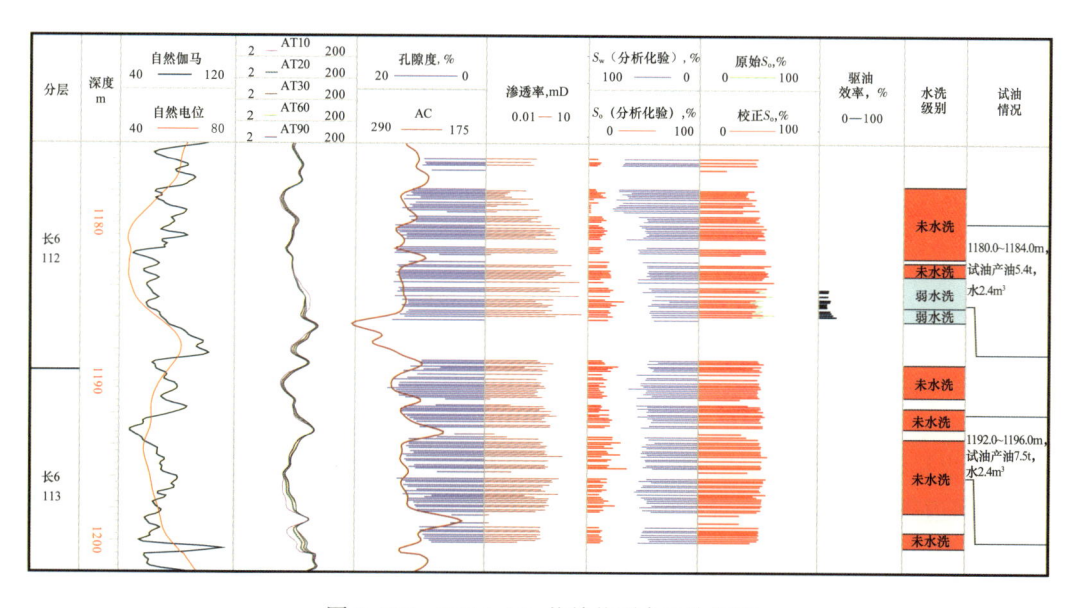

图3-107 WJ16-153井单井剩余油分析图

②平面剩余油分布。

动态裂缝为主导的井组平面上表现出方向性水窜、水淹特征，裂缝方向见效、见水快，侧向见效程度较弱，剩余油主要在裂缝两侧呈连续条带分布。基质近活塞驱以水井为中心，水驱前缘相对均匀推进，剩余油连片分布。基质—裂缝驱剩余油在裂缝方向呈条带状分布，侧向有高渗透条带形成的基质突进（图3-108）。

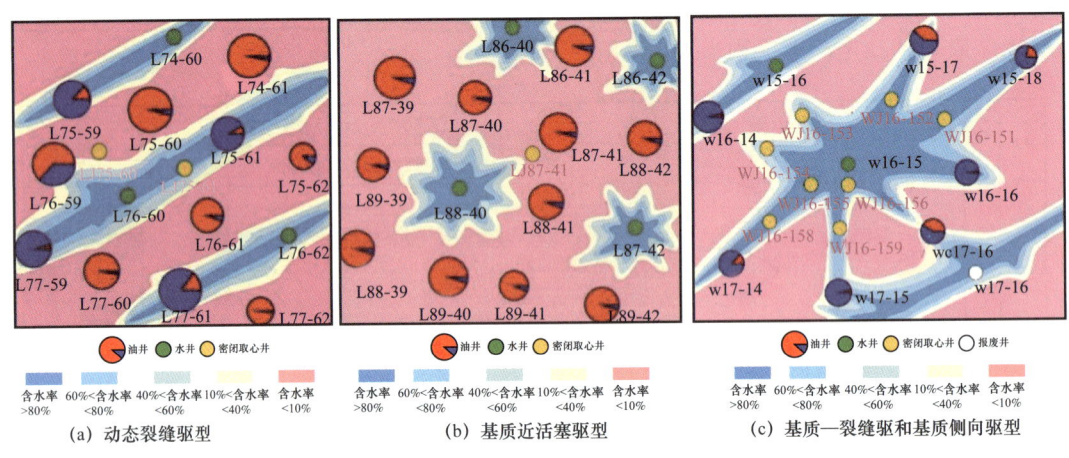

图3-108 平面剩余油分布模式
(a) 动态裂缝驱型
(b) 基质近活塞驱型
(c) 基质—裂缝驱和基质侧向驱型

上述分析结果表明，随着开发程度的深入，特低渗透油藏出现新的开发地质属性——动态裂缝，其已成为特低渗透油藏中高含水阶段最强的非均质特性。动态裂缝的形成，加剧了特低渗透油藏中高含水阶段储层非均质性：裂缝系统与基质渗透率的差异，改变了水驱油渗流特征，从而影响水驱波及体积。从加密调整实验区块含水率分析来看，区块总体含水率为53.9%，基质孔隙驱含水率只有34%，而裂缝驱造成的含水率已达到80%以上。动态裂缝的表现特征是明显的，但其成因机理较复杂。多方向动态裂缝的成因机理、动态裂缝对油藏最终水驱波及体积究竟有多大影响仍需深入研究。

2）复合砂体内部构型精细刻画

安塞和靖安油田主力开发层段为一套浅水湖盆三角洲沉积复合砂体（图3-109），其内部由不同成因砂体叠置、拼接形成。复合砂体内部构型相以及成岩作用的影响造成物性变化，与动态裂缝综合作用导致水驱过程中水淹程度不同。因此，复合砂体内部构型相解剖与刻画是储层非均质性表征的一个重要方面，也是解决平面均衡注水和精细分层注水提高动用程度的地质基础。

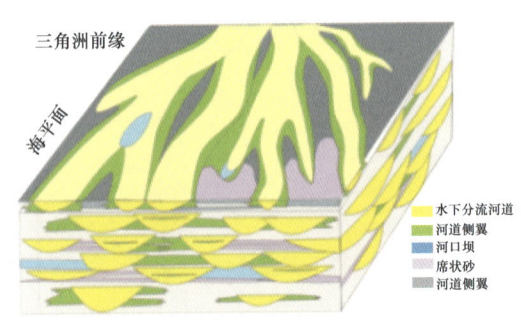

图3-109 沉积模式

1）河道砂体规模定量表征

鄂尔多斯盆地延长组地质露头资源丰富且出露良好。图3-110为延安地区谭家河村延长组长6段地质露头砂体展布剖面。从剖面上可以识别出发育的砂体类型有水下分流河道砂、溢岸砂体及少量河口坝砂体。通过观察测量，水下分流河道砂体宽度普遍小于300m，厚度小于8m，宽厚比小于30∶1。个别展布范围较大的砂体是河道的摆动方向与剖面出露方位斜交造成。

图3-110　延安地区谭家河村延长组长6段地质露头剖面

以鄂尔多斯盆地东缘地质露头剖面研究为基础，结合加密调整区100多米井距下密井网资料对复合砂体内部构型进行精细解剖。图3-111精细刻画出了复合砂体内部不同成因砂体叠置、拼接内幕，初期开发近30m的一个开发单元细分为6个砂层。隔层岩性主要是泥岩、泥质粉砂岩；夹层岩性是泥质粉砂岩、钙质砂岩，主河道砂体规模普遍小于200m。砂体规模定量化研究为特低渗透油藏中高含水阶段加密调整井网、井距等开发技术政策的合理制订提供地质依据。

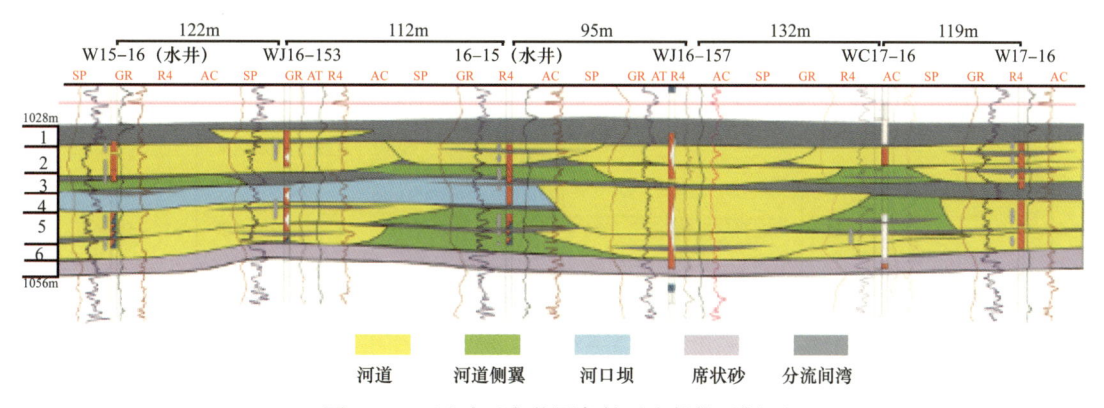

图3-111　试验区密井网条件下内部构型剖面

2）复合砂体内部构型相

在砂体规模定量刻画和密井网资料精细解剖的基础上，总结出长6段三角洲前缘复合砂体10种内部构型相类型（图3-112）。受物源供给及可容空间变化的影响，内部构型相有垂叠、侧叠、堆叠和拼接等类型。主力层以堆叠和侧叠接触为主，非主力层主要以河道砂体与溢岸砂体拼接、孤立状河道砂体为主。不同构型类型造成砂体连通性差异，这为平面均衡注水、纵向上精细分层注水提供了地质依据。比如多期河道侧向拼接成连片砂体内要控制注水，河道砂体与溢岸砂体拼接模式则要加强注水。

3）离散裂缝模型数值模拟

安塞油田王窑老区初期单井产能为3.5t，综合含水率2.5%，目前单井产能0.49t，综合含水率85.5%，单井累计产油1.01×10^4t，地质储量采出程度16%。该区为了检查油层储层水洗状况，部署实施了8口不同井距、不同排距的密闭取心井工区，为油藏数值模拟剩余油研究提供了宝贵资料。工区概况如图3-113所示。

沉积亚相	砂体叠置类型	接触关系	剖面样式	平面样式	成因机制	连通性
浅水湖盆三角洲前缘	重叠性	切叠接触			低可容空间下河道快速进积	连通
		高能削截接触			河道多期高能充填	连通
		低能削截接触			河道多期低能充填	不连通
	侧叠型	拼接接触			河道摆动填平补齐	半连通
		斜叠接触			河道摆动	
	堆叠型	堆叠接触			河道向下游和侧向增生	连通
	拼接型	拼接接触			河道分叉	连通
					河道溢岸	弱连通
		镶嵌接触			晚期河道侵蚀早期溢岸物质	弱连通
		不接触			孤立河道沉积	不连通

■ 河道　■ 河口坝　■ 溢岸砂　■ 分流间湾泥

图 3-112　复合砂体内部构型相类型

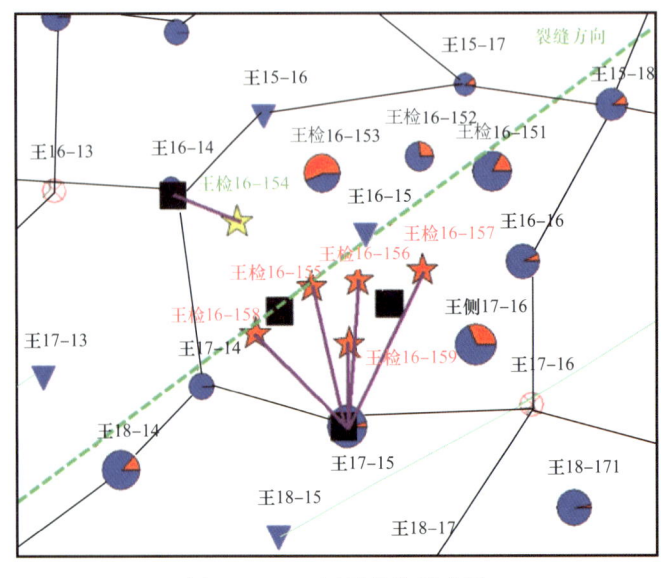

图 3-113　工区及井位示意图

1)离散裂缝建模

数值模拟采用非结构化网格自动剖分及动态更新方法,初始时刻建立构造模型及属性模型(图 3-114),离散裂缝在数值模拟过程中动态加入,并实时更新属性。

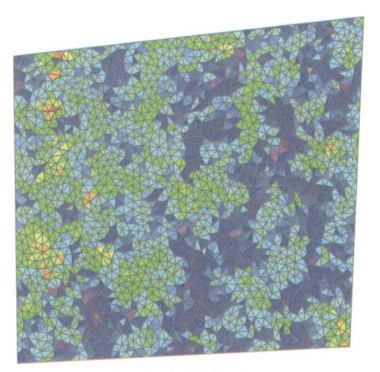

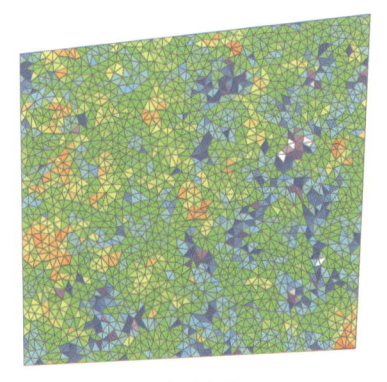

(a)孔隙度模型　　　　(b)渗透率模型

图 3-114　非结构化网格孔隙度与渗透率模型

2)数值模拟结果

动态裂缝与单井拟合匹配结果如图 3-115～图 3-118 所示。

(a)模拟开始时刻(0d)　　(b)裂缝开始扩展,非结构化网格动态更新(第500d)　　(c)W17-14井含水率上升(第1100d)

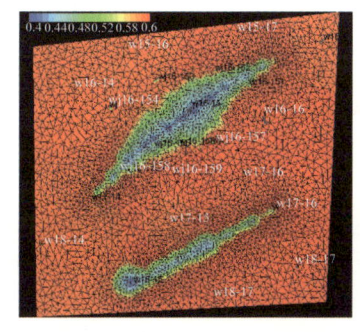

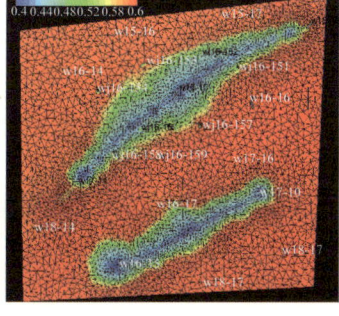

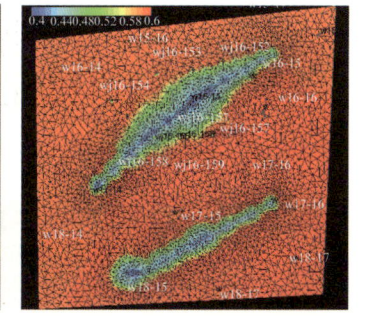

(d)W17-14井含水率快速上升(第2000d)　(e)W15-18井含水率快速上升(第1800d)　(f)W17-16井含水率快速上升(第1300d)

图 3-115　典型井含水率台阶式上升与动态裂缝响应关系

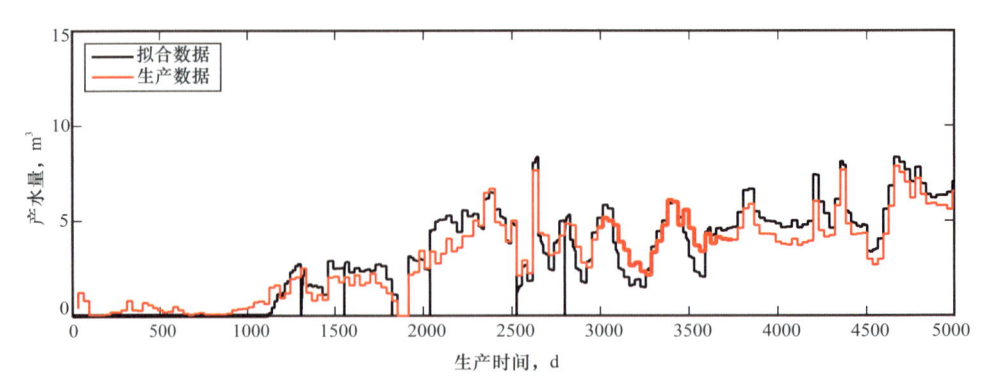

图 3-116　W17-14 井拟合结果

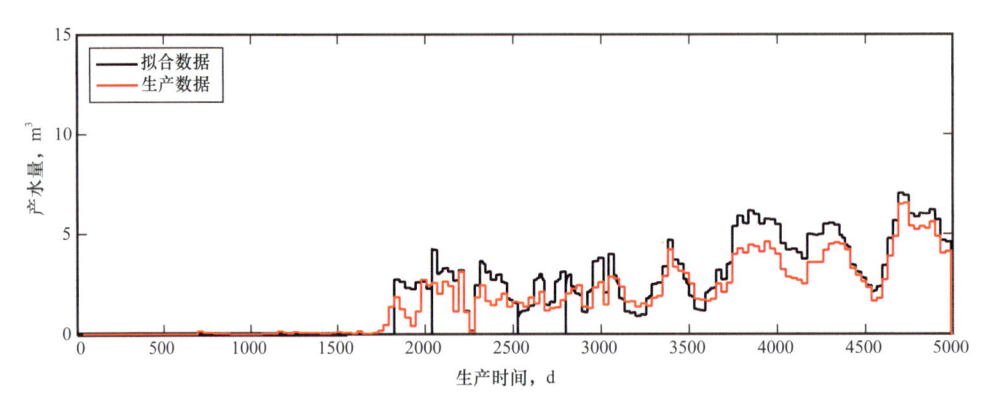

图 3-117　W15-18 井拟合结果

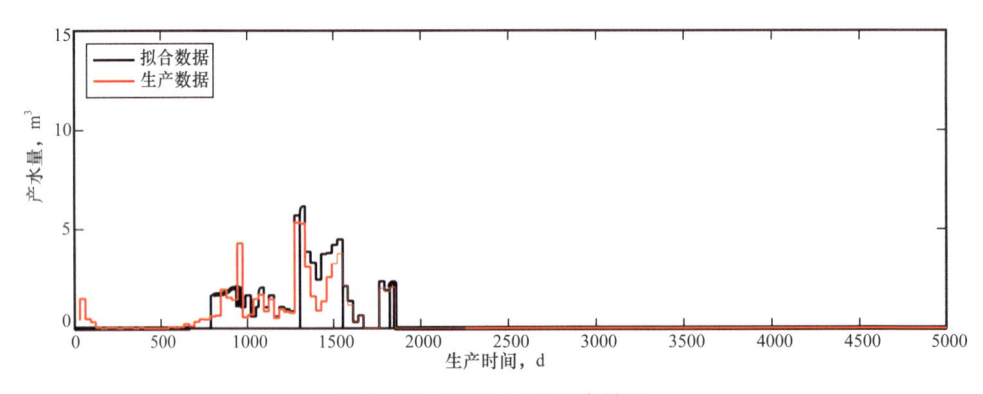

图 3-118　W17-16 井拟合结果

8 口取心井资料分析表明：在裂缝方向上距水井越近，水淹厚度越大，而且位于裂缝方向的 3 口密闭取心井，水洗厚度比例大于侧向取心井；在侧向上，与裂缝方向排距越大，水淹厚度变小（图 3-119）。水洗厚度百分比平均为 50.7%，其中，强水洗 13%，中水洗 24%，弱水洗 63%（表 3-6）。

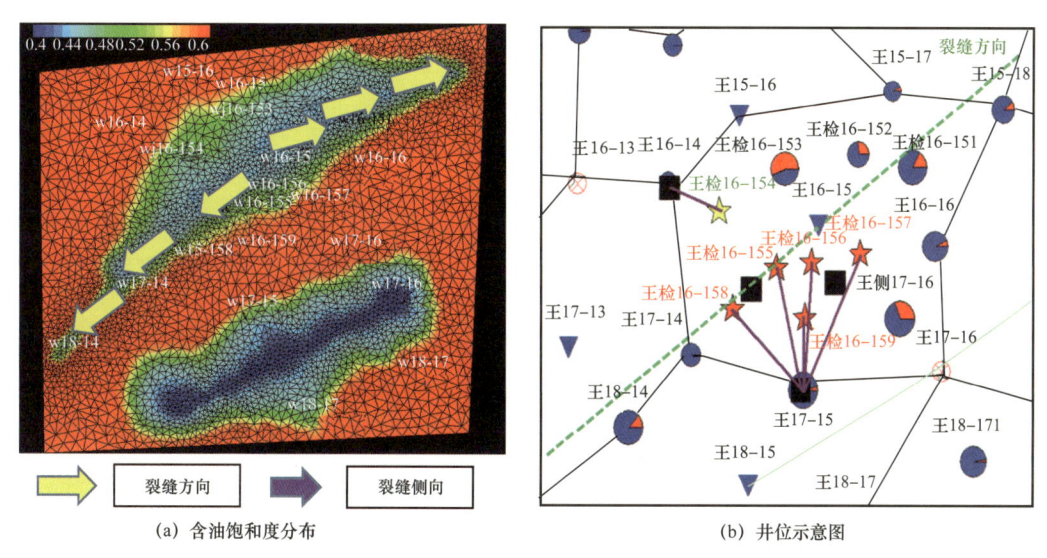

图 3-119 含油饱和度分布图与密闭取心井对应关系

(a) 含油饱和度分布　　(b) 井位示意图

表 3-6　密闭取心井水洗情况数值模拟结果统计表　　　　　　　　单位：%

井号	取心水洗厚度统计百分比	数值模拟水洗厚度统计百分比
王检 16-155	96.0	95.0
王检 16-151	48.0	55.0
王检 16-158	63.0	65.0
王检 16-156	65.0	75.0
王检 16-152	44.0	50.0
王检 16-159	40.0	30.0
王检 16-153	30.0	45.0
王检 16-154	19.0	30.0
平均	50.7	55.6

从数值模拟含油饱和度场结果和密闭取心井水洗厚度统计百分比来看，数值模拟结果与真实情况对应关系良好，平均误差为 10% 左右。

4. 应用效果

安塞王窑老区对原来的一个开发单元分砂体构型相刻画后，细划分出 11 个砂体成因单元。其中，垂直物源方向砂体结构剖面上河道砂体宽度普遍小于现平均井距 200m（图 3-120），顺物源方向砂体结构剖面上砂体展布范围较大（图 3-121）。隔、夹层类型主要是泥质隔层和钙质夹层，泥质隔层展布范围较大，钙质夹层基本在井间尖灭（图 3-122）。同时，进行了裂缝方向与井网匹配关系，以及延缓动态裂缝延伸速度、提高波及面积等注水技术政策优化。中西部井网加密试验实施后，井距由 300m 变为 200m，井网型式由井排方向与现今最大水平主应力方向成 22.5°夹角的不规则正方形反九点井网调整为沿动态裂缝线状注水,对主河道砂体的控制程度平均提高了 10.6%,预计采收率提高 5%~8%。

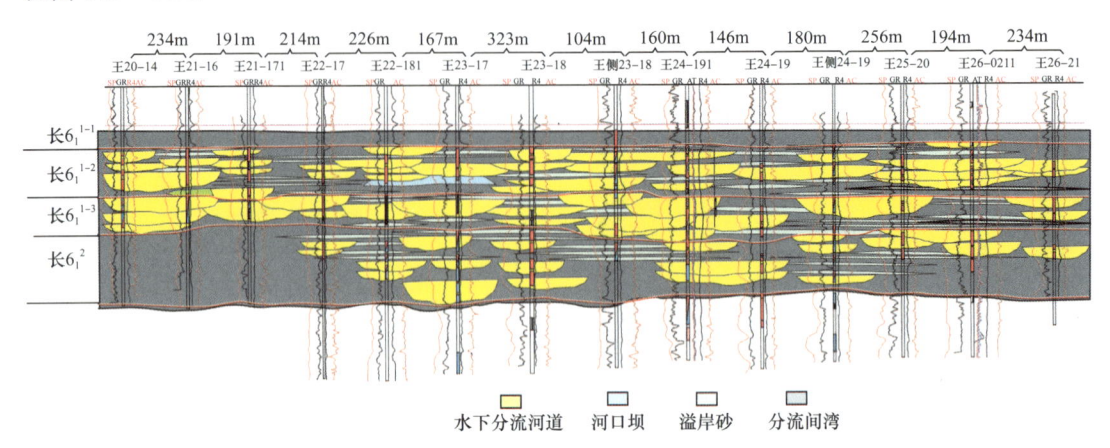

图 3-120　垂直物源方向砂体结构剖面

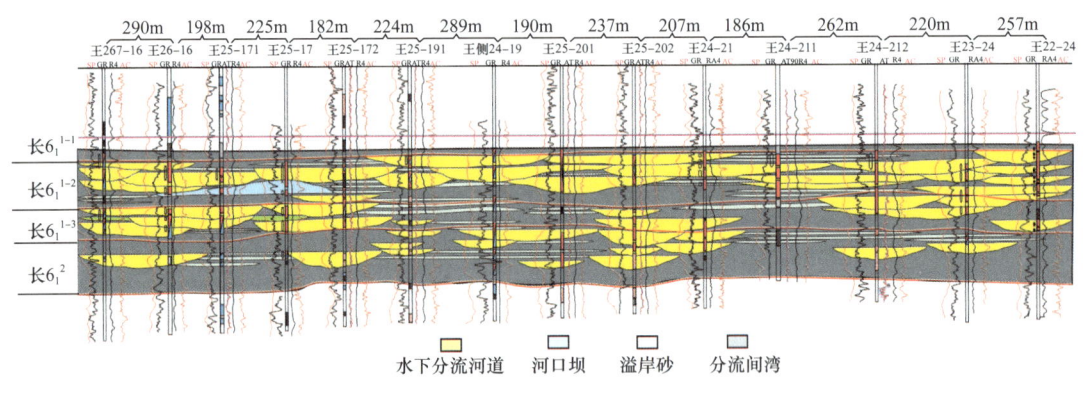

图 3-121　顺物源方向砂体结构剖面

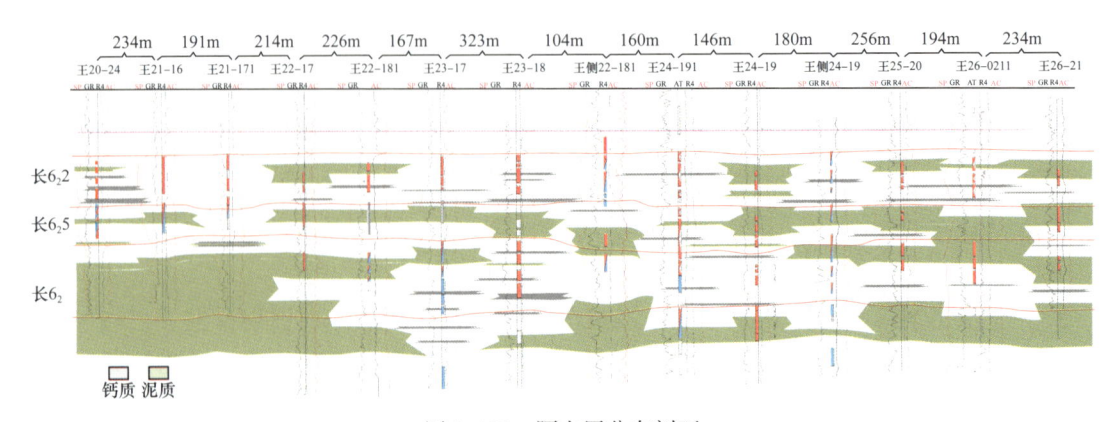

图 3-122　隔夹层分布剖面

参 考 文 献

[1] Larry W. Lake, Herbert B. Carroll, Jr. Reservoir Characterization [M]. Orlando, Florida: Academic Press, INC, 1986.

[2] 王捷. 油藏描述技术－勘探阶段 [M]. 北京：石油工业出版社，1996.

[3] 刘泽容，信荃麟，王伟锋，等. 油藏描述原理与方法技术 [M]. 北京：石油工业出版社，1993.

[4] 裘怿楠，陈子琪. 油藏描述 [M]. 北京：石油工业出版社，1996.

[5] 张一伟，熊琦华，王志章，等. 陆相油藏描述 [M]. 北京：石油工业出版社，1997.

[6] 王志章. 裂缝性油藏描述及预测 [M]. 北京：石油工业出版社，1999.

[7] Masoud Nikravesh, F. Aminzadeh. Past, present and future intelligent reservoir characterization trends [J]. Journal of Petroleum Science and Engineering 2001, 31: 67~79.

[8] Julianne Fic, Per Kent Pedersen. Reservoir characterization of a "tight" oil reservoir, the middle Jurassic Upper Shaunavon Member in the Whitemud and Eastbrook pools, SW Saskatchewan [J]. Marine and Petroleum Geology, 2013, 44: 41~59.

[9] 师永民，霍进，张玉广，等. 陆相油田开发中后期油藏精细描述 [M]. 北京：石油工业出版社，2004.

[10] 高兴军，宋新民，孟立新，等，特高含水期构型控制隐蔽剩余油定量表征技术 [J]. 石油学报，2016, 36（S2）: 99-110.

[11] Wu Shuhong, Dong Jiangyan, Li Hua, et al. Modelling and Analysis on High-Fidelity Fine-Scale Reservoir Simulation in Mature Waterflooding Reservoir [J]. SPE186941-MS.

[12] 范天一，宋新民，吴淑红，等，低渗透油藏水驱动态裂缝数学模型及数值模拟 [J]. 石油勘探与开发，2015, 42（4）: 496-501.

[13] 范天一，吴淑红，李巧云，等. 注水诱导动态裂缝影响下低渗透油藏数值模拟 [J]. 特种油气藏，2015, 22（3）: 85-88.

[14] Fan Tianyi, Wu Shuhong, Zhang Xiaozhou, et al. A Novel Dynamic Model to Simulate Waterflood Induced Fractures in Low Permeability Reservoirs [J]. SPE176224-MS.

[15] Wu Shuhong, Fan Tianyi, Zhang Xiaozhou, et al. An Improved Approach to Simulate Low-permeability Fractured Reservoirs with Dynamic Hybrid Dual-Porosity Model [J]. SPE176239-MS.

[16] Liu Hailong, Wu Shuhong. Transient pressure behavior for low permeability oil reservoir based on new Darcy's equation [J]. SPE176119-MS.

[17] Wu Shuhong, Xu jinchao, Feng Chunsheng, et al. A Multilevel Preconditioner and Its Shared Memory Implementation for a New Generation Reservoir Simulator [J]. Pet.Sci., 2014, 11（4）: 540-549.

[18] 王宝华，吴淑红，韩大匡，等，大规模油藏数值模拟的块压缩存储及求解 [J]. 石油勘探与开发，2013, 40（4）: 462-467.

[19] Wu Shuhong, Wang Baohua, Li Qiaoyun, et al. Cost-Effective Parallel Reservoir Simulation on Shared Memory [J], SPE182367-MS.

[20] 王宝华,吴淑红,李巧云,等.油藏数值模拟中BILU0-GMRES方法的应用[J].石油学报,2013,34(5):954-958.

[21] Hu Xiaozhe, Wu Shuhong, Wu Xiaohui, et al. Combined Preconditioning with Applications in Reservoir Simulation [J]. MULTISCALE MODEL. SIMUL., 2013, 11(2): 507–521.

[22] Wu Shuhong, Li Qiaoyun, Wang Baohua, et al.A New Generation Reservoir Simulator and Its Application in A Mature Water Flooding Oilfield [J]. SPE166011-MS.

第四章 油气藏开发方案优化设计技术

第一节 概 述

油气田开发设计技术的发展几乎同石油工业发展的历史一样漫长。自从 1948 年苏联出版的《油田开发科学原理》问世以来，其在发展油田开发理论、改进油田开发方法和开发方式方面占有极其重要的地位。1962 年，苏联的 A.n.克雷洛夫等编写了《油田开发设计》，系统阐述了油气田开发设计是以矿场地质、地下石油水动力学、油层和油井开采工艺及工业经济学等方面的理论和方法为基础的油田开发综合设计。但在 1970 年以前，油气田开发设计相关的学科都是各自发展，工作方式只是作为一支"接力赛的赛跑队"，并不是一支"配合良好的篮球队"。

20 世纪 70—80 年代起，随着计算机技术飞速发展，各个学科从基础理论到工业化推广都有了很大的提高和发展，不少学者更深刻认识到油藏工程和油藏地质之间达到最佳协作的重要性，克雷格强调了进行详细油藏描述的重要性，提出了利用地质、地球物理和油藏模拟概念和手段来深化对油藏的认识[1]。

20 世纪 80 年代后期至今，多学科综合研究的协作有了深入的发展，油气田开发设计研究已发展为油藏管理（reservoir management）这样一个全新的综合研究观念。油田开发设计只是作为油藏管理过程中一个初始的、重要的组成部分，以美国霍尔布蒂能源公司董事长霍尔布蒂（Halbouty）为代表提出了最佳协作的多学科互相渗透、共同协作的研究方式。油气田开发方案设计[2]应最大限度地把物探、钻井、地质、测井、试油试采、采油、井下作业、地面建设、动态监测和其他相关的各个学科协调起来形成最佳协作的管理体系。采用经济有效的先进技术[3-6]，制订和实施正确的油藏开发策略，并不断地完善和调整，从而取得最佳的经济采收率[7]。

近些年来，石油工业的开采对象不断变化，由常规油气藏向非常规油气藏转变。常规油气藏经过多年的开发，已经变得非常复杂，需要用非常规的理念、思路、技术和方法以期大幅度提高采收率。这些油藏总体进入"双高"或"双特高"开发阶段，含水率几乎没有增加的空间，再增加可采储量已相当困难。近年来，大规模实施"二次开发"和"二三结合"的战略系统工程，探索出一条老油田大幅度提高采收率的必由之路，特别是老油田（特）高含水开发后期层系井网重组的优化设计，已成为"二次开发"优化设计的重要支点和核心，已经在广大开发工作者中深入人心[8,9]。随着资源品质日益劣质化，低品味和致密油已经成为建产的主战场。采用水平井+大规模体积改造开发方式，核心内容是在"甜点"优选的基础上，实施水平井的多段多簇密切割、大排量、高入井液量和石英砂，构成致密油和低品位资源规模有效开发优化设计的核心内容。中国石油积极参与中东地区大型碳酸盐岩油藏的合作开发、攻关并实践规模注水开发优化设计方法，基于碳酸盐岩油藏强非均质性的特点，采用灵活多样的面积井网和分层系开发模式，之后再加密调整，不断提高对油藏非均质性的控制程度,实现提高采收率目标[10]。中国已发现了颇具资源潜力的缝洞型碳酸盐岩油藏,经过多年探索,已形成了基于缝洞单元精细刻画和气水吞吐及连通单元整体注水的优化设计技术,进一步丰富完善了油藏开发方案优优设计技术。

第二节 高含水后期层系重组和多井型井位优化设计

一、高含水后期多井型井位优选

钻加密井是油田开发调整的主要措施之一。所谓加密井,是指在原来的井网基础上,根据地下剩余油分布,重新钻的采油井或注水井,以进一步提高油田采收率。影响加密井井位优选的因素很多,既有地质因素,又有开发因素,还包括地面情况等因素,主要影响因素包括:(1)剩余可采储量,剩余可采储量是油井产量的物质基础,一般来说,其值越大,加密井的累计产油量就越多,经济效益就越好,加密井控制的所有油层的剩余可采储量应尽可能得大;(2)油层物性,一般来说,油层物性越好,意味着油井产油量越大,但在高含水后期,油井产量与油层水淹状况密切相关;(3)油层水淹程度,油层水淹程度是反映油层产水的一个重要指标,一般来说,油层水淹程度越高,该层采出液中含水率也会越高;加密井所控制的油层水淹程度应尽可能得低;(4)油层数,在控制的剩余可采储量相同的情况下,加密井所钻遇油层数越多,说明每一层的剩余可采储量越少,因此在剩余可采储量相同的情况下,钻遇油层数越少的加密井的井位越优;(5)最深油层深度,最深油层深度越大,则加密井的井深越大,钻井成本就会越高;(6)其他因素,加密井最好不要钻遇断层,因为断层两侧的油藏往往不属于同一个油水压力系统。

为了更加科学、精细、定量化地优选井位,在三维精细建模和油藏数值模拟后,首先进行基于剩余可采储量的加密井位单因素初步优选,然后开展多因素加密井位综合优选,确定加密井位,这样不仅能够有效地提高加密井单井产量,还能够提高加密井井位部署的效率和精度。

1. 基于剩余可采储量的加密井位初步优选方法

剩余可采储量是影响加密井累计产量的最主要因素,一般情况下,加密井控制的剩余可采储量越大,其累计产油量也越多。因此,加密井位优选的基本思想是:以地质模型中的某一个无井点网格为中心,计算该加密井控制半径范围内的剩余可采储量,同时记录油井所穿油层的渗透率、含油饱和度等参数,再将该油井在某一套层系所穿的所有层的剩余可采储量进行迭加。搜索模型中所有无井点网格,分别计算其控制剩余可采储量,按其大小排序单因素优选加密井井位[11]。

根据以上加密井位优选的基本思想,以剩余可采储量为目标函数,通过在无井控制区优选新加密井点,使加密井在其有效控制范围内所钻遇的不同单砂层的剩余可采储量之和达到最大,数学上加密井井位及井型优选模型可用以下数学模型来描述。

目标函数:

$$N_{\text{po}} = \text{Max}_k \sum_{z=1}^{\text{Layer}} \sum_{\Omega_k} \left\{ E_r - \frac{[S_{\text{oi}}(x,y,z) - S_o(x,y,z)]}{S_{\text{oi}}(x,y,z)} \right\} \rho_o S_{\text{oi}}(x,y,z) \phi_i h A_{ij} \qquad (4-1)$$

式中 N_{po}——点(x_i, y_j, z_k)处的加密井剩余可采储量之和；

E_r——驱油效率；

S_{oi}——原始含油饱和度；

S_o——目前含油饱和度；

ρ_o——地下原油密度；

ϕ_i——孔隙度；

h——油层厚度；

A_{ij}——网格(i, j)的面积；

i, j, k——网格在x、y和z方向的三维网格模型坐标。

设(x_i, y_j, z_k)为同一单砂层内已存在的某一油井或水井（老井）的井点坐标，由于加密井点$(x_{wadd}, y_{wadd}, z_{wadd})$与已存在的油井或水井之间的距离不能太小，加密井与任一老井之间的距离大于极限井距：

$$(x_{wadd}-x_i)^2+(y_{wadd}-y_i)^2 \geqslant d^2 \tag{4-2}$$

此外，加密井点增加的剩余可采储量N_{po}应大于单井极限剩余可采储量N_{omin}，即

$$N_{po} \geqslant N_{omin} \tag{4-3}$$

式（4-1）～式（4-3）构成了加密井位单因素优选模型，其中式（4-1）是模型的目标函数，式（4-2）和式（4-3）是模型的约束条件。

加密井有直井、斜井、水平井等不同井型。井型不同，其控制半径对应的控制面积也不同，本节将阐述不同井型对应控制面积的计算。

计算模型中的剩余可采储量，需要建立与数值模拟模型和模拟结果之间的联系，包括网格相对坐标与三维模型大地坐标之间的对应关系、读取三维模型网格相关属性及导入已有油水井坐标等。

1）三维模型网格相对坐标与大地坐标对应关系的建立

复杂油藏三维建模软件Petrel和油藏数值模拟软件Eclipse现已得到广泛应用，目前已分别成为地质建模和油藏数值模拟的主流工具软件。Petrel产生的地质模型数据文件中的网格都是用大地坐标(x, y, z)表示，而在油藏数值模拟中所使用的坐标都是相对坐标(i, j, k)。进行井位优选，首先要建立三维模型网格相对坐标与数据文件中大地坐标之间的对应关系。数据文件中角点网格模型包含COORD和ZCORN两个关键字。其中COORD中的数据存储是一条条坐标线，共计（NDIVIX+1）×（NDIVIY+1）条线。每个坐标线由2个不同的点确定，其中每个点都是对应大地坐标的三维数据点，也就是说一条坐标线由6个数据点构成。每条线的前3个数据为顶点坐标，后3个数据为底点坐标。三维模型网格通过COORD关键字定义所有网格角点(i, j)对应的大地坐标❶。ZCORN关键字中存储的是角点模型的深度数值（z值）。每个网格块有8个角，每个角都对应一个深度值，故该关键字中有8×NDIVIX×NDIVIY×NDIVIZ个数据点。而各个网格的i, j方向的坐标数据通过与各个网格的深度值进行插值可以得到。假设在Eclipse中的三维图中某一网格坐标为(i, j, k)，与其所对应的角点网格的点应该有8个，其

---

❶ 注：在本章中，(i, j, k)表示三维网格模型坐标，(x, y, z)表示大地坐标。

坐标点 z 方向上的值在 ZCORN 关键字中对应位置处依次如下存放：z_{i1}，z_{i2}，z_{i3}，z_{i4}，z_{i5}，z_{i6}，z_{i7}，z_{i8}。每个网格点相应的对应着四条线和 8 个角点（图 4-1），则网格（i，j，k）相对应着 4 条线，其每条线由 2 个点控制，在 COORD 关键字中已经给出这 2 个点的具体坐标值。

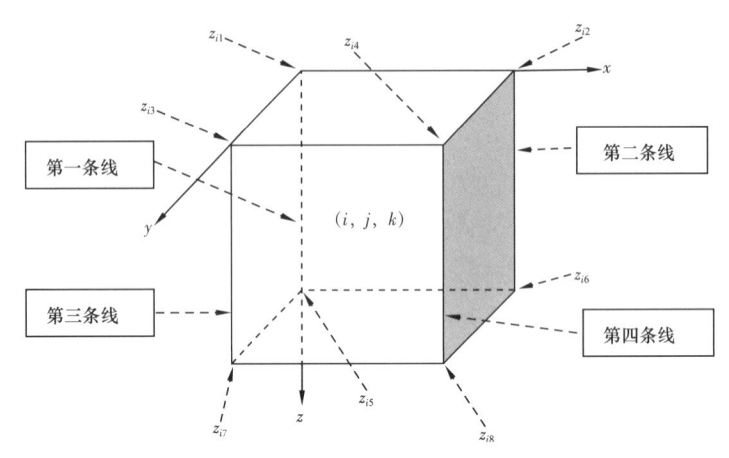

图 4-1　三维模型网格读取示意图

网格（i，j，k）的 8 个点都在这些线上，ZCORN 关键字已给出该网格 8 个角点的深度值（z 值），通过这些深度值和已知 4 条线的顶点、底点的大地坐标值，通过插值可以计算网格 8 个角点的所有大地坐标值（共 24 个数据点），从而建立网格坐标（i，j，k）与该网格大地坐标之间的一一对应关系。

2）三维模型网格中相关属性的读取

三维模型中饱和度场的变化直接关系到剩余油分布和剩余可采储量。油藏数值模拟历史拟合完成后，Eclipse 软件生成的数据文件中包含了历史拟合前后的饱和度场信息。利用 Eclipse 软件自身的功能，从其生成数据文件中导出含油饱和度场形成一个新的数据文件，其中含油饱和度数据按照先 x 方向、再 y 方向、再 z 方向依次顺序存放，与三维网格一一对应，这就建立了含油饱和度（Soil）与网格坐标（i，j，k）之间的一一对应关系。网格的渗透率（PERMX、PERMY、PERMZ）、孔隙体积（PORV）等属性的读取与含油饱和度的读取相类似。对于河流相复杂断块油田来说，断层和废弃河道发育，把单砂层划分成若干个单砂体（独立油气藏）。采用划分平衡区的方法区别不同的单砂体，一个单砂体对应着一个平衡区。按照类似的方法，建立分区数据与网格坐标（i，j，k）之间的对应关系。

3）加密井剩余可动油储量的计算

油藏数值模拟历史拟合完成后，剩余油认识已相对清楚并且已经定量化了。结合现有井网，在无井控制区进行井网加密，计算任一无井点网格作为井位坐标时的加密油井控制的剩余可动油储量，并按其由大到小依次排序，其计算流程如图 4-2 所示。

在计算剩余可动油储量时，应结合油田开发实际，以确定油井的控制范围。由于油田一般都由多个油层组成，因此，单井的剩余可采储量是该加密井所穿过的层位上控制面积范围内的剩余油可采储量之和。由于实际油田中的不同油层注采结构、砂体边界等存在很大差异，因此，在加密井井位优选过程中，除了要利用前面的机理研究得到不同类型单砂体的极限采收率外，重要的内容之一就是要计算加密井的单井控制面积。由于直井、斜井、水平井在某一层的控制面积不同，下面分别阐述不同井型时控制面积的计算。

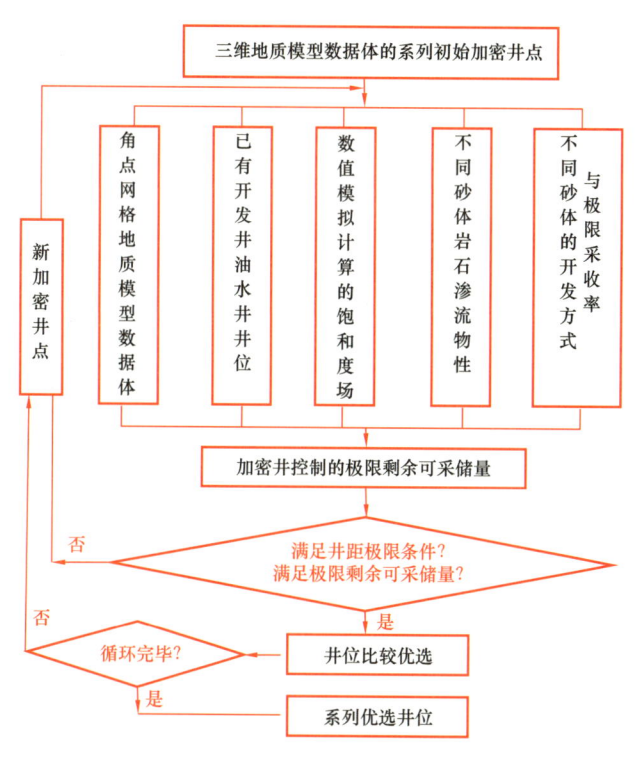

图 4-2 加密井井位优选流程图

（1）直井。

在实际三维地质模型中，由于断层、边水、废弃河道、岩性边界等的存在，砂体大小变化很大，加密井控制的 S_{ij} 区域可能包含在一个砂体中，也可能包含在几个砂体中。

当 S_{ij} 区域跨越多个砂体时，断层和不渗透条带将区域 S_{ij} 分割为两部分，S_{ij} 覆盖两个砂体。这种情况可用平衡区进行判断，假设油井所在的砂体属于平衡区 1，另一部分区域属于平衡区 2。加密井所控制的实际区域不是整个 S_{ij} 区域而是弧 ACB 与断层所包含的面积。当计算油井在该层剩余可动油储量时，只需计算属于油井所在平衡区 1 内的剩余可动油储量。

当 S_{ij} 区域包含在一个砂体内时，由于油井或水井、断层、废弃河道、强边水等的存在，可能会对油井的实际控制范围产生影响。

① 规则加密井网，加密井控制的含油面积计算方法。

反九点井网、五点法井网、七点法井网等规则井网单井控制的含油面积可以通过其分流线控制的范围来确定。

当注采井数比为 1∶1 时，典型的注采井网是反五点法井网［图 4-3（a）］，注水井周围有 4 口油井，每口油井所对应的控制面积为整个注水单元面积的 1/4。当注采井数比为 2∶1 时，典型的注采井网是反七点法井网［图 4-3（b）］，注水井周围有 6 口油井，每口油井所对应的控制面积为整个注水单元面积的 1/6。当注采井数比为 3∶1 时，典型的注采井网是反九点法井网［图4-3（c）］，注水井周围有8口油井，虽然A井、B井所对应的控制面积有所不同，但每口油井所对应的平均控制面积为整个注水单元面积的1/8。

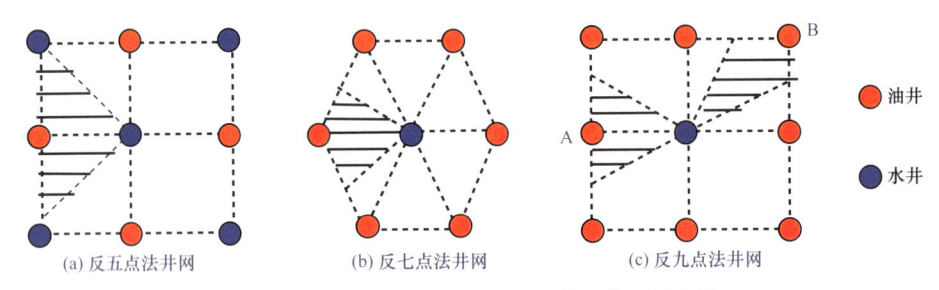

(a) 反五点法井网　　(b) 反七点法井网　　(c) 反九点法井网

图4-3　不同注采井数比对应的典型井网示意图

② 不均匀加密井控制面积简单计算法。

复杂断块油田不规则井网加密，需考虑现有开发井的井位、井别和边界属性。当有注水井时，根据确定加密井与水井、油井及边界关系确定加密井控制含油面积，计算控制面积内的剩余可采储量（图4-4）。当无注水井时，需根据砂体面积和储量，分析确定调整注采关系；否则，取衰竭时的极限采收率来计算单井控制剩余可采储量（图4-5）。

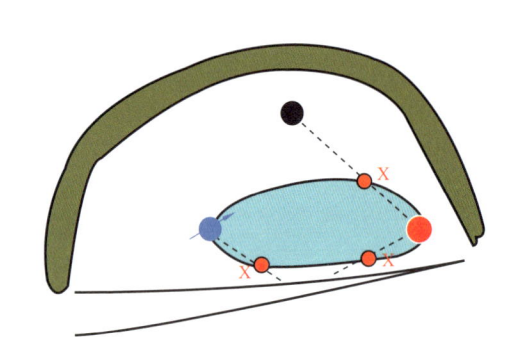

图4-4　有注水井时的加密井控制范围 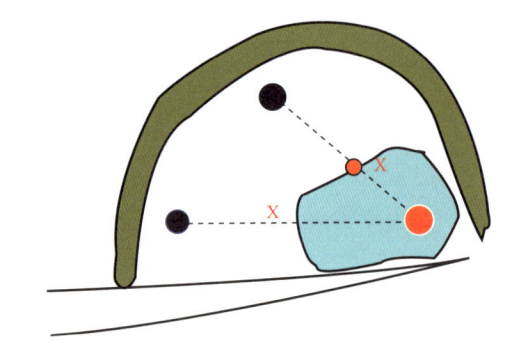　　　　图4-5　无注水井时的加密井控制范围

（2）斜井。

斜井是油田现场常见的井型之一，在复杂断块油田中应用广泛。由于复杂断块油田单砂体在剖面上叠置关系的不规则，斜井控制的剩余可动油储量有可能更大，钻斜井有可能取得更好的经济效益。

斜井井位优选方法在三维模型网格相对坐标与大地坐标对应关系的建立、剩余可动油储量计算等方面与直井类似，其与直井的最大区别是存在井斜角和井斜方位角。一般来说，斜井的井轨迹在油层中不同深度处的井斜角和井斜方位角一般不同，因此实际的斜井井轨迹是一条三维空间曲线，不是直线（图4-6）。具体优选计算时，以优选的直井为基础将井型改为斜井，根据斜井的井斜角确定其穿越不同油层的井位，计算其对不同油层的有效控制面积范围和单井控制的剩余可采储量。通过比较不同井倾斜角斜井控制的剩余可采储量，初步优化斜井井位。

为此，对斜井井轨迹做如下假设：① 从地面到某一深度，若井轨迹为直的，即为直线，从该设定深度开始造斜；② 斜井的井斜角 α 为一常数（图4-6），井斜角 α 的取值不超过 30°；③ 井斜方位角的取值固定，一个井位的井轨迹取 8 个延伸方向，对应的井斜方位角分别为 0°、45°、90°、135°、180°、225°、270°、315°，即每个井位按 8 个方向进行试算，选择剩余可采储量最大的方向作为该井点优选的井轨迹方向。具体应用过程中，方位角的取值可以根据需求来定。

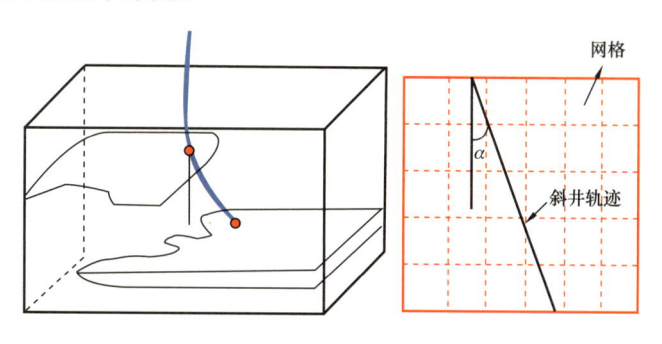

图 4-6　斜井井轨迹剖面示意图

2. 多因素模糊综合评判加密井位确定方法

剩余可采储量是影响加密井井位的主要因素之一，但不是唯一因素。除了剩余可采储量之外，油层物性、油藏水淹程度、油层数、最深油层深度等参数都会影响经济效益。在利用剩余可采储量计算模型进行加密井位的单因素优选的基础上，采用模糊综合评判方法，综合考虑多个井位优选影响因素，最终优选确定加密井位[11]。

多因素模糊综合评判加密井位确定的基本步骤如下：

（1）明确主要评判指标，确定评判因素集 U 和评判集 V。影响井位优选的参数有剩余可采储量、油层物性、水淹程度、油层数、最深油层深度等。为了便于计算，将上述指标具体化为剩余可采储量、剩余可采储量/最深油层深度、油层平均渗透率、含油饱和度、油层厚度/油层数。则因素集 U 由上述 5 个指标组成，评判集 V 为一批井位坐标，其中 u_{21} 即为第 2 个井点坐标上的剩余可采储量。

（2）建立单因素评判矩阵 R：

$$R = \begin{bmatrix} r_{11} & r_{12} & \cdots & r_{1m} \\ r_{21} & r_{22} & \cdots & r_{2m} \\ \vdots & \vdots & & \vdots \\ r_{n1} & r_{n2} & & r_{nm} \end{bmatrix} \quad （4-4）$$

其中，r_{ij} ($i=1, 2, \cdots, n$；$j=1, 2, \cdots, m$)。

计算得到

$$r_{ij} = \frac{u_{ij}}{\sum\limits_{j=1}^{m} u_{ij}} (i=1,2,\cdots,n;\ j=1,2,\cdots,m) \quad （4-5）$$

（3）确定各因素的权重，得到权重集 $A=(a_1, a_2, \cdots, a_n)$。采用层次分析法，构造判断矩阵并进行一致性检验，确定权重集 $A=(a_1, a_2, \cdots, a_n)$，并且满足 $\sum\limits_{i=1}^{n} a_i = 1$。

（4）选择合适的模型进行模糊综合评判，即 $B = A \times R$。分析4种不同模型的适用条件，筛选出合适的模型进行模糊综合评判计算，根据最大隶属度原则得到井位坐标的排序。

（5）分析评判结果，筛选最优井位。按照以下原则分析最优井位的合理性：① 舍去剩余可采储量小于极限累计产油量的井位坐标；② 两口加密井的控制面积不能重叠，如有重叠，舍去隶属度小的井位坐标。

3. 注水井井位优选与注采井网优化配置

注水开发是中国油田主要的开发方式，注水井井位优化是注采井网优化的重要内容。对于高含水的复杂断块油田来说，注水井位优化，除可补充地层能量保持地层压力相对稳定外，更重要的目的是提高水驱控制程度和油井多向受效性，进一步提高采收率。

在加密油井井位优选和层系细分重组的基础上，以主力单砂体为基本单元，注水井井位优选应遵循以下原则：（1）一般选在构造相对低部位或临近油井的相对低部位；（2）一般位于水淹程度相对较高的区域；（3）注水井不要"扎堆"；（4）强边水附近一般不部署注水井，底水能量充足的油藏一般不部署注水井；（5）不低于注采井网优化前的注采井数比。

注采井网优化配置的基本步骤：（1）将计算选出的符合极限井距条件和单井控制极限剩余可动油储量的油井进行排列，选出最有利的加密井位；（2）以主力单砂体和主力加密井位为基础，优选注水井井位；（3）确保不同规模的单砂体的注采井数比应达到一定数值，当不能满足时，从加密井和现有采油井中优选转注井，保证转注后剩余可动油储量最大化；（4）对规模较小的砂体的注采关系进行优化。

二、高含水后期油藏层系细分重组设计

油田开发技术政策界限研究是合理开发油田、提高油田开发效果和经济效益的基础。油田进入高含水后期阶段以后，剩余油已高度分散，主力油层水淹程度较高，许多调整井因为产量低、含水率高等原因而没有经济效益。因此，对于处于高含水后期的油田而言，层系细分重组调整必须结合剩余油特点，研究制订层系细分重组调整的技术经济界限，综合油田剩余油认识及水驱开发调整规律，分析判断具体油田层系细分重组调整的可行性。

高含水油藏层系细分重组是在油藏原有层系的基础上，按照一定原则或方法进行重新划分及组合，并以此为基础进行井网套数和开发工艺的调整，提高水驱波及系数，最终达到提高油田水驱采收率的目的。层系细分重组是油田开发调整的重要内容[12]。科学的层系细分重组一是可以充分发挥中低渗透层或薄差层的潜力，有效缓解层间矛盾；二是可以提高原油流动水驱动用程度，更好地解决层内矛盾，进一步促进老油田开发进入良性循环，对老油田持续、效益开发具有深远意义。

1. 层系细分重组的原则

层系细分重组一般应遵循如下原则：

（1）提高储量利用率及简化开发后期的复杂性。开发层系过于粗放，其最大的缺点是储量利用率低、采油速度低，后期调整难度大、效益差。

（2）以小层或单砂体作为开发层系细分重组的基本单元。基本单元的确定主要取决于以往实际地质研究和应用的程度，再次细分重组的基本单元要求更加精细。

（3）油层地质特征相近程度高，在同一套开发层系中各小层应具备同一压力系统、同一油藏类型；小层间物性、分布范围，且原油性质在同一个级别。

（4）细分重组后的开发层系的剩余储量丰度要高于经济极限储量丰度。

（5）开发层系间具有分布稳定的隔层，厚度在 2～3m 以上。

（6）细分后的层系要有相对独立的开采井网。

2. 层系细分重组技术流程

根据近几年的研究，中国石油总结提出了适合高含水后期油田层系细分重组可行性分析与判别的技术流程（图 4-7），主要包括 4 个步骤：

（1）明确层系细分重组技术经济界限指标体系。综合产量递减规律和经济评价方法，应用盈亏平衡分析原理，明确加密井极限产量、加密井极限可采储量和极限剩余可采储量丰度等技术经济界限指标。

（2）根据细分层系物性相近、流体性质相近、压力系统相近、开发方式一致等原则，结合油藏数值模拟剩余油分布预测结果，研究层系的可能组合，对于任一新的组合层系，在可利用已有开发井的基础上，完善井网，开展完善注采井网后的动态预测及最终采收率计算（图 4-8）。根据原始含油饱和度场、目前剩余油饱和度场、地质模型物性参数、原油密度及完善井网后的单砂层采收率等参数，计算并制作组合层系的剩余可采储量丰度图。

（3）给出了层系细分重组可行性的判断标准，当组合层系剩余可采储量丰度大于极限剩余可采储量丰度时，该组合层系可行；否则，该组合方式在经济上不可行。如果只有部分区域满足条件，则说明只能在局部区域进行细分层系和井网加密。通过对不同组合层系的分析对比，优选出满足条件的层系组合。

（4）确定最优组合层系以后，结合加密井极限产量、加密井极限可采储量，优化加密井井位。层系细分重组的技术流程如图 4-7 所示。

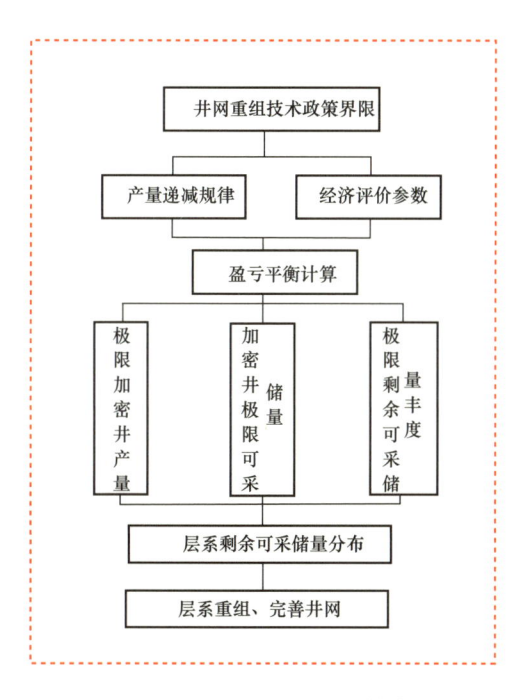

图 4-7 层系井网重组技术流程

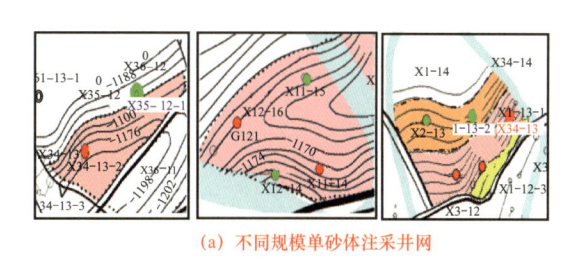

(a) 不同规模单砂体注采井网

(b) 不同规模单砂体的水驱特征曲线及水驱采收率

图 4-8 不同规模砂体完善井网最终采收率

3. 层系细分重组的方法

层系细分重组法是解决油藏内层间矛盾和提高采收率的重要措施。通过模糊数学方法，把性质相似的多个小层组合在一起，形成多种可能的组合方案，然后通过构造 F 统计量从多种可能方案中寻找数种最优组合方案，最后通过层系独立性检验判断最优的层系组合方案是否满足层系经济技术界限，满足经济技术界限的方案就是推荐的层系组合方案。

1）模糊聚类

层系重组的目的是根据油层不同的地质特点，把性质相似的油层组合在一起，形成一套或几套开发层系，以获得较高的采收率和较好的经济效益。由于重组方案具有多解性和模糊性，而模糊聚类方法能定量地给出一系列的层系重组方案，因此应用模糊聚类方法进行层系重组将会取得更好的效果。选用模糊聚类分析方法中基于模糊等价关系方法进行聚类计算。

设 $X = [x_1, x_2, x_3, \cdots, x_n]$ 是待分类对象的全体，每一个对象都具有 m 个特征，因此 X 可以表示为一个 $n \times m$ 阶的原始资料数据矩阵：

$$X = (x_{ik})_{n \times m} = \begin{bmatrix} x_{11} & x_{12} & \cdots & x_{1m} \\ x_{21} & x_{22} & \cdots & x_{2m} \\ \vdots & \vdots & & \vdots \\ x_{n1} & x_{n2} & \cdots & x_{nm} \end{bmatrix} \quad (4-6)$$

设论域 $X = \{x_1, x_2, \cdots, x_n\}$，$x_i = \{x_{i1}, x_{i2}, \cdots, x_{im}\}$，$r_{ij}$ 是表示对象 x_i 与 x_j 之间相似程度的相似系数，由矩阵 X 可求得 $n \times n$ 阶模糊相似矩阵 R，其中 r_{ij} 采用绝对值减数法计算，计算公式为：

$$r_{ij} = \begin{cases} 1 & , i = j \\ 1 - c \sum_{k=1}^{m} |x_{ik} - x_{jk}| & , i \neq j \end{cases} \quad (4-7)$$

其中，$c = 1 / \max\left(\sum_{k=1}^{m} |x_{ik} - x_{jk}| \right)$。

相似矩阵 R 不一定具有传递性，通过传递闭包法由相似矩阵 R 构造模糊等价矩阵 T。取不同的置信水平 $\lambda \in [0, 1]$，λ 截矩阵 T，可以得到一系列不同的分类，形成动态聚类图。

2）F 统计量

F 统计量常用于方差分析中的统计检验，判断不同情况下数据的均值是否存在显著差别。对于一组数据，当分类不同时，类内数据间的距离与不同类之间的距离一般是不同的，因此，通过构造 F 统计量判断在不同分类情况下类内与类间距离是否存在显著差异。

F 统计量定义如下：

$$F = \frac{\sum_{i=1}^{r} n_i \sum_{k=1}^{m} (\bar{X}_{ik} - \bar{X}_k)^2 / (r-1)}{\sum_{i=1}^{r} \sum_{j=1}^{n_i} \sum_{k=1}^{m} (X_{ik} - \bar{X}_{jk})^2 / (n-1)} \sim F(r-1, n-r) \quad (4-8)$$

它服从自由度为 $r-1$ 和 $n-r$ 的 F 分布。F 统计量的分子表示不同分类的类间距离，分母表示类内元素间的距离，F 值越大，说明类与类之间的距离越大，分类越好。对于某一信度 α，通过查 F 分布表得 F_α。如果 $F>F_\alpha$，根据数理统计理论，可知该分类情况下类间差异显著，说明这种分类比较合理，故取几个 $F-F_\alpha$ 的最大值对应的分类即为较优的分类。

3）层系独立性检验

层系独立性检验是根据油藏工程方法和开发实际，检验上述较优分类得到的每套层系是否能够成为一套独立的开发层系。层系独立性检验内容包括组合层系的储量丰度界限、天然能量大小、出砂状况等，通过层系独立性检验的分类才是最终的层系重组方案。层系独立性检验的主要内容是计算层系的储量丰度界限。

高含水率油田采出程度高，层系重组不能以原始地质储量为基础，而应以单井控制可采储量为条件，以剩余可动油储量丰度为层系独立性检验的重要依据。剩余可动油储量丰度的计算公式为

$$N'_{or} = \frac{[I_D(1+R_{inj})(1+R_{DM}) + C_{wo}t][S_{oi}(1-R_f)S_{or}]}{AS_{oi}(R_{max}-R_f)(C_{oil}-C_c-C_{tax})R_{sp}} \quad (4-9)$$

4. 层系井网重组技术经济界限指标体系

中国大多数的中高渗透砂岩油藏，由于储量规模大、丰度高、储层物性好、单井产量高，因此在早期投入开发阶段，甚至中期开发调整阶段，新井都有较好的经济效益。当这类油田进入高含水后期阶段以后，主力油层水淹程度很高，进行系统性调整的投资成本高，如果针对性不强，则易导致许多调整井产量低、含水率高、经济效益差（甚至没有效益）。因此，制订一套高含水后期油田层系井网重组技术经济界限指标体系，可以确保开发调整决策的科学性和有效性，以规避投资风险。

表征高含水后期油田开发技术经济界限的指标很多，如单井控制剩余可采储量、加密井初始产量、新井累计产量、新井极限含水率、井网密度、老井极限产量、老井措施增油量等。现重点从层系井网角度出发，探讨层系重组和井网加密的技术经济界限。

1）井网加密技术经济界限指标计算

国内外油田开发经验表明，加密井网可以减少储量损失，提高采油速度、水驱波及系数和最终采收率，改善油田的注水开发效果。高含水后期油田井网加密不是简单的缩小井距，而是在分析储量动用状况的基础上，对原层系井网动用差的油层和不同油层的平面剩余油进行分析，当油田存在足够的剩余油潜力，而现有井网不能有效地改善开发效果时，则需要对层系井网进行系统的调整。通行的开发调整通常包括细分层系、井网加密完善注采系统，增加注水井比例、调整注采井数比等。如喇萨杏油田层系井网加密调整把水驱储量控制程度提高到 90% 左右，从而实现了增加可采储量。

油藏工程的相关方法是通常用经验公式来分析计算合理井网密度和极限井网密度，为早期开发调整提供依据。但是，当油田进入高含水后期开发阶段以后，经验公式已经不再适应，因为此时的井网加密主要针对剩余储量潜力、油田能否进行井网加密或能在多大程度上开展井网加密调整，主要取决于加密新井是否能够控制足够的剩余可采储量，因此，需要根据非线性盈亏平衡原理，从计算单井极限累计产量入手研究层系井网重组技术经济

界限指标体系。

盈亏平衡分析是以变动成本为基础，对企业的产销量、销售收入、成本、利润进行综合分析的一种经济分析技术。它借助收入、成本、利润、税收、投资折旧等因素的内在联系，帮助油藏工程师和管理者明确挖潜的对象、把握其规模，从而实现科学决策。盈亏平衡分析法是通过分析产量、成本和盈利之间的关系，找出方案盈利和亏损在产量、单价、成本等方面的临界点，以判断不确定性因素对方案经济效果的影响程度，说明方案实施的风险大小，这个临界点被称为盈亏平衡点。盈亏平衡分析可分为线性盈亏平衡分析和非线性盈亏平衡分析，其中非线性盈亏平衡分析适用于销售收入、产品成本与产量呈非线性关系的情况。

加密井单井极限累计产量是衡量油田或其中的某个区域是否具备加密调整条件的一个重要的技术经济界限指标，定义为销售收入与钻井投资、地面投资、作业费、操作费及税收等支出达到平衡时的单井累计产油量。高含水后期油田产量逐年递减，而且符合一定规律。例如：大庆杏六中区2010年前平均综合递减率为13.5%左右（图4-9），而大港港西二区2006—2008年的综合递减率约为11.1%（图4-10），因此，假设加密新井的生产动态符合油田的递减规律，则加密新井的累计产量N_p可公式为

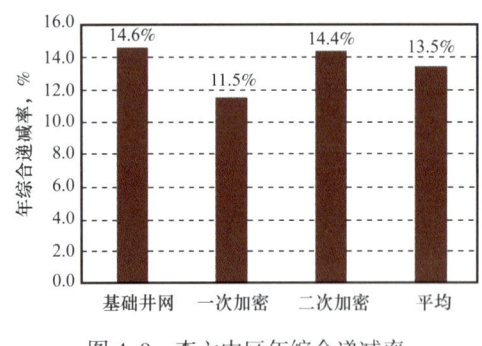

$$N_p = \int q_{oi} e^{-Dt} dt \qquad (4-10)$$

图4-9 杏六中区年综合递减率

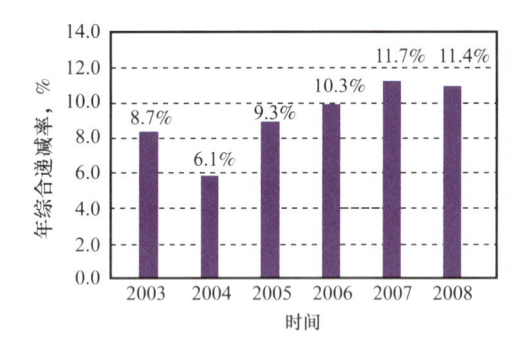

图4-10 港西二区年综合递减率

根据非线性盈亏平衡原理，得出了加密新井极限初始产量计算公式为

$$\sum_{t=1}^{NT} \frac{q_{oi,lin} e^{-Dt}(C_{oil} - C_{cost} - C_{tax}) - C_{wo}(1+R_{inj}) - I_D(1+R_{inj})(1+R_{DM})}{(1+I_r)^i} = 0 \qquad (4-11)$$

式中 $q_{oi,\,lim}$——新井极限初始产量，即当新井按此初始产量和递减规律累计产出的油量实现的销售收入，与投资、成本等达到平衡，净现值为0；将$q_{oi,\,lim}$代入式（4-10），则可得到加密新井极限累计产量，或称加密新井极限控制可采储量，用N_{plim}表示；

I_D——钻井投资；

R_{inj}——注采井数比；

R_{DM}——地面建设投资与钻井投资之比；
C_{wo}——油水井固定的作业费，元/a；
NT——预测生产年限，a；
C_{oil}——油价，元/m³；
C_{cost}——操作费，元/m³；
C_{tax}——税收与管理费，元/m³；
I_r——贴现率，%。

根据港西油田自然递减分析结果，油价按40美元/bbl计算，通过计算得出了加密直井的产量界限指标如下：局部加密直井极限初始产油量2.9t/d，极限累计产油量5747t。按注采井数1:2井网加密，平均极限初始产油量3.8t/d，极限累计产油量8291t（表4-1、图4-11和图4-12）。

局部加密水平井极限初始产油量5.4t/d，水平井极限累计产油量9804t。直井注水，水平井采油，注采井数比为1:2时，则水平井加密极限初始产油量7.2t/d，水平井极限累计产油量13127t；注采井数1:1时，加密水平井极限初始产油量8.4t/d，水平井极限累计产油量15471t（表4-2）。

表4-1 直井加密产量界限指标

油价，美元	极限初始产油量，t/d		极限累计产油量，t	
	局部加密	注采井数1:2井网加密	局部加密	注采井数1:2井网加密
30	4.1	5.8	8650.07	12298.34
35	3.4	4.7	6867.22	9871.64
40	2.9	3.8	5747.15	8291.80
45	2.4	3.4	4718.86	7085.90
50	2.1	3.1	4116.08	6514.15

表4-2 水平井井加密产量界限指标

油价，美元	极限初始产油量，t/d			极限累计产油量，t		
	局部加密	注采井数1:2井网	注采井数1:1井网	局部加密	注采井数1:2井网	注采井数1:1井网
30	8.5	10.7	12.6	15485.38	19615.24	23095.59
35	6.7	8.6	10.1	12331.49	15726.07	18516.43
40	5.4	7.2	8.4	9803.98	13127.12	15471.78
45	4.6	6.2	7.3	8408.17	11265.79	13280.73
50	4.3	5.4	6.4	7816.15	9940.44	11698.93

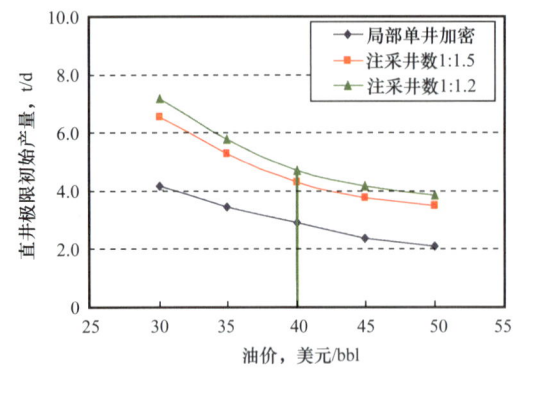

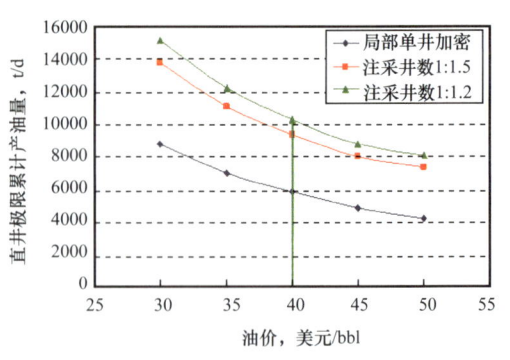

图4-11 港西二区直井初始产量界限

图4-12 港西二区直井累计产量界限

同样，计算大庆杏六中新井极限初始产量、极限单井累计产量。油价40美元/bbl，注采井数比1∶1.3时，单井极限初始产量约为2.08t/d，极限单井累计产量约为5153t（图4-13、图4-14）。由此可见，单井界限产量随注采井数比增加而增加，随油价增加而减少。2011—2013年实际油价较高，因此，实施后单井产量达到2.0t/d左右是有效的。

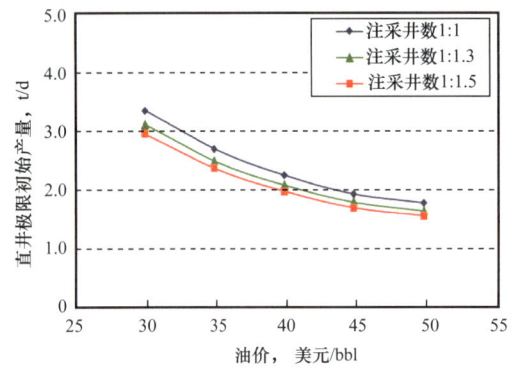

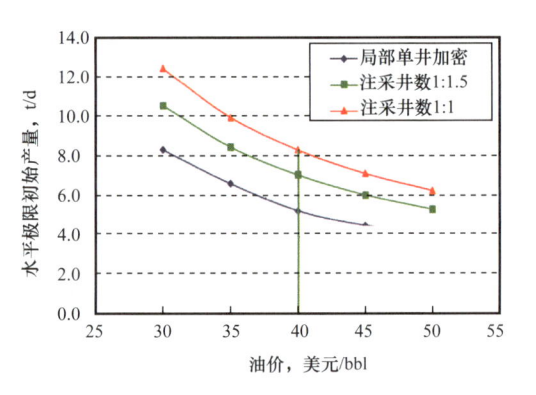

图4-13 杏六中直井初始产量界限

图4-14 杏六中直井累计产量界限

2）层系细分剩余可采储量丰度界限指标计算

剩余可采储量丰度界限是衡量多层状高含水油藏能否进行细分开发层系的又一重要开发指标。剩余可采储量丰度界限是指在按一定注采关系（注采井数比）条件下，加密井极限控制储量与加密井控制面积之比。它是细分层系可行性的指标之一，其可行性与该组合层系的剩余油饱和度、残余油饱和度、加密井控制的不同油层的含油面积、有效厚度及孔隙度等参数有关。根据单井极限控制储量、调整后的井网井距、单井控制面积，可以计算细分层系的剩余可采储量丰度界限。以大港港西二区为例，调整后的井网井距在150～200m之间，单井控制面积一般为$A=150m×200m$，结合极限单井累计产量，即可计算出剩余可采储量丰度（图4-15、图4-16）。

3. 层系细分可行性评价

利用数值模拟计算结果，可以得出不同单砂层层系井网重组之前的原油采出程度，根据机理模拟可以计算不同规模单砂体完善井网的水驱采收率（图4-8），从而计算指定油层组合层系的剩余可采储量及剩余可采储量丰度。通过对比任意组合层系的剩余可采储量丰度，并与细分层系极限可采储量丰度结果进行比较，即可完成层系独立性检验分析。对不同组合层系重复进行比较，即可优化层系细分重组方案。

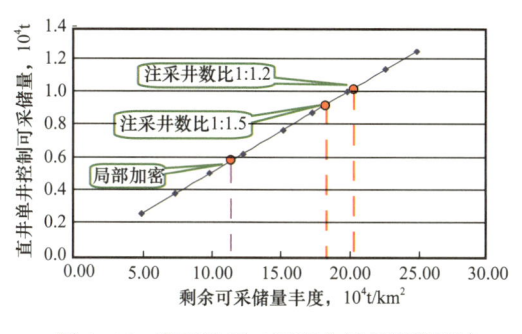

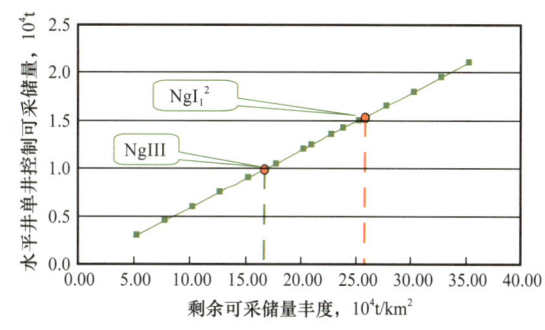

图 4-15 港西油田二区明化镇组极限剩余可采储量丰度

图 4-16 港西油田二区馆陶组极限剩余可采储量丰度

大港港西二区明Ⅲ组（NmⅢ）作为独立层系，通过计算，其剩余可采储量丰度如图 4-17 所示，由图可见，只有局部区域的剩余可采储量丰度大于极限剩余可采储量丰度 $18.5 \times 10^4 t/km^2$，说明 NmⅢ组不满足整体细分层系的条件，只能局部加密调整。同理，NmⅠ油层组和 NmⅡ油层组也不满足细分层系独立开发的条件。将 NmⅠ—NmⅢ油层组整体作为一套层系，则其剩余可采储量丰度如图 4-18 所示，由图可见，该层系大部分区域的剩余可采储量丰度大于极限剩余可采储量丰度 $18.5 \times 10^4 t/km^2$，说明 NmⅠ—NmⅢ油层组具备作为一套层系开展整体井网加密调整的潜力。

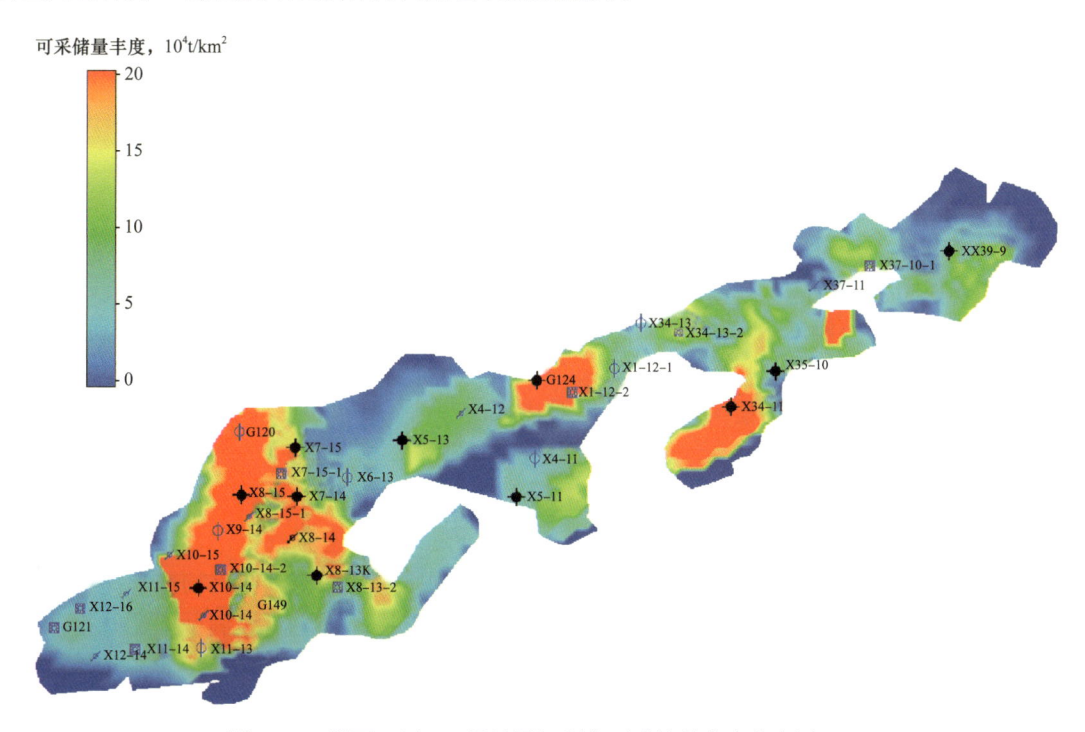

图 4-17 港西二区 NmⅢ油层组剩余可采储量丰度分布图

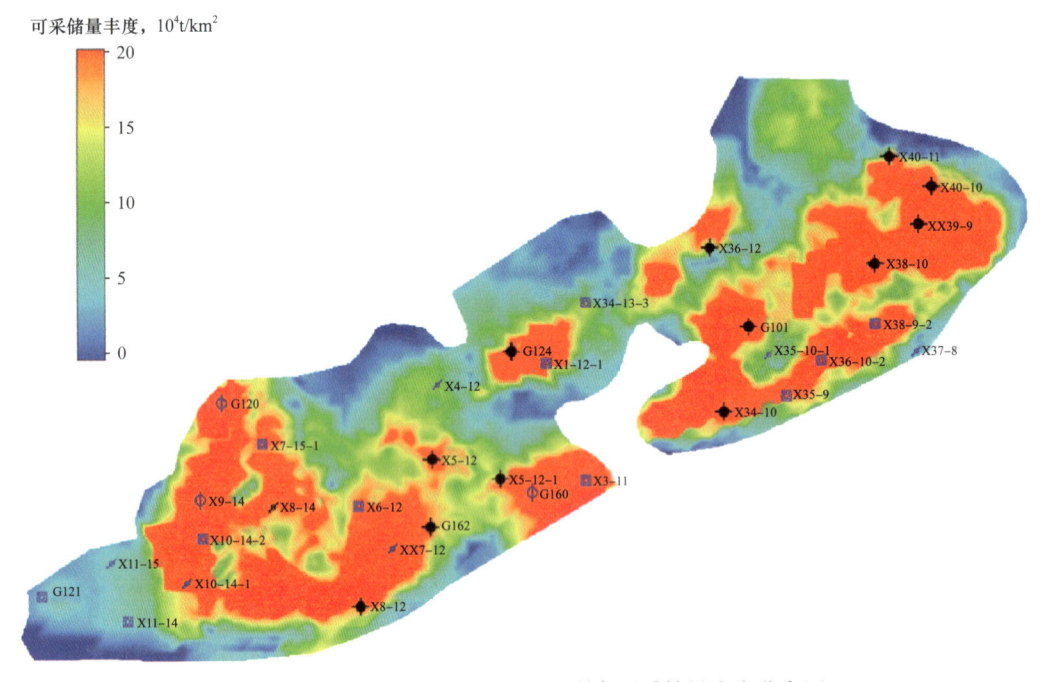

图 4-18　港西二区 NmI—Nm Ⅲ 油层组剩余可采储量丰度分布图

第三节　碳酸盐岩油藏开发方案优化设计与部署技术

近年来碳酸盐油气藏的发现和开发趋于火热。随着中国石油积极参与中东地区的油气合作，越来越多的大（巨）型碳酸盐岩油气藏开发和相关优化设计备受关注。中国西部塔里木盆地下古生界缝洞型碳酸盐岩油藏资源不断取得突破并大规模投入开发，针对这类复杂油藏开发的优化设计进行了大胆尝试。

中东大型碳酸盐油藏发育孔隙型储层，物性条件尚好，但是无论是纵向上还是横向上的非均质性极强，储层的连通状况差异较大。由于碳酸盐岩储层的泥质含量少，总体来说碎屑和颗粒组分高，压力传递快且远，所以采用大井距面积井网控制主力储层。随着注水开发深入且矛盾不断暴露，再进行加密调整不断提高对不同类型油层的控制和动用程度，实现水驱采收率目标。

塔里木古生界缝洞型碳酸盐岩油藏，油层深度 6000~7000m，储集空间为缝洞，基质不含油，总体来说非均质性非常强，油井产能差异很大，主要受缝洞体发育程度所控制，属于特殊类型的油藏。在过去对缝洞体精细刻画的基础上，近年来确定了以试井技术、产量不稳定分析法及物质平衡法三种方法相结合的油藏综合动态描述方法，主要采用解析及数值试井分析、解析及数值产量不稳定分析技术、物质平衡法。其中，物质平衡法由于静压测试数据有限，其应用受到一定限制。通过综合动态描述方法对缝洞型油藏储集体类型进行识别分类、动态储量和水体大小且定量评价，然后开展注水、注气替油，或针对连通缝洞单元的注水开发等一系列优化设计。

一、中东地区某巨型碳酸盐岩油藏开发优化部署

1. 油田地质特征

该油田位于中东地区美索不达米亚盆地，为近南北向长轴背斜构造的孔隙型碳酸盐岩油藏。油藏顶部埋深 −2120～−2142m，地层厚度约 120m，构造幅度约 380m，构造倾角小于 1°，断层和裂缝不发育。通过层序地层学分析，可将研究区主力层划分为 5 个四级层序（图 4-19）。从沉积相纵向上的演化特征来看，可将地层划分为 MA 和 MB 两段，其中 MA 段可进一步细分为 MA1 层和 MA2 层，MB 段可进一步细分为 MB1 层、MB2 层和 MB3 层。下部的 MB 段为缓坡台地沉积模式，且缓坡的倾角从下至上逐渐增大；上部 MA 段为弱镶边台地沉积模式。由于储层顶部二级层序界面不整合暴露成岩作用的影响[14,15]，MA 段以大气淡水胶结作用为主，储层物性相对较差。平面上看，从北向南储层从台地边缘逐渐向台地内部次盆地方向迁移（图 4-20），受层序和沉积作用的控制，北部优质储层较南部相对发育。从平面上和纵向上的组合特征来看，该碳酸盐岩油藏非均质性极强，在该油田范围内的储层物性差异极大。

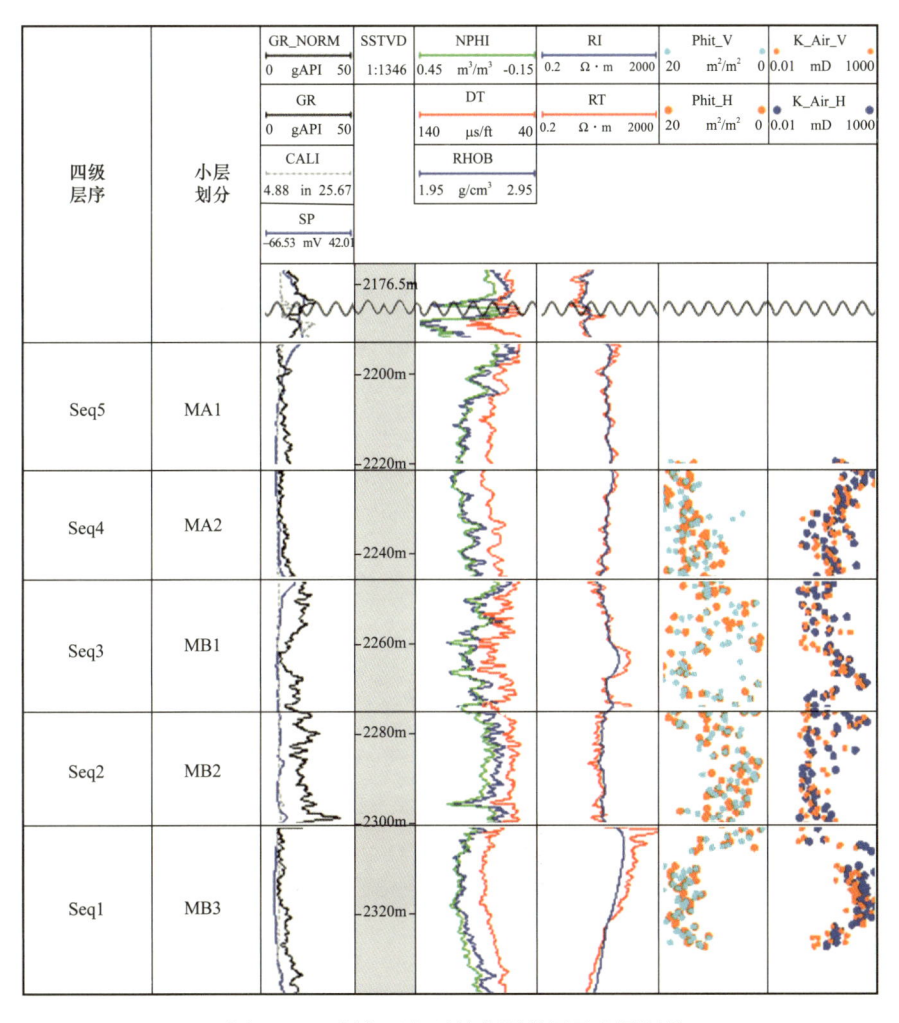

图 4-19 研究区典型单井测井图及小层划分

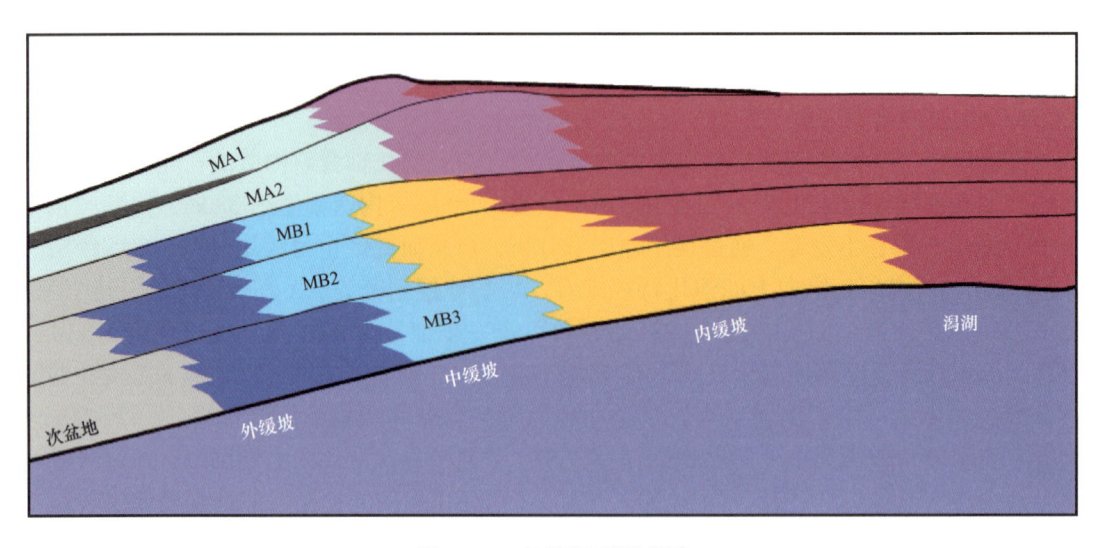

图 4-20 油藏沉积模式图

研究区优质储层以 MB 段内部的颗粒滩为主,局部发育潮道(图 4-21),从岩心观察可见颗粒滩内部生物碎屑个体较大,薄片观察生物碎屑颗粒分选度和磨圆度差(图 4-22),表明沉积物经过非常短距离的搬运即沉积下来。潮道内部较少见肉眼可分辨的生物碎屑,但从薄片观察,仍以生物碎屑颗粒为主,其分选度和磨圆度均较好。此外,薄片观察发现颗粒滩顶部受高频次、短时期的大气淡水淋虑作用影响,大量发育铸模孔和连通溶孔,这也是高渗透"贼层"形成的主因[16]。

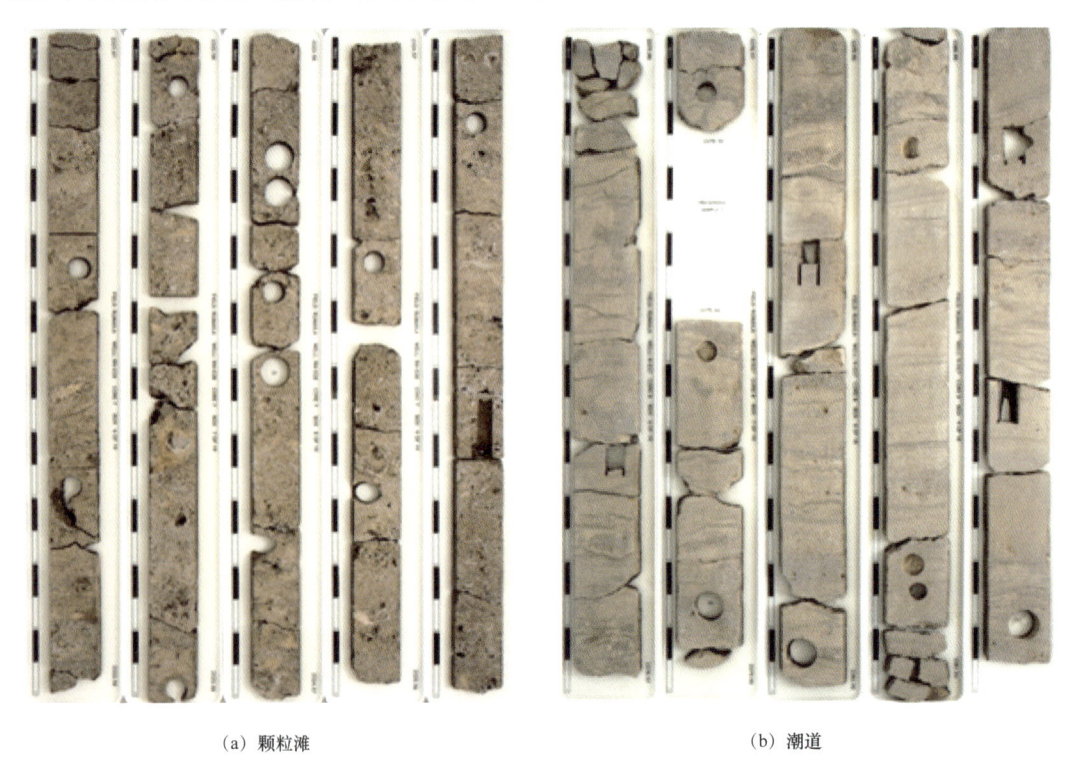

(a)颗粒滩　　　　　　　　　　(b)潮道

图 4-21 研究区典型优质储层岩心特征

(a) 颗粒滩　　　　　　　　　　　　　　　(b) 潮道

图 4-22　研究区典型优质储层薄片特征

颗粒滩和潮道作为优质储层，是目前开发的主力产层。但从整体储量分布来看，该油藏还有一类相对较差的潟湖相储层，其储量占总储量的近一半，但该类储层目前的开发动用状况较差。从岩心及薄片看（图 4-23），潟湖相储层非均质性极强，受沉积作用和早成岩作用的影响，潟湖相储层泥晶基质含量较高，且局部发生早期白云石化使得孔隙进一步减少。白云石化作用受生物扰动作用影响多呈斑团状出现。

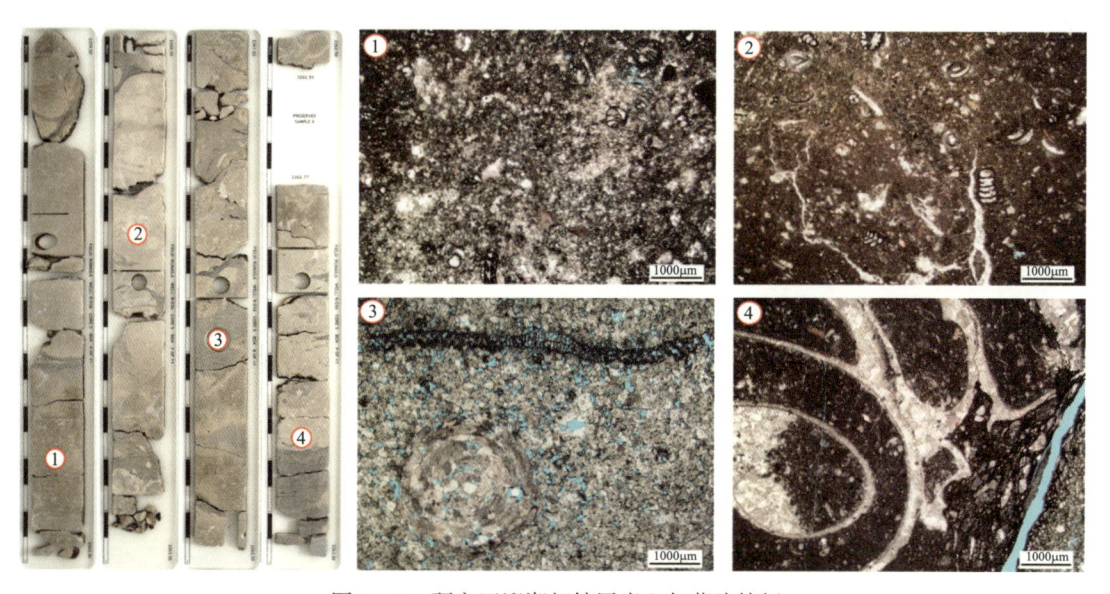

图 4-23　研究区潟湖相储层岩心与薄片特征

该油藏碳酸盐岩优质储层以内缓坡滩相生物碎屑颗粒灰岩为主，孔隙类型以粒间孔、铸模孔和连同溶孔为主，主要为大孔、粗喉型储层，平均喉道半径可达 30μm 以上。潟湖相和相对深水区域的中缓坡相储层泥晶基质含量增加，孔隙类型主要为粒间孔、基质微孔和晶间孔（图 4-24），平均喉道半径约为 0.3μm。不同类型储层孔隙类型和孔隙结构差异极大，但孔隙度相差较小，因此导致油藏孔隙度和渗透率交会关系较差，相同孔隙度渗透率相差可高达上万倍。多重孔隙体系共存，多模态的孔喉结构分布，这是中东地区碳酸盐岩油藏非均质性强的根本原因[10]。

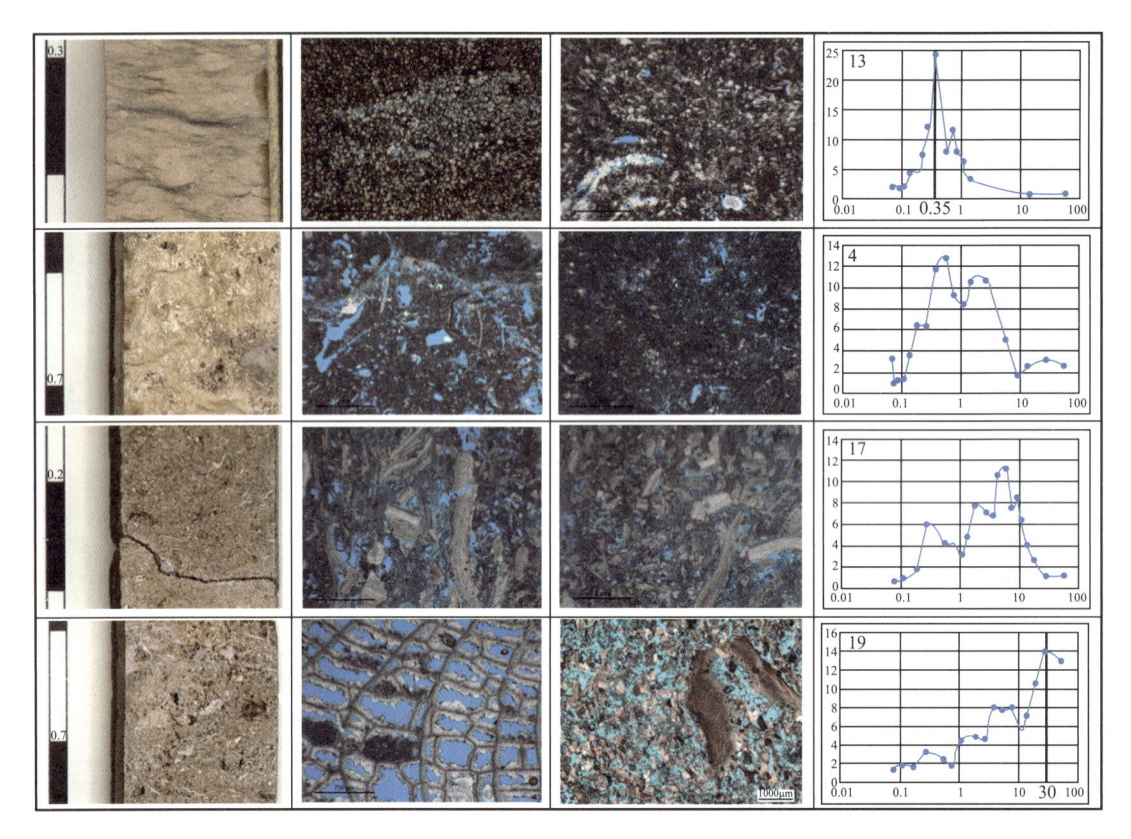

图 4-24 不同类型储层孔隙结构特征

该碳酸盐岩油藏储层纵向—横向上变化较快，优质储层分布相带从下至上逐渐收窄，且主力滩体逐渐由北向南迁移，从而导致研究区域内不同类型储层存在多种空间组合叠置模式（图 4-25）。图 4-25 为该油藏地质模型中不同类型储层分布的剖面图，其中 I 类、II 类为储层物性较好的优质储层，III 类为中等储层，IV 类为较差储层。从剖面图中可以看出，不同部位各类储层的分布比例存在较大差异，据此可将该油藏划分为不同的储层叠置模式。优选三个不同叠置模式储层位置作为注水试验区，转注了 3 口注水试验井。

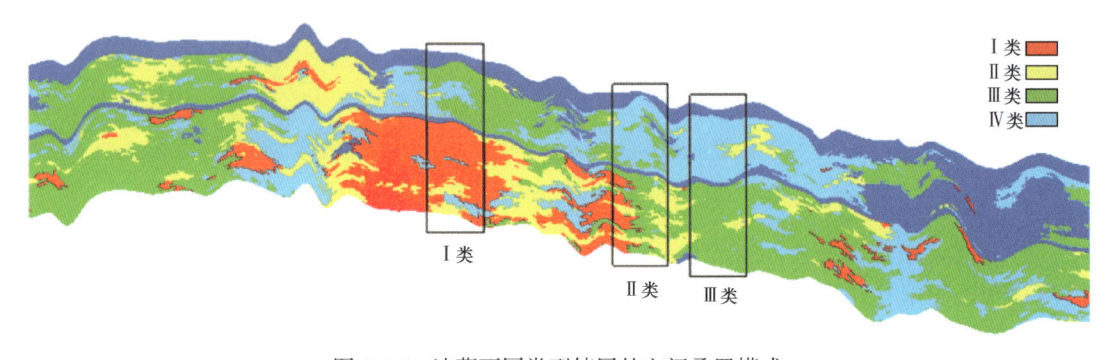

图 4-25 油藏不同类型储层的空间叠置模式

根据 I 类、II 类、III 类储层的组合配置关系，将油藏的储层结构划分为四种叠置模式，分别命名为 A 型、B 型、C 型和 D 型，储层依次变差（图 4-26）。A 型叠置模式主要由 I 类储层和 II 类储层组成，有效储层厚度大，物性较好的层段呈块状分布。B 型叠置模

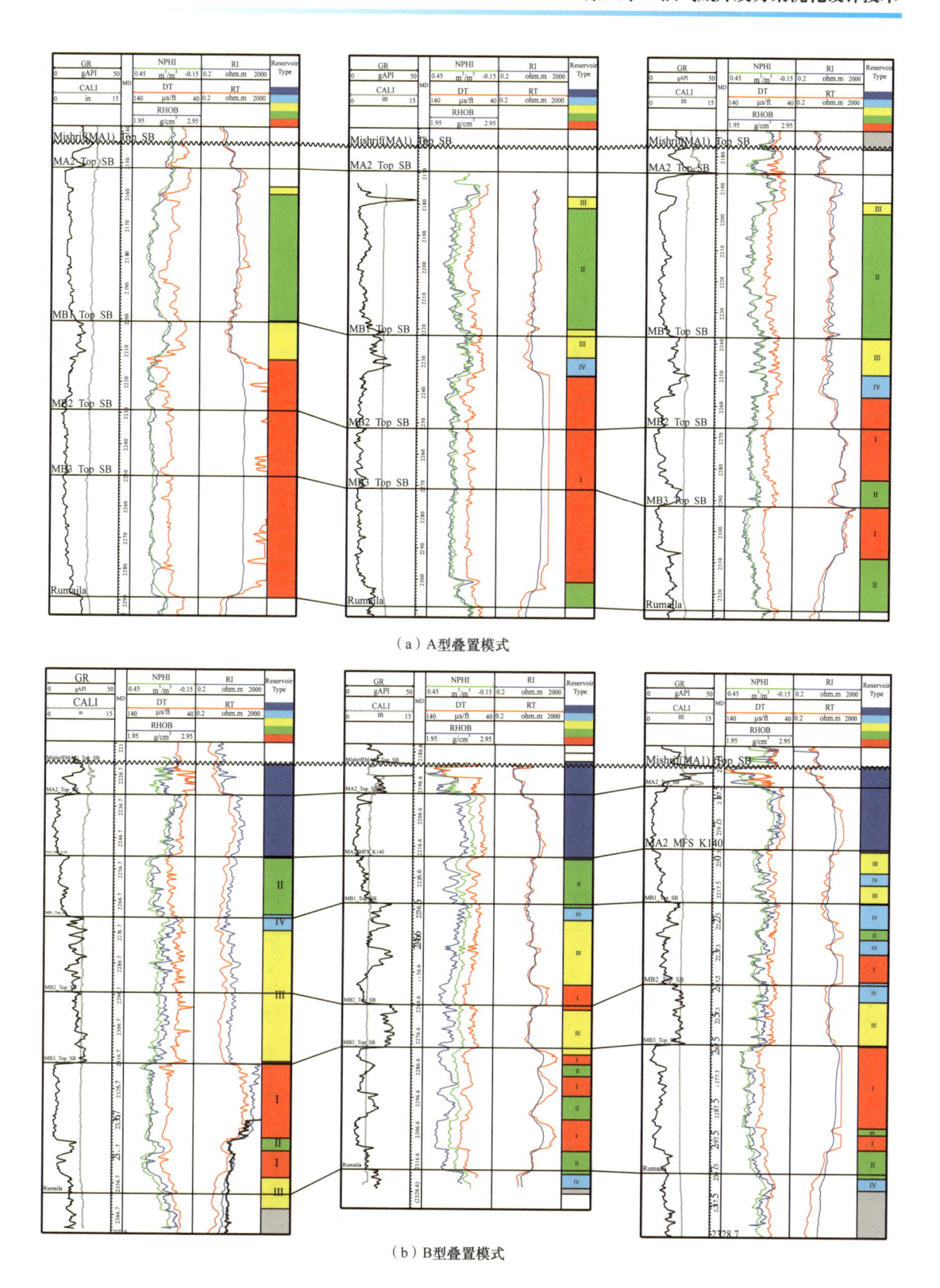

第四章　油气藏开发方案优化设计技术

（a）A型叠置模式

（b）B型叠置模式

(c) C型叠置模式

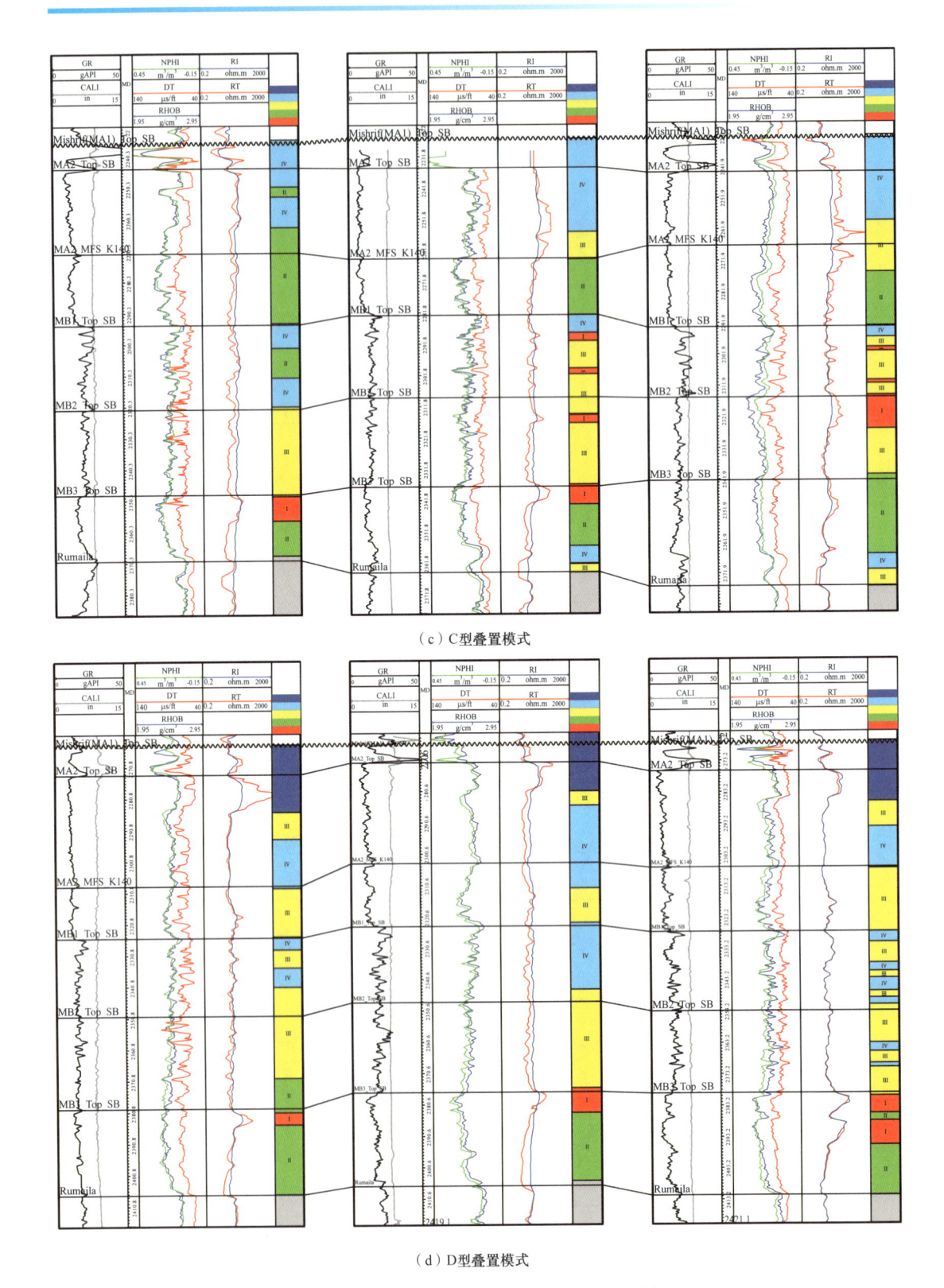

(d) D型叠置模式

图 4-26 油藏不同类型储层四种典型叠置模式连井剖面

式中Ⅰ类储层的比例较 A 型叠置模式减少，表现为Ⅰ类与Ⅱ类储层交互存在，呈似层状分布特征。C 型叠置模式中主要由Ⅱ类、Ⅲ类储层构成，Ⅰ类储层较少，整体物性较差，孔隙度和渗透率较低。D 型叠置模式仅存在极薄的Ⅰ类储层，隔层和夹层发育，储层物性最差，有效储层少，主要为Ⅲ类、Ⅳ类储层。

2. 开发动态特征

该油藏以衰竭式开发为主，从衰竭式开发来看，油藏地层能量偏弱，地层压力下降快（图 4-27）。油藏原始地层压力为 3800psi，泡点压力为 2300psi，油藏衰竭式开发到泡点压力后采出程度仅 5%，急需注水补充地层能量开发。自 2013 年开始进行 3 口井的注水开发试验，2015 年开始反九点井网的扩大注水试验，注水开发试验取得了一定的进展。

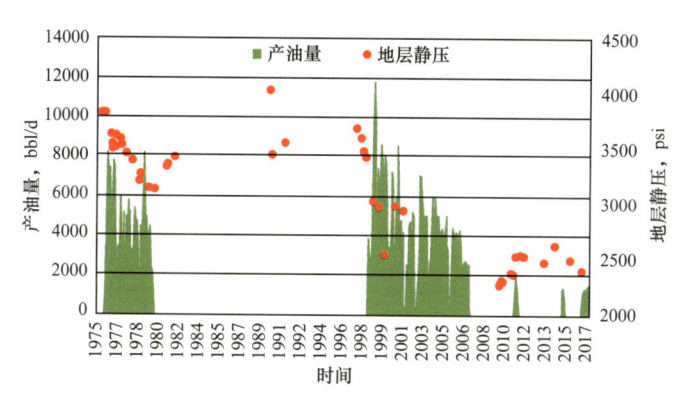

图 4-27 典型单井生产曲线

结合上述划分的四种叠置模式，对钻遇不同类型叠置模式的井生产动态进行分析，开发动态特征表明不同叠置模式的动态响应明显不同。具体表现在衰竭式开发产量变化特征、压力响应特征、产液剖面特征等多个方面的不同。

根据井钻遇不同类型叠置模式储层的衰竭开发动态特征，将该油藏生产井分为四类：高产稳产型、高产递减型、低产稳产型和低产快速递减型（图 4-28）。

A 型叠置模式储层物性好，储层呈块状且连续性好，储量丰度高。衰竭式开采时，表现为高产稳产型。单井初期产油量高，约为 3000~4000bbl/d，高峰产量可超过 6000bbl/d。该类井可持续较长时间稳产，递减率小。

B 型叠置模式储层物性稍差，优势储层呈准块状，部分储层为层状，纵向上非均质性变强。衰竭式开采时，单井初期产油量较高，约为 2000~3000bbl/d，高峰产量一般高于3000bbl/d。但是，该类井稳产时间较 A 型叠置模式变短，递减率比 A 型叠置模式大，单井累计产油量普遍低于 A 型叠置模式井（图 4-29）。

C 型叠置模式储层平均孔渗较低，且隔夹层较为发育。衰竭式开采时，表现为低产稳产型。单井初期日产油量偏低，约为 1500~2000bbl/d，高峰产量为 2000bbl/d 左右，稳产时间短，稳产难度较大。

D 型叠置模式储层物性最差，隔层和夹层多，衰竭式开采时，表现为低产快速递减型。单井初期产油量低于 1000bbl/d，单井累计产油量最低。

将该油藏钻遇不同类型叠置模式的单井累产与叠置模式分布图叠合可以看出，累计产油量较高的井都位于 A 型和 B 型叠置模式储层区域或其附近，单井产油能力与储层叠置模式的相关性好。

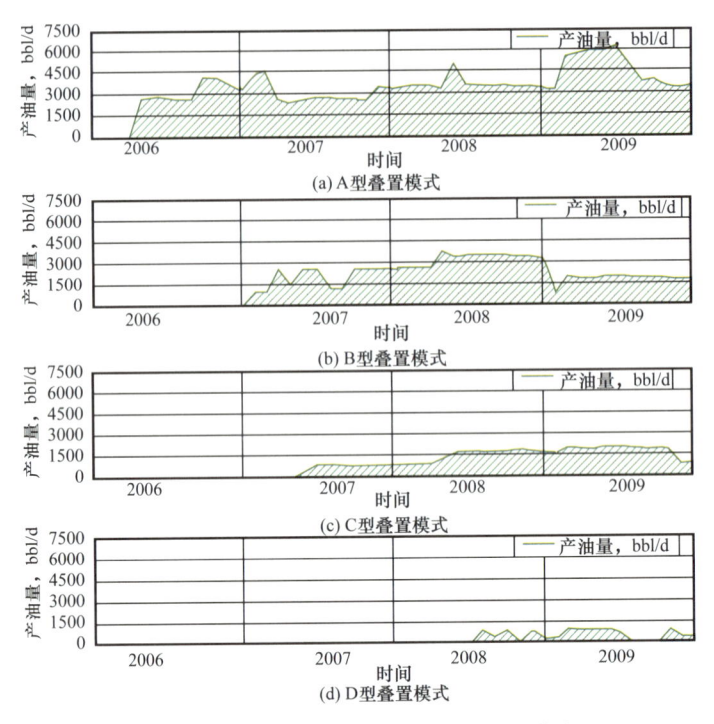

图 4-28　不同叠置模式典型生产动态曲线

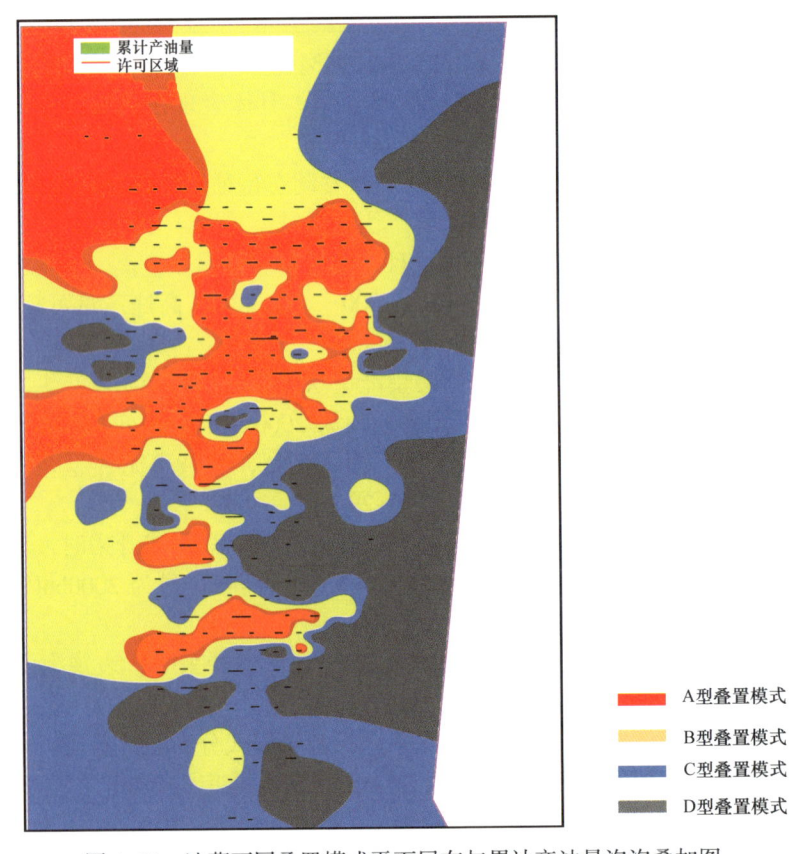

图 4-29　油藏不同叠置模式平面展布与累计产油量泡泡叠加图

3. 不同叠置模式压力分布特征

由于不同叠置模式储层纵向物性差异大、隔层和夹层均有不同程度的发育，导致钻遇不同叠置模式储层的井的纵向压力分布特征不同（图 4-30）。A 型叠置模式以 I 类、II 类储层为主，分层测压数据表明纵向上各小层压力差异小，地层纵向上的连通性较好。B 型叠置模式中，部分小层由于储层物性差或隔（夹）层发育导致这些层地层压力与其他层差异较大，地层纵向上连通性整体较好，局部层位纵向上的连通性差。C 型叠置模式和 D 型叠置模式以 II 类、III 类和 IV 类储层为主，纵向上各小层地层压力变化大，部分储层致密无法获取地层压力，储层纵向上的连通性差。

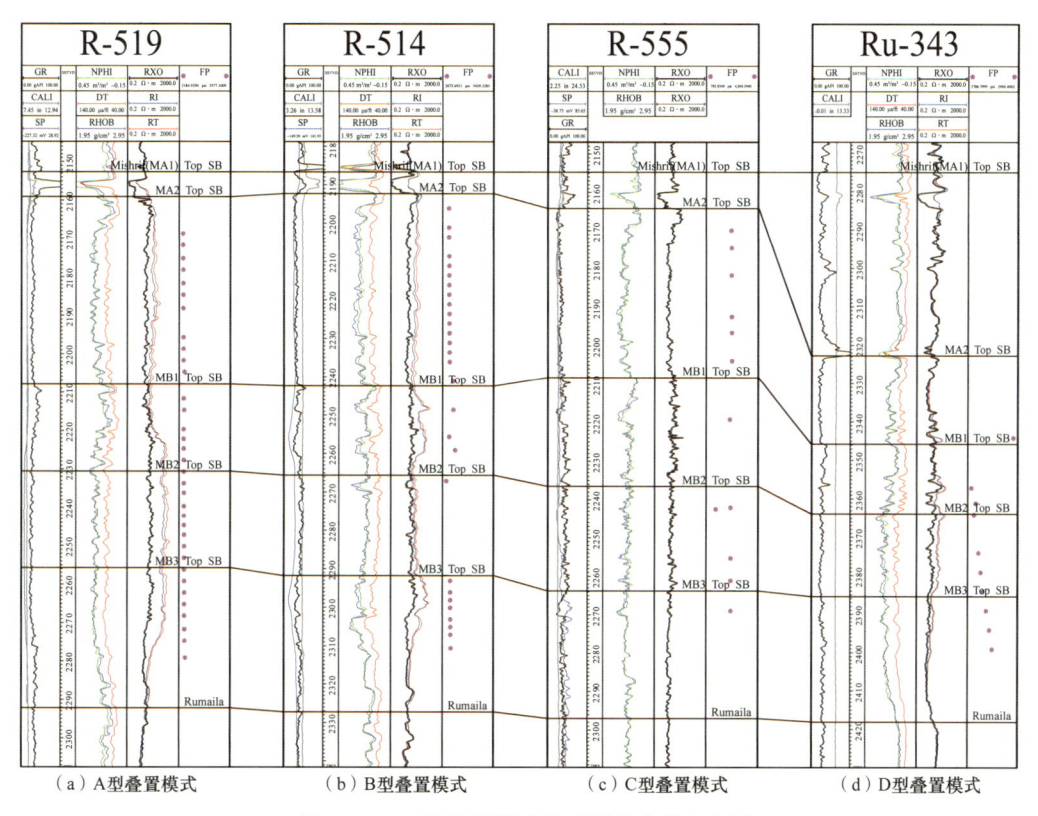

图 4-30　四种叠置模式典型测井曲线响应图

(a) A 型叠置模式　(b) B 型叠置模式　(c) C 型叠置模式　(d) D 型叠置模式

4. 不同叠置模式井注水开发特征

截至 2018 年 10 月，该油藏共有 48 口注水井，其中钻遇 A 型叠置模式的有 22 口，钻遇 B 型叠置模式的 18 口，钻遇 C 型叠置模式的 4 口，钻遇 D 型叠置模式的 4 口。A 型叠置模式单井日注入量高，D 型叠置模式注入能力明显偏低（图 4-31）。从 A 型到 D 型叠置模式储层中，注水井的注入能力依次减弱。

综合现有的产液剖面测井、饱和度测井、井筒压力测试、井口流体取样化验等资料分析，截至 2015 年年底，该油藏确认见水井 57 口，推测见水井 5 口，共 62 口见水井。见水层位多见于 MB 段，由监测资料确认 MB3 层见水的井多达 38 口，MB3 层是该油藏物性最好层，是主要的吸水层段及产液层段。由于该油藏局部地区发育高渗透层或"贼层"，"贼层"普遍发育在 A 型叠置模式和 B 型叠置模式中，导致注入水过早水窜。因此，目前该油藏见水井主要聚集在 A 型和 B 型叠置模式为主的第一、第二注水井排附近。其中，148 井组（图

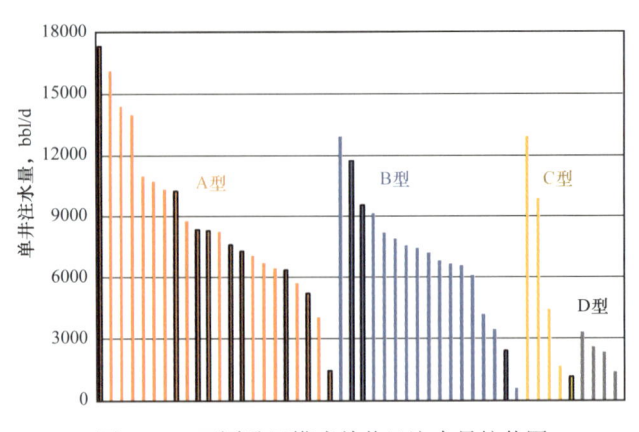

图 4-31　不同叠置模式单井日注水量柱状图

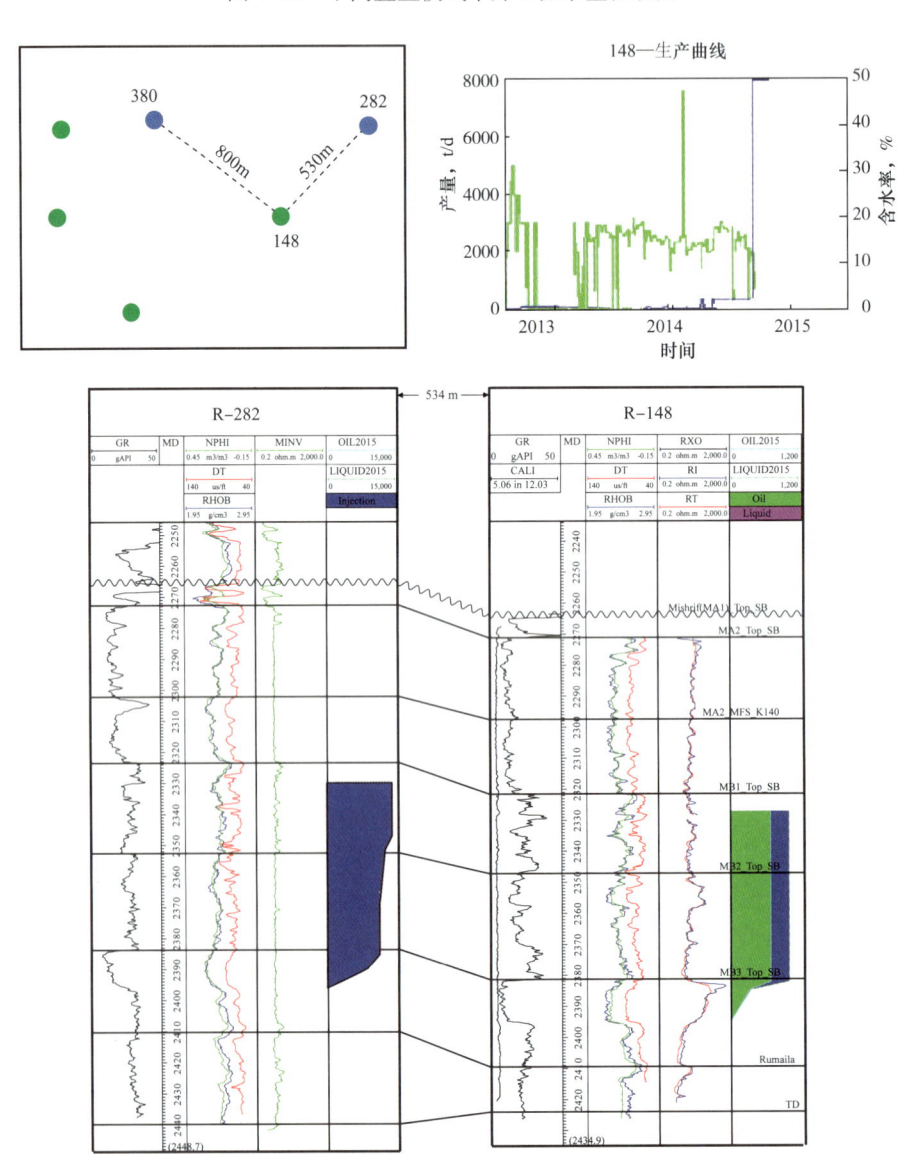

图 4-32　"贼层"发育储层典型井组见水特征

4-32）是典型的受"贼层"影响的注采井组。生产井 148 井周边有 2 口注水井——380 井和 282 井，注水 10 个月后该生产井见水，5 个月内含水率上升至 50%。通过产液剖面和吸水剖面可以发现大部分注入水及产液都来自 MB3 段顶部的"贼层"，其他层位射孔段基本不吸水或不产液。贼层对注水开发影响较大，后期需要采取针对性的开发技术政策[17, 18]。

总的来说，钻遇四种不同叠置模式储层的井在地质特征、产量特征、分层压力特征、产液剖面、试井曲线特征、物质平衡分析结果认识及注水开发特征上均表现出不同的特征（表 4-3）[18, 19]。

表 4-3 钻遇不同类型叠置模式井的生产动态特征

叠置模式	地质特征	产量特征	垂向压力特征	产量剖面特征	注水受效响应	见水特征
A 型	优势储层呈块状，基本无夹层	高产稳产型，高峰产量 6000bbl/d	压力大小基本相同，同一梯度	各层贡献相对均匀且产量高	注水量大，周边生产井产量压力迅速回升	物性好且局部发育贼层，贼层导致见水较快
B 型	优势储层呈厚层状，夹层较少	高产递减型，高峰产量 4000bbl/d	压力大小基本相同，局部层压力差异大	各层贡献相对均匀且产量较高	注水量较大，周边生产井产量压力显著回升	物性较好且局部发育贼层，贼层见水较快
C 型	优势储层呈薄层状，夹层较多	低产稳产型，高峰产量 2000bbl/d	不同层压力大小有差异，局部差异大	产液剖面不均匀，且产量较低	注水量较小，周边生产井产量出现回升	整体物性较差，吸水量较低，动用差、见水较慢
D 型	储层为薄差层，夹层发育	低产快速递减型，高峰产量 1500bbl/d	不同层压力差异大	产液剖面极不均匀，且产量低	该型叠置模式尚无长期稳定注水	整体物性差，吸水量低，动用差、见水较慢

5. 不同叠置模式开发对策优化

针对目前该碳酸盐岩油藏储层平面及纵向上非均质性强，局部区域及部分层段发育高渗透层或"贼层"，分别优选叠置模式 A 型、B 型、C 型、D 型四个典型区块模型（图 4-33），开展数值模拟研究，优化注水开发技术政策。

1）不同叠置模式储层注采井网优化

基于地质模型选取不同叠置模式典型区块进行注采井网优化论证：（1）A 型叠置模式，储层均匀，MA 段与 MB 段层间分界明显，平均渗透率为 144mD；（2）B 型叠置模式，MA 段与 MB 段间隔层不明显，MA 段渗透率很低；（3）C 型叠置模式，储层渗透率极低，平均渗透率仅为 1.9mD。对三种叠置模式分别论证了 7 种井网的注水开发效果，即基础井网、900m 反九点法井网、900m 五点法井网、636m 反九点法井网、636m 五点法井网、450m 反九点法井网和 450m 五点法井网。

总体来讲，由于物性和垂向连通性的差异，A 型叠置模式的水驱开发效果最好，D 型叠置模式的水驱开发效果最差。A 型叠置模式 900m 五点法最终采出程度非常高（超过 44%），含水率最低（图 4-34）。该井网加密后至井距 636m 后采出程度仅增加了 1.5%。900m 反九点法最终采出程度不到 32%，加密后井距 636m 采出程度超过 46%，加密效果明显。但两种井网二次加密后井距 450m 开发效果均没有明显提高。推荐 A 型叠置模式采用 900m 排状注采井网转注至 900m 五点井网开发。B 型叠置模式 900m 五点法最终采出程度为 42%，含水率最低。加密后井距 636m 采出程度可达到 48%，含水率升至 74%，加密效果较好。二次加密至450m后采出程度虽提高至50%以上，但含水率达到90%以上。推荐B型叠置模式首先完善900m反九点法井网，然后逐步加密至636m五点法井网注水开发。

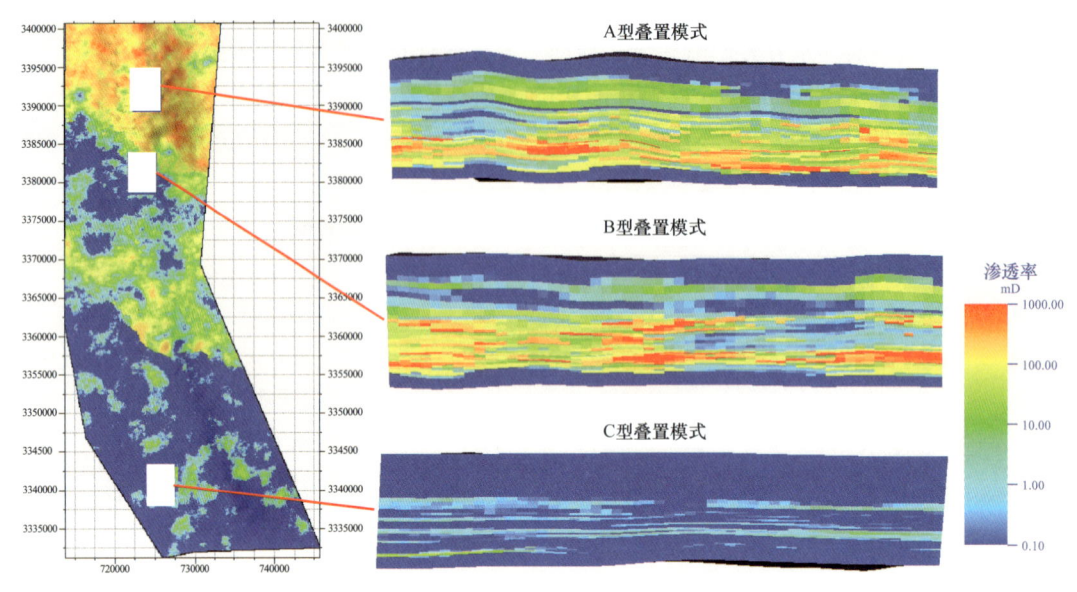

图4-33 不同叠置模式典型区块模型剖面图

同样的，基于典型区块的数值模拟注水开发效果分析，C型叠置模式和D型叠置模式推荐最终加密至450m五点法井网以达到预期的注水开发效果。

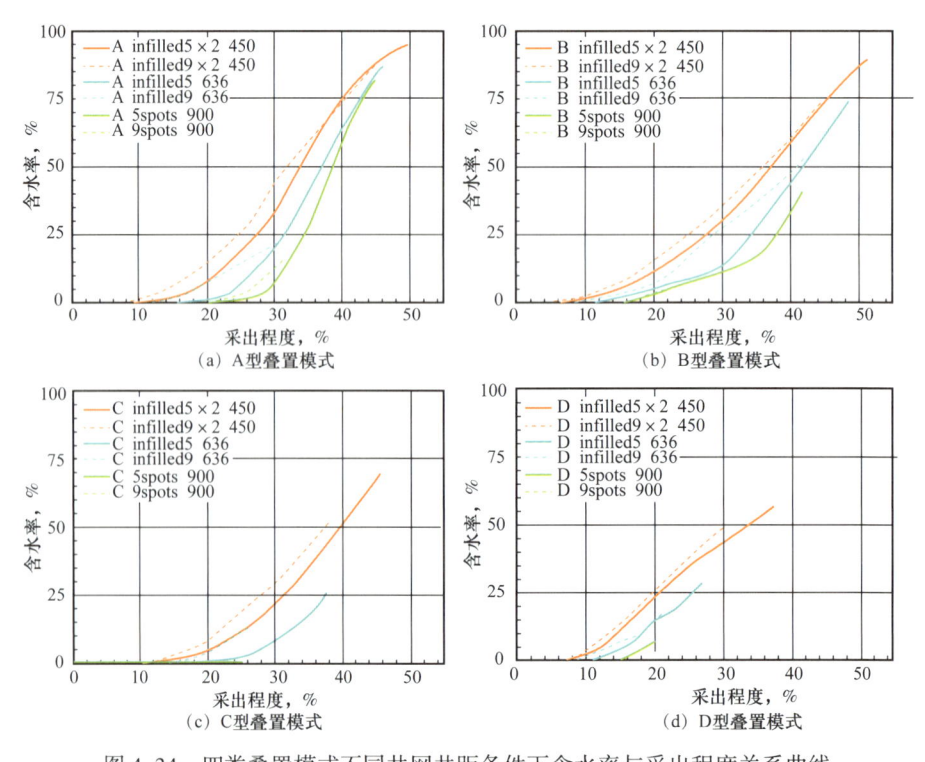

图4-34 四类叠置模式不同井网井距条件下含水率与采出程度关系曲线

（绿色—900m井距；蓝色—加密636m井距；橙色—二次加密450m井距；实线—五点法井网；虚线—反九点法井网）

垂向上，MA 段动用程度普遍较差，MA 段与 MB 段层间动用程度差异较大。A 型叠置模式采出程度最高，剩余油分布相对较零散；B 型叠置模式次之，900m 井距的基础井网仍有大量剩余油，加密后剩余油明显减少，加密效果明显；C 型叠置模式和 D 型叠置模式开发效果最差，不同注采井网情况下均有大量剩余油仍未被有效驱替（图 4-35）。

叠置模式	基础井网	900m 反九点	900m 五点	636m 反九点	636m 五点	450m 反九点	450m 五点
A							
B							
C							

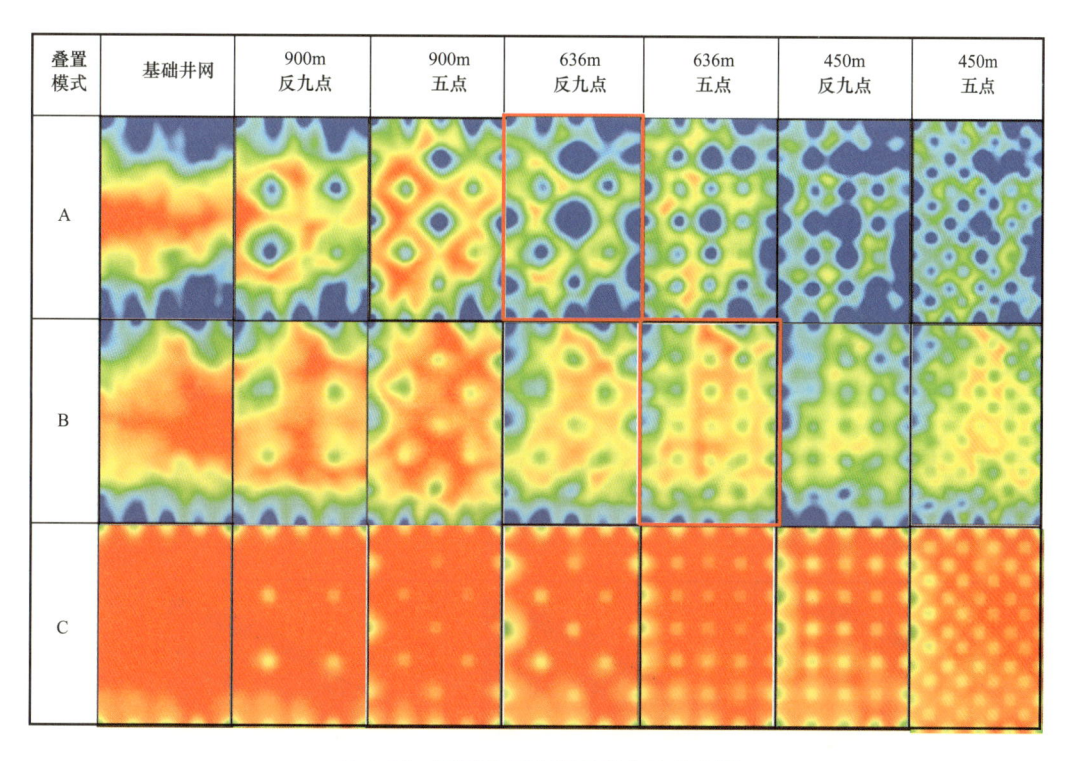

图 4-35　不同井网井距下剩余油分布图

2）贼层发育储层注水技术对策

基于现有 PLT 资料，建立了"贼层"识别图版，定义了产层相对贡献指数（RCI）及"贼层"识别标准：

$$RCI = (Q_i/h_i)/(Q_t/h_t) \quad (4-12)$$

式中　Q_i——某层产量；
　　　h_i——某层厚度；
　　　Q_t——总产量；
　　　h_t——总厚度。

当某层 $RCI>2$ 时，该层识别为贼层（图 4-36）。

结合地质认识及单井动静态分析，对贼层空间位置进行了空间刻画。结合数值模拟，指定了"贼层"纵向上不同发育位置的注水开发技术对策。图 4-37 为基于 B 型叠置模式的地质模型，"贼层"发育在 MB 段顶部、中部和底部的不同射孔策略的开发效果。射孔策略包括全射开、全避射、仅注水井避射和仅生产井避射。数值模拟研究结果表明，对于 B 型、C 型、D 型叠置模式，不论"贼层"发育在任何位置，通过生产井避射"贼层"

可延长无水采油期，改善注水开发效果。只有当"贼层"发育在 A 型叠置模式的顶部时，注采井射开贼层可以提升注水开发效果。

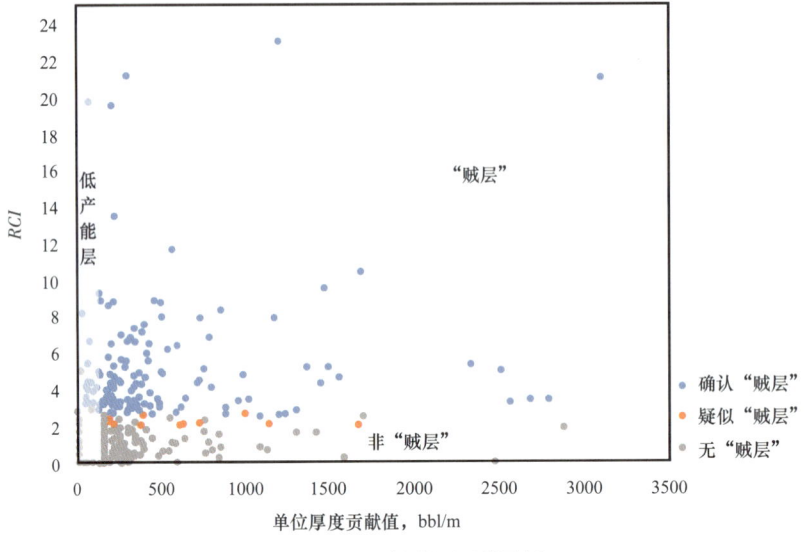

图 4-36 "贼层"识别图版

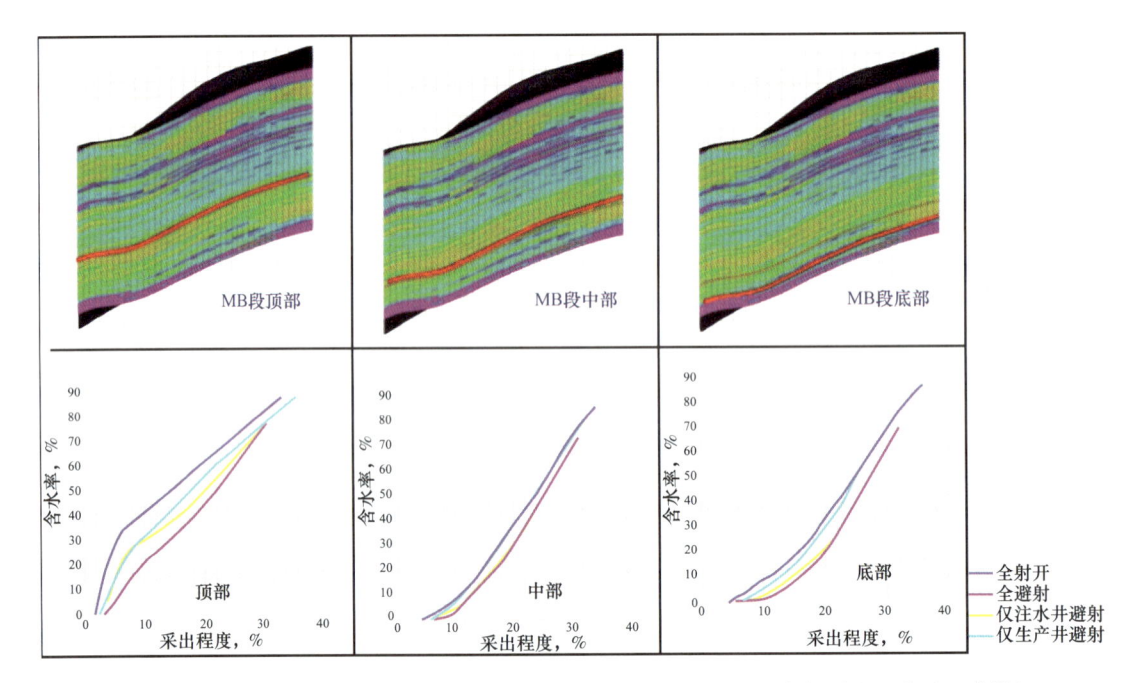

图 4-37 B 型叠置模式"贼层"不同位置的射孔策略优化（含水率与采出程度对比曲线）

6. 油藏整体开发部署

点弱面强面积注采井网开发方式是目前中东碳酸盐岩油藏采用的最重要的一种开发方式。该碳酸盐岩油田初期采用 900m 井距的直井井网衰竭式开发，待油藏压力接近泡点压力后，逐步开展线性切割注水试验及反九点井网注水试验，现已开展反九点井网扩大注水试验。采用900m井距注采井网，油井平均见水时间在1a左右。为此，针对该油藏平面及纵向上的非均值性强的特征，制订了"整体部署、分期实施、先易后难、先肥后瘦"的开发思路。平面上优先开发储量高、物性好的北部区域，该区域以叠置模式A型和B型为主。纵向上通过900m井距的基础井网优先开发Ⅰ类储层，一次加密636m井距的井网主要开发Ⅱ类储层，二次加密的450m井网主要开发Ⅱ类和Ⅲ类储层，同时纵向上通过分层注水等技术控制注水剖面，实施差异化转注和加密。井网整体由前期的反九点法井网逐步进行井网加密并转为点弱面强的五点法注采井网开发（图4-38）。

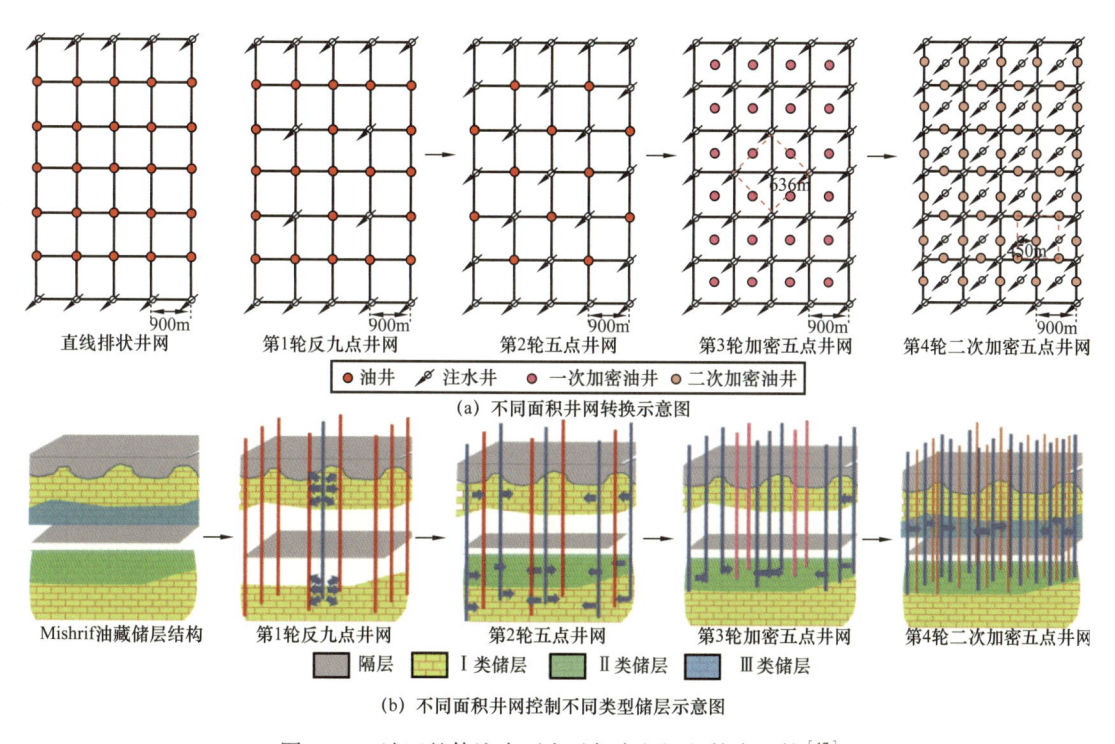

图4-38 油田整体注水开发（加密）调整技术对策[17]

总体按照先完善井网后加密的思路，逐步对油藏井网进行完善和加密。首先基于目前排状井网转注为反九点井网，全油藏前期首先部署完成反九点注采井网。反九点井网部署完成后将逐步进行第一次井网加密，加密原则同样采用先北后南，注采井网将由900m反九点井网逐步加密为636m五点井网，大幅提高注水强度以保证产量剖面按期实现。636m五点井网部署完成后将对于需要进一步提高采出程度的区域加密至井距450m的五点井网。

7. 应用成效

截至2015年年底，该油藏累计注水1.8×10^8bbl，累计产油1.73×10^8bbl，阶段注采比1.04，油藏压力上升约400psi，有效缓解了油藏产量和压力递减，通过注水使得原先的大量关停井得以复产，采油井井数由注水初期的44口复产到目前的88口井。同时油藏产量得到显著提升，油藏产量由注水初期的16×10^4bbl/d增至目前的34.3×10^4bbl/d（图4-45），目前油藏整体含水率仅为4.01%，注水开发效果好。下一步将继续转注反九点井网，确保油藏进一步稳产、上产。

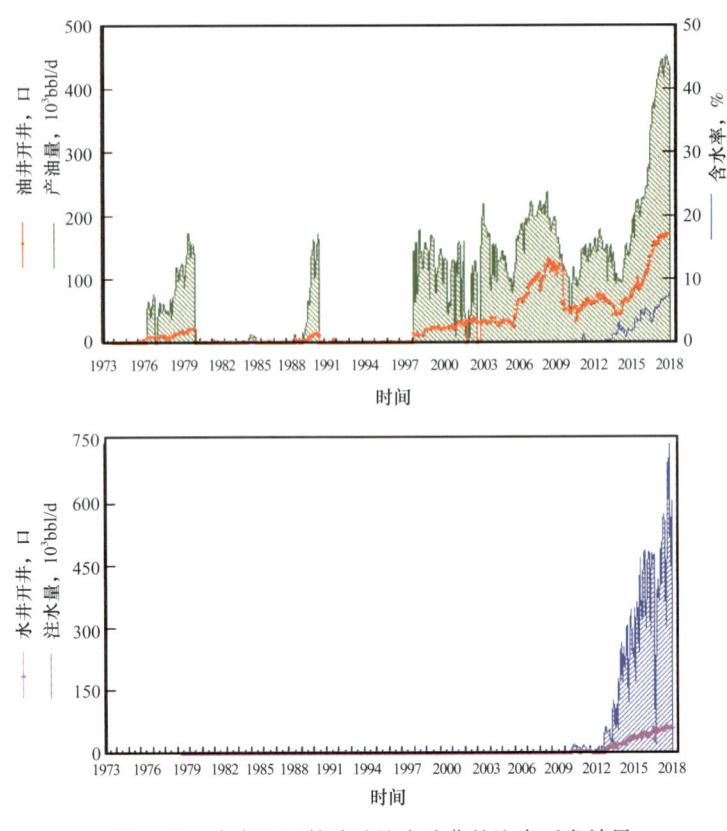

图 4-39 中东地区某碳酸盐岩油藏的注水开发效果

二、塔里木缝洞型碳酸盐岩油藏优化设计实例

1. 油田概况

塔里木哈拉哈塘是缝洞型碳酸盐岩油田，该油藏储层非均质性强、储层连通性差，多以单井开发定容储集体类型为主，且大部分储集体含有不同程度大小的水体。储集体生产初期均为衰竭式开发，后期针对单井开展注水替油、注气替油或针对连通缝洞单元开展单元注水开发。

2. 缝洞型碳酸盐岩油藏综合动态描述方法

与国外发现的碳酸盐岩油气田相比，中国的碳酸盐岩油气藏具有明显的特征：埋藏较深、非均质性强、流体类型更复杂、开发难度更大。因此，单纯采用一种方法来认识及描述这类气藏非常困难，迫切需要针对国内碳酸盐岩的复杂性及特点开展相应的动态描述方法及技术研究。近年来，确定了以试井技术、产量不稳定分析法及物质平衡法三种方法相结合的油藏综合动态描述方法。方法主要采用解析及数值试井分析、解析及数值产量不稳定分析技术，而物质平衡法由于单井测试静压资料较少受到了一定程度的限制。该综合动态描述技术分别通过其中某项方法或多种方法的组合，对缝洞型碳酸盐岩储集体的动态储量及水体大小（规模）、缝洞单元边界（形态）及储集体的物性进行准确定量评价，为后期的有效开发及高效开发奠定了基础。

1）缝洞型油藏动态储量及水体大小定量评价技术

动态储量，又称动储量或动态法地质储量，是通过动态方法采用动态数据来评价的单井或者油气藏的地质储量。动态储量代表了油气藏或井生产过程中可控制的那部分地质储量，即为油气藏或井生产提供补给的、参与流动的地质储量。因此，动态储量区别于可采储量，可采储量实际上是在现有技术条件下可以从控制的这部分动态储量中采出的那部分储量。目前，物质平衡方法可以用来定量评价动态储量及水体大小的方法，但是该方法需要单井有一定的静压测试数据才可使用，而缝洞型碳酸盐岩油藏由于单井开采生命周期较短，静压测试资料少，导致该方法的使用受到了很大的限制。产量不稳定分析方法（又名现代产量递减分析方法）是近年来油气藏储层动态描述研究的热点方法之一。通过对产量不稳定分析，可以定量评价油气藏储层参数，包括油气井动态储量、储层渗透率、表皮系数等相关信息。产量不稳定分析方法有传统的 Arps 方法、经典的 Fetkovich 典型曲线拟合法、现代的 Blasingame 典型曲线拟合分析法、Agarwal-Gardner 典型曲线拟合分析法、NPI 典型曲线拟合方法及流动物质平衡方法（Flowing material balance，FMB）。

采用产量不稳定分析法进行动态储量评价时，首先需要进行压力折算，即将井口压力折算为井底流压，折算过程中需要测试流压校正或采用流压梯度进行折算［图 4-40（a）］。将折算好的流压数据结合测井解释等基础数据及产量数据，可建立单井典型曲线图版进行动态储量的初步评价［图 4-40（b）］，典型曲线方法只能提供一个可参考、借鉴的结果，而最终的分析结果需要采用生产分析中的单井径向流模型对生产历史进行最佳拟合的情况下求得［图 4-40（c）］。该评价流程适用于无水或水体能量较弱情况下的动态储量及储层参数评价。

但是，国内缝洞型碳酸盐岩油藏普遍含有边水或底水。当油藏存在水体时，若不考虑水侵的影响，求得动态储量将与实际结果存在很大的偏差。通过建立考虑水侵影响情况下的 Blasingame 方法及流动物质平衡方法，可以定量评价油藏的动态储量及水体大小。

通过结合油井水侵阶段的识别与划分及考虑水侵影响的产量不稳定分析方法，便可以实现有水油藏动态储量及水体大小的准确定量评价，具体包括以下 4 个步骤[20, 21]：

（1）基于水侵诊断曲线进行油井的水侵阶段识别与划分，划分油井的生产阶段，即未水侵期、水侵初期、水侵中后期三个生产阶段。

（2）基于油井未水侵期的生产动态数据，采用不考虑水侵影响的产量不稳定分析方法对油井生产动态数据进行拟合，确定单井动态储量。

（3）基于对储集体的静态描述（如测井解释）及动态描述（如试井分析）等认识，评价油藏的水体侵入指数 J。

（4）基于水侵指数 J 评价结果及步骤（2）中所确定的油动态储量，采用考虑水体侵入影响的 Blasingame 方法或流动物质平衡方法进行水体大小的定量评价，通过调整水体大小实现产量不稳定分析曲线对油井水侵初期阶段的生产动态数据的拟合，并最终确定水体大小。

下面以塔里木哈拉哈塘缝洞型碳酸盐岩油田的某口油井为实例，介绍本方法进行动态储量及水体大小评价的具体应用。

哈拉哈塘缝洞型碳酸盐岩油藏的储层非均质性强、储层连通性差，多以单井开发定容储集体类型为主，且大部分储集体含有不同大小的水体。储集体生产初期均为衰竭式开发，后期针对单井开展注水替油、注气替油或针对连通缝洞单元开展单元注水开发。所有油井初期进行衰竭式开发则为产量不稳定分析提供了基础数据，可以基于油井衰竭式生产动态数据进行油井动态储量及水体大小评价。如图 4-41 所示，为哈拉哈塘油田某口油井的生产动态曲线和基于水侵诊断曲线对该井水侵阶段的划分结果。由于产量不稳定分析时需要采用产量及井底流压进行分析，在分析前需采用井筒管流计算方法将该井的油压折算为井底流压，且只能对该井自喷阶段的油压进行折算。因此，只对该井自喷生产动态数据进行产量不稳定分析，机采部分数据由于无法进行流压折算则不进行产量不稳定分析。

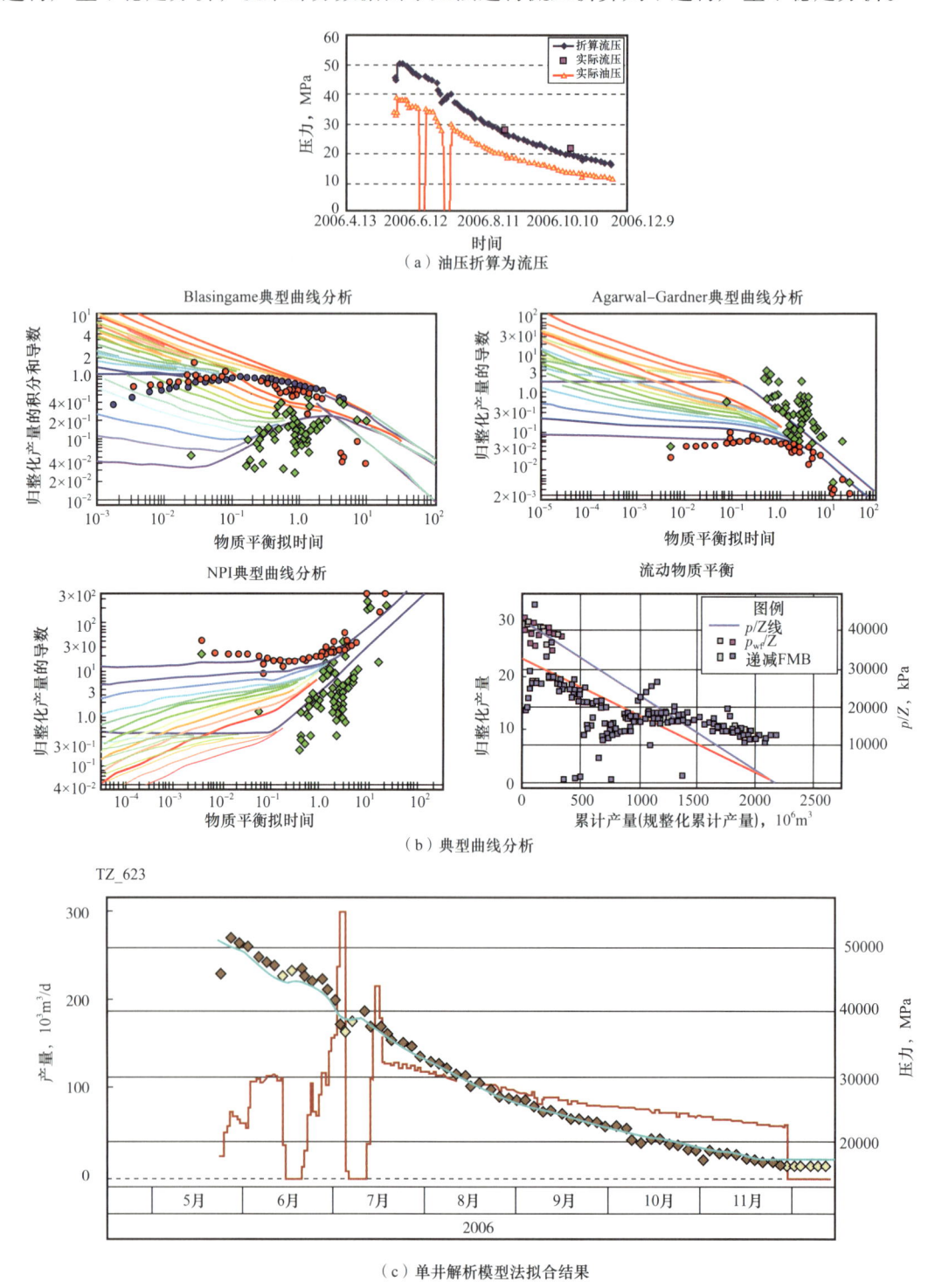

（a）油压折算为流压

（b）典型曲线分析

（c）单井解析模型法拟合结果

图4-40 产量不稳定分析法评价动态储量流程

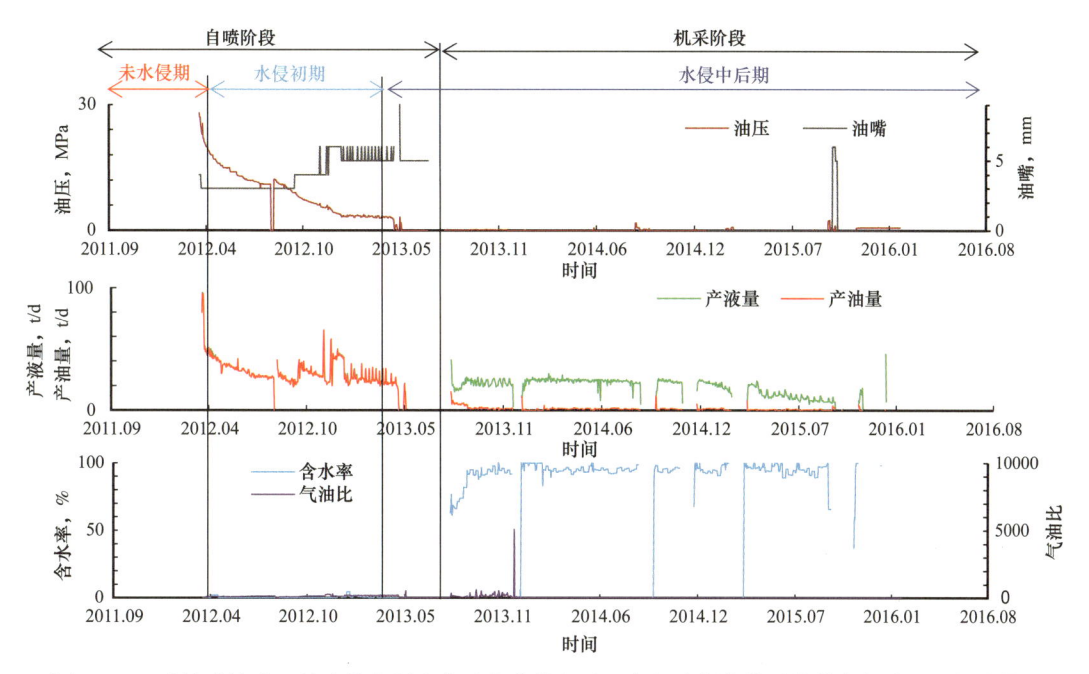

图 4-41　哈拉哈塘油田某油井实际生产动态曲线和基于水侵诊断曲线对该井水侵阶段的划分结果

基于该井未水侵期阶段的生产动态数据，采用未考虑水侵的产量不稳定分析方法对该井的动态储量进行评价。图 4-42（a）和图 4-42（c）分别为 Blasingame 法及流动物质平衡法的动态储量评价结果，两种方法评价结果一致，评价该井动态储量大小为 $9.1 \times 10^4 m^3$ 万方。由该图还可以看出，水侵初期的生产动态数据明显偏离了图 4-42（c）中的流动物质平衡的初期直线段，而水侵初期的中后期部分明显偏离了图 4-42（a）的 Blasingame 的典型曲线，在评价时水侵初期数据仍可以用来辅助 Blasingame 方法进行动态储量评价。还可以明显看出，在水侵初期阶段该储集体明显受到了水体能量补充的影响。因此，需要增加水体来实现整体数据的拟合，从而确定储集体的水体大小。基于对该井所处储集体的动静态研究认识，评价该井水侵指数为 $1150 m^3/(d \cdot MPa)$。采用建立的考虑水侵影响的产量不稳定分析方法对该储集体水体大小进行评价，评价结果如图 4-42（b）~图 4-42（d）所示。由结果可以看出，增加水体能量补充后实现了该井未水侵期及水侵初期、甚至水侵中后期阶段生产数据较好的拟合。通过拟合，评价该储集体的水体大小为 $91.2 \times 10^4 m^3$，水体体积是油体积的 10 倍左右，水体能量相对较强。该井目前累计产油量为 $1.25 \times 10^4 m^3$，仍有较多剩余油未能采出，后期可考虑关井压锥、侧钻、单井注气替阁楼油等方式来进一步挖潜剩余油。

产量不稳定分析方法已经在哈拉哈塘油田进行了 100 余口井的动态储量及水体大小评价，图 4-43 为某区块评价结果的统计图。由此可知，该区块单井动态储量总体以 $10 \times 10^4 t$ 以下为主，水体大小普遍小于 3 倍烃类体积，水体能量普遍偏弱，说明地下单个缝洞储集体发育规模不大。而该区块的产量主体来自动态储量大于 $20 \times 10^4 t$ 的井，这些井的高效开发及下一步的提高采收率措施显得至关重要。通过评价落实了各储集体及各缝洞单元的动态储量及剩余开发潜力，为开发及开发调整对策的制订提供了指导，该方法应用效果较好。

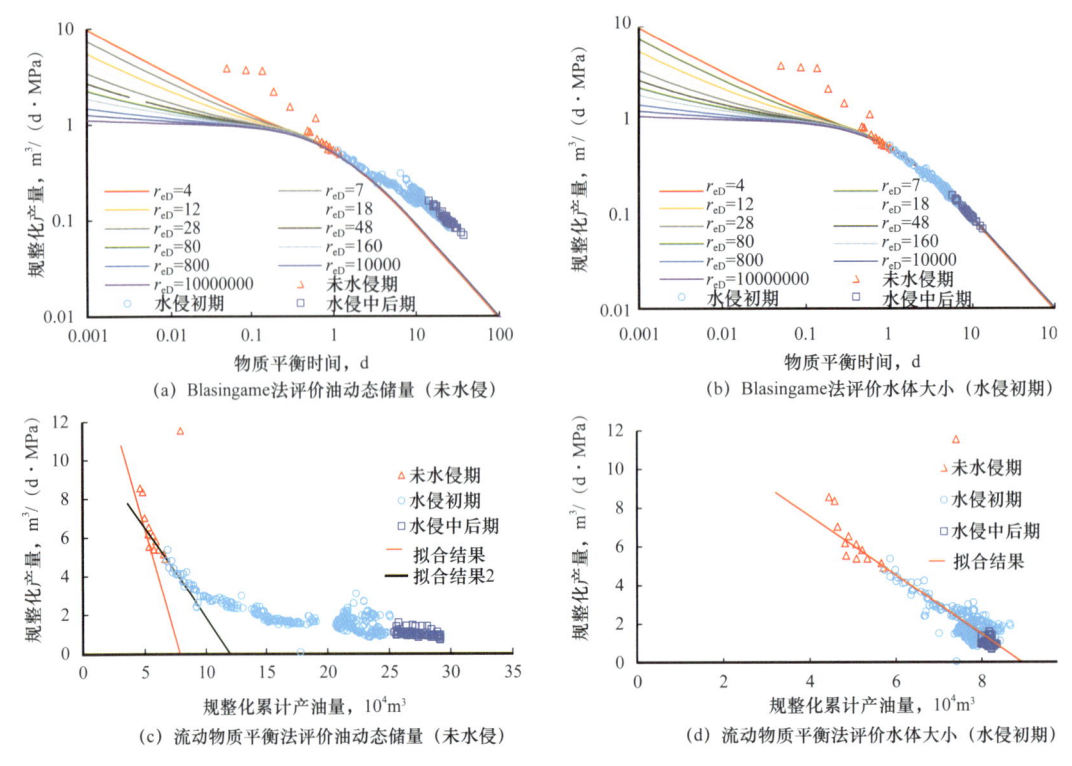

图 4-42 采用产量不稳定分析法对哈拉哈塘油田某油井的动态储量及水体大小的评价结果

r_{eD}—无量纲泄油半径

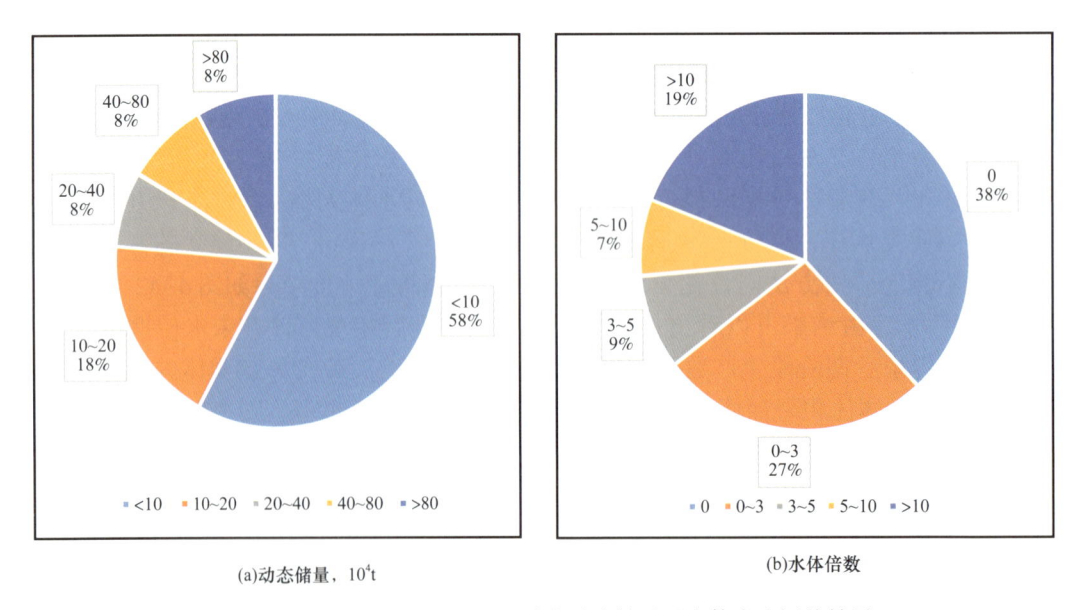

图 4-43 哈拉哈塘油田某区块单井动态储量及水体大小评价结果

2）缝洞型碳酸盐岩油藏储集体类型划分与评价

不同类型的储集体主要体现在储集体的形态、储集空间组合、储集体规模和天然能量大小（特别是水体的大小）不同，这些因素主导了不同储集体生产动态变化特征。钻遇不同储集体的油井生产动态特征差异显著,其稳产期、递减期、含水率、能量保持情况等都呈现不同的变化特点。油井开发动态是钻遇储集体类型的外在表现,不同储集体内部结构的差异是造成油井开发动态差异的根本原因。因此,储集体类型的划分是油井开发动态特征研究的地质基础。通过研究,建立了不同类型缝洞型油藏储集体的试井、产量不稳定分析 Blasingame 及流动物质平衡(FMB)识别曲线图版,基于该图版进一步指导了实际井储集体类型的划分与评价,为下一步开发技术政策的制订提供了依据。

(1)缝洞型碳酸盐岩油藏不同类型储集体动态识别典型图版。

试井技术是认识油气藏、评价油气藏动态、完井效率及措施效果的重要手段,包括常规解析试井分析技术和数值试井分析技术。常规解析试井技术仅局限于模拟一些简单的油气藏形状和流体特征,对于复杂多变尤其是非均质性较强的碳酸盐岩油气藏,由于一般模型简化得太多,很难对地下情况进行细致描述,解释结果不可靠。而近年来发展起来的数值试井技术,就可以解决这类问题。数值试井就是试井问题的数值求解,数值试井能够根据试井曲线表现出的特征,建立任意形状及不同类型的多种外边界组合。数值产量不稳定分析法与数值试井技术相似。下面旨在利用数值试井及数值产量不稳定分析方法建立不同碳酸盐岩储集体地质模型,通过正演方式建立不同储集体类型与试井曲线及产量不稳定分析曲线的对应关系,以供后期实际井储集体类型解释时对比分析。图 4-44 为采用数值试井方法建立不同类型储集体识别曲线及指导后期实际井储集体类型评价的技术思路。

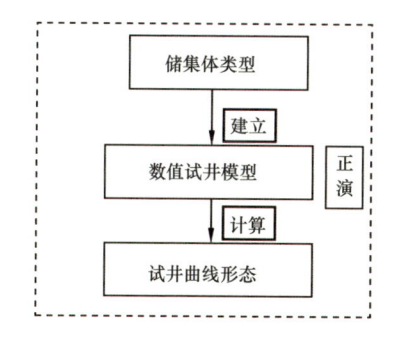

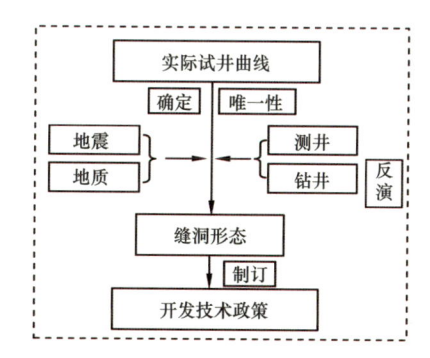

图 4-44 数值试井进行储集体类型评价技术思路

基于对塔里木缝洞型碳酸盐岩油藏的认识,认为该缝洞型碳酸盐岩油藏共包含洞穴型、裂缝—孔洞型、裂缝型等多种类型储集体。为了研究不同类型储集体在生产动态上的响应,首先建立了不同类型储集体的概念地质模型,然后基于概念模型建立了数值动态模型,通过正演的方式生成不同类型储集体的试井双对数曲线、Blasingame 曲线及流动物质平衡曲线。图 4-45 为通过该方法建立的不同类型储集体对应的地震响应剖面、地质概念图、数值模型及对应的试井曲线,Blasingame 典型曲线及流动物质平衡曲线[22]。该图版一共包括洞穴型、裂缝型、多储集体型 3 个大类,而多储集体又可根据储集体个数、钻井位置、储集体类型及井型等进一步划分为 5 个小类,即该图版一共包括 7 个小类的储集体类型。通过对图 4-45 的典型图版进行分析,可以得到以下认识。

① 洞穴型储集体:对于单洞穴型储集体来说[图 4-45(a)],大洞穴是该储集体的主要储集空间,井在钻遇大洞穴型储集体时,往往会出现严重放空和大量漏失现象。在试井曲线上,前期有较长的井筒续流段,随后洞穴开始向井筒供液,导数曲线下凹,当压力到

达溶洞边界时，储层物性变差，从而使导数曲线上翘。在 Blasingame 曲线上看，初期曲线数据基本遵循典型曲线的不稳定段，后期曲线数据基本遵循斜率为 –1 的边界控制流动段，后期因为井底脱气数据往右略有偏移斜率 –1 的直线段。在流动物质平衡曲线（FMB）上，生产曲线基本表现为一条直线，在后期因为脱气后出现向右偏移的曲线段。

② 裂缝型储集体：对于裂缝型储集体［图 4-45（b）］，储集空间以裂缝为主，试井双对数曲线开口较小，表现为两条平行的曲线，呈现出无限导流能力，且延续时间较长，井初期产量较高，但递减大，从 Blasingame 曲线响应上看，前期数据和后期数据均偏离典型曲线，流动物质平衡曲线也出现三段斜率明显差异较大的直线段，第一段响应为近井地带的裂缝的响应，第二段为裂缝及部分小孔洞的响应，第三段为井底脱气后造成的。

③ 多缝洞型储集体：碳酸盐岩储层储集体的非均质性较强，储集体的储集空间都不同程度地发育溶蚀孔洞、裂缝和洞穴，只是可能某个储集空间占主导地位而已。另外也存在多个储集体之间通过裂缝或者孔洞再连通的情况，即多缝洞储集体。多个缝洞储集体相互之间可能由渗透性较好但极狭窄的通道连接。当井点在两个洞穴储集体一侧时［图 4-45（c）］，双对数曲线径向流段会出现两段明显下凹曲线，开发效果较好。对于裂缝孔洞型储层［图 4-45（d）］，由于裂缝和孔洞均较发育，双对数曲线呈现复合型特征，井储之后表现为大裂缝的响应特征，后期有出现了孔洞向裂缝传导即供液的响应特征，但响应时间较短。当采用直井开发裂缝洞穴型储层时，由于钻井位置的不同（比如井打在洞穴，或者井打到裂缝中）导致试井曲线响应特征也不一致［（图 4-45（e）～图 4-45（f）］。当井点在洞穴中时［（图 4-45（e）］，下凹曲线表现出洞穴响应，随即上翘曲线出现为外围储层变差的特征，外围裂缝连通性及流动能力要差于洞穴。当井打在裂缝附近时，前期曲线表现为裂缝线性流段，后期由于通过裂缝到达洞穴，表现为一个洞穴的响应特征。对于多缝洞储集体来说，采用水平井开发是较为有效的开发方式，其试井双对数曲线出现多次波动如图 4-45（g）所示。在 Blasingame 曲线中，除了对于多缝洞储集体或者裂缝—洞穴型等复合储集体来说，典型曲线在边界控制流动段前期表现为斜率为 –1 的直线段，后期数据出现偏离斜率 –1 直线段的特征，但是有的储集体特征不明显。储集体类型对 FMB 曲线影响较敏感性，部分储集体表现为三段性特征，部分表现为两条斜率不一样的直线段。如对于图 4-45（f）来说，井打在裂缝储集体上，裂缝后期沟通了周围的大型洞穴，FMB 曲线首先表现出井底裂缝储集体的直线段，而后显示了沟通的洞穴储集体，最后一段为井底脱气造成的。

（2）洞型碳酸盐岩油藏不同类型储集体识别与划分。

结合地质认识并针对实际井试井典型曲线特征，对井储集体进行划分。基于地震属性预测对储集体类型的划分结果上，结合建立的不同碳酸盐岩储集体的数值试井模型分析结果，对塔里木塔中 I 号碳酸盐岩油气田生产井进行分析，根据典型曲线类型及生产动态验证，建立了试井及生产分析典型曲线与储集体类型的对应关系，包括视均质型、复合型（径向复合内好外差型、径向复合内差外好型、洞—缝型、洞缝 + 基质型）、组合型（双缝洞系统、多缝洞系统型）三大类七小类储集体模式（图 4-46）。

① 视均质型：流体的渗流介质为微裂缝或高渗透率的孔洞，受渗流介质不同，生产特征各有不同，其试井及生产分析典型曲线表现方式上同均质砂岩地层一样，开采呈现缓慢递减特征，如塔中 A 井（图 4-47）。该井整个试采过程中，产量、压力一直呈现缓慢递减状态，气油比逐渐上升，表现出视均值地层的生产特点。

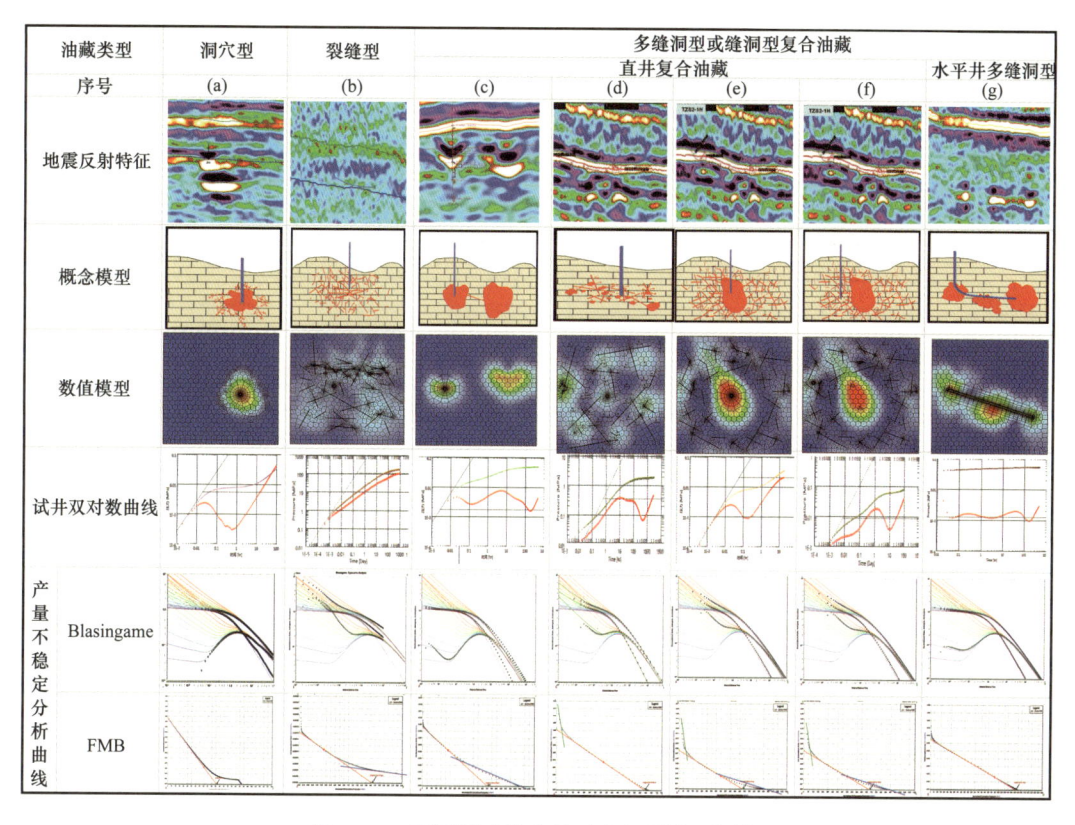

图 4-45　不同类型储集体动态识别典型图版

图 4-46　塔中Ⅰ号油气田储集体类型划分结果

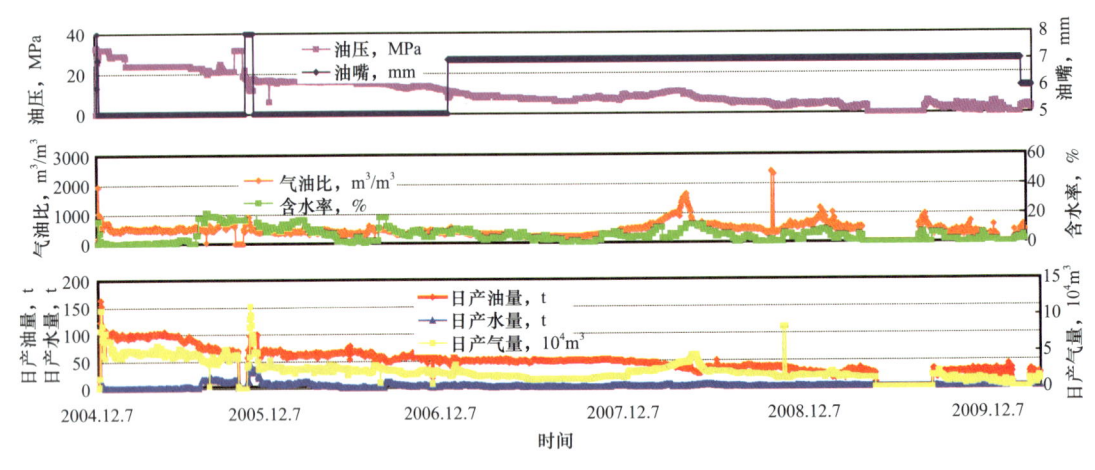

图 4-47　视均质型 TZA 井生产动态曲线

② 径向复合型（内好外差及内差外好型）。由于碳酸盐岩油气藏储层内部的非均质性较强，储层周围由渗透率不同的高渗透区和低渗透区组成，典型曲线上表现为不同渗透率的视均质储层的组合，试井典型曲线与砂岩油气藏复合模型类似，生产分析典型曲线表现为曲线中间部分生产数据点波动而偏离典型曲线。复合型开采特征较为复杂，开采呈现多段性的特征，各阶段递减率不同。如内好外差的代表井 TZB 井（图4-48），初期油压、产量较高，但递减较大，之后产量稳定，基本不递减；又如内差外好型代表井 TZC 井（图4-49），初期该井产量较稳定，油压缓慢下降，2007 年 3 月以后，该井的产气量明显有所上升，呈现出外围供气较好的特征。而这两口井的试井及生产分析曲线均表现出径向复合型特征。

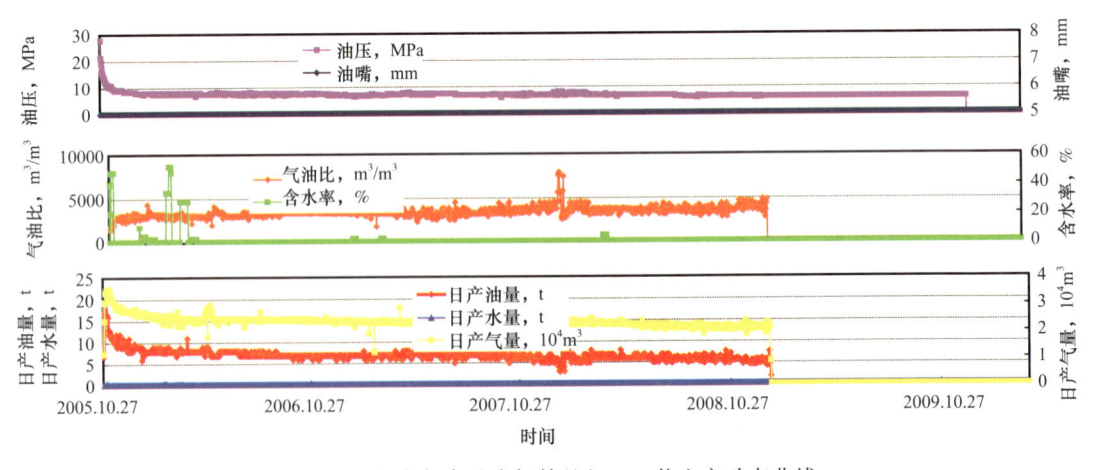

图 4-48　径向复合（内好外差）TZB 井生产动态曲线

③ 洞—缝型：地层局部发育有高储渗能力的缝洞，缝洞单元外与渗透率极低的非储层连接。试井压力导数曲线后期上翘，生产分析典型曲线表现为曲线中间部分生产数据点波动异常。该类型井生产动态多呈现与内好外差型相似的特点。

④ 洞—缝+基质型：储层内除了有较大缝洞外，细微裂缝和溶蚀孔隙组成的基质组成了双重孔隙介质的储层，并且还连通有渗透率更低的似均质储层。试井压力导数曲线表

现为前期下凹而后期上翘的特征，生产分析典型曲线表现为曲线中间部分生产数据点波动异常。该类型井生产动态也多呈现与内好外差型相似的特点。

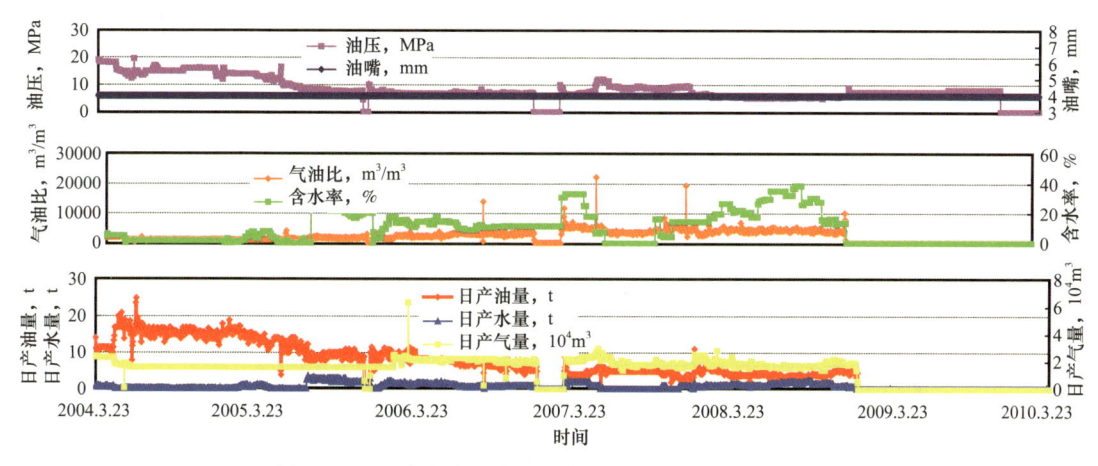

图 4-49　径向复合（内差外好）TZ C 井生产动态曲线

⑤ 双缝洞系统型：井底发育一个缝洞储集体，而该储集体又通过裂缝连通了另外一个储集体，试井压力导数曲线表现为前期下凹而后期有另一段下凹曲线的特征，生产分析典型曲线表现为曲线后期出现 2 组平行斜率为 –1 的直线段的生产数据点。井生产动态多可明显划分为两个生产阶段。

⑥ 多缝洞系统型：井底发育着多个互相连通的缝洞储集体，井生产初期只有一个储集体供应，后期随着井底储集体压力降低，其他储集体及能量逐渐补充过来。试井压力导数曲线表现为不规则的下凹波动变化；生产分析典型曲线表现为曲线后期出现多组平行斜率为 –1 的直线段的生产数据点，组数与储集体个数有关。多缝洞系统型开采特征最为复杂，开采特征受各个储集体间连通程度、各储集体储量大小及储集体内流体性质差异等控制，井产量压力呈现多期波动的特点，如 TZD 井（图 4-50）。该井初期产量较高，压力缓慢下降，气油比逐渐上升，在 2008 年 1 月左右产量有所上升后压力也有所增加，表现出第二个储集体供应的特点；2009 年 7 月该井气油比明显下降产油量上升表现出第三个储集体供应的特点。

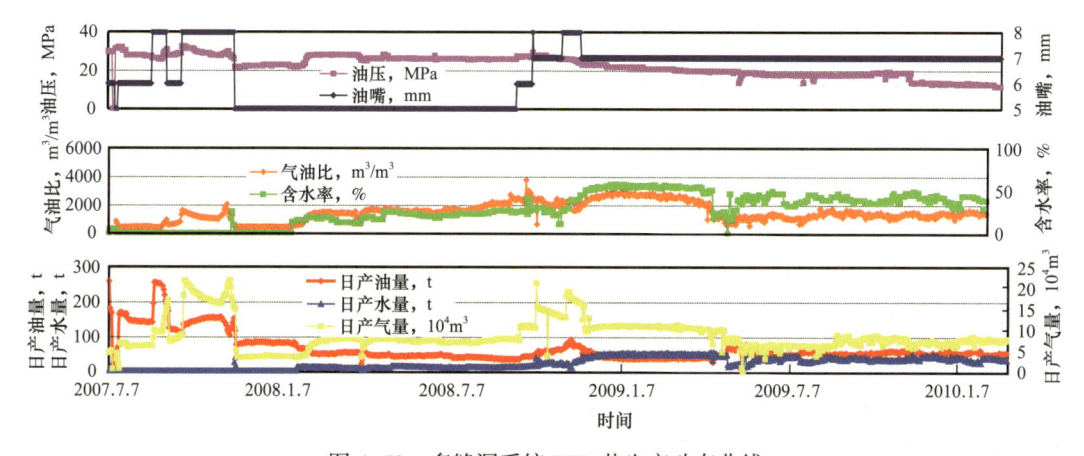

图 4-50　多缝洞系统 TZD 井生产动态曲线

（3）缝洞型碳酸盐岩油藏综合动态描述技术。

碳酸盐岩油藏综合动态描述方法是结合地质认识，以油井试井过程录取到的高精度压力数据，以及试采、生产过程中的压力、产量等动态数据为依据，以产量不稳定分析（生产动态分析方法）、物质平衡方程和试井分析方法等为主要手段（图4-51），对井所处储层进行评价。评价的参数主要包括储层渗透率、井表皮系数、动态储量、泄油半径等。基于评价的结果建立气藏的动态描述模型，从而对井或气藏指标进行预测。通过研究，形成了以试井、生产动态分析及物质平衡相结合的气藏动态综合描述方法，可对单井控制储量、储层参数等进行准确计算，为产能评价及指标预测奠定了基础。三种方法有机结合、互相约束，解释结果可靠。最终可基于综合动态描述建立的动态模型及评价的储层参数指导数值模拟的开发动态指标预测。

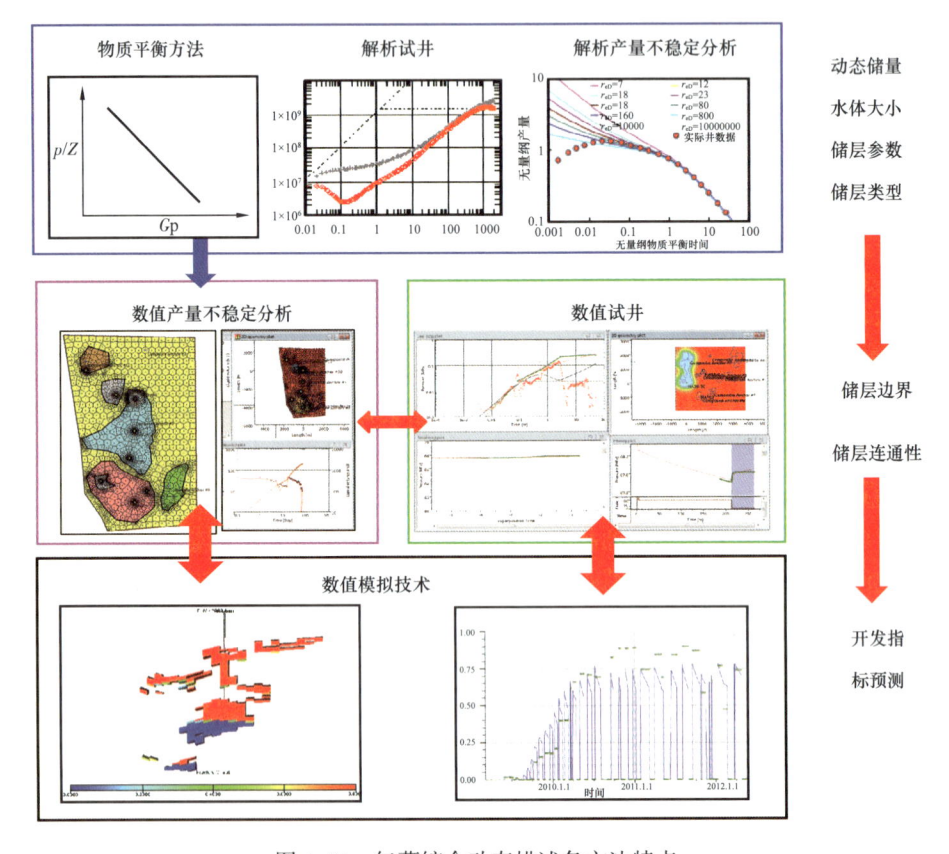

图4-51 气藏综合动态描述各方法特点

通过综合动态描述方法对哈拉哈塘碳酸盐岩油田各储集体进行动态描述，对该油藏的各储集体规模有了总体的认识。图4-52为该油藏各储集体的动态储量、水体大小统计柱状图。由该图可以看出，动态储量总体以小于 $20 \times 10^4 m^3$ 为主。部分大型连通单元由于连通体积较大，动态储量大于 $200 \times 10^4 t$，该类型储集体需要采用多井开发。

图4-53为哈拉哈塘油田各储集体渗透率评价结果统计图，由该图可以看出，虽然哈拉哈塘油田为缝洞型碳酸盐岩油藏，裂缝、洞穴及溶蚀孔洞较发育，但由于该油藏基质为致密非储层，孔、洞及裂缝的地下连通情况较复杂、连通性差，从而使得油藏各储集体等

效平均渗透率总体偏小。多数储集体的等效渗透率低于 10mD。只有少数储集体的渗透率高于 100mD。总体来说，不同类型储集体之间的渗透率差异不大，裂缝型储集体相比其他类型油藏的渗透率要低些。油藏主要以洞穴型储集体和裂缝孔洞型储集体为主。

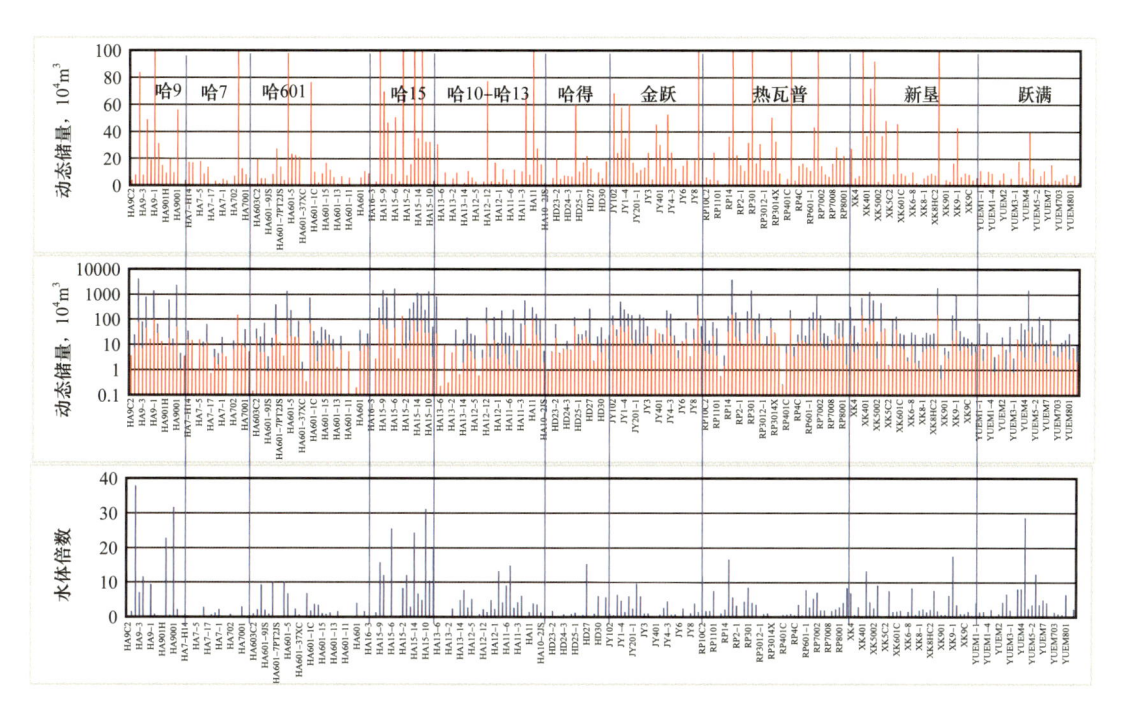

图 4-52 哈拉哈塘油田各储集体动态储量评价结果统计图

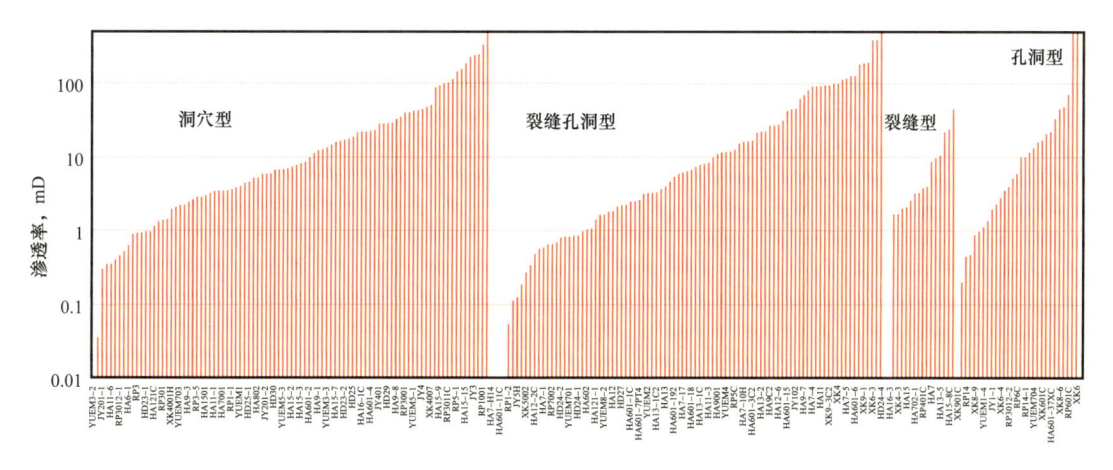

图 4-53 哈拉哈塘油田各储集体渗透率评价结果统计图

图 4-54 为哈拉哈塘油田各储集体表皮系数评价结果统计图，由该图可以看出，由于哈拉哈塘油田各井投产多采用酸压方式投产，因此绝大多数井的表皮系数为负值，表明储层超完善，没有伤害。只有少数部分井的表皮因子大于 0。

通过储层动态描述后，对储集体有了系统的认识，为后期开发技术政策的制订提供了依据，指导后期注水及注气开发。

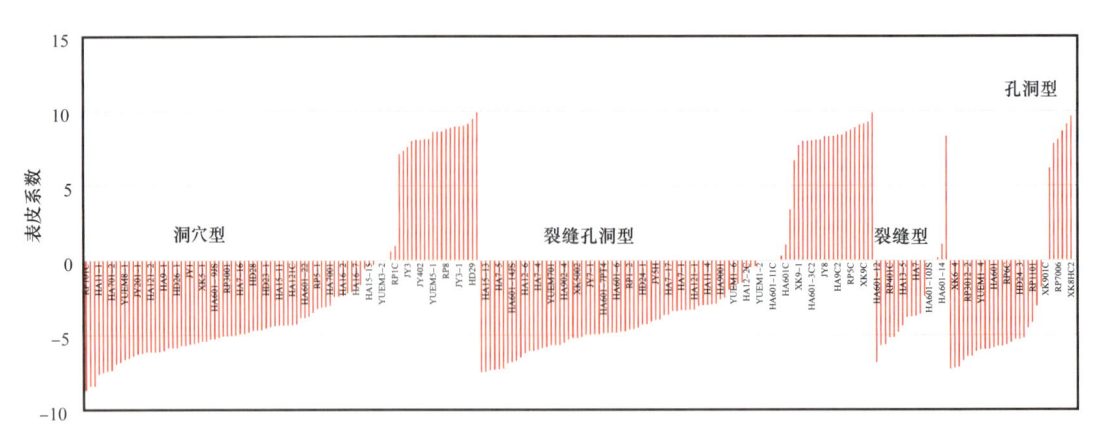

图 4-54　哈拉哈塘油田各储集体表系数评价结果统计图

3. 缝洞型碳酸盐岩油藏主体开发技术

针对岩溶缝洞型油藏的特征，初步形成了注水为主、注气为辅的提高采收率技术。其中，注水包括对定容储集体的单井注水替油技术及对连通缝洞单元的连通单元注水驱油技术[23]。类似的，注气也包括定容储集体的单井注气替阁楼油技术及对连通缝洞单元的连通单元注气驱油技术[24]。

1）单井注水替油技术

在注水替油过程中利用缝洞体内注入水与原油密度差异的原理，使油水发生置换，近井储集体内弹性能量恢复，井口压力上升，达到生产条件。注水替油生产过程大致可以分为三个阶段：（1）注水阶段，随着储集体中原油的采出，地层压力逐渐下降，油井供液不足，通过注水恢复部分地层压力。（2）焖井阶段，注水后关井，通过重力分异作用使油水发生置换，密度较大的注入水下沉至储集体下部形成次生底水，油水界面上移，抬升原油向井筒运移；（3）采油阶段，开井采油是能量释放的过程，由于注入水大部分聚集在井筒附近，因此开采初期含水率高，随采时间增加逐渐下降，然后再缓慢上升，而日产油量有一个先上升再逐渐递减的过程。如此循环往复就是整个单井注水替油的全过程（图4-55）。

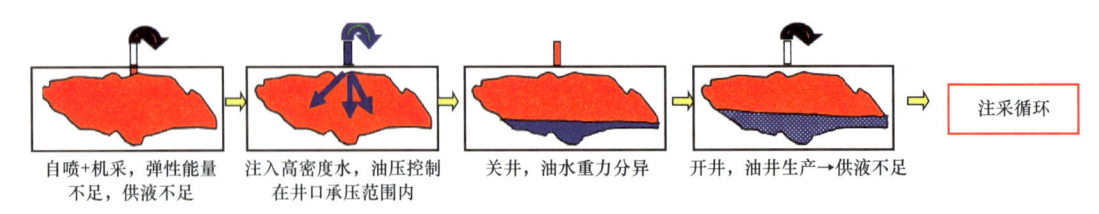

图 4-55　注水替油机理示意图

图 4-56 和图 4-57 为目前哈拉哈塘油田洞穴型储集体及裂缝孔洞型储集体注水替油的开发效果统计图。由统计结果可以看出，对于洞穴型储集体来说，注水替油平均可提高采收率 11%，高于裂缝孔洞型储集体的 7%。但是，水体越大，洞穴储集体注水替油效果明显越差，而水体对裂缝孔洞型储集体注水替油效果影响小。

2）单元注水开发技术

采取"井震结合""动静结合"的方法逐步深化缝洞单元认识研究，确定两井、两井

第四章 油气藏开发方案优化设计技术

以上存在连通关系时，依据不同储集体发育类型纵横向的分布特征，以同层缝洞体注采对应、低注高采、缝注洞采、井距大同步注采、井距小异步注采为原则，通过低部位补充能量、提高水驱油面积和减小高导裂缝纵横向水窜实现提高采收率的目标。图4-58为缝洞单元注水开发示意图。

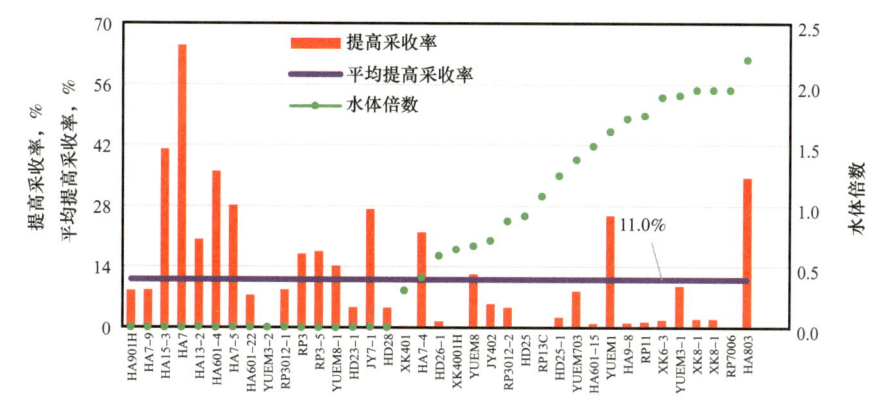

图4-56 洞穴型储集体注水替油开发效果

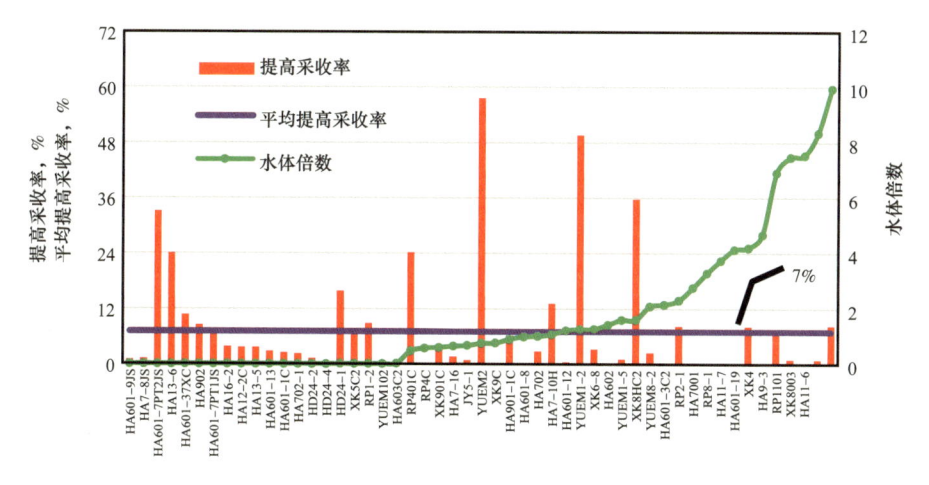

图4-57 裂缝孔洞型储集体注水替油开发效果

对哈拉哈塘油田14个井组采取差异化注水，注水效果明显。为防止注入水的快速突进，注水初期注采比应控制在0.8~1.0，注水中期注采比控制在1.0~1.2之间，后期可采用不稳定注水和周期注水。图4-59为对哈拉哈塘油田14个连通单元注水分类效果评价的结果，共分为四种类型连通单元模式，即裂缝孔洞注采型、裂缝孔洞注洞穴采型、洞穴注裂缝孔洞采型一级多缝洞储集体注采型。由结果可以看出，虽然井距普遍在500~1600m之间，但是注水井注水后油井受效时间多在2~20d之间，注水受效时间非常短且快。

3）注气替阁楼油技术

在注水开发后期，通过对定容缝洞储集体实施单井注气替阁楼油技术，驱替储集体顶部剩余油的注水无法驱替的阁楼油。主要利用了气体密度小及重力分异机理。同样的，通过对连通缝洞单元实施井间注气驱，利用氮气（或减氧空气）作为注入介质，通过向井筒

- 249 -

注入液态氮，在地层中形成氮气段塞驱、水气泡沫段塞驱或水气交替注入驱油等技术进一步提高注水未动用的井间剩余油储量（图4-60）。

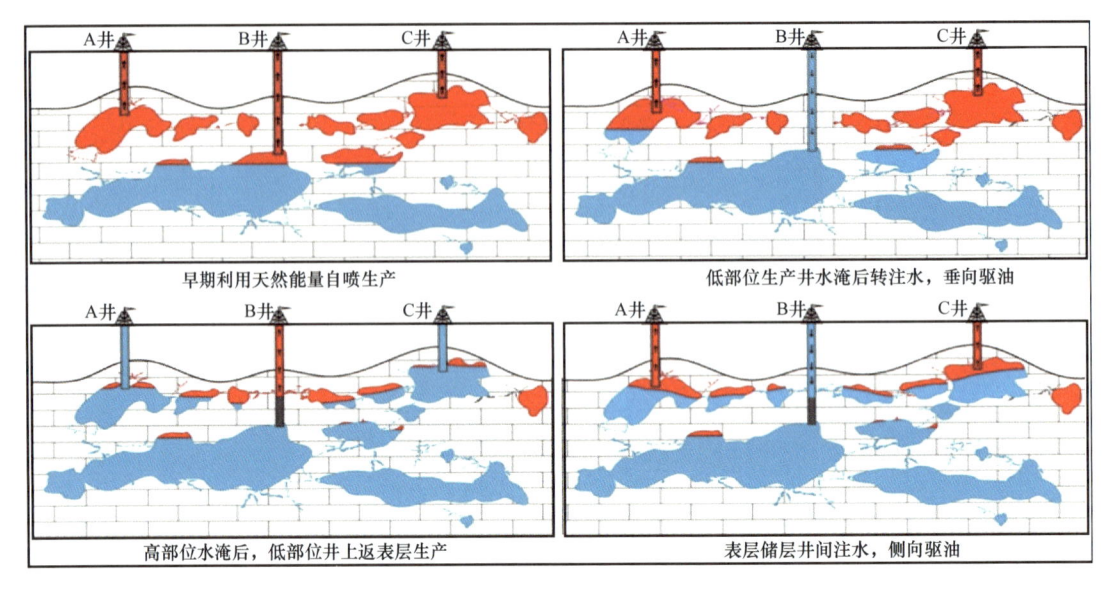

图4-58 缝洞单元注水开发示意图

图4-59 哈拉哈塘油田连通缝洞单元注水分类评价结果

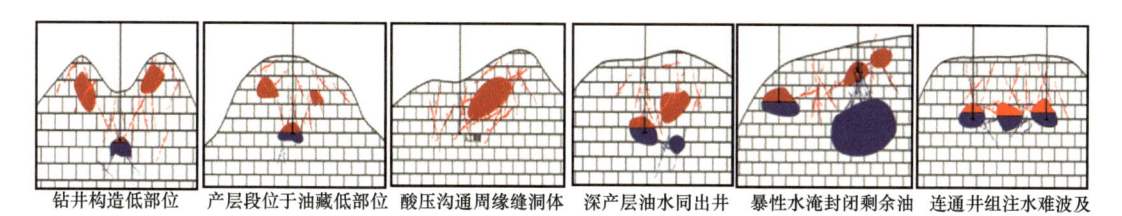

| 钻井构造低部位 | 产层段位于油藏低部位 | 酸压沟通周缘缝洞体 | 深产层油水同出井 | 暴性水淹封闭剩余油 | 连通井组注水难波及 |

图 4-60 碳酸盐岩缝洞型油藏阁楼油分布模式图

塔里木缝洞型油藏开展了单井吞吐注气矿场试验，并取得了良好的效果。实施注气 13 井/17 轮次，累计注气 $1680×10^4m^3$，增油 $2.47×10^4t$，单井平均产油 1875t，注气单井平均提高采收率 1.04%；其中，LG701 井效果最好，提高采收率 3.19%。

4）侧钻

对于低效井和失利井侧钻也是提高采收率的重要措施之一，尽可能发挥已钻井眼的作用。侧钻井主要分为采油结束井的侧钻、无其他措施低效井的侧钻、未获工业油流井的侧钻、未钻遇缝洞体井的侧钻和钻遇水体井的侧钻，通过对不同类型的侧钻，从而完善侧钻井分类型有效性研究，提高侧钻效果，提高单井控制储量的动用程度。2008 年以来实施侧钻井 139 口井，投产 93 口，累计产油量达 $83.55×10^4t$（表 4-4）。

表 4-4 塔里木碳酸盐岩油藏侧钻井情况统计表

时间	侧钻井数，口	投产井数，口	投产率，%	日产油量，t	累计产油量，10^4t	累计产量，10^4m^3
2008	7	4	57.1	14	7.9825	
2009	12	7	58.3	8	5.8312	129
2010	16	11	68.8	26	19.1256	9867
2011	25	19	76	38	13.2311	1193
2012	28	19	67.9	40	16.5241	1557
2013	24	18	75	61	16.8564	1140
2014	15	9	60	12.37	2.9812	330
2015	12	6	50	36.79	1.0205	232
合计	139	93	66.9	236.16	83.5526	14448

5）全生命周期开发技术

考虑剩余油分布与开发主要矛盾，从充分利用和保护井筒出发，制订油气藏全生命周期的措施流程，可有效提升采收率。根据油品性质、储层类型、纵横向展布、能量、油水关系、剩余油分布、井况进行分类，差异性研究和管理，规范单井措施顺序，全生命周期开发流程主要包括自喷、机采、注水、注气、改层和侧钻（图 4-61）。

缝洞型碳酸盐岩油藏在定新井井位时需要考虑好侧钻潜力，井投入开发后应根据不同阶段采取针对性措施，尽可能开发每 1 吨效益油。如 LG7-1 井累计产油 $4.51×10^4t$，具体全生命周期开发效果如下：自喷 1408t、机采 4457t、注水替油 1.3×10^4t、侧钻自喷 1.6×10^4t、机采 1.1×10^4t（图 4-62）。

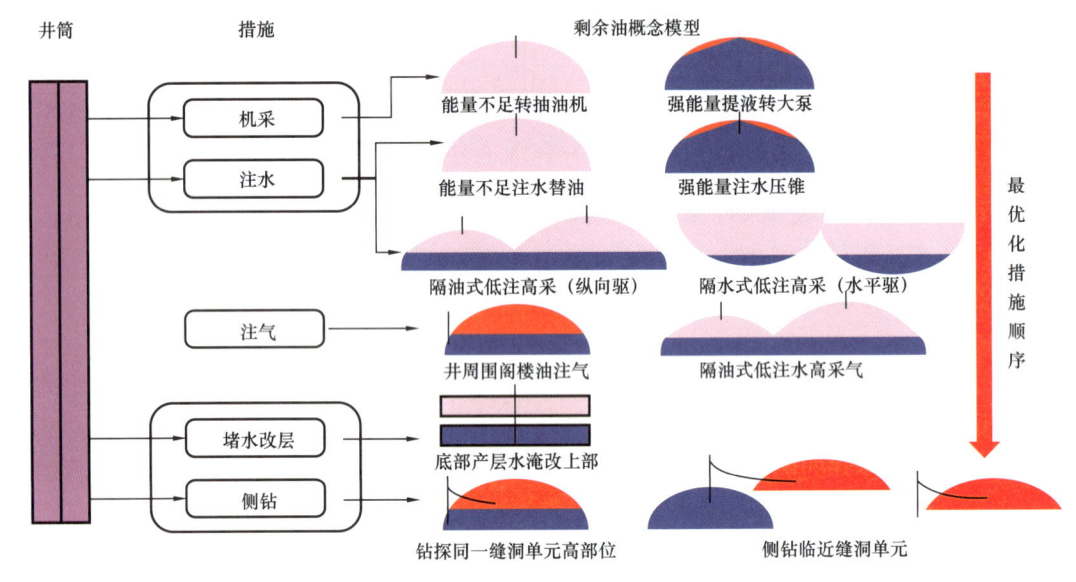

图 4-61 碳酸盐岩油藏全生命周期措施流程

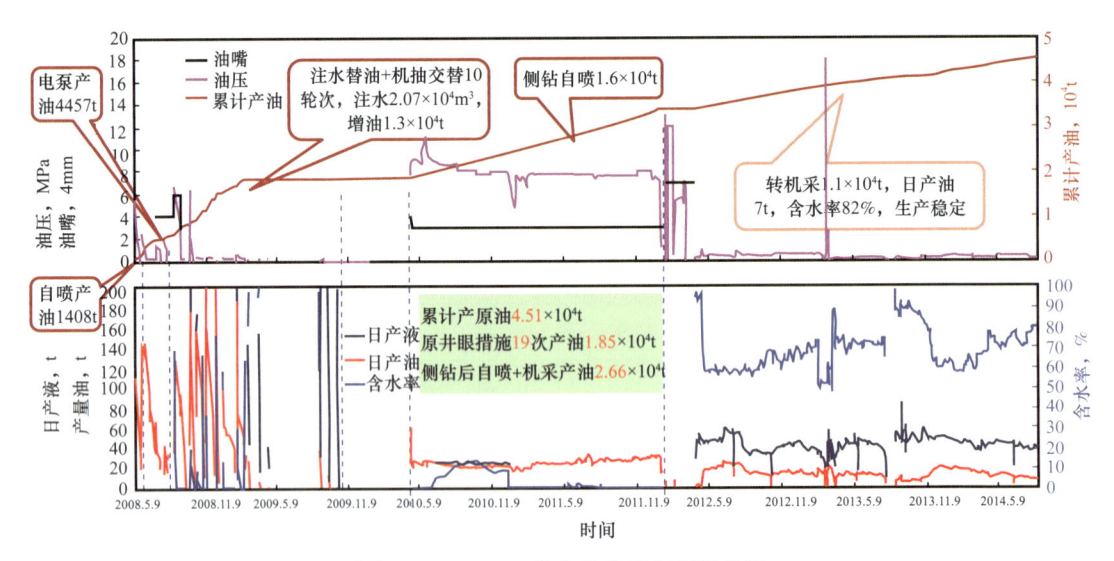

图 4-62 LG7-1 井全生命周期开发曲线

第四节 致密油开发优化设计技术

与海相致密油相比，中国陆相致密油特点为：储层类型多，非均质性强，"甜点"规模较小，致密油的"甜点"识别与优选难度大，致密油储层的多尺度、多介质、多流态的特征突出，非线性渗流机理复杂，致密油储层流体流度差异大，地层压力系数分布范围宽，产量变化大，产能评价难度大等。因此发展致密油开发优化设计技术是实现致密油规模有效开发的重要保障。

第四章 油气藏开发方案优化设计技术

一、致密油分类与开发模式

1. 致密油分类及其特征

中国陆相致密油储层渗透率低（$K<0.1\text{mD}$），孔隙结构细微、流体流动难度大，须采用水平井分级多段压裂技术等非常规开发技术方能实现效益开发。近年来，借鉴北美致密油的成功开发经验，中国陆相致密油开展了水平井体积压裂开发先导性试验，取得了一定的开发效果。基于对中国陆相致密油主要地质特征与开发主要矛盾的认识，中国陆相致密油可分为低压型、低孔型、低流度型和低充注型四种类型，不同类型致密油类型的开发特征存在较大的差异（表4-5）。

表4-5 中国4种典型致密油特征及分类表

类型	典型盆地	典型层位	典型特点	开发特征	开发突出矛盾
低压型	鄂尔多斯盆地	三叠系延长组，长7	油层压力低，压力系数仅为0.70~0.85，属异常低压	初期产量中等：12.9t/d 月递减率低：12.3% 累计产量高：4139t（约365d）	衰竭式开发采收率低
低充注型	松辽盆地	白垩系泉头组，扶杨油层	源下成藏，油水关系复杂，油井投产初期普遍产水（产量1.0~3.5t/d）	初期产量较高：20.9t/d 月递减率低：12.3% 累计产量高：4116t（335d）	油充注低，含水高，油产量低
低流度型	准噶尔盆地	二叠系芦草沟组	原油密度大（0.87~0.92g/cm³）、地层原油黏度高（11~22mPa·s），流度小于0.009	初期产量高：25.9t/d 月递减率高：41.6% 累计产量高：5252.2t（1050d）- JHW005井	流体流动性差，单井产量低、效益差
低孔型	四川盆地	侏罗系大安寨组、凉高山组	基质孔隙度低，仅为0.2%~6.0%，但储层裂缝发育	初期产量低：1.5~13t/d 月递减率较快：24% 累计产量低：120~1300t（265d）	单井控制储量和单井产量低、经济效益差

2. 致密油的开发模式及技术对策

中国陆相致密油储层物性差，流体赋存状态复杂、可动用性差，针对致密油单井产量差异大、初期递减快、中后期递减减缓、低产期较长和整体采收率偏低等一般性开发特征，以及不同类型致密油的储层特征及原油性质差异，建立了不同类型致密油及不同原油赋存状态的的开发模式（表4-6）。

表4-6 不同类型致密油的开发模式

类型	储层特征	开采机理		开发技术对策		
		压裂	开发	初期（衰竭式开发）	中期（补充能量）	后期（提高采收率）
低压型	①储层连续、分布稳定、基质动用半径小； ②压力系数低，为0.75~0.85	形成复杂缝网，减小基质岩块的体积，提高裂缝的导流能力	注水（CO_2）补充能量，提高动用程度，提高驱油效率	①水平井压一注一采一体化技术； ②注液态LPG（CO_2）干法压裂技术	①注水（CO_2）吞吐补充能量； ②重复压裂	注表活性开发

- 253 -

续表

类型	储层特征	开采机理		开发技术对策		
		压裂	开发	初期（衰竭式开发）	中期（补充能量）	后期（提高采收率）
低充注型	①砂体相对零散，油层纵向上分散、横向上不连续；②原始含水饱和度高	同上	注气（CO_2）通过乳化降低含水、降低界面张力，提高驱油效率	①注液态LPG（CO_2）干法压裂技术；②直井缝网压裂技术	注气（CO_2）吞吐补充能量	同上
低流度型	①储层薄互层；②原油黏度高；（11~22mPa·s），流度低，基质泄油半径小	同上	①CO_2混相降低界面张力；②原油乳化；③注热降黏	①注液态LPG（CO_2）干法压裂技术；②水平井缝网压裂技术	注气/CO_2吞吐补充能量	注热降黏开发提高EUR
低孔型	①孔隙度极低（<2%）；②储层连续性好，发育大、小、微多级尺度裂缝；③原油黏度低（0.2~3mPa·s），原油品质好	同上	①提高气油比；②有效补充能量；③进入小孔隙，提高驱油效率	注液态LPG（CO_2）干法压裂技术	①注气/CO_2吞吐补充能量；②多轮次重复压裂	注CO_2开发提高EUR

1) 不同类型致密油的开发模式及技术政策

(1) 低压型致密油。

影响低压型致密油开发的众多因素中，地层压力是影响产能的首要因素，其次是储层的改造体积和裂缝的压裂规模。因此，针对长庆低压型致密油压力系数低、地层能量不足的特点，以补充能量提高单井产量和累产量为核心的开发模式。初期主要基于注液态LPG（CO_2）干法压裂技术，采用长水平井"压—注—采"一体化技术衰竭式开发，其主要开采机理就是通过大规模的体积压裂形成复杂缝网，减小基质岩块的体积，提高裂缝的导流能力。中期依靠重复压裂、注水（CO_2）吞吐补充能量等技术提高动用程度；后期采用注表面活性剂等措施提高驱油效率，进而提高致密油采收率。

(2) 低充注型致密油。

影响低充注型致密油开发的因素主要包括储层压裂缝长度、段间距、含油饱和度、气油比等。针对低充注型致密油砂体分布零散、含水饱和度高的特点，以细切割+降低含水+补充能量提高单井产量和累计产量为核心的开发模式。初期采用水平井体积压裂或直井缝网压裂衰竭式开发，中期和后期通过优化井网、注气（CO_2）吞吐补充能量、注表面活性剂提高驱油效率的开发模式

(3) 低流度型致密油。

致密油储层基质动用半径小（20m左右），其原油黏度和裂缝导流能力对低流度型致密油产能影响较大。因此，针对新疆低流度型致密油储层分布稳定、原油黏度高的特点，

采用以降黏+补充能量提高单井产量和累计产量为核心的开发模式。初期采用 CO_2 干法压裂、水平井体积压裂等衰竭式开发，中期和后期通过注气（CO_2）吞吐降黏、注表面活性剂提高采收率的开发模式。

（4）低孔型致密油。

基质岩块的大小及气油比对产能影响较大。针对低孔型致密油孔隙度极低、原油品质好、基质动用半径小的特点，以扩大 SRV+ 补充能量提高单井产量和累计产量为核心的开发模式。初期采用大规模体积压裂衰竭式开发，中期和后期通过重复压裂、注气（CO_2）吞吐提高驱油效率。

2）不同致密油赋存状态的开发模式及技术对策

致密油储层发育不同尺度的孔缝喉多重介质，不同尺度孔缝介质中原油的赋存状态存在较大的差异，其中以大—中孔隙、大—小裂缝为主的溶蚀孔洞和裂缝中主要是可动油；以小—微孔隙、微裂缝为主的原生粒间孔和粒间溶孔中主要是毛细管油；以微纳米级孔隙、纳米级裂缝为主的基质微孔和晶间孔中是薄膜油；以纳米级孔隙和裂缝为主的有机质孔隙中主要是吸附油。不同致密油赋存状态开发模式见表 4–7。

（1）大—中孔隙、大—小裂缝中可动油的开发模式。

致密油储层中以大—中孔隙、大—小裂缝为主的溶蚀孔洞和裂缝，其孔喉半径相对较大，其中以油滴状赋存为主的可动油渗流阻力相对较小，启动压力梯度相对较低，这类孔缝中的可动油只需克服较小的毛细管阻力即可流动。因此，这类致密油储层中对于应力敏感性弱、气油比低、初期含水低、基质到裂缝可达动态平衡的致密油储层，采用大压差生产；对于应力敏感性强、气油比高、初期含水高、基质供给能力弱的致密油储层控制则采用控制压差生产；尤其在目前的低油价背景下，采用弹性和溶解气驱方式进行衰竭式开采的致密油，主要动用的就是大—中孔隙、大—小裂缝中可动油。

（2）小—微孔隙、微裂缝中毛细管油的开发模式。

致密油储层中以小—微孔隙、微裂缝为主的原生粒间孔和粒间溶孔，孔喉半径相对较小，其中以段柱状赋存为主的毛管油渗流阻力相对较大，启动压力梯度相对较高，该类尺度孔缝中的毛细管油需克服较大的毛管阻力才能流动。在充分利用以下开采机理：① 增加 GOR、通过混相增加流动能力；② 降低原油黏度，提高流动能力；③ 渗吸作用等，利用注 CO_2 吞吐开采、井下加热降黏开采、注 N_2（气）补充能量等新型开发方式提高小—微孔隙、微裂缝中毛细管油的动用程度和采收率。

（3）微纳米级孔隙、纳米级裂缝中薄膜油、吸附油的开发模式。

致密油储层中以微纳米级孔隙、纳米级裂缝为主的基质微孔、晶间孔及有机质孔隙，孔喉半径小，渗流阻力大，启动压力梯度高。流体在微小尺度的孔缝中的流动可能不满足经典的达西渗流规律，由于固液界面存在分子作用力，使得部分流体吸附在岩石矿物颗粒表面，形成吸附滞留层（滞留层的厚度约为 $0.1\mu m$）。在高油价背景下，一是随着纳米材料技术发展，利用纳米级表面活性剂可以改变岩石润湿性和乳化作用的机理，通过降低界面张力提高驱油效率；二是将 CO_2 进入微小基质孔隙，发生部分或完全混相，降低界面张力及黏度，提高驱油效率；基于上述开采机理将开发方式转变为注表活剂降低界面张力开发、注 CO_2 补充能量开发，提高微纳米级孔隙、纳米级裂缝中薄膜油、吸附油的动用程度和采收率。

表 4-7　不同赋存状态致密油的开发模式

原油赋存状态	开采机理	开采方式	压裂方式	适用条件
大—中孔隙、大—小裂缝中的可动油	①压差作用下的黏滞流动；弹性驱油机理；②动用压裂缝波及范围内的可动油	①大压差生产；②控制压差生产	初期：水平井大规模体积压裂	①应力敏感弱：天然裂缝不发育；人工裂缝支撑剂浓度高，强度大；②气油比低；③初期含水低；④基质到裂缝动态平衡
			中后期：多轮次重复压裂	①应力敏感强：天然裂缝发育；人工裂缝支撑剂浓度低，强度小；②气油比高；③初期含水高；④基质供给能力弱
小—微孔隙、微裂缝中的毛细管油	①降低原油黏度、提高流动能力；②增加GOR，通过混相增加流动能力；③依靠渗吸作用置换原油；④补充能量开采	①注CO_2吞吐开采；②井下加热降黏开采；③注N_2（气）补充能量开发	①注CO_2干法压裂；②液化石油气LPG压裂	各类致密油
微纳米级孔隙、纳米级裂缝中薄膜油、吸附油	①改变岩石润湿性和乳化作用，通过降低界面张力提高驱油效率；②CO_2进入微小基质孔隙，发生部分或完全混相，降低界面张力及黏度，提高驱油效率	①注表面活性剂降低界面张力开发；②注CO_2补充能量开发	①水平井大规模体积压裂；②注CO_2干法压裂；③电脉冲致裂	各类致密油

二、"甜点"评价与优选方法

致密油开发中，要获得较高的单井初期产量和累计产量，实现规模效益开发，"甜点"优选是基础，理想的"甜点"应是涵盖地质"甜点"与工程"甜点"的综合"甜点"（即具有烃源岩品质好、储层物性、裂缝、含油性和可压性好的特点）。因此，致密油综合"甜点"要具备两个方面的基本特征：一是储层本身具有相对强的储渗能力、天然裂缝发育程度较高、含油性好且可动用性高；二是储层岩石脆性程度较高，压裂裂缝容易起裂和延伸，最终容易形成体积裂缝的储层。由于不同地区致密油储层品质、流体品质、工程品质存在较大差异，因此引入致密油综合"甜点"指数：

$$S_{综合} = (S_{地质}, S_{工程})(\omega_{地质}, \omega_{工程}) \quad (4\text{-}13)$$

式中　$S_{综合}$——致密油综合"甜点"指数；
　　　$S_{地质}$——致密油地质"甜点"指数；
　　　$S_{工程}$——致密油工程"甜点"指数；
　　　$\omega_{地质}$，$\omega_{工程}$——分别为地质"甜点"和工程"甜点"的权重因子。

地质"甜点"指数、工程"甜点"指数依据特定地区致密油特点优选参数确定，权重值根据专家打分法确定。基于致密油综合"甜点"指数对致密油"甜点"进行评价。致密油综合"甜点"大致可分为三种类型：第一类是地质和工程条件均有利，为最好的综合"甜点"；第二类是地质或工程某一种条件有利，另一种条件相对较差，为次好的综合"甜点"；第三类是地质和工程条件相对均较差，为相对较差的综合"甜点"。具体表征为储层物性、裂缝、含油性和脆性等。

1. 储层物性

致密油在整体致密背景下发育多种类型物性"甜点"，包括沉积相或岩相控制的原生孔隙型、不同成岩阶段溶解作用控制的溶蚀孔隙型、石灰岩不同阶段白云石化作用控制的白云石化型等。

2. 裂缝

致密油裂缝与常规油气藏裂缝无本质区别，但致密储层基质物性和渗透性差，裂缝对致密油开发起着更重要的作用。根据裂缝在储层中的作用，致密油裂缝"甜点"可分为大尺度沟通型、微尺度孔隙化型、多尺度缝网型三大类。

大尺度沟通型裂缝"甜点"以构造缝为主，其尺度大、呈组系发育，起着沟通基质孔隙和微纳米级裂缝的作用，野外露头及岩心上表现为平直线形或面形，缝面见后期流体活动造成的溶蚀痕迹和次生矿物，多分布在断裂带、构造高部位、构造转折端及陡缓变异带，脆性矿物含量高、以岩石颗粒为支撑的储层发育程度高；过井构造缝在电成像测井图为黑色正弦线，在深浅电阻率曲线上，高角度缝为平滑箱形、深浅侧向正差异，低角度缝为尖峰刺刀形、深浅侧向负差异；地震反射不同方位地震属性表现为椭圆分布特征。

微尺度孔隙化型裂缝"甜点"由晶间缝、解理缝、破裂缝、缝合缝等组成，其尺度小、分散状或网状分布，起着基质孔隙的作用，多发育于晶粒化程度高、重结晶作用强、岩屑尺度大或生物介壳发育的储层，多通过岩石薄片观测和识别；微尺度裂缝在电成像测井图上为块状或斑块状浅色背景下的深色线纹，在常规测井上为相对低阻、低密度、高声波平滑U形曲线；地震反射具有低能量、高频率、高波阻抗特征，常规地震方法难以识别，多通过井点约束的裂缝指数地震反演技术定性评价裂缝发育程度。

多尺度缝网型裂缝"甜点"由大尺度构造缝、中小尺度层间缝及缝合缝、微纳米级尺度成岩缝共同组成，在露头、岩心、岩石薄片及不同放大倍数电子显微光镜下分别可见数百米级—米级—毫米级—纳米级裂缝；缝网状裂缝在电成像测井图上表现为不同尺度正弦线相互切割，储层段整体深色，常规测井曲线上为低阻、低密度、高声波的齿状深度U形曲线；地震反射具低能量、高频率、高波阻抗、差连续性特征。

3. 含油性

致密油具有特殊的源储一体或源储紧邻成藏模式，但在大面普遍含油背景下，存在差砂差油、有砂无油、有孔无油的差异化含油现象。针对致密储层含油的特殊性，在露头、岩心观测及荧光薄片、铸体薄片、环境扫描、成藏模拟等实验研究基础上，通过分析烃源岩的排烃特征、致密储层的沉积成岩特征及烃源岩排烃与储层成岩演化之间的时间匹配关系，确定致密储层油气充注孔喉下限及成藏影响因素，揭示致密储层油气分布规律，预测油气富集区分布；测井上针对致密储层孔隙度低导致储层含油与不含油差异小、含油储层非均质性强的特点，采用岩心和试油试采标定测井的方法建立含油性分类识别图版，通过岩—电实验建立含油饱和度测井解释模型，发展基于核磁测井和常规电阻率测井的致密储层含油性识别技术，解决致密油高阻油层、低阻油层和高阻水层的识别难题，揭示含油"甜点"在井点处的纵向分布特征；同样，在地震上针对致密储层含油的非均质性和微差特性，发展基于岩石弹性参数和含油性反演的致密储层含油性识别和含油"甜点"预测技术，通过分析含油储层的岩石物理模型和烃类对纵波、横波传播特性的影响，利用叠前资料反演岩石弹性参数和含油饱和度，预测含油性空间分布并优选含油性"甜点"。

4. 岩石脆性

致密油工程"甜点"是指致密油储层中岩石脆性程度较高、水平地应力差适中、压裂裂缝容易起裂和延伸、最终易形成体积复杂缝网的部分。相对常规油气藏而言，致密油具有储层致密、单井产量普遍低等突出特点，若不进行大型人工压裂改造、不形成大规模有效SRV体积，致密油往往无法大幅提高单井产量，也无法实现效益开发。因此，工程"甜点"对于致密油开发而言尤为重要。当前在致密油储层工程"甜点"识别与优选方面，一般聚焦于三个重点：一是脆性评价，通过岩石矿物组分、结构构造研究，杨氏模量、泊松比等岩石力学参数测试，评价储层岩石脆性、预测压裂规模；二是致密油地应力评价，通过岩石声发射法、钻孔井臂崩落法、古地磁定向岩石差应变法及岩石压缩等实验方法，揭示致密油层水平地应力大小、方向及差值，指导确定水平井布井方向、预测压裂缝形态；三是采用岩石物理实验和黏弹性参数反演方法，预测脆性"甜点"和地应力分布特征。

大庆油田基于松辽盆地北部7口井54块样品岩石力学实验结果和XMAC井资料，建立了常规曲线预测横波模型，实现了缺少横波测井的情况下估算岩石力学参数，在此基础上开展了工程"甜点"品质测井评价（图4-63），采用弹性参数法进行测井脆性解释。解释结果平均绝对误差4.1%，相对误差7.9%，储层的脆性好于围岩，含泥越多，脆性指数越低；利用地震信息进行脆性指数预测，QP1井高四上脆性指数约为35%；通过地应力和各相异性分析，明确了齐家地区最大主应力方向为近东西向，水平井钻探方向为近南北向，储层的破裂压力普遍低于围岩，且最大水平主应力、最小水平主应力差值较小，有利于形成近井地带网状缝，具有较好的储层改造条件。

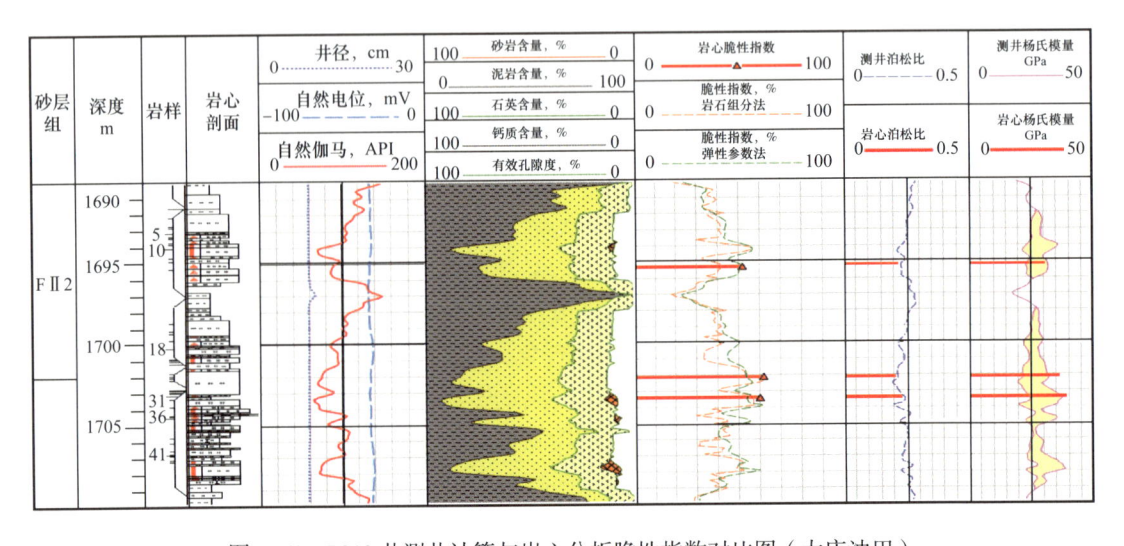

图4-63 P312井测井计算与岩心分析脆性指数对比图（大庆油田）

三、致密油多尺度、多介质、多流态耦合的全周期产能预测方法

致密油藏发育纳微米级基质孔隙，孔喉细小，储层物性差，采用"长井段水平井+体积压裂"开发模式，"毫米级—微米级—纳米级"孔隙与裂缝介质并存，不同尺度介质耦合的渗流机理不同（图4-64），导致致密油井生产动态整体表现为"初期高产、快速递减和后期低产稳产"的特征，不同阶段的渗流特点不同（图4-65）。

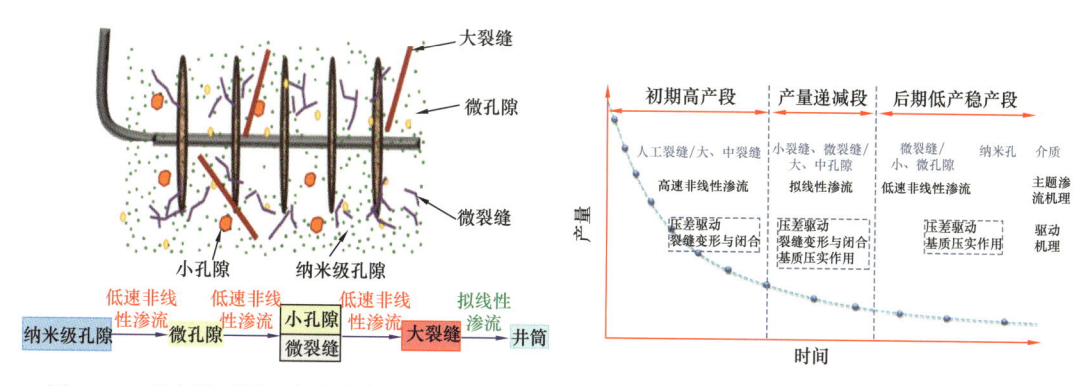

图 4-64　致密油不同尺度孔缝介质耦合渗流机理

图 4-65　致密油生产动态曲线图

针对致密油多重介质的复杂渗流机理、渗流的区域性、生产的阶段性，建立了致密油多尺度、多介质、多流态耦合的全周期产能预测模型（式4-13），有效解决了新井（老井）的产能预测、产能主控因素诊断、产能目标下水平井及压裂参数优化设计的问题（图6-66）。

$$q(t)=\sum_{i=1}^{n}\frac{\dfrac{\mathrm{e}^{-\alpha_m}\left[p_e-p(t)\right]}{\alpha_m}-\dfrac{\mathrm{e}^{-\alpha_F}(p_e-p_{wfi})}{\alpha_F}-\dfrac{2x_{Fi}}{\pi}\cdot G\mathrm{e}^{-\alpha_m}\left[p_e-p(t)\right]\cdot\mathrm{Sh}\xi_i(t)}{\dfrac{\mu}{2\pi K_{Fi0}\mathrm{e}^{-\alpha_F}(p_e-p_{wfi})w_{Fi}}\ln\dfrac{h_i/2}{r_w}+\dfrac{\mu x_{Fi}}{2K_{Fi0}\mathrm{e}^{-\alpha_F}(p_e-p_{wfi})w_{Fi}h_i}+\dfrac{\mu x_{fi}}{4K_{f0}\mathrm{e}^{-\alpha_f}(p_e-p)w_{fi}h_i}+\dfrac{\mu}{2\pi K_{m0}\mathrm{e}^{-\alpha_m}(p_e-p)h_i}\ln\dfrac{a_i(t)+\sqrt{a_i^2(t)-x_{Fi}^2}}{x_{Fi}}}$$

（4-14）

式中　t——生产时间，d；

　　　G——启动压力梯度，MPa/m；

　　　p——地层压力，MPa；

　　　p_e——原始地层压力，MPa；

　　　K_m——基质气测渗透率，mD；

　　　K_{m0}——原始条件下基质气测渗透率，mD；

　　　K_F——人工裂缝气测渗透率，mD；

　　　K_{F0}——原始条件下人工裂缝的气测渗透率，mD；

　　　K_f——天然裂缝气测渗透率，mD；

　　　K_{f0}——原始条件下天然裂缝的气测渗透率，mD；

　　　α_F——人工裂缝渗透率的变形因子，MPa^{-1}；

　　　α_f——天然裂缝渗透率的变形因子，MPa^{-1}；

　　　α_m——基质渗透率的变形因子，MPa^{-1}；

　　　μ——原油黏度，mPa·s；

i——表示第 i 条裂缝；

h_i——第 i 条裂缝贯穿储层的有效厚度，m；

K_{Fi}——第 i 条裂缝渗透率，mD；

K_{Fi0}——第 i 条裂缝初始渗透率，mD；

w_{Fi}——第 i 条裂缝宽度，m；

x_{Fi}——第 i 条裂缝半长，m；

p_{wfi}——第 i 条裂缝井底流压，MPa；

ξ_i——第 i 条裂缝泄流椭圆坐标；

r_w——水平井井筒半径，m；

n——水平井压裂裂缝条数，$n=L/d+1$；

d——水平井压裂裂缝间距，m。

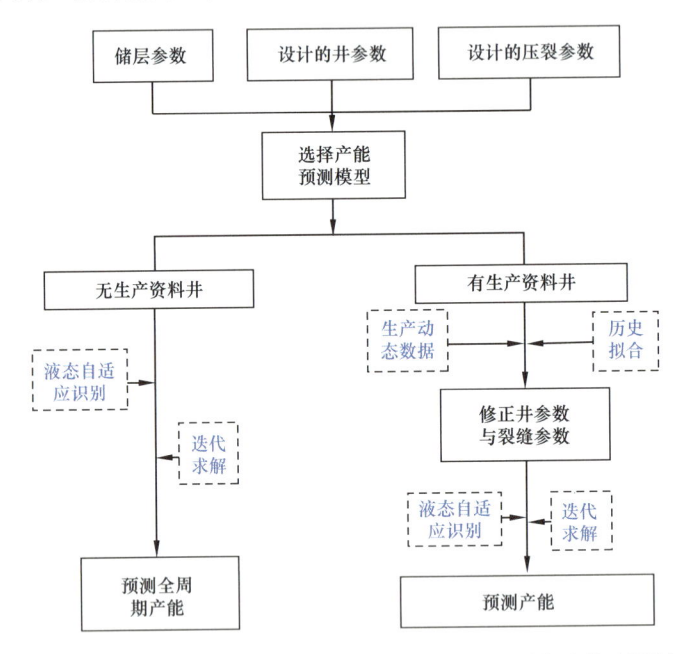

图 4-66　致密油多尺度、多介质、多流态耦合的全周期产能预测技术

1. 无生产资料新井的全周期产能预测

致密油的开发在中国尚处于起步阶段，能够参考利用的现场资料较少。部分先导性试验区的新井开发时间也比较短。针对致密油开发的新井可以根据储层、水平井和人工裂缝的参数，选择合适的产能预测模型，预测致密油全生命周期的产能。

2. 有生产资料老井的全周期产能预测

对于致密油开发区块内已经生产了一段时间的老井，可以根据区块内储层的参数和工程参数，选择合适的产能预测模型对历史生产数据进行拟合，得到实际的储层参数和压裂施工参数。利用拟合得到的实际参数可以对水平井的产能进行更加合理的进一步的预测。

3. 致密油产能控制因素诊断

在致密油的开发中，由于地质情况复杂，工艺条件有限，往往实际的施工情况和设计具有较大差别。但是由于致密油的开发经验较少，实际的开发情况很难判断。基于致密油多尺度、多介质、多流态耦合的产能预测模型，形成了致密油产能控制因素诊断技术，可有效诊断致密油气产能主控因素（图 4-67）。

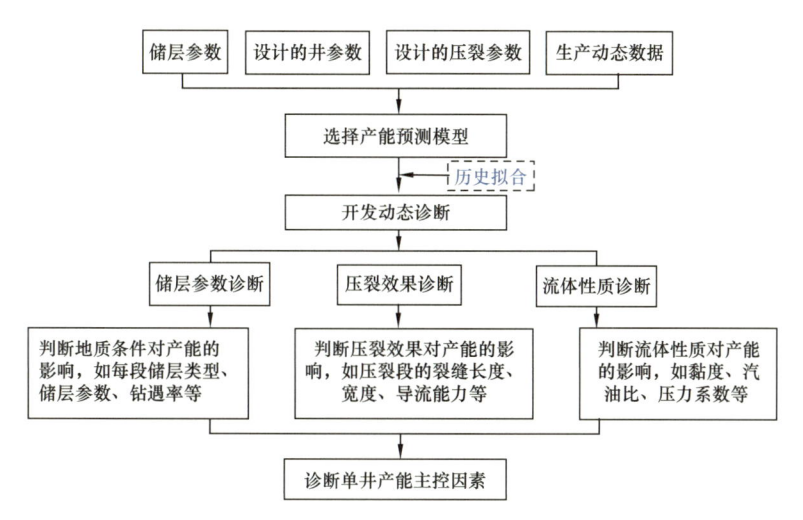

图 4-67 致密油产能控制因素诊断技术

1）储层参数诊断

通过开发动态诊断，判断地质条件或压裂段的储层类型对产能的影响，修正Ⅰ类、Ⅱ类储层参数及钻遇率问题。

2）压裂效果诊断

通过开发动态诊断，判断压裂效果对产能的影响，修正压裂段的裂缝长度、宽度和导流能力。

3）流体性质诊断

通过开发动态诊断，判断流体性质对产能的影响，修正黏度、汽油比和压力系数。

四、致密油非连续、多尺度、多流态、多重介质数值模拟动态预测技术

针对非常规致密砂岩油藏存在纳微米级孔隙与多重介质特征、渗流机理复杂、水平井+体积压裂下井筒耦合流动的复杂性，在致密油复杂流动机理及多重介质耦合开采机理基础上，突破了常规连续双重介质渗流理论，创新发展了致密油非连续、多尺度、多流态、多重介质数值模拟理论及渗流数学模型，研发具有自主知识产权、适合致密砂岩油藏数值模拟软件系统，提高致密砂岩油藏开发的技术支撑能力和国际竞争力。

现介绍非连续、多尺度、多流态、多重介质数值模拟理论及渗流数学模型。

（1）非连续多重介质一体化渗流模型为

$$\sum_{j=1}^{n}\varepsilon_{i,j}\left(\rho_p v_p\right)_{j,i}+q_{p,i}^{W}=\frac{\partial}{\partial t}\left(V\phi S_p \rho_p\right)_i \quad （4-15）$$

式中　下标 i, j——编号为 i 和 j 的数值模拟网格；

　　　p——油气水不同相态；

　　　$\varepsilon_{i,\,j}$——单元体 i 与单元体 j 间的几何因子，kg；

v_p——p 相流体流速，cm/s；
$q_{p,i}^W$——第 i 个射孔点质量流量，g/s；
V——网格体积，cm³；
ϕ——孔隙度；
S_p——p 相流体饱和度；
t——生产时间，s；
ρ_p——p 相流体密度，g/cm³。

（2）考虑介质传导率动态变化、不同流动机理的不同介质间致密油流体交换模型为

$$q_{i,j} = \sum_j T_{i,j} \cdot \left(\rho_p \boldsymbol{u}_p\right)_{j,i} \qquad (4-16)$$

$$T_{i,j} = \frac{A_{i,j} \cdot \boldsymbol{n}_{i,j}}{L_{i,j}} \cdot K_{i,j} \qquad (4-17)$$

式中　$q_{i,j}$——流体质量流量 g/s；
　　　T——网格间传导率，cm·D；
　　　$\boldsymbol{u}_p$——p 相流体流速，cm/s；
　　　ρ_p——p 相流体密度，g/cm³；
　　　$A_{i,j}$——数值模拟网格 i 与网格 j 的接触面积，cm²；
　　　$\boldsymbol{n}_{i,j}$——网格 i 与网格 j 间有关正交性的向量；
　　　$L_{i,j}$——网格 i 质心与网格 j 质心间的实际距离，cm；
　　　$K_{i,j}$——网格 i 与网格 j 的耦合渗透率，D。

（3）考虑井指数动态变化、不同流动机理的储层与井筒间致密油流体交换模型为

$$q_p^W = WI \left[K_J \mathrm{e}^{-\alpha_J \left(p_\mathrm{e} - p_J\right)} \right] \cdot \rho_p \frac{K_{rp}}{\mu_p} \left(\Phi_\mathrm{p} - \Phi_\mathrm{w}\right) \qquad (4-18)$$

式中　q_p^W——流体质量流量，g/s；
　　　WI——井指数计算函数；
　　　α_J——介质 J 的渗透率变形因子；
　　　p_J——介质 J 所处地层压力，atm；
　　　p_e——原始地层压力，atm；
　　　ρ_p——p 相流体密度 g/cm³；
　　　K_{rp}——p 相流体相对渗透率，D；
　　　μ_p——p 相流体黏度，mPa·s；
　　　Φ_p——储层网格势函数，atm；
　　　Φ_w——井筒所在网格势函数，atm。

（4）不同介质多流态、复杂流动机理模型分两种情况。
①高速非线性流时：

$$\left(q_{\text{高速},p}\right)_{fi,fj} = \frac{A_{fi,fj} \cdot \boldsymbol{n}_{fi,fj}}{D_{fi,fj}} \cdot F_{\text{ND}} \cdot K_{fi,fj} \cdot \frac{\rho_p K_{rp}}{\mu_p}\left(\Phi_{fi} - \Phi_{fj}\right) \qquad (4-19)$$

$$F_{\text{ND}} = \frac{1}{1 + \dfrac{\beta \rho_p q_p K}{A\mu_p}} \qquad (4-20)$$

式中 $\left(q_{\text{高速},p}\right)_{fi,fj}$——考虑高速非线性渗流的裂缝网格 i，j 间流体质量流量，g/s；

$A_{fi,fj}$——裂缝网格 i 与裂缝网格 j 的接触面积，cm²；

$\boldsymbol{n}_{fi,fj}$——裂缝网格 i 与裂缝网格 j 间有关正交性的向量；

$D_{fi,fj}$——裂缝网格 i 与裂缝网格 j 的质心间实际距离，cm；

$K_{fi,fj}$——裂缝网格 i 与裂缝网格 j 的耦合渗透率，D；

ρ_p——p 相流体密度 g/cm³；

K_{rp}——p 相流体相对渗透率，D；

μ_p——p 相流体黏度，mPa·s；

Φ_{fi}——裂缝网格 i 势函数，atm；

Φ_{fj}——裂缝网格 j 势函数，atm；

F_{ND}——高速非线性流因子；

β——高速非线性流系数；

q_p——p 相流体质量流量，g/s。

② 拟线性流时：

$$\left(q_{\text{拟线性},p}\right)_{fi,fj} = \frac{A_{fi,fj} \cdot \boldsymbol{n}_{fi,fj}}{D_{fi,fj}} \cdot K_{fi,fj} \cdot \frac{\rho_p K_{rp}}{\mu_p}\left(\Phi_{fi} - \Phi_{fj} - G_{c,fi,fj}\right)_p \qquad (4-21)$$

$$G_{c,fi,fj} = c\left(L_{fi} + L_{fj}\right) \qquad (4-22)$$

式中 $\left(q_{\text{拟线性},p}\right)_{fi,fj}$——考虑拟线性渗流的裂缝网格 i，j 间流体质量流量，g/s；

$A_{fi,fj}$——裂缝网格 i 与裂缝网格 j 的接触面积，cm²；

$\boldsymbol{n}_{fi,fj}$——裂缝网格 i 与裂缝网格 j 间有关正交性的向量；

$D_{fi,fj}$——裂缝网格 i 与裂缝网格 j 的质心间实际距离，cm；

$K_{fi,fj}$——裂缝网格 i 与裂缝网格 j 的耦合渗透率，D；

ρ_p——p 相流体密度 g/cm³；

K_{rp}——p 相流体相对渗透率，D；

μ_p——p 相流体黏度，mPa·s；

Φ_{fi}——裂缝网格 i 势函数，atm；

Φ_{fj}——裂缝网格 j 势函数，atm；

$G_{c,fi,fj}$——拟启动压力，atm；

L_{fi}——裂缝网格 i 到接触面实际距离，cm；

L_{fj}——裂缝网格 j 到接触面实际距离，cm；

c——拟启动压力梯度，atm/cm。

③ 低速非线性流时：

$$(q_{启动,p})_{fi,fj} = \frac{A_{fi,fj} \cdot \boldsymbol{n}_{fi,fj}}{D_{fi,fj}} \cdot K_{fi,fj} \cdot \frac{\rho_p K_{rp}}{\mu_p}\left(\Phi_{fi} - \Phi_{fj} - G_{a,fi,fj}\right)_p^{n^*} \quad (4-23)$$

$$G_{a,fi,fj} = a\ (L_{fi} + L_{fj}) \quad (4-24)$$

式中 $(q_{启动,p})_{fi,fj}$——考虑低速非线性渗流的裂缝网格 i，j 间流体质量流量，g/s；

$A_{fi,fj}$——裂缝网格 i 与裂缝网格 j 的接触面积，cm^2；

$\boldsymbol{n}_{fi,fj}$——裂缝网格 i 与裂缝网格 j 间有关正交性的向量；

$D_{fi,fj}$——裂缝网格 i 与裂缝网格 j 的质心间实际距离，cm；

$K_{fi,fj}$——裂缝网格 i 与裂缝网格 j 的耦合渗透率，D；

ρ_p——p 相流体密度 g/cm^3；

K_{rp}——p 相流体相对渗透率，D；

μ_p——p 相流体黏度，mPa·s；

Φ_{fi}——裂缝网格 i 势函数，atm；

Φ_{fj}——裂缝网格 j 势函数，atm；

$G_{a,fi,fj}$——启动压力，atm；

L_{fi}——裂缝网格 i 到接触面实际距离，cm；

L_{fj}——裂缝网格 j 到接触面实际距离，cm；

a——启动压力梯度，atm/cm。

④ 渗吸作用时

$$\boldsymbol{u}_{渗吸} = -\frac{K \cdot K_{rp}}{\mu_p}\left(p_{cow,i} - p_{cow,j}\right)_p \quad (4-25)$$

$\boldsymbol{u}_{渗吸}$——考虑渗吸作用的流体流速，cm/s；

K——网格 i 与网格 j 的耦合渗透率，D；

K_{rp}——p 相流体相对渗透率，D；

μ_p——p 相流体黏度，mPa·s；

$p_{cow,i}$——考虑渗吸作用的网格 i 所处地层压力，atm；

$p_{cow,j}$——考虑渗吸作用的网格 j 所处地层压力，atm。

上述模型的建立实现了从单一渗流到宏观＋微观多流态多机理流动的转变，从连续双重介质渗流理论到非连续离散多重介质渗流理论的转变，从单一流动机理到多流态识别与复杂流动机理模拟的转变，从压敏效应或注水动态缝的模拟到压注采一体化不同尺度孔缝介质流固耦合动态模拟的转变。解决了非常规致密砂岩储层表征与建模、水平井与体积压裂参数优化、开采机理动态模拟、开发优化设计、动态预测等生产实际问题，已在长庆油田、新疆油田、吉林油田等 5 个致密油区块进行了推广应用，推动了中国在致密油开发领域的技术进步。

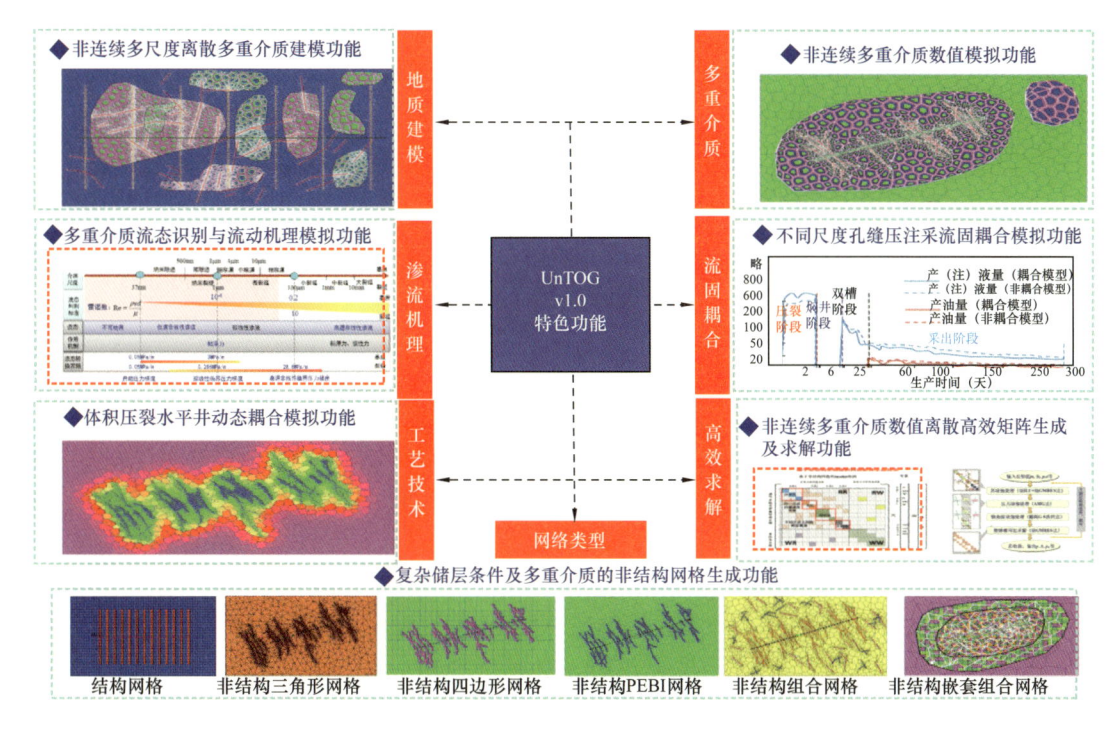

图4-68 非常规致密油数值模拟软件 UnTOG v1.0 特色功能

参 考 文 献

[1] Craig, EE. Optimized Recovery Through Continuing Interdisciplinary Cooperation [J]. JPT, 1977.

[2] 王家宏. 实用砂岩油藏水驱开发设计分析方法 [M]. 北京：石油工业出版社，2016.

[3] 叶银珠，王正波，王继强. 可动凝胶深部调驱技术在复杂断块油藏的应用 [J]. 钻采工艺，2010，33（05）：47-51，138.

[4] 王思淇. 井下油水分离同井注采技术现场试验 [J]. 油气田地面工程，2014（11）：28-29.

[5] 董驰，宋考平，石成方，等. 快速预测水驱油井分层动态指标的新方法 [J]. 新疆石油地质，2017，38（02）：233-239.

[6] 王珏，陈欢庆，周俊杰，等. 扇三角洲前缘储层构型表征——以辽河西部凹陷于楼为例 [J]. 大庆石油地质与开发，2016，35（02）：20-28.

[7] 陈一鹤，叶继根，周莹，等. 大港油田高含水油藏聚合物驱开发技术 [J]. 石油钻采工艺，2015，37（03）：98-102.

[8] 宋新民. 中国石油二次开发技术和实践 [M]. 北京：石油工业出版社，2012.

[9] 宋新民. 油气开发储层研究新进展 [M]. 北京：石油工业出版社，2014.

[10] 宋新民，李勇. 中东碳酸盐岩油藏注水开发思路与对策 [J]. 石油勘探与开发，2018（4）.

[11] 鲍敬伟，李丽，叶继根，等. 高含水复杂断块油田加密井井位智能优选方法及其应用 [J]. 石油学报，2017，38（04）：444-452，484.

[12] 鲍敬伟，宋新民，等. 高含水率油田开发层系的重组 [J]. 新疆石油地质，2010，31（03）：291-294.

［13］刘亚平，陈月明，袁士宝，等. 胜坨油田坨21断块沙二段8砂层组细分韵律层井网重组模式研究［J］. 石油天然气学报（江汉石油学院学报），2007，29（5）：116-120.

［14］P.R. Sharland, Ray Archer, David M. Casey, et al. Arabian Plate Sequence Stratigraphy［M］. Bharin. Gulf Petrolink, 2001.

［15］A. A. M. Aqrawi, J. C. Goff, A. D. Horbury, et al. The Petroleum Geology of Iraq［M］. London, 2010.

［16］Zhu Yixiang, et al. Typical reservoir architecture models, thief-zone identification and distribution of the Mishrif Carbonate for a super-giant cretaceous oilfield in the Middle East［C］. SPE Asia Pacific Oil & Gas Conference and Exhibition held in Perth, Australia, 2016.

［17］Wei Chenji, et al. Water flooding optimization for a super-giant carbonate with thief［C］. SPE Reservoir characterization and simulation conference and exhibition in Abu Dhabi, UAE, 2015.

［18］Li Yong, et al. Dynamic characterization of different reservoir stacked patterns for a giant carbonate reservoir in Middle East［C］. SPE Reservoir characterization and simulation conference and exhibition in Abu Dhabi, UAE, 2017.

［19］Wei Cheji, et al. Production characteristics with different superimposed modes using variogram : a case study of a super-giant carbonate reserfvoir in the Middle East［J］. Energies, 02-18 2017.

［20］李勇，于清艳，李保柱，等. 缝洞型有水油藏动态储量及水体大小定量评价方法［J］. 中国科学（技术科学），2017，47：708-717.

［21］Yong L, Chunxia J, Hui P, et al. Method of water influx identification and prediction for a fractured-vuggy carbonate reservoir［C］. Society of Petroleum Engineers, 2017.

［22］Yong L, Qi W, Baozhu L, et al. Dynamic characterization of different reservoir types for a fractured-caved carbonate reservoir［C］. Society of Petroleum Engineers, 2017.

［23］谭柱，李保柱，李勇. 缝洞型油藏单元注水开发水淹风险评价方法［J］. 西安石油大学学报（自然科学版），2017，32：68-72.

［24］Yong L, Daigang W, et al. Development strategy optimization of gas injection huff and puff for fractured-caved carbonate reservoirs［C］. Society of Petroleum Engineers, 2016.

第五章 剩余油分布预测与开发调整技术

第一节 概　　述

随着油田开发进入高含水后期，甚至进入特高含水阶段，剩余油呈"整体高度分散、局部相对富集"的格局。首先，中国水驱开发油田储层成因相丰富多彩，从冲积扇相、辫状河相、曲流河相、三角洲相、扇三角洲相、浊积扇相及滨浅湖沙坝相等，包罗万象。断层和储层的非均质性，影响了地下油水运动规律，导致高含水油田储层内部水驱波及状况和水驱效果存在很大的差异。其次，油田在长期开发过程中的多种开发因素导致地下剩余油更加分散，且呈"小规模"富集特征。油田开发井网的不断加密调整，以及补孔、堵水、低渗透层压裂等技术措施，对地下油水运动规律和剩余油的分布特征产生重要影响。第三，高渗透储层由于水驱过程中的出砂、溶蚀等作用，高渗透层的孔隙结构发生变化，喉道、孔隙增大，储层物性发生很大变化，在高渗透层内部形成优势渗流通道，使油层非均质性的矛盾更加突出。

面对高含水期剩余油的高度分散性和开发过程的复杂性，发展新的剩余油潜力评价方法和技术，研究新的规律和认识，提出技术条件允许、经济有效的开发调整对策，有着重要的生产意义。对此，"十一五"以来，进一步发展、完善了不同类型储层剩余油综合分布与预测技术，从单一信息到综合信息的运用，从动静态相结合，剩余油的预测实现了模式化、定量化、精细化，剩余油模式的评价也从层逐步深入到层内及层内砂体，达到不同类型储层剩余油模式的定量评价，从而为特高含水油田的挖潜提供了依据。

一、油田开发现状

中国在20世纪60—70年代开发的陆相油田大多已进入高含水后期开发阶段，大庆喇萨杏油田和渤海湾地区一些主力油田已进入特高含水开发阶段，截至2010年可采储量采出程度在80%以上，主要油田的含水率与可采储量采出程度情况如图5-1所示，中高渗透油藏的年采油速度低于0.5%（图5-2）。尽管如此，中高渗透的"双高"老油田、低渗透水驱开发油田仍然是目前国内油田产量的主要贡献者。以长垣油田为例，在可采储量逐年减少的情况下，通过井网调整和精细注水等措施，"十二五"前三年自然递减率比之前下降了3.1%，综合递减率下降了3.48%，水驱年产油量减产幅度得到有效控制，由"十一五"前四年的148×10^4t减缓到近三年的49×10^4t，加上三次采油产量基本稳定，有力支撑了大庆油田的稳产。

二、剩余油分布预测和开发调整技术现状

剩余油定量化描述是各个时期油田开发调整的基础。中国在高含水后期阶段形成了多种方法和手段：（1）厚油层测井水淹层细分解释技术，该方法以密闭取心检查井资料、相

对渗透率分析资料、单层测试资料为基础，以岩石物理研究为指导，建立岩石孔隙度、渗透率、束缚水饱和度等储层参数解释模型及含油饱和度测井解释模型，同时，建立特高含水期厚油层内部细分水淹解释标准；（2）检查井系统取心检测分析剩余油。通过对录取的岩心进行含油饱和度检测和校正，测试孔隙度和渗透率，计算原始含油饱和度，分析驱油效率，制订油层水洗标准，深化了不同类型储层构型控制剩余油新模式，为精细水驱调整与三次采油提高采收率提供了技术支持；（3）地质建模和数值模拟方法，在油藏精细描述基础上，结合测试和生产动态等资料，开展三维地质建模和精细数值模拟研究，地质模型由以小层为单元的建模向单砂体及其内部构型刻画为基础的精细建模，油藏数值模拟网格节点的规模由几万个逐步增加到几百万个的规模，提高了不同类型储层剩余油分布特征的描述精度，也为分析厚油层层内剩余油分布提供了方法[1-3]。

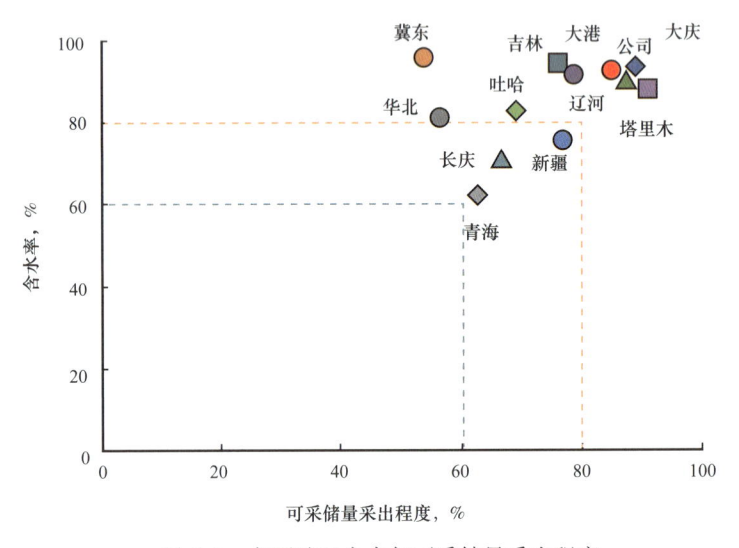

图 5-1 主要油田含水与可采储量采出程度

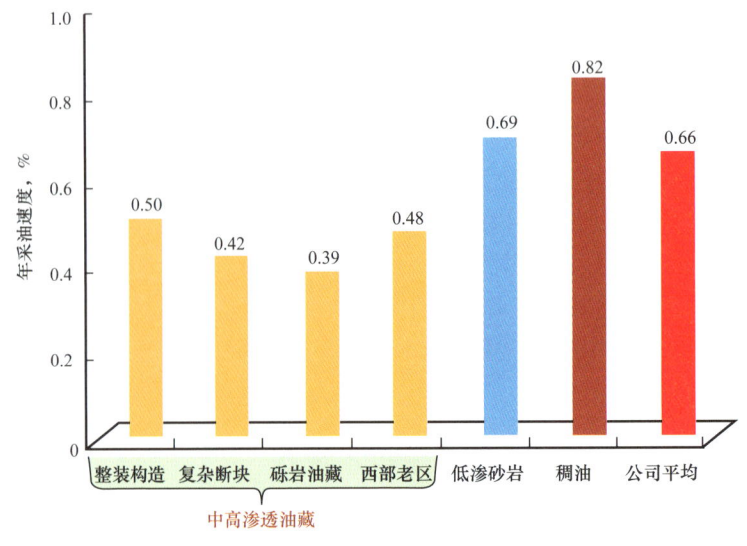

图 5-2 不同类型油藏采油速度对比图

层系井网依然是油田开发调整的重要内容。针对喇萨杏油田和复杂断块油藏层系井网复杂的演化史、剩余油的高度分散性，提出了层系重组评价方法，明确细分层系剩余可采储量丰度等技术经济界限指标体系，制订了可操作的流程。针对小规模高度分散剩余油有效挖潜提高采收率的难题，一是研究断块油藏智能化多井型优选和合理井网优化配置方法；二是开展补孔、压裂、堵水等措施优化模型；三是研制井位、井型优选计算的软件工具。

精细水驱依然是最经济有效的挖潜手段之一。针对分层注水层间矛盾依然突出的难题，近年来，深化了细分注水能够进一步提高采收率的认识，通过数值模拟和矿场统计资料分析，提出了细分注水不仅能提高油层动用程度，还能改善产吸均衡程度的认识。机理模拟研究表明，油田含水率达 90% 以上时，注水层段从 4 段细分到 7 段时，可提高采收率 0.88%，同时可减少注水量 13.2%[1]。

第二节　剩余油分布描述技术进展

一、检查井资料剩余油定量化描述方法

多层砂岩油藏长期水驱以后，尽管井井高含水、层层高含水，但由于储层严重的非均质性和驱替不均，相对富集的剩余油仍然大量存在，密闭取心井监测是检查油层水洗状况、剩余油分布的直观有效方法。

油田注水开采过程中，随着注入水不断地注入油层中，储油层孔隙内含油饱和度、含水饱和度也随之变化。在单一油层内受到注入水驱替部分叫水洗；未受到注入水驱替仍保持原始含油饱和度、含水饱和度的状况称未水洗。水洗油层的岩性、含油性、物性等指标发生了明显变化，这些变化特征是密闭取心检查井判断是否被水洗的指标，或称水洗指标。评价油层水洗程度一般用水洗级别、油层水洗厚度、水洗厚度百分比及目前驱油效率等参数表示，它是表明油层开采效果的综合指标，水洗程度分级及其划分标准见表5-1。一些学者也提出了高含水阶段重新认识驱油效率的观点[4]。

表 5-1　岩心解释水洗程度定量判别标准

水洗程度	未水洗	弱水洗	中水洗	强水洗
驱油效率	$E_D=0$	$0<E_D\leq 35\%$	$35\%\leq E_D\leq 55\%$	$E_D\geq 55\%$
岩石颜色	棕褐色—深褐色	深棕色—棕色	棕色—浅棕色	浅棕色—灰棕色—灰白色
滴水级别	4~5	3~4	2	1
含油饱满程度	含油饱满、染手性强	含油较饱满、染手	含油不饱满、微染手	含油不饱满、不染手
双目镜下观察特征	油脂光泽，岩石颗粒表面不干净，见油膜；岩石颗粒呈棕色	玻璃—油脂光泽，颗粒表面不干净，少见水珠和水膜，少见石英长石颗粒呈白色与浅棕色	油脂—玻璃光泽，颗粒表面较干净，可见水珠水膜，见石英长石本色	玻璃光泽，颗粒表面很干净，一般呈岩石本色，有较多水珠水膜

续表

水洗程度	未水洗	弱水洗	中水洗	强水洗
其他特征	不具潮湿感，辟开后断面不干净，遇层理有油迹渗出，层理模糊不清，胶结坚硬致密	岩石表面具潮湿感，局部颜色变浅，岩性变化及层理较清晰	岩心表面具潮湿感，颜色变化大，层理清晰，可见明显的水洗与未水洗界面	表面干净具强潮湿感，层理清晰有水珠溢出，有水洗界面

二、水淹层测井解释剩余油描述方法

多层状砂岩油藏非均质性强，层数多，岩性、物性变化大，孔隙结构复杂，测井资料反映的水淹信息较弱，再加上高含水后期剩余油分布的复杂性，使得有些油层，尤其是薄差层水淹层测井解释符合率低（50%～60%），无法满足油田开发调整需要。为解决这一难题，各油田在水淹层测井方法研究方面做了大量工作，高含水后期水淹层测井解释精度得到了较大程度地提高。

1. 喇萨杏油田水淹特征解释方法

大庆油田通过消除储层岩性、物性、孔隙结构对电性响应的影响，突出水淹信息的测井响应，将薄差层水淹层测井解释符合率提高到75%以上。

1）油层水淹测井响应及电阻率变化规律

（1）不同类型油层水淹测井响应。

利用密闭取心检查井资料，研究了不同韵律性储层水淹后测井响应的变化规律，重点分析了薄差层水淹后测井曲线幅度及形态的变化。结果表明：在污水回注开发条件下，各类储层水淹后测井响应均呈规律性变化，即随着水淹程度的增加，电阻率幅度值下降，曲线形态变得光滑，微电极幅度差减小。但不同成因、不同韵律性储层测井曲线的变化规律有明显区别，可以分别提取相应的水淹信息，使利用测井资料识别薄差层、水淹层成为可能。

（2）水淹层电阻率变化规律。

针对长垣油田早期注淡水、后期污水回注的现状，利用泥质胶结的砂岩油层注水开发体积模型，模拟了不同注入水条件下油层电阻率与含水饱和度的关系（图5-3）。从图中可以看出，由于注入水电阻率（R_{wp}）与原始地层水电阻率（R_w）比值的不同，随含水饱和度（S_w）的增加油层电阻率（R_t）呈现不同的变化规律：当$R_{wp}/R_w>2.5$时，曲线呈非对称的"U"形，随含水饱和度的增加油层电阻率降低后又升高，水驱结束时往往高于原始油层的电阻率，且R_{wp}/R_w越大，电阻率升得越高。在注淡水驱替过程中，油层电阻率的变化可以看作是如下两个过程的叠加，一是注入淡水逐渐驱替了孔隙中的原油，使油层的电阻率随含水饱和度的增加而降低；二是注入淡水与孔隙中原始束缚水进行离子交换，使混合液电阻率逐渐接近注入水的电阻率。在水驱过程中，若注入水的电阻率接近于原始地层水电阻率，则第一过程始终占据主导地位，原始束缚水被淡化的程度很弱，油层的电阻率主要表现为随含水饱和度的增加而降低；若注入水的电阻率显著高于原始地层水，则随着含水饱和度的增加第二过程将逐渐占据主导地位，当原始束缚水被注入水完全淡化后，油层的电阻率反而会高于其原始电阻率。由于长垣油田开发中、后期采用了污水回注，$1<R_{wp}/R_w<2.5$，所以随着水淹程度的增加，油层电阻率应当是逐渐降低的。

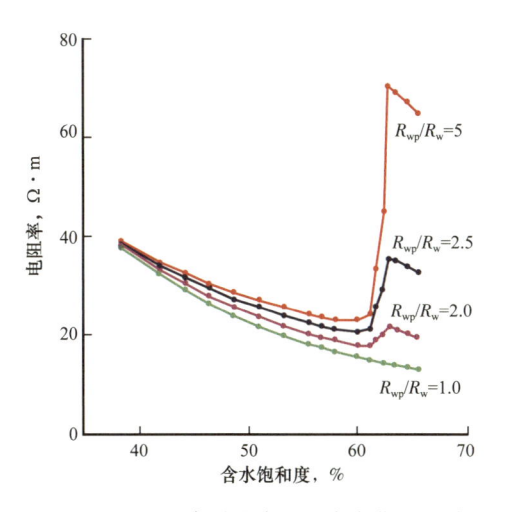

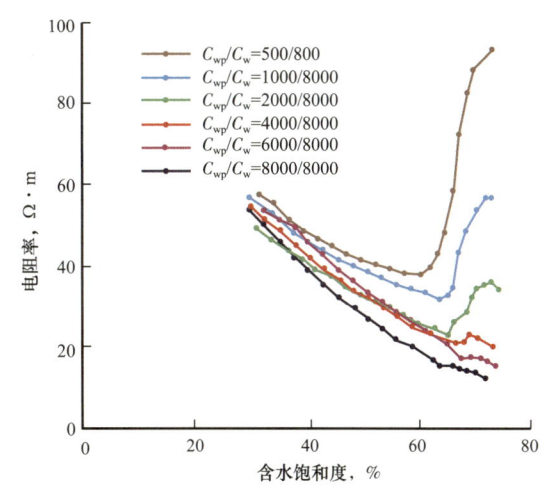

图 5-3　电阻率随含水饱和度变化理论关系　　　　图 5-4　油藏条件下岩心水驱试验结果

在萨中地区选取密闭取心岩样开展岩电实验，分别选取不同矿化度（500mg/L、1000mg/L、2000mg/L、4000mg/L、6000mg/L、8000mg/L）的注入水模拟油藏条件下的水驱油实验（原始地层水矿化度定为8000mg/L）。图 5-4 是北 1-330-检 49 井 13-2 号样品（孔隙度为 28.0%、渗透率为 1.093D）的实验结果，从中可以看出注入水越淡，其 U 形曲线的特征越明显，高含水期电阻率上升得越高，与理论结果相同。

2）常规资料测井水淹层解释技术

（1）建立地质条件约束的储层基础参数模型。

针对长垣萨葡高油层中薄差层发育、地层压力较低的特点，应用自适应反褶积方法对补偿密度测井曲线进行高分辨率处理，并通过深浅三侧向电阻率联合反演，消除钻井液滤液侵入对电阻率的影响，为水淹层精细解释提供了可靠的基础信息。

按地质条件约束建立储层参数解释方程：将萨葡高油层分为表内厚层（≥2.0m）、表内中厚层（0.6～2.0m）、表内薄层（≤0.5m）和独立表外层，同时对中—厚油层（层内有≥0.3m 的明显不均匀层段）进行细分层，充分利用大庆油田丰富的密闭取心检查井资料，分别建立了各类储层孔隙度、渗透率、束缚水饱和度、残余油饱和度等储层参数测井解释经验方程，提高了水淹层基础参数的解释精度[4, 10]。

（2）应用岩石物理相分析技术划分不同类型储层。

储层岩石物理相是沉积作用、成岩作用和后期改造作用的综合反映，同一类岩石物理相具有岩性、物性和孔隙结构相近的特点，不同类岩石物理相间差异较大。主要应用流动带指数 FZI 值（反映储层的微观孔隙结构特征）来确定储层岩石物理相类型：

$$FZI = \left[\frac{1-\phi}{\phi}\right]\sqrt{(K/\phi)} \quad (5-1)$$

依据密闭取心资料，将大庆油田的储层划分为 5 种类型（Ⅰ类、Ⅱ类、Ⅲ类、Ⅳ类、Ⅴ类）的岩石物理相：其中，Ⅰ类岩石物理相主要分布于主河道砂体的中部和下部，Ⅱ类岩石物理相主要分布于主河道砂体的中部和上部及小型河道砂体中，Ⅲ类岩石物理相主要分布于河间及三角洲前缘相的各类主体席状砂中，Ⅳ类、Ⅴ类岩石物理相主要为河间或三角洲前缘相的非主体席状砂和表外储层。水淹状况分析表明：岩石物理相对油层的水淹程度、油水分布、剩余油饱和度、含水率等参数起控制作用，同类或相近的岩石物理相具有相似的水淹特征。图5-5是萨中地区葡萄花油层岩心样品模拟油田注水开发条件下，各类岩石物理相的水淹层电阻率分布曲线。该曲线表明：一是不同岩石物理相水淹层电阻率随含水饱和度增加而降低的具体特点明显不同，同一电阻率值对应不同的水洗程度，同一水洗程度也对应不同的电阻率；二是从Ⅰ类到Ⅴ类岩石物理相，油层的束缚水饱和度逐渐增高，对应原始状态下的储层电阻率逐渐降低。

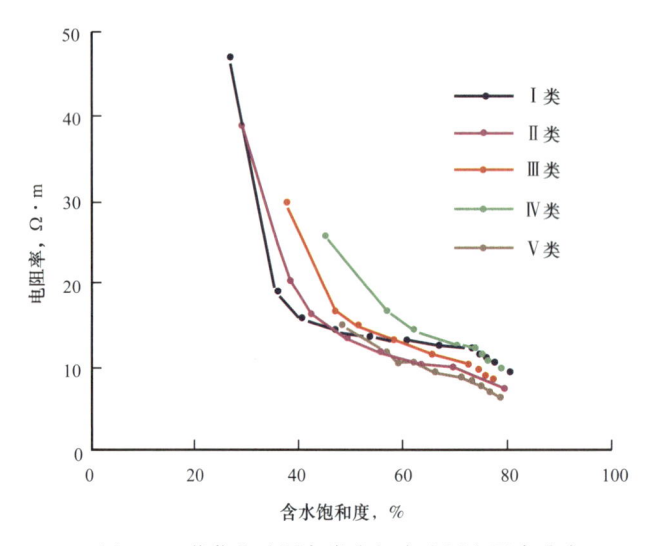

图5-5 葡萄花油层各类岩相水淹层电阻率分布

由此可见，利用岩石物理相分析技术划分不同类型储层，可在一定程度上消除不同储层之间岩性、物性和孔隙结构对电性响应的影响，突出各类储层水淹信息的测井响应，提高水淹层测井解释精度。基于此，提出了应用"动态电阻率下降法"和"产液性质定量描述"建立不同岩石物理相储层水淹层测井静态解释标准和动态评价方法[5, 11-13]。

（3）动态电阻率下降法。

动态电阻率下降法是通过求取不同岩石物理相储层目前电阻率与其原始电阻率的下降幅度，进而判断储层水淹级别的方法。

储层的电阻率响应是储层岩性、物性、孔隙结构、孔隙流体性质及含油性的综合反映。油田未注水开发时储层的原始电阻率 $R_{ti} = f(\phi, S_{wi}, R_{wi}, V_{sh}, m, n, a, b)$，油田投入开发后储层的目前电阻率 R_t 由常规测井资料得到，其电阻率下降幅度 $\Delta R_t = (R_{ti} - R_t)/R_{ti}$。对于未水淹层 $\Delta R_t = 0$；对于水淹层 $\Delta R_t > 0$，并且 ΔR_t 值随着水淹程度的增加而增大。

依据密闭取心检查井资料，利用 ΔR_t 与其他参数的组合，可建立不同岩石物理相储层水淹层静态解释标准，图5-6为萨中地区葡萄花油层Ⅱ类岩石物理相水淹层测井解释图版。

（4）不同类型水淹层产液性质定量描述。

把测井学与油藏物理学结合起来，以不同岩石物理相储层精细解释的束缚水饱和度、目前含水饱和度及残余油饱和度为基础，依据渗流理论和不同岩石物理相储层相对渗透率透率实验资料，求解出反映储层油、水相对流动能力的相对渗透率（K_{ro} 与 K_{rw}），并进一步求出产层的含水率（F_w）。

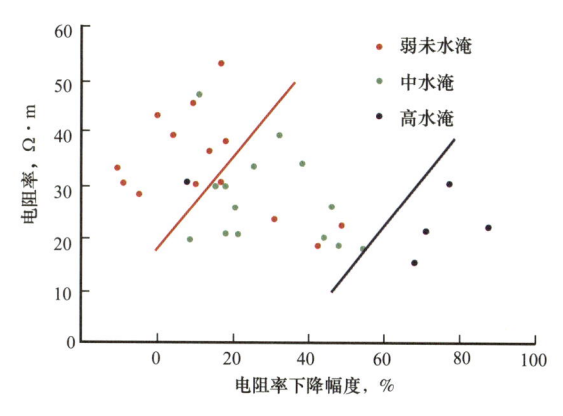

图 5-6 葡萄花油层Ⅱ类岩相水淹层测井解释图版

$$K_{ro} = f\left(\frac{1-S_w-S_{or}}{1-S_{wi}-S_{or}}\right) \tag{5-2}$$

$$K_{rw} = f\left(\frac{1-S_w-S_{wi}}{1-S_{wi}-S_{or}}\right) \tag{5-3}$$

$$F_W = \frac{1}{1+\dfrac{K_{ro}}{K_{rw}}\dfrac{\mu_w}{\mu_o}} \tag{5-4}$$

式中　S_{wi}——束缚水饱和度；
　　　S_{or}——残余油饱和度；
　　　S_w——含水饱和度。
　　　S_{wi}，S_{or}，S_w 均由测井资料获得。

含水饱和度 S_w 是评价油层水洗程度的核心参数，依据不同岩石物理相水淹层电阻率变化规律确定出其测井解释方程：

$$S_w^n = \frac{aR_{wz}}{\phi^m R_t \left(\dfrac{S_w}{S_{wi}}\right)^D} \tag{5-5}$$

式中　S_{wi}——束缚水饱和度；
　　　R_{wz}——混合液电阻率，$\Omega \cdot m$；
　　　R_t——储层电阻率，$\Omega \cdot m$；
　　　S_w——含水饱和度；
　　　ϕ——孔隙度；
　　　n——饱和度指数；
　　　m——孔隙度指数；

D——校正因子。

m、n、D与岩石物理相和水淹级别有关，经实际岩心资料检验，应用这一方法确定的S_w比现有方法计算的精度高。

从萨中地区萨Ⅱ组油层Ⅰ类、Ⅱ类岩石物理相相对渗透率曲线图可以看出（图5-7、图5-8），不同岩石物理相储层的含水率变化规律是不同的。因此，针对不同油层组、不同岩石物理相的储层，利用上述方法分别建立了储层含水率解释方程，实现了对地层产液性质、层间与层内油水分布的定量描述。

图5-7 Ⅰ类岩相相对渗透率曲线

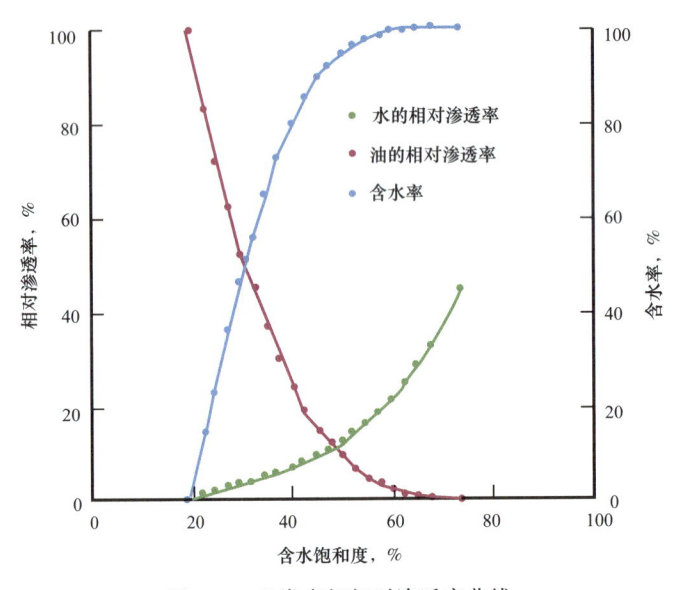

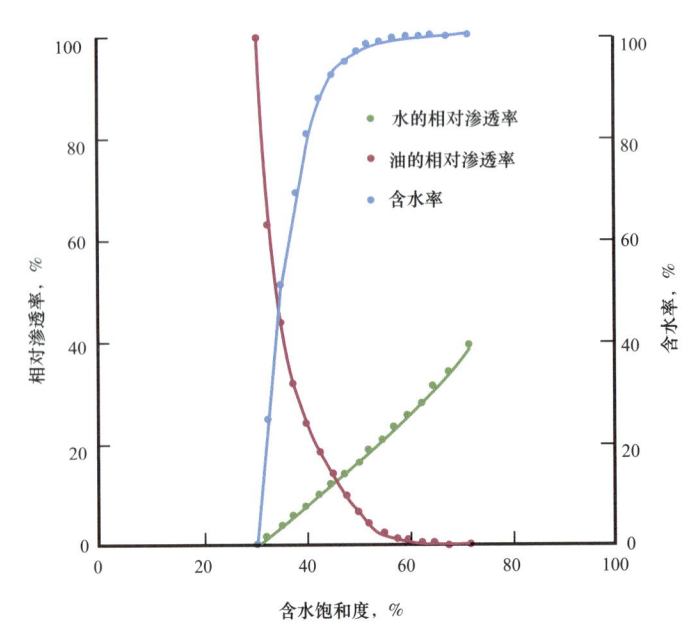

图5-8 Ⅱ类岩相相对渗透率曲线

将上述测井解释模型的处理结果与萨中地区2口密闭取心分析资料进行对比，对比可发现符合率达到80%左右（表5-2）。结果表明，该方法比较符合实际，可以适用于薄差层，也适用于中厚层的水淹层测井解释。

表5-2 测井解释成果与生产井SFT单层测试结果对比表

井号	层位	测试深度 m	测试含水率 %	测井解释							符合情况
				厚度 m	孔隙度 %	有效渗透率 mD	原始含水率 %	当前含水率 %	水淹级别	含水率 %	
中72-斜254	SII$_{10-11}$	971.0	34.6	2.9	31.8	1559	11.0	31.2	弱水淹	53.3	基本符合
	SIII$_3^2$	1004.0	72.6	0.3	22.6	55	41.6	61.8	弱水淹	57.0	基本符合
中82-253	SII$_1^2$	952.0	78.9	1.6	30.0	462	18.4	51.6	中水淹	85.7	符合
	SIII$_7$	987.3	44.3	0.7	28.5	292	23.0	56.0	中水淹	85.0	不符合
中82-斜256	SIII$_{4-6}$	1064.5	73.9	0.8	26.2	120	32.1	65.0	中水淹	67.9	符合
	GI$_9$	1182.1	87.7	2.9	29.9	656	17.4	30.8	弱水淹	32.5	
				0.5	29.4	524	19.2	52.3	中水淹	84.6	符合
				0.5	28.6	466	21.1	70.5	强水淹	96.0	

2.渤海湾断块油藏水淹特征解释方法

1）自然电位曲线水淹响应特征

由于注入水的影响，地层水矿化度往往会发生变化，相应地，自然电位曲线会有不同程度的反映。油层水淹主要会引起自然电位幅度变化和基线偏移，甚至会使自然电位曲线异常方向发生翻转。由于层内非均质性，大多数油层在水淹时具有局部水淹的特点。自然电位基线偏移部位和方向取决于油层水淹程度、水淹部位和注入水矿化度；自然电位基线偏移的幅度随原始地层水矿化度与水淹层中的混合液矿化度的差别增大而增大。当向地层中注污水时，由于注入水与地层水矿化度相差不大，自然电位的基线偏移较小或无偏移；当地层注淡水时，自然电位基线偏移明显，幅度发生异常变化。

2）电阻率曲线水淹响应特征

油层水淹后最明显的变化当属地层含水饱和度和地层水矿化度的变化，此两个参数的变化，导致地层电阻率也发生明显的变化。枣南油田的注入水既有淡水也有污水，水淹类型包括淡水水淹、污水水淹及地层水水淹三种类型。对于淡水水淹层，在水淹初期及中期，电阻率均下降；但到水淹后期，即强水淹期，电阻率增大。

3）声波时差曲线水淹响应特征

由于注入水的冲刷，岩石孔壁上贴附的黏土被剥落。较大孔隙中的黏土被冲散、冲走，沟通孔隙的喉道半径加大，孔隙变得干净、畅通，孔隙半径普遍增大，缩短了流体实际渗流途径，岩石孔隙结构系数变小。孔隙空间结构的变化必然会对测井响应产生一定程度的影响，尤其是邻井注水导致评价井压力升高，直接造成弹性波幅度有很强的衰减，致使声波时差增大。枣南油田水淹层声波时差与邻近水层或邻井油层比较，声波时差普遍增大。

综合分析枣南油田水淹层电性特征认为，油层水淹后，电阻率、声波时差和自然电位曲线均有不同程度的反映，这是识别水淹层的主要依据。

4）水淹层解释评价标准研究

在水淹影响因素分析的基础上，总结出一套水淹层的解释方法，建立水淹评价定量标准（表5-3）。表中电阻率减小量是指水淹层电阻率与邻井原始油层电阻率比较的减小量。根据测井曲线判断油层是否水淹，定性指出水淹部位和划分水淹级别。一般采取"查特征，比邻井，找水源"的方法对储层进行分析对比、综合评价。油层水淹最基本的变化就是地层水电阻率和地层含水饱和度的变化，因此，用常规测井资料定性识别水淹层，基本方法是根据对地层水电阻率和地层含水饱和度变化有明显反映的电阻率和自然电位曲线的变化规律，来判断水淹层并划分水淹级别。针对枣南油田，水淹层的定性解释主要采用综合评价法。具体做法就是在分析沉积背景的条件下，将新井与邻井进行地层对比，并充分地考虑了与邻井的注采关系，再根据新井的测井曲线特征反映，划分出水淹级别。

表5-3 水淹层评价标准

水淹级别	电阻率减小量，$\Omega \cdot m$	含油饱和度，%
弱水淹层	<1.3	>35
中水淹层	0.9～1.7	18～35
强水淹层	>1.4	<20

注：资料来至枣南油田剩余油研究进展。

2010年，枣南油田通过新投产15口井的水淹解释，进一步验证了剩余油的定量分布描述结果。15口新钻井或侧钻井射开少量的强水淹层和中水淹层，对初期含水率产生一定的影响，表明水淹剩余油解释结果是可靠的，可以用来指导生产。

三、动态监测约束的数值模拟剩余油描述方法

中国多层砂岩油藏广泛采用分层注水开发技术，在注水开发过程中，由于各油层之间的严重非均质性及相互干扰，按全井段笼统注水模拟计算的各小层吸水量实际吸水量存在较大差别，导致各层的吸水量拟合及剩余油分布预测不准确，针对此问题，改进了动态监测信息约束的油藏数值模拟技术。

1. 细分注水油藏数值模拟方法

分层注水的油藏数值模拟方法主要可以分为两类：一是将一口分注井用若干口虚拟井来代替，虚拟井的井数等于分注井的段数，每一分注层的注水量用设计的注水量或吸水剖面监测的注水量（比例）来赋值；二是将配水器、井与油藏耦合模拟方法。前者适用于有足够注入测试资料的油藏，可以根据实时监测的吸水剖面得到各层段的具体吸水量，并将其作为油藏数值模型的定注入量内边界条件进行模拟，但是，实际模拟应用时的虚拟井数太多，加上吸水剖面测试资料少，常不足以表征该井的完整注入过程。后者适用于配水

设备资料丰富的油田，由于需要配水器参数计算压力损失，并且与井、油藏的压力进行耦合，计算较为复杂[7, 8]。

1）动态约束的注水井流量方程

动态约束下的注水井模型主要特点有两个：一是单井内存在多个内边界条件（井底注入压力或注入量）；二是各内边界条件之间满足井筒压力约束条件。通过建立井筒约束方程关联各段的注水量与井筒压力，进而满足设计的配注方案。

（a）分5段精细分层注水　　　　（b）模型网格剖分

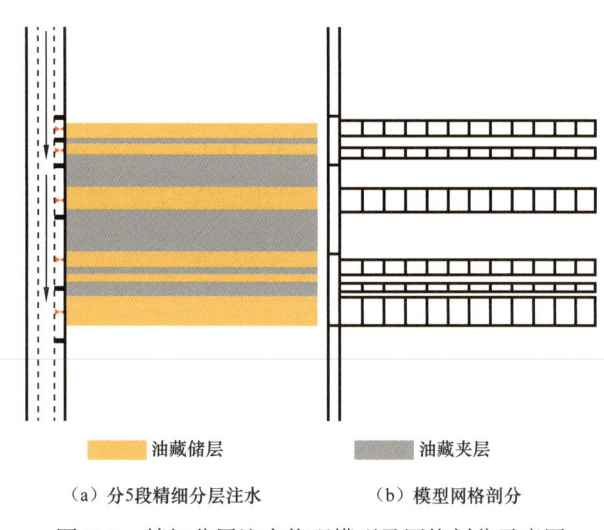

图 5-9　精细分层注水物理模型及网格剖分示意图

在油藏数值模拟中配注水量作为常量源汇项，根据地层系数及各层流体流度等参数将总的配注水量依次劈分到各个小层，通常导致高渗透层吸水量较大。如图 5-9（a）所示，分层注水井的注入水则通过油管进入配水器，再通过水嘴等流量控制设备调节注入量，注入水从油套环空流出进入指定层位，对于吸水能力差的低孔、低渗储层可通过调节配水器，进而通过改变流动压差来调整各注水层段的注入量。如图 5-9（b）所示，根据封隔器位置将井筒划分为多段，每一段可与多个小层网格相连。

在传统油藏数值模拟井模型的基础上，考虑精细分层注水对内边界条件进行修正，假设注水井在纵向上分为 N 段进行注水，每段包含 M 个小层，且全井及各段的配注水量已知，油套环空内每段之间由封隔器分开相互之间没有流体交换。注水井的总配注水量与各段各小层的注入量之间的关系可表示为

$$Q_\text{w} = \sum_1^n Q_{\text{w}_\text{seg}} = \sum_1^N \sum_1^M q_{\text{w}_{(\text{seg})(\text{lay})}} \tag{5-6}$$

式中　Q_w——注水井总的配注水量，m^3；

seg——段标记；

lay——层标记；

n——时间步长标记；

N——一口精细分层注水井所分总段数；

M——一段内的层总数；

q_w——一个小层的吸水量，m^3。

若在井模型中对各小层的注入量进行显式处理，则不适用于考虑精细分层注水后各小层吸水量不断变化的复杂情况。为了避免井筒及附近地层内流体参数的微小变化引起最终吸水量的较大变化，防止在求解数值方程时未知数估值引发的不真实的振荡，增强差分方程的稳定性，对多段井筒的每一个配注水量进行线性化隐式处理。考虑油藏内油水两相的共存特征，忽略毛管力的影响，将含水饱和度、水嘴调节后注入压力以及油相压力作为初始未知数，将任意段的配注水量表达式在现时间步长和前一时间步长进行泰勒展开，得到式5-7。

$$Q_{w_{seg}}^{n+1} \approx Q_{w_{seg}}^n + \sum_1^M \left[\begin{array}{l} \left(\dfrac{\partial q_{w_{(seg)(lay)}}}{\partial S_{w_{lay}}}\right)^n \left(S_{w_{lay}}^{n+1} - S_{w_{lay}}^n\right) + \left(\dfrac{\partial q_{w_{(seg)(lay)}}}{\partial p_{o_{lay}}}\right)^n \left(p_{o_{lay}}^{n+1} - p_{o_{lay}}^n\right) \\ + \left(\dfrac{\partial q_{w_{(seg)(lay)}}}{\partial p_{wf_{seg}}}\right)^n \left(p_{wf_{seg}}^{n+1} - p_{wf_{seg}}^n\right) \end{array} \right] \quad (5-7)$$

式中 S_w——含水饱和度；

p_o——油相压力，MPa；

p_{wf}——段内经过水嘴调节后的注入压力，MPa。

其余参数意义与式（5-6）相同。

精细分层注水井每一段内各小层的吸水量在不同时间步长上可能发生变化，但在分段方式不变、各段配注水量不变的情况下，可以假设单段内各小层的吸水量之和保持为固定值，即现时间步长和前一时间步长的单段配注水量相同，进而将式（5-7）整理为考虑精细分层注水后的井筒约束方程式（5-8）。

$$p_{wf_{seg}}^{n+1} = p_{wf_{seg}}^n - \sum_1^M \left[\begin{array}{l} \left(\dfrac{\partial q_{w_{(seg)(lay)}}}{\partial S_{w_{lay}}}\right)^n \left(S_{w_{lay}}^{n+1} - S_{w_{lay}}^n\right) + \\ \left(\dfrac{\partial q_{w_{(seg)(lay)}}}{\partial p_{o_{lay}}}\right)^n \left(p_{o_{lay}}^{n+1} - p_{o_{lay}}^n\right) \end{array} \right] \bigg/ \sum_1^M \left(\dfrac{\partial q_{w_{(seg)(lay)}}}{\partial p_{wf_{seg}}}\right)^n \quad (5-8)$$

2）动态约束的注水井与油藏耦合的数值模型

采用精细分层注水工艺后不同井段经过水嘴调节后的注入压力不同，同时考虑油套环空内的压力梯度，将嘴后注入压力与所连接的油藏网格流量之间的关系表达如下：

井筒压力方程：

$$p_{wf_a}^{n+1} = p_{wf_{seg}}^{n+1} + \xi_w \left(H_a - H_{seg}\right) \quad (5-9)$$

井网格流量方程：

$$q_{w_a}^{n+1} = q_{w_{(seg)(lay)}}^{n+1} = WI_{w_a} \left(p_{wf_a}^{n+1} - p_{o_a}^{n+1} - \lambda \dfrac{L_a}{2}\right) \quad (5-10)$$

结合油水两相对渗透率流方程进行空间离散，并对压力和饱和度进行隐式处理，生产井和注水井所在网格的残差方程内具有源汇项，整理后得到任意网格的油水两相残差方程如下：

油相残差方程：

$$R_{o_a} = \frac{V_a}{\Delta t}\left\{\left[\frac{\phi(1-S_w)}{B_o}\right]_a^{n+1} - \left[\frac{\phi(1-S_w)}{B_o}\right]_a^n\right\} - \sum_{i=1}^{b}\left[T_{o_{ai}}(\Delta p - \gamma_o \Delta Z)\right]^{n+1} - q_{o_a}^{n+1} \quad (5-11)$$

水相残差方程：

$$R_{w_a} = \frac{V_a}{\Delta t}\left[\left(\frac{\phi S_w}{B_w}\right)_a^{n+1} - \left(\frac{\phi S_w}{B_w}\right)_a^n\right] - \sum_{i=1}^{b}\left[T_{w_{ai}}(\Delta p - \gamma_w \Delta Z)\right]^{n+1} - q_{w_a}^{n+1} \quad (5-12)$$

考虑精细分层注水后各个网格的油相残差方程没有变化，只是在计算井所在网格的水相残差方程的源汇项时，需要额外考虑各段内经过水嘴调节后的注入压力，由式（5-11）可知该项仅为含水饱和度和油相压力的函数，因而在对各网格残差方程组成的非线性方程组进行求解时，仍然只需要考虑含水饱和度和油相压力两个未知数，将井筒约束方程、井筒压力方程、井网格流量方程和水相残差方程联立求得精细分层注水井所在网格的水相残差方程：

$$R_{w_a} = \frac{V_a}{\Delta t}\left[\left(\frac{\phi S_w}{B_w}\right)_a^{n+1} - \left(\frac{\phi S_w}{B_w}\right)_a^n\right] - \sum_{i=1}^{b}\left[T_{w_{ai}}(\Delta p - \gamma_w \Delta Z)\right]^{n+1}$$

$$-WI_{w_a}\left\{\begin{array}{l}p_{wf_{seg}}^n + \xi_w(H_a - H_{seg}) - p_{o_a}^{n+1} - \lambda \dfrac{L_a}{2} \\ -\sum_{lay=1}^{M}\left[\left(\dfrac{\partial q_{w_a}}{\partial S_{w_a}}\right)^n(S_{w_a}^{n+1} - S_{w_a}^n) + \left(\dfrac{\partial q_{w_a}}{\partial p_{o_a}}\right)^n(p_{o_a}^{n+1} - p_{o_a}^n)\right]\end{array}\right\} \Big/ \sum_{lay=1}^{M}\left(\frac{\partial q_{w_a}}{\partial p_{wf_{seg}}}\right)^n \quad (5-13)$$

式中　ξ_w——任意段内的液体压力梯度，$MPa \cdot m^{-1}$；

　　　a——本点网格标记；

　　　b——与本点网格连接的网格总数；

　　　H——深度，m；

　　　i——与本点网格相邻的网格；

　　　λ——启动压力梯度，$MPa \cdot m^{-1}$；

　　　L_a——井点与所在网格边界间的距离，m；

　　　V_a——本点网格的体积，m^3；

　　　R_{o_a}——本点网格的油相残差，m^3；

　　　R_{w_a}——本点网格的水相残差，m^3；

　　　T_o, T_w——网格之间油相、水相的传导率，m^3/MPa；

　　　B_o, B_w——油相、水相的体积系数；

　　　q_o, q_w——网格内注入或采出的油、水量，m^3；

WI——井指数，m^3/MPa；

γ_o，γ_w——油相、水相的重度，N/m^3；

ϕ——孔隙度。

根据油藏模型内各个网格的油水两相残差方程式（5-12）和式（5-13），油藏与精细分层注水井线性系统的系数矩阵为七对角稀疏矩阵，与常规油藏数值模型的系数矩阵结构类似，形成的线性方程组见式（5-14），其矩阵形式如图 5-10 所示。

$$\begin{cases} \left(\dfrac{\partial R_{o_a}}{\partial p_{o_a}}\right)^n \left(p_{o_a}^{n+1}-p_{o_a}^n\right)+\left(\dfrac{\partial R_{o_a}}{\partial S_{w_a}}\right)^n \left(S_{w_a}^{n+1}-S_{w_a}^n\right)=R_{o_a} \\ \left(\dfrac{\partial R_{w_a}}{\partial p_{o_a}}\right)^n \left(p_{o_a}^{n+1}-p_{o_a}^n\right)+\left(\dfrac{\partial R_{w_a}}{\partial S_{w_a}}\right)^n \left(S_{w_a}^{n+1}-S_{w_a}^n\right)=R_{w_a} \end{cases} \quad (5-14)$$

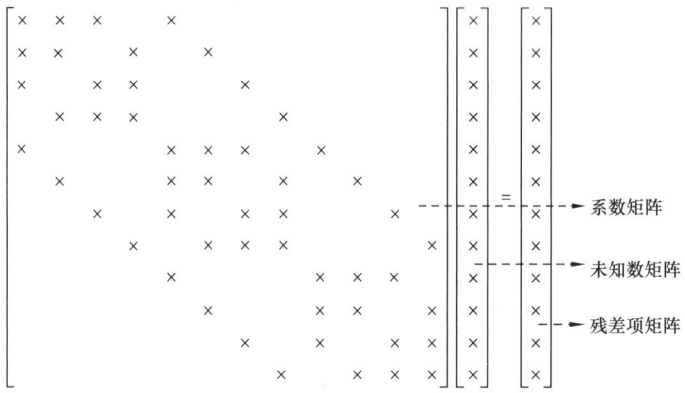

图 5-10 精细分层注水与油藏数值模型线性系统的矩阵结构示意图

改进后的数值模拟方法计算的各小层吸水比例与常规油藏数值模拟结果及实测吸水剖面数据进行对比，结果见表 5-4，相比于常规黑油模型，本模型的模拟结果与实测吸水剖面拟合程度从 19.3% 提高至 73.49%。

表 5-4 大庆杏 H 油田 X1 井 2009 年精细分层注水数值模拟结果对比

油层号	本文模型		常规黑油模型	
	动用油层吸水比例拟合程度，%	各段吸水量拟合程度，%	动用油层吸水比例拟合程度，%	各段吸水量拟合程度，%
S2-11-2	79.28	53.71	11.56	10.90
S2-11-3	49.33		7.19	
S2-11-4	40.92		5.97	
S2-11-5	51.70		7.54	
S2-12	47.35		22.26	
S2-15	99.12	99.38	4.58	4.57
S2-15-4	99.64		4.55	

续表

油层号	本文模型		常规黑油模型	
	动用油层吸水比例拟合程度, %	各段吸水量拟合程度, %	动用油层吸水比例拟合程度, %	各段吸水量拟合程度, %
S3-2-2	19.97	56.31	0.91	2.57
S3-2-3	93.45		4.24	
S3-11	96.04	92.55	20.87	21.81
S3-11-1	88.32		24.27	
S3-11-2	93.28		20.27	
P1-1-3	65.26	81.31	76.77	51.83
P1-2-2	88.39		31.56	
P1-3-3	90.28		47.19	
平均	73.49	73.49	19.31	19.31

注：第一段和最后一段内的油层物性很差，基本不含油，2009年在这两段均未配注，因此没有考虑该段的拟合程度。所以表5-4中只有5段的拟合数据。

2. 检查井强水洗层段驱油效率约束的油藏数值模拟方法

数值模拟历史拟合过程中，油藏工程师们对于小断层、渗透率等地质因素的不确定性的参数调整已经积累了大量的经验。尽管在此过程中也曾试图通过修改调整相对渗透率曲线来提高拟合精度，但是，实际操作过程中往往缺乏依据。

图5-11是对大庆岩样所做的长期水驱前后相对渗透率曲线的对比图，室内实验研究结果表明：经水驱倍数为2000倍长期冲刷后，岩样的亲水性增强，水驱后油水相对渗透率曲线向右移，残余油饱和度降低，水相相对渗透率降低，油相相对渗透率相对增高。究其原因，主要是亲水性增强的储层，毛细管力为动力，进入小孔喉的水量相对增多，因而大孔喉的水流动能力相对减弱，特别是接近残余油端点时，水相相对渗透率下降的幅度更大。

对大庆喇嘛甸北东块、杏六等区块开展剩余油分布历史拟合研究时，相同采出程度的情况下，模拟计算的累计产油量少于实际生产的油量，即使在模型中体现了表外储层贡献等因素后也是如此。通过对比大庆采油四厂检查井强水洗段驱油效率与早期水驱实验测定的驱油效率（图5-12），发现岩心实验驱油效率普遍偏低。图5-12中离散点为检查井强水洗层段岩心渗透率与驱油效率的关系，可以看出，不论岩心渗透率的高低，水驱达到强水洗级别以后，绝大部分强水洗岩心的驱油效率高于60%，相同渗透率的强水洗岩心的驱油效率平均值介于65%~70%之间，且差异不是很大。图5-12中相对渗透率驱油效率原值曲线是指岩心渗透率与早期水驱实验测定求取的最大驱油效率之间的关系曲线，实验岩心渗透率越大驱油效率越高，反之亦然。由图5-12可见，相同物性的岩心，水驱实验测定的驱油效率明显低于检查井强水洗岩心的驱油效率的平均值（一般低5%左右），喇萨杏油田其他采油厂也存在这样的规律，因此，模拟过程中用后者来修正相对渗透率曲线及其驱油效率。

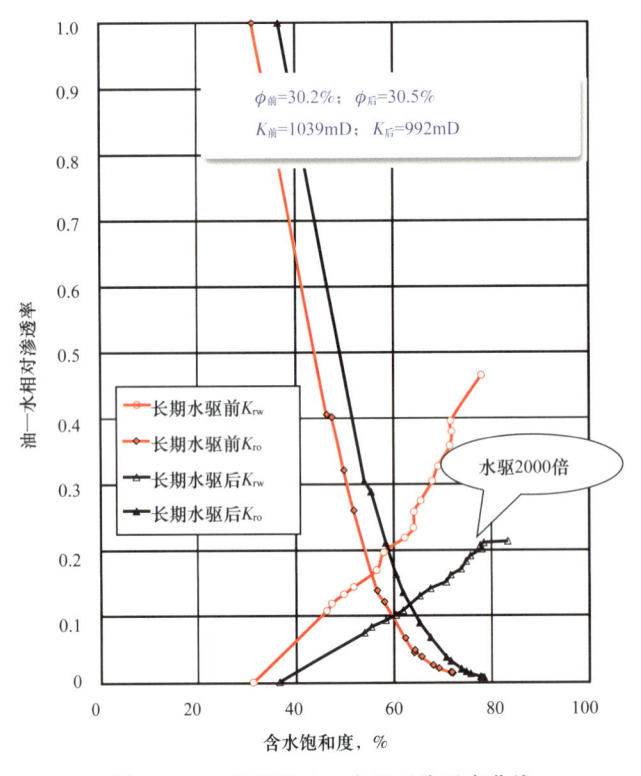

图 5-11 1号岩样油—水相对渗透率曲线

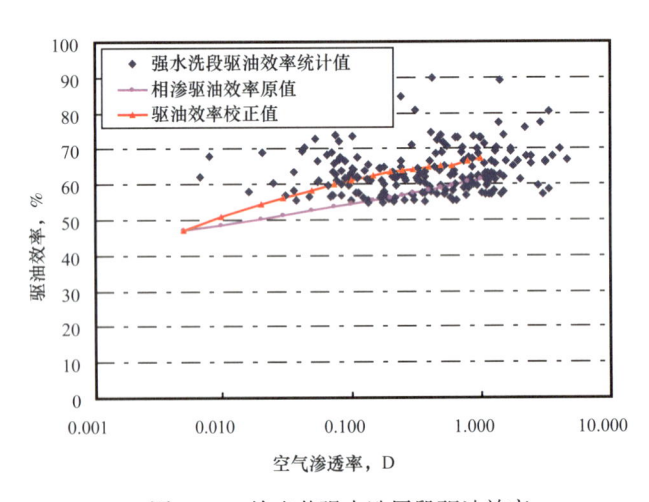

图 5-12 检查井强水洗层段驱油效率

考虑到数值模拟软件无法处理相对渗透率曲线随注入倍数发生变化的特点，可以保持不同物性岩心的相对渗透率曲线的原始含油饱和度不变，用检查井相同物性岩心强水洗段驱油效率的平均值来修正相对渗透率曲线的驱油效率，调整残余油饱和度和相对渗透率曲线形态，使之更为接近真实的相对渗透率曲线。这种检查井强水洗层段驱油效率约束的数值模拟历史拟合方法，影响所有开发井动态，因此，这种方法是全局性的，大幅改善了生产动态历史拟合效率和准确度[6]。

3. 水淹测井解释资料约束的数值模拟历史拟合方法

油田开发过程中，层系不断细分，井网多次加密，利用不同时期加密井的水淹测井解释结果，约束数值模拟历史拟合，有助于提高油水井生产动态历史拟合和不同油层剩余油分布预测的准确度。

通过不同期次加密井的水淹解释分析，在加密井井柱剖面剩余油表征的基础上，结合油水井生产动态及产吸剖面等测试资料，描述不同时期单砂层（体）的水淹特征，其流程如图 5-13 所示。

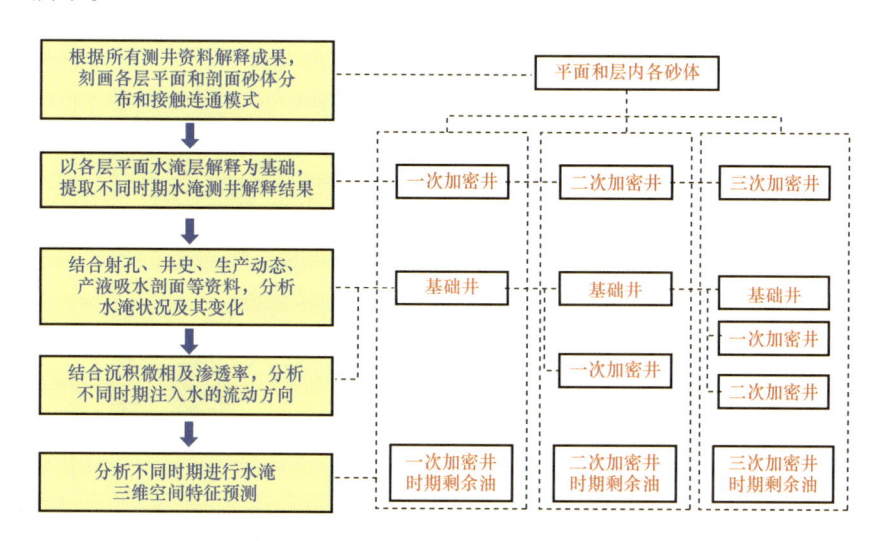

图 5-13　不同时期油层水淹图绘制流程

在数值模拟的历史拟合部分，常规做法是：先拟合油藏的产量、压力、储量，然后拟合油水井的生产指标（产量、压力）。此次历史拟合，在常规做法的基础上，将各单砂层（体）平面上的水淹状况也作为历史拟合的一种约束条件，对地质模型参数进行调整。

当油水井的射开层段包含多个单砂层（体），而单井的产量又是多层合采（注）的产量，缺乏分层的产量，以反映单层开采状况的水淹图作为拟合的约束条件，将大幅提高历史拟合的准确性。图 5-14 为 S2-3-1 层二次加密后的平面水淹图，通过重点层位特定时间的水淹特征约束拟合，数值模拟计算的水淹特征和剩余油分布（图 5-15）与水淹分析图 5-35 基本相近。由于二次加密井的钻井时间有差异，所以水淹解释结果也是有先后的，不是完全意义上的同一个时间点。但数值模拟的时间步长只能定位到同一个时间点。所以，考虑到实际情况，在数值模拟中，拟合的是单砂层（体）的水淹趋势，不必苛求单井点的完全吻合。

4. 吸水剖面资料约束的油藏数值模拟方法

"十一五"以来，随着偏心式配水器和空心式配水器，耐压等级高、密封可靠的压缩式分层注水封隔器及智能高效测调分层注水工具仪器规模应用，注水井吸水剖面测调效率得到了改善，利用历次的吸水剖面测试资料，将注水井的注水量劈分到油层段（主力油层），可提高历史拟合精度，图 5-16 是 X4-11 井在 4 个主力油层的吸水量。

经过吸水剖面测试资料约束的油藏数值模拟计算以后，水井模拟计算的吸水剖面与实测吸水剖面比较一致，图 5-17 和图 5-18 分别是 X4-11 井分别于 1976 年 11 月和 1987 年 5 月在主要射孔层的吸水量对比图。

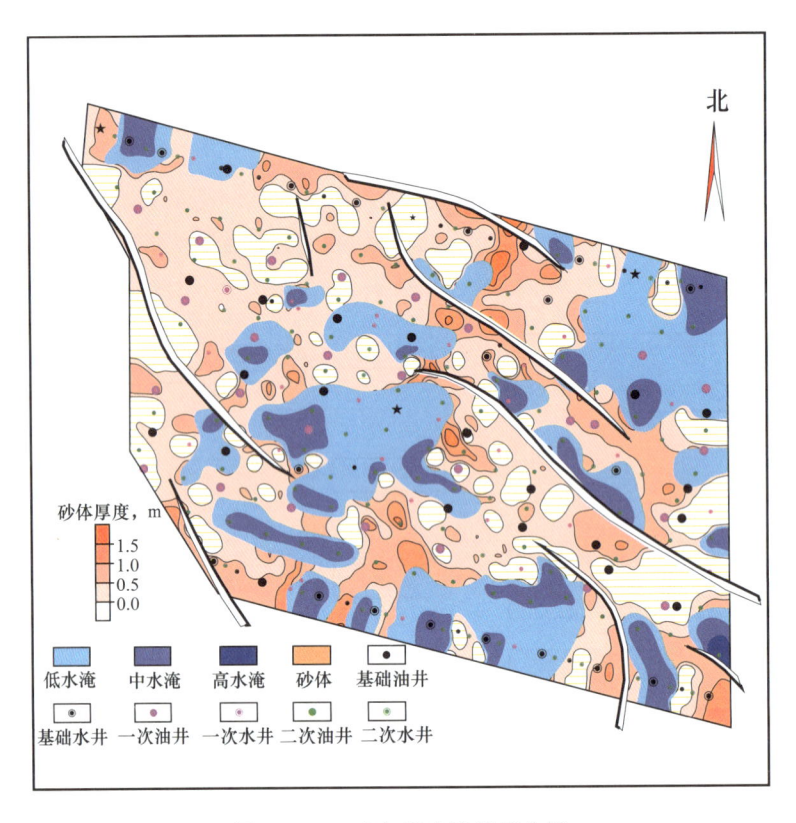

图 5-14 二次加密水淹特征分析

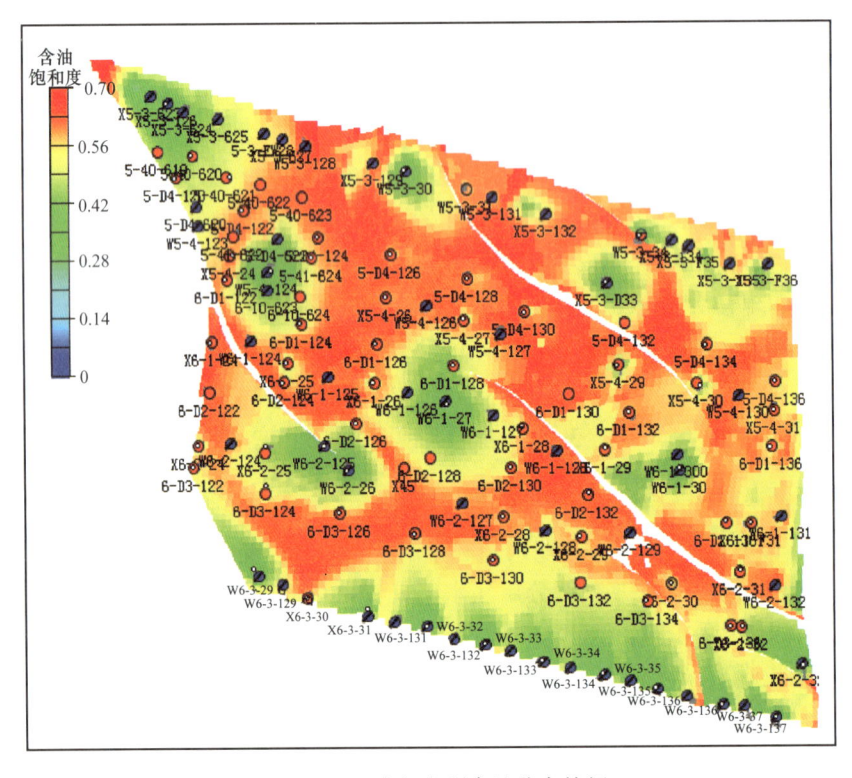

图 5-15 二次加密剩余油分布特征

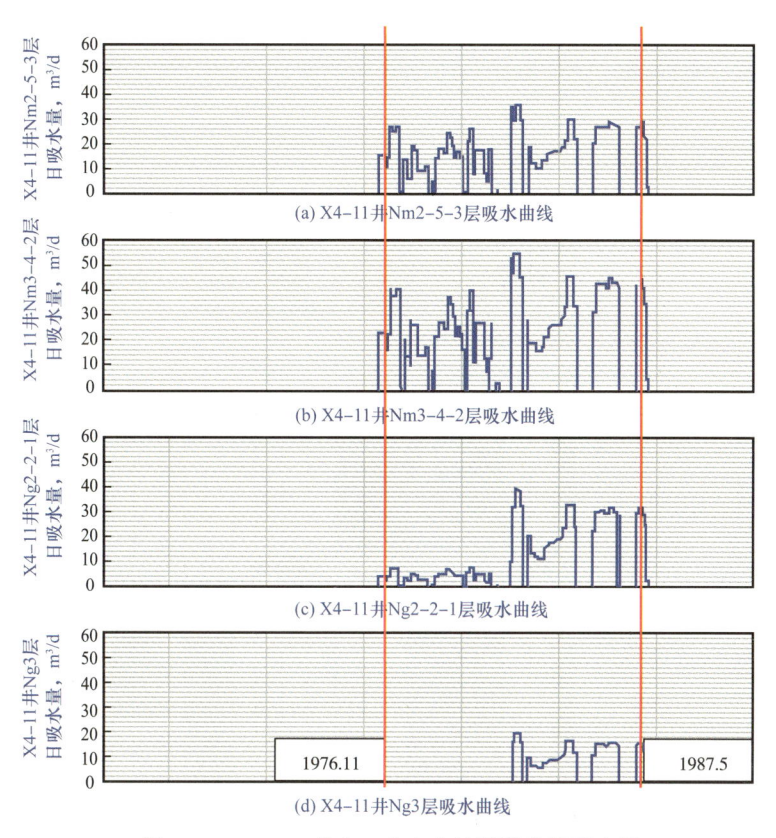

图 5-16　X4-11 井在 4 个主力油层劈分的吸水量

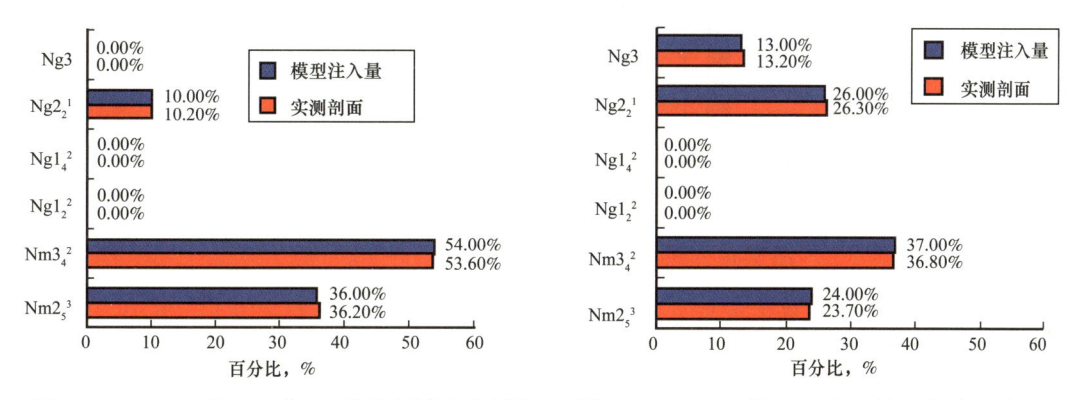

图 5-17　X4-11 井 1976 年 11 月吸水剖面对比图　　图 5-18　X4-11 井 1987 年 5 月吸水剖面对比图

第三节　开发调整技术进展

一、水驱油田开发层系井网调整进展

中国的水驱油田经过 60 年的分层系注水开发，开发层系井网仍在不断演变。例如，喇萨杏油田从早期的基础井网到 20 世纪年代前期的一次井网加密，20 世纪 90 年代初期

的二次井网加密及一类油层化学驱三次采油，油田不同区块具有3~10套开发井网，对应不同的开发层系。不同的区块和单元其层系井网的演化过程不同，井网层系井网现状差异很大。

1. 喇嘛甸及杏树岗油田层系井网开发调整

油层组	砂岩组	小层层号
萨Ⅰ组	1-5	1,2,3,4+5
萨Ⅰ~萨Ⅱ夹		
萨Ⅱ组	1-3	1+2,2+3
	4-6	4,5+6
	7-9	7+8,9
	10-12	10+11,12
	13+14	13+14
	15+16	15+16
萨Ⅲ组	1-3	1+2,3
	4-7	4-7
	8-10	8,9+10
葡Ⅰ组	1-2	1,2
	4	4
	5-7	5+6,7
葡Ⅱ组	1-3	1-3
	4-6	4,5+6
	7-9	7-9
	10	10
高Ⅰ组	1-5	1,2+3,4+5
	6-9	6+7,8,9
	10-13	10,11+12,13
	14-17	14+15,16,17
	18-20	18,19,20
高Ⅱ组	1-3	1+2,3
	4-6	4,5,6
	7-9	7,8,9
	10-14	10,11,12,13,14
	15-18	15,16,17,18
	19-22	19,20,21,22
	23-28	23,24+25,26,27,28
	29-30	29,30
	31-34	31,32,33,34
高Ⅲ组	1-5	1,2,3,4,5
	6-9	6,7,8,9
	10-12	10,11,12
	13-16	13+14,15,16
	17-19	17,18,19
	20-23	20+21,22,23

图5-19 不同开发层系与开发井网的对应关系图

喇嘛甸油田原始储量丰度高，纯油区储量丰度在$1200 \times 10^4 t/km^2$以上。其中，喇嘛甸油田北东块自1973年投入开发，走过了40多年开发历程，经历了由基础井网到一次加密、二次井网加密和主力油层聚合物驱的层系井网，调整过程。喇嘛甸油田基础井网为一套300m×300m反九点注采井网。1982年，油田综合含水率超过了65%，开始进行开发层系调整，将开发层系进行了细分，新钻了4套井网，将开发层系调整成了四套。1992年4月至1995年对喇嘛甸油田进行了二次井网加密，通过增加两套加密井网完成了从萨Ⅰ组—高Ⅱ组3+4小层的二次加密。1995年12月至1996年3月，对主力油层葡Ⅰ组（1+2）小层进行了聚合物驱二次井网加密，形成300m×150m的五点法聚驱注采井网。纵向上，不同井网开发对象不同（图5-19），不同层系井网之间存在补充、嵌套等现象。基础井网开采对象以厚油层为主，初始产量高，平均单井产量为86.8t/d；一次加密井网射开油层以表内薄层为主，兼顾表外，平均单井产油量降到了26.8t/d，初始含水率约为35%；二次加密水驱井网则更多以表外储层为主，射开少量表内薄层，平均单井产油量为 8.7t/d，初始含水率约为 56%；针对一类主力油层葡 I1 组 2 小层的二次加密化学驱井网，平均单井产油量仅为 5.8t/d，初始含水率为 93.6%（图 5-20）。不同井网历年的产量情况如图 5-21 所示。二次加密以后，油田井网密度达到了较高的水平，以北东试验块为例，该试验块面积为 3.28km²，截至 2006 年共投入包括化学驱三次采油在内的油水井总数 234 口，总井网密度为 72 口 /km²。2006 年以后，以萨 III 组 4-10 小层为单元细分开发层系，采用"二三结合"方法，实施后水驱阶段采收率提高了 5%[5]。

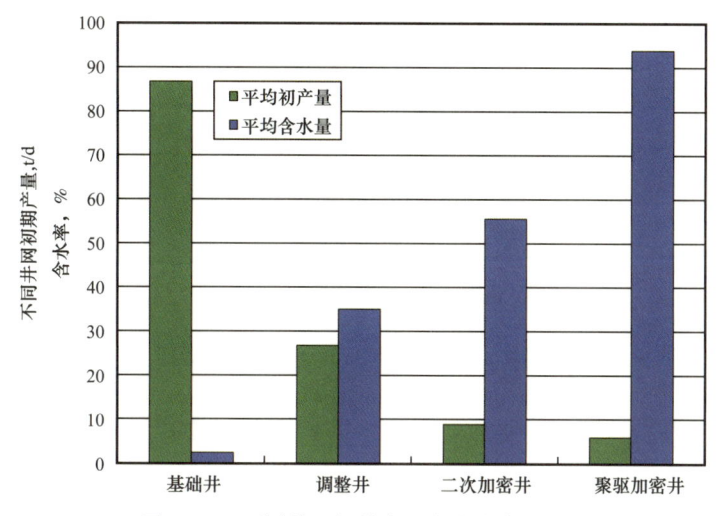

图 5-20　不同井网初始产量与含水率对比图

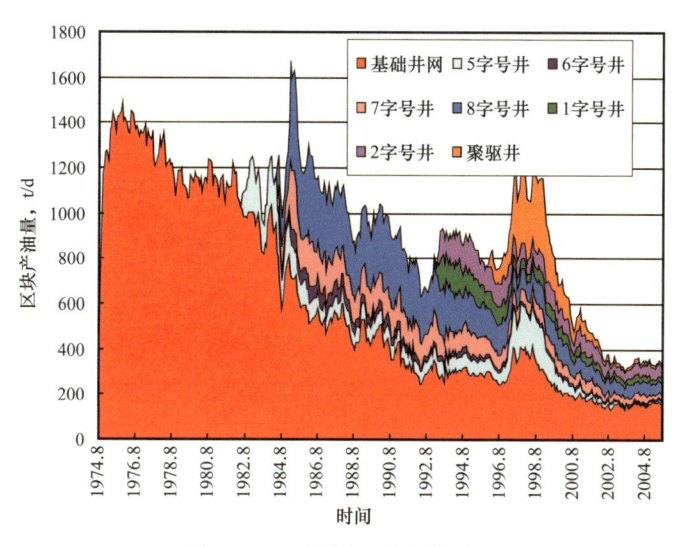

图 5-21　不同井网产量构成图

杏六中区自 1968 年投产至今经历了基础井网排液拉水线、全面投产、注水恢复压力、自喷转抽、一次加密、二次加密调整等开发阶段。从基础井网到二次加密，开发对象由厚油层转向表内薄层和表外储层的开发调整。基础井网采用两排注水井中间夹三排采油井的行列切割注采井网，切割距为 2km，注水井排到相邻油井排的距离约为 600m，油井排之间的排距约为400m，萨葡高油层合注合采，主要开采对象主要是渗透率高、厚度大的一类油层，其次是部分渗透率较高、厚度较大的三类油层（图5-22）；其中，油井排中的水井为后期调整或更新的水井。1987年针对中低渗透层动用状况相对较差的开发矛盾，进行了细分层系加密调整，一次加密井网开发调整对象为萨葡差油层，采用井间加注水井、排间加采油井的井网加密方式。二次加密井网自身的井距400m，油水井相互错开200m，排距200m，构成五点法井网。于1996年进一步加密调整，二次加密调整主要开采对象为萨葡高油层中未动用的薄差油层和表外储层，采用排间加排，油水井间隔分布，即正对老采油井位置部署新采油井，正对老注水井的位置部署新注水井。基础井网、一次加密井网和二次加密井网在平面上构成了行列切割注水井网（图5-23）。杏六中区三套开发井网一致延续到2010年，如前所述，三套井网各自的开采对象差异大，因此，不同小层的注采井网差异大。按照油层分类标准，纵向上主要将油层划分成两类：一类油层由葡I1组3油层组成，其他油层全部划分为三类油层。基础井网射孔对象以中高渗透层为主，纵向上射孔段分布较大，平均单井初始产量为40.5t/d；一次加密井网射孔对象以中低渗透层为主，平均单井初始产油量为19.3t/d，初始含水率为39.2%；二次加密井网射孔对象以薄差层为主，二次加密平均单井初始产油量为9.0t/d，而初始生产含水率为58.4%。此外，不同期次的井网都不同程度地射开了一类、二类表外储层（独立表外）。"十一五"以来，通过深化剩余油分布模式研究与定量化表征，进一步提出了薄差油层细分层系缩小井距、加密调整的开发策略，特高含水期油田水驱采收率得到进一步提高（详见本章第四节）。

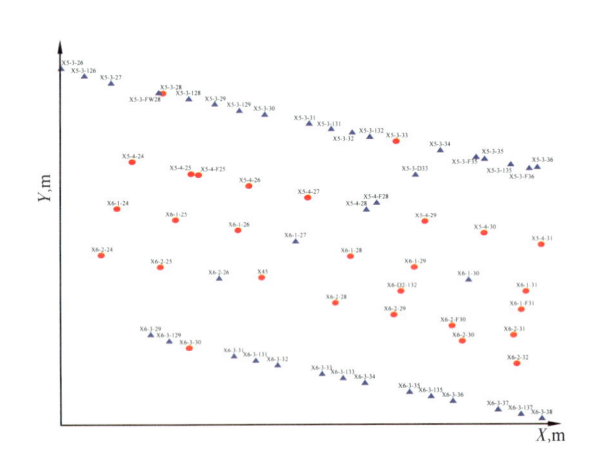

图 5-22　杏六中区基础井网图 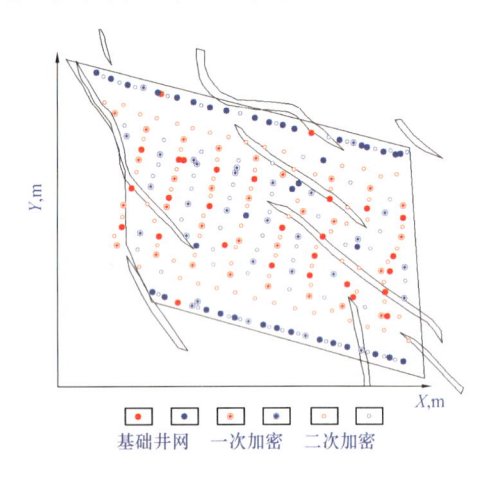　　　　图 5-23　杏六中区井网现状图

2. 大港复杂断块油田层系井网调整

大港复杂断块油田经历了50余年开发历史，主要采用滚动勘探开发方式不断认识油藏，合理划分开发层系，部署开发井网[3]。早期油田采用明化镇组、馆陶组分2~4套层系开发，其后，经历多轮次层系井网调整，多数油田层系井网演变成一套层系、一套井网大段合层开采。目前，油田剩余储量丰度相对高，约（50~300）×10^4t/km^2，含油层段跨度大，纵向上单砂层级别的油层数量多，开发层系单一，多数油田采油速度在0.5%以下，主力油层整体油水井关停比例高，单砂层注采井网不完善。大港复杂断块油田层系井网调整实例详见本章第四节。

— 288 —

二、精细分层注水开发技术

大庆油田通过不断细分层段注水加强注水，截至 2010 年，分层注水总体以三级四段和四级五段为主，逐步形成了特高含水期精细分层注水的做法，取得了较好的控含水、控递减的开发效果。

1. 细分注水影响因素分析

分层注水吸水动用状况受很多因素影响，概括起来，主要与每一个分注层段单卡油层数、油层厚度、油层有效厚度有关，也与层段内层间非均质性相关。

1）层间变异系数的影响

层间变异系数是指统计层段内各油层渗透率的均方差与平均渗透率之比。数值越大，层间非均质性越强。图 5-24 为层段内变异系数与砂岩动用层数、动用厚度和动用有效厚度比例关系曲线，随着变异系数的增加，油层动用比例下降。层间非均质性也可以用渗透率突进系数来描述。

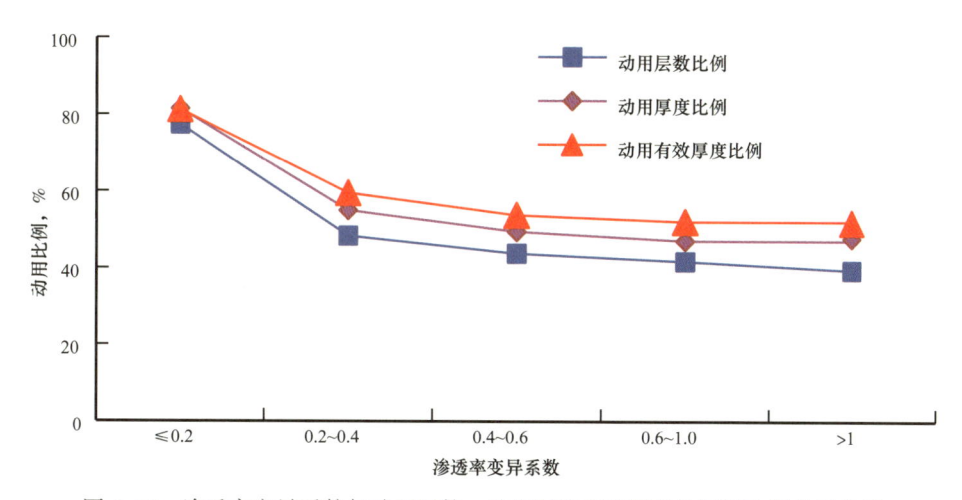

图 5-24 渗透率变异系数与动用层数、动用厚度和动用有效厚度比例关系曲线

2）分注层段内小层数的影响

通过统计分析，随层段内小层数的减少，砂岩动用层数、动用厚度和动用有效厚度增加，当单卡油层数小于 6 时，动用比例大幅增加（图 5-25）。

3）层段内砂岩厚度的影响

从层段内砂岩厚度与动用层数、动用厚度和动用有效厚度比例关系曲线（图 5-26）看出，随层段砂岩厚度的减小，动用层数、动用厚度和动用有效厚度比例逐渐增大。当单卡砂岩厚度小于 6m 时动用比例大幅增加。

2. 细分注水潜力与效果评价方法

美国统计学家 M.O. 洛伦兹（Max Otto Lorenz）于 1907 年提出了著名的洛伦兹曲线，用来研究国民收入在国民之间的分配问题，吸水剖面的分析也可看作是吸水量在不同厚度的分配问题，剖面的均匀程度可看作实际吸水量的分配与理想状况的差距，因此洛仑兹曲线和基尼系数是统计分析吸水剖面均匀程度工作中重要的统计工具，整理并使用大量岩样水洗状况、吸水和产液剖面数据所绘制的图形、曲线及计算结果，可以用来说明不同厚度类型的吸水剖面的分布情况和均匀程度。

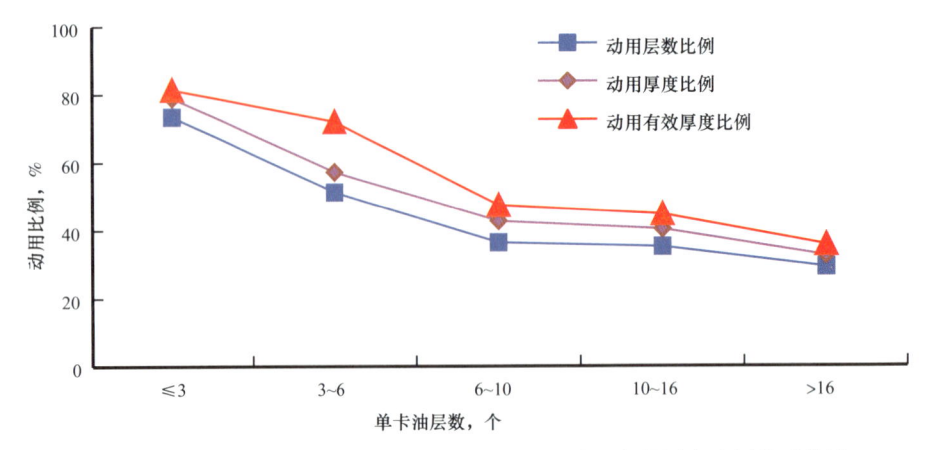

图 5-25　单卡油层数与动用层数、动用厚度和动用有效厚度比例关系曲线

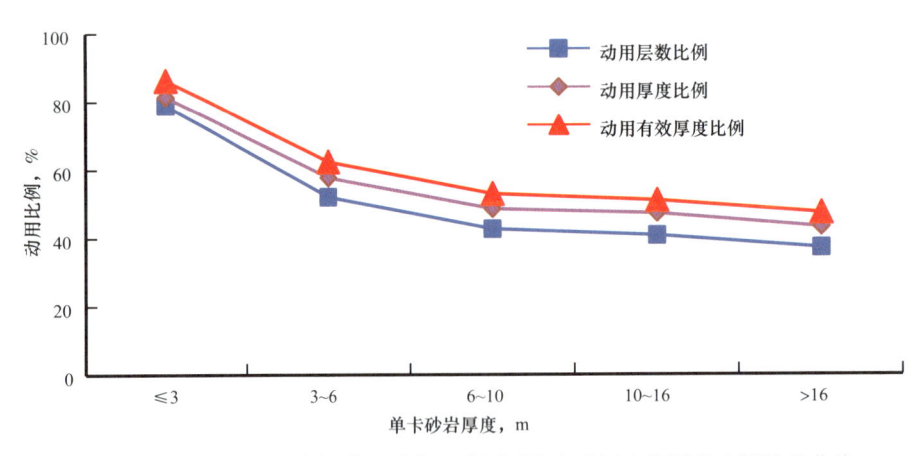

图 5-26　单卡砂岩厚度与动用层数、动用厚度和动用有效厚度比例关系曲线

根据洛伦兹曲线的原理，将油田或区块按吸水量由高到低排序，然后考虑吸水状况最好到最差的任意百分比厚度对应的吸水量百分比。将这样得到的厚度累计百分比和吸水量累计百分比的对应关系制成图表，即得到描述吸水剖面的洛仑兹曲线，图 5-27 为典型吸水剖面洛伦兹曲线图。

图 5-27 中横轴为厚度累计百分比，纵轴为该部分厚度对应的吸水量累计百分比，假设吸水的分配是绝对均等的，每 1% 的厚度都得到 1% 的吸水量，累计 99% 的厚度就得到累计 99% 的吸水量，则吸水的分配是完全平等的，累计吸水量曲线就是图中的对角线 AC，又称"绝对均等线"。假如吸水的分配绝对不均等，几乎所有的厚度均一无所有，即 99% 的厚度完全没有吸水，而所有的吸水量都在 1% 的厚度手中，即 1% 的厚度拥有 100% 的吸水量，累计分配曲线是由横轴和右边垂线组成的折线 ADC，是"绝对不均等线"。一般来说，一个区块的吸水量的分配，既不是完全不均等，又不是完全均等，而是介于两者之间，那么相应的洛仑兹曲线既不是折线 ADC，也不是对角线 AC，而是介于两者之间的就是中间那条上凸的 AEC 曲线。

将杏六区四段和六段分层注水井的吸水剖面数据绘制在洛伦兹曲线图上（图5-28），可以看出，细分注水能有效改善吸水均衡程度。实施结果表明，杏4-1-更321井2011年之前是细分三段的注水井。2011年3月，根据纵向上油层的物性和邻井的注采对应关系，将该井注水段数细分6段，细分注水以后，该井周围5口油井细分注水以后受效明显，日产油量由6.9t上升到10.9t[7]。

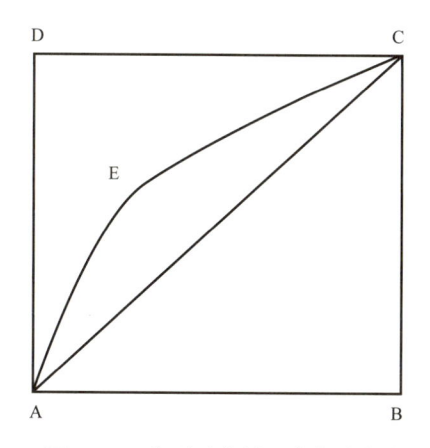

图5-27　典型吸水剖面洛伦兹曲线图

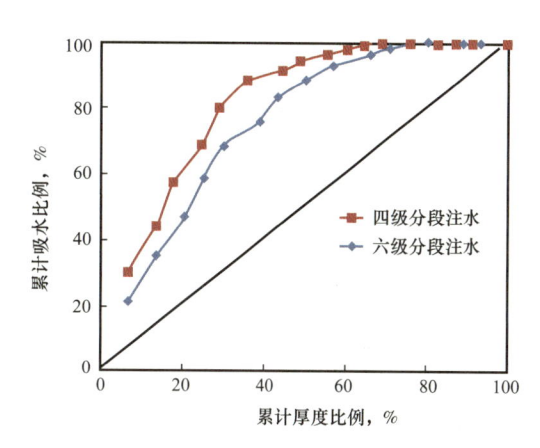

图5-28　杏六区注水吸水剖面洛伦兹曲线

3. 细分注水工艺设备与工具

通过正反导向桥式偏心配水器、双流量计直读式、逐级解封封隔器、测调仪等工具的研制，解决了常规分层注水技术存在的7级以上封隔器，起管柱负荷较大、无法安全起出及层段细分后工具距离过近卡不开等问题，最小卡距由8m缩小到3m，最小隔层厚度由1.2m缩小到0.8m，为细分注水提供了必要的技术保障。

1）正反导向桥式偏心配水器

为满足小跨度层段细分的需要，在桥式偏心配水工艺基础上，研制了正反导向桥式偏心细分工艺管柱。投捞时，正反导向偏心配水器之间互不干扰，使配水器投捞间距扩展为隔层配水器间距。两级配水器最小间距可缩短到3m，相同导向配水器的间距保证在6m以上，满足了测试时仪器投捞的需求。

2）双流量计直读式测调仪

配合正反导向桥式偏心细分工艺管柱，研制了双流量计直读式测调仪。采用上下两只流量计，进行非集流测试，既可在油管中吊测简配，又可与配水器对接后进行坐测及水量调整，实现了细分井高效测调。

3）逐级解封封隔器

针对细分层段后，封隔器级数增加，引起管柱解封力增大的问题，研制了双解封封隔器，使整体管柱的上提解封力控制在30tf以内。这样，既保证了进一步多级细分的要求，又不超过地面井架的负荷。封隔器采用双解封方式，上提管柱时，如整体管柱遇阻，中心管受力大，则上解封销钉断开，中心管与上接头分离，第一级封隔器解封，如胶筒受力大，则下解封销钉断开，封隔器解封；继续上提，以下各级封隔器依次解封。

4. 细分注水改善水驱数值模拟

依据油层分布特征和物性，建立了概念模型，概念模型中不同油层的厚度和渗透率参数如图5-29所示，由图可见，水井分注由4段细分到7段，低渗透率和厚度薄的油层注水得到加强，采出程度明显提高；油层厚度大、高渗透率的油层，注水低效无效循环一定程度上得到控制。对比不同细分层段的概念模型及数值模拟计算结果，细分注水段数越多，平均渗透率级差呈下降趋势，采收率呈小幅增加趋势。注水层段从4段细分到7段时，可提高采收率0.88%，相同采出程度下（40%），可节约注水13.2%（图5-30）。

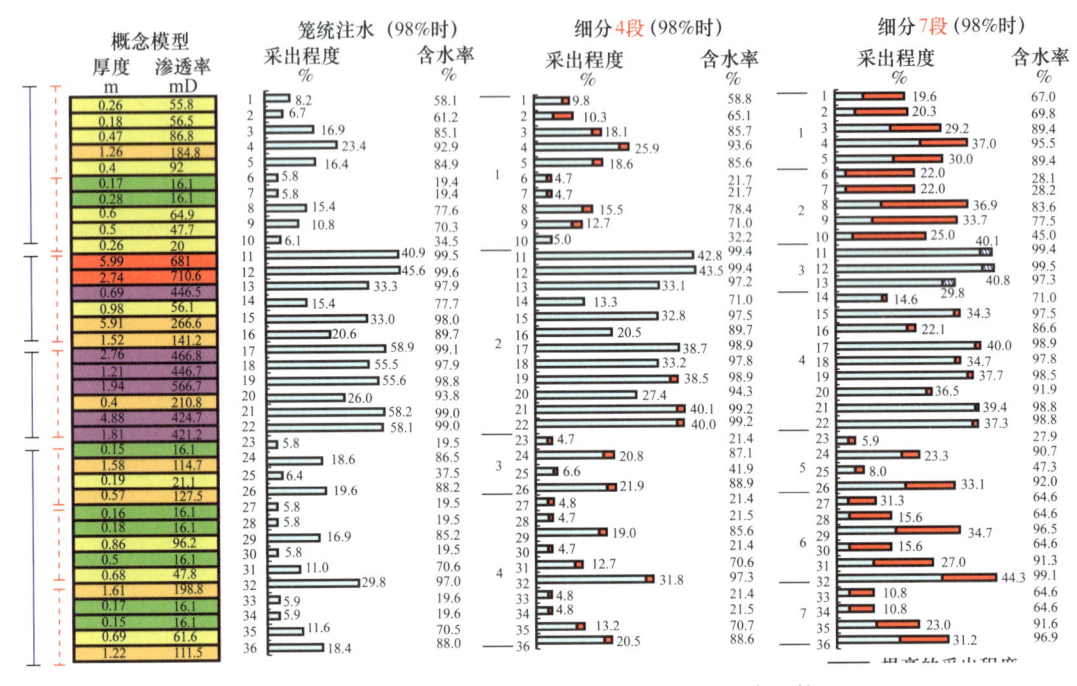

图5-29 细分注水不同细分程度各小层采出程度比较

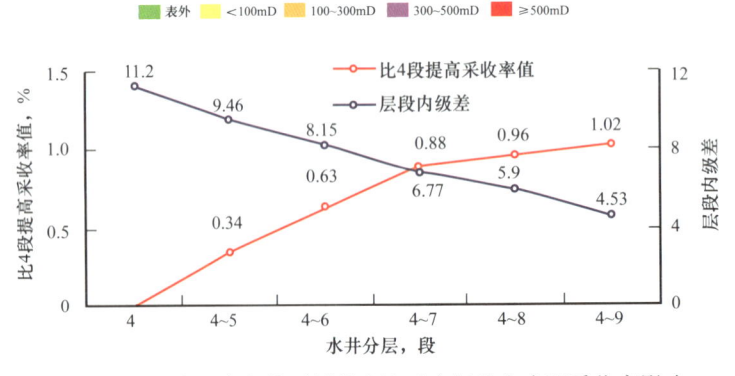

图5-30 细分注水段数对层段内渗透率级差和水驱采收率影响

三、深部液流转向技术

深部液流转向技术主要是利用柔性转向剂进入油藏内水驱主流线区域或高渗透、大孔道区域后，在地层孔道中的变形运移过程中形成脉动暂堵、产生动态沿程流动阻力，实现深部液流转向，使注入水转向，扩大水驱波及体积、驱替非水驱主流线上、相对低渗透部位的剩余油，遏制大量注入水沿高渗孔道窜流的无效循环，该技术的发展是遏制注水开发过程中注入水的低效、无效循环的关键，可进一步扩大波及体积，提高水驱效率。

"十一五"以来，中国在深部调剖（调驱）液流转向剂研究与应用方面取得了许多新进展，形成包括弱凝胶、胶态分散凝胶（CDG）、体膨颗粒、柔性颗粒等多套深部调剖（调驱）技术，在高含水油田改善水驱开发效果、提高采收率中发挥着重要作用，增产原油超过 50×10^4t，中国深部液流转向技术水平总体处于国际领先地位。

1. 自修复凝胶转向剂新材料研发

多数自修复凝胶都是通过非共价键或可逆共价键来实现其自修复性能的。从本质上来说，分子间形成的动态非共价键与基于动态共价化学的可逆动态共价键都属于动态建构化学领域。动态建构化学中的关键词是"动态"，通过动态化学键交联的高分子材料称为动态聚合物，这类材料的共同特征是交联反应的动态特性，它们对外界刺激具有积极、智能的响应，也由此衍生出来了一系列包括自修复材料在内的新颖智能高分子材料。

根据国内外的研究现状，对自修复凝胶的设计和修复方式进行了初步分析，将其总结归纳为两种类型的自修复凝胶。

一类是通过非共价键交联的自修复凝胶，称之为物理型动态自修复凝胶，它们是由小分子或低分子量的大分子依靠疏水作用、氢键、静电吸引以及结晶作用等分子间作用力形成的凝胶网络体系，这些非共价键相互作用较弱，相对不稳定，并且具有一定的可逆性。因此，小分子或低分子量的大分子链可在损伤处自由流动、相互融合，产生"流动相"而重新通过分子间相互作用力形成网络结构。

另一类是通过可逆动态共价键交联的自修复凝胶，称之为化学型动态自修复凝胶。这些动态共价化学反应都是基于热力学平衡的体系，交联形成的动态共价化学键是一种特殊的共价键，一方面，它在一定程度上保持了共价键的性质而较为稳定，另一方面它又具有可逆性，即在一些外界因素，如 pH 值、温度等的影响下，键的断裂和形成可以达到可逆的动态平衡。因此，化学型动态自修复凝胶网络中始终存在着未交联的反应物，这些反应物并未被凝胶网络所束缚，可以作为"流动相"在损伤处再次反应交联，为凝胶自修复提供了条件。

1）自修复凝胶的设计

（1）含有自修复功能单体的活性胶束自修复凝胶。

① 具有自修复官能团的丙烯酸酯单体（5-乙酰氨基丙烯酸戊酯，AAPA）的设计。

将 5- 氨基 -6- 戊醇、丙烯酸、6-（3- 二甲氨基丙基）-3- 乙基碳二亚胺盐酸盐和 N, N- 二异丙基乙胺溶解在二氯甲烷中，室温搅拌反应后，经过酸洗、碱洗和过滤处理，得到 AAPA（图 5-31）。

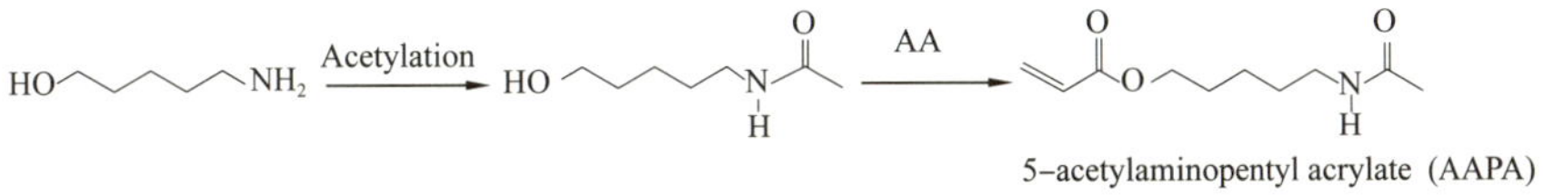

图 5-31 AAPA 单体的合成反应方程式

② 活性胶束自修复凝胶的设计。

经过前期大量文献调研和反复实验，证明可以采用自由基胶束共聚合法合成制备了疏水聚丙烯酰胺，其合成机理如图 5-32 所示。可以看出，疏水性单体由于不溶于水，因此增溶到乳化剂（SDS）形成的球状胶束中，而另一种反应单体丙烯酰胺（AM）与引发剂（APS）溶解在水相中。在APS的引发作用下，水相中的丙烯酰胺发生聚合，形成聚合度较低的低聚体。当这些低聚体由于扩散及疏水作用扩散到某个SDS胶束中时，这些低聚体与增溶到SDS胶束中的疏水单体发生反应，引发了SDS胶束中疏水单体的聚合和链增长。当SDS胶束中的疏水单体反应消耗完毕后，这些低聚物可以与水相中的丙烯酰胺单体继续反应，而SDS分子则会吸附在生成的聚合物链段上的疏水block嵌段上。反应持续进行，直至反应单体消耗完毕或者碰到另一活性自由基。

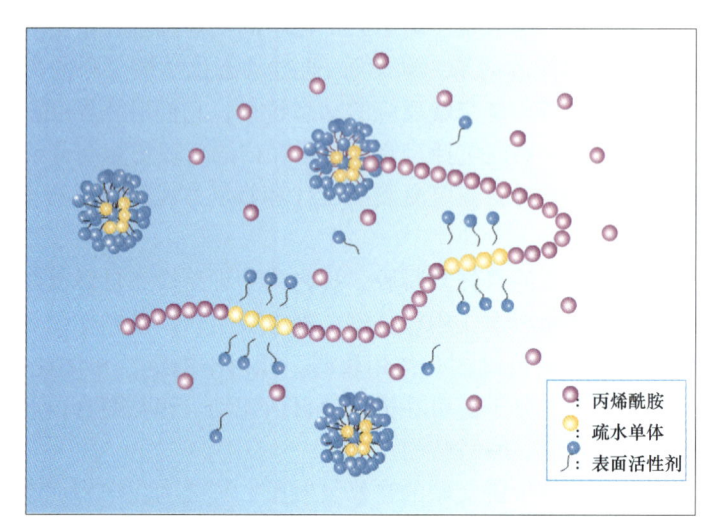

图5-32 自由基胶束聚合生成疏水改性聚丙烯酰胺反应机理示意图

在加入疏水单体的同时，引入具有自修复性能的单元，具体的合成方法和步骤为：向装备有搅拌器、温度计、导气管和回流冷凝管的四口聚合反应釜中，加入十二烷基硫酸钠（SDS）及适量水，在温度为50℃时、在氮气保护下将AAPA和甲基丙烯酸十二烷基酯加入SDS水溶液搅拌至疏水单体完全溶解。随后将丙烯酰胺加入上述溶液体系并在溶液中通入氮气。最后，加入将引发剂过硫酸铵（APS）以引发反应进行。反应结束后，降温冷却后，用大量丙酮（乙醇）混合溶剂洗涤三次后，真空干燥至恒重。

（2）疏水温敏自修复凝胶。

将含有硅氧烷基团的乙烯基单体［3-（甲基丙烯酰氧）丙基三甲氧基硅烷，MPS］与丙烯酰胺（AM）单体共聚，合成线型含有硅氧烷侧基的高分子链P（AM-co-MPS）。在水溶液中，通过侧基硅氧烷间的水解缩合反应，形成交联的大分子凝胶。

采取普通自由基共聚的方法合成丙烯酰胺与3-（甲基丙烯酰氧）丙基三甲氧基硅烷的共聚物，再将聚合物溶于水中，加热形成凝胶。合成用到了丙烯酰胺、3-（甲基丙烯酰氧）丙基三甲氧基硅烷、四氢呋喃、偶氮二异丁腈，其中四氢呋喃THF是作为溶剂，偶氮二异丁腈AIBN作为自由基聚合引发剂。具体的合成方法和步骤如图5-33所示。

2）自修复凝胶性能评价

（1）凝胶体系黏—温关系。

温度高、黏度高，温敏点在45℃左右，温度升高至50℃后，黏度明显升高，但在65℃左右存在异常点。温敏凝胶样品测试黏—温曲线过程中，升温过程中的黏度异常现象，在降温过程测试中没有出现。

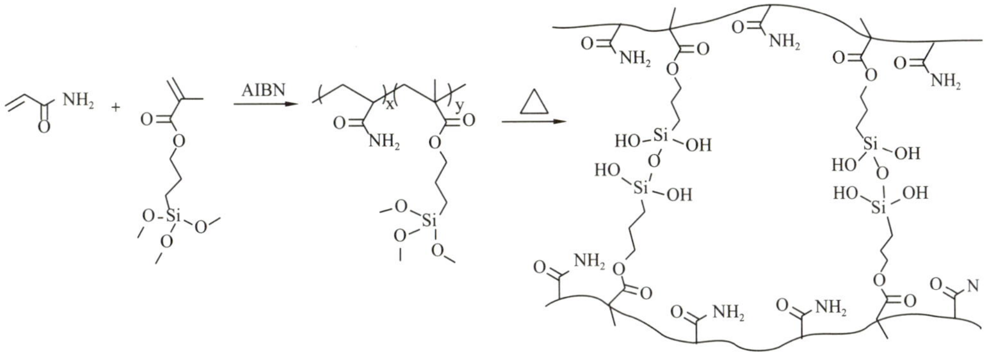

图 5-33　丙烯酰胺与 3-（甲基丙烯酰氧）丙基三甲氧基硅烷聚合反应方程式

（2）自修复凝胶自修复性能。

温敏自修复凝胶在强剪切应力下瞬间失去凝胶特性，体现出溶液特征，G'' 大于 G'；但撤去强剪切应力，溶液很快修复成凝胶，强度在几分钟内即可修复至破坏前；以强度计算自修复率大于 90%。

（3）自修复凝胶长期热稳定性。

实验分别在 60℃、80℃ 的温度条件下，对浓度分别为 1.0%、1.5% 的温敏自修复凝胶进行了长期稳定性考察。60℃ 的温度条件下，120d 后，1.0%~1.5% 的温敏自修复凝胶开始破胶水解，150d 左右完全失去强度。80℃ 的温度条件下，90d 后，1.0%~1.5% 的凝胶开始出现破胶水解，120d 左右完全水解失去强度。

（4）修复凝胶的注入与封堵性能。

实验条件及注入参数见表 5-5。

表 5-5　注入与封堵性能实验条件

凝胶浓度 %	岩心长度 cm	渗透率 mD	孔隙体积 mL	孔隙度 %	注入速度 mL/min	注入体积 PV	实验温度 ℃
1	50	15000	510	45	2	2	65

65℃ 的温度条件下，浓度为 1.0% 温敏自修复凝胶黏度较大，注入端压力较高近 10MPa，但注入顺利，沿程都能建立起压差。水驱后注入压力平稳后保持在 0.6MPa 左右。因温敏自修复凝胶在 65℃ 的温度条件下已凝胶化，黏度较高，注入时阻力系数较大，但注入顺利；温敏自修复凝胶在 1500mD 的多孔介质中，具有良好的封堵能力，全程平均残余阻力系数 F_{rr} 高达 295。

温敏自修复凝胶可以实现深部注入；深部放置的温敏自修复凝胶，水驱稳定后，在 1500mD 的多孔介质中可沿程形成良好的封堵能力。

2. 耐高温高盐新材料研发

主要解决渤海湾油田及国外的高温、高盐、裂缝恶劣油藏条件下的提高采收率需求问题。

1）有机聚合物类高温深部液流转向材料

有机聚合物类高温深部液流转向材料目前主要分为冻胶、交联聚合物类、表面活性剂类等几大类。

（1）冻胶。

冻胶是由聚合物与交联剂反应，形成具有空间立体网络结构的黏弹体。对于高温高盐油藏，由于普通聚合物耐温、抗盐性能差，存在严重的热降解、盐和多价阳离子的影响，不能形成冻胶。或虽然提高交联体系交联剂浓度可形成冻胶，但由于过度交联在短时间内易脱水收缩，稳定性差。为解决此难题，近年来国内外学者对具耐温、耐盐性冻胶的研究主要集中在耐温、抗盐型聚合物和交联剂的优选，使其形成的冻胶体系具有良好的耐温抗盐性和稳定性，以适应其油藏调驱需要。

（2）交联聚合物类高温深部液流转向材料。

常规凝胶类堵剂应用于高温、高盐油藏时，聚合物受高温会发生热降解；并且由于矿化度较高，溶液中的聚合物分子由伸展趋于卷曲，分子的有效体积缩小、线团紧密，交联反应不易发生。可以通过提高聚合物的相对分子质量和浓度，或者增加交联剂的用量，来提高堵剂的成胶强度。但是提高聚合物的相对分子质量和浓度会带来两方面的问题：一是成胶时间缩短，无法满足现场泵注时间的要求；二是初始黏度增大，现场注入困难。增加交联剂的用量，不但会造成堵剂成胶过快，而且随着胶体在高温高盐油藏环境中老化时间的延长，体系的化学交联密度会逐渐增加，当超过临界交联密度时，凝胶就会脱水、破胶，长期稳定性差。

2）表面活性剂类高温深部液流转向材料

（1）弹性表面活性剂。

目前的研究集中在基于分子结构的阴离子弹性表面活性剂（VEAS 或 VES）材料方面。VEAS 材料在反离子作用下是一种具有优异剪切变稀行为的非牛顿流体，在地层剪切速率（$10s^{-1}$ 左右）下，其黏度可增加至原来的 100 倍，从而有效限制流体流动，实现液流转向；同时由于其独特的化学结构，油相会引起表面活性剂形成的链状胶束结构破坏，因此不会阻隔含油通道，对油层的伤害性很低，这在水力压裂中已得到验证。

（2）耐温抗盐阴—非离子表面活性剂研究及应用。

阴—非离子表面活性剂主要包括烷氧基羟酸盐、烷氧基硫酸盐、烷氧基磺酸盐，其性能取决于阴离子基团类型、烷氧基类型和链节大小、烃基类型和链节大小。

（3）耐温抗盐阴—非离子表面活性剂 SH 乳化性能研究。

SH 在温度为 85℃、矿化度为 27.7×10^4mg/L 情况下，能与原油快速乳化，搅拌时间越长、温度越高越有利于原油乳状液的形成，乳化后能快速破乳，在高温、高盐油藏有较好的适用性。SH 形成的乳状液粒径较 CTAB 形成的乳状液粒径大，SH 乳状液有一定的封堵高渗透层深部液流转向作用。

3）无机类高温深部液流转向材料

无机类高温深部液流转向材料主要有水泥类、黏土、石膏、粉煤灰，以水玻璃为代表的无机凝胶、无机沉淀型等。

（1）无机凝胶。

凝胶型堵水剂是固态或半固态的胶体体系，具有由胶体颗粒、高分子或表面活性剂分子互相连接形成的空间网状结构，孔隙结构中充满了液体，液体被包在其中固定不动，使体系失去流动性，其性质介于固体和液体之间。

无机凝胶深部液流转向剂可由硅酸钠、粉煤灰、黏土、外部催化硅酸盐、碱—矿渣、石膏、膨润土、氢氧化钙及氯化钙等制备。

（2）无机盐沉淀。

常用的无机盐沉淀调驱体系主要有硅酸盐沉淀和醇诱导盐沉析体系。硅酸盐沉淀体系主要指水玻璃和地层中的钙、镁、铁等二价离子反应生成硅酸盐沉淀，可以分为单液法和双液法体系。最常用的双液法包括水玻璃氯化钙体系、水玻璃氯化镁体系、水玻璃氯化铁体系、水玻璃硫酸亚铁体系。对于单液法体系，闫建文等将水玻璃溶液制成油包水乳状液形式，控制其破乳时间，使其在地层一定部位破乳，与地层水中的钙、镁离子反应形成沉淀，达到封堵高渗透层的目的。该调驱剂以乳状液的形式注入，优先进入高渗透条带，对低渗透储层的伤害小，具有很好的选择性。

（3）无机延迟硅酸凝胶堵剂。

本发明的目的旨在克服现有技术之不足，提供一种不仅适于温度70℃以下，还能适用于温度70~110℃的地层条件下进行油水井深部液流转向的无机延迟硅酸凝胶堵调剂。

为实现本发明的目的所采取的技术方案是：该调堵剂主要是在水玻璃（硅酸钠溶液）主剂中加入乙酸乙酯、乙酰胺和乙醇中的至少一种作为延迟活化剂，其配比为在配方里的水中加入5%~15%的水玻璃，再加入0.1%~0.6%的乙酸乙酯、0.1%~3%的乙酰胺、0.1%~0.3%的乙醇。

在现场施工时，向配液罐中加入余量水，再按配方计量加入水玻璃延迟活化剂等，搅拌均匀，用挤住泵按常规深部液流转向方法注入即可。

4）耐高温高盐深部液流转向剂的设计与性能表征

主要设计思路是：聚乙烯醇分子（H-1）具耐温基团，无遇水体膨性能；丙烯酰胺（H-2）聚合物具遇水体膨基团，但不耐高温。利用原位交联全互穿反应原理，将耐温和吸水体膨两种性能结合在同一个材料内。同时，聚乙烯醇和丙烯酰胺都具亲水官能团，两者在水中能形成溶液，保证合成产物均匀互穿。

（1）耐高温高盐深部液流转向剂合成工艺。

采用溶液聚合法合成了1种三维体型原位交联的全互穿耐高温高盐高分子材料（HTP），最终耐高温高盐颗粒合成条件：反应温度60~80℃；反应时间30~90min；采用溶液聚合方式；在45℃的温度条件下烘干并粉碎。

（2）高温高盐深部液流转向剂性能表征。

通过红外光谱FTIR测试，反应官能团信息，确认形成交联全互穿结构：HTP颗粒中，同时存在H-1的交联键的特征官能团、交联的H-2的特征官能团。H-1交联反应和H-2聚合交联反应可以同时发生（图5-34）。

通过扫描电子显微镜观察HTP微观结构，H-1和H-2两组分均匀地交联互穿，没有出现分相和互穿不均匀的现象。全互穿反应后，主链的纤维结构依然分布均匀，纤维尺寸较反应前明显变小。

5）耐高温高盐深部液流转向剂性能评价

（1）HTP材料吸水体膨性能。

如图5-35所示，HTP材料具有一定的提碰性能，1.5h后最大体膨倍数为1.69。

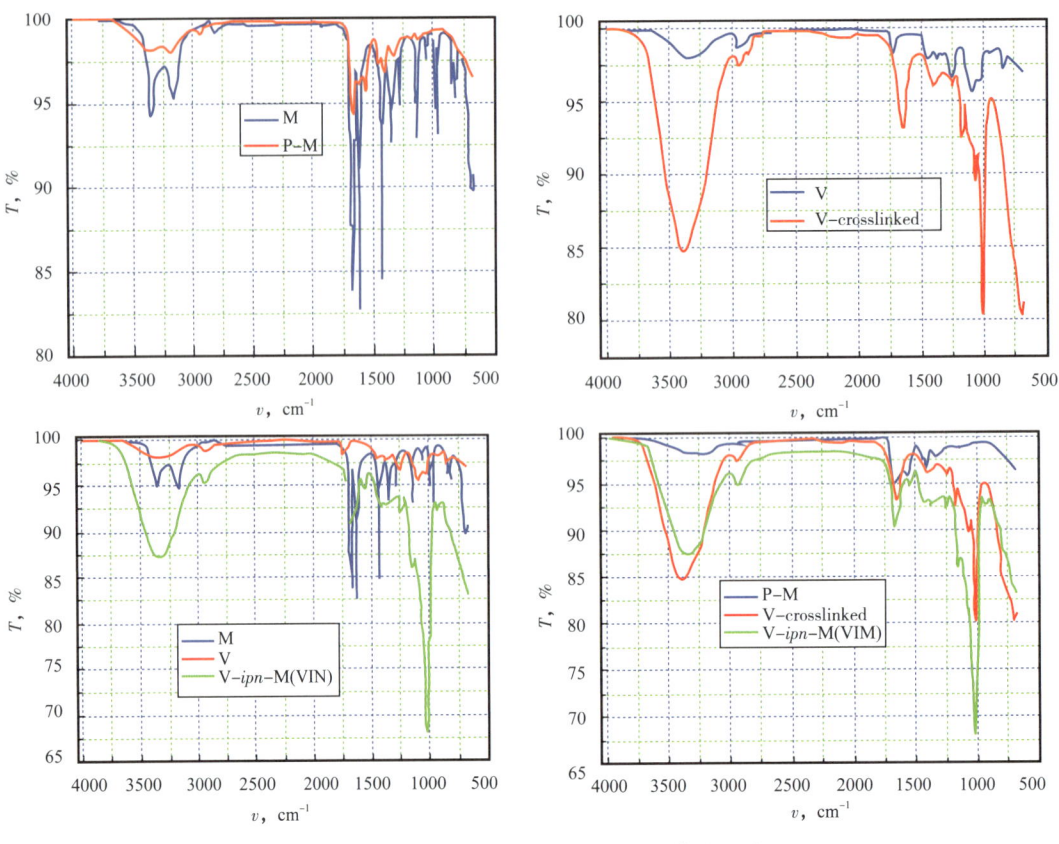

图 5-34 HTP 与 H-1、H-2 红外光谱对比图

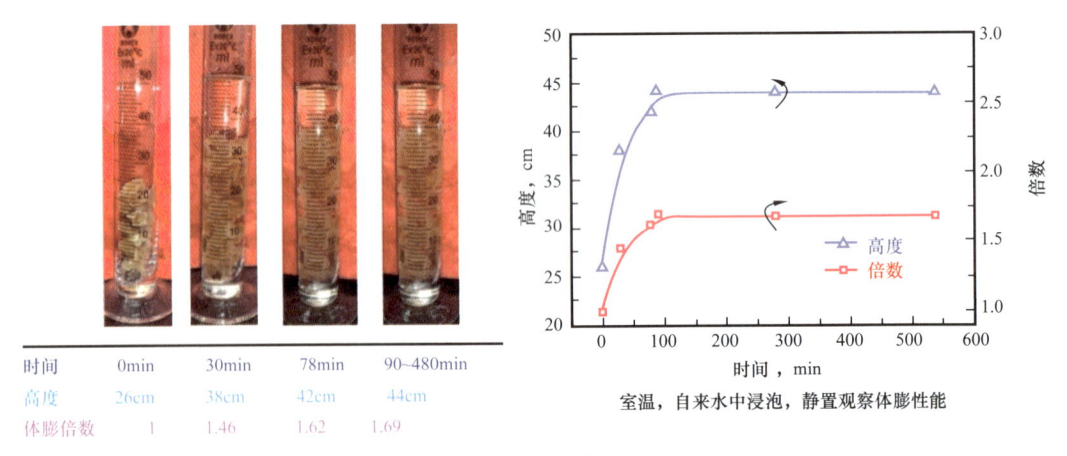

时间	0min	30min	78min	90~480min
高度	26cm	38cm	42cm	44cm
体膨倍数	1	1.46	1.62	1.69

室温，自来水中浸泡，静置观察体膨性能

图 5-35 HTP 吸水体膨性能

（2）HTP 材料长期热稳定性。

材料耐温实验结果表明：该材料具有较好的长期热稳定性能。在 120℃和 140℃的高温条件下、经过 130d 后，材料形状（观察）、弹性（按压）基本保持不变。

3. 置胶成坝深部液流转向技术

室内实验及数值模拟结果表明，水平井置胶成坝可以扩大注入流体纵向波及体积，可有效改善正韵律厚油层顶部开发效果，为老油田提高采收率提供一项新的方法。为降低矿场利用新钻水平井进行置胶成坝的技术经济风险，探索置胶成坝的规律，于2012年针对大庆油田多层系、多套井网嵌套开发的特点，提出利用过路直井置胶成坝进行深部液流转向。主要思路是在水力射流径向钻孔的基础上，向径向孔中注入凝胶，形成胶坝，实现注入流体深部液流转向。

1）油藏适应性评价

置胶成坝工艺是直接放置转向材料于主要潜力区域，调整储层深部非均质性，扩大平面及纵向波及体积，是一种堵剂深部放置的层内深部液流转向技术。由于从"全填充"为"局部填充"，化学剂体系用量低，但质量要求高。首先要求化学剂体系具有良好的优异的注入特性，从而易于充填不同渗透率区域；其次需具有良好的抗稀释能力，易于保证更高的转向质量[14,15]。

根据置胶成坝体系性能要求，基于胶束原理，制备了低黏、高强、抗稀释的胶束凝胶（SLM）。该体系为短链高浓低黏胶束体系，其主要组成为海藻酸钠（分子量400×10^4~600×10^4）、活性剂、交联剂（分子量50×10^4~70×10^4）等。

（1）抗稀释特性。

与HPAM溶液相比，SLM溶液的黏度远低于HPAM溶液，该特性可降低矿场施工条件下的摩阻，提高了其注入特性。且同等程度稀释后，SLM溶液黏度变化小。不稀释条件下，SLM溶液固化后的凝胶强度为HPAM凝胶的3倍左右。SLM溶液稀释至70%、50%时仍可成胶，强度有所降低，但差异较小；稀释至30%时，仍可凝胶化；稀释至20%以下时，无法成胶。HPAM溶液稀释至70%时可成胶，强度降低较大；稀释至50%以下时，则无法成胶。

（2）抗盐特性。

在考虑矿化度对化学剂影响的条件下，与聚合物溶液不同，SLM溶液体现出不同的行为，即其黏度变化不大，显示出良好的抗盐性能。加热固化后SLM固化后其强度差别远低于HPAM凝胶，即矿化度未明显影响其固化性能。

2）多轮次注入置胶成坝工艺

疏松砂岩油藏长期开采后，非均质性严重。堵剂注入后易沿高深条带窜流，不易充分填充目标区域空间，形成高质量隔挡屏障。与单轮次注入方式相比，由于注入压力的增大，多轮次注入可有效强化填充程度，大幅提高封堵能力。

（1）不同注入轮次的堵剂间存在弱胶结面。

多轮次注入是一种有效地提高充填程度的方法，但也存在不足，即微观上，不同轮次间的堵剂无法在多孔介质中建立统一的化学封堵结构，这会在一定程度上降低其封堵效果。

① 多孔介质中第一轮次注凝胶溶液，固化后反向水驱。

第一轮次凝胶溶液注入完毕后，反向水驱后最终形成了两条水流线，其中主水流线附近凝胶已被完全驱出，次级水流线水流线较细，是水流突破弱胶块后形成的。两条水流线流经的凝胶区即是凝胶成胶后的弱胶结带。

② 多孔介质中第二轮次注凝胶溶液，固化后反向水驱。

待第二轮次注入的凝胶溶液成胶后，进行第二轮次反向水驱。在实验中观察到，二次水驱时水流线沿着两轮次注入凝胶的胶结界面向前推进。主水流线的两侧即是第一轮次和第二轮次注入后形成的凝胶。在本实验中，随着水驱的持续进行，水驱突破凝胶后最终形成了3条水流线：与第一轮次反向水驱时处于相同位置处的主水流线和次级水流线，以及下部新形成的三级水流线。两轮次的水流线位置重合说明第二轮次注入的凝胶堵剂对第一轮次水驱时形成的水流通道封堵效果较差，即两轮次间凝胶堵剂存在弱胶结面。低部三级水流线的形成可能是由第二轮次封堵后反向水驱时水流在主流线和次及流线位置的突破压力较高，导致水流首先突破底部的凝胶。

③孔介质中第三轮次注凝胶溶液，固化后反向水驱。

第二轮次反向水驱完毕后，进行第三轮次的凝胶溶液注入。注入过程观测到，凝胶溶液的主要运移方向是第二轮次水驱时形成的3条水流线的反方向，并充填在凝胶的弱胶结面处。成胶后进行第三轮次反向水驱发现，注入伊始，水流在注入端聚集憋压，而后水流快速沿着第一轮次和第二轮次凝胶间的弱胶结面前推进，最终形成了与第二轮次水驱相同位置的主水流线。此外，水流还在第二轮次水驱时在底部形成的三级水流线突破凝胶。这一实验结果与第二轮次水驱时的结果相似，即水流线沿着第二轮次和第三轮次注入凝胶之间的弱胶结面分布。

凝胶堵剂多轮次注入实验结果表明，不同轮次注入的凝胶之间很难形成完整的凝胶体，即在凝胶间会形成弱胶结面，反向水驱时水流易从弱胶结面处反复突破，降低了多轮次注入凝胶的封堵强度。

（2）复合堵剂多轮次注入对弱胶结面的改善。

不同轮次注入的堵剂间存在弱胶结面的主要原因是不同轮次间凝胶堵剂成胶时间不同步，导致其不能形成完整的凝胶体。向堵剂中加入超细纤维等材料，可明显改善不同轮次间堵剂成胶后界面的胶结程度。

与单一的凝胶溶液相比，第二轮次复合堵剂溶液（凝胶溶液/超细纤维）中的纤维产生"粗糙界面"，使得复合堵剂溶液与多孔介质及已成胶的凝胶体之间的运移阻力增强，从而消除了不同轮次间水层的存在。此外，由于部分纤维可以"镶嵌"到已经成胶的凝胶体内部，故其会带动部分第二轮次注入的凝胶溶液进入到凝胶体内部，形成"锯齿状"凝胶界面，增强了胶结力，进而提高封堵强度。

第四节　应用实例

中国的中高渗透率、水驱开发油藏，油藏类型多样，主要以大型整装砂岩油藏、复杂断块砂岩油藏和砾岩油藏等为主。2010年前后，高含水后期油田开发规模调整仍有潜力。根据剩余油描述结果和层系井网重组可行性评价结果，这些油田建立了各自的层系井网重组模式。

喇萨杏油田一类油层已进入聚合物驱后，聚合物驱后技术尚未定型，主要以后续水驱挖潜为主。二类油层和三类油层细分层系开采、多套井网协同优化，其中，二类油层层系细分调整应考虑后续的化学驱三次采油，即"二三结合"调整模式。三类油层根据剩余油潜力在一些地区开展薄差层三次井网加密调整，并通过三次加密井网优化表外储层的开发，使分散在高含水油层中的未水洗表外潜力优先得到动用，提高整个油田的开发水平和效益。

北大港复杂断块油田由于明化镇组、馆陶组油层沉积类型不同，边（底）水能量不同，原油性质差异大，因此，在特高含水期建立明化镇组、馆陶组分层系开发的层系井网重组模式，其中，明化镇组水驱注采井网调整采用不规则井网，以挖掘小断层和储层构型控制的剩余油为主，其特点是在单砂层中低水淹区域部署新井，完善水驱注采井网；馆陶组直—平（斜）井组合，在有足够剩余可采储量的有利区域，部署水平井，减缓底水锥进。

新疆克拉玛依六中东区—七中区，提出了将克上组、克下组细分层系，采用一套井网由下而上接替开发，首先完善克下组井网。在具体完善井网过程中，根据剩余油潜力评价结果，在有利区域采用反七点均匀加密井网，井距由 250～350m 缩小到 125～175m。开发方式由单纯水驱向水驱+调驱相结合的方式过渡。

一、杏树岗多层砂岩油藏开发调整示范区实例

1. 杏六中区薄差层三次加密调整

1）油藏地质概况

大庆杏六中区属于杏树岗油田，位于杏树岗背斜构造中部，面积约为 6.9km²。于 1968 年投入开发，至 2010 年已部署基础井网、一次加密井网、二次加密井网三套井网合层开采，油水井总井数为 261 口，油田地理位置及注采井网如图 5-36 所示。

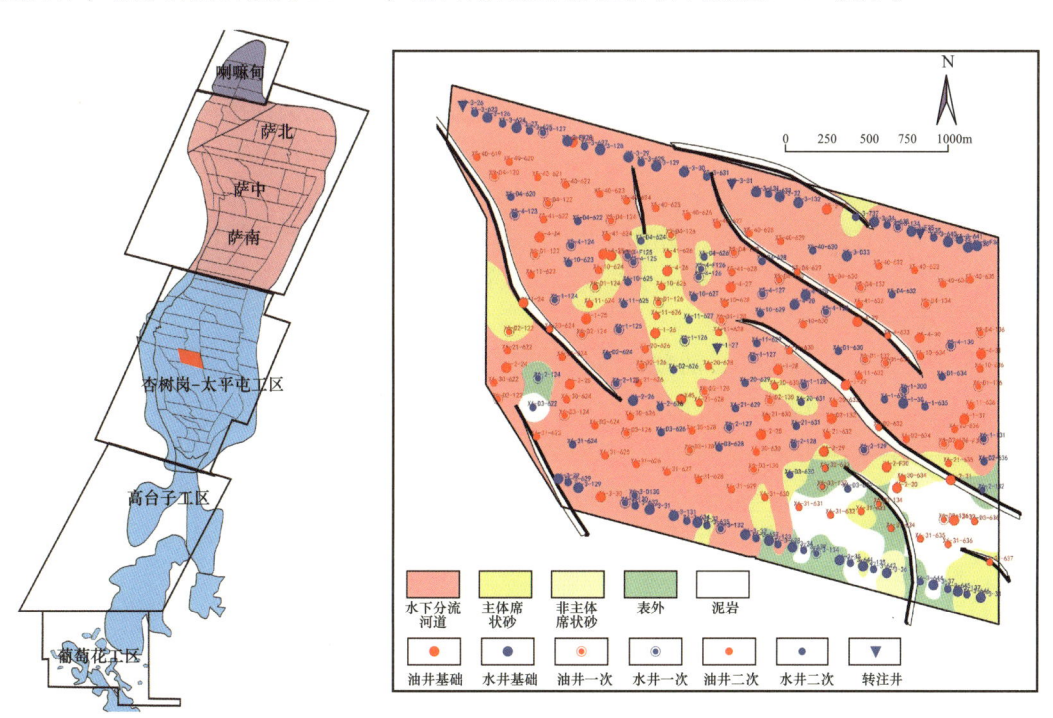

图 5-36 示范区工区位置和井网特征

（1）层发育特征。

研究区含油组合自上而下划分为萨尔图、葡萄花、高台子三套油层，共 6 个油层组、69 个小层、104 个沉积单元，地层发育稳定。

（2）构造特征。

杏树岗构造是大庆长垣中部的一个三级构造，构造比较平缓，两翼基本对称，东西翼

倾角分别为 2°～3° 和 4°～5°，构造轴向为北东方向 15°，长轴 20.4km，短轴 7.33km。共发育大小断层 7 条，断层全部为正断层，走向多为北西向或北西西向，少数为北东向。

（3）沉积特征。

长垣萨葡高油层是在湖盆与分流平原之间相位频繁变迁的条件下形成的，沉积了一套具有多级旋回性，岩相参差不齐，砂岩、泥岩频繁交互的河流三角洲沉积体系。主要经历了以下三个时期：青二段和青三段沉积晚期、姚一段沉积时期、姚二段和姚三段沉积时期。

（4）储层发育特征及储层物性。

杏六区纵向上，平均单井钻遇 80.8 个油层。根据大庆油田储层分类标准，杏六区 $PI_{1～3}$ 为一类油层，其他油层为三类油层。

一类油层划分为 8 个小层，其中，: P1-2-2 小层、P1-3-2 小层、P1-3-3-1 小层和 P1-3-3-2 小层河道砂发育，其他 4 个小层河道砂不发育，个别小层河间砂发育，现有井网统计数据表明（图 5-37）：钻遇一类油层 PI_{1-3} 的井有 258 口，平均单井钻遇有效厚度为 12.43m。一类油层 PI_{1-3} 的表外砂岩以连续性表外为主，全区平均连续型一类表外、二类表外厚度分别为 6.26m 和 0.81m；独立型表外相对不发育，全区平均独立型一类表外、二类表外厚度分别为 1.18m 和 0.97m。

三类油层以主体席状砂为主，其次是非主体席状砂，河道砂相对不发育，整体钻遇率低（图 5-38）。三类油层平均有效厚度 14.86m，SⅡ组有效厚度最大，为 7.56m，其次为 SⅢ组和 PI_4—PI_8，平均有效厚度分别为 3.9m 和 2.16m。PⅡ组、GⅠ组油层组的储层有效厚度、表外砂岩厚度小，为非主力油层中的比较差的储层。三类油层一类、二类砂岩厚度分别为 25.8m 和 17.6m，其中一类、二类独立型表外平均厚度分别为 11.84m 和 13.37m。

杏北地区河相、湖相碎屑岩储渗性较好，有效孔隙度一般在 20%～28% 之间，渗透率与孔隙度呈单对数直线关系。原油属于低含硫、高凝固点的石蜡基原油，地下水属碳酸氢钠型陆相生成水，天然气主要以伴生气的形式存在。

（5）原始油水分布特征。

杏北开发区为背斜型砂岩油藏，属于受构造控制的块状油气藏，萨、葡、高油层具有统一的压力系统，边水、底水不活跃，杏六区位于杏树岗油田构造中部纯油区部位。油水界面在海拔 -1040～-1010m，自北向南逐渐抬高，西翼比东翼略高一些，油藏高度 231.4～245.1m，萨、葡、高油层具有统一的压力系统，边（底）水不活跃，无夹层水。

油层原始地层压力 10.67MPa，饱和压力 7.64MPa，原始地饱压差 3.21MPa。油藏温度 49.0℃，地温梯度 0.0286℃/m。

2）剩余油分布及调整潜力

截至 2010 年年底，杏六中区共有三套开发井网，其中，基础井网至二次加密井网平均钻遇不同类型油层的厚度统计情况见表 5-6，射开不同类型储层厚度统计情况见表 5-7，由表可见，基础井网射孔对象以中高渗透层为主，纵向上射孔段分布较大，平均单井初始产量为 40.5t/d；一次加密井网射孔对象以中低渗透层为主，平均单井初始产油量为 19.3t/d，初始含水率为 39.2%；二次加密井网射孔对象以薄差层为主，平均单井初始产油量 9.0t/d，而初始生产含水率为 58.4%。此外，不同期次的井网都不同程度地射开了一类、二类表外储层（独立表外），基础井网、一次加密井网、二次加密井网射开三类油层中一类独立表外厚度分别为 5.2m、7.4m 和 6.9m，平均射开厚度占钻遇厚度的比例为 52%；三套井网射

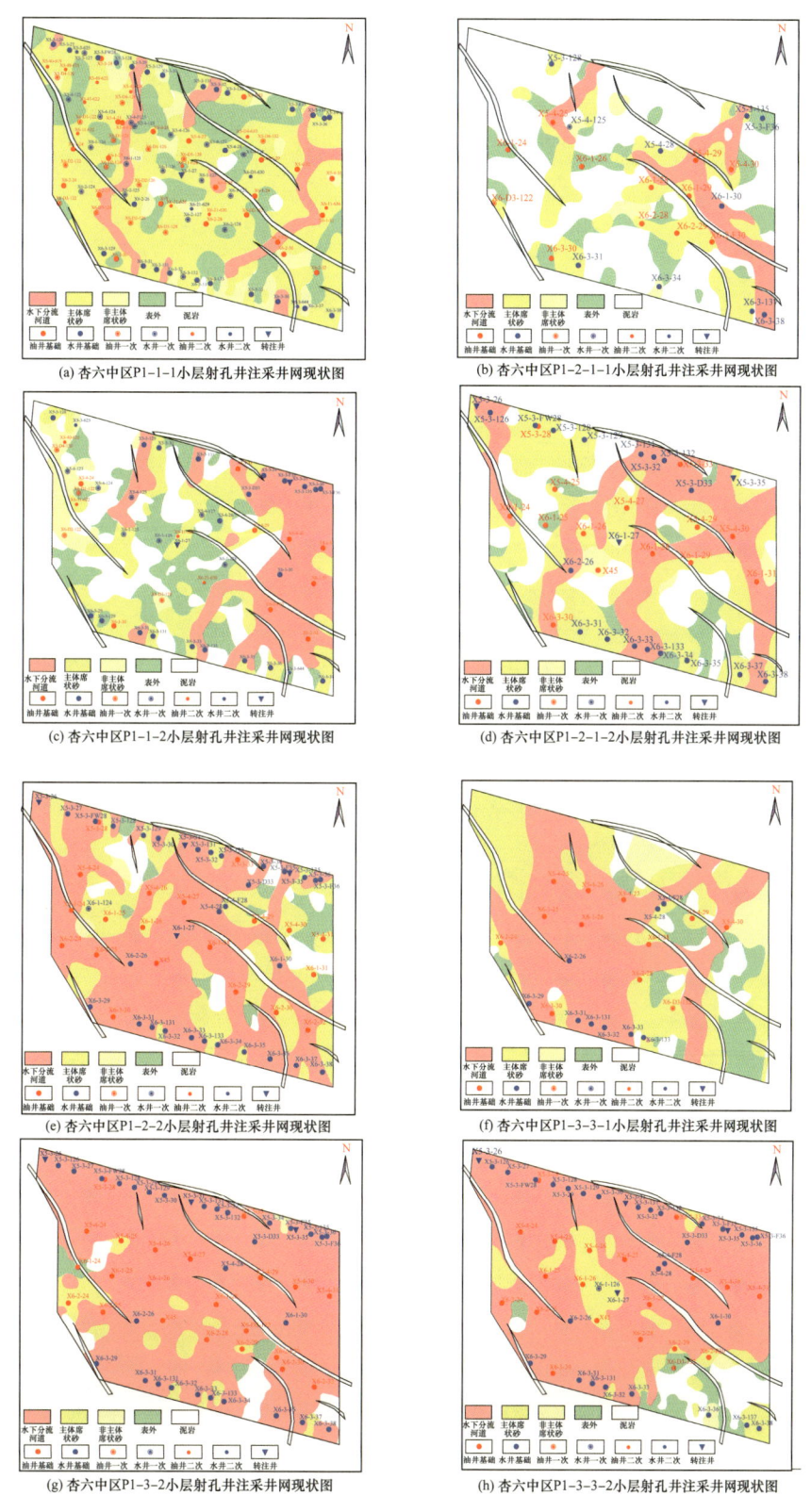

第五章 剩余油分布预测与开发调整技术

(a) 杏六中区P1-1-1小层射孔井注采井网现状图
(b) 杏六中区P1-2-1-1小层射孔井注采井网现状图
(c) 杏六中区P1-1-2小层射孔井注采井网现状图
(d) 杏六中区P1-2-1-2小层射孔井注采井网现状图
(e) 杏六中区P1-2-2小层射孔井注采井网现状图
(f) 杏六中区P1-3-3-1小层射孔井注采井网现状图
(g) 杏六中区P1-3-2小层射孔井注采井网现状图
(h) 杏六中区P1-3-3-2小层射孔井注采井网现状图

图5-37 杏六中区一类油层分布特点

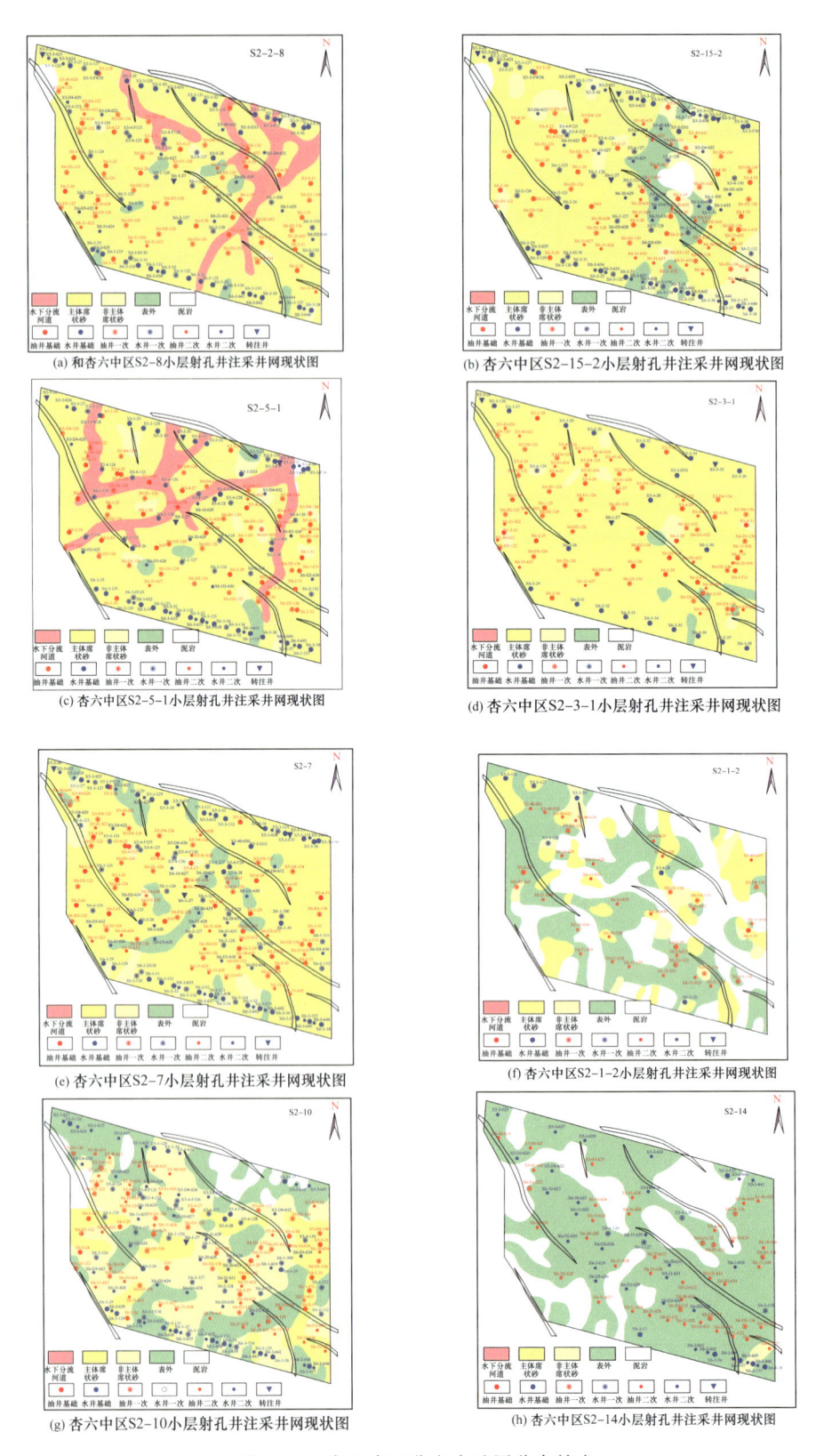

(a) 和杏六中区S2-2-8小层射孔井注采井网现状图

(b) 杏六中区S2-15-2小层射孔井注采井网现状图

(c) 杏六中区S2-5-1小层射孔井注采井网现状图

(d) 杏六中区S2-3-1小层射孔井注采井网现状图

(e) 杏六中区S2-7小层射孔井注采井网现状图

(f) 杏六中区S2-1-2小层射孔井注采井网现状图

(g) 杏六中区S2-10小层射孔井注采井网现状图

(h) 杏六中区S2-14小层射孔井注采井网现状图

图 5-38　杏六中区非主力油层分布特点

开三类油层中二类表外厚度分别为 3.5m、4.1m 和 5.1m，平均射开厚度比例 28%。

表 5-6　基础井网至二次加密井网平均钻遇不同类型油层的厚度统计表

油层类型	平均单井钻遇厚度，m		
	有效	表外一类	表外二类
一类油层	12.43	1.18	0.97
三类油层	14.86	11.84	13.37

表 5-7　基础井网至二次加密井网平均射开不同类型油层厚度统计表

油层类型	井网类型	平均单井射孔厚度，m			不同储层射孔井数，口		
		有效	一类表外	二类表外	钻井数	有效厚度射孔井数	总射孔井数
一类油层	基础井网	11.95	0.63	0.49	66	62	64
	一次加密	0.91	0.55	0.32	59	25	33
	二次加密	0.75	0.56	0.51	135	13	19
三类油层	基础井网	12.79	5.21	3.48	66	66	66
	一次加密	10.67	7.43	4.07	59	59	59
	二次加密	3.29	6.88	5.06	135	135	135

表 5-8　不同开发井网产量与含水对比表

井网	初始生产情况			2011 年 6 月生产情况		
	产油量，t/d	产水量，m³/d	含水率，%	产油量，t/d	产水量，m³/d	含水率，%
基础井	40.5	0.8	2.0	4.0	48.1	93.7
一次加密井	19.3	12.4	39.2	3.1	37.4	92.5
二次加密井	9.0	12.7	58.4	1.6	15.9	91.5

截至 2011 年 6 月，三套开发井网的生产含水率都已超过 90%（表 5-8），其中，基础井网平均单井产油量为 3.99t/d，含水率为 93.72%；一次加密井网平均单井产油量为 3.12t/d，含水率为 92.45%；二次加密井网平均单井产油量为 1.55t/d，含水率为 91.46%。根据杏树岗油田 2006 年以后 8 口检查井水洗分析结果，剩余油分布主要有以下特征：（1）三类类油层未水洗剩余油主要分布在有效厚度 1m 以下的席状砂体中，其中，有效厚度小于 0.5m 的薄油层（薄层砂）中存在未水洗层间剩余油，平均单井未水洗有效厚度合计约 0.9m；（2）表外储层相对发育，独立表外砂岩厚度 25.2m，未水洗层间剩余油厚度约 14.3m，且以二类表外为主。不同类型储层剩余油分布特征如图 5-39 所示，可见，剩余油主要存在于薄差油层中，针对薄差油层开展层系细分井网重组仍有潜力。

3）实施效果

三次加密调整井采用均匀部署，考虑到三次加密调整对象为薄差油层，渗透率比较低，因此，采用注水强度比较大的规则五点法注采井网，井距为 150m。三次加密调整井网射孔方案设计要考虑与已有井网的协同开发问题，具体地说，对于任一指定的小层，三次加密井与射开该层的已有开发井要保持足够距离，即与邻近的同井别的井，井距要大于 50m，与邻近的不同井别的井井距要大于 80m；并与原有井网共同完善不同油层的注采关系。杏六区中区面积约为 6.9km²，设计三次加密井 280 口，其中注水井 121 口，采油井 159 口，建产能 12.44×10⁴t，2011 年年底逐步建设投产，杏六区中部三次加密油井生产曲线如图 5-40 所示。

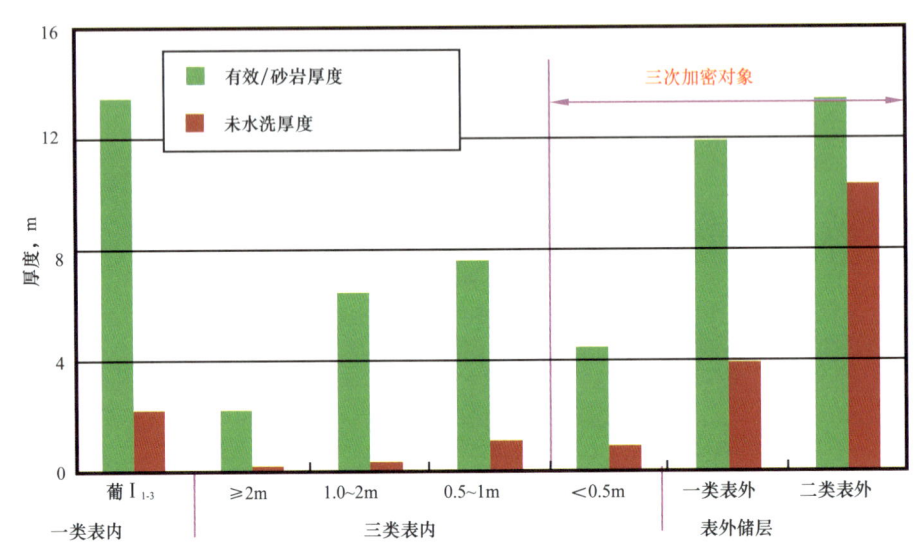

图 5-39 杏六中区不同类型油层发育情况及未水淹剩余油潜力

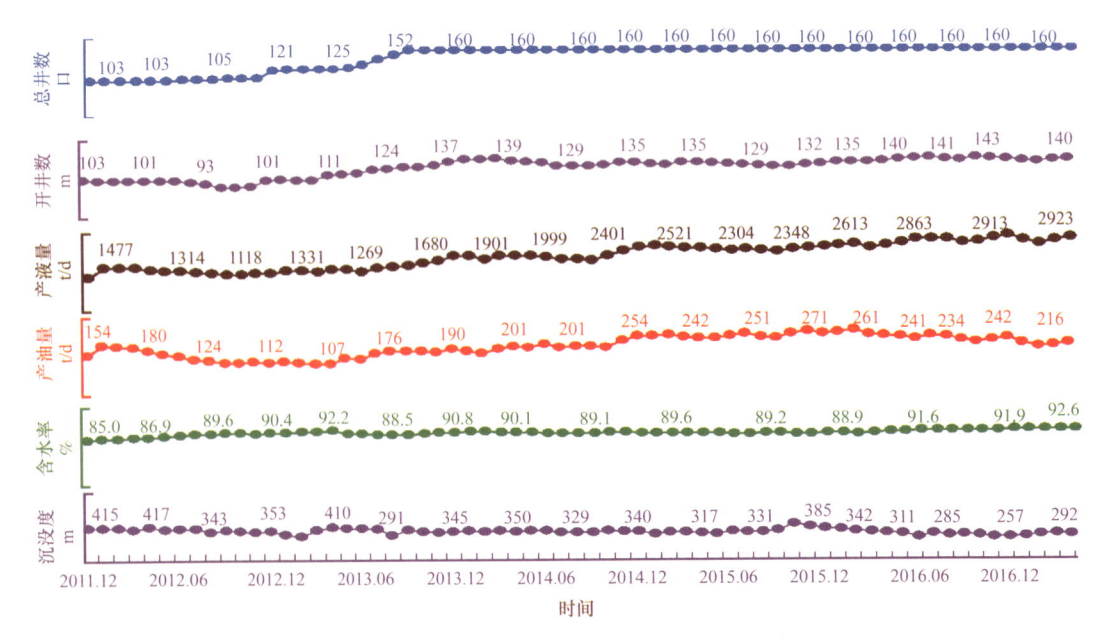

图 5-40 三次加密井投产后的开采动态曲线

杏六中的三次加密调整方案实施后，油水井于 2011 年 12 月投入生产，新井初期产量为 2.1t/d，含水率为 85%，含水率比老井低 7.5%。截至 2016 年年底，新井平均单井产量约为 1.54t/d，含水率比老井低 2%，平均年综合递减率仅为 6% 左右。区块产量由 182t/d 上升到 387t/d，水驱采收率提高了 2% 以上，杏六中区开采动态曲线如图 5-41 所示。

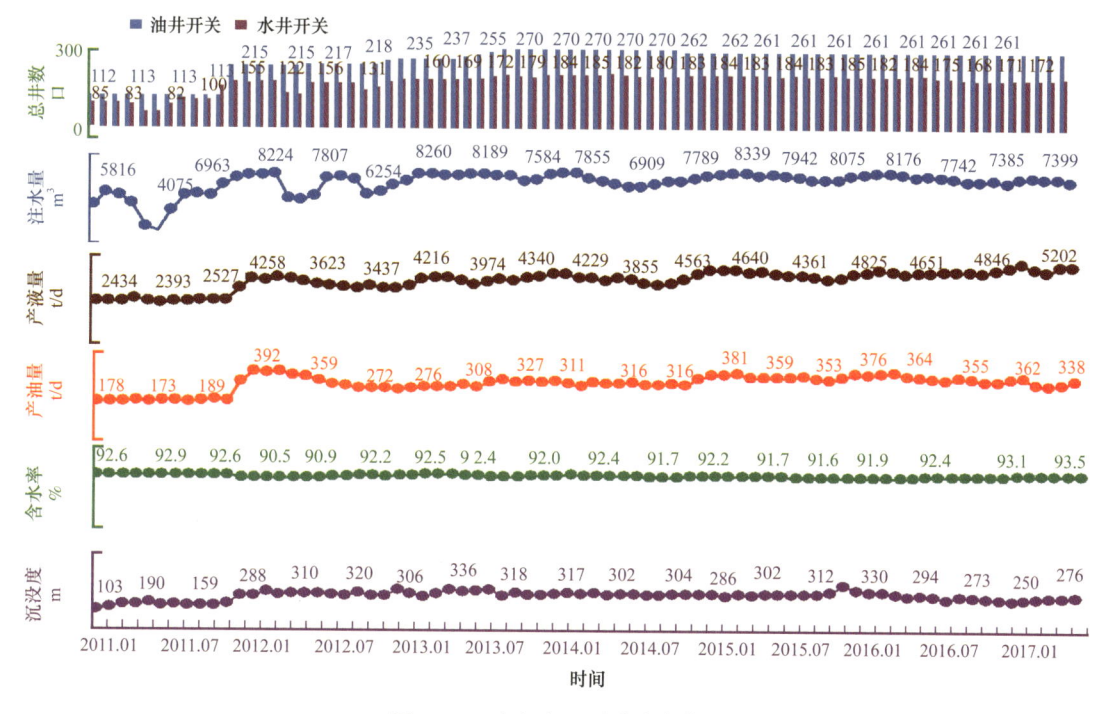

图 5-41　杏六中区开采动态曲线

2. 表外储层独立开发

1）试验概况

杏六中区的上述三次加密调整，调整对象主要是表外储层与表内薄层。这种以表外储层为主、扩射表内薄层的射孔方式，使得一套层系内不同油层之间的物性差异仍然很大，渗透率级差在 30 以上。实施效果统计表明：随着表外与表内射孔厚度比例从 6.46 降低到 3.08，油井产液量由 9.2t/d 增加到 13.8t/d，产油量下降由 3.3t/d 下降到 0.48t/d，含水率从 60% 上升到 90% 以上（图 5-42）。由此可见，三次加密井扩射表内储层厚度不同，初始日产油量差异较大，其中低于产油量 2t/d 的三次加密井比例在 70% 左右（图 5-43）。

针对三次加密井网表内表外层间矛盾依然突出的问题，提出了三次加密井网只开采未水淹独立表外储层的开发模式，即表外独立开发模式[5]。由于表外储层薄，平面连续性差，且在平面上与表内储层交叉分布，因此，开展了表外独立开发注采结构设计研究，提出了"厚注薄采"和"薄注厚采"两种注采结构模式，并于 2012 年年底开展了 10 注 18 采的井组试验。厚注薄采（以油定水）：油井只选择表外潜力层段射孔，依据油井的射孔层位确定相邻水井的射孔层段；薄注厚采（以水定油）：水井只选择表外潜力层段射孔，依据水井的射孔层位确定相邻油井的射孔层段。

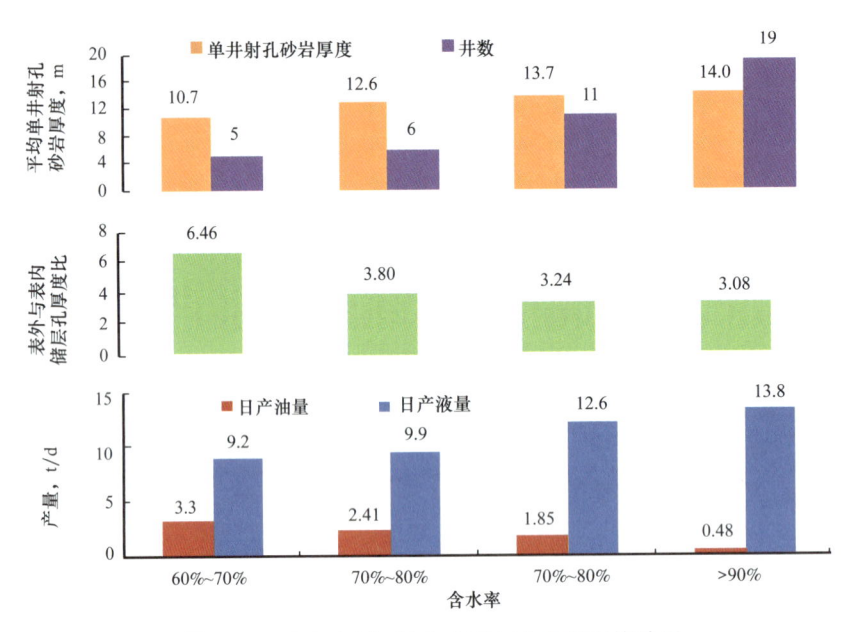

图 5-42 杏六中区三次加密井初含水状况统计图

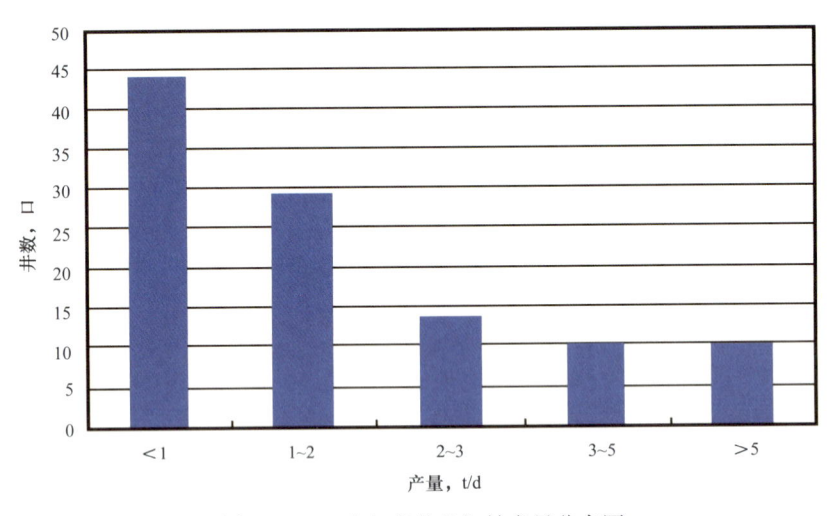

图 5-43 三次加密井的初始产量分布图

2）实施效果

矿场试验结果表明，无论是厚注薄采还是薄注厚采模式，平均单井产量都比较高（图5-44），相对而言，厚注薄采（以油定水）模式开发效果明显优于薄注厚采（以水定油）模式。

独立表外试验实施以后产量逐步攀升，含水稳中有降。2015年10月平均单井产油量为4.8t/d，开发效果明显优于同区块三次加密井（图5-44）。

3）精细挖潜工艺措施

"十二五"期间，长垣6个精细挖潜示范区共实施各类油水井措施2633井次，占油水井总数的83.9%，其中，注水井措施1466井次，占水井总数的117.7%；采油井措施1167井次，占油井总数的61.7%，措施有效率94.9%。

图 5-44 开发加密新井产量对比图

（1）油井工艺措施。

大庆长垣 6 个示范区开展精细挖潜 5 年以来，共实施油井措施 1167 井次，其中，采油井压裂实施 371 井次，平均单井增油量为 5.1t/d，平均有效期 12 个月，有效期累计增油 1213t。采油井补孔实施 254 井次，平均单井增油量为 4.0t/d，平均有效期 20 个月，有效期累计增油 1533t。采油井堵水实施 217 井次，平均单井降液量为 19t/d，增油量为 0.5t/d，平均有效期 12 个月，有效期累计增油 145t、降水 14986t。采油井换泵实施 191 井次，平均单井增油量为 2.2t/d，平均有效期 9 个月，有效期累计增油 594t。采油井大修实施 134 井次，平均单井日增油量为 2.4t/d。示范区油井措施增油贡献比例达到 60.2%，对示范区稳产起到重要作用。

表 5-9 大庆长垣示范区油井主要措施效果汇总表

措施时间	措施分类	实施井数口	措施前 产液量 t/d	措施前 产油量 t/d	措施前 含水率 %	措施后 产液量 t/d	措施后 产油量 t/d	措施后 含水率 %	差值 产液量 t/d	差值 产油量 t/d	差值 含水率 %	有效期 mon	累计增水量 t	累计增水量 t
5年合计	压裂	371	23	1.5	93.45	61	6.6	89.25	39	5.1	-4.21	12	1213	10612
	补孔	254	23	1.2	94.73	48	5.2	89.13	25	4.0	-5.60	20	1533	14916
	堵水	217	89	3.6	96.00	70	4.0	94.24	-19	0.5	-1.76	12	145	-14986
	换泵	191	44	3.1	92.79	68	5.3	92.10	24	2.2	-0.69	9	594	7362
	大修	134	15	0.8	94.48	54	3.2	94.08	39	2.4	-0.40	/	/	/

（2）注水井工艺措施。

大庆长垣 6 个示范区且开展精细挖潜 5 年以来，共实施注水井措施 1466 井次。其中注水井压裂共实施 275 井次，注水压力下降 1.5MPa，平均单井日增注 39m³；注水井酸化共实施 726 井次，注水压力下降 0.6MPa，平均单井增注量为 28m³/d；注水井补孔共实施 93 井次，平均单井增注量为 26m³/d；注水井大修共实施 260 井次，平均单井增注量为 104m³/d；油井转注共实施 55 井次，平均单井增注量为 41m³/d。调剖后注入压力增大，实注量下降，控制了高渗透部位吸水。示范区注水井调整及措施受效增油比例达到 25.1%，是实现示范区稳产的有效对策。

表 5-10 大庆长垣示范区注水井措施效果表

措施时间	措施类型	实施井数口	措施前 注水压力 MPa	措施前 配注量 m³	措施前 实注量 m³	措施后 注水压力 MPa	措施后 配注量 m³/d	措施后 实注量 m³/d	差值 注水压力 MPa	差值 实注量 m³/d
5年合计	压裂	29	16.2	16.7	4.3	9.9	17	14	-6.3	10
	酸化	116	15.2	15.0	3.5	12.8	15	11	-2.5	7
	补孔	31	10.7	12.8	12.8	13.1	27	27	2.3	14
	调剖	79	10.6	15.9	15.9	13.3	16	16	2.7	0
	大修	48	5.2	10.3	3.8	9.9	15	15	4.7	11
	转注	88				7.7	14	14		14

（3）分注工艺措施。

大庆长恒 6 个示范区共实施注水井 5 年内细分重组 1209 井次，其中，前 3 年平均年实施 301 井次，后 2 年平均年实施 153 井次。注水井细分调整实施 1005 井次，平均单井注水层段数由 4.0 段提高到 5.7 段，配注量增加 9m³/d，实注量增加 8m³/d，周围油井平均单井增液量 1.77t/d，增油量 0.29t/d，综合含水率下降 0.37%。其中前 3 年实施 804 井次，平均单井注水层段数由 3.9 段提高到 5.7 段，配注量增加 10m³/d，实注量增加 8m³/d，周围油井平均单井增液量 1.80t/d，增油量 0.31t/d，综合含水率下降 0.40%；后 2 年实施 201 井次，平均单井注水层段数由 4.4 段提高到 5.6 段，配注量增加 6m³/d，实注量增加 7m³/d，周围油井平均单井增液量 1.65t/d，增油量 0.22t/d，综合含水率下降 0.26%。

注水井重组调整实施 204 井次，平均单井注水层段数由 5.4 段调整到 5.2 段，配注量增加 1m³/d，实注量增加 3m³/d，周围油井平均单井增液量 1.41t/d，增油量 0.20t/d，综合含水率下降 0.21%。其中前 3 年实施 99 井次，平均单井注水层段数由 4.9 段调整到 4.8 段，配注量增加 3m³/d，日实注量增加 3m³/d，周围油井平均单井增液量 1.41t/d，增油量 0.20t/d，综合含水率下降 0.19%；后 2 年实施 105 井次，平均单井注水层段数由 5.8 段调整到 5.4 段，配注量不变，实注量增加 3m³/d，周围油井平均单井增液量 1.42t/d，增油量 0.21t/d，综合含水率下降 0.26%。

表 5-11 大庆长垣示范区注水井细分重组效果表

实施时间	项目	水井平均单井调整情况						油井平均单井受效情况							
		井次	层段变化,段		水量变化,m³		井次	见效前			见效后			差值		
			调前	调后	配注差	实注差		产液量 t/d	产油量 t/d	含水率 %	产液量 t/d	产油量 t/d	含水率 %	产液量 t/d	产油量 t/d	含水率 %
5年合计	细分	1005	4.0	5.7	9	8	1854	44.65	3.02	93.24	46.42	3.31	92.87	1.77	0.29	-0.37
	重组	204	5.4	5.2	1	3	420	50.20	3.39	93.24	51.61	3.59	93.04	1.41	0.20	-0.21

总之，大庆长垣 6 个示范区自精细挖潜 5 年以来，年产油始终保持在挖潜前的 162×10^4t 以上。5 年间，示范区年均含水率仅上升了 0.29%，实现了"产量不降，含水基本不升"的阶段开发目标。

二、复杂断块油藏层系井网重组优化设计实例

1. 油田概况

大港油田港西二区纵向上含油层组主要为明化镇组和馆陶组，早期（1965—1980 年）开发井网采用 300~400m 井距对主力油层（砂体）部署开发井网，并通过这些油水井进行油藏滚动评价和部署，扩边部署开发井网，完善和调整注采关系，基本控制油藏；1981—1990 年，局部注采关系调整，井距基本保持不变，即明化镇组平均井距 300m，馆陶组平均井距 400m 左右；1991—2000 年随着油田含水的不断上升，开展了第一轮精细油藏描述，在精细描述构造、断层及砂体展布基础上进行了开发井网加密调整，明化镇组平均井距由 300m 左右减小到 230m 左右；2001—2008 年，在精细刻画微构造和复查油层的基础上进一步缩小井距加密调整，平均井距减少到 150m 左右。由于套损套变严重，损失井点不断增多，至 2009 年注采井网极不完善（图 5-45）。2008 年以后开展了储层精细结构表征单砂体及其构型控制和剩余油潜力评价，提出了层系井网重组方案，再次完善注采井网平均井距 150m[9]。截至 2008 年，采油井开井 444 口，注水井开井 224 口，采油速度 0.78%，采出程度 29.0%，累积注采比 0.98，可采储量采出程度达到 83.8%，综合含水 91%，标定水驱采收率 34.6%。油田开发生产主要面临着含水急剧上升，自然递减居高不下，稳产形势日益严峻等问题。"

1）平面矛盾突出，单层注采对应差

套变造成井网不完善，单向受益井比例高。港西油田注采对应率偏低，约为 63.8%，注水开发单向受效井占总受益井的比例为 51.5%，双向受益井比例位 33.1%，多向受益井比例仅 15.4%，影响水驱开发效果。示踪剂监测结果表明：即使注采井网完善的井组，注采见效同样具有方向性，部分层长期不见效。

2）层间动用差异大，层间矛盾突出

各油组采出状况差异大，剩余潜力不均。首先，不同油层采出程度差异大，Nm2 组、Nm3 组、Ng2 组采出程度高，大于 30%；Ng3 组、Nm1 组采出程度低，小于 15%。其次，层间吸水状况差异大。主力层吸水强度高，非主力层长期吸水差。

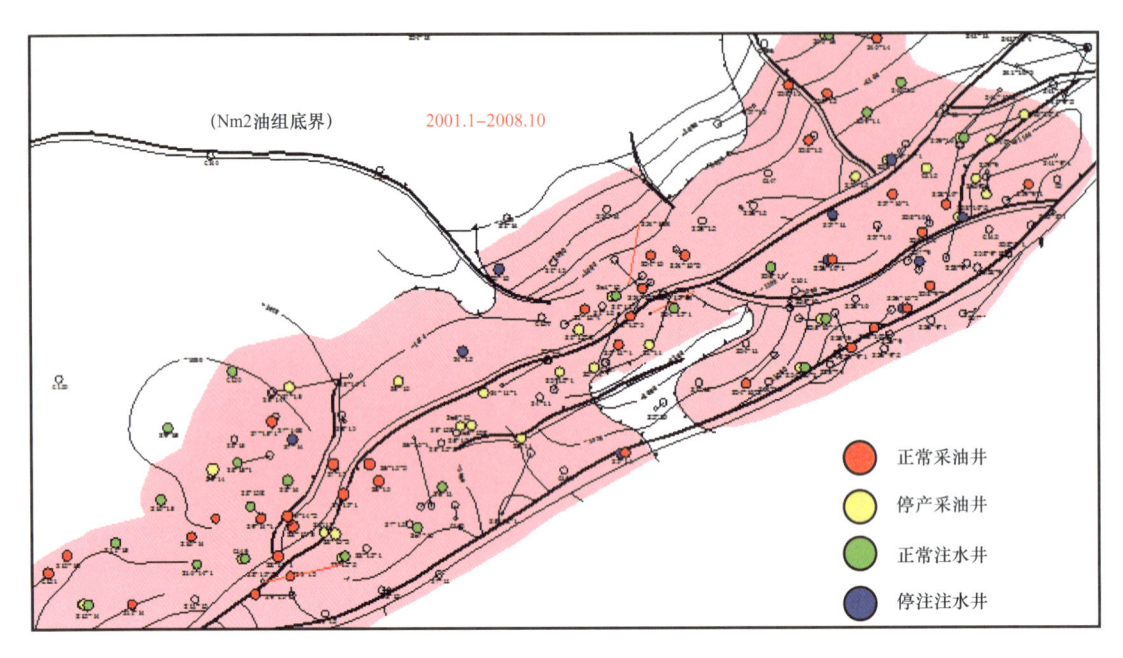

图 5-45 2008 年大港油田港西二区注采井网状况图

3）出砂严重井况复杂

胶结物以泥质为主，平均泥质含量 18.7%。黏土矿物含量较高，存在较强的水敏和速敏性。加上长期注水开发，致使出砂严重。港西油田 1992 年以来每年老井防砂平均 30 井次，占年措施总井次的 15%～20%。若加上新井、补孔防砂工作量则达到 70 井次左右。

4）套变裸露井段对分层注水和层系划分带来严重影响

大量套变井的存在，在油层段已射开动用情况下，如果不能实现有效封层，部分射孔裸露井段将对今后分层注水和开发层系调整产生极其不利的影响。

2008—2011 年，港西油田作为中国石油"二次开发"示范工程，在"重构地下认识体系、重组井网结构、重建地面流程"的三重理念指导下，在精细地质研究重构地下认识体系和重建层系井网方面，开展了大量工作，取得了好的实施效果。

2. 井—震结合重建地层及构造模型

采用相干分析、边缘检测、倾角计算技术多种方法，通过井—震结合、动静结合，进行构造精细解释、微构造研究、井间断层识别技术手段，深化对断裂系统和构造形态认识，主要表现在主控断层组合方式变化，港西断层南翼构造复杂化，构造北翼断层局部调整；完成了全区 6 条骨架剖面和 150 条小剖面的油层组和小层进行统层，调整油层组、小层地层界线，重建 76 个单砂层地层格架，完成了相控约束下油藏等时地层格架及构造模型的建立。

3. 基于单砂体表征的油藏重构认识

在曲流河单砂体的精细刻画基础上，深化了静态油水界面和动态注采关系认识，为精细油藏开发调整、有效解决原油藏的生产矛盾奠定基础，油藏认识变化主要如下：

1）单砂体表征解决油水静态矛盾，发现新储层

如 $Nm2_4^2$ 单砂层港 112 油藏为新增油藏。在原研究成果中港 112 井区砂体与西 37-

10-1 井区砂体属于同一储层（图 5-46），但是储层内部存在油水矛盾。单砂体分析刻画表明，港 112 井砂体为单井控制的点坝砂体，该砂体与西 37-10-1 井区砂体不连通，且测井解释为油层。分析后确认为单井控制的新油藏（图 5-47），增加含油面积 0.024km²，新增地质储量 1.18×10^4t。

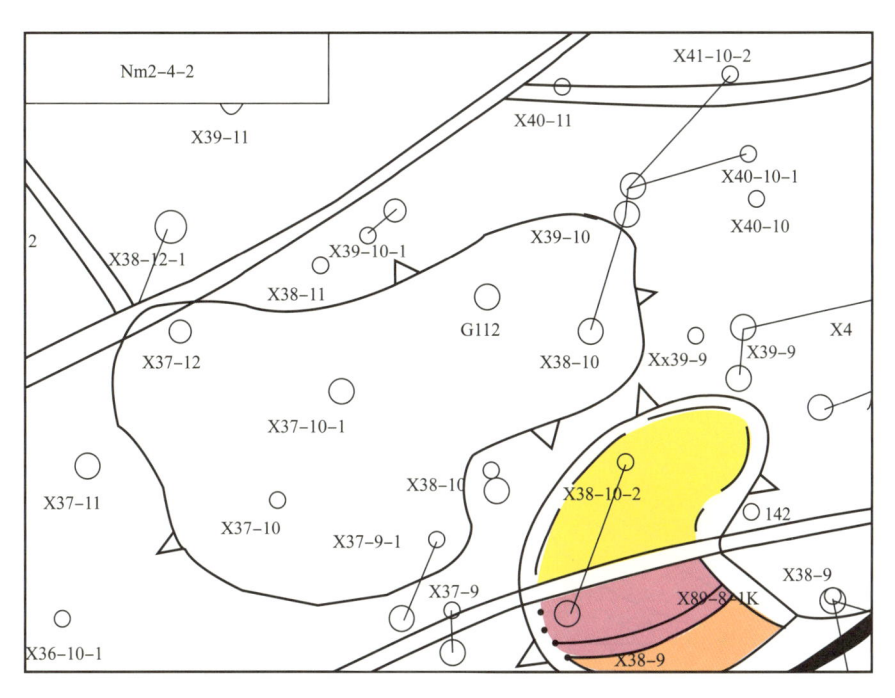

图 5-46 港 112 井区 $Nm2_4^2$ 单砂层油藏原认识

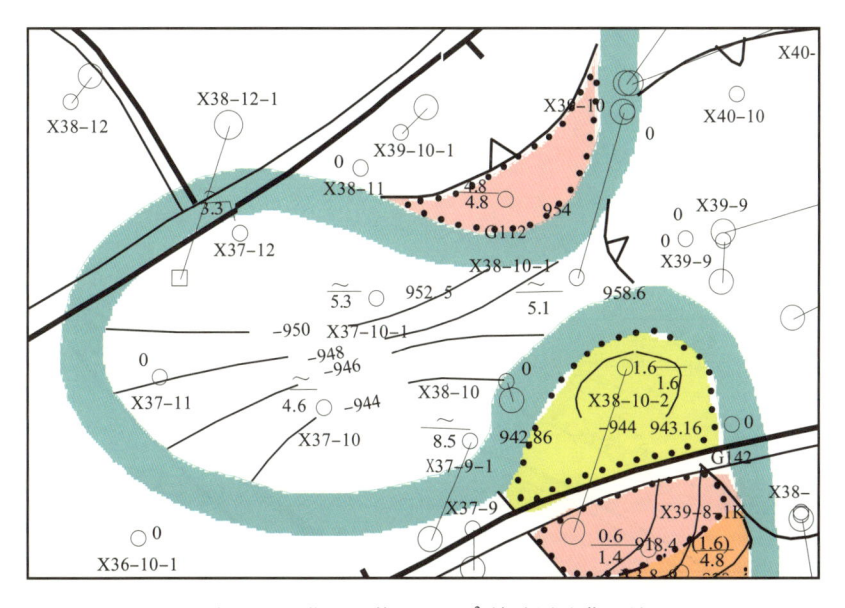

图 5-47 港 112 井区 $Nm2_4^2$ 单砂层油藏现认识

2）单砂体边界切割，细分出多个油藏

研究区 15 个油藏被单砂体边界分割，分割后变为 31 个，如 $Nm2_7^2$ 单砂层港 112 油藏

（图5-48、图5-49）。该油藏原为东西向展布的条带状油藏。通过单砂体刻画研究，在西38-10-1井处发育废弃河道沉积，砂体被分割为东西两个点坝砂体，形成两个相互独立的油藏。经过动态验证，港112井区单砂体累计产油$0.63×10^4$t，无注水井，边底水不发育，单砂体动态显示能量不足，而右侧单砂体港3油藏，由于水井补充能量，动液面分析油藏能量充足。

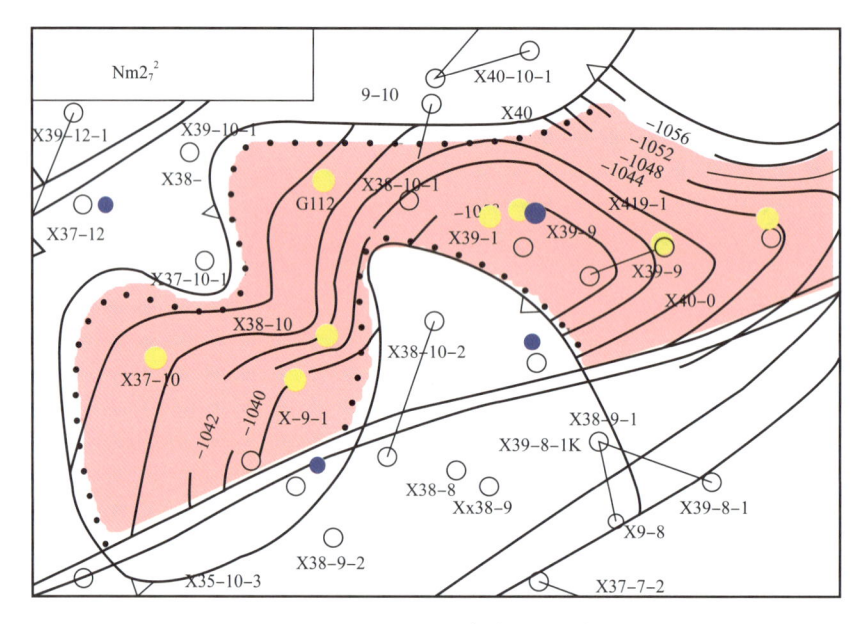

图5-48 港112井区$Nm2_7^2$单砂层油藏原认识

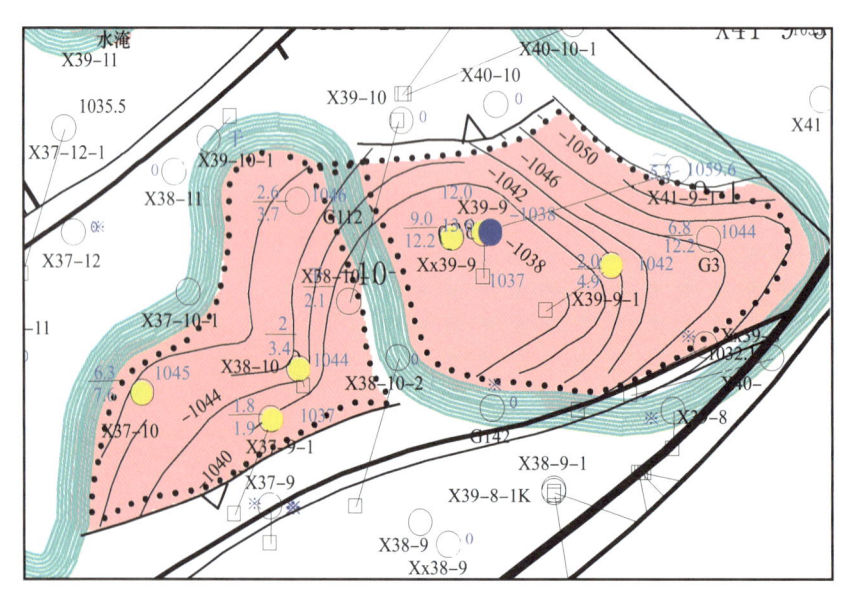

图5-49 港112井区$Nm2_7^2$单砂层油藏新认识

4. 剩余油分布及开发调整潜力

经过40余年的注水开发，剩余油分布总体呈现"整体高度分散，局部相对集中"的状态，剩余油富集区分为以下6类，其中，主力水淹砂体和馆陶底水油藏顶部所占的储量较大，废弃河道边部和断层控制所占的储量次之，正向微构造和零星小砂体所占的储量较少。在平面上，剩余油主要分布在主力砂体边缘、断层附近、废弃河道一侧或两侧；在纵向上，由于河流相储层具有明显的正韵律特征和侧积体的存在，剩余油主要分布在油层上部；对于底水油藏，由于底水锥进，剩余油主要分布在井间和无生产井控制的含油区；对于注采不完善（油水井都已关停、有采油井无注水井、有注水井无采油井）的单砂体，仍有一定的剩余油潜力（表5-12）。

表 5-12　港西油田二区剩余油分布形式分类表

类型	个数	地质储量，10^4t	个数所占百分比，%	剩余储量所占百分比，%
废弃河道边部	21	125.39	8.54	15.29
断层控制	43	146.23	17.48	17.83
正向微构造	22	71.18	8.94	8.68
主力水淹砂体	10	218.25	4.07	26.61
馆陶底水油藏顶部	22	196.54	8.94	23.96
零星小砂体	128	62.71	52.03	7.64
合计	246	820.3	100	100

1）高采出程度主力砂体控制的剩余油

油田注水开发时，受储层平面非均质性影响，在平面上注入水往往突进，在经过长时间的水驱后，原本已非常疏松的储层容易发展成优势通道，进而在其他方向上削弱注入水的影响，甚至造成某些方向未水驱。虽然主力砂体总体采出程度较高，但在水驱影响弱或未受水驱影响的区域仍存在一定量的剩余油（图5-50）。由于这些主力砂体已经过多次调整与完善，其采出程度一般在35%~50%之间，平均含水率已达90%~95%，剩余油饱和度已降至0.3~0.37。对于这类油藏，如果再利用常规水驱的驱替方法在短时期内大幅提高可采储量已非常困难，可通过深部调驱或三次采油技术进一步挖潜。

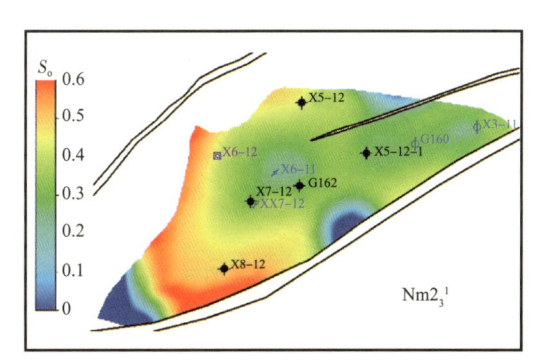

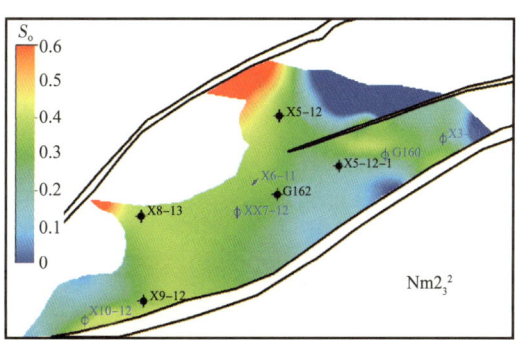

图 5-50　港西二区 $Nm2_3^1$ 和 $Nm2_3^2$ 层部分区域剩余油分布

2）废弃河道的边部控制剩余油

根据二次开发的理念，在重新构建地下认识体系的过程中，取得一些新的认识，原来认为连通的砂体，重新认识后发现被纵向上或横向上的废弃河道所切割成相互独立的部分，在废弃河道的周围形成滞油区，存在一定的剩余油（图5-51）。

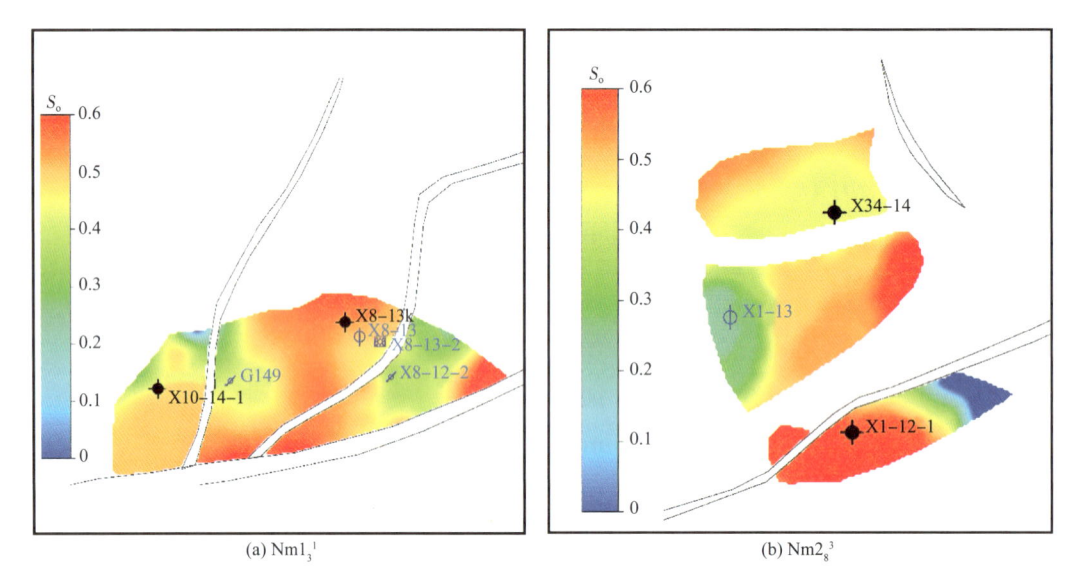

(a) $Nm1_3^1$

(b) $Nm2_8^3$

图5-51　港西二区 $Ng1_3^1$ 和 $Nm2_8^3$ 层部分区域剩余油分布

3）断层控制剩余油

在断层附近，由于断层遮挡作用，注入水只能沿某一方向运动，往往会形成注入水驱替不到或水驱较差的水动力滞留区，沿断层方向易形成面积较大的条带状油区，在断块的高部位往往会有剩余油分布（图5-52）。

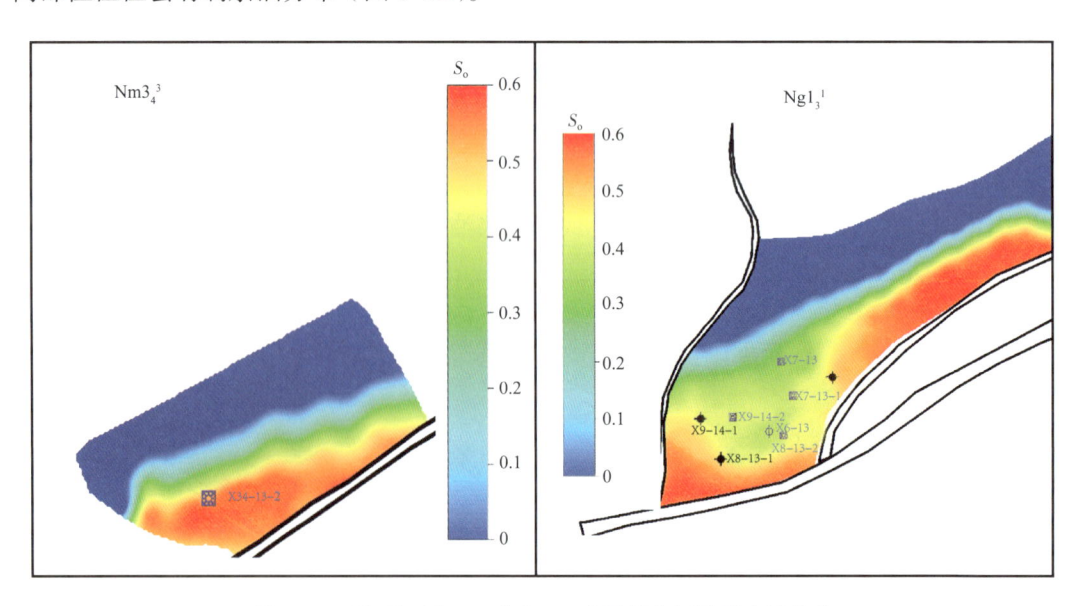

图5-52　港西二区 $Nm3_4^3$ 和 $Ng1_3^1$ 层部分区域剩余油分布

4）正向微幅度构造控制剩余油

勘探开发初期，由于井网稀、资料较少，构造图等高线间距较大，对小幅度构造圈闭往往认识不足，从而漏失了一些油层。这些微圈闭有时含油丰富，地震资料难以分辨，但依靠加密井地质资料可以发现，是油田开发中后期挖潜的重要潜力区。此外，在这种局部微幅度构造在重力作用下对注入水在油层中的运动起一定的控制作用。如果微幅度构造高部位没有井控制，就会形成剩余油（图5-53）。

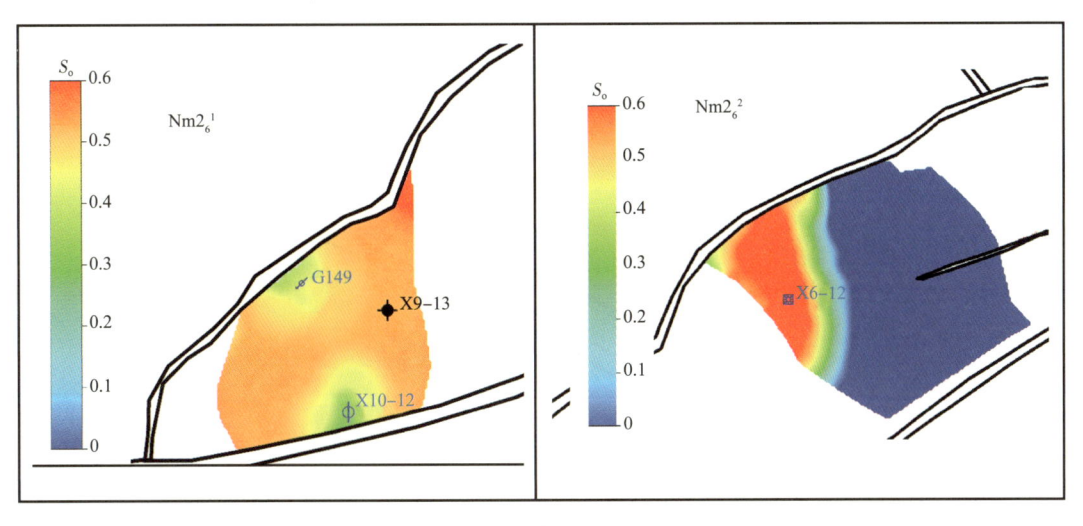

图5-53　$Nm2_6^1$和$Nm2_6^2$层部分区域剩余油分布

5）零星小砂体控制的剩余油

在油田开发初期，主要是发现大而厚的油层，一些"薄、差、散、小"等小规模油层常被忽视。这些油层物性相对较差，电性特征不明显，原始含油饱和度不高。由于注水波及程度较低或根本未波及，往往具有一定的储量（图5-54）。

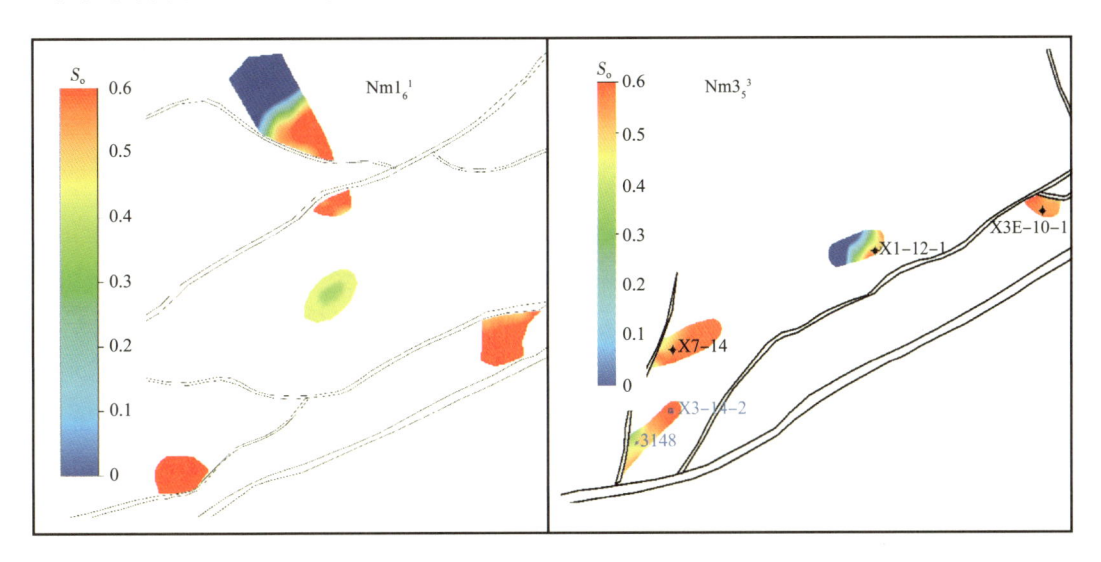

图5-54　$Nm1_6^1$和$Nm3_5^3$层部分区域剩余油分布

6）底水油藏上部未水淹区

港西二区馆陶组大部分砂体有充足的底水，开发过程中由于底水锥进，导致生产井点处高含水，而在井的周围存在大量剩余油（图5-55）。

- 317 -

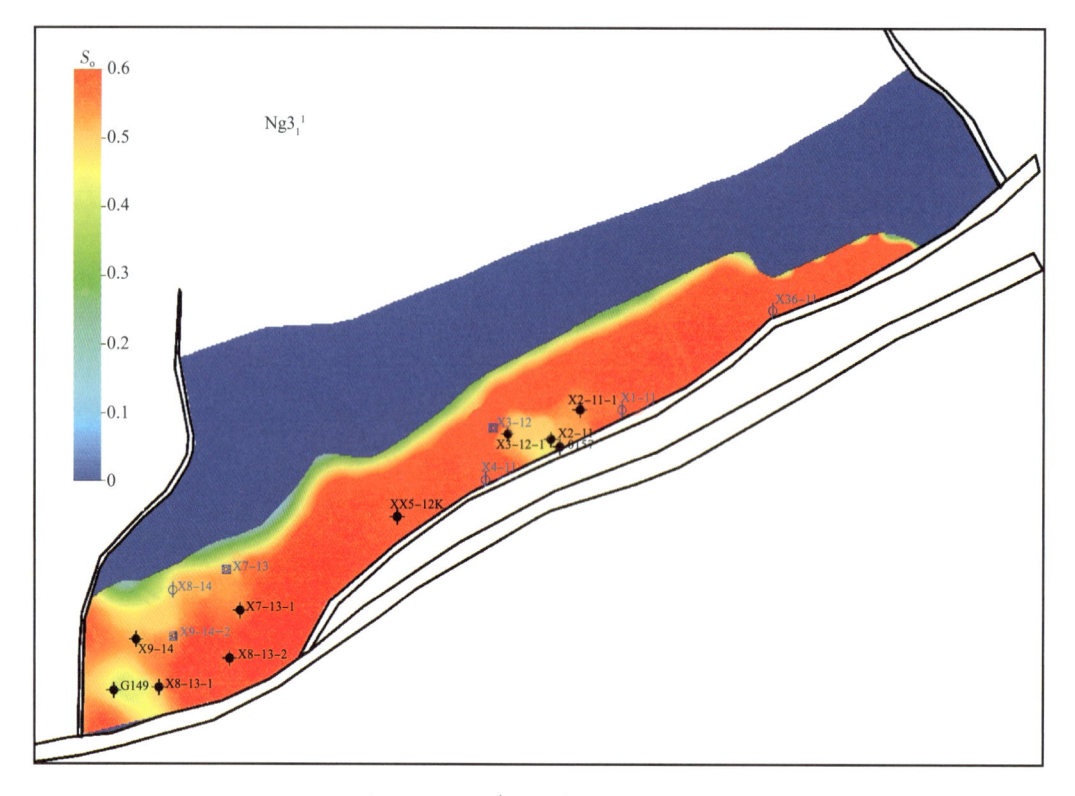

图 5-55　Ng3$_1^1$层剩余油饱和度分布

5. 油藏工程方案优化设计要点

1）层系细分政策界限

建立单井控制可采储量与剩余可采储量丰度之间的关系，按注采井数比 1∶1.2～1∶1.5 井网计算，单井控制范围 150m×200m 的独立层系极限剩余可采储量丰度为（18.50～20.32）×10^{4}t/km^2。馆陶水平井部署在低水淹、剩余油富集的区域，单井控制范围 200m×300m 的独立层系极限剩余可采储量丰度为 16.3×10^{4}t/km^2（图 4-17、图 4-18）。

根据剩余油精细描述模型结果，Nm Ⅰ、Nm Ⅱ、Nm Ⅲ油层组的剩余可采储量丰度低于独立开发层系极限，表明这些油层组不具备成立单独层系系统井网调整的条件。通过将 Nm Ⅰ—Nm Ⅲ 油层组组合作为一套开发层系，则可满足达到剩余可采储量丰度界限。可在此基础上进行层系重组，进行系统的井网调整，其中，Ng Ⅰ+Ng Ⅱ 组水平井开发剩余可采储量丰度界限 20.7×10^{4}t，结合理论计算的剩余可采储量丰富，可以作为独立层系、采用水平井调整；Ng3 组水平井剩余可采储量丰度界限 16.3×10^{4}t，适合规模部署水平井。

2）开发井网

港西油田二次开发井网优化设计结果如图 5-56 所示。其中，Ng Ⅲ 组底水油藏原油黏度比较高，采出程度低（6.5%）、潜力大，采用水平井开发抑制底水锥进，提高单井产量；Ng Ⅰ 组采出程度最高（27.83%），局部加密调整。在二次开发层系井网重构方案部署过程中，利用老井 76 口，其中，油井 45 口，水井 31 口；部署新井 54 口，其中，油井 35 口，水井 19 口。如果按井型分，直井 28 口，定向井 14 口，水平井 12 口。

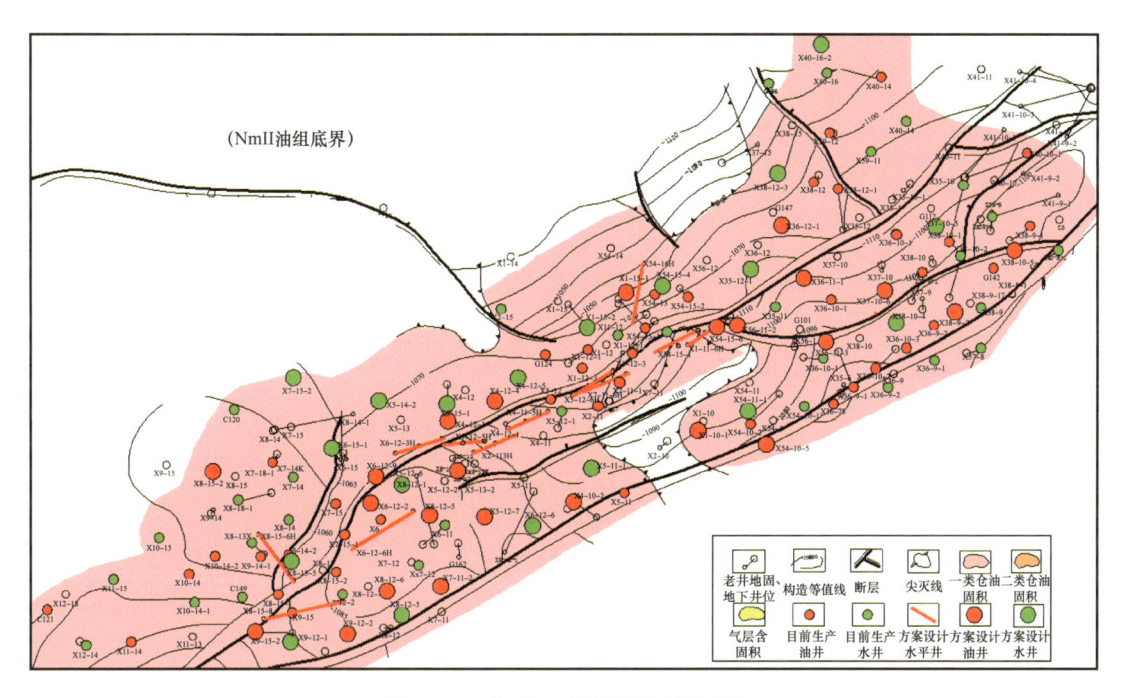

图 5-56　港西二区调整井网部署图

3）单井产能

（1）单井极限产量（经济法）。

局部加密直井极限初始产油量为 2.9t/d，注采井数 1∶1.2 井网，平均极限初始产油量为 4.7t/d，注采井数 1∶1.2 井网，直井极限累计产油量 10175t。局部加密水平井极限初始产油量为 5.4t/d，直井注水，水平井采油，注采井数 1∶1 井网加密井极限初始产油量为 8.4t/d，水平井极限累计产油量 15471t。

（2）新井产量预测。

对港西油田历年来的新井进行初期产能统计，1985 年之后，单井产油量呈明显下降趋势，含水明显上升。产油量由 10t/d 下降到 5t/d，含水率由 40% 上升到 80% 以上。根据数值模拟预测结果，二次开发井位优选后新钻油井初始含水率为 40%～80%，平均值为 60% 左右，结合 2008 年投产井的实际产量、潜力和风险，二次开发直井平均初始产量综合取值为 5.0t/d，水平井初期产量为 15t/d，达到了新井极限初始产量界限。

（3）加密井位优选。

考虑单砂层（体）现有井网、井位、井别和边界属性，利用高含水油田加密井优选模块软件，开展井位优选分析。表 5-13 是以港西二区为例计算的部分加密井位对应的单井控制可采储量、钻遇有效油层数等结果。

表 5-13　港西二区部分优选井位参数数据表

序号	井点坐标 X_i	井点坐标 Y_j	剩余可动油储量 t	油层深度 m	平均渗透率 mD	平均含油饱和度	油层厚度 m	油层数
1	29765	1710	85441	1289	1526.1680	0.593059	85.84486	7

续表

序号	井点坐标 X_i	井点坐标 Y_j	剩余可动油储量 t	油层深度 m	平均渗透率 mD	平均含油饱和度	油层厚度 m	油层数
2	28225	0838	72863	1281	1050.6310	0.622341	122.50560	11
3	29571	1629	72619	1293	2915.2210	0.630101	83.87252	8
4	30639	2098	70297	1218	1298.7940	0.640595	137.5910	11
5	27701	0458	67634	1135	608.7464	0.586998	104.15290	11
6	27955	0679	65879	1262	705.3838	0.585011	92.68904	11
7	29484	1633	63601	1108	2007.0040	0.639873	62.26332	8
8	30879	1917	62786	1031	997.0358	0.659562	49.76524	5

X47-4-6井定向斜井是根据剩余油分布特点，优化设计出井型和轨迹。实施后钻遇油层86.5m/26层，气层25.2m/9层，初期产油量为25t/d，含水率低于15%。这种定向斜井有效提高了油层钻遇率，钻遇油层是常规直井的2.6倍，初期产量是常规直井的1.8倍。

X34-13-5井是在直井井位优选与优化计算得到了直井优选中序号为3的井位基础上略做调整而钻的加密井（图5-57），该井于2009年9月投产，该井投产初期产油量为12.04t/d，含水率为9.13%。截至2010年10月底，该井产量仍保持在7t/d以上，初步取得了良好的开发效果。X8-12-6井是在直井井位优选与优化计算得到了直井优选中序号为6的井位基础上略做调整而钻的加密井（图5-58），该井于2009年11月投产，该井投产初期产油量为5t/d，含水率为77%。截至2010年10月底，该井产量仍保持在4.7t/d以上，初步取得了良好的开发效果。

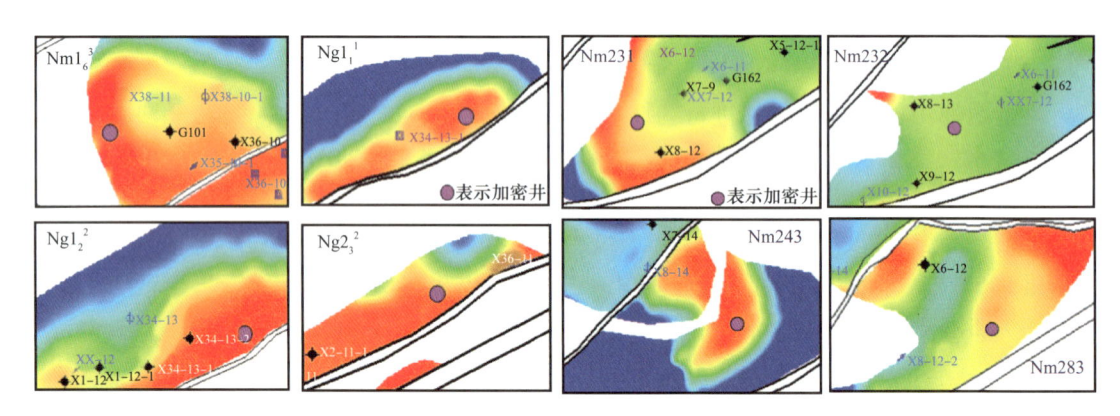

图 5-57　X34-13-5所穿主要含油层的井位　　图 5-58　X8-12-6所穿主要含油层的井位

6. 实施效果

自2009年以来，港西二区二次开发共完钻新井42口，实钻油层厚度符合率90%，油层顶界深度与实钻深度差小于3m的目的层占84.6%，重构地下认识体系为重建注采井网结构奠定了坚实的基础。通过重建注采井网，与老井形成三套开发层系，各主力砂体井网基本完善，恢复水驱动用储量 126.43×10^4t，井网注采对应率和水驱储量控制程度提高

18%以上，综合递减率从14.4%下降到2.66%。已累计增产原油11.3×10^4t，油田采收率提高6%（图5-59、图5-60）。

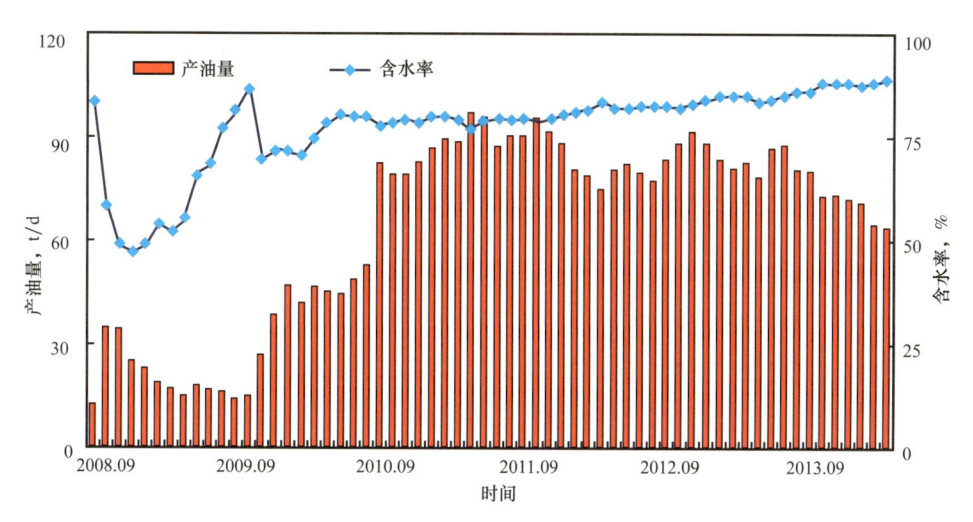

图5-59 港西二区二次开发新井生产曲线

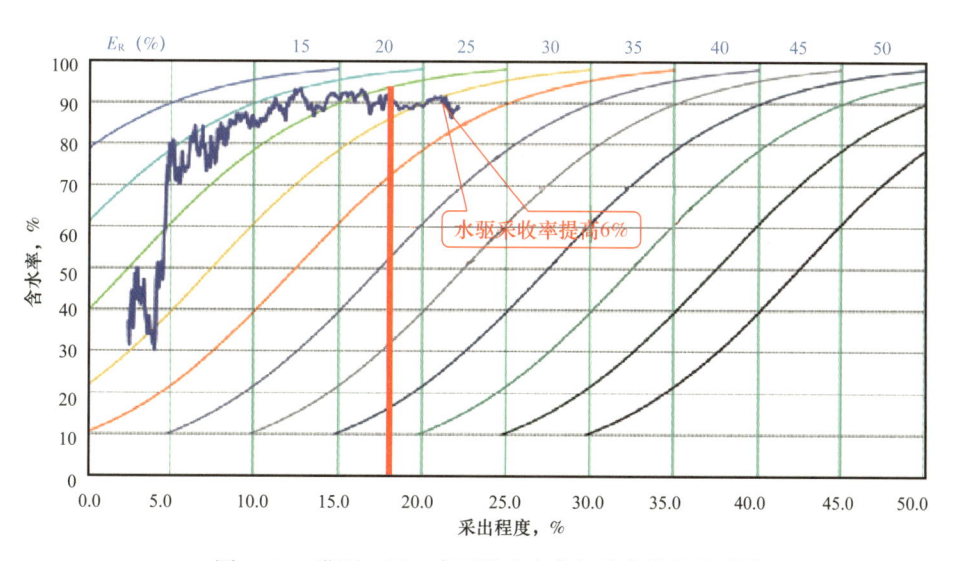

图5-60 港西二区二次开发含水率与采出程度关系图

参 考 文 献

［1］王家宏．实用砂岩油藏水驱开发设计分析方法［M］．北京：石油工业出版社，2016．
［2］高兴军，宋新民，孟立新，等．特高含水期构型控制隐蔽剩余油定量表征技术［J］．石油学报，2016，37（S2）：99-111．
［3］陈留勤，田昌炳，胡水清，等．河流相储层基准面旋回划分对比及沉积演化——以港西一区1断块为例［J］．石油天然气学报，2011，33（10）：20-24，164-165．
［4］马德华，徐志华，姜宗恩．大庆喇萨杏油田厚油层极强水淹评价方法研究［J］．录井工程，2009，20（03）：56-58，77-78．

[5] 高大鹏，叶继根，李奇，等.大庆长垣特高含水期表外储层独立开发方法[J].石油与天然气地质，2017，38（01）：181-188.

[6] 纪淑红，田昌炳，石成方，等.高含水阶段重新认识水驱油效率[J].石油勘探与开发，2012，39（03）：338-345.

[7] 高大鹏，叶继根，胡云鹏，等.基于洛伦兹曲线模型评价精细分层注水效果[J].石油勘探与开发，2015，42（06）：787-793.

[8] 高大鹏，叶继根，胡永乐，等.精细分层注水约束的油藏数值模拟[J].计算物理，2015，32（03）：343-351.

[9] 鲍敬伟，李丽，叶继根，等.高含水复杂断块油田加密井井位智能优选方法及其应用[J].石油学报，2017，38（04）：444-452，484.

[10] 李桢，骆森，杨曦，等.水淹层测井解释方法综述[J].工程地球物理学报，2006，（04）：288-294.

[11] 周家胜，田昌炳.利用电缆式地层压力资料研究油藏渗流屏障[J].油气井测试，2014，23（05）：16-19，75-76.

[12] 张昌民，尹太举，喻辰，等.基于过程的分流平原高弯河道砂体储层内部建筑结构分析——以大庆油田萨北地区为例[J].沉积学报，2013，31（04）：653-662.

[13] 周新茂，高兴军，季丽丹，等.曲流河废弃河道的废弃类型及机理分析[J].西安石油大学学报（自然科学版），2010，25（01）：19-23，109.

[14] 王正波，王强，叶银珠，等.多参数约束聚合物驱历史拟合方法[J].石油勘探与开发，2010，37（02）：216-219，236.

[15] 叶银珠，王正波，王继强.可动凝胶深部调驱技术在复杂断块油藏的应用[J].钻采工艺，2010，33（05）：47-51，138.

第六章 稠油热采技术

第一节 概　　述

稠油不仅是汽油、柴油、化工产品的重要来源，更是优质沥青、石蜡等产品的主要来源，具有不可替代的价值。稠油因为黏度高，地层条件下流动性差或不具有流动能力，一般以热力采油技术来提高油层温度，从而显著地降低原油黏度，提高原油的流动能力来实现有效开采。

从 20 世纪 60 年代至今的 50 多年时间，我国热力开采稠油技术，实现了从零开始、从小到大的发展过程，走过了从学习借鉴国外经验，到创建有自己特色技术的发展之路。早在 1958 年，随着新疆克拉玛依油田的发现，在准噶尔盆地西北缘断阶带发现了浅层稠油带。1965 年，开始在新疆克拉玛依黑油山的浅层稠油，进行注蒸汽吞吐及火烧油层探索性试验，但都因当时技术条件的限制，未能成功。1978 年，中国石油勘探开发科学技术研究院的刘文章等专家，赴委内瑞拉等国家考察学习国外稠油热采技术，并创建稠油热采实验研究室，攻关稠油开发技术。同年，从美国引进高压注汽锅炉设备，在辽河的高升油田开展注蒸汽吞吐实验，并取得成功。1982 年开始，我国的稠油热采技术进入全面发展阶段。通过进一步对注蒸汽及驱油机理的深化研究，确定了稠油流变机理、开展全国资源普查，确定稠油分类标准，攻关热采关键工艺，自行研制了稠油热采锅炉及热采配套的工艺设备，编制辽河高升油田注蒸汽开发方案、新疆克拉玛依油田九区齐古组注蒸汽开发方案，至此，热力采油技术中的蒸汽吞吐技术得到工业化推广应用[1]。

再经过十多年的发展，稠油热力开采进入新阶段，蒸汽吞吐后继续提高采收率技术走上前台。1994 年新疆油田率先在克拉玛依油田九区开展了浅层蒸汽驱开发，建成年产百万吨的规模；1998 年辽河油田在齐 40 块开展中深层蒸汽驱试验，并于 2006 年全面转入蒸汽驱开发，最高年产达到 70×10^4t 以上。2005 年辽河油田在曙一区杜 84 块超稠油开展直井水平井组合 SAGD 先导试验，并取得成功，2007 年全面推广。2008 年新疆风城油田在重 32 井区开展双水平井 SAGD 并取得成功，2012 年开始工业化推广。以 SAGD 技术为主体的"浅层超稠油开发关键技术突破强力支撑风城数亿吨难采储量规模有效开发"被评为 2013 年中国石油十大科技进展。2009 年在红浅 1 井区开展注蒸汽转火驱试验取得成功，2014 年编制完成火驱工业化方案。火驱基础理论研究、油藏工程设计及应用等方面走到了世界火驱技术的最前列，"直井火驱提高稠油采收率技术成为稠油开发新一代战略接替技术"被评为 2015 年中国石油十大科技进展[2,3]。

至此，经过"十一五""十二五"的科技攻关，中国稠油开发技术已形成了以蒸汽吞吐、蒸汽驱、蒸汽辅助重力泄油（SAGD）、火烧驱油等为主体的新一代热采稠油开发技术。下面将分稠油热采物理模拟实验、蒸汽驱技术、蒸汽辅助重力泄油（SAGD）、火烧油层技术等四部分，介绍"十一五"以来的技术进展。

第二节　热力采油物理模拟实验进展

进入"十一五""十二五"阶段后，中国石油天然气股份有限公司加大热采开发技术攻关力度，建立了股份公司稠油重点实验室，强化对热力采油机理和新技术的研发，在驱油机理、物模实验、油藏工程设计等方面已经基本实现了配套完善，奠定了新一代稠油热采技术的发展基础。

一、蒸汽驱物理模拟实验与技术进展

1. 多介质蒸汽驱室内评价及配方体系

在稠油重点的统一指导下，建立了稠油多介质注蒸汽技术创新平台和多介质复合注蒸汽技术室内评价方法，形成了多元热流体开发基础理论。创新实验平台包含泡沫评价系统和注蒸汽一维、二维、三维物理模拟系统。图6-1分别是高温高压泡沫流变仪、泡沫评价仪、高温高压长岩心驱替装置和二维物理模拟系统。

(a) 高温高压气泡流变仪　　(b) 泡沫评价仪

(c) 高温高压长岩心驱替装置　　(d) 高温高压注蒸汽二维物理模拟系统

图6-1　稠油重点实验室注蒸汽创新平台重点实验设备

根据蒸汽驱现场存在的问题和油藏特征，研发出3种多介质蒸汽驱的驱油配方体系，耐温达到270℃，并已获得国家发明专利授权。配方体系及特征如下。

（1）MHFD-Ⅰ型（蒸汽+气体），主要作用是补充地层能量、提高蒸汽热效率、提高驱油效率，适用于蒸汽吞吐后期、蒸汽驱早期油藏。

（2）MHFD-Ⅱ型（蒸汽+气体+泡沫剂），主要作用是补充地层能量、调整吸汽剖面、提高蒸汽热效率，适用于蒸汽驱普通、特稠油油藏。

（3）MHFD-Ⅲ型（蒸汽+气体+泡沫剂+驱油剂），主要作用是补充地层能量、提高蒸汽热效率、调整吸汽剖面、降低油黏度，适用于蒸汽驱超稠油油藏。

2. 多介质蒸汽驱对比实验

依托稠油注蒸汽创新平台,开展了蒸汽驱实验和注蒸汽后注入多介质改善开发效果的对比物理模拟实验。实验过程观测的温度场图和微观剩余油分布特征如图 6-2 所示。从结果来看,蒸汽驱后期,因为严重的蒸汽超覆作用,油层顶部温度升高明显,已形成明显的汽窜通道,而油藏下部未受到蒸汽波及。在蒸汽驱后期,加入多介质后,剖面的动用状况得到了一定的改善,蒸汽驱的波及体积得到了明显扩大。对比蒸汽驱后和多介质蒸汽驱后的微观照片也可发现,蒸汽驱后孔隙间仍有一定数量的剩余油呈油膜状分布在颗粒表面,而多介质蒸汽驱后几乎看不到残余油,说明多介质蒸汽驱有更高的驱油效率。

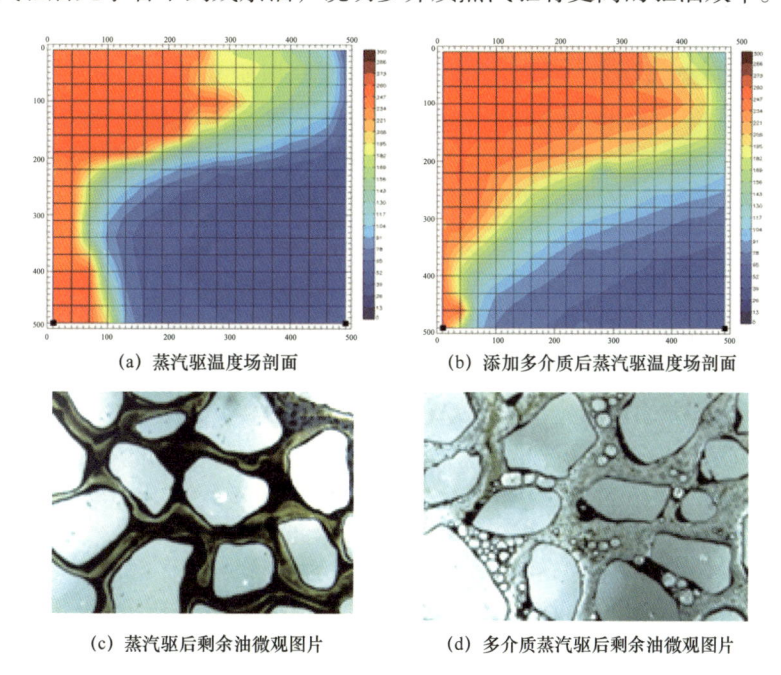

(a) 蒸汽驱温度场剖面　　(b) 添加多介质后蒸汽驱温度场剖面

(c) 蒸汽驱后剩余油微观图片　　(d) 多介质蒸汽驱后剩余油微观图片

图 6-2　注多介质改善蒸汽驱开发效果后物模温度场及微观照片

二、SAGD 物理模拟实验与技术进展

经过十多年的探索与技术攻关,SAGD 室内实验技术基本成熟。提高稠油重点实验室在"十一五""十二五"期间,搭建了以高温高压注蒸汽物理模拟实验系统为代表的三维、二维物理模型设备,配套了高温高压一维驱替实验装置、高温高压相对渗透率测试等关键实验装备。开展了常规油藏 SAGD、非均质油藏 SAGD 和注气辅助 SAGD 的系列 SAGD 物理模拟实验,为 SAGD 技术在油田的推广和应用,提供了技术支持和指导。

1. 蒸汽辅助重力泄油模拟装置

SAGD 实验使用稠油重点实验室的标志性设备为高温高压注蒸汽三维比例物理模拟实验系统,该装置现位于中国石油勘探开发研究院热力采油研究所,装置如图 6-3 所示。

(1) 高压舱尺寸:$\phi 800 \times 1800$mm;

(2) 最大模型尺寸:500mm × 800mm × 200mm;

(3) 最高实验压力:20MPa;

(4) 高压舱内最高温度:80℃;

（5）模型内腔最高温度：350℃；
（6）最高注入蒸汽温度：400℃；
（7）最高注入蒸汽压力：15MPa；
（8）最大蒸汽注入速度：300mL/min；

2. 双水平井SAGD基础三维物理模拟

依托图6-3的重大实验装置，建立了水平井"双油管"模型，首次成功开展了中国石油双水平井SAGD重大先导试验室内物理模拟研究。图6-4为该物理模拟研究的典型实验结果，该结果完整刻画了蒸汽辅助重力泄油汽腔发育全过程，包括循环预热 [图6-4（a）]、汽腔上升 [图6-4（b）、图6-4（c）]、横向扩展 [图6-4（d）、图6-4（e）] 及汽腔下降 [图6-4（f）]。该项研究的开展深化了对双水平井SAGD开采机理和生产动态规律的认识，明确了SAGD先导试验下一步优化调整的方向，为中国超稠油双水平井SAGD先导试验及后续商业化应用提供了重要的理论与技术指导。

图6-3 高温高压注蒸汽三维比例物理模拟实验装置图

3. 非均质储层SAGD三维宏观比例物模实验

针对新疆风城SAGD现场出现的SAGD水平井趾端区域热连通较差，汽腔沿水平井井长方向欠均匀发育的情况，开展了改善SAGD蒸汽腔均匀发育的三维宏观比例物理模拟实验。

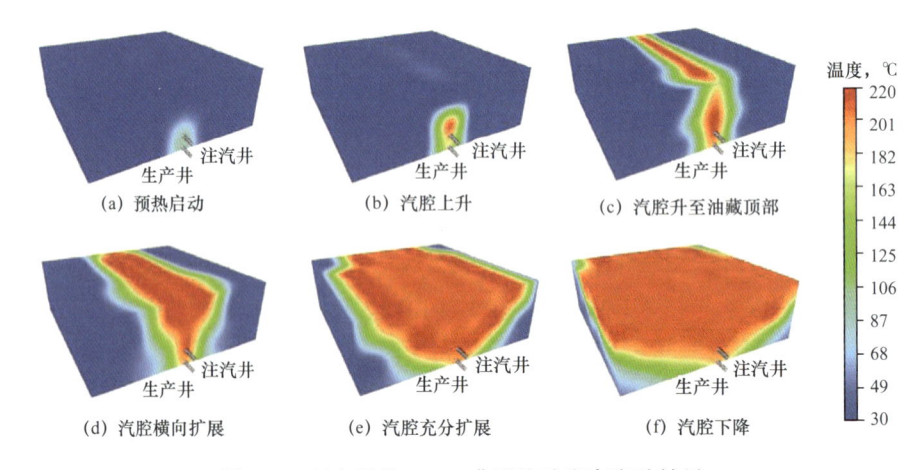

图6-4 双水平井SAGD典型汽腔发育实验结果

首先，模拟现场趾端处汽腔发育迟缓，汽腔沿井长欠均匀发育的现象。注汽井短管I1连续注汽，生产井短管P1连续生产，实验持续44min（现场3.35a）。然后进入调整阶段，注汽井短管I1保持连续注入，生产井短管P1关闭，流体从生产井趾端长油管P2连续采出，改善汽腔在趾端欠发育的状况，实验共持续96.8min（现场7.4a）。

蒸汽腔的发育状况可以通过模型截面的温度场反映，调整后，由于注采压差沿井长方向趋于均匀，因而趾端蒸汽腔恢复发育，水平井两端蒸汽腔发育逐渐同步。由图6-5可见,调整后,产油速率稳步增长,调整效果明显。

4. 氮气辅助SAGD物理模拟实验

为了进一步研究和证实氮气在SAGD过程的作用,为该技术的油藏工程方案和现场试验提供更坚实的理论基础,研究人员做了近20组实验,取得了不同蒸汽、氮气注入量下的SAGD汽腔扩展形态变化监测图。从实验监测结果来看,纯蒸汽SAGD汽腔扩展纵向速度明显大于横向,表现形式为"瘦长"形;而添加氮气后,汽腔横向有明显扩展,形状变为"椭圆"形,说明添加N_2有效减缓蒸汽纵向超覆速度,促进蒸汽横向波及范围,其结果是不仅增加了油藏的动用储量,而且还能提高SAGD开采的泄油速度。

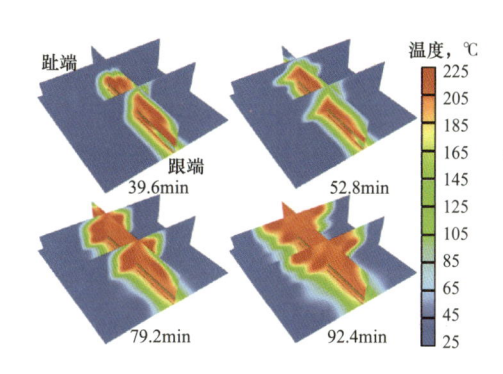

图6-5 SAGD的注采策略和调整后的典型温度场

图6-6(a)~图6-6(c)是添加不同氮气量的汽腔变化对比图。从图可以看出,添加N_2有一个合理的范围,在这个范围内,不仅有效调整蒸汽腔扩展形态和扩大波及体积,而且能提高SAGD过程热效率,提高油汽比。

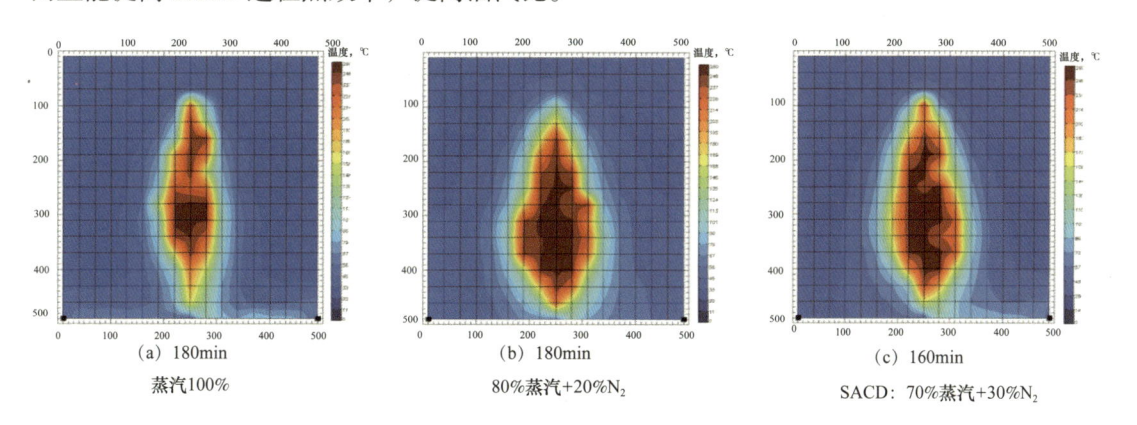

图6-6 N_2辅助SAGD开采二维比例物理模拟实验汽腔发育图

三、火烧油层物理模拟实验与技术进展

1. 高温氧化动力学基础实验

稠油氧化过程中,存在低温氧化(加氧反应)和高温氧化(断键燃烧)两种不同反应类型。当稠油油层点火成功后,火烧前缘处发生的高温氧化反应是焦炭类物质与氧气间的断键燃烧反应,该反应是火烧前缘得以稳定传播的主要能量源。因此,对稠油高温氧化反应进行动力学研究具有十分重要的意义,可为火烧油层数值模拟提供参数。

采用热重法对稠油高温氧化过程进行研究。通过衡量不同样品制备方法的影响,比较常见动力学参数测试结果的差异,求取了测试样品的高温氧化动力学参数。形成了不受样品机理函数影响、反映稠油高温氧化本征过程的动力学参数热重求取法。该方法适用于重质组分含量高的稠油、特稠油以及超稠油。

2. 一维及三维火驱物理模拟实验装置

一维和三维火驱物理模拟实验装置的流程基本相同，均由注入系统、模型本体、测控系统及产出系统构成。注入系统包括空气压缩机、注入泵、中间容器、气瓶及管阀件；测控系统对温度、压力、流量信号等进行采集、处理，包括硬件和软件；产出系统主要完成对模型产出流体的分离、计量。对于一维火驱物理模拟实验装置，其模型本体为一维岩心管。在岩心管的沿程均匀分布若干个热电偶和若干个差压传感器，用于监测火驱前缘和岩心管不同区域的压力降。对于三维火驱物理模拟实验装置，其模型本体为三维填砂模型。模型内胆可以是长方体、正方体或特殊形状。可根据需要在模型本体上设置若干模拟井，包括直井和水平井，其中有注气井和生产井。一般在模型中均匀排布上、中、下多层热电偶，经插值反演可以得到油层中任意温度剖面。通过温度剖面可以判断燃烧带前缘在平面和纵向上的展布规律。一维和三维火驱物理模拟实验装置的最高工作温度为900℃，最大工作压力一般5～15MPa（图6-7）。

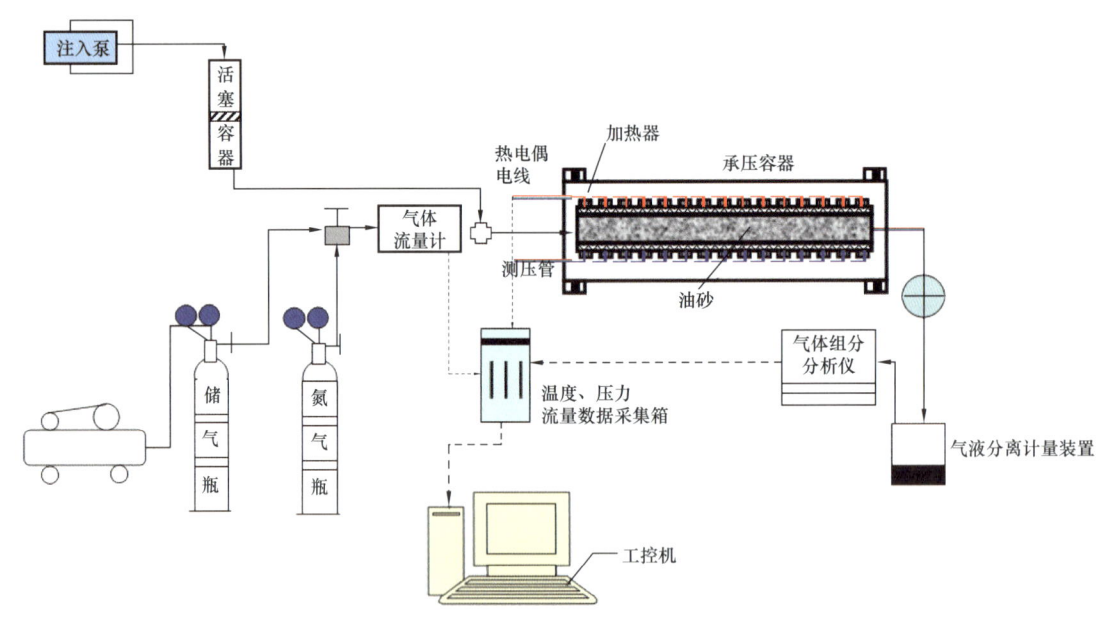

图6-7　一维和三维火驱物理模拟实验系统流程图

3. 火驱物理模拟实验

1）水平井火烧辅助重力泄油系列实验

（1）实验装置。

本实验装置的模型本体如图6-8所示。模型侧壁内部中间位置设置1口垂直注气井（内置点火器），模型底部设置1口水平生产井，水平井的趾端距注气井的垂直距离为50mm。

（2）实验结果。

图6-9分别给出了利用上述模型进行的实验点火后0.5h、4h、6h和8.5h的模型中上、中、下部的温度场图。燃烧前缘的温度维持在450～550℃，火线在模型上部的推进速度

较快，整个实验过程中火线都保持着一定的向前倾角，这种超覆式的燃烧对于抑制氧气沿水平井突破是有利的。温度场图还显示，当燃烧前缘越过水平井趾端后，燃烧前缘仍然能够继续稳定向前推进，且水平井泄油稳定。但随着火线的推进，燃烧带在平面上波及范围逐渐减小，高温区在平面上近似"楔"形沿水平井向前推进，火线向水平井两侧方向扩展的能力远不如点火初期强。为了研究燃烧前缘及结焦带在推进过程中的发育形状，实验进行 9h 后注气井改注氮气灭火中止实验。

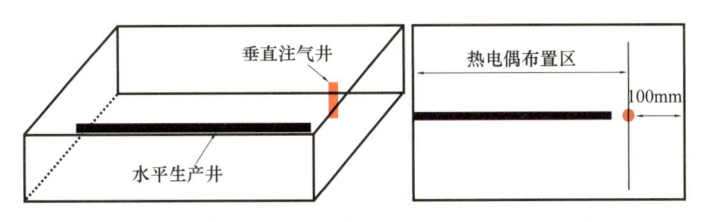

图 6-8 三维火驱模型内部各井排布及其对应的井网

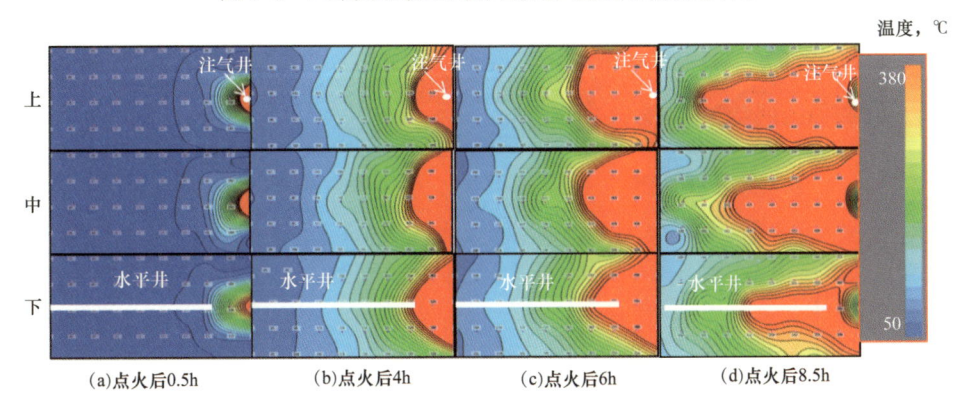

图 6-9 不同时间油层平面温度场展布

图 6-10（a）给出了实验中止后拆开模型上盖并清理掉已燃油砂后模型的俯视照片，其中凹陷区域为已燃区轮廓。图 6-10（b）为向已燃区铸入石膏定形并清理掉模型一侧未燃油砂后的照片，其中白色石膏展示了已燃区的立体形状。图 6-10（c）给出了将铸入石膏沿水平井切开后的已燃区剖面照片，其中红线为该剖面上结焦带的展布情况。图片显示结焦带在垂向剖面上具有两个不同的倾角，这主要是由于点火 6h 后增大注气速度所致，若注气速度保持恒定，结焦带在油层上部应沿着红色虚线展布，结焦带与水平井产出方向的夹角约 45°。从图中还可以看出，红线（结焦带）和蓝线所包围区域的油砂颜色比初始油砂颜色要浅得多，含油饱和度明显减小，在清除已燃区周围油砂时结焦带外围都出现了一段类似的区域，该区域即为燃烧前缘之前的泄油带，图中的绿色箭头代表了泄油的路径。图 6-10（d）为图 6-10（c）中白圈区域的放大照片，从图上可以看出，在燃烧前缘之前的一段水平井被结焦带完全包围，焦炭在水平井内外的沉积有效抑制了氧气从水平井筒的突破，这也是维持该阶段燃烧前缘稳定推进的一个重要因素。

2）火烧吞吐实验

火烧油层吞吐物理模拟实验采用一维燃烧管实验装置进行模拟。为了研究火烧油层吞吐燃烧带前缘推进及原油回采的过程，实验共设计 3 个吞吐轮次。点火器设定 450℃ 注空气启动点火，约 30min 后燃烧管成功点火，随着持续注入空气，燃烧前缘沿燃烧管稳定地向前推进。第一轮次吞吐过程中，当燃烧前缘推进 20cm 时停止注空气，焖井 30min 后开井生产。第二轮次和第三轮次吞吐分别在燃烧前缘推进 35cm 和 45cm 时停止注空气并焖井后回采（图 6-11）。图 6-12 为第三轮次火烧吞吐注气阶段不同测温点不同时间的温度变化曲线。曲线结果显示，在第三轮次火烧吞吐实验时燃烧前缘仍然能够稳定地向前推进，在实验室内可以实现多轮次火烧吞吐操作。

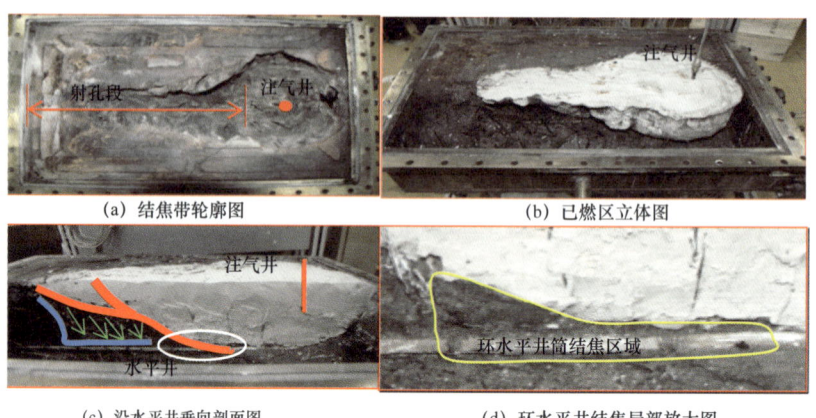

图 6-10　三维火驱实验中途灭火后油层各区带照片

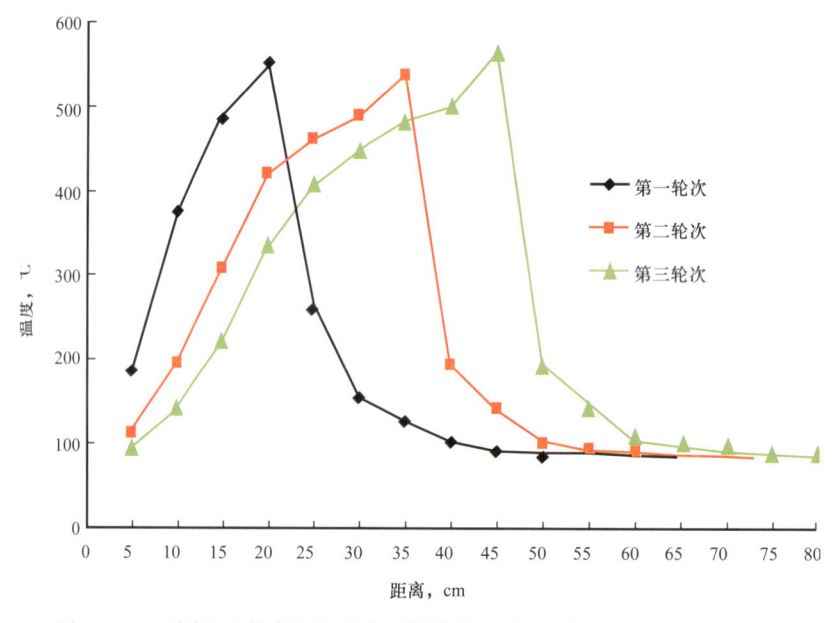

图 6-11　不同吞吐轮次注气结束时燃烧管方向不同测温点温度分布曲线

开井回采过程中，开始阶段只有气体（含水蒸气）产出，之后液相开始产出且气相不再连续产出，初期液相中含水率较高（80% 左右），然后含水率迅速降低到 5% 以下，原油呈泡沫油状且产出后仍长时间呈泡沫状态。

分别取三个吞吐轮次回采过程中初期和中期原油样品，标记为 1 轮次 -1、1 轮次 -2、2 轮次 -1、2 轮次 -2、3 轮次 -1 和 3 轮次 -2，并对其黏度进行测试。与初始原油相比，回采原油黏度降幅显著（降为原始原油黏度的 1/3～1/5），原油在火烧吞吐过程中改质明显，且随吞吐轮次增加，原油改质效果更好。

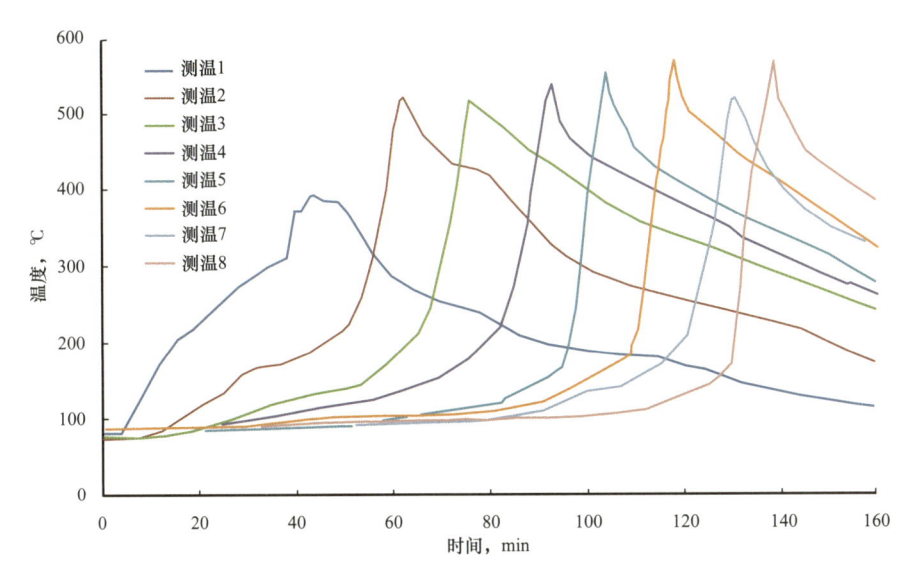

图 6-12　第三轮次注气阶段不同测温点温度变化曲线

第三节　稠油热采技术进展

一、蒸汽驱技术进展

蒸汽驱是指按优选的开发系统、开发层系、井网、井距、射孔层段等，由注入井连续向油层注入高温湿蒸汽，加热并驱替原油由生产井采出的开采方式。

蒸汽驱技术是世界范围内的开采普通稠油的主要技术之一，特别是蒸汽吞吐后的稠油油藏提高采收率的有效方法，蒸汽驱采油在 EOR 采油中占有举足轻重的位置。

我国蒸汽驱技术始于 20 世纪 80 年代末期，在借鉴国外成功蒸汽驱开发经验的基础上，先后在新疆油田、辽河油田等开展了 11 个蒸汽驱先导试验区，但因为当时的注汽工艺、管理水平等达不到蒸汽驱技术要求，多数没有取得预想的效果。

进入 20 世纪 90 年代，更多稠油的蒸汽吞吐开发区块进入蒸汽吞吐开发的后期，采收率仅 20% 左右，急需转换开发方式大幅度提高采收率。经过十多年的研究发展，稠油热采工艺取得了重大进展。1994 年，新疆油田在总结前期蒸汽驱先导试验经验的基础上，率先在克拉玛依油田九区开展了浅层稠油蒸汽驱工业化开发，并建成年产百万吨产能。1997 年，辽河油田在齐 40 块开展了 4 个井组的中深层蒸汽驱先导试验，并取得成功。2006 年，齐 40 块开展全面的蒸汽驱工业化推广[4,5]。

进入"十一五""十二五"阶段后，中国石油天然气股份有限公司加大热采开发技术攻关力度，建立了股份公司稠油重点实验室和股份公司热采实验室，强化对热力采油机理和新技术的研发，同时将辽河油田建设成"中深层稠油示范开发基地"，加强新技术的推广应用。这一时期，蒸汽驱后期的改善蒸汽驱开发效果技术得到全面发展，先后出现了多介质复合蒸汽驱技术、水平井蒸汽驱技术，并在先导试验中验证了良好的开发效果。

2015年，中国石油的蒸汽驱开发稠油技术经过近30年的攻关研发和现场实践，在驱油机理、物模实验、油藏工程设计、配套工艺等方面已经基本实现了配套完善，部分创新引领了世界蒸汽驱技术发展的方向，成为应用范围最广的新一代稠油热采技术的主体开发技术。

1. 蒸汽驱驱油机理新认识

1）水蒸汽驱的机理

关于注蒸汽采油机理，许多学者已进行过大量的室内模拟实验研究。结果表明注蒸汽采油机理有：（1）温度升高，原油黏度降低；（2）热膨胀作用；（3）蒸汽的蒸馏作用；（4）脱气作用；（5）混相驱作用；（6）相对渗透率及毛细管力的变化；（7）溶解气驱作用；（8）重力分离作用；（9）乳化驱替作用等。图6-13表示出了蒸汽驱开采稠油时，各种重要机理对总采油量的贡献。

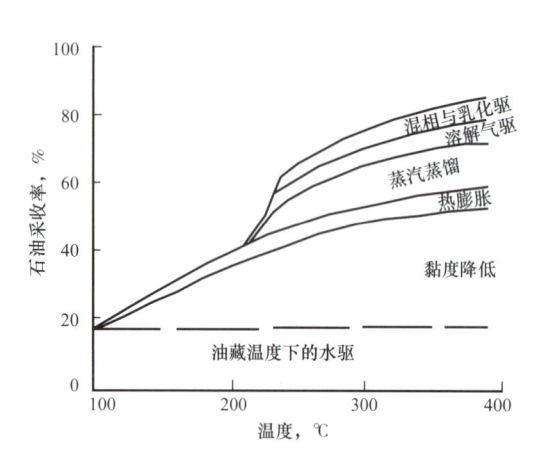

图6-13 蒸汽驱采油中各重要机理的贡献（10～20°API的重油）

2）蒸汽驱的区带分布规律

转入蒸汽驱开发的油藏，在热和驱替压力作用下，汽驱过程中将在注采井间形成新的场和物质分配规律，总结起来可分为5个区带，分别是蒸汽带、溶剂带、热水带、冷凝析带和油藏流体带。如图6-14所示，由左至右为从注入井到生产井间各区带分布示意图。

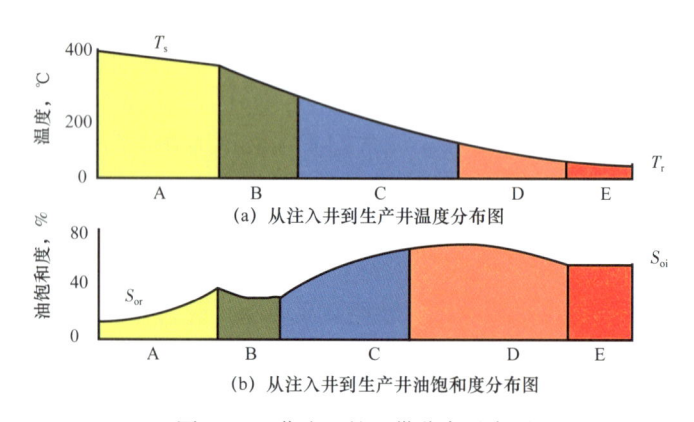

图6-14 蒸汽驱的区带分布示意图

A—蒸汽带；B—溶剂带；C—热水带；D—冷凝析带；E—油藏流体带

3）多介质复合蒸汽驱的驱油机理

多介质复合蒸汽驱是在蒸汽驱的过程中，在注入油藏的介质中添加气体、泡沫剂或驱油剂等的一种或多种，来改善注蒸汽开发效果的技术。开发机理囊括了气体辅助蒸汽驱、泡沫辅助蒸汽驱和驱油剂辅助蒸汽驱的机理，主要包括：（1）调剖作用，提高波及体积；

（2）补充能量，增加驱动力；（3）对原油双重降黏机制，改善流动能力；（4）提高水相洗油效率；（5）乳化泡沫作用；（6）协同作用等。在蒸汽驱过程中，多介质蒸汽驱各作用机理具有较强的协同作用能力，产生了"1+1＞2"的倍增效应。一般在蒸汽驱开发的中后期，对封堵调剖无法解决储层深处的窜流的井实施多介质复合蒸汽驱技术，实现在继承性窜流通道的液流转向，扩大驱替介质的波及体积、提高驱油效率，显著改善开发效果[6]。

4）水平井蒸汽驱的驱油机理

水平井蒸汽驱是以水平井或水平井直井组合的井网形式进行蒸汽驱的开发技术，是稠油蒸汽驱技术向更高层次发展的一个技术分支，是近年刚刚起步的一项创新型开发技术。水平井蒸汽驱提高采收率的机理：将生产水平井部署在油层底部；汽驱前期以蒸汽驱替为主，到中后期蒸汽将油和水驱替到生产水平井的上部，因汽液密度差，形成汽液界面，油和水通过底部布置的水平井采出，原理上具有抑制汽窜、改善蒸汽波及体积的效果。水平井蒸汽驱包含 3 种井网形式，分别是 VHSD、平面 HHSD 和立体 HHSD，代表的是直井水平井蒸汽驱、平面水平井—水平井的蒸汽驱和立体的水平井—水平井蒸汽驱[7]。

2. 蒸汽驱油藏工程方案优化设计技术

1）蒸汽驱最佳操作条件

蒸汽驱能否成功，不但与油藏条件有关，还与蒸汽驱的操作条件有很大关系。操作条件对蒸汽驱效果影响非常大，只有在合理的操作条件下才能取得油藏条件应有的采收率，一旦操作条件不合理，采收率将成倍的降低。蒸汽驱实践表明，要使蒸汽驱开发效果达到油藏条件应达到的开发效果和最佳经济效益，必须同时满足 4 个操作条件[8]。

（1）注汽速率大于等于 1.6t/（d·ha·m）；

（2）采注比介于 1.2~1.3；

（3）井底蒸汽干度大于 40%；

（4）油藏压力小于 5MPa。

2）蒸汽驱设计思路

遵循"以采定注"的原则，根据油藏实际条件（油层厚度、产液能力），可设计出同时满足"蒸汽驱四项基本原则"的不同井网相匹配的井距和注汽速度。具体设计思路如下。

（1）首先确定蒸汽驱过程中注入井和生产井的基本注入能力和产液能力。这可通过蒸汽驱的先导试验、吞吐的试采试注或油藏类比来确定。

（2）根据注入能力和产液能力的比例关系，确定井网形式。如果注采能力接近，可采用五点法；如果注入能力接近产液能力的 2 倍，可采用反七点法；如果注入能力接近产液能力的 3 倍，则采用反九点法。

（3）根据前两步确定的产液能力和井网形式，以及采注比的要求（一般取 1.2~1.3），确定单井注汽速度。

（4）根据单井注汽速度、油层厚度和注汽速率[一般取 1.6~1.8m³/（d·ha·m）]的要求，确定井组面积，由井组面积和井网形式即可确定井距。

（5）根据单井注汽速度以及目前锅炉和隔热条件，判断是否能达到井底蒸汽干度大于 40% 的要求，以及在破裂压力以下能否达到这一注汽速度。如果条件能满足，则方案是合理的，否则不合理。

3）蒸汽驱设计方法

根据上述设计思路，提出了一个简单的优化设计方法，公式如下。

五点井网：

$$d = 100\left(\frac{q_1}{Q_s h_o R_{PI}}\right)^{0.5} \tag{6-1}$$

$$q_s = 10^{-4} Q_s h_o d^2 \tag{6-2}$$

反七点井网：

$$d = 87.7\left(\frac{q_1}{Q_s h_o R_{PI}}\right)^{0.5} \tag{6-3}$$

$$q_s = 2.6 \times 10^{-4} Q_s h_o d^2 \tag{6-4}$$

反九点井网：

$$d = 86.6\left(\frac{q_1}{Q_s h_o R_{PI}}\right)^{0.5} \tag{6-5}$$

$$q_s = 4 \times 10^{-4} Q_s h_o d^2 \tag{6-6}$$

式中　d——相邻生产井井距，m；

　　　h_o——油层有效厚度，m；

　　　q_1——平均单井最大产液能力，m³/d；

　　　q_s——单井注汽速度，m³/d（CWE）；

　　　R_{PI}——采注比，其值范围在 1.2～1.3。对油层较浅、净总厚度比较大的油藏可取 1.3，对油层较深、净总厚度比较小的油藏可取 1.2；

　　　Q_s——井组的单位油藏体积的注入速率，m³/(d·ha·m)。其值范围在 1.6～1.8。对油层较浅、净总厚度比较大的油藏可取 1.6～1.7，对油层较深、净总厚度比较小的油藏可取 1.7～1.8。

计算过程中，首先确定单井产液能力，然后将油层厚度、汽驱的最佳注汽速率和采注比代入公式，计算不同井网形式的井距和注汽速度；最后判断在油层破裂压力以下是否能达到不同井网形式的注汽速度，以及该速度下井底蒸汽干度是否能保证在 40% 以上，如果这两条都能得到满足，则该方案是合理的，否则该方案不合理，不能采用。如果有几种方案是合理的，则采注井数比大的方案为最优方案，因为该方案的井网密度相对较小，经济效益好；单井注汽速度大，热损失少；采油井点多，有利于较早达到设计的采注比。

4）蒸汽驱方案优化

在设计具体井组或区块的蒸汽驱方案时，还需要采用数值模拟和油藏工程方法进行方案设计中其他内容的研究，如多方案的指标对比以及推荐方案的配产配注和指标预测等[9]。对于具体油藏的蒸汽驱方案设计，还需要注意以下几方面。

（1）转驱时机。

对于埋藏较深的油藏（一般在 800m 以上），由于原始油层压力较高，不能直接进行蒸汽驱开发，蒸汽吞吐就成为降低油层压力、预热油层的主要手段。但吞吐期不可过长，否则就会使总开发效益变差。一是本来可以用蒸汽驱方式采出的油，又花费大量的资金和时间用吞吐方式把它采出；二是吞吐轮次越多，油井的套管损坏率越大，这样必然使蒸汽驱阶段因完善井网而增大钻井投资。因此，对一个适合蒸汽驱的油藏，应尽量缩短吞吐生产时间。对于吞吐生产的设计，也应从尽快为蒸汽驱的降压和实现热连通的角度进行考虑。

（2）油藏的特殊性。

对于地层倾角较大（超过 20°）的油藏，一般优先采用线性驱动方式而不采用面积井网。若采用面积井网，则主要是考虑注入井在井组中的位置及注汽条件。对于边底水能量较充足的油藏，边底水侵入造成油藏压力降不下来是主要考虑的因素。对于这样的油藏，采用边部排水的做法是比较现实的。埋藏较深的油藏（一般指超过 1400m），为提高井底蒸汽干度，可以采用变速注汽法，前期高速注入，减少井筒热损失，以便尽快在注入井周围形成汽腔，然后再降低注汽速度。气顶油藏比较复杂，目前所见到的方法是尽量利用隔层或避射一定的厚度。

（3）注汽井和采油井的射孔方式。

注汽井的射孔方式对蒸汽的纵向分布有一定影响。对于厚层块状油藏，一般注汽井在油层底部射孔，且射孔厚度要低于油层厚度的 1/2。这对于减缓蒸汽在油层中的超覆有一定作用。对于层状油藏，一般要考虑射开厚度和限流射孔两个问题。单层厚度大于 5m 的油层可射开下部的 1/2，小于 5m 的油层可射开下部的 2/3。高渗透层采用低孔密，低渗透层采用高孔密。

3. 改善蒸汽驱效果技术

提高蒸汽驱效果技术主要包括动态调控技术、多介质蒸汽驱技术和水平井蒸汽驱技术等。

1）动态调控技术

动态调控主要根据不同稠油油藏蒸汽驱开发特点解决不同阶段存在的各种开发矛盾。动态调整是蒸汽驱开发过程中必不可少的过程，从实施开始，伴随蒸汽驱整个开发生命周期，需要进行不断的综合调控。以油藏动态分析和监测为基础，系统评价单元、井组注采参数的合理性，制订调控技术政策和技术方法。

以辽河油田齐 40 块蒸汽驱工业化为例，在生产中主要存在 3 个主要问题，分别是：（1）注汽强度大导致单层指进汽窜；（2）井况等因素造成采注比低；（3）纵向油层多，动用程度低。通过对问题的分析，针对不同的井组采取不同的动态调控措施。如针对汽窜井组，可以优化注采井网、注采井别。而对于采注比低的井组可适当地增加采液井点。如图 6-15，将反九点井网改为反十三点井网，既可改善边井过早汽窜问题，增加了采液井点，又提高了采注比，进而改善开发效果。当然，因为齐 40 块是多层非均质油藏，优化射孔和分层注汽是解决层间矛盾，改善油藏非均质性，提高蒸汽驱效果的必要手段。

2）水平井蒸汽驱技术

蒸汽驱开发后期，蒸汽突破油井增多，产量下降，油汽比下降，并暴露出许多矛盾，主要表现在平面及纵向上的开发矛盾。在平面上，井组内平面各方向动用不均衡，导致某些方向蒸汽波及程度低，动用差，剩余油富集；在纵向上，8m 以上厚层，由于蒸汽超覆作用使得厚层下部几乎得不到有效动用，从而滞留大量剩余油。因此开展直平井组合蒸汽驱，在汽驱弱势方向或动用较差的油层部署水平井，增大井组排液能力，向平面弱势方向和厚层下部牵引汽腔，动用井间、井组外及油层底部剩余油，改善开发效果。

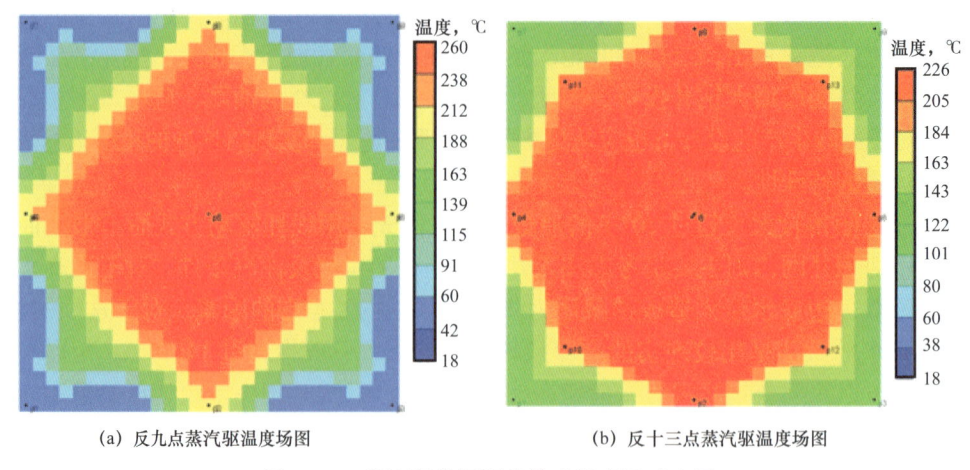

(a) 反九点蒸汽驱温度场图

(b) 反十三点蒸汽驱温度场图

图 6-15　蒸汽驱井网调整前后温度场对比图

根据不同"牵汽"需求，有 5 种直平井组合类型：下倾方向牵引汽腔型、直平组合完善井网型、井组外牵引汽腔型、厚层下部引流型和薄层水平井引流型（图 6-16），通过数值模拟研究及水平井开发动态分析，这 5 种增加采液点水平井的组合类型均能起到动用剩余油及提高井组开发效果的目的。在齐 40 块的规模汽驱过程中，共部署实施蒸汽驱水平井 17 口，井组油汽比由 0.17 提高到 0.21，采注比由 0.82 提高到 1.2，预计采收率提高 5% 以上。

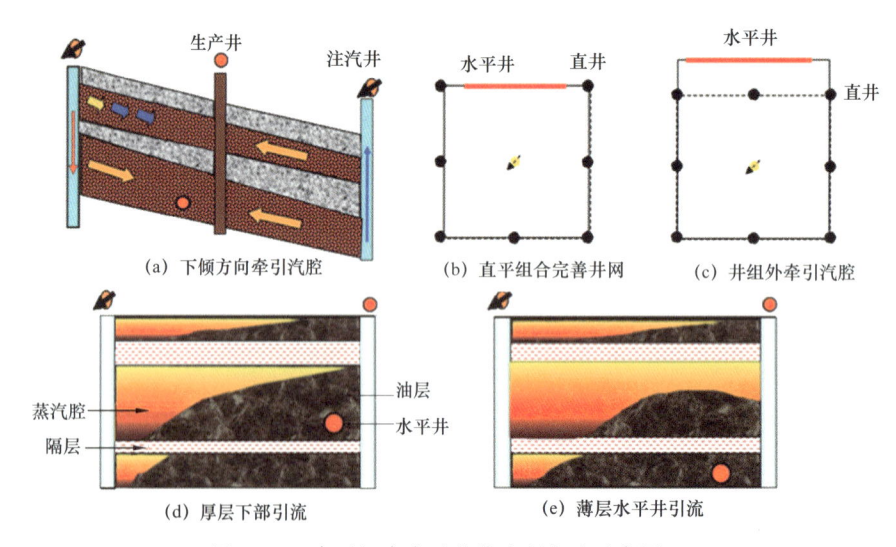

(a) 下倾方向牵引汽腔

(b) 直平组合完善井网

(c) 井组外牵引汽腔

(d) 厚层下部引流

(e) 薄层水平井引流

图 6-16　直平组合水平井蒸汽驱方式示意图

3）多介质蒸汽驱技术

多介质蒸汽驱的注入剂有多种组合，不同的注入剂组合适宜于不同的油藏条件。一般，对于吞吐时间较长后转驱初期的稠油油藏，采用以补充能量为主的多介质复合蒸汽驱能够提高这类油藏汽驱初期的采油速度；当经过长期注蒸汽开发、已经形成窜流通道的普通稠油油藏蒸汽驱，由于轻质组分脱出、长期蒸汽绕流会形成下部的稠油富集区，或在流动通道附近次生流动障碍（油墙），在油墙附近的生产井注入降黏剂配合吞吐引效，采用调剖为主、降黏为辅的多介质复合驱技术可有效改善其开发效果。

新疆蒸汽驱的典型井组 95983，在蒸汽驱过程中加注氮气泡沫后，蒸汽腔发育更为均衡（图 6-17）。从注剂前后纵向蒸汽腔发展平面波及的对比来看，随着氮气泡沫的注入，在一定程度上抑制了蒸汽腔的单向突进。注剂实现了液流转向，说明多介质复合蒸汽驱达到了井间、层间调整作用。

图 6-17 95983 井组复合蒸汽驱前后蒸汽前缘监测对比

4. 蒸汽驱关键配套工艺

2006—2015 年间，蒸汽驱的相关的工艺也得到了相应的发展，具有标志性意义的是分层注汽工艺和蒸汽驱不压井作业技术。

1. 分层注汽工艺

随着蒸汽驱工业化进程的逐渐展开，辽河油田实现了由笼统注汽向分层注汽的转变。其研制的二级三段偏心式分层注汽工艺已经成熟配套，实现偏心分层汽驱，采用下入投捞器以打捞更换的方式来更换配汽量不能满足设计要求的配汽阀嘴，进而调节各层注汽量的比例，解决油层纵向上吸汽不均的问题，改善汽驱效果，以实现提高油藏采收率的目的。二级三段偏心式分层注汽系统如图 6-18 所示。这套分层注汽系统可以耐温 300℃，耐压 14MPa。可以通过投捞来更换配汽嘴大小，调节各层注汽量。

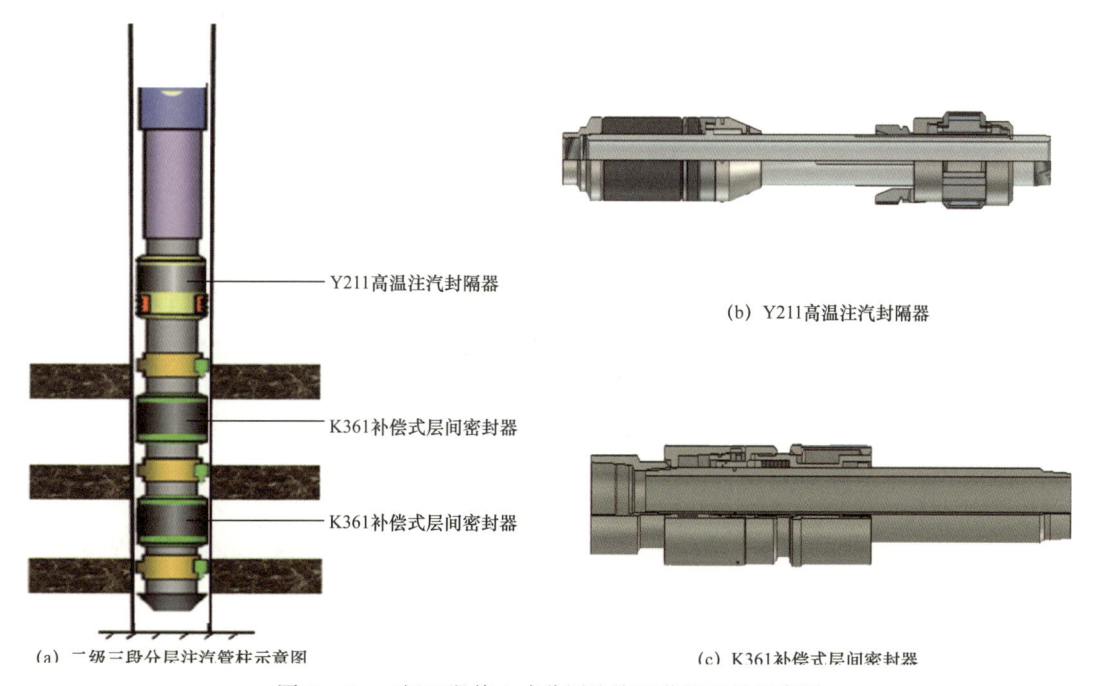

(a) 二级三段分层注汽管柱示意图
(b) Y211 高温注汽封隔器
(c) K361 补偿式层间密封器

图 6-18 二级三段偏心式分层注汽工艺及工具示意图

2)蒸汽驱不压井作业技术

蒸汽驱是一个连续的生产过程,修井作业过程中的压井作业会造成大量的压井液进入油藏,降低油藏温度和污染油层,影响开发效果。在原有的高温不压井作业技术的基础上,保持总体施工工艺和基本构成不变,对试验过程发现的不足之处进行研究改进。根据HSE质量管理要求,制订了总体施工工艺。蒸汽驱不压井作业装置由七大系统构成,即井口防喷系统、强行起下系统、操作平台、液压系统、控制系统、冷却系统、监控系统。整个装置的总体结构图如图6-19所示。

二、蒸汽辅助重力泄油(SAGD)技术进展

中国石油SAGD已成为稠油开发主体技术,技术发展分成了两个技术分支,一个分支是以辽河油田为代表的直井水平井组合SAGD开发方式,主要用于超稠油油藏蒸汽吞吐后大幅度提高采收率方面;另一个分支是以新疆油田为代表的浅层超稠油双水平井SAGD开发技术,主要用于厚层超稠油未动用储量的开发。

辽河油田自1995年开始就开展了SAGD开发方式基础理论和室内物理模拟实验研究,取得了SAGD开发超稠油的泄油机理等方面的基础认识。1997年在曙一区的杜84块兴VI组开展了双水平井先导试验,但因钻井、完井工艺等问题未能成功。2005年编制了《辽河油田曙一区杜84块超稠油蒸汽辅助重力泄油(SAGD)先导试验》方案,开展直井水平井组合的SAGD先导试验,并被列为中国石油天然气集团有限公司重大开发试验项目。2007年辽河油田全面开展直井水平井组合SAGD工业化应用。

图6-19 蒸汽驱不压井作业装置的总体图

新疆油田的SAGD技术主要应用于风城超稠油油田的有效开发。2007年开展了风城超稠油SAGD开发可行性研究。2008年、2009年分别实施了重32、重37井区双水平井SAGD先导试验区。2012年,风城油田全面实施SAGD工业化推广应用。

总体上,经过十多年的先导试验与技术攻关,中国石油天然气集团有限公司的SAGD

技术基本实现了成熟配套，SAGD 年产规模不断扩大。截至 2016 年年底，SAGD 已动用储量 $5227 \times 10^4 t$，建产能 $230 \times 10^4 t$，实际的年产油已达到 $200 \times 10^4 t$，占中国石油稠油年产量的 20% 以上，成为新一代稠油开发的主体技术之一。

1. SAGD 泄油机理新认识

1）SAGD 泄油机理

SAGD 是以蒸汽作为传热介质，主要依靠稠油及凝析水的重力作用开采稠油。SAGD 井网组合一般有以下两种方式：第一种是双水平井组合方式，即上部水平井注汽，下部水平井采油；第二种是直井与水平井组合方式，上部直井注汽，下部水平井采油。目前国外井网组合方式以双水平井 SAGD 为主，国内辽河油田主要采用直井与水平井组合 SAGD，新疆油田主要采用双水平井组合 SAGD 开发。两种井型如图 6-20 所示。

(a) 双水平井方式　　(b) 直井—水平井组合

图 6-20　SAGD 的两种井网结构方式

（1）双水平井 SAGD 泄油机理。

双水平井 SAGD 技术是在油层钻上下两口平行的水平井，上部水平井注汽，下部水平井采油。上部井注入高干度蒸汽，因蒸汽密度小，在注入井上部形成逐渐扩展的蒸汽腔，而被加热的稠油和凝析水因密度大则沿蒸汽腔外沿靠重力向下泄入下部水平生产井（图 6-21）。

如图 6-21 所示，蒸汽在界面处冷凝，加热的石油和凝结物在重力作用下以近似平行于交接面向下流向底部生产井，蒸汽腔在初期向上扩展，到达油藏顶部后，其向上的扩展受到限制，转而以向斜上方扩展为主，直到油藏边界。

图 6-21　双水平井 SAGD 泄油机理

（2）直井水平井组合 SAGD 泄油机理。

直井水平井组合的 SAGD 方式，一般是在蒸汽吞吐后作为接替开发开发方式出现，开发过程与双水平井 SAGD 有一定的区别。生产过程中，先通过蒸汽吞吐的方式进行预热，使直井和水平井之间形成热连通。因为直井射孔段和水平井间不仅有纵向的高差，平面上也有一定的距离，所以不仅有重力泄油的作用，蒸汽驱替的作用也占很大的比例。其生产过程根据蒸汽腔的变化将SAGD开发划分为"预热阶段、驱替阶段、驱泄复合、重力泄油"4个阶段，与双水平井SAGD明显不同的是存在一个驱泄复合开发阶段。采油曲线的规律与双水平井SAGD近似，也经历上升期、稳产期以及产量下降期三个阶段[11]。

2）SAGD产能计算方法

（1）双水平井SAGD产能计算方法。

基于达西定律，综合考虑温度与距离的关系、油藏加热而增加的产量、物质平衡与界面移动速率等，通过推导可得出经典双水平井SAGD产能计算公式：

$$q = 2L\sqrt{\frac{2K_{o}g\alpha\phi\Delta S_{o}h}{mv_{s}}} \tag{6-7}$$

式中　L——水平井水平段长度，m；

K_o——油藏渗透率，μm^2；

α——热扩散因子；

ϕ——孔隙度，%；

ΔS_o——含油饱和度，%；

h——蒸汽腔泄油高度，m；

v_s——蒸汽温度下原油运动黏度，$mPa \cdot s$；

m——无量纲黏温相关指数。

双水平井SAGD的采收率一般可达60%～70%，开发过程可历时10a左右。SAGD的开发过程也是蒸汽腔的发展变化过程，经历蒸汽腔的上升、扩展、下降等3个阶段，对应的生产特征也具有不同的表现。上升过程中，蒸汽腔从注汽井周围逐渐上升到油层顶部，对应的是SAGD产量的逐渐上升阶段；当蒸汽腔上升到油层顶部时，受到顶部盖层的封堵，将会发生横向扩展，这时SAGD的产量将达到高峰，并持续稳产一段时间；当蒸汽腔扩展到横向边界两对水平井的中间地带时，汽腔开始向下扩展，即汽腔下压过程；这个阶段，SAGD的产量逐渐降低，直至最后完成SAGD开采过程。

（2）直井水平井组合SAGD产能计算方法。

随着SAGD开发的深入，逐渐发现典型SAGD井网组合方式产能公式并不完全适用于直井水平井组合SAGD开发，主要受井网组合方式、储层特征的影响，因此，针对国内SAGD开发实际，对SAGD产能计算方法进行了修正计算，在经典SAGD产能计算模型的基础上，引入了蒸汽腔扩展角θ角概念描述SAGD产能公式，同时将SAGD泄油水平段由原水平生产井水平段引申为注汽直井到水平生产井的距离，提出了泄油点的概念。

修正后的直井与水平井组合SAGD上产阶段和稳产阶段的SAGD泄油速率公式为：

$$q = 0.1034\theta_{扩展}NL_i\sqrt{\frac{K_{o}g\alpha\phi\Delta S_{o}h}{mv_{s}}} + 0.1462\theta_{扩展}\frac{K_{o}g\alpha}{mv_{s}}t \tag{6-8}$$

开发实践表明，修正后的SAGD产能公式更符合实际生产结果。将预测泄油速率曲线与实际生产曲线进行拟合，确定井组产量总体规划及合理井组调控指标，有效指导SAGD

井组生产[12]。

2. SAGD 油藏工程方案优化设计技术

1）SAGD 井网井型优化

双水平井 SAGD 井网井型部署优化设计主要包括水平段长度、SAGD 水平井井距、水平生产井在油层中的垂向位置、水平井对垂向井距、水平井平面排距等。

（1）水平井段长度优化。

在一定的操作条件和举升条件下，薄油层的水平段可以长一些，而厚油层的水平段应短一些。按目前新疆油田有杆泵的采液能力，一般不超过 500m³/d，因此优选水平段长度时，应该和油层条件尤其是油层厚度紧密结合，还应该和当前举升技术相结合，避免出现油藏泄油潜力不能充分发挥的现象。

（2）水平井垂向位置的优化设计。

在均质储层条件下，井对距油藏底部越近，越能使油藏得到充分的开发，也越能发挥重力泄油的机理，相应的油汽比越高，累计产油量越大。考虑钻井技术的影响和限制，将水平井井对布置在距油藏底部 2m 以内较好。

（3）上下井垂距优化设计。

综合考虑钻井技术水平、预热成本以及便于控制，井对垂距在 5m 左右比较合适。

（4）井距的优化。

井距是指相邻井对间的平面距离。井距增大，SAGD 稳产期变长，但是日产油、采收率和油汽比降低，说明井距增大，重力泄油效率降低。综合考虑，推荐 SAGD 井距为油层厚度的 3～4 倍。

（5）排距的优化。

排距指两排相邻井排间有效部署的水平井段端点的距离。排距增加，油汽比和采收率降低。一般情况下，排距应小于井距，约为井距的 60%～80% 为宜。

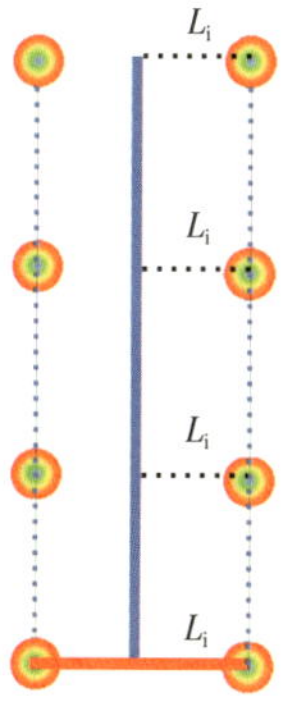

2）双水平井 SAGD 循环预热注采参数优化

根据现场实践总结，双水平井 SAGD 蒸汽循环预热阶段，可分为初期的等压循环预热阶段和增压循环预热阶段。循环预热阶段重点优化的参数包括注汽速度、环空压力、预热时间等参数[16,17]。下面以新疆风城油田 SAGD 为例。

（1）循环预热注汽速度优化。

考虑到现场注汽压力、蒸汽干度以及注汽量的波动，建议单井循环预热注汽速度为 70t/d～80t/d。

图 6-22　直井与水平井组合 SAGD 产量预测公式计算单元设计图

（2）均匀等压预热环空压力优化。

均匀等压预热阶段的环空压力应与原始地层压力接近，以确保水平段井间油层加热相对较快且连通均匀。为保证水平段温度上升平稳，注入压力略高于油藏压力，环空压力以不高于油藏压力 0.5MPa 为宜。

（3）均匀等压预热时间优化。

等压循环时间确定原则：通过不间断的热传导逐步提高注汽井与生产井水平段井间温

度，当油层温度达到120～130℃时，原油黏度下降至500mPa·s左右，原油具有一定的流动能力，可以转入均衡增压循环预热阶段。对于新疆浅层超稠油SAGD，一般建议均匀等压预热时间为120d左右。

（4）均衡增压预热环空压力优化。

均衡增压是通过提高注汽井和生产井的注汽压力同步提高井底蒸汽温度，通过控制循环产液量增加井间流体对流，加快热连通。一般均衡增压阶段的环空压力略高于地层原始压力0.5～1.0MPa。

3）SAGD生产阶段注采参数优化

SAGD生产阶段注采参数主要针对SAGD生产阶段操作压力、注汽速度、Sub-cool及采注比等参数进行优化。

（1）操作压力优化。

SAGD生产操作压力调整策略为：SAGD生产初期升压，SAGD生产中后期降压。以新疆风城油田重45井区SAGD设计为例，转SAGD初期操作压力控制在4.7～5.0MPa；SAGD上产阶段提升操作压力至5.5～6.0MPa；当SAGD生产稳产阶段后，逐渐降低操作压力，将操作压力从6.0MPa下降至4.5MPa；SAGD生产末期为进一步降低操作压力，利用蒸汽凝结水闪蒸带来的潜热，将操作压力下降至3.0MPa（图6-23）。

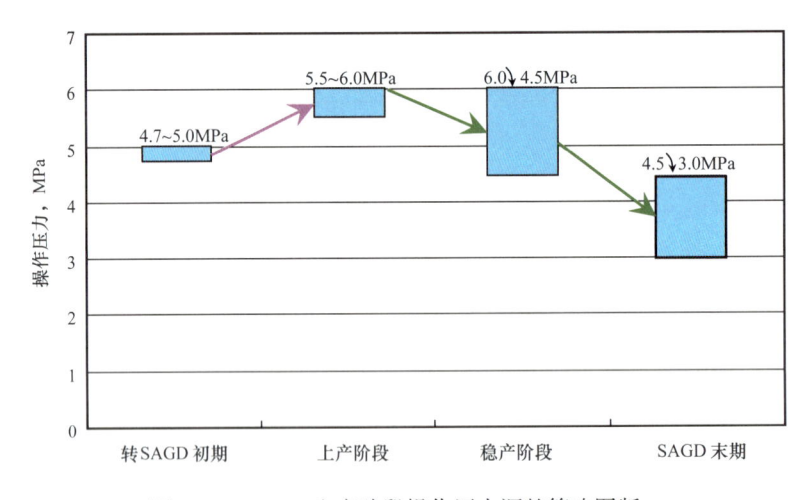

图6-23 SAGD生产阶段操作压力调整策略图版

（2）注汽速度优化。

模拟对比了不同水平段长度对应的SAGD峰值注汽速度。随着水平段长度的增加，SAGD生产阶段的注汽速度随之增加。新疆风城油田重45井区SAGD设计的水平段500m稳产阶段井组注汽速度为150～170t/d，对应的产液量200～220t/d；当水平段延长至600～900m时，为保证全井段有效供汽，注汽速度相应增加，一般每延长100m，注汽速度增加30～50t/d，对应的产液速度增加40～70t/d，单井组最高产液为350～400t/d。

（3）Sub-cool优化。

Sub-cool是指生产井井底产液温度与井底压力下相应的饱和蒸汽温度的差值。Sub-cool越大，生产井上方的液面越高，越便于控制蒸汽突破，但是不利于蒸汽腔的发育。从生产井的控制和蒸汽的热利用效率考虑，SAGD稳产阶段Sub-cool以不超过5~15℃为宜。

3. SAGD开发关键配套工艺

SAGD开发工艺作为SAGD技术的重要组成技术，是成功实施SAGD开发的基础保障，SAGD连续注汽、连续生产、长期高温的开发特点对工艺提出了更高的要求。"十一五"以来，SAGD工艺重点围绕钻完井、注汽系统、采油系统、地面集输、监测等核心工艺进行国产化技术攻关，并结合国内SAGD开发实际进行技术升级换代，突破了国外技术封锁，部分产品已成功出口国外，整体技术进展显著，技术水平达到国际先进水平。下面主要简述一下采油工艺进展。

1）注汽工艺

（1）高干度注汽工艺。

根据SAGD开发高蒸汽干度的技术要求，自主创新研制了球形汽水分离器（产生高干度蒸汽）、过热蒸汽发生锅炉。

① 球形汽水分离器。

球形汽水分离器是综合利用离心分离、重力分离及膜式分离作用来实现汽水分离，其工作压力为3~10MPa；流量小于20t/h；出口干度为99%，球体直径900mm，壁厚60mm，额定工作温度360℃。经分离后蒸汽干度达到了95%以上，能够满足SAGD操作要求（图6-24）。

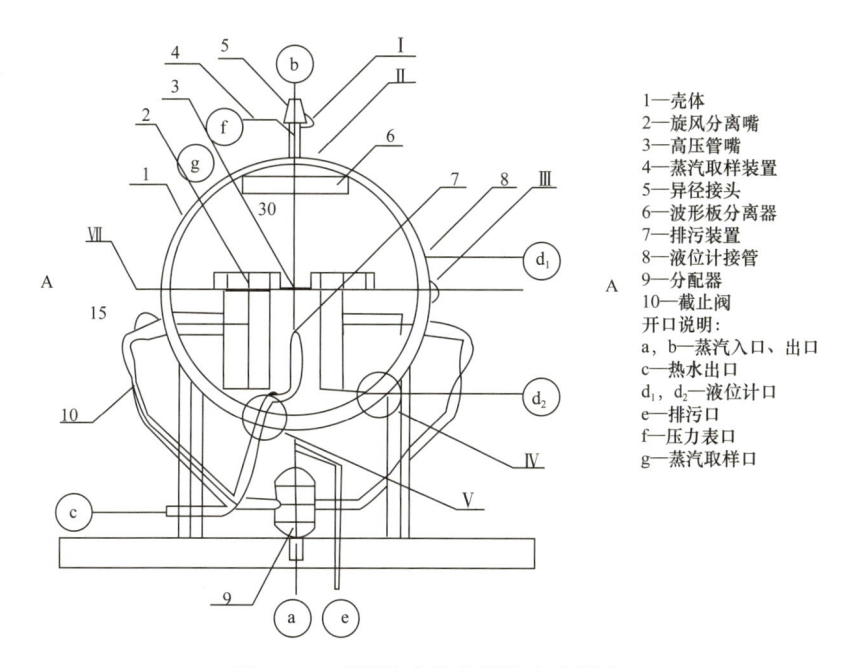

图6-24 球形汽水分离器结构示意图

② 过热蒸汽发生锅炉。

针对蒸汽吞吐存在蒸汽携带热量低，热量损失相对较大等缺点，采用过热注汽锅炉，把过热蒸汽注入油井，使热损失相对减少，从而更有效地加热原油，提高稠油采收率。近年来，通过对引进过热锅炉的调试运行以及适应性研究，并进行重大改进，过热锅炉达到80℃，满足风城油田稠油开采的需要。过热蒸汽发生锅炉流程图如6-25所示。

2）举升工艺

由于油藏埋深不同，辽河油田与新疆油田对于举升工艺要求也截然不同。辽河油田重点在耐高温大泵深抽工艺上进步明显，新疆油田在井下举升管柱设计方面取得更大的进步。

（1）有杆泵举升工艺。

SAGD有杆泵举升系统基本满足了排液量250~400t/d、最高耐温250℃的油藏指标要求。塔式抽油机最大载荷22t，最大冲程8m；抽油泵最大泵径ϕ160mm，系统最大理论排量可达693t/d，最高耐温260℃，平均泵效达65%，平均检泵周期为374d，最长达1695d，最高日产液524t，满足了油藏对举升系统的要求。

① 大型长冲程抽油机。

通过国内抽油机技术状况的广泛调研，确定将塔架式长冲程抽油机作为研究目标，通过近两年的现场试验和不断改进，最终开发出用于SAGD生产的22型塔架式长冲程抽油机，其型号为CCJ22-8-48HF，其悬点最大载荷为22t，冲程8m，最大冲次4.2min^{-1}，减速箱输出扭矩为48kN·m，电机配备功率为110kW。并配备变频调速器，实现无级调速（图6-26）。

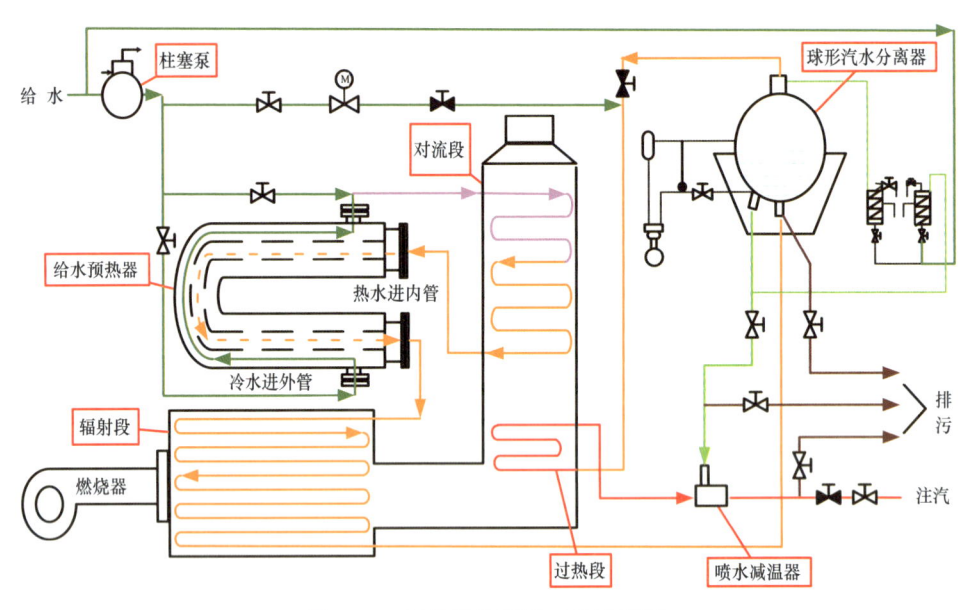

图6-25 过热注汽锅炉工艺流程图

② 耐高温大直径抽油泵。

针对SAGD不同开采阶段与不同见效程度的举升需求，通过引进大泵、消化吸收、创新完善，历经五代技术升级，形成了具有自主知识产权的高温大排量有杆泵举升技术，泵径增加到ϕ160mm，平均泵效为65%（国际产品62.5%），平均检泵周期374d（国际产品376d），脱接器成功率98%（国际产品62%），最长检泵周期1695d，最高理论排量693t，各项技术指标均达到和超过国际同类产品水平，实现国产化应用，填补了国内空白（图6-27）。

（2）电潜泵举升工艺。

攻关研发了耐高温电潜泵，达到国外同类先进水平。主要技术参数：扬程800m，耐温 250℃，井下压力 3MPa，排量 250m³/d（图 6-28）。

（3）水平井举升管柱设计。

根据水平段测温数据分析水平段热连通状况，为改善 SAGD 生产水平井段动用不均，提高水平井段利用率，减缓井间汽窜对 SAGD 井组生产影响，研制了水平段控液管柱，包括两种结构。

图 6-26　塔架式长冲程抽油机外观图

图 6-27　大直径管式抽油泵实物图

图 6-28　高温电潜泵室内实验实物图

① 水平段下入衬管有杆泵抽油管柱结构。

在水平段筛管内下入衬管，适用于水平段前端汽窜的生产水平井。在 SAGD 井生产一段时间、出砂量少时下入。衬管长度根据水平段连通状况设定，迫使水平段两端的流体向衬管尾端处流动，调整生产井产液剖面，提高水平段后端动用程度，从而提高井组产量（图 6-29）。

② 泵下端接尾管入水平段有杆泵抽油管柱结构。

在泵下端接尾管下入水平段，适用于水平段前端连通段短或前端汽窜或者筛管悬挂器密封失效的生产水平井。在 SAGD 井生产一段时间、出砂量少时下入（图 6-30）。

4. 改善 SAGD 开发效果技术

1）SAGD 生产动态调控技术

通过综合分析储层非均质性、管柱结构和注采参数等影响因素，结合先导试验区跟踪数值模拟研究，形成了浅层超稠油双水平井 SAGD 优化调控技术，并成功应用于现场试验。双水平井 SAGD 的动态调控技术，按照生产特点分为循环预热阶段动态调控技术和正常生产阶段调控技术。

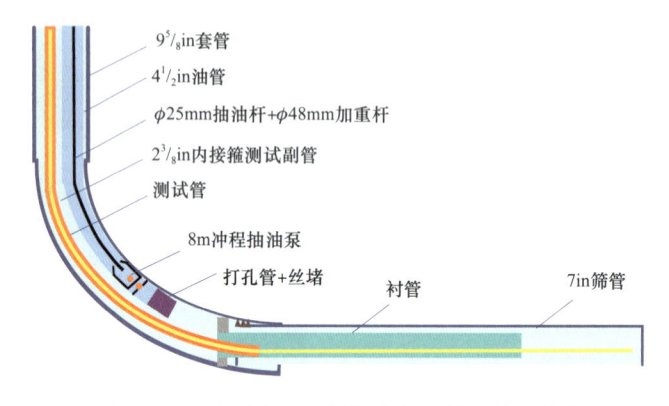

图 6-29　水平段下入衬管有杆泵抽油管柱结构

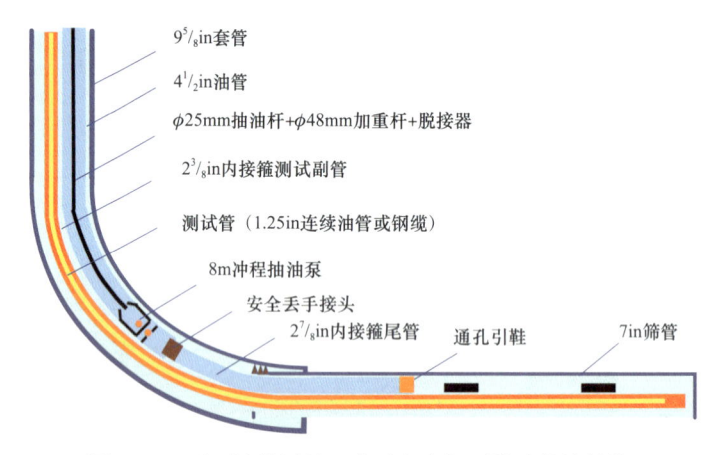

图 6-30　泵下端接尾管入水平段有杆泵抽油管柱结构

（1）循环预热阶段动态调控技术。

基于预热阶段热连通的影响因素和监测资料分析，可以初步确定预热阶段的连通效果和问题，并根据实际情况采取一定的调控措施，来改善和促进热连通的效果。从本质上说，预热阶段的调控技术应主要从管柱设计、注采方式、注采参数的优化上来做工作。

① 注汽管柱采取更好的隔热措施。

注汽管柱的隔热性能对预热阶段情况影响较大。如筛管悬挂器以上注采管柱采用隔热管，水平段的干度可提高 14~24 个百分点，从而可确保 SAGD 全井段均匀受热。

② 调控注采管柱的组合方式及注汽点位置。

现场一般推荐采用双管结构的连续注汽与循环排液的方式。采用长管注汽、短管排液的注汽方式。通过管柱结构的设计或调整注汽点位置，可以明显改善热连通状况。

③ 细化循环预热的操作程序及优化各个阶段的注采参数。

根据新疆双水平井 SAGD 实践经验，循环预热阶段可以进一步细分为 4 个次一级阶段，即井筒预热阶段、均衡提压阶段、稳压循环阶段、微压差泄油阶段。以上述阶段划分为基础，重点合理优化与调控各个阶段的注汽速度、环空压力，以及合理的增压时间。

（2）SAGD 生产阶段的调控技术。

当水平段长度一定时，要想提高 SAGD 井组的日产量，就必须扩大水平段动用长度和动用效率。根据统计，新疆风城地区 SAGD 井组，约有 2/3 的井对存在脚尖部位动用较差的情况。针对预热阶段井间连通程度较差的，或者动用程度较差的现象，最合理、最直接的调控方法是采用更换井下管柱及优化操作参数两种方法。

① 调整注采管柱。

一般可从 4 个方面调整生产阶段的注采完井管柱。第一是注汽井的主副管注汽量的分配与调整。第二是生产井的主副管产能的分配调控。第三是生产井举升管柱的优化与调整。第四是用井筒的 ICD 和 FCD 流动控制装置调控。

② 调整注采参数。

注采参数的优化与调整是生产阶段调控的另一个方面，重点考虑生产过程中对注汽速度、压力、Sub-cool 等参数的调整。

由于 SAGD 循环预热结束后都不同程度存在点通或连通段短的问题，转生产后的突出矛盾是汽液界面难控制，易汽窜，注汽量无法提高，产液量较低。因此，改善井间连通是转 SAGD 初期的首要任务。在转 SAGD 生产初期，根据各井组热连通状况确定不同的调控方法，以改善连通、扩大汽腔、阻汽排液、提高采注比为原则进行注采参数、管柱优化，实现 SAGD 生产平稳操作。

a. 操作压力的优化调整。

SAGD 生产操作压力调整策略是初期升压，中后期降压。通过操作压力的调整，提高了汽腔扩展速度，增强了导流能力，进一步改善了井间的热连通。

b. 注采压差优化与调整。

正常生产时，注采压差（注汽井套压与生产井井底压力之差）尽量保持在 0.2MPa 左右。现场操作中，通过关生产井或降低采液速度来实现注采压差优化与调整。

c. Sub-cool 监测与优化调整。

实际调控经验表明，Sub-cool 太小易发生汽窜，难以控制；Sub-cool 太大，生产效果变差。推荐的 Sub-cool 值范围为 5～15℃。

d. 注汽速度的优化与调整。

实际在 SAGD 的生产阶段，根据蒸汽腔的发育阶段，不同的操作压力、注采压差、Sub-cool 设计需求，对注汽量进行调整和优化。

2）加密井辅助 SAGD 技术

风城超稠油油藏油层连续厚度大。由于 SAGD 开发效果受夹层和渗透率非均质性影响较大，因此需要针对不同储层条件进行布井方式研究，以便获得最佳的泄流速度。为了提高 SAGD 开发效果，确定了 3 种井网开采方式，包括 SAGD 双层立体井网、直井辅助 SAGD 井网、水平井辅助 SAGD 井网。

（1）SAGD双层立体井网。

上层井网与下层井网平行交错部署，可以最大限度地提高蒸汽腔波及效率和扩展均匀性，也便于上部井网在后期被蒸汽腔淹没后继续注汽，发挥蒸汽驱辅助和重力泄油相结合的驱泄复合作用，井网示意图如图6-31所示[18]。

（2）直井辅助SAGD井网。

直井布井位置一般在SAGD水平井下倾方向，距SAGD井组20～40m。直井经过多轮次的蒸汽吞吐与SAGD水平井热连通后，再进行直井辅助注汽强化蒸汽驱替效应，原油加热后受蒸汽驱替和重力泄油两种驱动力作用驱替至采油水平井中采出。该井网类型扩大了整体蒸汽腔体积，提高了SAGD井组动用程度，显著提高受非均质影响严重的SAGD井组的采油速度，如图6-32所示[19]。

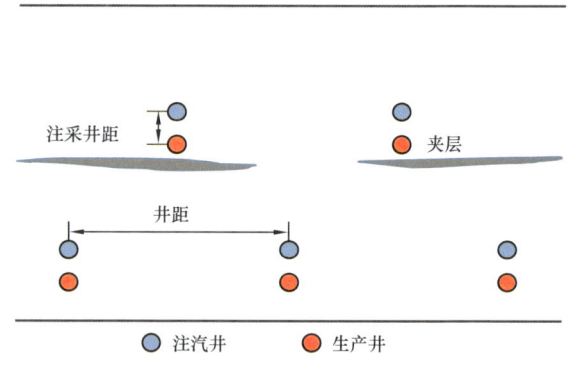

图6-31 SAGD双层立体井网

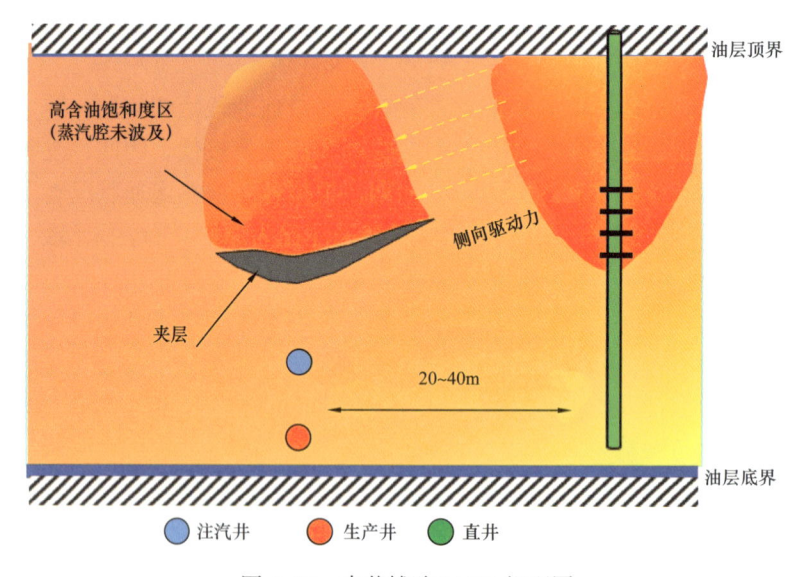

图6-32 直井辅助SAGD机理图

（3）水平井辅助SAGD井网。

在SAGD井对中间加密一口平行水平井。加密井水平段长度与SAGD水平井长度相同，深度与SAGD生产井处于同一位置，如图6-33所示。水平井辅助SAGD技术具有以下优势：加快汽腔横向连通，减少残余油饱和度；增大采油速度，提高采收率；将蒸汽腔部分能量由加密水平井消耗产出，增大蒸汽消耗和注入能力，降低水平井井对间汽窜风险。

3）气体辅助SAGD技术

气体辅助SAGD技术是多介质辅助SAGD的一种。SAGD过程中添加非凝结气体，可以显著改善开发效果。辽河油田的杜84块SAGD先导试验区开展注氮气段塞试验，累计注入7个氮气段塞共计$667×10^4m^3$，先导实验区4个井组和试验区附近4井组均受效明显，7口生产井日产均达百吨以上，油汽比从0.21提高到0.39，含水率从82%下降至73%。先导试验证明气体辅助SAGD技术是一项比较有前景的提高SAGD开发效果技术[22,23]。

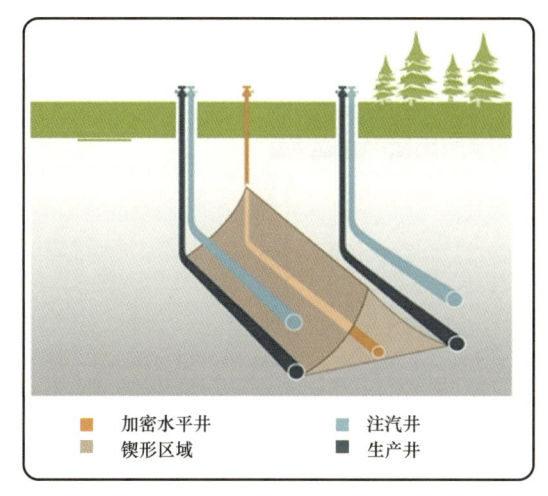

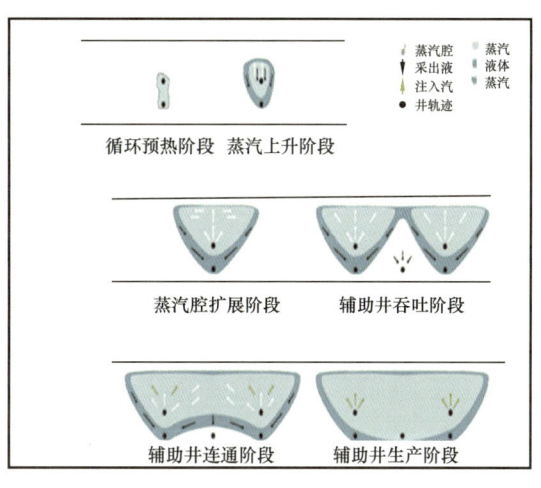

图 6-33 水平井辅助 SAGD 示意图

三、火烧油层技术进展

火烧油层技术，即火驱技术，是注入空气到地下油层中，利用原油自身燃烧产生热量和气体，实现地下原油的降黏和改质，驱动原油从生产井中采出。

自2006年中国石油天然气集团公司筹建稠油开采重点实验室以来，依托重点实验室建设，先后引进了ARC加速量热仪、TGA/DSC同步量热仪等反应动力学参数测试仪器，并改造和研制了一维和三维火驱物理模拟实验装置，使火烧油层室内实验手段实现了系统化。2009年12月首个火驱重大开发试验——新疆红浅1井区火驱试验点火成功[24]，目前红浅火驱已在实施工业化试验，与此同时，辽河油田也在杜66块开展了火驱试验，并逐年扩大试验规模。2011年国内首个超稠油水平井火驱重大先导试验——新疆风城超稠油水平井火驱重力泄油先导试验进入矿场实施。

2015年中国石油天然气股份公司稠油火驱年产量突破 $30 \times 10^4 t$，预期"十三五"末，中国石油火驱年产量有望突破 $50 \times 10^4 t$ [25]。

1. 火烧机理及特性的新认识

1）注采井间区带分布特征

通过室内一维火驱物理模拟实验和数值模拟研究，对直井火驱过程中的储层重新进行了区带划分。从注入端到生产端，将火驱储层划分为6个区带：已燃区、火墙、结焦带、高温凝结水带、油墙、剩余油区[26]。如图6-34所示，上面的图由左至右为从注入井到生产井间地层各区带分布示意图。

2）已燃区残余油分布特征与驱油效率

火驱燃烧具有无差别燃烧机理，过火区的驱油效果100%。室内实验表明，在高温燃烧带驱扫下，已燃区范围内基本没有剩余油。红浅1井区火烧现场试验也证明火驱后纵向上实现了 100% 的波及，整个岩心段剩余油饱和度都低到几乎可以忽略不计。火驱前油层纵向上在岩性、岩石与流体物性、含油及含水饱和度等方面均存在差别，而一旦某一层段实现了高温燃烧且注气量充足，燃烧过程和燃烧后的结果在纵向上看不出差别（图 6-35）。

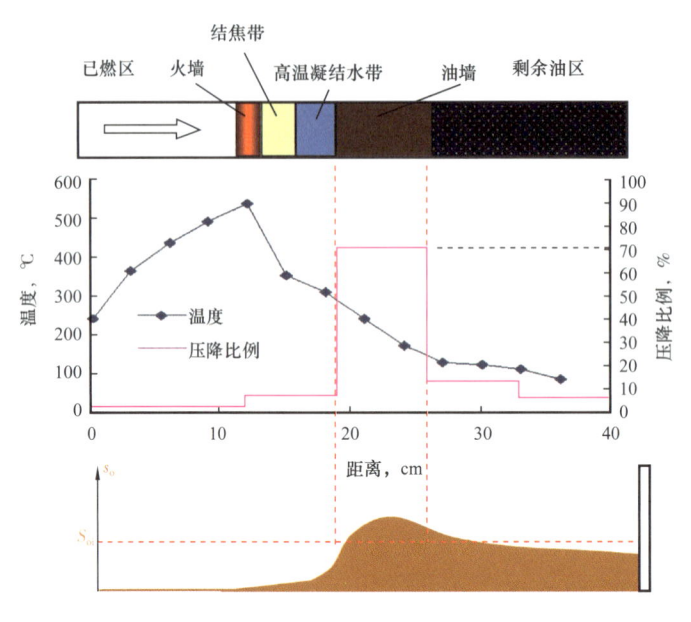

图 6-34 直井火驱储层区带分布特征

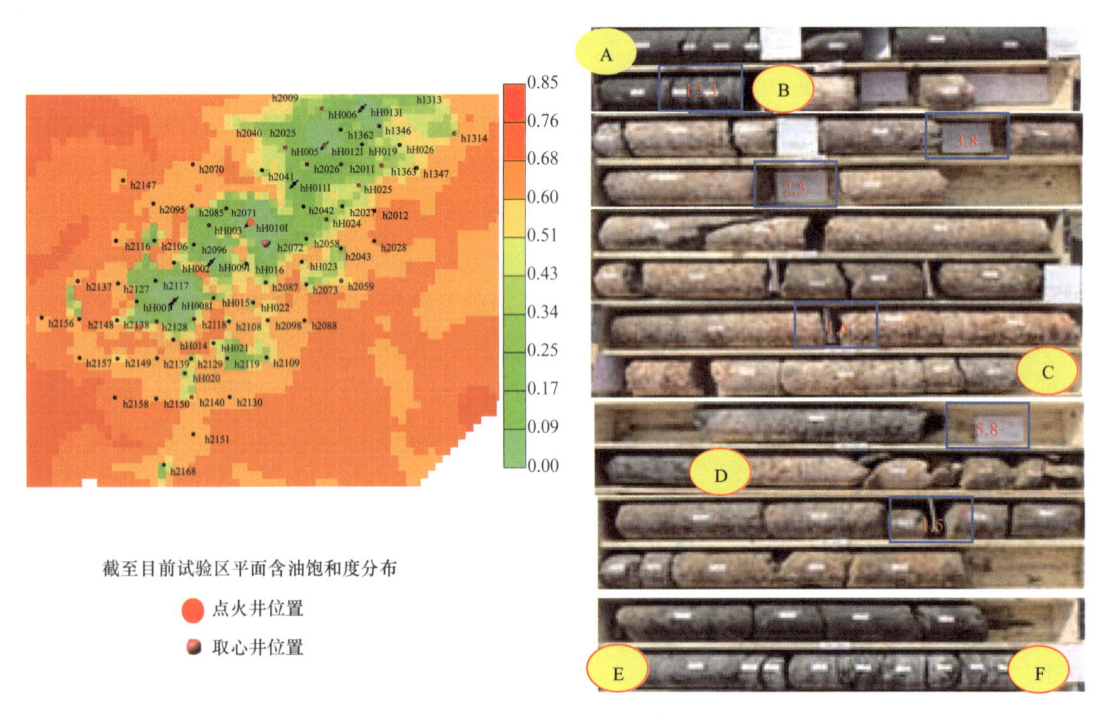

图 6-35 红浅火驱试验区火驱后取心井位置及岩心照片

3）火驱突破时注采井间剩余油分布特征

新疆红浅 1 火驱试验表明，火驱生产井一般要经历排水、见效和产量上升、稳产、高温高含水等生产阶段,然后生产结束关井。将生产井进入高温高含水阶段作为火驱突破(fire-flooding breakthrough)的标志。而火驱突破是油墙被采完后高温凝结水抵达生产井,此时燃烧带距离生产井还有相当一段距离。

通过三维物理模拟实验,研究了火驱突破时注采井间区带分布问题。三维火驱模型采用的是正方形反九点面积井网的1/4。火驱过程中,距离点火井较近的2口边井率先突破、关井。当角井突破时,结束实验、拆开模型,如图6-36(a)所示。注采井间能看到三个区域,即已燃区、结焦带和剩余油区。火线前缘接近于边井,距离角井约为1/4～1/3井距(点火井与角井间距离)。实测结果显示,已燃区体积占油层总体积的37.9%,剩余油区占39.6%,结焦带占22.5%。亦即此时火驱(体积)波及系数为37.9%,但实测此时对应的原油采收率却已经达到65.6%,这说明结焦带和剩余油区中的大部分油已经被采出。模型内定点取样测定结焦带剩余油饱和度为10.2%,剩余油区含油饱和度39.4%,均远低于模型初始含油饱和度85%。

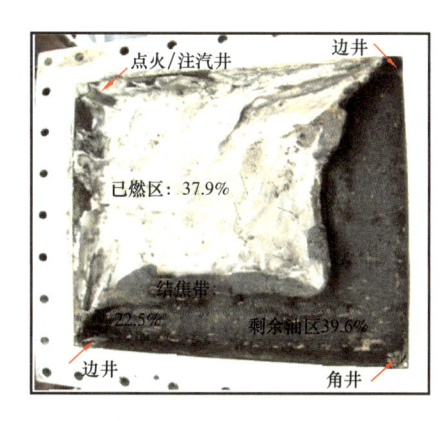

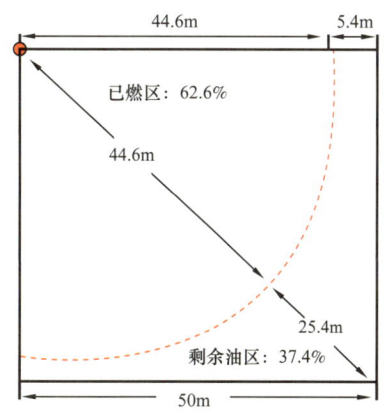

图6-36 面积井网火驱突破时燃烧带前缘位置

(a)反九点井网火驱突破时实验室照片 (b)五点井网火驱突破时燃烧带前缘位置

4)不同井网火驱对应的最大平面波及系数与理论采收率

将火驱突破作为火驱生产结束的标志,则火驱突破时地下的剩余油就是最终剩余油。对于面积井网而言,火驱采收率公式为:

$$E_R = \left(1 - \frac{D_0 V_1 + \phi \rho_o V_2 S_{or2} + \phi \rho_o V_3 S_{or3}}{\phi \rho_o S_o V}\right) \times 100\% \qquad (6-9)$$

式中 V_1,V_2,V_3——已燃区、结焦带、剩余油区的体积,$V=V_1+V_2+V_3$;

S_{or2},S_{or3}——结焦带和剩余油区的含油饱和度。

D_0——燃料沉积量,kg/m³;

ρ_o——原油密度,kg/m³。

对于线性井网来讲,最终火驱突破时平面波及系数要大于面积井网火驱。对应的最大采收率为:

$$E_R = \left[1 - \frac{D_0(N - 0.374) + 0.374 \phi \rho_o S_{or3}}{N \phi \rho_o S_o}\right] \times 100\% \qquad (6-10)$$

新疆红浅1火驱试验区启动阶段是正方形面积井网。其初始含油饱和度 S_o 为71%，孔隙度 ϕ 为25.4%，原油密度 ρ_o 为960kg/m³，燃料沉积量 D_0 为23kg/m³，假设油层纵向波及系数为100%，取剩余油区平均含油饱和度 S_{or3} 为30%，计算得到面积井网火驱最大采收率为75.9%。

红浅1试验区最终设计的是线性井网火驱。将相关参数带入式（6-10）中，对应的最大采收率为85.6%。可见在理论上，线性井网火驱所能获得的最大采收率要大于面积井网火驱的采收率。

5）火驱开发的末次采油特征

综上所述，室内实验和矿场取心分析表明，火线波及范围内（已燃区）基本没有剩余油，火驱驱油效率可以达到90%甚至更高。火驱生产结束（火驱突破）时注采井间存在有已燃区、结焦带和剩余油区，此时结焦带含油饱和度只有10%左右，剩余油区平均含油饱和度也只有30%左右。理论上，面积井网和线性井网都能实现75%以上的最终采收率。因此，可以将火驱开发过程看成是一种"收割"式或者说"吃干榨净"式的采油过程，无论采用面积井网还是线性井网，无论将其应用于原始油藏，还是水驱后、注蒸汽后的油藏，它都是一种"末次采油"方式，在其后面不可能再有其他提高采收率接替技术，也完全没有必要。

2. 火烧油层的油藏工程方案优化设计

1）稠油老区火驱井网选择

从最大限度提高经济效益的角度并考虑到火驱为末次采油的特点，火驱提高采收率项目应最大限度地利用现有井网。通常稠油老区转火驱开发时，无论是否新钻加密井，一般有两种线性井网和4种面积井网可供选择。火驱井网的选择应主要从油藏工程和经济效益（最终采收率、生产规模、采油速度、投资回收期）的角度考虑。对于经过多轮次蒸汽吞吐的稠油老区，井况是火驱开发及其井网选择应考虑的问题。

2）井距及注采参数优化

（1）面积火驱模式下的井网井距。

根据油藏地质条件和前期注蒸汽井网条件的差异，转火驱后会有不同的井网选择。

① 注蒸汽后井距100m的正方形井网。

当油层厚度较大、油藏埋深较浅（≤800m）时，可以考虑将该井网加密至70m。加密后将新井作为点火（注气）井，形成分阶段转换的面积火驱井网——每个阶段均为正方形五点井网，井网面积逐级向外扩大。在火驱初期注采井距为70m的正方形五点井网，后期转换为注采井距100m和140m的斜七点面积井网。

从驱替效果上看，图6-37（a）给出的井网火驱效果最好。首先，70m的注采井距可以确保一线生产井在较短的时间见效；其次，多次井网转换且每次转换都与上一次错开90°，可以最大限度保持燃烧带前缘以近似圆形向四周推进，从而获得最大的波及体积和最终采收率。相比之下图6-37（c）虽然也经历了二次井网转换，但两次转换间没有错开角度，火线推进过程中容易形成舌进，相邻两口生产井间容易形成死油区。而图6-37（d）则由于注采井距较大，一线生产井见效的时间相对滞后。此外将注蒸汽老井作为注气井，由于近井地带含油饱和度低加之老井井况条件差等原因，在点火和防止套管外气窜等方面也存在一定风险。图6-37（b）在平面上各向同性条件下驱替效果要比图6-37（a）稍差，但对于平面渗透率差异较大的情况，能取得较满意的驱替效果。

② 注蒸汽后期井距达到70m的正方形井网。

当注蒸汽后期注采井距已经达到70m时，转火驱开发过程中一般不能再打加密井。通常可以选择图6-37（a）（图中新井此时为老井）和图6-37（b）所示的井网进行分阶段转换井网火驱。这时着眼点是对老井井况进行调查，特别是作为火驱注气井的老井，要确保套管完好、管外不发生气窜。必要时要进行修井或打更新井。

（2）线性火驱模式下的井网井距。

线性火驱模式通常对应着两种线性井网——线性平行（正对）井网和线性交错井网。在规则的线性井网中，一排注气井的井数与一排生产井的井数相等。线性平行井网中注气井排各注气井与生产井排各生产井正对，线性交错井网中注气井排与相邻生产井排互相错开，而与隔一排生产井正对。线性交错井网更有利于注气井间燃烧带提前连通，有助于火线前缘平行于井排推进。鉴于此，矿场选择线性火驱模式时应优先考虑线性交错井网。

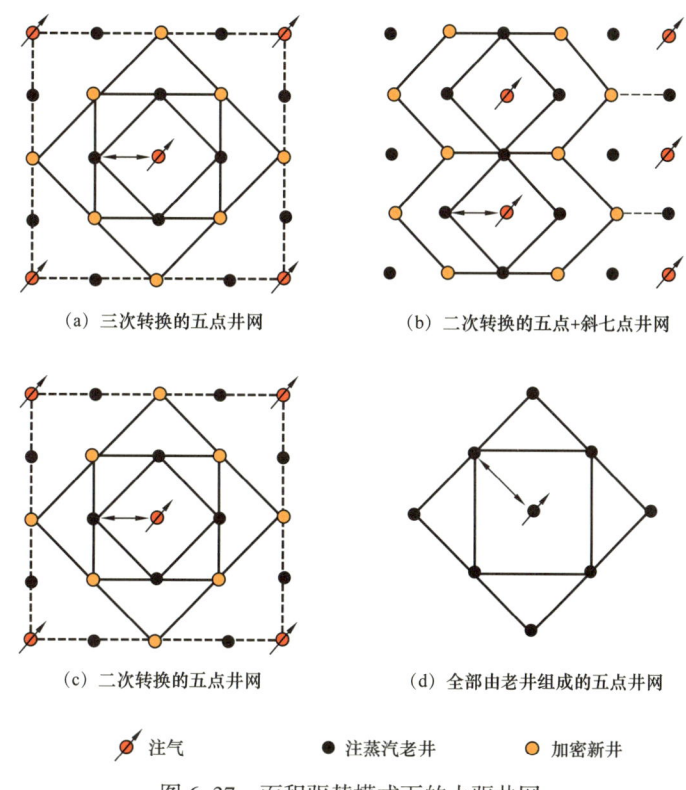

（a）三次转换的五点井网　　（b）二次转换的五点+斜七点井网

（c）二次转换的五点井网　　（d）全部由老井组成的五点井网

图6-37　面积驱替模式下的火驱井网

（3）注气速度。

① 面积井网注气速度。

在面积井网火驱模式下，中心注气井的注气速度应随着燃烧带的扩展而逐级增大。但随着火线推进半径和注气速度的增大，注气井口（或井底）压力也会增大。根据室内三维实验燃烧带波及体积及火线推进速度，结合国外矿场试验结果，假定最大燃烧半径时火线最大推进速度为0.04m/d（超过这一速度容易形成"火窜"），则正方形五点井网中单井所允许的最高日注气量q_M可以依据下式计算：

$$q_{M} = 0.12ahV_{R} \tag{6-11}$$

式中 V_R——燃烧单位体积油砂所需空气量，m^3/m^3；
a——注采井距，m；
h——油层厚度，m。

根据长管火驱实验结果，取单位体积油砂耗氧量为 $322m^3/m^3$，油层厚度为 10m，则当五点井网注采井距为 70m、100m、140m 时，由式（6-11）计算的中心井最大注气速度分别为 $27048m^3/d$、$38640m^3/d$、$54096m^3/d$；对规则的反七点或反九点井网，对应的中心井最大注气速度可在式（6-11）基础上分别乘以 1.5 和 2。

为了获得最大的产油速度和最短的投资回收期，通常希望燃烧带前缘推进速度越快越好。这时就需要加大注气速度，但注气速度过大容易造成火线舌进，降低平面波及效率。同时注气速度还要受到地层吸气能力、生产井排液（气）能力以及地面对产出流体的处理能力的限制。矿场实践中，在注气条件允许的情况下，可以在最大注气速度 q_M 以下选择最佳注气速度。

②线性井网的注气速度。

对于线性井网，根据罗马尼亚和印度的矿场实践，平行火线日推进速度最高可以达到 10cm。这时单井允许的最大注气速度可以表示为：

$$q_{ML} = 0.1LhV_{R} \tag{6-12}$$

式中 L——相邻两口注气井间距，m。

仍取单位体积油砂耗氧量为 $322m^3/m^3$，油层厚度为 10m，当相邻两口注气井间距为 100m 时，单井最大注气速度为 $32200m^3/d$。矿场试验中应在此注气速度以下优化实际注气速度。

（4）地层压力保持水平。

以注气井为中心的空气腔的平均压力基本可以代表地层压力。从室内火驱实验看，这个压力维持在一个较高的水平上，可以确保燃烧带具有较高的温度，实现充分燃烧和促进燃烧带前缘稳定油墙的形成，这对改善火驱开发效果具有重要意义。矿场实践中一般通过控制生产井排气速度来调控地层压力。对于注蒸汽开发过的油藏，火驱前地层压力往往大大低于原始地层压力。转火驱后地层压力可以维持在原始地层压力附近，当油藏埋藏较深时，可维持比原始地层压力较低的压力水平。

（5）射孔井段及射孔方式。

通常，为了遏制气体超覆提高油层纵向动用程度，注气井往往要避射上部一段油层，生产井也是如此。数值模拟计算表明，对于油层厚度低于 10m 的油藏，注气井油层段全部射开与中下部射开的火驱开发效果相差不大，并且注气井油层段全部射开，有利于点火和提前见效；对于生产井来说，油层段中下部射开时开发效果要好于全部射开。考虑到线性井网中的生产井在氧气突破后要转为注气井，因此建议注气井和生产井采用相同的射孔方式，适当避射油层顶部 1~2m，并在整个射孔段采用变密度射孔方式——从上到下射孔密度逐渐加大。

第六章　稠油热采技术

3．火烧油层的前缘调控技术

在火驱矿场试验过程中，一般可以在生产井或观察井利用测温元件直接观测火驱燃烧带前缘（火线）的推进情况，也可以采用四维地震的方法测试不同阶段火线的推进状况。对于相对均质的地层，还可以采用油藏工程计算方法来推测不同时期的火线位置。这里提出两种计算火线半径位置的方法，第一种方法借助注气数据，适用于在平面上相对均质的油藏条件；第二种方法借助产气数据，适用范围更广，且可以用于对火线的调整和控制。

1）火线前缘位置预测方法

（1）根据中心井注气数据计算火线半径。

为计算火线推进半径，首先假设火线以注气井为中心近似圆形向四周均匀推进。同时假设的燃烧（氧化反应）过程主要发生在火线附近，火线外围气体只有反应生成的烟道气。

推导的火线半径公式可以表示为：

$$R = \sqrt{\dfrac{Q}{\pi h \left(\dfrac{A_o}{\eta} + \dfrac{Z_p p \phi}{p_i} \right)}} \tag{6-13}$$

式中　R——火线前缘半径，m；
　　　A_o——燃烧釜实验测定的单位体积油砂消耗空气量，m³/m³；
　　　ϕ——地层孔隙度；
　　　h——油层平均厚度，m；
　　　p——注气井井底周围地层压力，MPa；
　　　p_i——大气压，MPa；
　　　Q——从点火时刻开始到当前累计注入空气量，m³；
　　　η——氧气利用率；
　　　Z_p——地层压力 p 下空气的压缩因子。

对式（6-13）求导可以得到不同阶段的火线推进速度：

$$\dfrac{dR}{dt} = \dfrac{1}{2} \sqrt{\dfrac{1}{\pi h \left(\dfrac{A_o}{\eta} + \dfrac{Z_p p \phi}{p_i} \right) Q}} \dfrac{dQ}{dt} \tag{6-14}$$

从式（6-13）、式（6-14）可以看出，随着累计注气量的增大，火线推进半径也在逐渐增大，但火线推进速度在逐渐减小。这也正是在面积井网火驱过程中，尤其是开始阶段需要逐级提高注气速度的原因。

图 6-38 给出了正方形五点井网条件下，根据式（6-13）计算的火线位置（黑色圆圈）。同时将其与数值模拟计算的结果进行了对比，两种方法的计算结果基本

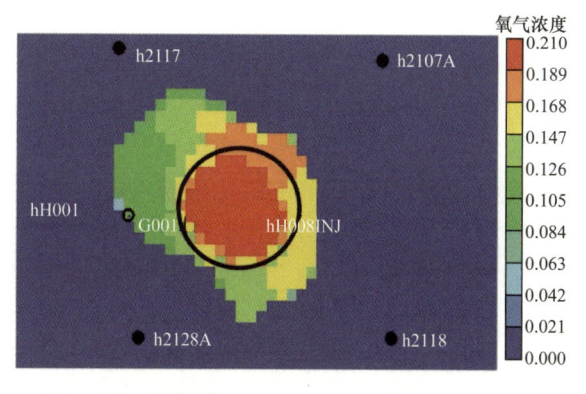

图 6-38　油藏平面氧气浓度场与预测的火线位置

上是吻合的，只是数值模拟更能体现火线推进的非均衡性。

（2）利用燃烧釜实验和产气数据计算火线半径。

矿场火驱生产过程中，受地质条件和操作条件的影响，各个方向生产井产气量往往是不均衡的。在这种情况下，火线向各个方向的推进也是不均衡的。哪个方向生产井（一般指一线生产井）产气量大，火线沿该方向推进速度快、距离大，反之推进速度慢、距离小。

假设中心注气井周围有 N 口一线生产井（对应 N 个方向），在某一时刻各生产井累计产出烟道气总量为 $Q_1,Q_2,\cdots,Q_N$。对于注气井到各一线井非等距的井网，引入分配角的概念，如图6-39所示。

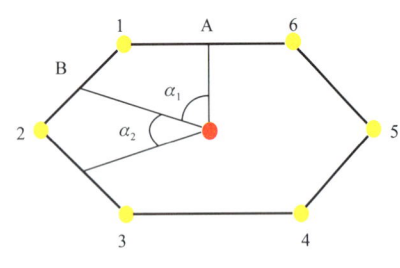

图6-39 非等距井网生产井分配角

则推导得出的火线半径为

$$R_i = \sqrt{\frac{360\eta Q_{li}}{\alpha_i \pi h A_0}\left(1+\frac{Z_p p}{G_{LRi} p_i}\right)}$$

（6-15）

$$G_{LRi} = \frac{Q_i}{Q_{li}}$$

式中 Q_{li}——第 i 口井方向上的产液量，m^3；

Q_i——由第 i 口井方向上的产液量折算成的产气量，m^3；

G_{LRi}——生产井累计产出气液比，m^3/m^3。

还需要说明的是，尽管采用式（6-15）计算某个方向上的火线推进半径可能更接近地层的火线真实情况，但在理论上却是不严格的[27, 28]。

3）火线调控的方法

矿场试验中对生产井累计产气量调控的方法主要包括"控"（通过油嘴等限制产气量）、"关"（强制关井）、"引"（蒸汽吞吐强制引效）等。通常控制时机越早，火线调整的效果越好。

（1）各向均衡推进条件下的火线调控。

对于各注采井距相等的多边形面积井网（如正方形五点井网、正七点井网），当各生产井产气速度相同时，燃烧带为圆形。可以依据式（6-13）推测和控制火线推进半径。在这种情况下，火线调控的措施重点放在注气井上。矿场试验着重关注两点：一是设计注气井逐级提速的方案，即在火驱的不同阶段以阶梯状逐级提高中心井的注气速度，以控制各阶段的火线推进速度，实现稳定燃烧和稳定驱替；二是通过控制注采平衡关系，维持以注气井为中心的空气腔的压力相对稳定，以确保地下稳定的燃烧状态。在通常情况下，即使采用各注采井距相等的多边形面积井网，各生产井产气速度也很难相等。这种情况下如果要维持火线向各个方向均匀推进，就必须使各方向生产井的阶段累计产气量相等。矿场试验过程中要对产气量大的生产井实施控产或控关，要对产气量特别小的生产井实施助排引效等措施，如小规模蒸汽吞吐等。

（2）各向非均衡推进下的火线调控。

对于注采井井距不相等甚至不规则的面积井网，向不同方向上推进的火线半径依据式（6-

14）或式（6-15）推算。矿场试验中往往希望火线在某个阶段能够形成某种预期的形状，这时调控所依据的就是"通过烟道气控制火线"的原理，即通过控制生产井产出控制火线形状。这里以新疆某井区火驱矿场试验为例，论述按油藏工程方案要求控制火线形状的方法。

该试验区先期进行过蒸汽吞吐和蒸汽驱，火驱试验充分利用了原有的蒸汽驱老井井网，并投产了一批新井，最终形成了如图6-40所示的火驱井网。该井网可以看成是由内部的一个正方形五点井组（图中虚线所示的中心注气井加上2、5、6、9井）和外围的一个斜七点井组（中心注气井加上1、3、4、7、8、9、10井）构成。五点井组注采井距为70m，斜七点井组的注采井距分别为100m和140m。

油藏工程方案设计的最终火线的形状如图6-40中所示的椭圆形，且火线接近内切于1—3—7—10—8—4几口井所组成的六边形，即面积火驱结束时椭圆形火线的长轴a和短轴b分别接近130m和60m。通过计算，长轴方向生产井累计产气量要达到短轴方向生产井累计产气量的4~5倍，才能使火线形成预期的椭圆形。

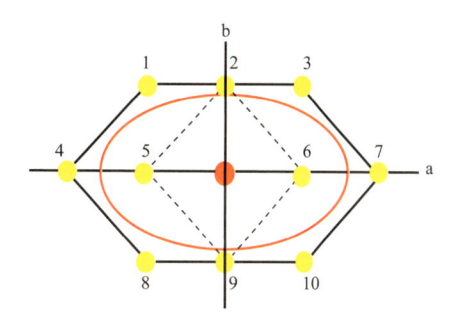

图6-40 新疆某井区火驱试验井网及预期火线位置

4. 火驱开发关键配套工艺

1）钻完井工艺

（1）井身结构设计。

根据地质油藏工程及采油工艺的要求，对火驱过程中不同井型一般可以参考以下设计。

例如注气井及生产井，一开采用ϕ381.0mm钻头钻至60m，下入ϕ273.1mm表层套管。二开采用ϕ241.3mm钻头，注气井及生产井油层段30m下入ϕ177.8mm抗腐蚀9Cr耐热套管，其余井段选用ϕ177.8mm抗腐蚀3Cr耐热套管，G级加砂水泥预应力固井，水泥返至地面。

（2）完井工艺。

注气井按热采井射孔完井，固井要求防气窜，井底50m选用耐温500℃的抗富氧腐蚀套管，其余井段采用耐150℃的抗富氧腐蚀套管。选用耐150℃的抗富氧腐蚀油管，采用电点火方式，点火器功率为45kW，耐温大于550℃，耐压大于15MPa，井口选用KQ36-65型井口装置。

生产井按热采井射孔完井，固井要求防气窜，选用$2\frac{7}{8}$in、$2\frac{3}{8}$in的防腐普通油管。推荐有杆泵举升方式，采用5型抽油机、防气泵和ϕ19mmD级抽油杆，配套螺旋气砂锚。井口选用KR14/65-337E型热采井口装置，双管生产测试井口选用SKR14/337-52×52型双管热采井口装置。生产井温度、压力测量选用电子温度压力计，产出物监测主要对产出油的密度、黏度、馏分、组分监测分析，产出气的CO、CO_2、O_2、H_2S、SO_2等气体组分监测分析，产出水的水全项监测分析。

2）地面配套工艺

注气系统对可靠性要求较高。火驱过程中要保持燃烧带前缘的稳定的推进要求注气必须连续不间断。从最近几年新疆和辽河的火驱现场试验看，随着压缩机技术的进步和现场运行管理经验的不断积累，目前注气系统的稳定性和可靠性比以往明显增强，可以实现长期、不间断、大排量注气。

对于举升及地面工艺系统，目前火驱举升工艺的选择能够充分考虑火驱不同生产阶段的阶段特征，满足不同生产阶段举升的需要。井筒和地面流程的腐蚀问题基本得到解决。注采系统的自动控制与计量问题正逐步改进和完善。在借鉴国外经验并经过多年的摸索，目前国内基本形成了油、套分输的地面工艺流程，并通过强制举升与小规模蒸汽吞吐引效相结合，有效提高了火驱单井产能和稳产期。

3）点火工艺

稠油油藏的点火方式主要有自燃点火、化学点火、电加热点火、气体或液体燃料点火器点火。国内稠油油藏原始地层温度大多不超过70℃，这种情况下依靠油层本身的自燃点火所需要的时间通常要超过1个月甚至更长，而且无法保证地下充分燃烧。目前国内较成熟的点火方式有两种，一种是蒸汽预热条件下的化学催化点火，一种是大功率井下电加热器点火。辽河油田杜66块火驱试验初期普遍采用蒸汽辅助化学点火方式点火，该点火方式最大的优点是施工工艺相对简单，可以利用油田热采井场现有的注蒸汽锅炉及辅助设施，同时成本也较小。缺点是起火位置不容易判断和控制。相比之下，电点火工艺尽管施工过程较为复杂，但对起火位置和燃烧状态的控制程度高，同时安全性也较好，是近些年来国内外普遍认可的高效点火技术。国内胜利油田及新疆红浅1井区火驱现场试验选用的均为电加热器点火方式。根据室内燃烧釜实验结果，点火温度应该控制在450℃以上。

从20世纪90年代开始，以胜利油田为代表的国内油田就开始研发电点火器及配套工艺。第一代电点火器是将加热电缆捆绑在油管外的，在点火过程中经常发生点火电缆被烧毁的事故。第二代点火器采用全金属外壳的电缆，整个电缆从井口到加热棒之间只有一个接头，最大限度减少了电缆被烧毁的风险。但这种点火器和第一代点火器一样，也存在不能多次在井筒中起下的问题，也就无法多次使用，从而使点火成本居高不下。目前普遍使用的是第三代电点火器。该点火器从外形上看就是一根连续油管，点火电缆和电阻加热器都被包在这根连续油管中。第三代连续油管点火器不仅消除了在井下部分使用的薄弱环节，还可以实现带压在油管中起下。辽河晨宇集团研发的最新一代点火器可以在2500m的井下、40MPa的注气压力下实现起下，同时配合监测光纤对井筒连续测温[29]。

4）监测技术

目前国内已经建立了火驱产出气、油、水监测分析方法，形成火驱井下温、压监测技术，实现了对火驱动态的有效监测。同时开发了气体安全评价与报警系统，保证了火驱运行过程中的安全。总结出了以"调"（现场动态"调"生产参数，避免单方向气窜）、"控"（数值模拟跟踪、动静结合，"控制"火线推进方向和速度）与"监测"（监测组分、压力和产状，实现地上调、控地下）相结合的现场火线调控技术。

第四节 应 用 实 例

一、SAGD开发矿场实例

1. 辽河油田杜84块直井与水平井组合SAGD开发实例

辽河油田是世界上首次将SAGD技术应用到蒸汽吞吐后中深层（埋深>600m）超稠油开发的油田，并进行了工业化推广应用，取得成功。SAGD开发年产油达到106×10^4t，采用直井与水平井组合SAGD开发主要因为目标区块原开发方式为蒸汽吞吐开发，井网完善，采用直井与水平井组合SAGD可充分利用原井网，降低操作成本。

1）油藏概况

杜84块隶属于辽河油田曙一区，构造上位于辽河盆地西部凹陷西部斜坡带中段。杜84块探明含油面积$5.6km^2$，探明石油地质储量8309×10^4t。油藏埋深550~1150m，目的层包括沙三上段、沙一+二段和馆陶组三套地层，这三套地层属于不同沉积类型，且均以角度不整合接触。沙一+二段和沙三上段两套地层合称为兴隆台油层，馆陶组地层称馆陶油层。馆陶油层为高孔、高渗透—特高渗透、巨厚块状，赋存边水、底水、顶水的超稠油油藏，20℃原油密度为$1.001g/cm^3$，50℃地面脱气原油黏度是$23.19\times10^4mPa\cdot s$。

杜84块的超稠油的开发可以分为三个阶段。第一阶段，即1996—1998年，为热采技术攻关阶段，针对超稠油的特点，深化了超稠油合理射孔原则、注汽工艺、排液、防排砂等蒸汽吞吐系列技术，拉开了超稠油产能建设的序幕。第二阶段，即1999—2002年，为应用蒸汽吞吐技术滚动开发阶段，通过对蒸汽吞吐参数优化、分选注、组合式吞吐、综合防治砂和水平井开发等方面取得进一步的完善，成功地实现了超稠油的规模开发。第三阶段，从2003年至今，为提高超稠油采收率的技术攻关阶段。这一期间重点发展和攻关的技术有组合式蒸汽吞吐技术、水平井吞吐技术以及SAGD开采技术。其中，2005年在杜84块馆陶组油层开展了4个井组的直井、水平井组合SAGD先导试验，为超稠油开发方式转换和提高采收率提供依据。

2）直井水平井组合SAGD先导试验方案的设计要点

SAGD先导试验区位于杜84块馆陶油层的北部，含油面积$0.15km^2$，地质储量249×10^4t。试验区内构造简单，倾角2°~3°，区内无断层，油层连续分布，无隔夹层，油层埋深530~640m，平均厚度91.7m，为高孔、特高渗透储层，孔隙度为36.3%，渗透率5.54D。

先导试验区采取直井与水平井组合SAGD开发方式，部署水平井4口，水平井部署在直井井间、射孔井段的侧下方，与直井射孔井段距离为5m，注采井距为35m，水平井井距为70m，水平段长度为350~400m（图6-41）。

注采参数设计井底蒸汽干度大于70%、注汽压力4~6MPa、单井注汽速度大于100t/d。根据水平段长度，馆陶油层单水平井所需注汽量为250~350t/d、排液量为300~400t/d，产油量为75~100t/d，油汽比为0.25~0.33，采注比在1.20以上。馆陶油层SAGD先导试验方案设计生产水平井4口，注汽井16口。吞吐预热2~3轮后转入SAGD生产，生产期为15a，阶段注汽379.8×10^4t（80%注入地下），阶段产油94.3×10^4t，阶段产水299.3×10^4t，阶段油汽比为0.25，采注比为1.25，阶段采出程度为37.87%，最终采收率为56.1%，较吞吐提高采收率27.1%。

3）试验区的实施与跟踪调整

2003年，杜84块4个井组的SAGD先导试验区首先开始了预热工作。预热方式采取了直井与水平井组合蒸汽吞吐技术，经过二周期的吞吐预热及最后一轮注汽后，跟踪数值模拟垂直水平井方向的温度剖面反映出，直井与水平井间的热连通已经形成，具备了转SAGD生产的条件。

2005年，先导试验区的馆平11、馆平12、馆平10、馆平13等4口水平井相继转入SAGD生产阶段。生产阶段在严格执行方案的基础上，通过加强监测和动态研究及跟踪调整来解决生产过程中出现的问题,在 SAGD 正常生产的初期,水平井产油主要以蒸汽驱替方式为主,调控的技术手段主要有提高注汽量、提高周边地层压力、更换注汽井点,以及吞吐引效等,从而抑制蒸汽单点突破,改善水平段动用程度。经过大约 12 个月的蒸汽驱替后,蒸汽腔逐步形成并扩展,SAGD 生产进入泄油生产阶段。泄油阶段的产液量、产油量大幅度上升,主要通过调整注采参数,进一步提高单井产量和油汽比,保证试验较快地进入稳定的高产期。同时,在原先导试验区的外围,即馆平 13 井的下倾方向,又新完钻一口 SAGD 水平井,并完成了吞吐预热,纳入馆陶组 SAGD 先导试验区的生产管理中,这样辽河油田的馆陶组 SAGD 先导试验区达到了 5 个井组规模。

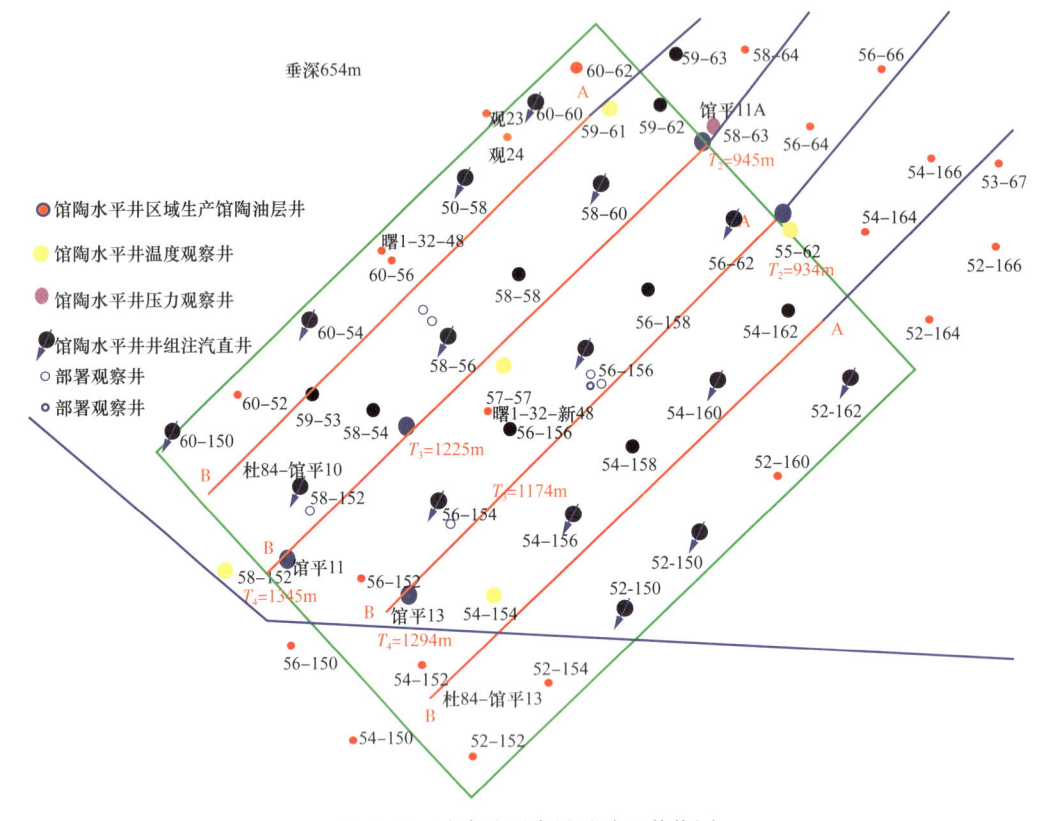

图 6-41 馆陶油层先导试验区井位图

2017 年 3 月,馆陶组试验区 5 口 SAGD 水平井的平均单井日产液为 268t,平均单井日产油为 71.8t,其中先后有 3 口水平井单井日产达到 100t 的规模,高峰期产量达到 150t 以上,综合含水 73.2%。近 3 年多,馆陶组 SAGD 先导试验区总的日产油水平都在 400t 以上高位运行,采油速度为 4.9%,累计产油达到 127×10^4t,且地质储量的采出程度已达到 54%,阶段油汽比高达 0.26(图 6-42)。

4)实施效果

SAGD 方式的驱油效率高。通过对蒸汽腔(测试温度为 240℃)内取得的岩心的测试,确定泄油后蒸汽腔内的含油饱和度已降至 12.7%,以及在实际油藏中驱油效率达到 83.0%。

SAGD 与蒸汽吞吐对比,增产效果明显。2005 年 2 月转入 SAGD 开发后,仅由 4 口水平井替代 40 口直井生产。生产阶段表现为日产量大幅上升,采油速度高。2005 下半年平均日产油即上升到171t，2007年下半年平均日产油为302t，目前一直维持在400t以上。与蒸汽吞吐相比，不仅产量大幅度回升，超过了蒸汽吞吐期间的最高水平，采油速度也由2.18%上升到4.9%。

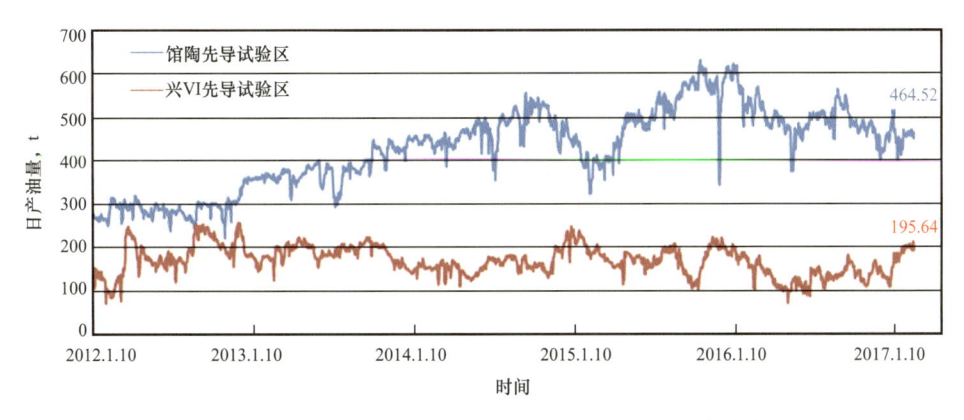

图6-42 杜84块馆陶组SAGD先导试验区的生产曲线

馆陶组SAGD先导试验生产阶段的日产油、含水、油汽比等指标参数都好于先导试验方案设计。目前采收率为54%，已接近方案预测值56.1%。根据油藏工程方法和数值模拟重新测算，先导试验区的最终采收率可达到65%以上，比原方案设计采收率56.1%提高9个百分点以上，显示了良好的提高采收率前景。

通过对杜84块SAGD先导试验区的效果进行评价，认为直井水平井组合SAGD方式是适合厚层超稠油油藏的有效开发方式，SAGD能显著提高注蒸汽开发效果和经济效益，大幅度地提高最终采收率。

2. 新疆风城浅层双水平井SAGD开发实例

新疆油田公司风城油田超浅层稠油地质储量丰富，采用双水平井SAGD技术实现了超稠油资源有效动用，目前SAGD已经初步实现了工业化，取得了较好的应用效果，为超稠油油藏高效开发奠定了基础。

1）油藏概况

风城油田位于准噶尔盆地西北缘北端，在克拉玛依区东北约130km处，行政隶属新疆克拉玛依市。风城油田西部重32井区目的层$J_3q_2^{2-1}$ + $J_3q_2^{2-2}$，底部构造形态为南倾单斜，地层倾角5°，为一套辫状河三角洲相沉积，埋深170～180m；地层厚度48～63m，平均60m；砂层厚度32～60m，平均40.3m；油层有效厚度21.5～36.5m，平均27.3m，为高孔、高渗透的浅层超稠油油藏。原油密度介于0.9587～0.9864g/cm³之间，平均为0.9755g/cm³，50℃时原油黏度为20000～448000mPa·s，平均为70000mPa·s。

2）开发历程

新疆的SAGD技术发展及工业化推广应用历经三个阶段：（1）前期研究阶段（2006—2008年），广泛调研了国内外SAGD技术应用情况，开展SAGD开采机理、油藏综合地质、开发筛选评价等多项基础研究，为SAGD开发试验提供技术支撑。（2）先导试验阶段（2008—2011年），该阶段主要为工业化应用开展技术攻关，形成配套技术。2007年在中国石油股份公司的统一部署和支持下，确立了风城超稠油SAGD开发先导试验项目。2008—2009年先后开辟了重32、重37井区SAGD先导试验区,主要攻关目标是实现50℃原油黏度在20000~50000mPa·s的超稠油Ⅱ类油藏有效开发,并形成SAGD配套技术。(3)工业化推广应用阶段(2012至今),依托先导试验取得的经验和技术,2012年开始SAGD工业化推广应用。

截至2015年12月底,新疆风城油田已开发6个层块,实施SAGD井组169对,动用含油面积9.01km^2,动用地质储量近3000×10^{4}t。2008—2015年,SAGD累计建产能131.79×10^{4}t,累计生产原油163.9×10^{4}t,2016年生产原油87.2×10^{4}t,2017年SAGD产量突破100×10^{4}t。

3)先导试验方案要点

2008年6月完成了重32井区SAGD先导试验方案。方案在重32井区$J_3q_2^{2-1}+J_3q_2^{2-2}$层连续油层厚度大于15m区域部署6对双水平井井组,16口观察井,计划优选实施4个SAGD井组和12口观察井(图6-43)。

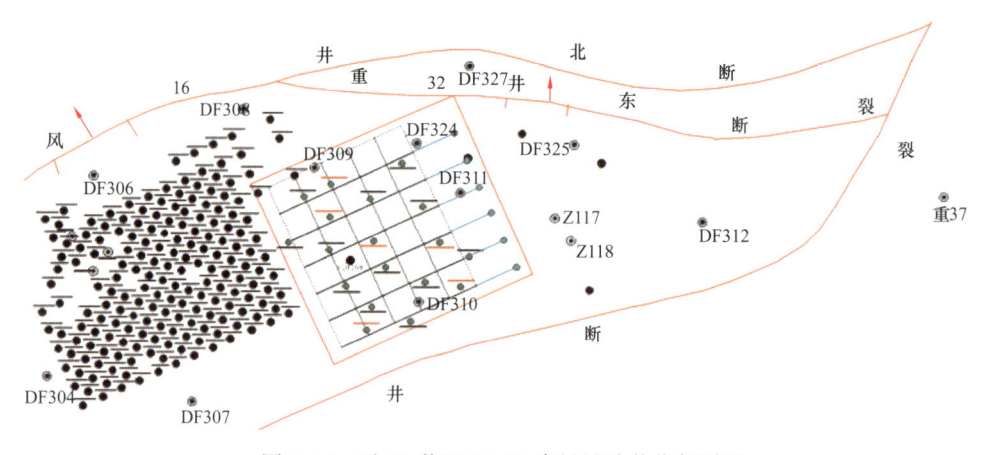

图6-43 重32井区SAGD先导试验井位部署图

4)试验区的实施情况

根据试验方案,2008年在位于风城重32井区实施了4个井对的双水平井SAGD,水平段长度400m,井距100m,观察井14口,总井数22口。试验区目的层位J_3q^2层。试验区含油面积0.2km^2,核实动用地质储量106.7×10^{4}t。SAGD水平井完井方式采用9$\frac{5}{8}$in技术套管加砂水泥固井,水平井下7in筛管完井,筛管缝宽0.35mm。重32试验区FHW103I、FHW104I、FHW106I井组采用单管注汽,注汽水平井下入均匀配汽短节,FHW105I采用双管注汽。

4个双水平井SAGD井对于2009年1月开始循环预热,2009年5月陆续转入SAGD生产。初期由于受循环预热、注汽参数、储层非均质性的影响,4个SAGD先导试验井组转SAGD生产初期日产量波动较大,井对之间的生产效果逐渐出现了差异,2011年10月调整注采管柱后,产液量、产油量及注汽速度逐渐上升并趋于稳定(图6-44)。截至2015年12月底,累计生产2294~2426d,累计注汽88.23×10^{4}t,累计产液83.66×10^{4}t,累计产油22.77×10^{4}t,油汽比为0.26。试验区平均日产油为93.4t,单井组平均日产油17.7~31.9t。

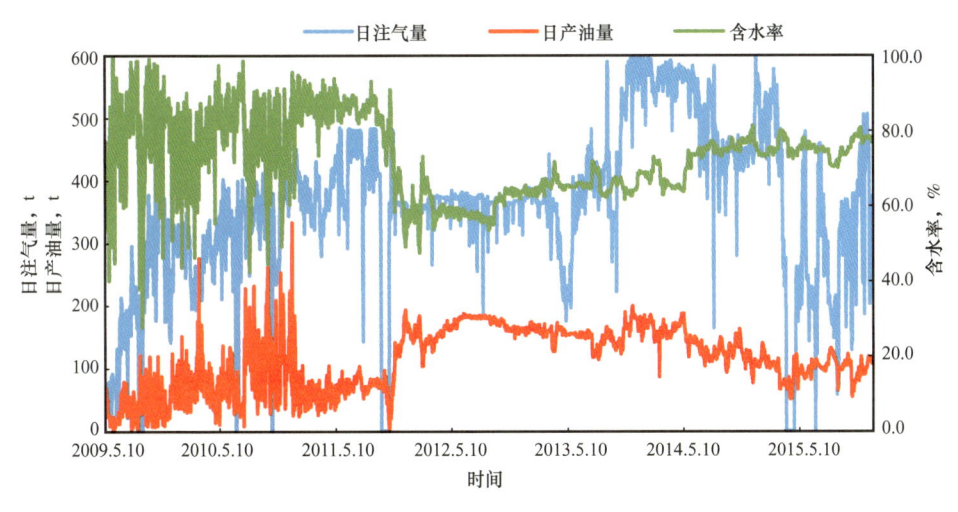

图 6-44　重 32 井区 SAGD 先导试验采油曲线图

5）实施效果

风城先导试验区储层非均质性强、油层薄、夹层发育、原油黏度高，但试验区稳产阶段平均日产油达到了 32.0t，油汽比达到了 0.34，其中一类井日产水平达到 50t 以上，取得了较好的生产效果。结果表明，风城超稠油油藏采用双水平井 SAGD 方式开发，可取得较好的开发效果。

二、火烧油层开发矿场实例

1. 新疆红浅 1 火驱开发实例

1）油藏概况

红浅 1 井区火驱先导试验区（图 6-46）中倾斜的红色方框内为先导试验区及其井网）面积为 0.28km²，地质储量为 32×10⁴t。目的层 J_1b 组为辫状河流相沉积，储层岩性主要为砂砾岩。平均油层有效厚度为 8.2m，平均孔隙度为 25.4%，平均渗透率为 720mD。油藏埋深 550m，原始地层压力 6.1MPa，原始地层温度 23℃。地层温度下脱气原油黏度为 9000～20000mPa·s。地层为单斜构造，地层倾角为 5°。在火驱试验前经历过多轮次蒸汽吞吐和短时间蒸汽驱。其中蒸汽吞吐阶段采出程度为 25.6%，蒸汽驱阶段采出程度为 5.1%。注蒸汽后期基础井网为正方形五点井网，井距 100m。由于注蒸汽开发后期的特高含水，火驱试验前该油层处于废弃状态。数值模拟历史拟合结果表明，经过多年注汽开发，油层平均含油饱和度由最初的 71% 下降到转驱前的 55%。

2）先导试验方案实施效果

先导试验于 2009 年 12 月开始点火，截至 2016 年 12 月试验区累计产油 8.15×10⁴t（如加上外围受效井增产量，则累计产油 10.7×10⁴t），累计 AOR 为 2180m³/m³。火驱阶段采出程度为 25.2%，采油速度达到 3.6%，预期最终采收率 65.1%（图 6-45）。由于火线沿着砂体和主河道方向推进速度明显快于其他方向，致使原先设想的注气井排火线连成一片的时间比方案预期晚 3～4a，这主要是由于垂直于主河道方向一定范围内分布着规模不等的渗流屏障。另外个别老井试验过程中还出现了套管外气体窜漏的现象，后来得到有效治理。先导试验其他各项运行指标与方案设计基本吻合，证实了砂砾岩稠油油藏注蒸汽后期转火驱开发的可行性，具备了火驱工业化推广的条件。

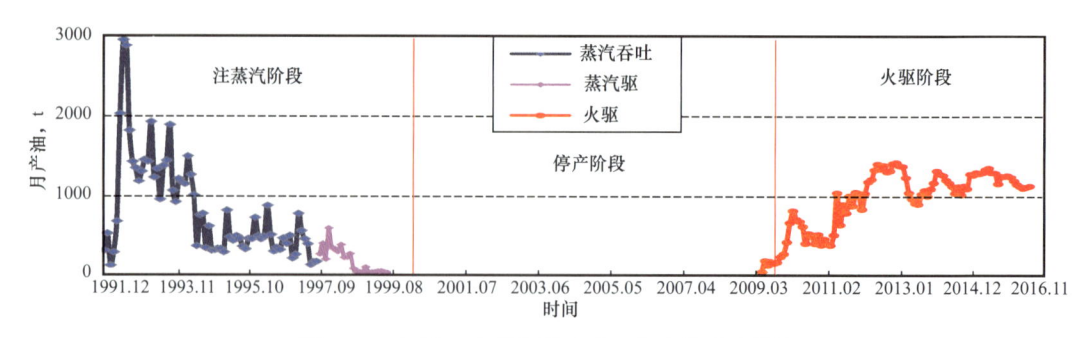

图 6-45 红浅 1 火驱先导试验区各阶段采油曲线

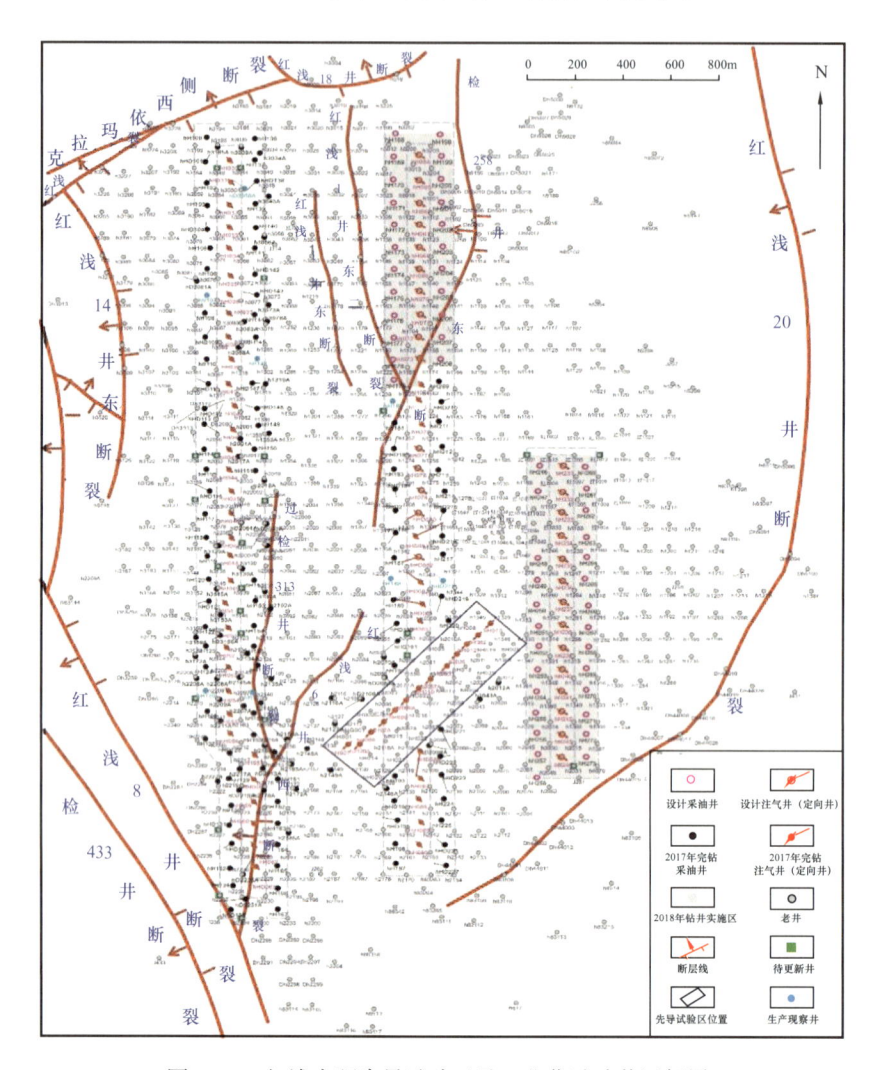

图 6-46 红浅火驱先导试验区及工业化试验井网部署

2. 辽河油田杜 66 块多层火驱开发实例

1）油藏概况

曙光油田杜 66 块开发目的层为古近系沙河街组沙四上段杜家台油层。顶面构造形态总体上为由北西向南东方向倾没的单斜构造，地层倾角为 5°～10°。储层岩性主要为含砾砂岩及不等粒砂岩，孔隙度为 26.3%，渗透率为 774mD，属于中高孔、中高渗透储层。油层平均有效厚度为 44.5m，分为 20～40 层，单层厚度介于 1.5～2.5m，20℃原油密度为 0.9001～0.9504g/cm³，油层温度下脱气油黏度为 325～2846mPa·s，为薄—中互层状普通稠油油藏。杜 66 块于 1985 年采用正方形井网、200m 井距投入开发，经过两次加密调整井距为 100m，主要开发方式为蒸汽吞吐。2005 年 6 月开展 7 个井组的火驱先导试验；2010 年 10 月，又扩大了 10 个试验井组；2013 年又规模实施 84 个井组，现有火驱井组达到 101 个。

2）实施效果

截止到 2016 年 6 月，已转注气井 101 口，开井 76 口，油井 508 口，开井 321 口，日注气 69.82×10⁴m³，综合含水 80.8%，火驱阶段累计产油 100.1×10⁴t，累计注气 91165×10⁴m³，瞬时空气油比 1592m³/t，累计空气油比 912m³/t，各项开发指标显示取得了较好的开发效果（图 6-47）。

图 6-47　杜 66 块火驱生产曲线

（1）火驱产量有所上升，空气油比持续下降。

火驱日产油从转驱前的 478.1t 上升到 735.3t，平均单井日产油从 1.4t 上升到 2.3t，开井率由 25%～44% 提高到 71%～82%。空气油比从 2565Nm³/t 下降到 852Nm³/t。

（2）地层压力稳步上升，地层温度明显上升。

地层能量逐渐恢复，地层压力由 0.8MPa 上升到 2.7MPa。水平井光纤测试温度从 48～70℃上升到 135～248℃。

（3）多数油井实现高温氧化燃烧。

根据产出气体组分分析，CO_2 含量为 14.3%～16.9%，氧气利用率为 85.7%～91.3%，视氢碳原子比为 1.8～2.3，N_2/CO_2 比值为 4.6～5.2，69.5% 油井符合高温氧化燃烧标准。

参 考 文 献

[1] 刘文章. 中国稠油热采技术发展历程回顾与展望［M］. 北京：石油工业出版社，2014.
[2] 吴奇. 国际稠油开采技术论文集［M］. 北京：石油工业出版社，2002.

[3] 廖广志，马德胜，王正茂. 油气田开发重大试验与认识[M]. 北京：石油工业出版社，2018.
[4] 张义堂. 热力采油提高采收率技术[M]. 北京：石油工业出版社，2006.
[5] 龚姚进，王中元，赵春梅，等. 齐40块蒸汽吞吐后转蒸汽驱开发研究[J]. 特种油气藏，2007，14（6）：17-21.
[6] 钱宏图，刘鹏程，沈德煌，等. 尿素泡沫辅助蒸汽驱物理模拟实验研究[J]. 油田化学，2013，30（4）：530-533.
[7] 张忠义，周游，沈德煌，等. 直井-水平井组合蒸汽氮气泡沫驱物模实验[J]. 石油学报，2012，33（1）：90-95.
[8] 张义堂，李秀峦，张霞. 稠油蒸汽驱方案设计及跟踪调整四项基本原则[J]. 石油勘探与开发，2008，35（6）：715-719.
[9] 刘喜林，范英才. 蒸汽驱动态预测方法和优化技术[M]. 北京：石油工业出版社，2012.
[10] Roger Butler. 日臻完善的SAGD采油技术[J]. 张荣斌，陈勇，译. 国外油田工程，1999（11）：15-17.
[11] 刘尚奇，王晓春，高永荣，等. 超稠油油藏直井与水平井组合SAGD技术研究[J]. 石油勘探与开发，2007，34（2）：234-238.
[12] 杨立强，陈月明，王宏远，等. 超稠油直井-水平井组合蒸汽辅助重力泄油物理和数值模拟[J]. 中国石油大学学报：自然科学版，2007，31（4）：64-69.
[13] 马德胜，郭嘉，昝成. 蒸汽辅助重力泄油改善汽腔发育均匀性物理模拟[J]. 石油勘探与开发，2013V，40（2）：188~193.
[14] 李秀峦，刘昊，等. 非均质油藏双水平井SAGD三维物理模拟[J]. 石油学报，2014，35（3）：536-542.
[15] 高永荣，刘尚奇. 氮气辅助SAGD开采技术优化研究[J]. 石油学报，2009，30（5）：717-721.
[16] 霍进，桑林翔，杨果，等. 蒸汽辅助重力泄油循环预热阶段优化控制技术[J]. 新疆石油地质，2013，34（4）：455-457.
[17] 席长丰，马德胜，李秀峦，等. 双水平井超稠油SAGD循环预热启动优化研究[J]. 西南石油大学学报：自然科学版，2010，32（4）：103-108.
[18] 杨智，赵睿，高志谦，等. 浅层超稠油双水平井SAGD立体井网开发模式研究[J]. 特种油气藏，2015，22（6）：104-107.
[19] Yongrong Gao, Shangqi Liu, Yitang Zhang. Research Institute of Petroleum Exploration & Development, Implementing Steam Assisted Gravity Drainage Through Combination of Vertical and Horizontal Wells in a Super-heavy Crude Reservoir With Top-Water, SPE 77798.
[20] 吴永彬，李秀峦，赵睿，等. 双水平井SAGD循环预热连通判断新解析模型[J]. 西南石油大学学报：自然科学版，2016，38（1）：84-91.
[21] 武毅，张丽萍，李晓漫，等. 超稠油SAGD开发蒸汽腔形成及扩展规律研究[J]. 特种油气藏，2017，14（6）：40-43.
[22] 张小波，郑学男，孟明辉，等. SAGD添加非凝析气研究[J]. 西南石油大学学报，2010，32（2）：113-117.
[23] Gao Yongrong, Liu Shangqi, Shen Dehuang, et al. Improving Oil Recovery by Adding N2 in SAGD Process for Super-heavy Crude Reservoir with Top-Water[C]. SPE 114590, 2008.

[24] 张霞林, 关文龙, 刁长军, 等. 新疆油田红浅1井区火驱开采效果评价 [J]. 新疆石油地质, 2015, 36（4）: 465-469.

[25] 王元基, 何江川, 廖广志, 等. 国内火驱技术发展历程与应用前景 [J]. 石油学报, 2012, 33（5）: 168-176.

[26] 关文龙, 马德胜, 梁金中, 等. 火驱储层区带特征实验研究 [J]. 石油学报, 2010, 31（1）: 100-104, 109.

[27] 关文龙, 梁金中, 吴淑红, 等. 矿场火驱过程中燃烧前缘预测与调整方法 [J]. 西南石油大学学报（自然科学版）, 2011, 33（5）: 157-161.

[28] 梁金中, 关文龙, 蒋有伟, 等. 水平井火驱辅助重力泄油燃烧前缘展布与调控 [J]. 石油勘探与开发, 2012, 39（6）: 720-727.

[29] 陈莉娟, 潘竟军, 陈龙, 等. 注蒸汽后期稠油油藏火驱配套工艺矿场试验与认识 [J]. 石油钻采工艺, 2014, 36（4）: 93-96.

第七章 天然气开发技术

第一节 概 述

以 2004 年年底西气东输运行为标志,中国石油天然气步入快速发展阶段,由 2005 年的 $365\times10^8m^3$ 增长到 2015 年的 $955\times10^8m^3$,天然气在上游业务地位凸显,发展成为中国石油核心主营业务。回顾天然气开发的历史,"十一五"以来,中国石油天然气开发对象变得越来越复杂,开发难度很大。十年来,通过持续开展科技攻关,攻克了天然气开发关键技术,基本形成了针对不同类型气藏的开发配套技术,满足了该阶段天然气开发需求,实现天然气产量的快速增长[1]。

根据天然气资源结构特征,在过去十年投入开发的气层气中,低渗透致密砂岩气藏、深层高压气藏、复杂碳酸盐岩气藏、疏松砂岩气藏、火山岩气藏等是主要对象,这几类资源的储量与产量之和在当时占公司总量比例均超过 90%。现在这几类气藏都实现成功开发,在当时可是难度极大,气藏储层致密、超深高压、流体复杂、多层含水等无一不是摆在面前的拦路虎,通过"十一五""十二五"的科技攻关,在气藏描述与产能评价、钻井工艺与储层改造、采气工艺与地面集输等多个方面取得了关键技术突破,形成了不同类型气藏开发配套技术,推动了天然气的快速发展,奠定了持续效益发展的基础。

第二节 天然气开发技术进展

"十一五"以来,中国石油天然气业务快速发展,天然气开发水平稳步提升。根据天然气的发展历程,按照"发现一类、攻关一类"的开发方式,通过科技攻关与现场试验推进,及时将资源优势转变为产量优势。到"十二五"末,基本集成了以苏里格气田为代表的低渗透致密砂岩气藏低成本开发配套技术,以克拉 2、迪那 2 气田等为代表的超深高压气藏安全开发配套技术,以龙王庙、靖边气田等为代表的碳酸盐岩气藏高效开发配套技术,以涩北气田为代表的疏松砂岩气藏防砂治水开发配套技术,以徐深气田为代表的火山岩气藏有效开发配套技术等 5 套主体开发技术,同时页岩气开发关键技术取得突破。

一、低渗透致密砂岩气藏开发技术进展

低渗透致密砂岩气是目前国际上开发规模最大的非常规天然气,我国致密砂岩气藏储层非均质性强,物性差,束缚水饱和度高,天然能量不足。目前,中国石油的低渗透致密砂岩气藏主要分布在鄂尔多斯、四川、松辽三大盆地,现已成功开发了苏里格、榆林南、子洲、神木、须家河、登娄库等气藏。截至"十二五"末,致密砂岩气探明地质储量占全国天然气总探明储量的 40% 以上,探明 + 基本探明地质储量累计近 $6\times10^{12}m^3$,年产量保持 $300\times10^8m^3$ 以上[2,3],在非常规天然气中优先发展致密砂岩气已经成为共识。

1. 气藏基本特征

我国致密砂岩气藏地质条件复杂，主要为陆相三角洲、河流和滨浅湖沉积，以构造—岩性气藏为主。气藏构造平缓、埋藏深度大；储层非均质性强，有效砂体呈透镜状分布，单层厚度薄，连续性差；沉积物成熟度低，成岩成熟度高，含水饱和度高，毛细管压力高；气水关系复杂，无统一的气水界面，出现明显的气水倒置现象。

低渗透致密砂岩气藏类型多样，储量丰度低，多数气藏产能低，单井控制储量和产量差异大，气藏采气速度低、采收率不高。低渗透致密砂岩气藏的一个突出特点就是自然产能低，需要采取某种增产措施和特殊的钻井和完井方法才能达到工业开采的要求。

2. 开发面临的主要问题

由于低渗透致密砂岩气藏低孔低渗透、强非均质性、次生孔隙发育且喉道细小、气水关系复杂等储层特征，导致了地下流体渗流机理的复杂性，生产上通常表现为气井压力波及范围小，压力下降快、自然产能低、递减率高。要保证气井长期有效开采，实现气田规模效益开发，亟需解决富集区预测与优化布井、提高单井产量、提高采收率和低成本开发等技术难题。

3. 开发技术进展

面对上述的种种挑战，以致密气藏特点为切入点，经过十余年的技术攻关，现已形成四大开发技术系列以保证低渗透致密气田经济规模开发[4-10]。

1）富集区预测与优化布井技术

富集区预测是致密砂岩气田规模有效开发的前提之一，低渗透致密砂岩气藏有效储层在三维空间内规模变化，隐蔽性强，通过地质—地球物理综合预测富集区分布。经过攻关，储层地震预测实现了"模拟信号到全数字信号、二维地震到三维地震、叠后反演到叠前反演、砂层评价到气层预测"四大转变，解决了泥岩、含气砂岩、强胶结砂岩、高含水砂岩混杂分布背景下的气层识别问题，实现了"从河道带识别到砂体预测、气层预测，再到储层空间刻画"的逐级精细描述。在富集区预测的基础上，结合地震储层含气性预测和成岩相分析，优化井位优选技术，开发方式实现了从直井到定向井再到水平井为主的转变。

2）提高单井产量技术

（1）增产改造技术。

低渗透致密砂岩气藏储层超低孔渗的特征决定了气井没有自然产能，气田开发必须结合储层改造才能达到经济有效性。直井或定向井改造已由机械封隔器向连续油管分层压裂技术发展，该技术集精确定位、喷砂射孔、高排量压裂、层间封隔四大功能为一体，在增加改造层数、大幅提高致密气纵向储量动用程度的同时，井筒条件更便于后期措施作业，解决了苏里格气田多层系致密气直井分层压裂工艺排量受限、井筒完整性差、丛式井井组作业效率低等问题。水平井段内多缝压裂技术取得突破，通过研发不同粒径可降解暂堵剂+纤维组合材料，在承压性能和降解时间等技术指标均接近国外同类产品水平，大幅提高了致密气水平井有效改造体积，解决了苏里格气田水平井裸眼封隔器分段压裂工艺封隔有效性差和桥塞分段压裂工艺分段多簇改造程度低等问题。

（2）合理生产制度优化。

低渗透致密砂岩气藏放压和控压开采动态物理模拟试验表明，放压开发采气速度快，采气时间短，但累计产气量和采收率相对较低。控压开采能更有效地利用地层压力，单位压降采气量和最终采收率也更高。对于气水同产气井，如苏里格气田西区各区块气井普遍产水，储层水体对气相渗流能力影响显著，气体通过释压膨胀，挤压水体流动，在气、水两相渗流能力受压力梯度的影响下，气相渗流能力降低，水相渗流能力升高。此时，需综合考虑控压程度和气井携液能力，设置合理的产量，以达到气井的平稳开采和较好的采收率。李颖川提出的动态优化配产方法即为一种基于物质平衡原理、气井产能、井筒温压分布及连续携液理论的综合配产方法，在气井投产初期即保持所配气量略高于井口临界携液流量，充分发挥气井的携液潜能，降低排水采气量，降低开采成本的同时提高气井最终采收率。将其应用于苏里格气田西区产水气井配产，平均连续携液采气量比例接近90%，排水采气量仅有10%左右，提高了气井的单井产量。

3）提高采收率技术

针对致密砂岩气藏提高采收率需求，通过相关配套技术研究，主要形成了井型井网优化、老井挖潜、排水采气、降低废弃产量等4种提高采收率的配套技术。

（1）井型井网优化技术。

研究成果和开发实践均表明，井型井网是致密强非均质砂岩气田采收率的主要影响因素之一，必须在目前技术经济条件下，满足气田地质特征需求，获得良好经济效益的同时，实现较高的开发指标。针对苏里格气田储层有效砂体规模小、叠置关系复杂的强非均质性特点，以苏6加密区为研究对象，引入动态分析成果约束，形成了分级相控、动态约束的有效储层建模方法，应用多点地质统计学，并增加动态约束样本数，扩展建立了气藏模型。首次提出了井间干扰概念，并揭示了苏里格气田井间干扰概率与井网密度之间的关系，联合采用砂体精细解剖、油藏工程、数值模拟、经济评价等多种方法，建立了开发井网优化数学模型，得到了气田采收率和井网密度之间的定量描述。进而在综合分析的基础上给出了苏里格气田合理的开发井网。

（2）老井挖潜技术。

低渗透致密砂岩气藏老井挖潜技术措施主要包括：老井新层系动用、老井侧钻水平井和老井重复改造三种。其中老井新层系动用通过开展老井含气层位复查，扩展到其他的产层段，评价未动用层位潜力，实施遗漏层改造增产。老井侧钻水平井主要针对气田有利区块的Ⅱ类、Ⅲ类气井，评价气井井况，对满足侧钻井距条件的气井开展三维井间储层预测，分析与生产井间的连通性，并通过数值模拟手段预测侧钻水平段的累计产量，对符合经济有效开发的气井起到挖潜剩余气，提高井间遗留储量的有效动用。老井重复改造的对象主要是在动态、静态评价方面有较大差异的气井，分析原射孔层位压裂及完井施工情况，同时对比气井与周围气井的泄压情况，评价重复改造的可行性，动用因工程因素导致的剩余储量，同时可以兼顾复查漏失层位的改造。

（3）排水采气技术。

针对低渗透致密砂岩气藏气井积液特征，在产水井助排方面，形成了以泡沫排水为主，速度管柱、柱塞气举为辅的排水采气工艺措施；在积液停产井复产方面，形成了压缩机气举、高压氮气气举排水采气复产工艺。其中，泡沫排水采气通过将井底积液转变成低密度易携带的泡沫状流体，提高气流携液能力，起到将水体排出井筒的目的，适用于产气量大于 $0.5 \times 10^4 m^3/d$ 的积液气井，具有设备简单、施工容易、适用性强、不影响气井正常生产等优势。速度管柱排水采气通过在井口悬挂小管径连续油管作为生产管柱，提高气体流速，增强携液生产能力，依靠气井自身能量将水体带出井筒，适用于产气量大于 $0.3 \times 10^4 \text{m}^3/\text{d}$ 的积液气井，具有一次性施工，无需后续维护的优势。柱塞气举排水采气将柱塞作为气液之间的机械界面，利用气井自身能量推动柱塞在油管内进行周期举液，能够有效阻止气体上窜和液体回落，适用于产气量大于 $0.15 \times 10^4 \text{m}^3/\text{d}$ 的积液气井，具有排液效率高、自动化程度高、安全环保等优势。压缩机气举排水采气是利用天然气的压能排除井内水体，气举过程中，压缩机不断将产自油管的天然气沿油套环空注入气井，注入的天然气随后沿油管向上采出井筒，经过分离器分离处理后再由压缩机压入井筒，循环往复排除井筒积液。高压氮气气举是将高压氮气从油管（或套管）注入，把井内积液通过套管（或油管）排出，达到气井复产的目的。

（4）降低废弃产量。

气井废弃产量是气田开发的一项重要经济和技术指标，是气田最终采收率评价的主要依据。废弃产量的确定取决于气价的高低和成本费用的变化，致密气井投产后很短时间即进入递减期，产量不断下降，最后结合地层、井筒及外输管线压力系统匹配关系，以定压生产方式进行产量进一步的递减生产，直至生产井的年现金流入与现金流出持平，气井生产到达废弃，对应产量即为气井废弃产量。气井最终废弃产量的大小对气井、气田采收率具有较大影响。气田通过井筒排水采气和井口增压来降低气井废弃压力，降低气井废弃产量，实现提高气井最终累计产量和采收率的目的。

4）低成本开发技术

针对低渗透致密砂岩气藏储层特征，形成了低成本快速钻井、"一体化"建设、数字化管理等技术，降低了开发成本，实现了气田现代化的管理。

（1）低成本快速钻井技术。

集成创新应用"PDC复合钻进、井身剖面优化、轨迹精确控制、低摩阻防塌钻井液体系"等技术，钻井模式由直井、丛式定向井、水平井发展为多井型大井组立体开发模式。直井快速钻井技术包括井身结构优化，PDC钻头优选和改进钻井液体系等，通过发展直井、丛式井钻井技术，结合油套管国产化、简化地面流程等技术，苏里格气田直井钻井成本小于500万元，综合成本小于800万元。

水平井快速钻井技术包括井身结构优化技术，靶前距和井眼轨迹优化技术，优质高效PDC钻头优化，斜井段防塌、水平段储层保护钻井液技术等。应用"三维水平井钻井技术、防碰绕障技术、工厂化模式"，开展多井型大井组快速钻井技术攻关。通过上述措施和技术配合，苏里格气田水平井钻完井投资降至1920万元，达到整体规模开发，不仅缩短了钻井周期，也满足了低成本开发需求。

（2）"一体化"建设模式。

形成"井下节流，中低压集气，带液计量，井间串接，常温分离，二级增压，集中处理"的地面建设模式，适应苏里格气田井数多、单井产量低、压力下降快的特点。为有效缩短建设周期，提高管理水平，以"小型化、橇装化、集成化、一体化、网络化、智能化"为原则，集成创新了天然气集气一体化集成装置、电控一体化集成装置、凝析油稳定橇等一体化装置，提升了建设质量，提高了开发效益。"一体化"建设模式，实现了由零件标准化向产品标准化的转变，加快了地面建设速度，平均减少站场占地面积35%以上，缩短设计周期30%以上，缩短施工周期35%以上，现场安装工程量减少80%，是气田地面建设新方向。

（3）数字化管理技术。

经过多年的数字化建设，苏里格气田已经形成了一套独具特色的数字化生产管理系统，实现了数据自动录入、方案自动生成、异常自动报警、运行自动控制、单井自动巡井、资料安全共享和流程化应急指挥七大功能。数字化管理技术推动了管理创新和技术创新，实现了整个气田生产过程的现代化管理。同时，形成与新型地面建设模式、劳动组织架构相适应的管理体系，取得明显成效。

二、超深高压碎屑岩气藏开发技术进展

我国超深层超高压碎屑岩气藏主要分布在塔里木盆地北缘的挤压型含盐前陆盆地库车坳陷克深区带，是罕见的超深超高压裂缝性致密砂岩气藏，评价、开发难度极大。自2008年克深2井在前陆冲断带深层盐下获得发现以来，克深区带已累计发现十余个气藏。目前，中国石油已成功开发克拉、迪那、克深、大北等超深超高压碎屑岩气田，为"西气东输"奠定了坚实的基础。截至"十二五"末，探明储量近万亿方，年产气超过$200 \times 10^8 m^3$[11-13]。

1. 气藏基本特征

超深高压碎屑岩气藏多以构造气藏为主，这些气藏普遍具有构造复杂、埋藏超深（6500～8000m）、高温超高压（120～193℃，116～136MPa）、储层巨厚（300～350m）、基质致密（孔隙度4%～8%，渗透率0.001～0.1mD）、断层及裂缝发育等特征。致密砂岩气藏普遍具有气水关系复杂的特征，存在气水倒置或局部构造高位残留地层水等现象[14]。超深层超高压碎屑岩气藏早期开发实践表明，储层气水关系较复杂，发育裂缝、基质两套气水系统，不存在统一的气水界面，气水过渡带厚度一般介于80～200m，局部出现高部位产水、低部位产气现象（图7-1）。

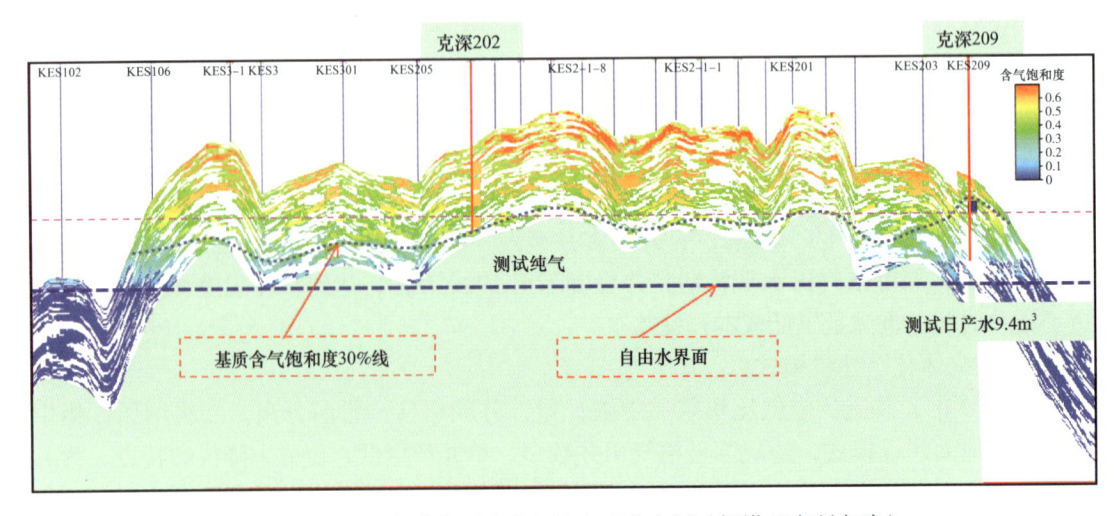

图7-1 克深2气藏东西向含气饱和度分布图（据塔里木研究院）

超深超高压碎屑岩气藏普遍气井产量高，稳产能力强；部分单井产量偏高，压降不均衡，导致部分气井过早见水。井距论证主要是考虑气藏的整体均衡动用问题，井网部署方

式由构造和储层非均质性决定。气藏整体的均衡动用、控制边底水突进、高压安全、管柱承受能力等是该类气藏开发的主要问题，因此合理的采气速度至关重要。以克深 2 气田为代表的超深超高压碎屑岩气藏合理采气速度为 2%～4%，建产规模和具体的稳产时间由储量大小决定。安全、均衡开发，长期、平稳供气是该类气藏开发的最大原则。超深超高压碎屑岩气藏少井高产，一次布井建成产能规模，气井稳产时间等于气藏的稳产时间；若气田由多个气藏组成，可采用区块接替稳产。

2. 开发面临的主要问题

超深超高压碎屑岩气藏开发过程中普遍面临构造落实程度低、高效井部署难等难题，钻井成功率及高效井所占比例偏低。同时，又面临产能下降快、水侵迅速、动态监测实施难等难题，开井率和生产规模不断下降。因此，该类气藏的高效开发面临着世界级的难题和挑战，具体表现在以下 5 个方面：（1）由于地表、地下地质结构复杂以及目的层埋藏深，地震资料品质差、信噪比低，构造模型往往存在多解性，圈闭落实程度低；（2）储层基质物性差，裂缝发育，储层非均质性强、表征难度大、预测精度低，单井产能差异大，"甜点"选择困难；（3）气藏地层压力高，普遍具有边、底水，断裂、裂缝发育，开发机理研究和动态监测困难，开发过程中水侵、产能下降风险大；（4）地层倾角大，巨厚砾岩、复合盐层发育，目的层可钻性差，导致钻井周期长、施工难度大、成本高；（5）气藏温度、压力高，地应力强，改造增产困难，井筒完整性风险大。

3. 开发技术进展

以稀井高产、持续稳产为目标，科技攻关围绕"已开发气田稳产、正建气田上产、滚动勘探开发"三大工程，持续开展了山地地震资料精细处理解释、裂缝性致密储层精细描述、开发机理物理模拟、气井动态监测及评价、高效布井及生产制度优化、超高压气井安全钻完设计等关键技术攻关，创新形成了 6 大技术系列，实现了超深超高压碎屑岩气藏的规模效益开发[15-17]。

1）超深复杂构造地震采集处理及解释技术

针对超深层地震资料品质差的复杂构造，在宽方位高密度地震采集资料基础上，开展各向异性叠前深度逆时偏移处理技术攻关，提高地震资料品质；在挤压型盐相关构造理论建立的构造样式的基础上，开展山地三维高精度地震正演技术攻关，对比优选最佳构造模型，提高圈闭落实精度；开展超深复杂构造断裂解释与评价研究，进行构造精细描述；集成形成山前超深复杂构造描述技术，使目的层钻井深度误差持续下降。

2）山前高陡构造精细储层描述及地质建模技术

储层的微观孔喉结构和流体分布特征直接影响气藏的稳产能力和采出程度，因此储层孔喉配置的定量关系特别是针对细小孔喉的定量描述，对致密砂岩气藏合理开发技术政策的制订十分重要。储层基质普遍致密，孔喉细小，储层非均质性强，气水分布关系复杂，导致适用于常规储层描述的实验技术在表征该类储层的孔隙结构时较困难。鉴于此，通过集成一系列新的实验技术，定量表征致密砂岩储层孔喉的尺寸、形态、分布、配置关系等，实现了气水微观分布的可视化。

以主控因素及地应力预测为基础，应用 CT 扫描技术，实现了裂缝定量预测；断层精细表征，表征符合率由 80% 提高到 95%；通过试井渗透率动态校正，建立精细地质模型，指导方案部署。大井距条件下的多参数迭代地质建模技术，充分利用地质露头，建立精细数字露头模型。结合山地地震、成像测井、裂缝研究等进行迭代和模型标定,大幅提高气田地质模型精度,实际钻井证实符合程度达到95%以上。

3)裂缝性气藏开发机理物理模拟技术

明确异常高压下气体偏差因子随地层压力的变化规律,确定开发过程中岩石孔隙度、渗透率随地层压力变化的量化关系,为气藏方案设计提供了重要依据。克深2气田从原始地层压力下降10MPa时,主要储层渗透率下降12%以内。在大量实验研究的基础上,建立超高压气藏产能新方程,解决了超高压特高产条件下产能评价的难题。

成功研发了高温、超高压条件下全直径岩心的渗流实验装置,实现了模拟地层条件下(最高温度为160℃、最高压力为116MPa)的水驱气相渗模拟实验。通过开展驱替物理模拟实验,明确了裂缝性气藏水侵及"水封气"形成机理。

4)复杂构造裂缝性气藏高效布井技术

超深层气田地质条件复杂,钻井成本高,单井钻井成本超过2亿元。复杂的地质条件造成部分区块失利井、低效井较多。针对"构造落实程度差、基质致密、裂缝发育非均质性强、水侵严重"的技术难点,以规避风险、降低钻井失误率提高气田采收率为目的,形成了复杂构造裂缝性气藏高效布井方法。采用"延长轴,占高点,大井距,控制节奏,有序布井"的技术,有效降低构造风险、产能风险、水侵风险,降低钻井落空率,提高高效井比例,节约钻井投资。

5)高陡构造和超高压条件下的优快钻井与安全完井技术

针对高温高压气井严峻的环空带压问题,通过持续攻关,形成了一套覆盖钻井、完井、开发、弃井全过程,涵盖设计、施工、后评估的全生命周期井完整性配套技术。重点对组成井屏障的"套管柱、水泥环、油管柱、井口"四大核心部件进行科学设计、严格控制施工质量,加强投产初期管理,力争在建井阶段建立两道良好的井屏障,并在生产期间维护好两道井屏障,保障高温高压井安全平稳生产。

6)超高压气藏动态监测与解释技术

由于气藏地层压力高,动态监测困难,少量井进行井下压力测试时数据不理想,难以确定储层动态特征。生产井井下投捞式压力恢复测试为储层动态描述研究奠定了基础。基于无限大均质储层中多井试井有效井径模型,绘制了测试井在邻井同时生产或同时关井这两种情形下的典型曲线;通过对压力导数特征进行深入地理论研究,建立了邻井干扰条件下的多井压力恢复试井分析方法。

建立高压气井水侵阶段判定图版,将水侵动态分为4种:未水侵、水侵初期、水侵中后期、产水。结合地质、监测及数值模拟水侵机理等研究,建立气藏的水侵模式。通过见水各影响因素的方差分析,明确了单井水侵主控因素,做到提前预警。

三、碳酸盐岩气藏开发技术进展

中国石油碳酸盐岩气藏主要分布在鄂尔多斯、四川和塔里木三大盆地,截至"十二五"末,累计探明储量$2.1 \times 10^{12} m^3$,年产气近$200 \times 10^8 m^3$。截至目前,已成功开发靖边、川东石炭系、塔中、龙岗、龙王庙等多个气藏,主要包括风化壳型碳酸盐岩气藏、缝洞型碳酸盐岩气藏、礁滩型碳酸盐岩气藏和层状白云岩型碳酸盐岩气藏4种类型,形成系列开发技术,支撑了我国碳酸盐岩气藏的开发评价、快速建产和长期稳产[18]。

1. 气藏基本特征

碳酸盐岩气藏由于在储层成因等方面存在差异，导致该类气藏在地质、开发等方面有着自己独特的特征。相对于碎屑岩来说，碳酸盐岩岩性多、结构复杂、储集空间多种多样，孔、洞和缝均发育，造成碳酸盐岩储层非均质性要远远强于一般的碎屑岩储层。碳酸盐岩特殊的储集空间和较强的非均质性，决定了该类气藏开发动态表现出较大的差异。似孔隙型碳酸盐岩储层相对均质，单井产能及递减特征与低渗透砂岩相似，但是缝洞型或孔洞型碳酸盐岩单井产量高，储集空间的差异性导致气井试气产量、单井配产、动态储量、稳产年限、累计产气量等动态指标差异较大。碳酸盐岩气藏开发往往受地层水影响，由于碳酸盐岩岩性较脆，普遍发育不同类型裂缝，因此地层水对气藏开发影响较大[19]。

对于碳酸盐岩气藏来说，大多数储层具有双重甚至三重介质特征，基质提供大部分的储存空间，裂缝提供重要的流通通道。这种双重介质性质使得碳酸盐岩气藏的有效开发变得异常困难。因此，确定碳酸盐岩气藏的开发井型、井网井距、采气速度等对气藏的高效开发至关重要。

2. 开发面临的主要问题

对于碳酸盐岩气藏来说，大多数储层具有双重甚至三重介质特征，基质提供大部分的储存空间，裂缝提供重要的流通通道。这种双重介质性质决定了碳酸盐岩气藏在开发过程中面临着一些独特的问题[20]。

首先是储层描述难度大。由于碳酸盐岩储层类型多样，既有孔隙型又有缝洞型，既有礁滩型又有层状型，既有白云化成因又有岩溶成因，既有纯气型又有边底水型，因此碳酸盐岩气藏储层的描述难度较大。其次是有效储层预测及高产井位部署难度大。碳酸盐岩储层成藏一般受断层控制，主要储集空间为裂缝、溶洞和孔洞，具有埋藏深，非均质性强的特点。由于岩溶储层遭受强烈风化剥蚀，其地震反射信号能量弱且杂乱、地震分辨率不高，增加了碳酸盐岩储层预测难度。同时，碳酸盐岩气藏高产井控制因素多，有沉积控制型、成岩控制型，也有复杂型，高产井控制模式远远比碎屑岩复杂，在开发过程中高产井部署难度较大，成功率不高。另外，碳酸盐岩气藏气井动态指标评价难度大。碳酸盐岩气藏比砂岩气藏要复杂得多，埋藏较深、非均质性强、流体类型复杂。因此，单纯采用一种方法认识及描述这类气藏非常困难，需要针对国内碳酸盐岩的复杂性及特点开展相应的动态描述方法及技术研究。最后是安全钻井及压裂改造难度大。碳酸盐岩气藏钻井不同于常规气藏钻井，主要存在以下难题。（1）井漏。井漏是碳酸盐岩钻井遇到的普遍现象。（2）钻速慢。海相层系地层岩性多样、非均质性强，压力高，地层硬，针对不同岩层条件和工艺条件的破岩工具缺乏，这些是制约碳酸盐岩勘探开发进程的突出问题。（3）固井施工难度大，固井质量差。（4）深井、超深井常用井身结构层次还不能安全应对多岩性、多压力系统的挑战。碳酸盐岩储层改造难点主要包括：非均质性强、天然裂缝发育、漏失量大；基质低孔低渗透；缝高难控制；施工压力高、压裂难度大；深井高温、对设备要求严格。

3. 开发技术进展

针对碳酸盐岩气藏开发存在的储层描述、有效储层预测及高产井井位部署、气藏系数评价及安全钻井与储层改造等方面存在的问题，主要取得以下4个方面的开发技术进展[21,22]。

1）碳酸盐岩气藏描述技术

针对碳酸盐岩气藏描述方面面临的问题，主要形成了古地貌和沟槽精细刻画技术、礁滩型碳酸盐岩气藏储层及流体描述技术、储层综合地质建模技术。以靖边气田为例，通过井—震结合精细刻画气藏沟槽分布，在原有9个一级沟槽、16个二级沟槽刻画的基础上，进一步刻画出26个三级沟槽以及若干个四级沟槽，使储层建筑结构的刻画更加精细。通过高分辨率层序地层分析，建立等时成因地层单元，地质—测井—地震一体化精细刻画，实现了不同时期台缘礁滩体的空间刻画和缝洞发育的优质储层空间分布。利用相控技术描述沟槽分布特征，再根据试井、动态监测、气井生产等动态数据约束属性建模，按照"相控—储层—物性—含气性"4步方法建立了气藏本部4093.4km^{2}三维地质模型。利用新建地质模型，综合生产资料，重新核算了气田本部储量2300.6×10^{8}m^3，为气田稳产挖潜奠定资源基础。

2）有效储层预测与高效井位优选技术

针对复杂碳酸盐岩岩溶储层，采取叠前多属性综合判识，多参数定量化预测，提高岩溶储层的气层检测精度。针对低品位、难动用储层测井评价难点，以井壁外隐蔽碳酸盐岩储层识别为核心，建立了深度梯次有效性测井评价技术系列。同时，中国石油自主研发了新一代测井软件CIFLog，包括最先进有源相控声波及扫描核磁共振在内的全部高端处理方法，实现了从均质常规储层评价到非均质复杂储层评价的重大技术跨越，为低品位、非常规、难动用油气储层评价提供了强有力的技术支撑，已成为国内测井解释主流软件。以有效储层预测、识别及储集单元精细描述为基础，以具有相同或相似储层建筑结构与流体性质的储集体描述为核心，明确流体分布特征和控制因素开展高产井部署。该方法已在磨溪龙王庙、龙岗、塔中Ⅰ号等气田获得应用，其中塔中依据上述原理布井，高效井9口，高效井成功率82%，使整体规模开发成为可能。

3）碳酸盐岩气藏综合动态评价技术

针对碳酸盐岩气藏复杂的储层条件，利用气井试井过程中录取到的高精度压力—产量数据以及生产数据，综合应用试井技术、物质平衡分析及生产动态分析方法，对储层进行综合评价，其技术路线如图7-2所示。气藏综合动态评价技术能够准确评价储层渗透率、表皮系数，计算动态储量、井控半径等，另外还可以进行水侵分析、地层能量评价等。基于气藏综合动态分析结果建立的气藏动态描述模型，能够对井和气藏指标进行科学预测。该方法的优点是三种方法有机结合，互相约束，在此基础上的生产动态预测更加符合实际。

4）精细控压钻井与长井段酸压技术

精细控压钻井技术是在常规控压钻井的基础上，为进一步提高控压精度，及时、准确调整井底压力，从而达到平衡地层压力，有效实现安全钻井的目的。主要是通过节流管汇和回压泵控制井底压力，控制井底压力，确保井底压力始终与地层孔隙压力处于近平衡状态，确保整个钻井施工的安全性和高效性。该技术在常规钻井基础上，增加自动节流管汇、随钻测压工具、脉冲信号发送工具、自动控制系统、回压补充泵等，能够实现对井底压力的精确控制。该技术的主要特点是能够实时获取实际井底压力、实现井口压力的自动控制、能够实现不间断循环、压力控制精度高等。

长井段酸压技术主要是依靠水动力封隔实现长井段分段酸压，井下工具简单、耐高温、节约成本，能最大程度解除近井伤害并有效沟通碳酸盐岩缝洞储集体，能大幅度提高单井产量，对于不同类型碳酸盐岩气藏低效储量动用发挥重要作用。

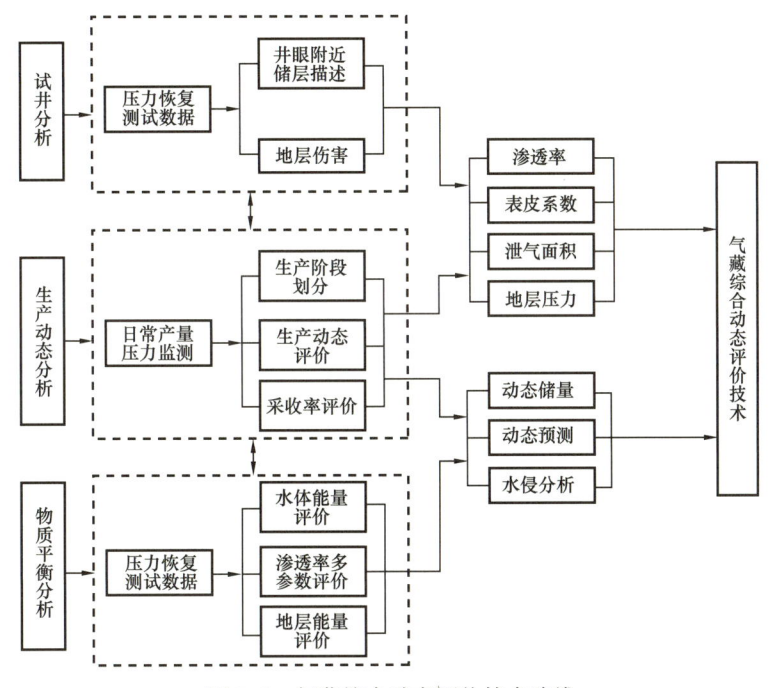

图 7-2　气藏综合动态评价技术路线

四、疏松砂岩气藏开发技术进展

我国疏松砂岩气藏主要分布在柴达木盆地青海气区，该类气藏储层岩石疏松，埋藏浅、颗粒胶结程度弱、岩石强度低，纵向含气小层多、井段长、孔隙度高，表现出一定的非均质性；气水关系复杂，各小层均具有各自的气水界面，成为独立的气藏。截至"十二五"末，中国石油青海油田公司已经成功开发涩北一号、涩北二号和台南三大气田，累计探明天然气地质储量 $2879×10^8m^3$，气田年产气 $60×10^8m^3$ 以上并实现多年稳产，是青海油田的主力气田[23, 24]。

1. 气藏基本特征

疏松砂岩气藏储层岩性疏松，岩石强度低，易出砂，岩性以灰色泥岩和砂质泥岩为主。储层泥质含量高，储层物性好，非均质性强且气水关系复杂。如涩北气田泥质含量介于 10%～39% 之间，平均为 25%，孔隙度在 24.5%～32.6% 之间，平均为 27.8%，渗透率在 4.4～43.2mD 之间，平均为 18.2mD。含气井段长、气层多而薄，气水关系复杂。气水分布主要受构造控制，局部受岩性影响，分布比较复杂。气层集中于构造高部位，含气层数多，有 50～90 个小层，气层薄，为 2.9～4.2m，含气井段长，跨度达 900m 以上，横向连通率高、分布稳定。地层水主要以边水状态存在为主，气边界不一致，而且气水界面有南高北低的特点，边腰部气水层间互交错，气水分布比较复杂。

2. 开发面临的主要问题

疏松砂岩气田产量递减快，无论是单井，还是气田，都表现出明显递减的趋势。由于层间非均质性强，多层合采气井层数越多，干扰越严重，各层储量动用差异越大，储量动用程度低；储层含水高，气水关系复杂，水源类型多，气田出水量逐年增大，气井出水越来越严重，影响气井正常生产；地层疏松易出砂，采用控压差生产，气井出砂仍十分严重[25]。目前，涩北气田年综合递减率在11%左右。动态储量低，地层压力下降较快，压降幅度与采出程度不匹配，涩北一号气田地层压力下降27.49%，动用地质储量的采出程度仅为13.2%。

3. 开发技术进展

1）疏松砂岩气藏物理模拟技术

针对疏松砂岩气藏边水局部突进的特点，设计4组岩心并联水侵模型、平面填砂模型、微观可视化填砂模型等三套模拟实验装置，分析不同物性、水动力、采气强度条件下水侵速度的变化。通过实验发现，储层物性和气井配产为水侵的主要影响因素，水体平面上沿高渗透层非均匀水侵，配产越高非均匀推进差异越大。

针对疏松砂岩气藏岩性疏松、岩心易破碎的特点，建立数字岩心微观渗流模型。利用CT扫描岩心样品，获取岩心的三维图像，抽取数字信息，将多孔介质的孔隙结构直接映射至网络，然后再利用分形的原理建立数字岩心，从中抽提出三维孔隙网络模型。利用该三维孔隙网络模型计算不同应力状态和含水条件下的渗流参数，重点是渗透率、相对渗透率和毛细管压力，模拟不同开采阶段和环境条件下疏松砂岩的渗流特征，计算结果与实际岩心试验结果一致。

针对疏松砂岩气藏层数多的特点，建立多层合采物理模拟实验装置，可进行不同孔渗的多层和多压力系统合采模拟实验。实验结果表明：层间非均质主要影响低渗透层动用，对高渗透层影响不大；层间压差会一定程度增加动用非均衡性；气井合采层数为3~4层时，各层动用相对均衡。

2）多因素水源识别技术

由于多层疏松砂岩气藏特定的地质条件，导致气井产出水有多种类型，主要包括工作液返排水、凝析水、层内水、层间水以及边水等5种类型。工作液返排水、凝析水对气井生产影响很小，层内水和层间水会对气井生产造成一定影响，边水对气井生产的危害最大，会导致产水量持续上升，产量大幅度下降，甚至气井完全水淹而关井[26]。

出水水源识别以累计产气量和累计产水量的关系曲线为基础，综合构造位置、测井解释、压降曲线、试井解释等多种因素，制订气井出水水源的综合识别技术思路，识别水源类型。对于有边水的气井，累计产气量和累计产水量的关系曲线呈现指数式上翘的特征，对于含层内水的气井，累计产气量和累计产水量的关系曲线表现为直线关系。对于测井解释储层含水饱和度较大的（通常大于50%），生产中也表现出明显产水特征的井，层内可动水是其主要原因；对于测井解释为气层但出水量仍然较大的井，需要观察该井产层上部和下部的气水层分布，如果产层上下紧邻水层，则应考虑是否管外窜引起层间水进入井筒。

3）疏松砂岩气藏非均匀水侵描述技术

综合考虑钻井、测井等井数据，通过变差函数、相控序贯高斯算法，建立了三维模型，精细描述储层非均质性。针对疏松砂岩气藏气层多、非均匀水侵、疏松易出砂的特点，分层产量理论公式、数值模型、产气剖面实测数据等多方法相互验证分析出渗透率、饱和度和泄流范围是不同阶段分层产量的主控因素，以三维地质模型为基础，形成"分区设定相渗曲线、等效气水边界、合理控制压差"的数值模拟拟合与预测方法，单井产水量、地层压力以及砂体水侵状况的拟合程度明显提升。

对于单井，应用出水量、水气比与产气剖面数据，综合判识出水层位与分层出水时间；对于砂体，将砂体按照不同方向划分为8个区，根据高渗透带分布和单井水侵成果，判识单砂体水侵方向，计算各方向边水推进距离与面积，评估水侵速度，计算砂体水侵储量；对于气藏，运用视地质储量法、图版法、曲线拟合法、差值法等多方法计算水侵量，进而得到水驱指数，评价气藏的水体能量。

4）疏松砂岩气藏综合防水治水技术

涩北气田气井普遍出水，部分出水井影响了气井正常生产，为了降低气井出水对生产影响、提高开发效果，应加强对涩北气田生产井出水动态分析，依据构造位置、出水量大小和出水类型等综合制订防水治水开发技术政策。

（1）对位于构造边部、出水水源是边水的井，防水策略应该是适当控制采气速度，避免或减缓边水沿高渗透带突进；对于产水量较大的井，应该考虑封堵出水层；少数处于构造边部但产水相对较少的井，可以适当提高采气速度，调整水侵前沿，防止边水沿单一方向突进或区域突进，避免造成气田局部水淹。

（2）对位于构造低部位、出水水源是层内水和层间水的井，防水策略应该是降低采气速度，控制生产压差，保证平稳的气井工作制度，尽量延长低水气比开采阶段。

（3）对位于构造高部位、出水水源是层间水的气井，控制层间压差和完井固井工艺是主要防水策略。

（4）对于不同出水特征的井应采用相应策略：低产水及新井以"防"为主，稳定出水气井以"排"为主，形成以泡排排水为主的排水采气复产、保产工艺，排除井筒积液，确保气井正常生产，出水量高的井以"堵"为主，可以下封隔器卡封出水层段进行机械堵水，也可以向出水层位注入化学堵剂进行化学堵水。

5）出砂预测及综合治砂技术

涩北气田储层成岩性较差，胶结程度低，岩性松散，生产过程中容易出砂。大量现场试验表明，通过控制生产压差，防砂效果明显。以 PT 出砂预测模型为基础，建立气井动态出砂临界生产压差预测模型与方法，用于预测单井在不同生产条件下的出砂临界生产压差。为了提高冲砂时效，研制四向射流旋转冲砂喷头，优化低滤失冲砂液配方，有效降低了储层伤害，形成了以连续油管冲砂为主的冲砂工艺[27]。

6）射孔单元优化组合技术

对于含气层段跨度大、层数多、单砂体薄的层状气藏，采用多层合采可以提高单井产量，降低出砂风险；但实测产出剖面资料统计表明，多层合采气井层间干扰明显，过多的层数对提高单井产量意义不大，反而降低了储量动用。

射孔单元优化组合技术首先建立气井产量与打开层数、打开厚度、层均日产气的关系，得到单井射孔最小层间干扰的合理层数与厚度。然后按照储层物性相近、含气面积相近、边水能量相近、跨度不大的原则，将相邻或相近小层进行组合开采。射孔井段最上和最下气层之间的地层静压压差不能过大，以利于发挥各层的开采潜力、控制合理的生产压差和实施主动防砂。射孔井段内各气层的含气面积相差不大，减少边部气层的交错程度，有利于井位部署和平面储量的均衡动用。最后在储层分类的基础上，对单层进行配产，并调整各单层的打开井数，尽可能多地发挥各气井产能，利用高渗透部位气井采低渗透部位的气，最终使射孔单元内各气层采气速度相同或相近，达到均衡开采的目标[28]。

7）多因素动态配产技术

对于多层、出水、疏松砂岩气藏，随着地层能量的衰竭，合采层的层间逐渐达到平衡，层内水、层间水不断被采出，边水逐渐推进，储层岩石骨架受到压实，地层渗透率发生变化，在气田的整个开发过程中，除了地层能量的衰竭，地层的渗流条件也是在不断发生变化的。合理配产的目的是均衡开采和提高储量的动用程度，因此合理配产也应随着气藏能量的水平、含水多少、储量动用的情况而随之改变，是一个动态的过程。

结合岩心实验，综合分析出水、出砂对疏松砂岩微观渗流机理的影响，考虑气—水—砂微观渗流机理、气井系统试井、井筒携砂携液、开采成本等多种因素，制订气井的合理配产方案。估算气藏稳产能力，并预测目前配产的稳产年限及稳产期采出程度。

五、火山岩气藏开发技术进展

1. 气藏基本特征

火山岩储层作为油气勘探开发的新领域，具有很好的油气储量和开发潜力。相比常规沉积岩气藏，火山岩气藏普遍埋藏较深（3500~4000m），具有高温、高压、高硬度特点。火山岩气藏成因特殊，储层主要为喷发成因的叠置型、非层状型、内部结构复杂、甜点多呈分散性分布，储层非均质性强；具有多中心、叠置型、非层状建筑结构，各级结构单元形态、规模差异大。"厘米—毫米—微米—纳米"不同尺度孔、洞、缝均有发育，为多重介质储层。孔隙度为6%~12%，渗透率为0.0001~10mD，物性级差大，涵盖中低孔低渗透—致密。受多级次构造及复杂内幕结构影响，通常发育多气水系统，气水关系复杂[29,30]。

2. 开发面临的主要问题

火山岩岩性岩相复杂多变，物性致密，自然产能低，绝大部分需要压裂投产，储量动用程度普遍较低，低产、低丰度的低品位储量难以动用。主要开发技术难点有甜点识别及井位优选、提高单井产量、提高动用程度、有效降本增效等几个方面。

火山岩储层骨架参数变化大、孔隙类型多、孔隙中流体分布及赋存状态复杂，储层识别及预测难度大；受火山岩多中心、多期次喷发、快速堆积特点的影响，火山岩有效储层分布在多级次非层状叠置型建筑结构中，使得甜点识别、优选难度大；有效储层快速变化和甜点识别、优选难度给井位优选和轨迹优化设计带来风险。

火山岩气藏品质差异大，低效和致密气藏分布广，孔喉细小、物性差、渗流阻力大，自然产能低。储量规模较大，但井控储量及直井单井产量低，产量、压力递减快，水平井需进一步优化以增大接触面积提高单井产量。另外还需优化压裂改造技术，以增大火山岩储层的动用体积，提高裂缝导流能力，提高单井产量。

火山岩气藏储层结构复杂、非均质性强，需要优化井网井距提高平面动用程度；甜点多呈分散性分布，需要优化水平井轨迹，以连通多个储渗体并提高井控体积。需要优化压裂规模（砂量、液量、排量），增加缝网复杂程度，最终才能达到提高动用程度和采收率的目的。

火山岩气藏普遍埋藏较深（超过3500m），具有高温、高压、高硬度特点，施工难度大、钻井及开发成本高。"水平井+压裂"技术虽然可提高火山岩气藏单井产量，但进一步增加了成本。综合以上两点，火山岩气藏开发亟待提升效益。

3. 开发技术进展

针对火山岩气藏的开发难点，初步形成了面向高效、低效、致密不同品质火山岩气藏描述与井位优选和规模效益开发技术，推动了火山岩气藏的规模效益开发。

1）高效、低效火山岩气藏描述与井位优选技术

目前，常规（高效、低效）火山岩气藏内幕结构、储层格架、储层属性的描述技术

较为成熟,已经实现了工业化应用,而致密火山岩气藏描述技术处于发展和完善阶段。"十二五"期间,初步完成了火山岩气藏储层结构模式与内幕结构解剖、储层成因机理研究,揭示了火山岩气藏内幕结构特点和储层成因机理,建立了不同类型储层的分布模式和火山岩气藏有效储层分布规律。

在分岩性储层参数解释基础上,火山岩有效储层分类预测以储层分布模式为指导,多级次内幕结构为约束条件,通过体控、相控储层反演,预测储层厚度和孔隙度;根据储层地震分类标准,提取总厚度和分类厚度,实现储层的分类预测(图7-3)。通过对比分析,体控、相控储层反演反映了火山岩体的轮廓及叠置关系,揭示了岩体内部储层展布特征,为井位部署及水平井轨迹优化提供了依据。

火山岩多重介质储层三维地质建模技术,在井点处以地质、测井、生产动态资料为基础,井间以内幕结构、地震属性、岩性岩相等为约束条件,综合多信息建立三维地质模型,定量表征火山岩气藏多级次构造形态、复杂内幕结构、多重介质储层及复杂流体变化特点[31](图7-4)。

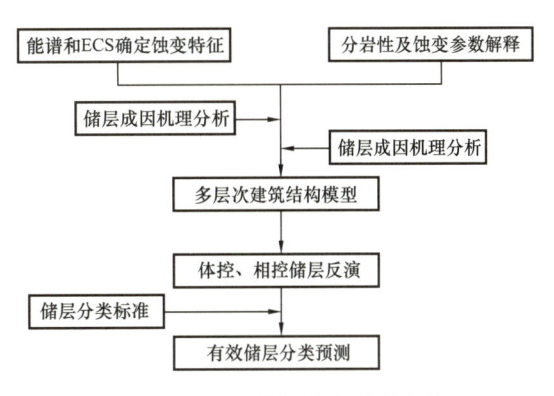

图 7-3 储层分类预测流程

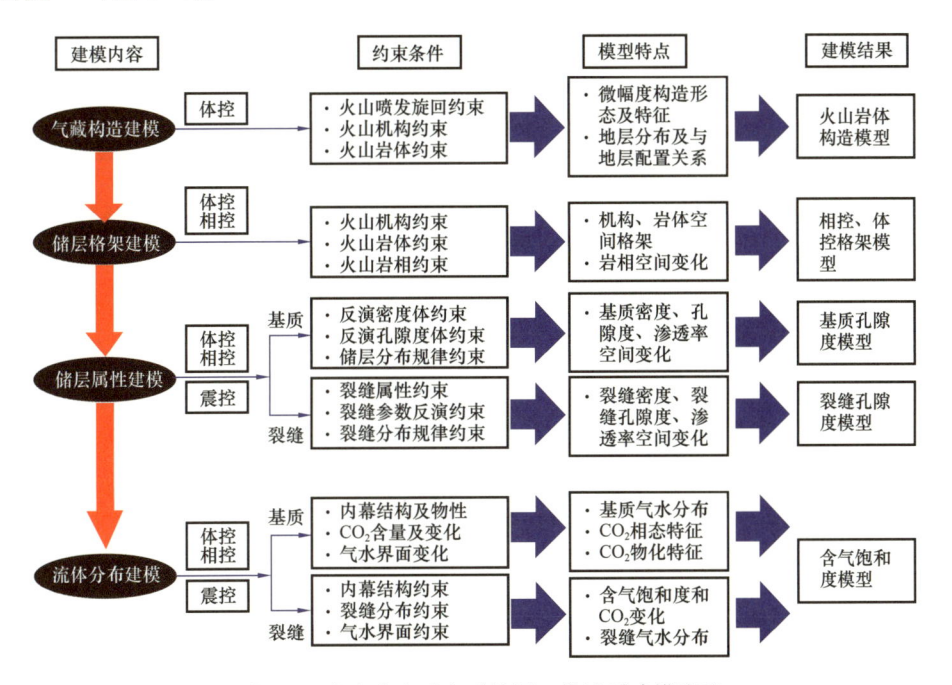

图 7-4 火山岩多重介质储层三维地质建模流程

基于火山岩不同类型储渗单元形态及叠置模式的井位优选、井型配置与参数优化的高效布井技术形成了火山岩气藏井位优化部署技术,钻井成功率和储层钻遇率大幅提高(图7-5)。

2）致密火山岩气藏描述与井位优选技术

致密火山岩气藏具有火山岩和致密气的双重特点，储层物性差、自然产能低、非均质性强，气井需要压裂投产。因此，需要采用非常规气藏描述理念和技术，揭示不同类型甜点分布，为井位优选、轨迹优化和个性化压裂提供依据。

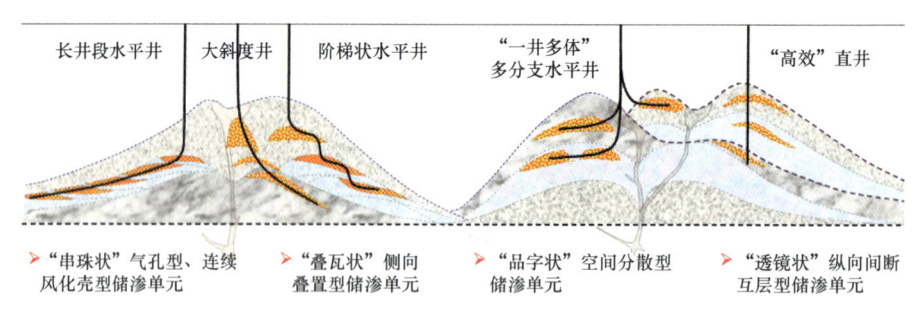

图 7-5 井位优化部署

甜点评价针对致密火山岩气藏的特殊性，开展含气性、物性、脆性、裂缝评价研究，为甜点优选奠定基础。通过气藏规模的描述，搞清不同类型甜点分布，优选开发有利区和井位，并优化井轨迹。单井规模精细描述，优选压裂与射孔段，优化压裂设计。

3）火山岩气藏开发模式与技术对策

火山岩气藏成因复杂，发育不同尺度孔、洞、缝介质，储层物性及连通性变化快，非均质性强，井控储量和单井产量差异大，品质差异大。根据储层类型、储层物性及连通性、井控动态储量、经济极限产量、累计产量、开采技术等，火山岩气藏可划分为高效、低效、致密气藏（表 7-1）。

表 7-1 火山岩气藏划分方案

气藏类型	储层类型	物性及连通性	开采技术	井控动态储量 $10^8 m^3$	经济极限产量 $10^4 m^3/d$	经济极限累计产量 $10^8 m^3$	典型代表
高效	·大气孔型 ·溶蚀孔型 ·大粒间孔型 ·裂缝型	·$\phi \geq 8\%$ ·$K \geq 2mD$ ·储层连通性好 ·平面分布面积大	·常规技术——直井/水平井不压裂	>5	2.95	1.19	长岭气田升深2-1
低效	·中小气孔型 ·中小粒间孔型	·$5\% < \phi < 8\%$ ·$0.1mD < K < 2mD$ ·储层连续性较差 ·平面展布范围小	·新技术——直井/水平井压裂改造	1~5	2.45	0.90	徐深1区块滴西14
致密	·基质微孔型	·$3.5\% < \phi < 5\%$ ·$K < 0.1mD$ ·储层连通性差	·非常规技术——长水平井段体积压裂改造	<1	1.6	0.4	龙深1、汪深1

不同类型火山岩气藏，其品质和地质条件不同，导致气井生产动态和开发效果差异较大。因此，不同类型火山岩气藏需采取不同的开发模式和开发技术对策，以实现高效气藏"有产变高产"、低效气藏"低产变高产"、致密气藏"无产变有产"的目的，从而实现火山岩气藏规模有效开发[32-35]（表 7-2）。

表 7-2 火山岩气藏开发模式

气藏类型	开发模式	动用条件和技术	井型	井网井距 m	井网部署	气井合理产量 $10^4 m^3/d$	采气速度 %	产能接替方式	典型区块	目标
高效气藏	少井高产	常规技术——直井/水平井不压裂	直井有效益；水平井实现少井高产	800~1200	一次成型	直井：>8 水平井：>20	2.5~3.5	单井稳产区块稳产	长深1 升深18 徐西2-1 徐深8	实现高效开发
低效气藏	密井网	新技术——直井、水平井压裂改造	直井效益差；压裂直井/水平井提高单井产量	600~1000	多次成型	直井：3~8 水平井：10~20	1~2.5	单井不稳定，井间接替	徐深1 滴西14 滴西17 徐深19	实现有效动用
致密气藏	水平井+体积压裂	非常规技术——长水平井段体积压裂改造	长水平井段水平井		平台两侧平行布井		<1	井组接替	汪深1 达深3 龙深1	提高储量动用程度

— 383 —

六、海相页岩气开发技术进展

页岩气是我国"十一五""十二五"投产开发的新的资源类型,根据沉积环境,可分为海相、陆相、海陆过渡相三种类型,其中,海相页岩气开发取得了突破。我国页岩气地质资源量 $80.2 \times 10^{12} m^3$,其中,海相页岩气占 55%,集中分布在四川、滇黔桂、渝东—湘鄂西和中下扬子。受美国页岩气革命的影响,2012—2013 年国家在四川盆地南部设立长宁—威远、昭通和涪陵三个示范区,使川南海相页岩气成为我国页岩气开发的热点。四川盆地海相页岩气资源量 $25.7 \times 10^{12} m^3$,分布三套海相页岩,其中五峰组—龙马溪组埋深 4500m 以浅的资源量为 $18.5 \times 10^{12} m^3$,是目前最有利的开发层系。中国石油在四川盆地矿权内的五峰组—龙马溪组 4500m 以浅的页岩气资源量达 $13 \times 10^{12} m^3$,截至"十二五"末,中国石油页岩气探明储量 $1635 \times 10^8 m^3$,年产气 $13 \times 10^8 m^3$ [36]。

1. 页岩气基本特征

中国石油页岩气矿权内,页岩储层大面积连续稳定分布,埋深 2000~4500m,厚度几十到几百米,呈薄层状分布(图 7-6),页理和天然裂缝发育,孔隙度为 3%~8%,基质渗透率一般介于 $10^{-6} \sim 10^{-4}$ mD 之间,大部分区块压力系数在 1.3 以上,属于薄层状低孔致密高压页岩储层,需通过压裂改造才能达到工业气流。页岩储层富含有机质,发育宏孔、介孔和微纳米孔,其中微纳米孔比例最高,主要发育在有机质中,因此气体状态主要以吸附气和游离气两种状态存在,其中游离气比例为 20%~85% 不等,与有机质含量有关。页岩气开发投资高,必须采用平台化丛式水平井大规模体积压裂才能进行有效开发,体积压裂后裂缝网络复杂且具有随机性,开发初期产量较高,但早期递减较快,若采用放压生产,第二年递减率可高达 60% 左右,第一年可采出单井累计产量的 25%~30%,前三年可采出单井累计产量的 50%~60%,低产期生产时间较长,气井生产寿命 20~30a,国内目前页岩气田标定采收率 25%。"十二五"末,中国石油在四川长宁 201 井区、威远 202、204 井区、昭通黄金坝 YS108 井区进行初步规模开发试验[37]。

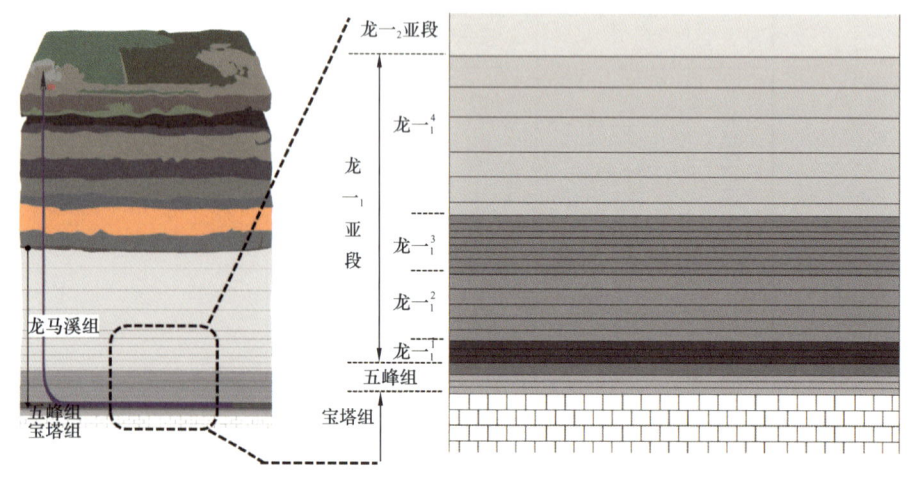

图 7-6 四川盆地南部五峰组—龙马溪组海相页岩目的层小层分布

2. 开发面临的主要问题

受美国页岩气革命影响,从"十一五"开始,中国石油通过国际合作模式对川南页岩气分布区进行研究。虽然页岩具有大面积连片分布的特点，但由于南方页岩分布区构造运动期次较多，页岩气的保存条件对页岩气富集影响较大，页岩气甜点区评价是实现页岩气开发突破的基础。页岩气甜点区甜点段主要发育碳质页岩，有机质含量相对较高，地层钻井速度较慢，且井壁稳定性较差，容易垮塌，优快钻井问题是实现页岩气高产的前提。长水平井从横向上增加了与储层的接触面积，但泄气面积远远不够，因此水平井未压裂前均无自然产能，必须通过人工手段大幅度增大与储层的接触面积，故如何实现体积压裂是实现页岩气井高产的关键措施。通过甜点区储层评价和钻完井技术，可以实现单井开发，但由于投资和成本较高，早期一直处于亏本状态，如何实现经济效益开发是实现页岩气规模开发的保障。整体来看，页岩气开发是地质—工程一体化的系统工程，开发评价优化技术应贯穿开发的全过程，也是降本增效的技术手段，在页岩气规模开发前亟待攻关研究。

3. 页岩气开发技术进展

经过多年的技术攻关和现场试验，南方海相页岩气开发已经初具规模，基本形成了3500m以浅页岩气开发及评价配套技术系列，实现了页岩气由无效资源变有效产量的技术跨越，也为将有效产量变为规模效益开发指明了方向[38-42]。

1）甜点区优选与储层精细描述技术

通过区域沉积环境研究，明确了沉积相控制富有机质页岩厚度、面积、时空展布及有机质富集程度，以年代地层划分方案为基础，结合岩性、电性，统一全区分层对比标准，厘定"甜点段"，为水平井靶体提供标尺。通过微观实验研究，明确了有机质纳米孔隙是页岩气赋存的主要空间，海相页岩储层发育丰富的有机纳米孔（5～100nm）。建立了局部"构造型"与大面积斜坡"连续型"两种页岩气"甜点"富集模式。形成一批标志性实验测试技术，形成了复杂山地页岩地层地震采集、处理技术和页岩气三维地震精细构造解释、储层关键参数地震预测与评价技术，建立了页岩气层主要测井系列，形成了页岩气快速测井识别与评价技术，主要技术参数与国外公司基本相当。以此为基础，确定了适合南方海相页岩气评价选区关键参数和评价体系（表7-3），优选出长宁、威远、富顺—永川、昭通4个有利区和宁201、YS108和威202-204井区3个建产区。

通过三维地震、直井评价井和大量水平井穿层资料，通过小层精细划分对比，综合页岩气储层关键评价参数及试采成果，精细评价各小层的物质基础和可压程度，精细优化了最佳靶体位置，由2014年之前的龙一$_1^2$小层优化至龙一$_1^1$小层，进一步精细优化到龙一$_1^1$小层中部，从而实现了页岩气甜点区优质页岩段储层精细描述，平面精度可达到百米级、纵向精度可达到米级尺度，为精细三维地质模型建立、平面水平井部署、纵向水平井最优靶体位置优选提供了较精确的地质基础。

表7-3 页岩气选区评价参数标准

评价项目	富集区	建产区
有机碳		>2%
成熟度		>1.35%
脆性矿物	>40%	>55%
黏土矿物	<40%	<30%

续表

评价项目	富集区	建产区
孔隙度	>2%	>4%
渗透率		>100nD
含水饱和度		<45%
杨氏模量		>2.07×10^{4}MPa
泊松比		<0.25
含气量	>2m^3/t	>3m^3/t
埋深	<4000m	<3500m
优质页岩厚度	>30m	I+II 类储层>20m
压力系数	>1.0	>1.2
距剥蚀线距离		>7~8km
距大断层距离		700m
地震资料	二维	三维
产能评价	—	水平井产能评价可效益开发
地面条件	—	具有较好的水资源，地面可批量部署平台

2）优快钻井技术

从井深结构优化方面，根据地层实际情况，结合地应力分析，立足实现水平段"专层专打"。从水平井轨迹控制方面，优化入窗轨迹，以"稳斜探顶、复合入窗"的轨迹控制方式，增加了应对储层变化进行垂深调整的主动性。合理的地质导向模式是工程与地质相结合的旋转导向模式，采用 MWD+伽马随钻仪器，准确跟踪储层且井眼光滑，I 类储层钻遇率达到 95% 以上，并为后期大规模压裂改造提供了良好的操作空间。

自主研发油基钻井液，与高校积极合作，引进降滤失剂、封堵剂等处理剂，重点强化了油基钻井液体系的稳定性、热敏性、封堵性和化学抑制性，现场乳化性能稳定，抑制封堵能力较好，井径扩大率 5.5%（斯伦贝谢随钻测井），未出现井壁失稳现象，钻井液性能基本满足页岩气水平井的要求，且采用了燃烧技术使钻进中产生的岩屑，达到了全井零排放、零污染的 HSE 目标。并成功试验了水基泥浆。提速提效显著，钻井周期较评价期大幅度下降，由"十一五"末的 150~200d 缩短到"十二五"末的 55~85d。

3）体积压裂技术

通过页岩复杂裂缝起裂延伸模拟研究、压裂液体系优化简化、体积改造设计方案优化、改造配套工具研发及页岩储层压裂改造工艺与实施技术试验，以增加裂缝复杂性、实现体积压裂为目标，形成了以低黏滑溜水+陶粒支撑剂为主的水平井体积压裂工艺，包括综合考虑含气量、脆性指数、天然裂缝及地应力等多因素的"层中选段、段中选点"分簇射孔方案优化技术；分段多簇射孔，复合改造技术（液性组合、支撑剂粒径组合、加砂方式组合）最大限度提高裂缝网络沟通的储层体积；滑溜水体系摩阻低，速溶效果好，实现了在线混配；储液池及过渡罐相配合的储供液方式保障了大规模施工；以及阶梯排量＋前置胶液技术、转向压裂等系列配套技术。实现压裂液体系和关键配套工具国产化，形成了多种微地震监测技术、SRV体积计算及压后裂缝描述等技术，微地震识别和定位技术达到国际先进水平。

4）工厂化作业技术

工厂化包括工厂化钻井作业模式和工厂化压裂作业模式。工厂化钻井作业模式，即同一平台双钻机作业：集群化建井，一队双机生产组织，区域技术队伍支撑，设备物资配置共享等；批量化钻进：优化井身结构，批量钻井工艺，钻机平移及配套，钻井液回收利用，流程化作业程序等；标准化运作：高效管理运行模式，规范平台标准作业，对标作业学习曲线等。工厂化压裂作业模式，即整体化部署：区域平台储水、集中供水管网、区域队伍支撑、设备物资共享等；分布式压裂：压裂排采分步实施，返排液回收利用，流程化作业程序等；拉链式作业：井筒作业一体化、物资储备一体化、设备维护一体化等。形成了"整体化部署、分布式压裂、拉链式作业"的山地工厂化压裂模式，平台压裂时效达到12小时2～3段，平台半支压裂周期平均30d。

5）开发优化技术

开发优化技术是页岩气由单井有效开发实现区块效益开发的技术保障，是降本增效、提高开发水平的重要措施和手段。通过技术攻关和现场实践，"十二五"末形成了基于分形几何、反常扩散理论的缝网渗流数学模型和基于拉丁超立方抽样的概率性页岩气井产能评价技术。开创性地引入分形几何和反常扩散理论，较准确地描述了主缝间复杂微裂缝网络的渗流特征，建立理论预测模型，同时引入拉丁超立方抽样随机模拟方法，建立页岩气概率性产能评价技术，对单井指标的评价结果实现了风险量化。概率性页岩气井产能评价技术提高了气井生产动态预测精度，大幅降低了由于页岩气井关键基础参数无法准确获取而导致的开发指标不确定所带来的决策风险，在长宁—威远、昭通开发区应用后，气井生产曲线预测结果与近三年的实际年度产量误差在10%以内，井数上符合率达到85%，有效提高了方案运行吻合率。研发了页岩气井生产制度优化技术。从岩心和气藏两个尺度剖析了页岩储层强应力敏感性的产生机理，并建立了储层渗透率应力敏感状态方程；在此基础上，建立地层—裂缝相耦合的瞬时IPR曲线计算模型和理论图版，提出了生产制度优化的最优路径；为了便于现场应用，提出了生产制度优化的具体技术流程。页岩气井生产制度优化技术可有效降低页岩储层强应力敏感性对产量的影响、提高单井EUR，在昭通开发区推广应用后，单井累计产量提高了30%。研发了通过井网井距优化提高页岩气采收率技术。以井间干扰定性分析为基础，以单井产能指数为目标函数，获取单井产能指数最大时的井距，最后以井组或区块效益最优化为目标，确定合理井距。同时提出采用上下两套水平井"W"形交错部署井网提高垂向储量动用程度的技术方案。本技术可提高平面和垂向上储量采出程度及整体采收率，模拟采收率可由400～500m、一套水平井开发的15%提高至35%以上。

第三节 应 用 实 例

一、苏里格致密砂岩气田开发实践

1. 苏里格气田概况

苏里格气田位于我国鄂尔多斯盆地中部，是我国已发现的最大的天然气气田。自 2000 年开展系统开发评价以来，截至 2015 年，已在上古生界二叠系碎屑岩地层中获得天然气探明+基本探明储量超过 $4\times10^{12}m^3$。气田自 2006 年正式投入规模开发以来，十年来天然气产量迅速攀升，2015 年年产气超过 $230\times10^8m^3$，气田整体具备 $250\times10^8m^3$ 产能规模。

苏里格气田是我国最大的气田，储层为上古生界上石盒子组盒 8 段和山西组山 1 段碎屑砂岩，具有典型的辫状河沉积特征，辫状河道砂体横向上复合连片，纵向上多期河道砂体叠置。复合砂体宽度为 500~3000m、厚度为 5~15m，单砂体宽度为 100~500m、厚度为 3~5m。气层埋深 3300~3500m，平均有效厚度在 10m 左右，孔隙度介于 5%~12% 之间，渗透率介于（0.01~1）mD 之间，压力系数为 0.86，平均储量丰度为 $1.4\times10^8m^3/km^2$，是典型的低渗透率、低压力、低丰度的"三低"气田。储层非均质性极强，属于典型的岩性气藏，构造不起圈闭作用。天然气组分以甲烷为主，无边底水，局部含滞留水，属干气气藏。若以常规开发方式，天然气储量难以有效动用。

苏里格气田不同于国内已开发的川东北气田、靖边气田及克拉 2 等气田。采用常规方式开发地面投资大，需要走低成本创新开发的道路，才能实现该气田经济有效开发。通过多年的评价工作，在开辟重大开发试验区的基础上，形成了多项开发配套技术，解决了苏里格气田有效开发的技术难题。

2. 技术实施效果

通过不断试验攻关，在制约苏里格气田经济有效开发的瓶颈技术方面已经取得了突破，并集成创新了多项适合该气田特殊地质条件的配套开发技术，包括富集区筛选与井位优选技术、分压合采技术、排水采气技术、快速钻井技术、井下节流技术、地面优化技术及标准化建设与数字化管理技术。

1）富集区筛选与井位优选技术

在苏里格气田大面积低丰度的背景下也存在着相对富集区。在相对富集区内进行井位部署可以降低钻井风险。因此相对富集区（带）的筛选就显得十分重要。

岩性气藏含气富集区的核心问题是储层问题，包括储层分布及储层质量。根据该气田储层的实际情况，制订了"地质地震紧密结合，地震处理解释以叠后方法为主，叠前为辅"的技术思路。强调应用河道带的预测来间接预测储层的分布，有效回避了地震对单砂体预测的局限性；并以此为基础，加强地质沉积—成岩作用结合，通过溶蚀成岩相的研究，评价河道带的有效性（图 7-7）。主要做法包括：（1）利用地震叠后信息，综合应用时差分析、地震相分析、相干体分析、谱分解等技术，刻画出了河道带的分布；（2）应用沉积模式，结合单井相分析，在有井的地方对地震预测的河道带进行修正；（3）通过成岩作用研究，对河道带的有效性进行评价，刻画有利河道带。

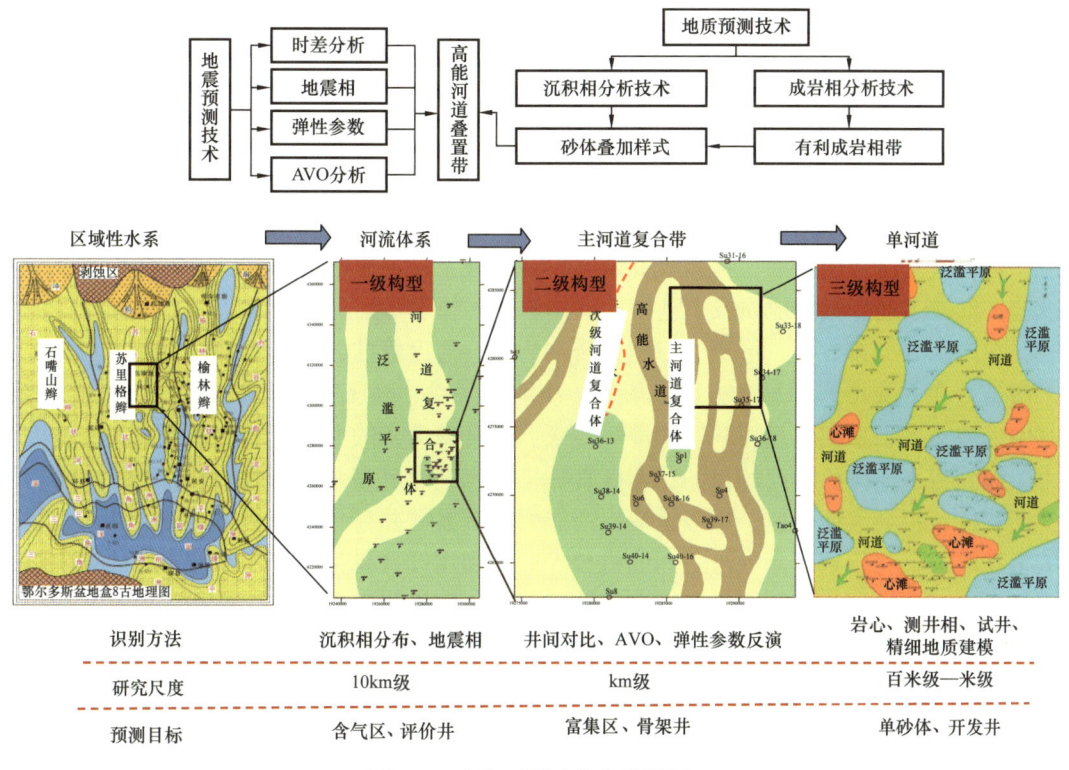

图 7-7　富集区筛选技术路线图

大量的钻井实践证实了这些河道带是存在的，这一地区的确是有效砂体多层叠置、单层厚度相对较厚的含气富集区。多年开发建产进一步证明，这套技术流程能够比较准确地筛选出开发富集区，各区块都找到了气层横向稳定性较好、延伸范围较大的富集区，在苏里格气田中区、东区等多个区块优选 $1.6\times10^4 km^2$ 富集区作为优先建产区块，在开发中发挥了重要的作用。

苏里格气田通过富集区预测和优化布井，截至"十二五"末，已累计筛选出富集区面积占总含气面积的23.7%，I+II类比例由50%提高到75%以上，单井最终累计产量显著提升，亿方产能建设钻井数明显降低，特别是在整体开发钻井数量达到数万口的情况下，累计效益是巨大的，保障了整体规划的顺利实施。

2) 分压合采技术

苏里格气田一井多层的现象较为普遍，一般有2～4层，产气剖面测试表明各气层段只要得到充分改造，都会对产量有贡献，气田次产层贡献率平均为20.1%。压裂改造以提高单井产量为目标，提高储层纵向上的动用程度必须一次改造多个层系，分压合采技术是气田关键压裂改造工艺。实施分压改造，不仅可以减少多缝效应，同时，通过优化射孔，使压开层位的支撑缝长分布均衡（都达到150m左右），从而提高单井产量。研究表明，合层开采层间干扰较小，各产层基本都能发挥作用。

自主研发了分层压裂合层开采一体化管柱（不压井），可以实现一次分压3层。该技术节约了施工时间，减小了对储层的伤害，提高了储层动用程度，是适合苏里格气田的理想分层压裂工艺。

3）排水采气技术

苏里格气田气井通常具有低压、低产、小水量的特征，气井携液能力差，特别是苏里格气田西区，地处气藏的气水过渡区域，地层水相对活跃，几乎没有真正意义的纯气富集区，大面积气水混存，气井投产即开始产水且产水量不断上升，随着投产年限延长，气井不具备依靠自身能量排除井底积液的能力，积液甚至水淹井数逐渐增多，截至2016年年底，气田积液井数占到了总井数的60%，部分区块高达80%。为确保最大限度发挥气井产能，延长气井有效生产期，提高气井最终累计产气量，苏里格气田开展了大量研究及应用试验，形成了适合气田地质及工艺特点的排水采气技术系列。

在产水井助排方面，形成了以泡沫排水为主，速度管柱、柱塞气举为辅的排水采气工艺措施；在积液停产井复产方面，形成了压缩机气举、高压氮气气举排水采气复产工艺。其中，泡沫排水采气通过将井底积液转变成低密度易携带的泡沫状流体，提高气流携液能力，起到将水体排出井筒的目的；速度管柱排水采气通过在井口悬挂小管径连续油管作为生产管柱，提高气体流速，增强携液生产能力，依靠气井自身能量将水体带出井筒；柱塞气举排水采气将柱塞作为气液之间的机械界面，利用气井自身能量推动柱塞在油管内进行周期举液，能够有效阻止气体上窜和液体回落。压缩机气举排水采气是利用天然气的压能排除井内水体，气举过程中，压缩机不断将产自油管的天然气沿油套环空注入气井，注入的天然气随后沿油管向上采出井筒，经过分离器分离处理后再由压缩机压入井筒，循环往复排除井筒积液。高压氮气气举是将高压氮气从油管（或套管）注入，把井内积液通过套管（或油管）排出，达到气井复产的目的。

面对低产低效井逐年增多，排水采气工作量不断增大的难题，苏里格气田已经实现了包括产水井自动排查、积液井展示、井筒积液计算、排水措施优选、气井生产实时跟踪、排水采气效果分析总结等功能在内的数字化排水采气系统。截至2016年年底，在系列排水采气措施及数字化排水采气系统的支撑下，气田已累计增产气量 $7 \times 10^8 m^3$。通过实际开发试验对比分析，苏里格气田以成本低且效果相对较好的泡排技术和涡流工具为重点发展排水采气技术，提高单井产量（表7-4）。

表7-4 苏里格气田排水采气工作开展情况统计表

序号	工艺措施	井数	单井增产 $10^4 m^3$	单井成本 万元	单位增产成本 万元/$10^4 m^3$	适用条件 套压 MPa	产量 m^3	井筒
1	泡沫排水	2881	12.72	0.3～0.5	0.024～0.039	>5	>3000	—
2	速度管柱	93	145.75	50～55	0.34～0.38	>5	>3000	井筒完好
3	柱塞气举	79	56.96	35～40	0.61～0.70	>5	>1000	井筒完好、直井或小斜度井
4	气举复产	207	10.55	10～12	0.95～1.14	>10	>500	封隔器解封、无节流器
5	涡流工具	45	44.60	2～3	0.045～0.067	>5	>5000	井筒完好、无节流器

4）快速钻井技术

苏里格气田采用 PDC 钻头提高钻速，大大降低了气田钻井的综合成本，以 PDC 钻头为核心的快速钻井技术包含了 PDC 钻头的个性化设计，井身结构优化，国产油套管应用，优化钻井液体系等技术。针对适应各区块地层的 PDC 钻头个性化设计，使得机械钻速不断提高，钻井周期由原来的平均 45d 缩短到 15d 以内，钻井成本降低 1/3 以上，取得了显著的效果，为钻井提速提供了一条有效的技术途径。

5）井下节流技术

利用井下节流器实现井筒节流降压，充分利用地温加热，使节流后气流温度基本恢复到节流前温度，大大降低了井筒及集气管线压力，从而改变了天然气水合物形成条件，达到防止水合物形成的目的。根据苏里格气田生产特点自主研制了井下节流器，通过不断试验，改进了胶筒密封性，提高了工具性能，实际运行稳定，目前气田 95% 以上的开发井都投放了节流器。

井下节流技术可以预防水合物堵塞，节省注醇系统，取消井口加热炉，降低开发成本，提高开井时率，防止地层激动，实现控压稳产；同时，节流后平均油压为 3.88MPa，为节流前平均油压（19.9MPa）的 20%，使地面管线运行压力大幅度降低，可实现中低压集气，为苏里格气田地面流程简化和优化奠定了坚实的基础。

6）地面优化技术

井下节流工艺的规模化应用，为地面低压集输、井口流程的进一步简化提供了条件，形成了独具苏里格气田特色的"井下节流、井口不加热、不注醇、中低压集气、带液计量、井间串接、常温分离、二级增压、集中处理"的地面中低压集气工艺新模式。通过多井单管串接低压集气工艺试验，井口流量计选型，井口国产化自动式高低压紧急截断阀应用试验，逐步形成了该气田的地面集输配套工艺，集输系统从井口到集气站得到了彻底简化，优化了集气工艺，简化了集气流程，地面生产运行安全等级大幅度提高，地面投资大幅度降低，节约投资 1/4，由 200 多万元降到 150 万元，树枝状管网串接技术满足了滚动开发建设的需要。

7）标准化建设与数字化管理技术

苏里格气田采用小井距、密井网开发，有上万口井、上百座集气站。气田设计和建设单位多，气井管理工作量巨大，需要探索一套新的设计理念和超常规的施工组织方法，以适应新的运行机制和生产管理，全面提升气田设计水平、建设水平和管理水平。在这样的背景下，便产生了"建设标准化、管理数字化"的管理思路。

（1）建设标准化。

在苏里格地面集气工艺流程定型的前提下，通过"标准化设计、模块化建设"形成标准化、规范化、系列化的设计和施工方法，是一次革命性创新的成功实践。

标准化设计：根据井站的功能和流程，通过对气田站场的建设内容、建设规模、建设标准进行归类，设计一套通用的、标准的、相对稳定的、适用于地面建设的指导性和操作性文件。主要包含"工艺定型、平面统一、模块划分、设备定型，以及统一安装尺寸、安全环保措施、建设标准、井站标识"。工艺设备定型是标准化设计的核心，形成标准设备工艺参数定型，非标设备安装尺寸定型的具体做法。通过标准化设计工作，图纸复用率达到 95% 以上，使设计重点放在深度简化、优化工作上。实践证明效果显著，苏里格气田地面优化因地制宜、流程简化、配套合理，使气田开发经济效益进一步提高。

模块化建设：模块化建设的施工内容包括组件预制工厂化、工序作业流水化、过程控制程序化、模块出厂成品化、现场安装插件化、施工管理数字化。通过站场各个工艺环节的划分，对不同功能、不同规模的处理模块进行分项批量预制，并推行组件成模和现场拼装等方法进行施工。模块化的施工思路贯穿在施工组织实施各个环节，做到将单项复杂作业分解为多个简单作业，作业人员只进行简单重复；通过建立生产前线模块化预制厂，初步实现了高效规模化生产，显现出大规模工业化应用的雏形。

建设标准化不仅提高了生产效率和建设质量，降低了安全风险和综合成本，而且有利于均衡组织生产，有利于坚持以人为本，有利于EPC模式的推广。适应了苏里格气田大规模建产和滚动开发的需要，取得了良好的效果。建设标准化成为中国石油大力推行地面建设优化、简化工作以来的又一项重大成果。

（2）管理数字化。

苏里格气田研制了一套智能化生产管理控制系统，实现了管理数字化。该系统由数据传输、集散自动控制、气井配产与动态预测、远程开关井技术（关键技术）4部分构成。数据传输系统的单井通过220MHz无线超短波方式将数据传输至集气站，集气站数据通过气田骨架光纤上传作业区部和生产指挥中心，油田公司总部生产科研单位可同步获取数据；集散自动控制系统借助成熟的DCS系统为生产管理平台实现对采集数据的集中处理和生产运行的监视和自动控制；气井配产与动态预测系统模拟出苏里格气田各井区气藏特点，以边生产边拟合单井模型的反馈方式，实现不同阶段的气井预测产能的叠加，到达开关井最优组合，对生产的自动控制提供主要决策依据。远程开关井技术是在井口高低压紧急截断阀的基础上，实现井口6MPa压差集气站远程遥控开关井功能，攻克了气田数字化管理生产的最后一道难题。

这套智能化生产管理控制系统以井区为管理单元、产量为控制目标值，智能化分配区块产量，进行生产管理，可以达到数据自动录入、方案自动生成、异常自动报警、运行自动控制、单井自动巡井的生产管理目的。管理数字化可以实现对整个气田生产过程的自动化、科学化、数字化、现代化管理，达到精简组织机构、减小劳动强度、降低操作成本、保护草原环境、建设和谐气田的目的。

苏里格气田开发立足于低渗透、低压、低丰度的实际，坚持"依靠科技、创新机制、简化开采、走低成本开发路子"，实施"技术集成化、建设标准化、管理数字化、服务市场化"的工作思路，实现了气田规模开发，是技术和管理成功结合的典型实例，对国内同类油气田的开发具有很好的借鉴意义。在今后的开发建设时期，技术创新将是提高开发效益的永恒主题。

二、安岳气田龙王庙组深层碳酸盐岩气藏开发实践

1. 龙王庙组气藏概况

安岳气田龙王庙组气藏位于四川盆地中部遂宁市、资阳市及重庆市潼南县境内，构造上属于四川盆地川中古隆起平缓构造区的威远—龙女寺构造群。安岳气田寒武系龙王庙组气藏发现井为磨溪8井，该井于2012年5月完钻，完钻井深5920m，完钻层位为震旦系灯影组一段，在钻井过程中寒武系龙王庙组见2次气测异常显示，同时录井、测井资料揭

示龙王庙组白云岩溶孔储层发育。第一层酸化射孔 15.5m，测试产气 $107.18\times10^4m^3/d$，第二层酸化射孔 29m，测试产气 $83.50\times10^4m^3/d$，至此发现安岳气田龙王庙组气藏，探明储量达 $4403.83\times10^8m^3$。

1）安岳气田龙王庙组气藏地质特征

磨溪区块龙王庙组气藏储集空间包括溶蚀孔洞、粒间孔、晶间孔和裂缝，而裂缝对储层的贡献主要体现在有效沟通孔洞储集空间，起到改善储层整体渗流能力的作用。其主要储层类型包括裂缝—孔隙（洞）型和孔隙型，孔洞是主要储集空间，缝洞是主要渗流通道。受海水深度和水动力条件的变化控制，磨溪龙王庙组储层纵向上分为上储层和下储层两套，上储层发育在地层的上部位置，距龙王庙组顶界最近 0.6m（磨溪 17），距离最远 15.3m（磨溪 10），下储层发育在龙王庙组的中部，龙王庙组上部储层发育程度优于下部，但上、下两套储层间夹层厚度小，纵向连通性好。储层发育主要受沉积相和成岩作用的双重控制，沉积相控制了储层的分布格局，颗粒滩相是储层发育的基础，建设性的成岩作用（同生期溶蚀、风化壳岩溶和埋藏溶蚀）改善了储层品质。

2）安岳气田龙王庙组气藏特征

磨溪 8 井区龙王庙组气藏中部压力为 75.74~76.09MPa，压力系数为 1.63，磨溪区块龙王庙组气藏中部温度为 137.19~147.70℃，平均值为 141.39℃，甲烷含量在 95.06%~97.98% 之间，平均达到 96.04%，H_2S 含量为 $4.58\sim11.68g/m^3$，CO_2 含量为 $26.29\sim48.83g/m^3$，为中—低含 CO_2，表明龙王庙组气藏为高压、高温、中含硫化氢、中低含 CO_2 气藏。动静态资料表明安岳气田磨溪区块龙王庙组气藏为存在局部封存水的构造背景下的岩性气藏。试气资料表明，气井产能存在较大差异，多数气井展现出高产能特征。针对磨溪 8、磨溪 10、磨溪 11 这 3 口井开展了正规产能试井的气井，根据不同产量制度下的井底流压，建立了二项式产能方程，绘制出每口气井的 IPR 曲线并获取了准确的无阻流量，在（553.76~1035.04）$\times10^4m^3/d$ 之间。3 口井产能试井都表现出生产压差小、无阻流量大的特点。试采特征表明气井单位生产压差存在差异性，整体呈现高产特征。纯气井产量较高、稳产能力较强。气井单位压降采气量高，单井控制储量较大，分析磨溪 8 井和磨溪 11 井多次压力恢复试井得到的地层静压参数，通过计算可得出气井单位压降产气量，结果显示已试采气井单位压降采气量为（6820.63~27569.60）$\times10^4m^3/MPa$，表明气井单井控制储量较大。

2. 技术实施效果

针对安岳气田龙王庙组碳酸盐岩气藏开发面临的储层描述、有效储层预测、高产井位部署、动态特征描述、快速钻井及酸压改造等方面的问题，碳酸盐岩的开发技术在安岳气田龙王庙组深层碳酸盐岩气藏的开发中得到了成功的应用，取得了良好的应用效果。

1）构造刻画、储层预测实施效果

针对断裂、有效储层预测等难题，采用物理模型模拟与地震精细解释相结合的手段，准确刻画了龙王庙组断裂分布及构造特征。经实钻井与地震预测深度对比统计表明，二者吻合性较好：龙王庙组顶界绝对误差范围为 -3.1~8.5m，相对误差范围为 0.03%~0.2%，龙王庙组底界绝对误差范围为 -14.1~15m，相对误差范围为 0.03%~0.35%，顶底界相对误差均小于 1%。地震地质综合描述结果表明，平面上储层分布较为连续，研究区储层较厚，厚度大于 40m 的储层大面积分布，区块西南端储层厚度相对较薄，如磨溪 20、磨溪

21井区；区内储层孔隙度基本都大于4%，大于5%的区域主要在中东部；绝大部分区域储能系数大于1.6。为了进一步刻画气藏的非均质性，利用三维地震雕刻技术进一步对磨溪—高石梯区块开展了三维地震空间雕刻，成果表明磨溪区块储层大面积分布，为储层发育有利区，同时进一步揭示磨溪区块储层仍然存在非均质特征。磨溪地区龙王庙组储层厚度和发育位置变化，导致地震响应特征不同，顶界振幅普遍较弱对应上部储层发育好，内部振幅能量强的区域相应的中下部储层发育好。根据不同储层展布模式建立相应的地震响应模式（表7-5）。利用该模式的储层预测结果，同时结合裂缝预测和实钻资料，掌握了储层发育有利区，即两套储层均发育和下储层发育的区域。两套储层均发育的区域分布范围大，已完钻的磨溪8、磨溪9、磨溪11、磨溪205井等均分布在该区域；上储层欠发育、下储层发育的区域呈零星分布，储层物性差或相对不发育的区域主要分布在区块的东北角和西南角，如磨溪202井区、安平1井区（图7-8）。储层发育区域与溶蚀孔、洞发育区基本一致，也是Ⅰ级、Ⅱ级储层发育的区域。

表7-5 磨溪区块龙王庙组储层地震响应模式表

响应模式	类别	储层特征	响应特征	井名	储层总厚度 m	平均孔隙度 %	剖面	试油结果
模式一	1	两套储层相对发育	顶界次弱波峰，内部强波峰	磨溪8	64.5	6.1		上储层日产气 $83.50 \times 10^4 m^3$，下储层日产气 $107.18 \times 10^4 m^3$
				磨溪9	48.1	6.2		日产气 $154.29 \times 10^4 m^3$
				磨溪17	50.1	4.4		日产气 $53.2 \times 10^4 m^3$
	2	中上部发育一套厚储层	顶界弱波峰，内部强波峰	磨溪11	61	5.6		上储层日产气 $108.04 \times 10^4 m^3$，下储层日产气 $109.49 \times 10^4 m^3$
				磨溪16	47.1	3.8		日产气 $11.47 \times 10^4 m^3$
				磨溪19	45.5	3.9		
	3	上储层相对不发育，下储层发育	双强波峰	磨溪13	39.9	4.4		日产气 $129 \times 10^4 m^3$
				磨溪20	23.5	5		
				磨溪203	11.2	2.7		
				磨溪205	33.8	3.7		日产气 $116.87 \times 10^4 m^3$

续表

响应模式	类别	储层特征	响应特征	井名	储层总厚度 m	平均孔隙度 %	剖面	试油结果
模式二	1	顶部发育一套厚储层	顶界波谷，内部强波峰	磨溪10	42.6	6.6		日产气 $122.09 \times 10^4 m^3$
模式二	1	顶部发育一套厚储层	顶界波谷，内部强波峰	磨溪12	55.4	5		日产气 $116.77 \times 10^4 m^3$
模式二	1	顶部发育一套厚储层	顶界波谷，内部强波峰	磨溪202	40.9	4.7		日产气 $30.32 \times 10^4 m^3$
模式二	1	顶部发育一套厚储层	顶界波谷，内部强波峰	磨溪204	42.1	5.9		日产气 $115.62 \times 10^4 m^3$
模式二	2	上部储层不发育，中部储层发育	顶界零界点，内部强波峰	磨溪201	37.9	5.2		日产气 $132.2 \times 10^4 m^3$
模式三	1	两套储层不发育	顶界强波峰，内部无亮点	磨溪21	17.4	3.4		日产气 $7.25 \times 10^4 m^3$

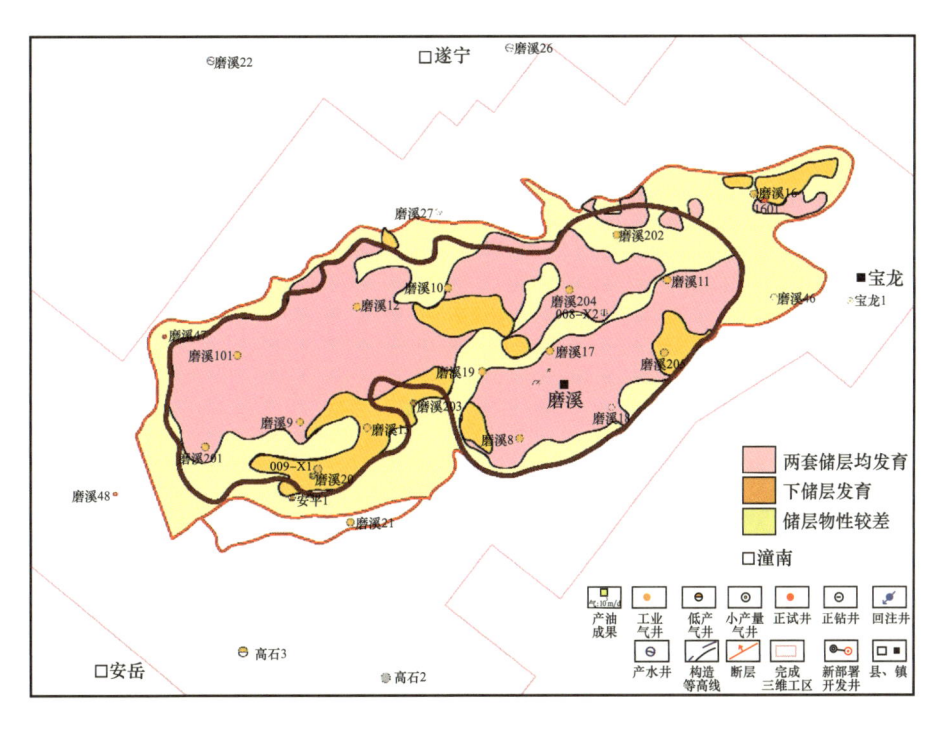

图 7-8 不同储层展布模式分布图

2）高产井位部署实施效果

针对气藏地质特征，应用多尺度缝洞描述和储层空间精细刻画技术，结合低缓构造复杂水分布描述新技术，优选出"两带六区"为开发最有利区；针对气藏工程特征，研究高温高压缝洞碳酸盐岩气藏产能快速评价技术，在"两带六区"优选出 30 个优先井位目标；针对井位目标的地理地貌、储层厚度及空间展布，实施水平井或大斜度井。截至 2015 年 7 月，已完井 14 口，单井平均测试日产气量超过 $177\times10^4\text{m}^3$，远超西南油气田 110 多个已开发气田的平均水平。

3）气藏综合动态评价进展

气藏综合动态分析技术在龙王庙组的应用主要是在地质滩体分布研究基础上，结合压力测试和动态资料，根据不同连通程度对井组进行了划分。动态上以静压测试资料为主，同时结合关井油压和气井生产动态，将龙王庙组划分为 MX8、MX9、MX10、MX11、MX12、MX202、MX204 7 个井组。结果表明，后投产井具有先期压降特征，储层总体连通性好，受储层物性影响，不同井组之间、同一井组不同气井之间连通程度存在差别。同时，在综合考虑异常高压气藏岩石弹性能量的基础上，分区开展动态储量评价。首先通过实验测试和气藏工程分析确定气藏岩石孔隙压缩系数（C_p），确定异常高压气藏中动态储量计算关键参数。根据目前采出程度和压力资料录取情况，优选动态储量计算方法，不断跟踪核实落实单井、区块动态储量。动态储量计算方法主要包括单井 RTA 分析及单井生产历史跟踪拟合、异常高压 MBA 模型和全程历史拟合试井模型。以 MX8 井组为例，该井组已投产开发井 17 口，动态评价认为总体连通性好，压力下降均一，后期投产井压降水平与整体趋势一致。视 p/Z 曲线法计算的动态储量为 $567\times10^8\text{m}^3$（图 7-9），单井 RTA 方法计算的动态储量为 $524.8\times10^8\text{m}^3$。综合分析，龙王庙组动态储量主要以高渗透区为主，低渗区储量动用难度大。气井综合动态分析表明，滩主体部位储层物性好，内部连通程度高，井控储量大，单井控制储量为 $(30\sim80)\times10^8\text{m}^3$，后投产井均具有先期压降特征。滩边缘部位渗透率低，储层连通程度差，储量动用程度差，单井控制储量范围为 $(1\sim10)\times10^8\text{m}^3$。同时，新井压力测试显示，在投产 25 口井时气藏储量已经得到全部动用。

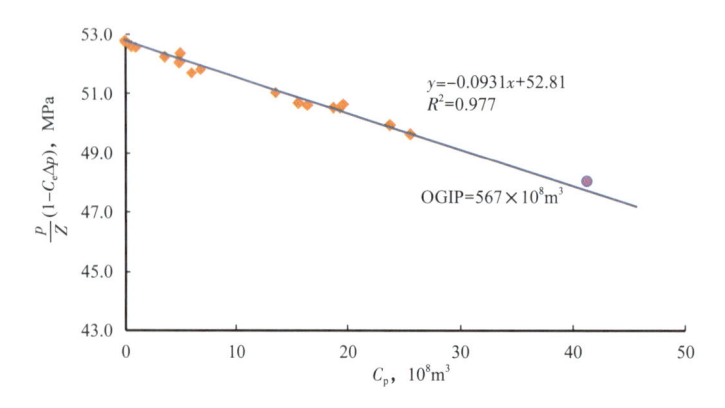

图 7-9 MX8 井区视 p/Z 曲线法动态储量评价

4）酸化改造实施效果

气井酸化改造效果明显，酸化改造极大地提高了单井测试产量和无阻流量。表 7-6

给出了磨溪区块龙王庙组部分气井酸化前、后分别试油并开展压力恢复试井，从而取得的气井及地层参数变化情况。从表7-6中可以看出，酸化改造极大改善了近井区及井筒内伤害情况，降低了渗流阻力，提高了气井测试产量和无阻流量。其中，测试产量增长159%～809%，产能系数增长2.92%～1623.36%，无阻流量增加930.7%～4856.02%，酸化改造效果显著。

表7-6 磨溪区块龙王庙组气井酸化前后效果对比表

井名	井段	测试阶段	测试产量 $10^4 m^3/d$	表皮系数	产能系数 $mD·m$	无阻流量 $10^4 m^3/d$	单位压差产气量 $10^4 m^3/(d·MPa)$
磨溪8	龙王庙组下部储层	酸化前	16.38	5000.00	4536.00	25.99	0.82
		酸化后	107.18	6.55	6322.50	1288.07	519.03
磨溪10	龙王庙组	酸化前	47.17	47.40	230.40	76.35	2.46
		酸化后	122.09	-3.68	237.12	997.37	45.72
磨溪11	龙王庙组下部储层	酸化前	12.04	4.30	13.93	24.10	0.93
		酸化后	109.49	0.80	240.10	248.48	28.42

综合分析磨溪区块龙王庙组各气井的表皮因子（表7-7），可以看出，酸化改造使得大部分表皮因子为负数，即呈现完善井的状态，有利于气井更好地发挥其产能。

表7-7 磨溪区块龙王庙组气井表皮因子统计表

井名	测试类型	测试日期	测试层位	S
磨溪8	试油	2012.9.9	下部储层	1.622
		2012.9.28	上部储层	-4.697
磨溪9	试井	2013.8.6—2013.8.18	龙王庙组	-1.913
磨溪10	试油（回压试井）	2013.1.24	龙王庙组	-3.68
磨溪11	试油	2012.10.27	下部储层	0.7973
		2012.11.8	上部储层	-1.0978
	试井	2013.4.18—2013.5.4	龙王庙组	-3.229
		2013.6.1—2013.6.15		-2.817
磨溪16	试油	2013.6.29	龙王庙组	0.0013
磨溪17	试油	2013.9.23	龙王庙组	0.0044
磨溪101	试油	2013.11.7	龙王庙组	-2.746

三、克深超深层超高压碎屑岩气藏开发实践

1. 克深气田概况

克深气田位于塔里木盆地北缘库车前陆盆地克深构造带，自2008年克深2井获得天

然气勘探突破以来，该构造带已先后发现克深2、8、5、6、9等10多个气藏，累计探明天然气地质储量超过$5000\times10^8m^3$。截至2015年底，气田克深2、8、6、9气藏陆续投入开发和试采，建成天然气产能规模$35\times10^8m^3/a$，是十二五塔里木气区天然气增储上产的重点区域，也是"西气东输工程"的主力气源。克深气田兼具裂缝性致密储层和超深超高压特征，是国内外罕见的超深超高压裂缝性致密砂岩气藏。

克深气田主要含气层系为白垩系巴什基齐克组，埋深超过了4500m，具有构造复杂、高温超高压、储层巨厚、裂缝普遍发育、边底水发育、气水关系复杂等特点，属国内罕见的超深超高压裂缝性致密砂岩气藏。目前，致密砂岩气已经成为国内外天然气开发的重要领域，典型的致密砂岩气藏一般位于构造相对简单的盆地斜坡区或凹陷较深部位，埋藏深度一般介于1000～4000m，单井产能较低，多采用井间接替的开发模式。而克深气田位于前陆盆地冲断带，地表及地下构造复杂，埋藏超深，地层压力超高，单井建井成本高。因此，要实现克深气田高效开发，必须以稀井高产、持续稳产为目标，开发难度极大。

由于该类气藏开发缺乏可借鉴的成熟技术和经验，为了实现高效开发，开展了持续不断的攻关和试验，先后在克深2、克深8区块进行了开发先导试验和扩大试验，深化了气藏地质认识，形成了相应的开发对策和配套的开发技术，取得了良好的开发效益，开辟了超深超高压裂缝性致密砂岩气藏开发的新领域。

2. 技术实施效果

面对超深超高压裂缝性致密砂岩气藏的开发难题，通过地质工程一体化持续攻关，形成了适用于超深超高压裂缝性致密砂岩气藏的一系列高效开发配套技术。这些技术在克深气田的开发中发挥了重要作用，取得了良好的开发效果。克深气田历年钻井成功率、高效井比例及产能到位率不断提高，实现了合理、高效开发，成功开辟了超深超高压裂缝性致密砂岩气藏这样一个复杂的开发新领域。

（1）大幅提高了地震资料的品质和圈闭的落实程度，有效减小了目的层的预测深度与实钻井深度之间的误差。

克深构造带地表复杂，对地震资料的采集和静校正处理造成很大困难。构造带浅层广泛发育冲积扇，沉积了巨厚砾岩层。盐上层南部较为平缓，北部倾角迅速变陡，北部露头区局部地层近直立；膏盐层受多期构造揉皱作用，发生局部堆积和减薄，横向厚度变化大。浅层巨厚砾岩、高陡地层、巨厚塑性膏盐层使得地层的横向速度变化剧烈，速度建模困难，严重影响地震资料成像质量及偏移归位的精度，造成地震资料信噪比低，偏移归位难度大，使深层圈闭、断裂的落实十分困难。

为提高超深复杂圈闭的落实程度，从地震采集、处理和建模等3个方面进行了攻关，在复杂山地地区地震资料采集、复杂构造叠前深度偏移处理、复杂构造地质建模等方面取得了显著的技术进步，大幅提高了地震资料的品质和圈闭的落实程度，使目的层的预测深度与实钻井深度之间的误差由125m下降到30m以内。大北克深为一系列逆冲叠瓦状构造（图7-10），气藏主要为长轴断背斜构造，南部断层归位不准，北部地层叠置。尽管地质条件极其复杂，但由于目前地震处理与解释技术的不断提高，高陡构造区预测与实钻差异逐步减小，钻井落空风险得到了有效控制。

（2）明确了储层孔喉配置关系及气水分布主控因素，建立的裂缝性巨厚砂岩储层模型能够客观体现出边底水的运移规律，有效应用于克深2、克深8区块的开发方案优化。

将不同转速离心下的短回波间隔核磁共振与高压压汞相结合,实现了10nm以上致密储层喉道半径的孔喉配置关系的定量表征。克深气田储层的孔喉配置关系以大孔隙—粗喉道、小孔隙—细喉道的配置为主,其次为小孔隙—粗喉道,粗喉道连通的孔隙所占比例为50%~60%,对渗透率的贡献在95%以上,是主要的渗流通道。

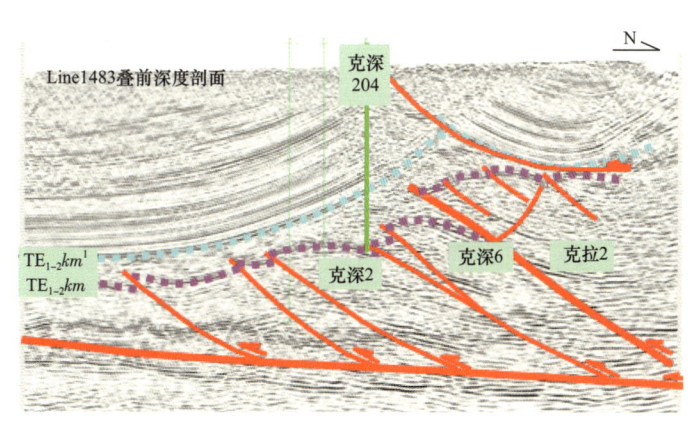

图 7-10 克深构造带南北向地震剖面

集成高分辨率CT扫描、聚焦离子束扫描电镜(FIBSEM)和岩矿定量分析技术,以二碘甲烷为指示剂,对4种不同注入状态下的岩心进行CT扫描,建立了数字岩心并进行处理分析,实现了气水分布的可视化,并对致密储层孔隙喉道中气水分布的丰度、赋存状态及配置关系等进行了微观定量表征,明确了黏土矿物含量直接影响了微小孔隙喉道的发育,并对束缚水的赋存具有显著的控制作用。

通过开展露头、测井、岩心等多尺度的裂缝描述与表征,建立裂缝的宏观分布模式,结合包裹体及构造演化确定裂缝形成的期次和古应力状态,对裂缝分尺度、分类型进行分析,用熵权法确定主控因素,分组系预测裂缝。在此基础上,综合考虑地应力、储层改造等多种因素,建立地质模型。所建模型充分考虑到了断层、裂缝、隔夹层、高渗透带的配置关系,既做到了模型精细化,又能保证数值模拟运行速度(图7-11)。

(3)明确了超深层裂缝性气藏渗流机理,为克深气田防水、控水、排水全生命周期减缓水侵、提高采收率的开发策略奠定了理论基础。

克深气田的地层压力超高,且基质致密,已有的实验装置无法满足地层条件下渗流实验要求,造成渗流机理的研究难度大。由于气藏裂缝发育,地层水在裂缝和基质中流动的差异大,受裂缝尺度、裂缝与基质的渗透率级差、水体大小、配产高低等因素综合影响,水侵规律复杂,已有的数值模拟软件难以真实反映裂缝性水侵的"水封气"效应及其对气藏采收率的影响,造成对水侵的预测难,治理对策的制订难。

带裂缝的岩心在地层条件下驱替效率较低,见水后气相相对渗透率急剧下降,说明气井在见水以后产气量会快速下降,从而使累计产气量降低。因此,气藏开发要以防水、控水为主要技术对策,井位需集中部署在气藏高部位,以延长气藏的无水生产期并保护气井的产能;同时开采过程中及早开展排水,以延缓水侵,提高气藏的采收率。在裂缝中,水侵前缘推进速度与裂缝和基质的渗透率级差、边底水水体大小、气井配产高低呈正相关关系。边底水会沿裂缝快速突进,封堵住基质中的气相渗流通道,产生"水封气"效应,影响气井的稳产,降低气藏的最终采出程度。因此,裂缝性致密砂岩气藏在开发过程中应密切关注裂缝水侵,通过控制边部气井的配产减缓水侵速度,见水后及时开展排水,防止水体进一步侵入气藏内部。

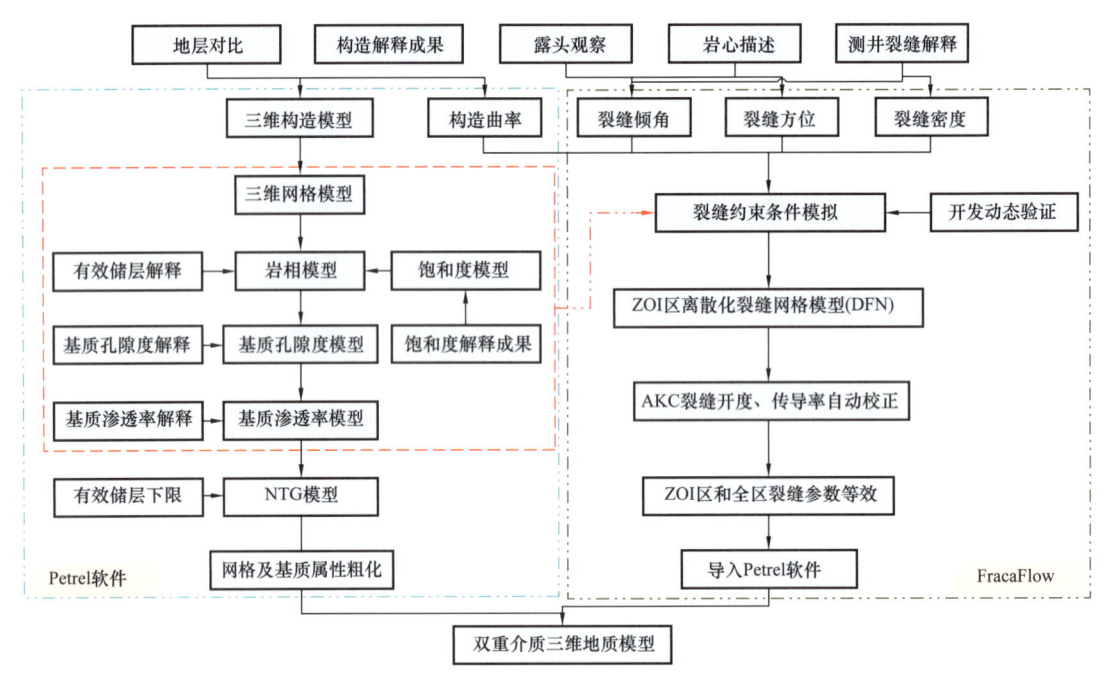

图 7-11 超深层裂缝性气藏三维地质建模技术流程图

(4)通过在裂缝发育、远离边底水的轴线部位集中布井,有效规避了构造偏移风险和水侵风险,钻井成功率和产能到位率分别提高到100%,实现了高效布井。

在井位部署中,坚持"沿轴线高部位集中布井"的部署思路(图7-12),通过在裂缝发育、远离边底水的轴线部位集中布井,有效规避了构造偏移风险和水侵风险。两者结合使克深气田的钻井成功率由50%提高到100%,产能到位率由64%提高到100%,实现了高效布井。

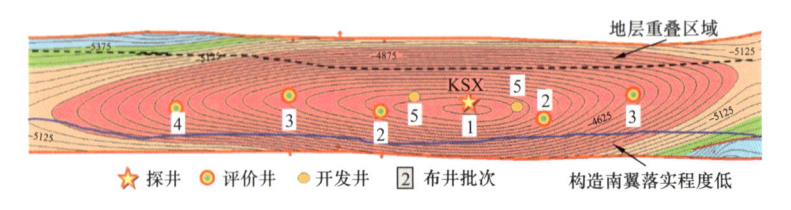

图 7-12 克深超深层大气田井位部署示意图

克深气田不稳定试井资料表明,气藏中存在断裂—裂缝—基质多重介质复合渗流,气藏整体连通性好。根据气藏压力拟稳态传播和流场协同原理,利用压力波前缘追踪方法评价不同井区的剩余天然气可采潜力,形成了裂缝性致密砂岩气藏井网优化技术,明确了"沿轴线高部位集中布井"的布井思路,形成了"沿长轴、占高点、选甜点、避断层、避低洼、避边水、避叠置"的布井原则,指导克深8区块井位部署,实现了该区块实际钻井较方案设计少钻4口井,节约投资8亿元。

（5）解决了构造高陡、岩性变化大、压力系统多、钻井安全隐患大的世界级难题，大幅提高了钻井速度，保障了高温高压特高产气井安全生产。

以顶驱钻进、随钻测斜、优化钻井参数为核心的优质快速钻井技术，制订山前高陡构造垂直钻井标准和作业程序，研发"钻井工程监测与辅助决策系统"和三套新钻井液体系。成功解决了构造高陡（达22°）、岩性变化大、压力系统多、钻井安全隐患大的世界级难题，钻井速度提高6倍。克深8区块通过井深优化，每口井平均减少目的层进尺50m，缩短钻井周期5～10d，减少钻井液漏失量309m³，气井均实现高产，经济效益显著。

设计完成了特高产气井70MPa高压下 $9^5/_8$in 新型封隔器、7in 新型井下安全阀、大通径（$7^1/_{16}$in）Y形整体式新型采气树、选层枪射孔工艺等四项安全完井工艺，满足了单井日产 $500×10^4m^3$ 的技术要求，解决了高温高压特高产气井开采工艺难题。

（6）获取了关键的试井资料，为储层动态描述提供了基础，深化认识了裂缝性储层动态特征及产水规律，提出了延缓水侵措施。

克深气田储层埋藏深、压力高，井筒状况复杂，对井下温度、压力进行监测的难度极大。通过对电缆传输、钢丝投捞、永久式光纤等测试工艺进行优选，选定了钢丝投捞式测试技术，并开展压力计、钢丝和井口防喷器的选型研究，通过理论计算、模拟试验到现场试验，不断改进创新，形成了超高压气井投捞式压力测试技术，实现了井深7000m、温度175℃、井口油压90MPa条件下的气井井下测压，取得了关键的试井资料。

针对整装连通性气藏，建立了均质和双重孔隙介质情形的多井试井模型并求解，绘制了双对数典型曲线图版，揭示了导数曲线特征，建立了相应的试井分析方法。多井试井动态描述方法深化认识了不同区块储层动态特征。库车山前迪那、大北、克深气田群虽然都具有垂向高陡、裂缝发育的特点，但试井动态特征具有显著的差异。大北气藏为（视）均质储层，动静储量差异小于5%，水侵风险相对较低；克深气藏为非连续裂缝性致密储层，动态储量仅为地质储量的30%～40%，水侵风险大。克深气田群井下测试资料表明，储层基质致密，试井曲线均未见到径向流特征，裂缝发育程度与构造息息相关，如图7-13所示。

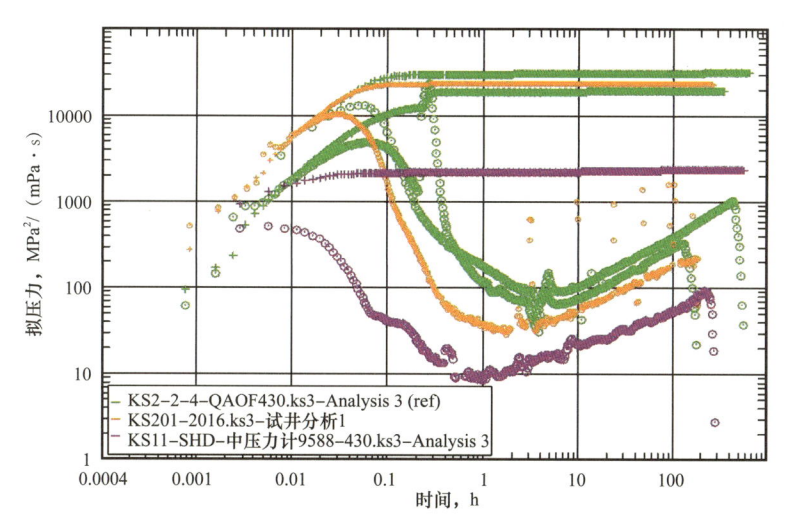

图7-13 克深区块三井试井双对数图

为了解决超深层裂缝性致密砂岩气藏水侵早期预测的问题，采用现代气井生产动态分析方法，利用气井日常生产数据求得气井不同时间的产气指数曲线，根据其变化特征判断气井水侵动态。通过对典型气井产气指数变化特征分析，可将超深层裂缝性致密砂岩气藏产水气井生产划分为清井期、无水侵期、水侵初期及产水期四个阶段。气井生产指数因水侵能量补给而明显增大，成为水侵预警标志，与氯离子浓度监测、地面气水分离计量等方法相比，该方法能够更早识别气藏（气井）水侵，以及时提出调控对策。不同部位气井的各个生产阶段持续时间不同，产水量、水气比、产水指数等指标亦有较大差别，宜采取不同调控对策：构造边部及底水区的气井水侵初期补给能量时间短、产水量大，在生产初期需严格控制生产压差，以防过早暴性水淹；构造高部位气井在生产初期可适当高产，见水后需控制生产压差，以防水侵过快推进分隔气藏。

参 考 文 献

[1] 李海平，贾爱林，何东博，等．中国石油的天然气开发技术进展及展望[J]．天然气工业，2010，30（1）：5-7．

[2] 马新华，贾爱林，谭健，等．中国致密砂岩气开发技术与实践[J]．石油勘探与开发，2012，39（5）：572-579．

[3]　　　　苏里格气田开发论[M]．2版．北京，石油工业出版社，2013．

[4] 何东博，贾爱林，冀光，等．苏里格大型致密砂岩气田开发井型井网技术[J]．石油勘探与开发，2013，40（1）：79-89．

[5] 卢涛，刘艳侠，武立超，等．鄂尔多斯盆地苏里格气田致密砂岩气藏稳产难点与对策[J]．天然气工业，2015，35（6）：43-52．

[6] 李易隆，贾爱林，何东博．致密砂岩有效储层形成的控制因素[J]．石油学报，2013，34（1）：71-82．

[7] 孟德伟，贾爱林，冀光，等．大型致密砂岩气田气水分布规律及控制因素——以鄂尔多斯盆地苏里格气田西区为例[J]．石油勘探与开发，2016，43（4）：1-9．

[8] 郭智，贾爱林，何东博，等．鄂尔多斯盆地苏里格气田辫状河体系特征[J]．石油与天然气地质，2016，37（2）：197-204．

[9] 王国亭，何东博，王少飞，等．苏里格致密砂岩气田储层岩石孔隙结构及储集性能特征[J]．石油学报，2013，34（4）：660-666．

[10] 位云生，贾爱林，何东博，等．苏里格气田致密气藏水平井指标分类评价及思考[J]．天然气工业，2013，33（7）：47-51．

[11] 史海东，王晖，郭春秋，等．异常高压气藏采气速度与稳产期定量关系——以阿姆河右岸B-P气田为例[J]．石油学报，2015，36（5）：600-605．

[12] 孙龙德，宋文杰，何君．塔里木盆地克拉2异常高压气田开发[M]．北京：石油工业出版社，2011．

[13] 何君，江同文，肖香娇，等．迪那2异常高压气藏开发[M]．北京：石油工业出版社，2012．

[14] 江同文，唐明龙，王洪峰．克拉2气田稀井网储层精细三维地质建模[J]．天然气工业，2008，28（10）：11-14．

[15] 王天祥，朱忠谦，李汝勇，等．大型整装异常高压气田开发初期开采技术研究——以克拉2气田为例[J]．天然气地球科学，2006，17（4）：439-444．

[16] 李世临，党录瑞，郑超，等．异常高压气藏生产特征及后期开采措施探讨[J]．特种油气藏，2011，

18（1）：32-35.

[17] 李凤颖，尹向艺，卢渊，等.异常高压有水气藏水侵特征［J］.特种油气藏，2011，18（5）：89-92.

[18] 江怀友，宋新民.世界海相碳酸盐岩油气勘探开发现状与展望［J］.海洋地质，2008，28（4）：6-13.

[19] 贾爱林，闫海军.不同类型典型碳酸盐岩气藏开发面临问题与对策［J］.石油学报，2014，35（3）：519-527.

[20] 孙来喜，李允，陈明强.靖边气藏开发特征及中后期稳产技术对策研究［J］.天然气工业，2006，26（7）：82-84.

[21] 贾爱林，付宁海，程立华，等.靖边气田低效储量评级与可动用性分析［J］.石油学报，2012，33（2）：160-165.

[22] 闫海军，贾爱林，何东博，等.龙岗礁滩型碳酸盐岩气藏气水控制因素及分布模式［J］.天然气工业，2012，32（1）：67-70.

[23] 万玉金，李江涛，杨炳秀，等.多层疏松砂岩气田开发［M］.北京：石油工业出版社，2016.

[24] 宗贻平，马力宁，贾英兰.涩北气田100亿立方米天然气产能主体开发技术［J］.天然气工业，2009，29（7）：1-3.

[25] 马力宁.涩北气田开发中存在的技术难题及其解决途径［J］.天然气工业，2009，29（7）：55-57.

[26] 邓勇，杜志敏，陈朝晖.涩北气田疏松砂岩气藏出水规律研究［J］.石油天然气学报，2008，30（2）：336-338.

[27] 顾端阳，连运晓，毛凤华，等.疏松砂岩气藏出砂机理及影响因素分析［J］.青海石油，2013，31（3）：46-53.

[28] 李江涛，李清，王小鲁，等.疏松砂岩气藏水平井开发难点及对策——以柴达木盆地台南气田为例［J］.天然气工业，2013，33（1）：65-69.

[29] 袁士义，冉启全，徐正顺，等.火山岩气藏高效开发策略研究［J］.石油学报，2007，28（1）：73-77.

[30] 徐正顺，庞彦明，王渝明，等.火山岩气藏开发技术［M］.北京：石油工业出版社，2010.

[31] 冉启全，王拥军，孙圆辉，等.火山岩气藏储层表征技术［M］.北京：石油工业出版社，2011.

[32] 田冷，邵锐，孙彦彬，等.徐深气田火山岩气藏水平井开发实践［J］.科学技术与工程，2011，11（20）：4741-4745.

[33] 路琳琳，孙贺东，杨作明，等.克拉美丽气田产能影响因素分析［J］.石油天然气学报，2013，35（3）：134-137.

[34] 董家辛，童敏，王彬，等.克拉美丽火山岩气田产水来源综合分析［J］.新疆石油地质，2013，34（2）：202-204.

[35] 孙彦彬，邵锐.火山岩气藏开发早期产能特征及其影响因素分析［J］.科学技术与工程，2011，11（18）：4166-4169.

[36] 贾爱林，位云生，金亦秋.中国海相页岩气开发评价关键技术进展［J］.石油勘探与开发，2016，43（6）：949-955.

[37] 贾成业，贾爱林，韩品龙，等.四川盆地志留系龙马溪组优质页岩储层特征与开发评价，天然气地球科学，2017，28（9）：1406-1415.

[38] 位云生，王军磊，齐亚东，等.页岩气井网井距优化［J］.天然气工业，38（4）：129-137.

[39] 齐亚东，王军磊，庞正炼，等.非常规油气井产量递减规律分析新模型［J］.中国矿业大学学报，

2016, 45（4）: 772-778.

［40］贾成业, 贾爱林, 何东博, 等. 页岩气水平井产量影响因素分析［J］. 天然气工业, 2017, 37（4）: 80-88.

［41］王军磊, 位云生, 程敏华, 等. 页岩气压裂水平井生产数据分析方法［J］. 重庆大学学报, 2014, 37（1）: 102-109.

［42］朱汉卿, 贾爱林, 位云生, 等. 蜀南地区富有机质页岩孔隙结构及超临界甲烷吸附能力［J］. 石油学报, 2018, 39（4）: 391-401.

第八章　油气开发的规划优化和经济评价

第一节　概　　述

一、生产需求和技术思路

从"十一五"到"十二五"以来，随着我国油气田老区开发程度加深、新区资源品质劣质化，油气田开发对象愈加复杂化，油气田开发难度不断加大。我国油气开发已经进入新的阶段，其主要特征一是原油开采进入"双高"（综合含水高、采出程度高）和"双低"（新投入开发的储量品位低、单井产量低）并存阶段，二是上游业务总体盈利空间缩小，盈利能力下降，对油气开发成本控制和技术创新提出了新要求。特别是2014年下半年以来，油价大幅下跌使油公司上游生产经营形势严峻。如何调整生产经营策略，如何兼顾产量规模与效益最大化，既确保国家原油供应安全、承担央企社会责任，又可最大限度完成利润指标，这些问题是油公司上游生产面临的难题，也给油气田开发规划和经济评价研究提出了巨大挑战。

面对上述挑战，从"十一五"到"十二五"期间，按照谋划长远、聚焦需求、精益评价、服务于国家和中国石油油气开发战略决策的原则，围绕中国石油油气开发五年规划进行了前瞻性研究和重大专题分析。在多年积淀的技术研发基础上，创新规划优化和经济评价方法，做好两个结合，追求两个优化：两个结合一是开发规划部署和经济效益评价相结合，二是开发规划部署和内外部形势以及生产实际相结合；追求两个优化一是追求各油区结构优化，二是追求公司总体优化。从而对油公司上游业务进行全过程、多维度、非线性的总体优化（图8-1）。

二、技术进展和成果

面对油气开发规划和经济评价的诸多挑战，经过多年探索与实践，研究形成了较为系统的油气业务效益开发的规划优化和经济评价方法体系，编制了多个版本和多个阶段的五年规划和年度计划，为我国油公司上游业务实现"有质量、有效益、可持续"发展的战略决策提供了强有力的支撑。具体技术进展和成果包括5个方面。

1.编制中国石油油气开发"十二五"和"十三五"规划和年度计划

1）中国石油油气开发五年规划和科技发展规划编制

从"十一五"以来，围绕中国石油各大油气田的不同开发阶段和具体生产实践，在油气开发规律研究基础上，站在中国石油可持续发展的高度，编制了具有前瞻性和系统性的中国石油油气开发"十二五"和"十三五"规划和配套的科技发展规划，以及大庆油田百年大庆可持续发展规划和新疆地区油气开发专项发展规划，为不同时期的战略目标制订以及油气有效开发，提供了科学的决策依据。

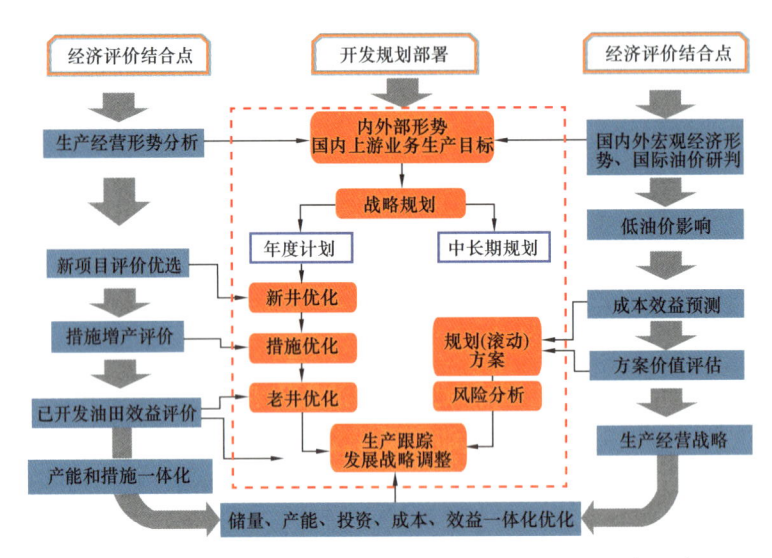

图 8-1 原油业务效益开发的规划优化和经济评价技术思路

2）油气产能项目评价优选技术和年度计划编制

在"十一五"期间，为进一步规范产能建设项目经济评价，中国石油升级发布了产能建设项目经济评价方法。在经济评价方法逐步规范基础上，将技术和经济效益有机结合，探索形成了完善的多层次产能建设项目评价和优选方法体系，特别是创新提出了多项目综合评价和目标优化方法，可实现油田以及专业公司两个层面的优选评价，形成了具有中国石油特色的产能建设项目评价优选技术。基于项目评价优选技术的年度计划方案，从源头把控投资成本，以投资优化助力总体效益提升。

2. 提出上游业务资源优化方法体系并推动生产应用实践

1）上游业务资源优化方法体系的建立

建立了储量建产评价、技术优化、经济优化、一体化优化和实施调节5个环节于一体并相互关联的上游业务资源优化流程。提出了配套的上游业务资源优化方法体系，涵盖储量建产评价方法、技术优化方法、经济优化方法、一体化优化方法、规模与效益方法和成本预测方法等6大类。其中，基于可变成本和固定成本的原油规模与效益的关系模型对于优化和治理低效产量、确定公司可持续发展目标意义重大。

2）上游业务资源优化方法平台研制与应用

上游业务资源优化平台是将勘探、开发、生产、经营、效益放到一个框架内进行整体优化的工具。主要是立足上游业务的有效发展，统筹处理好勘探、开发、生产、经营的关系，围绕年度效益目标的实现，立足当前、兼顾长远，为油气业务可持续发展提供全方位的分析工具，提出有针对性解决问题的方案，为专业公司和中国石油天然气集团公司油气生产业务实现长期稳定发展提供决策支持。通过应用实践，推动了上游业务资源优化技术和管理由定性向定量的转变、局部优化向全过程优化的转变。

3. 油田公司层面的油气效益开发理念和技术方法逐渐成熟

1）辽河油田经济评价打造精细经济评价体系

辽河油田公司全面建立并实践精细经济评价体系，以"投资、产量、成本、效益"为主线，着力探索"储量与产量、规模与效益、投资与成本、开发与节约、近期与长远"五大关系，打造了"全员、全要素、全项目、全过程、全成本"的经济评价管理体系，实现了经济评价从记账式评价向参谋型评价转变、从跟踪式评价向预测型评价转变，助力了油田公司的效益开发。

2）大港油田财务与油气开发业务融合促进了整体效益最大化

大港油田为了更好地发挥经济评价和财务辅助决策职能，不断创新边际成本等经济效益评价和财务预算评价管理方法，强化经济、财务与业务的协同意识。在拓展、延伸财务管理空间和领域，提升经济评价和财务支撑决策能力等方面，进行了积极的探索和实践，提高了油田公司生产经营决策的科学性、准确性，促进了油田公司整体效益的最大化。

4. 向国家提出支持各类油气效益开发的优惠政策

1）支持老油田稳定和低品位油气田开发的优惠政策

为挖掘老油田和低品位油气田开发潜力，在梳理分析我国老油田稳定和低品位油气田开发生产经营现状和面临的挑战基础上，有针对性提出了8项优惠扶持政策和建议，并系统评价了相应政策的效果，可形成国家增收、企业增效的可持续发展战略格局。对于促进油气工业可持续发展，提高国内油气资源开发效率和国内油气生产供应保障能力，增强石油安全，具有重大战略意义。

2）支持致密气有效开发的财政政策

致密气已成为非常规油气勘探开发的重要领域。我国致密气资源丰富，发展潜力较大，目前气价和技术条件下，有近一半的剩余资源不能经济有效动用。建议国家出台相关管理办法和财政补贴政策。评价表明，国家出台对致密气的扶持政策，一是做大了发展的资源"蛋糕"，二是做大了国企天然气发展的效益，三是做大了税收，可有效支撑国家和当地企业的就业与发展。

5. 及时提出油气开发战略、生产经营对策和具体举措

1）定量评价低油价对中国石油油气开发的影响，并提出油气开发战略和对策

从成本的构成和影响因素入手，通过分析研判油田开发面临的内外部形势，量化分析低油价对公司油气开发成本效益的影响，预测成本效益走势，从科技创新提效、盘活老区存量增效、做优投资增量创效、一体化总体优化、管理创新提效等多个方面提出了中国石油应对低油价的战略和生产经营具体对策，为提升总体经营效益提供决策依据。

2）精心打造油气开发"决策参考"品牌，助力推动油气开发凸显质量和效益

围绕公司上游业务油气开发重大生产问题和挑战、不同阶段制约全局发展的新问题以及低油价下生产经营热点和难点问题，精心打造油气开发"决策参考"品牌，从2011年开始，精心组织编写和报送20多期有关油气开发方面的决策参考，一批决策参考获得中国石油天然气集团公司领导批示和采纳，部分建议被提交给有关国家部委。

与此同时，成果有形化进程取得了明显的成效。研制形成了产能评价优选、产量优化、一体化优化等相应的6个系列软著作权成果，包括：（1）《原油产能建设项目评价优选系统》，著作登记权登记号：2010SR060974，2010年；（2）《油气开发规划计划优化系

统软件》，登记号：2010SR060976，2010年；(3)《原油产能建设项目经济评价及跟踪系统》，登记号：2011SR103429，2011年；(4)《油气产能建设项目优选和产量优化系统》，登记号：2015SR008051，2015年；(5)《国际油气勘探开发项目经济评价软件》，登记号：2015SR115994，2015年；(6)《上游业务资源优化系统V1.0》，登记号：RJ20150264，2015年。此外，2013年，由石油工业出版社出版专著——《油气开发规划计划优化方法及应用》。

三、主要大事记

1. 大庆油田的可持续发展规划编制获得2006年十大科研生产成果奖

大庆油田的可持续发展，始终得到党中央、国务院和中国石油天然气集团公司、股份公司的高度重视。温家宝总理2006月10日亲临大庆油田视察，强调指出了大庆可持续发展的"四个重大意义"，并明确提出了"三十二字"的总体要求，勉励要在新时期有新的发展、做出新的贡献。受中国石油天然气集团公司、股份公司委托，由中国石油勘探开发研究院和廊坊分院共同承担的研究项目，是事关整个中国石油工业发展、国家能源安全供给和国民经济发展的全局性重大战略问题。中国石油勘探开发研究院项目组遵照温家宝总理和中国石油天然气集团公司领导关于大庆可持续发展的指示精神，成立了由百名研究人员组成的联合研究组，深入研究了松辽盆地北部、海拉尔及外围盆地油气勘探开发潜力，论证了大庆油田"十一五"、2020年及2060年油气储量和产量发展目标。该项目研究成果为国家和中国石油天然气集团公司确定大庆油田可持续发展，实现"百年大庆"提供了重要的决策依据，对大庆油田实施可持续发展、实现"百年大庆"有重要的指导意义。2006年9月，由中国石油天然气股份有限公司勘探与生产分公司组织有关专家，对该项目进行了项目成果评定。项目研究成果进一步明晰了大庆创建"百年油田"的构成、发展方向及发展目标，成为指导大庆油田未来发展的主要依据，坚定了大庆创建"百年油田"的信心，也为股份公司的长期稳定发展奠定了基础，受到了股份公司管理层的高度好评，是一项优秀的科研成果，达到国际领先水平。该项目获得了中国石油勘探开发研究院2006年十大科研生产成果奖。

2. 规划计划部侯启军总经理来院调研指导"十三五"规划编制工作

2014年5月20日，时任公司规划计划部侯启军总经理带队到中国石油勘探开发研究院调研、指导"十三五"规划编制工作。在此次"十三五"规划编制工作会议上，赵文智院长简要介绍了院"十三五"规划编制工作的总体情况。宋新民副院长汇报了《国内原油开发业务发展规划研究工作设想》，分析了原油开发业务"十二五"规划的执行情况及各油区面临的新形势和新问题，提出了规划编制的研究思路和重点研究内容，部署了13个油区和致密油领域的重点研究工作。侯启军总经理充分肯定了中国石油勘探开发研究院的工作，并对原油开发规划工作提出了要求：中国石油勘探开发研究院应突出质量、效益、可持续发展的目标，在战略研究的基础上做好"十三五"规划；原油开发规划要坚持既积极进取又实事求是，并通过结构调整实现效益开发；要做好大庆、长庆、新疆等占据公司产量主体的重点油区的发展规划；非常规油气是产量的重要的接替，特别要加强致密油气的界定和规划研究；注重战略产量目标下的技术发展规划的配套方案；加强规划指标之间的匹配关系研究，突出以经济效益指标指导储量、产量安排。

3. 上游业务资源优化方法研究和软件平台研制

我国油公司上市以来，油公司总部层面逐步重视和开展上下游一体化优化研究工作，从 2010 年开始，中国石油规划计划部部署研究中国石油全球市场一体化以及国内上、中、下游一体化工作，2013 年，中国石油勘探与生产分公司胡炳军总会计师提出并策划启动上游业务资源优化研究，2014 年初，在胡炳军总会计师和中国石油勘探开发研究院宋新民副院长的主持下，中国石油勘探开发研究院向中国石油天然气集团公司于毅波总会计师进行了专项汇报。从 2014 年 4 月开始，在华北、大港开展了方法试点，尝试优化方法应用的可行性。2014 年 4 月 6 日，上游业务资源优化研究华北油田试点工作启动会，在华北油田现场召开，项目组介绍了项目的总体情况和试点研究需求。2014 年 6 月 23 日，上游业务资源优化研究大港油田试点工作启动会在大港油田现场召开，项目组介绍了项目的前期试点情况和大港试点需求。2015 年开始，上游业务资源优化研究在中国石油勘探与生产分公司正式立项，由中国石油勘探开发研究院负责具体实施。2015 年 3 月 10 日，中国石油勘探与生产分公司重大科技攻关项目"上游业务资源优化研究与应用"正式通过专家论证，上游业务资源优化研究开始全面启动。2015 年 5 月 30 日，上游业务资源优化平台 1.0 单机版研发成功，正式给中国石油勘探与生产分公司汇报演示，预示着上游业务资源优化可以打通上游业务产业链。2015 年 12 月 30 日，上游原油业务优化流程和优化方法体系搭建完成，同时，上游业务资源优化平台 2.0 网络版（原油业务）研制成功，实现了上游业务全过程生产经营模拟。

4. 积极应对低油价，勘探开发研究院积极撰写决策参考

2014 年 6 月下旬开始，国际油价步入新周期，国际油价断崖式下跌，油价不断突破底线。面对低油价新常态，中国石油勘探开发研究院积极撰写决策参考，为中国石油天然气集团公司"有质量、有效益、可持续发展"献计献策：从 2008 年开始，紧密围绕公司原油开发业务的重大问题和重大需求，截至"十二五"末共撰写了 8 份决策参考，其中 2 篇得到中国石油党组的重要批示。其中，向中国石油党组提交的部分决策参考包括：2009 年 8 月，"中石油上游业务应对油价波动策略分析"，2014 年 9 月，"渤海湾探区油田开发面临的瓶颈问题及对策建议"，2014 年 10 月，关于向国家申请"支持老油田挖潜和低品位储量有效开发政策"的建议，2015 年 1—2 月，关于国内油气生产应对低油价的几点建议，2015 年 12 月，低油价下公司上游业务降本增效的措施和对策。

5. 辽河油田全面建设经济评价体系，助力油田降本增效

面对辽河油田稠油开发高成本、全面确保 $1000 \times 10^4 t$ 稳产以及中国石油扩大生产经营自主权新政策等因素，辽河油田经济评价系统以"投资、产量、成本、效益"为主线，持续推进与"勘探增储、开发部署、生产组织、作业增产、财务降本"五结合，着力探索"储量与产量、规模与效益、投资与成本、开发与节约、近期与长远"五大关系，营造了"人人讲效益、事事算效益"的经营管理新格局，打造了"全员、全要素、全项目、全过程、全成本"的经济评价管理体系，"各类项目经济评价、单井效益评价、油井措施效果评价、水平井实施效果跟踪评价、重大项目跟踪评价"覆盖率均为 100%，实现了经济评价从记账式评价向参谋型评价转变、从跟踪式评价向预测型评价转变，助力了扩大生产经营自主权实施方案的高效运行。其中标志性的重大事件一是"辽河油田经济规模产量研究"成果获 2013 年中国石油科技进步三等奖；二是 2014 年经济评价中心首次承担中国石油天然气集团公司"十二五"重大科技专项子课题"项目全生命周期经济评价方法研究与应用"，通过建立项目在不同生命阶段评价指标体系、经济评价模式及经济评价技术标准，

为项目多层次多角度评价提供方法和技术手段；三是 2014 年曙光采油厂"采油厂以源头消减和全程控制为主的清洁生产管理"获全国企业管理现代化创新成果二等奖；特油公司"基于'热效益提升的超稠油精细管理'"获第二十七届全国石油石化行业管理成果三等奖；四是 2015 年，经济评价中心研发推出"SEC 储量评估成本分类方法研究"成果，提出了注水油田"固定与可变成本分类标准"，成为辽河油田 SEC 储量评估新标准，通过中国石油勘探与生产分公司验收。从单井效益评价、高成本井监控治理，到措施井前期效益论证、产能建设投资优化、重大项目全生命周期评价，经济评价把控投资、降成本、增效益落实到勘探开发和生产经营管理的每一个环节上，在油田生产经营中发挥了不可替代的作用，是油田深化改革制胜的法宝。

6. 大港油田强化经济评价和预算管理，注重财务与业务结合，推进油田效益开发

从 2010 年开始，随着大港油田经营形势的变化，使得企业决策层、管理层对经济评价和财务工作的前瞻性、指导性提出了更高的要求。尤其是随着油价的持续低位运行，资金来源和生产经营需求上的矛盾越来越突出。2014 年以来，为进一步整合大港油田内部资源，突出效益中心和价值管理，促进经济评价和财务管理向生产经营全过程的延伸，由大港油田财务处主导，在大港油田采油一厂试点开发了财务管理工程系统，该系统优化了经济评价和预算编制方式方法，建立预算项目库、动因库、参量库和公式库，从价值量的角度揭示资金流、业务流、信息流之间的内在逻辑关系，预算编制更加科学准确。2015 年，又在前期预算模型研究的基础上，以油气生产业务效益优化模型研究与应用为题，在中国石油勘探与生产分公司进行了科研立项，经过一年多时间的研究和应用，在预算编制、效益优化、过程控制的研究上取得了突破性成果，概括起来就是一个平台、三个模型和两个方法（图 8-2）。该成果的核心一是探索预算编制模型，建立业务驱动的效益优化模型；二是探索管理会计应用，开展边际成本分析，为决策提供有效的支撑服务。该项成果在中国石油财务系统和经济评价部门起到了很好的引领作用，2015 年年底得到了中国石油勘探与生产分公司以及中国石油总部的高度认可和好评。

图 8-2 大港油田强化经济评价和预算管理成果

第二节 技 术 进 展

一、油气产能建设项目评价优选技术

油气产能建设项目合理安排和投资的科学配置是年度业务计划制订的基础和关键，每

个投资项目都含有各类技术、经济指标，各种评价指标代表着项目不同的属性，这些属性体现在生产规模、收益，投资效率、成本高低、储量价值大小等几个方面。许多指标相互影响和关联，这样很难根据项目中某一指标的好坏来判定该项目的优劣。需要将生产和经济效益有机结合起来，进行评价优选。从"十一五"到"十二五"期间，中国石油多次推出并规范产能建设项目经济评价方法[1]，在产能建设项目经济评价方法逐步规范和统一参数基础上，不断探索研究产能建设项目优选方法，包括多项目综合评价和目标优化两个方面，可实现油田以及专业公司两个层面的优选评价（图8-3），形成了具有中国石油特色的产能建设项目评价优选技术。

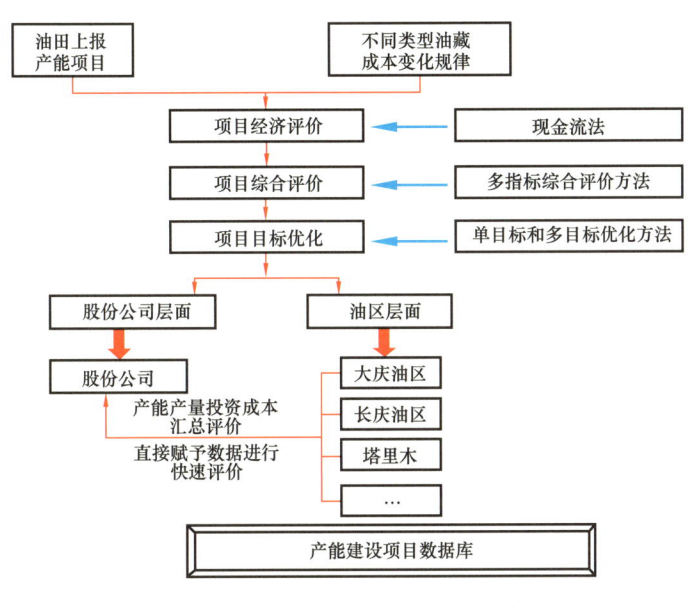

图 8-3　产能建设项目评价优选技术路线图

1. 产能建设项目综合评价

产能建设项目综合评价是在项目的技术、规模和效益等多个指标综合评价基础上，通过定量计算，对项目进行综合评价，对多个项目进行综合排队和分类，为油气开发项目比选提供依据。在进行综合评价排队之前，需确定项目综合评价指标体系。按全面性、有效性和离散性的要求，考虑到各类项目的特点。产能建设项目的综合评价考虑7个参数：3个技术指标——产能合计、单井累计日产油量、万吨产能进尺；4个经济指标——百万吨产能投资、内部收益率、净现值、净现值率，这7个参数的权重根据各参数的重要程度和专家经验判断[2, 3]。

1）模糊数学方法

模糊数学把普通集合论只取 0 或 1 两个值的特征函数，推广到在 [0，1] 区间上取的隶属函数，把绝对属于或不属于的"非此即彼"扩张为更加灵活的渐变关系，因而便于把"亦此亦彼"中介过渡的模糊概念用数学方法处理。这种思路与方案相对好坏的评价十分相近。例如，可以假设引用 5 个单项条件（指标），则可构成因素集合 $\mathbf{U}$=（U_1, U_2, U_3, U_4, U_5），如果综合评价时用 5 个级别，则可设评价集合 $\mathbf{V}$=（V_1, V_2, V_3, V_4, V_5）。考虑到 5 项因素作用大小不一，设 $\mathbf{U}$ 上的模糊集合 $\mathbf{A}$ 为因素权重分配。

$$\mathbf{A} = (A_1, A_2, A_3, A_4, A_5) \tag{8-1}$$

其中，**U**为因素集合，**V**为评价集合，**A**为因素权重分配集合，满足$\sum_{i=1}^{5} A_i = 1$。

为了用5项条件评价方案，必须建立**U**与**V**之间的关系，因而定义从**U**到**V**的5个模糊映射**R**叫做综合评价的变换矩阵。

$$\mathbf{R} = \begin{bmatrix} r_{11} & r_{12} & r_{13} & r_{14} & r_{15} \\ r_{21} & r_{22} & r_{23} & r_{24} & r_{25} \\ r_{31} & r_{32} & r_{33} & r_{34} & r_{35} \\ r_{41} & r_{42} & r_{43} & r_{44} & r_{45} \\ r_{51} & r_{52} & r_{53} & r_{54} & r_{55} \end{bmatrix}$$

由权重分配**A**与综合评价变换矩阵**R**合成的**B**为方案的综合评价：

$$\mathbf{B} = \mathbf{A} \cdot \mathbf{R} \tag{8-2}$$

最后求出每个方案的综合评价值**D**：

$$\mathbf{D} = \mathbf{B} \cdot \mathbf{C}^{\mathrm{T}} \tag{8-3}$$

式中$\mathbf{C}^{\mathrm{T}}$是等级矩阵的转置矩阵。当评价集合**V**分5级时：

$$\mathbf{C} = \begin{bmatrix} -2 & -1 & 0 & 1 & 2 \end{bmatrix} \tag{8-4}$$

因此，

$$\mathbf{D} = \mathbf{A} \cdot \mathbf{R} \cdot \mathbf{C}^{\mathrm{T}} = (A_1, A_2, A_3, A_4, A_5) \begin{bmatrix} r_{11} & r_{12} & r_{13} & r_{14} & r_{15} \\ r_{21} & r_{22} & r_{23} & r_{24} & r_{25} \\ r_{31} & r_{32} & r_{33} & r_{34} & r_{35} \\ r_{41} & r_{42} & r_{43} & r_{44} & r_{45} \\ r_{51} & r_{52} & r_{53} & r_{54} & r_{55} \end{bmatrix} \begin{bmatrix} -2 \\ -1 \\ 0 \\ 1 \\ 2 \end{bmatrix} \tag{8-5}$$

公式（8-5）中矩阵合成时按（·，⊕）乘积求和法计算。

2）综合评价系数定义法

综合评价通常是在技术评价、经济评价的基础上，由二维到多维的评价，考虑到不同地区的具体情况和实际评价需求，可以有不同的评价模式，下面以二因素评价为例。

二因素评价是将技术评价、经济评价综合或考虑两个因素进行综合评价，两个因素规范化后可记为α和β（$0 \leqslant \alpha \leqslant 1$，$0 \leqslant \beta \leqslant 1$）。可以用如下几种定义综合评价系数方法，进行定量的综合评价。

$$R = \sqrt{(1-\alpha)^2 + (1-\beta)^2} \tag{8-6}$$

其中，R是二因素评价值，α是技术指标，β是经济指标。技术指标是基于加权平均法，利用技术指标的综合评价值。经济指标是基于加权平均法，利用经济指标的综合评价值。

图8-4表明了综合评价系数的物理意义。以第一种情况为例，R表示某一方案或项目

落入坐标中某一点后到 O 点的距离，R 值越小，表示技术和经济条件越好，在综合评价坐标系中，以 O 为圆心，以三个不同值为半径划弧把排队圈闭分为 A、B、C、D 4 个区域，在同一等级中，OO' 线上方定义为 I 亚类，下方定义为 II 亚类。虽然两个亚类同处于一个大类中，但其表示的意义不同。亚类 I 表示技术评价系数大而经济评价系数相对小的方案或项目；亚类 II 与之相反。对于同一等级而言，I、II 两个亚类的方案或项目无好差之分。

考虑 R 只考虑了评价点距 O 点的据对距离，没考虑评价点与 OO' 的偏离程度，提出修正的二因素评价值 R_α。

$$R_\alpha = \frac{R_0 + H_0}{R_D} = \frac{\sqrt{(1-\alpha)^2 + (1-\beta)^2} + |\alpha - \beta|\frac{\sqrt{2}}{2}}{\sqrt{\alpha^2 + \beta^2}} \tag{8-7}$$

这样定义 R_α 既选择了评价点距 O 点的绝对距离，又考虑了评价点偏离 OO' 线的程度，可以看成一种相对距离，其值若小即优（把握大，风险小）。

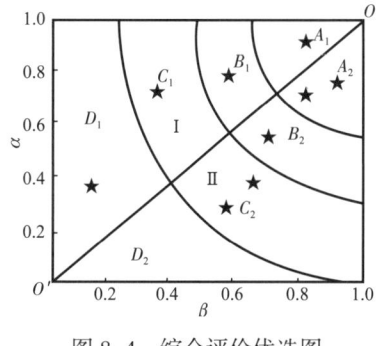

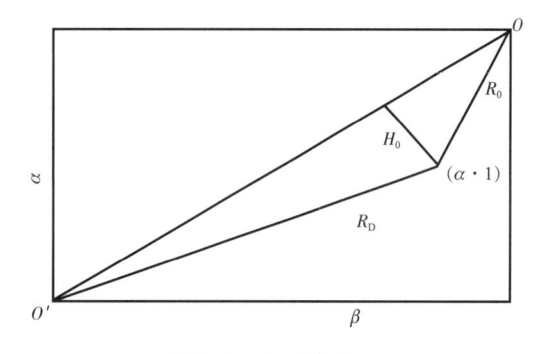

图 8-4　综合评价优选图　　　　图 8-5　R_α 示意图

2. 产能建设项目目标优化

项目目标优化是在已确定的目标的前提下（例如，追求收益率最高或成本最小等），考虑资源、技术、需求等内外部条件的约束，对多个项目进行优化组合，在项目群中进行优选，最大化实现项目目标，为年度计划项目部署提供依据。根据项目组合追求的优化目标数目，可将产能建设项目的优化模型分为单目标模型和多目标模型以及投资优化组合模型，可以用改进的遗传算法、群优化算法和直接搜索算法三种算法[4]。

1）单目标优化

单目标优化的优化目标包括：净现值率最大、净现值最大、加权收益率最大和产能最大 4 种。单目标优化就是选取 4 个优化目标的其中一个，在一定约束条件下进行项目优选。前三种优化目标的约束条件均为投资约束、产能约束和收益率约束，产能最大优化目标的约束条件为投资约束和收益率约束。建议选取净现值率最大为优化目标，净现值率最大既考虑了投资，又兼顾了净现值参数。

模型 1：净现值率最大模型

净现值率（Net Present Value Rate）是项目的净现值与投资现值之比，它反映单位投资现值所获得的净现值，净现值率越大，说明单位投资获得的净现值越多。产能建设项目优选中，以项目组合净现值率最大为优化目标。

$$\max f_1(x_1, x_2, \cdots, x_n) = \frac{\sum_{i=1}^{n} npv_i x_i}{\sum_{i=1}^{n} c_i x_i} \quad (8-8)$$

模型 2：净现值最大模型

净现值（Net Present Value）是指在基准收益率或给定折现率下，投资项目在寿命期内各年净现金流量之现值的代数和。净现值最大模型是以项目组合的净现值为优化目标。

$$\max f_2(x_1, x_2, \cdots, x_n) = \sum_{i=1}^{n} npv_i x_i \quad (8-9)$$

模型 3：产能最大模型

以项目组合总产能最大为优化目标建立的模型。

$$\max f_3(x_1, x_2, \cdots, x_n) = \sum_{i=1}^{n} q_i x_i \quad (8-10)$$

考虑项目组合的生产能力必须满足当前生产需求，项目总投资控制在规定范围内，并且每个项目的收益率不能低于要求的最低收益率，建立约束条件表达式：

$$\sum_{i=1}^{n} q_i x_i \geq Q \quad (8-11)$$

$$\sum_{i=1}^{n} c_i x_i \leq C \quad (8-12)$$

$$ron_i \geq RON \quad (8-13)$$

其中模型 1、模型 2 和模型 3 受上述三个条件约束。

式（8-8）～式（8-13）中，X_i 为 0-1 决策变量：

$$X_i = \begin{cases} 1, & \text{如果项目 } i \text{ 被选取} \\ 0, & \text{如果项目 } i \text{ 未被选取} \end{cases} \quad (8-14)$$

npv_i、q_i、c_i、ron_i 分别为项目 i 的净现值、产能、投资和内部收益率；Q、C 分别为项目组合的产能下限、投资上限；RON 为项目可接受的最低内部收益率；n 为待优选的项目总数。

2）多目标优化

模型 4：相乘最大化模型

相乘最大化综合考虑了净现值、产能和投资三个目标。净现值和产能这两个目标与投资目标呈反向关系，为了追求净现值和产能的极大化，以及对应投资的极小化，采用相乘最大化的方法，目标函数如下：

$$\max f_4(x_1, x_2, \cdots, x_n) = \frac{(npv_i x_i) \times \left(\sum_{i=1}^{n} q_i x_i\right)}{\sum_{i=1}^{n} c_i x_i} \tag{8-15}$$

模型 5：线形加权求和模型

线性加权求和法也是把投资、产能和净现值作为优化目标，与相乘最大化方法不同的是，线性加权求和法考虑这三个优化目标的重要程度，在决策过程中通过专家或者决策者给三个目标分别赋予权重值：P_{npv}、P_q 和 P_c 分别代表净现值、产能、投资这三个目标在决策过程中的影响力，具体目标函数如下：

$$\max f_5(x_1, x_2, \cdots, x_n) = p_{npv} \frac{\left(\sum_{i=1}^{n} npv_i x_i\right) - \min NPV}{\max NPV - \min NPV}$$
$$+ p_q \frac{\sum_{i=1}^{n} q_i x_i}{\sum_{i=1}^{n} q_i} + p_c \left(1 - \frac{\sum_{i=1}^{n} c_i x_i}{\sum_{i=1}^{n} c_i}\right) \tag{8-16}$$

其中

$$\max NPV = \sum_{npv_i > 0} npv_i \tag{8-17}$$

$$\min NPV = \sum_{npv_j < 0} npv_j \tag{8-18}$$

3）最优投资组合

传统油气开发产能建设项目优选模型关注目标集中在最终采收率、产量递减率、最大采油速度、总投资、净现值、动态投资回收期等指标上。但是，油气开发产能建设项目普遍具有高投入、高风险的特点，控制投资风险，追求收益与风险的均衡，是油气开发投资决策的关键环节。理想的项目优选组合不仅要关注前述指标，还要在保证高收益的前提下，实现风险最小化。1952 年，Markowitz 提出现代投资理论，并建立以风险最小为优化目标的均值—方差模型，该模型构建了投资组合选择的基本框架，是目前应对投资风险的主流方法。1980 年，Markowitz 的现代投资理论被引入石油工业中。通过对现代投资组合理论的深入研究，在考虑油气开发产能建设项目特点和可操作性的前提下，建立了项目优选的最优投资组合（收益—风险两目标优化）模型，从风险和收益两个角度为产能建设投资决策提供依据。

假设有 n 个待优选项目，考虑油田发展等实际因素，其中第 1，2，$\cdots$，l（$l<n$）个项目为必选项目，第 $l+1$，$l+2$，$l+m$（$m \leq n-l$）个项目为淘汰项目，考虑投资、产能、收益率和净现值 4 个约束条件，对剩余 $n-l-m$ 个项目进行组合优化。模型表达式为

$$F = \left[f_7(x_1, x_2, \cdots, x_n), f_8(x_1, x_2, \cdots, x_n)\right] \tag{8-19}$$

$$f_7 = \max \sum_{i=n-l-m}^{n} x_i npv_i \tag{8-20}$$

$$f_8 = \min \sqrt{\sum_{i=n-l-m}^{n} \left[\left(x_i npv_i - \overline{NPV} \right)^- \right]^2} \tag{8-21}$$

式（8-19）~式（8-21）构成了模型的目标函数，其中 $\overline{NPV}$ 表示项目组合收益均值，计算表达式为

$$\overline{NPV} = \frac{1}{n-m-l} \sum_{i=n-l-m}^{n} npv_i \tag{8-22}$$

$$(x_i npv_i - \overline{NPV})^- = \min\{x_i npv_i - \overline{NPV}, 0\} \tag{8-23}$$

上述目标函数受收益约束，即目标组合收益必须在最低可接受范围内：

$$\sum_{i=1}^{n} x_i npv_i \text{e } NPV \tag{8-24}$$

二、精细经济评价体系建设助力油气田效益开发

中国石油上市以来，经济评价面临诸多挑战，例如如何科学匹配新老区资源，实现各油田公司盈亏平衡？如何客观评价新政策新机制对油田开发效益的影响？如何科学预测各油田的效益发展趋势？如何建立采油单位效益评价指标体系，实现油区总体效益考核？经济评价如何在对标管理中发挥基础性作用，在生产经营管理中发挥参谋作用，在开发建设中发挥决策性作用，在转换开发方式中发挥指导性作用，在措施增产中发挥支持作用。面对这些挑战，从"十一五"到"十二五"期间，以辽河油田为代表的各油田公司，全面建立并实践精细经济评价体系，着力探索"储量与产量、规模与效益、投资与成本、开发与节约、近期与长远"五大关系。其中核心技术是产量成本优化配置、持续推进单井效益评价、油井措施风险预评和全程评价重大项目等4个方面[5,6]。

1. 产量成本优化配置，鼎力护航油田效益发展

辽河油田经济评价中心根据效益开发需求，通过专题调研原油销售和轻烃定价等相关政策，依据"产量—成本优化配置模型"，高效开展了"投资成本一体化、产量规模与经济效益一体化、产量结构与效益结构一体化"方案的效益评价，为辽河油田实施"以经济效益为中心"的深化改革顶层设计奠定了坚实的基础。随着扩大经营自主权政策的实施，各单位及时转变以往重产量、轻效益的观念，纷纷拿起经济评价的效益标尺，量身定制产量、成本、投资和效益的匹配关系。其中，锦州采油厂以"储量资源、人力资源、生产能力、投资额度、成本指标"为约束条件，以最佳经济效益为目标优化调整稀、稠油的产量结构，在实施"稀油上产战略"中发挥了指导作用。曙光采油厂针对基本运行费计划指标较2013年大幅减少的严峻形势，开展产量与成本、效益与产量关系研究，向管理层提出"从老井挖潜入手，优选潜力井，大幅降低老井运行成本"的合理化建议。

产量成本优化配置的关键是建立产量成本优化模型[7]，其中，效益最大模型如图8-6

所示。计算给定油价下单井对应的销售收入扣除税金、变动成本后的贡献值，按贡献值由高到低排序，然后对单井产量进行累加计算，并计算累加产量对应的利润，当累计贡献值达到最大时，对应的累计产量、井数便为效益最大产量、井数。

$$\max \sum_{i=1}^{n}(q_i \cdot p_i \cdot I - vc_i) - f_c \tag{8-25}$$

其中，q_i 是第 i 口油井的产量，p_i 是第 i 口油井的税后原油价格，vc_i 是第 i 口油井的变动成本，I 是商品率，f_c 是固定成本费用。

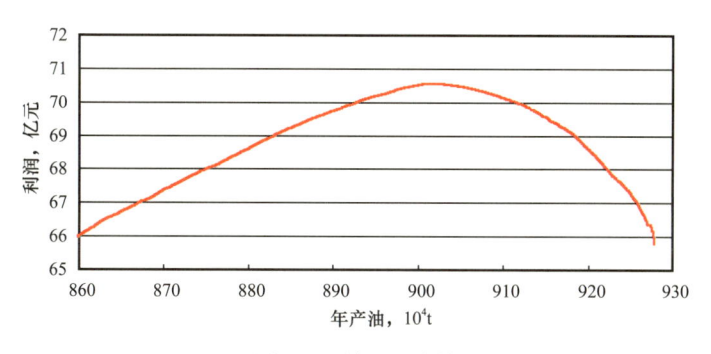

图 8-6 效益最大模型

除效益最大模型外，还有操作成本最低模型，如图 8-7 所示。按照单井单位变动成本由低到高排序，同时对单井产量进行累加，并计算累加产量对应的操作成本，得出该油田的产量与成本关系曲线，从而找到操作成本最低时对应的产量、井数。

$$\min C = \frac{\sum_{i=1}^{n} q_i \cdot vc_i + f_c}{\sum_{i=1}^{n} q_i} \tag{8-26}$$

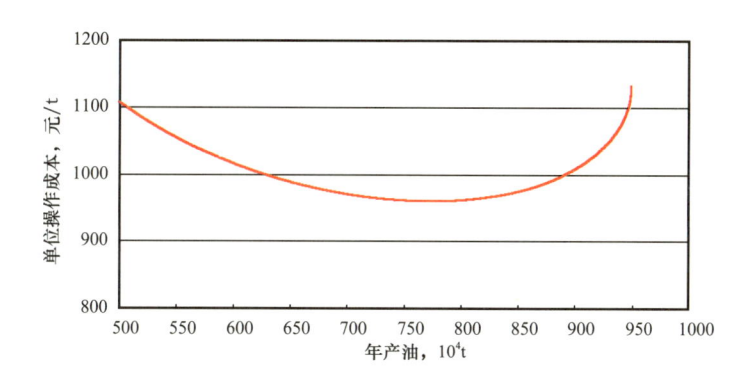

图 8-7 成本最低模型

此外，还可建立盈亏平衡模型。计算给定油价下单井对应的销售收入，按变动成本从低到高排序，然后对单井产量、销售收入进行累加计算，并计算累加产量对应变动成本、固定成本和完全成本，绘制完全成本与收入关系曲线，找到盈亏平衡产量。

- 417 -

$$\sum_{i=1}^{n}(q_i \cdot p_i \cdot I - vc_i) = f_c \qquad (8-27)$$

2. 持续推进单井效益评价，助力油井措施风险预评价

数据是基础性资源，也是重要生产力，因此，需要完善的历史性区块、单井数据做支撑。辽河油田注重效益评价的信息化和集成化，建立以单井效益评价为基础的集投资、产量、成本、效益为一体的经济评价数据库，并由专人定期维护和完善，提高效益评价的科学性和系统性，为新常态下深入开展油田精细化管理奠定了有力的基础。辽河油田经济评价部门利用独具辽河特色的三级经济评价运行体系，以单井效益评价月报为抓手，持续推进油井措施"三级论证"，大力实施低效井治理跟踪评价。首先，各采油厂通过翔实准确的数据，夯实了效益评价的基础。各单位设置专人维护管理数据库，针对老井、新井和新增措施，按月完善更新投资、产量和成本数据，保证了经济评价数据库的完整与准确。

强化"三级论证"，把住措施投入关。各单位经济评价中心按时参加厂级月度、旬度措施论证会，用"三级论证"严把单井措施资金投入。油井措施风险预评价图版成为基层措施论证的简捷工具（图8-9）。其中，图版以增油量、相对变动成本作为评价指标，简单、实用、便于操作。措施增油量是指措施有效期内相对措施前标定产量累计增加的产油量，其中稠油措施按周期进行评价，措施增油量用周期产油量代替。

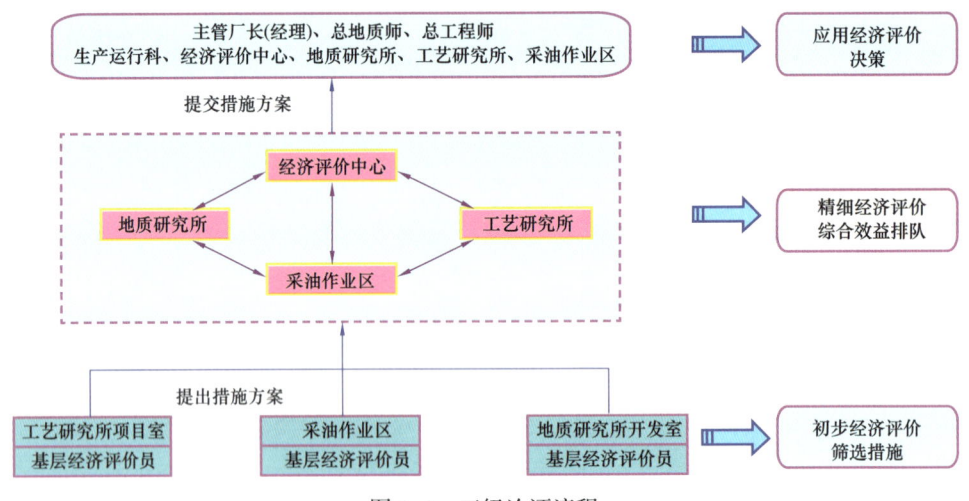

图 8-8 三级论证流程

3. 全程评价重大项目，保障转换方式效益运行

立足重大开发试验项目，提出了适合辽河油区和谐稳定发展的效益评价新模式，用全生命周期评价技术还原了辽河油田重大开发项目的效益真相，强化方案评价，把好投资效益关，强化过程跟踪评价，及时反馈运行效益，走出了一条适合辽河油田特点的效益评价新路子，打造了中国石油天然气股份公司经济评价的"样板"工程。

在全程评价重大项目研究过程中，探索了全生命周期评价技术和方法，包括有无对比法、跟踪对比法和前后对比法。2014年，及时完成锦16二元驱、三年注水、Ⅱ类储量蒸汽驱、海1块化学驱、兴古7潜山注气、吞吐稠油保压开采试验、SAGD一期工程续建等方案经济评价，用效益标准优化项目节约资金1.2亿元，展示了经济评价对管理层决策的支持作用；金马公司完成的"洼 38 块蒸汽驱扩大井组调整方案经济评价"、沈采开展的 4 个投资项目经济评价；浅海公司参加的"高耗低效设备更新淘汰"项目可研报告审查等，充分体现了经济评价的决策参谋地位；围绕杜 84 块 SAGD、齐 40 蒸汽驱、锦 16 化学驱等 11 项重大开发项目，开展了月度和季度跟踪评价，共编制评价月报 132 期，保障了重点工程项目的效益运行；曙光采油厂"杜 66 火驱效益评价月报"从总体效益、增量效益、自营效益三个方面及时反馈了火驱试验开发效果，为进一步扩大火驱提供了决策依据。

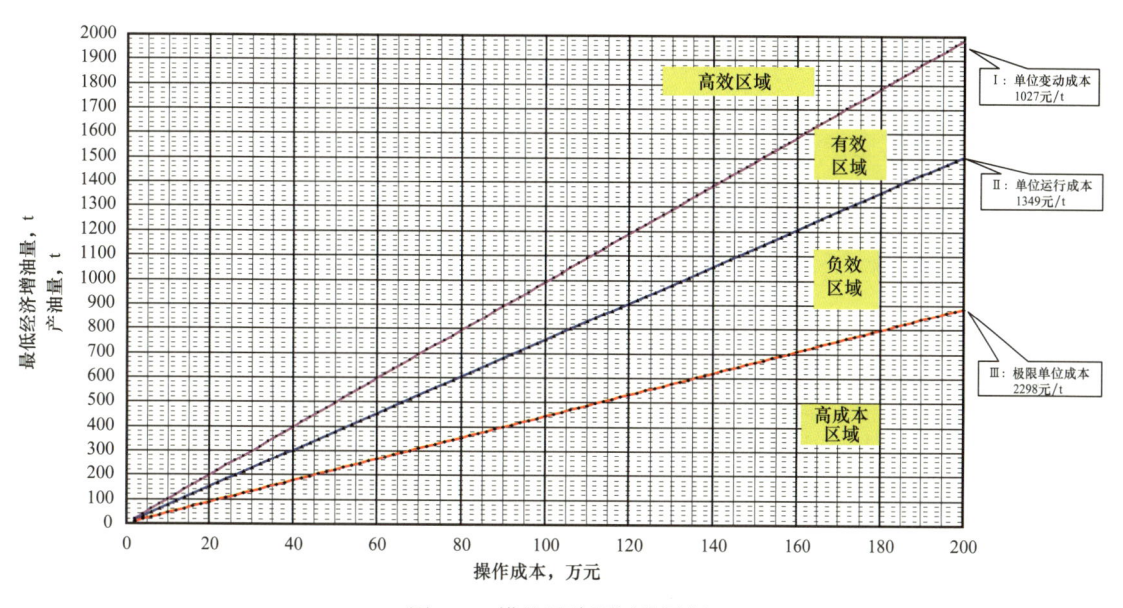

图 8-9　措施风险预评价图版

三、上游业务资源优化方法体系研究与应用

储量、产能、投资、成本、效益一体化优化是将勘探、开发、生产、经营、效益放到一个框架内进行整体优化。立足上游业务的有效发展，统筹处理好勘探、开发、生产、经营的关系，围绕年度效益目标的实现，立足当前、兼顾长远，为油气业务可持续发展提供全方位的分析模型和管理工具，提出有针对性解决问题的方案，为专业公司和中国石油天然气集团公司油气生产业务实现长期稳定发展提供决策支持。首先建立了上游业务资源优化流程，然后配套形成了上游业务资源优化方法体系，通过初步的应用和实践，促进了管理理念的提升和科学决策水平的提高[7]。

1. 上游业务资源优化流程

为建设上游业务资源优化体系，建立上游业务资源优化流程。基于 3W1H 模型（Why, What, Who, How）理念，通过大量的调查和优化环节分析，建立了储量建产评价、技术优化、经济优化、一体化优化和实施调节 5 个环节于一体并相互关联的总体优化流程（图 8-10），并在平面上分层次、立体上分阶段进行不断递进优化，形成上游业务资源优化的总体指导框架和技术实施具体路线。

储量建产评价是以油气储量资源为基础，评价储量建产规模、效益以及风险。技术优化是在资源潜力基础上，从技术层面评价和优化产量规模。经济优化是将油区分解为已开发油田老井评价、措施评价和新建产能评价三个部分，分别进行相应的经济评价。一体化优化是在经济优化基础上，按投资成本一体化组合、老井和新井组合优化、递进优化或目标优化等多个模式进行统筹优化，形成一体化优化方案。

上游业务资源优化流程的建立与应用，实现了资源优化由过去的单一优化、局部优化向总体优化、全面优化的转变，实现了不同目标条件下的储量、产量、投资、成本和效益一体化优化。优化流程适应上游业务资源整体优化配置的要求，并结合方案实施与跟踪评价，可最大限度地提高油气勘探开发的整体经济效益。

2. 上游业务资源优化方法总论

提出了与优化流程配套的上游业务资源优化方法体系，涵括七大类二十余种优化方法，进一步深化和配套完善了优化流程，使上游业务资源优化体系有丰富的内涵和具体抓手。

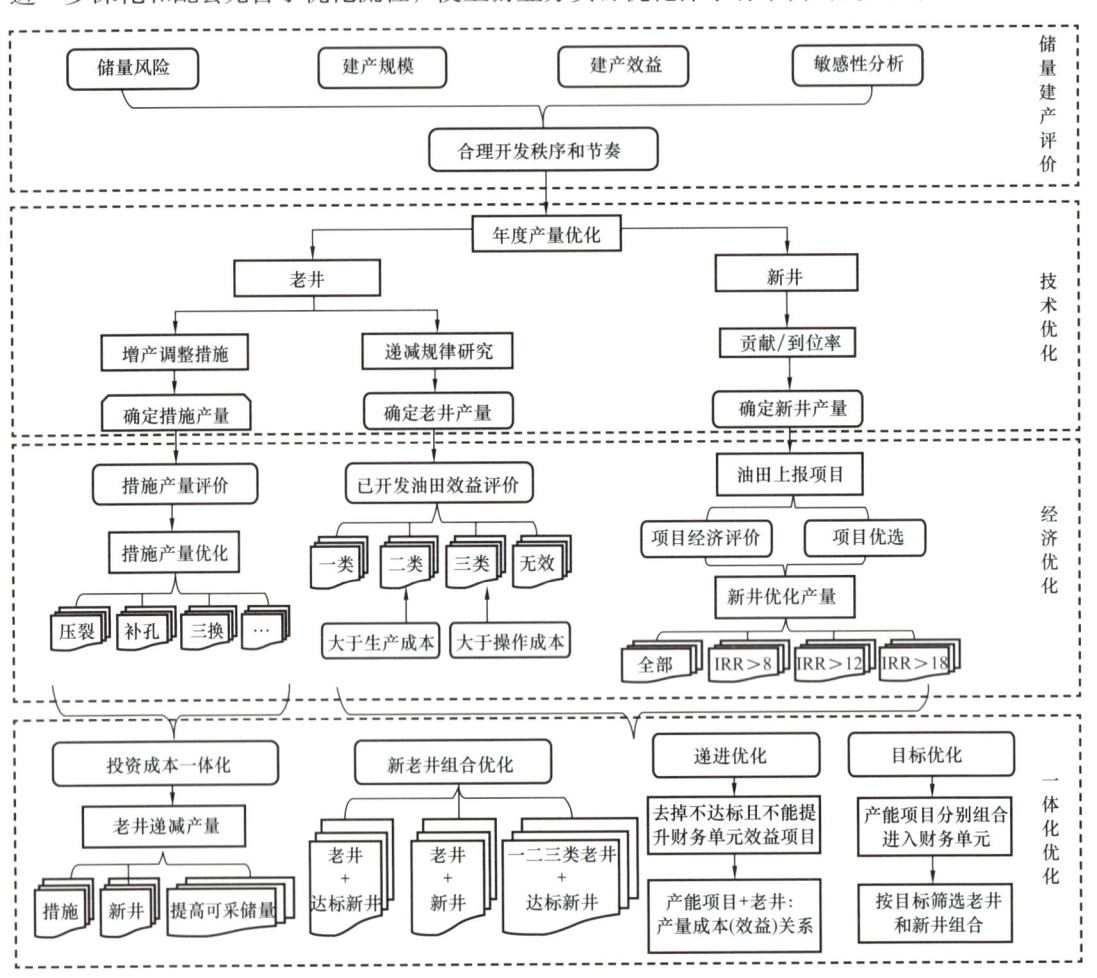

图8-10 上游业务资源优化流程

第一类是储量建产评价方法，主要包括四段论方法。第二类是技术优化方法，主要包括两年构成法、三年构成法和五年构成法。第三类是经济优化方法，包括产能项目评价优选方法（产能项目经济评价、产能多项目综合评价、产能多项目目标优化）、老井效益优化方法（老井成本预测、效益产量分类）以及措施项目评价优选方法。第四类是一体化优化方法，包括新老井组合优化方法、递进优化方法、目标优化方法和投资成本一体化方法。第五类是成本效益预测方法，包括趋势预测法、物价指数法、加权平均法、产量分摊法和概算法。

1）储量建产评价方法

储量建产评价方法，是以油气储量资源为基础，评价储量建产规模、效益以及风险的方法。目标是按照储量逐级升级原则，建立合理有序的开发秩序。主要是基于概率风险分析确定效益、关键参数对标和类比确定规模的四段论方法，具体包括储量风险分析，建产规模分析，建产效益评价，敏感性分析。

2）技术优化方法

技术优化方法，是在资源潜力基础上，从技术层面评价和优化产量规模的方法。目标是基于资源潜力，确定老井的产量、新井的产量以及总体产量。技术优化方法包括利用两年构成方法、三年构成方法和五年构成方法，根据历史数据统计规律，按投产时间进行老井和新井的产量预测，叠加汇总后得到预测期总产量。

3）经济优化方法

经济优化是将油区分为已开发油田老井评价、措施评价和新建产能评价三个部分，对这三个部分分别进行三方面工作：一是预测评价老井产量和成本，对老井效益产量进行分类；二是基于措施潜力和评价结果，确定措施项目上产规模与效益；三是从经济效益上优化产能建设项目，确定新井产量和效益指标。

（1）产能项目评价优选方法。

产能项目评价优选方法，是从经济效益上，优化产能建设项目，确定新井产量和效益指标。目标是确定产能项目可否建设实施，并对多个项目进行排队优选。具体方法包括根据油田上报产能项目、采用现金流法、多指标综合评价方法、单目标和多目标优化方法进行单项目评价、多项目综合评价和目标优化。

（2）老井效益优化方法。

老井效益优化方法，主要是预测评价老井产量和成本，对老井效益产量进行分类。目标是基于老井潜力，从经济上确定老井产量规模与效益。方法主要基于已开发油田效益评价方法，根据历史各油田区块的实际数据，用产量构成法预测产量、老井成本预测法预测成本，进行效益产量分类。

（3）措施经济优化方法。

措施经济优化方法，主要是进行措施项目效益指标评价。目标是基于措施潜力和评价结果，确定措施项目上产规模与效益。具体方法是将措施费用看成增量投资，借鉴产能评价方法，进行措施评价与优选。

4）一体化优化方法

一体化优化方法，是在经济优化的基础上，将新井、老井和措施统筹优化，形成一体化优化方案。目标是为提升油气业务总体效益，追求新井、老井和措施协同优化。一体化优化方法是在经济优化基础上，将老井和新井按组合优化、递进优化、目标优化和投资成本一体化资产优化组合等模式进行统筹优化，形成多个一体化优化方案。根据具体情况选择一种或多种模式，进行相互对比和校正。在价值评估基础上，确定每个方案的效益指标，为最终优化决策提供科学依据。

在上述4个一体化优化方法中，组合优化模式是老井和新井可以任意组合，然后评价对应方案的利润、投资回报率等经济指标；递进优化模式是扣除未达到基准收益率且不能改善单元利润水平的项目，各财务单元，按利润或成本排序，按最小成本或最大效益曲线确定优化单元；目标优化模式是以财务区块为基本单元，不断添加产能项目，进行不同目标的优化配置；投资成本一体化资产优化组合模式是对新井、措施、增加可采储量（不打新井）等开发方式，通过经济效益评价，按成本最低、效益最大的目标确定投资成本一体化构成。

5）成本效益预测方法

上游业务资源优化流程中，涉及成本效益预测、方案价值评估、油气产量预测等公用预测评价方法。在梳理分析了方案价值评估、油气产量预测方法基础上，成本效益预测方法包括操作成本、折旧折耗、期间费用、勘探费用和税费等成本构成的预测。成本效益预测，是基于历史数据，对老井或新井加入老井后的成本构成进行预测的方法。目标是为经济优化和一体化优化提供成本变化趋势。具体方法主要是根据成本构成的特点，分别采用趋势预测法、物价指数法、加权平均法、产量分摊法、概算法等预测方法。

3. 上游业务资源优化的目标优化方法

在上述一体化优化方法中，目标优化模式是理想化的模式，在追求一定目标条件下，确定相应的财务单元和新建产能项目的优化组合（图8-11）。目标优化模式追求总体利润最大、总成本最小或投资回报率最大，约束条件为产量、成本和投资（表8-1）。

一定目标条件下，可优化确定相应的财务单元和新建产能项目的优化组合，得到油区的开发单元产量、财务单元组合、财务单元的产能、投资和成本，以及各油区产能和投资规模、各油区产量优化配置、公司利润和投资回报率水平等。

评价单元的指标包括操作成本、折旧折耗、生产成本、完全成本、老井产量、新井产量、总产量、投资、利润、内部收益率。有关成本等参数有如下几种选择或取舍：生产成本或完全成本；可以不考虑内部收益率；关于产量，可以不考虑具体新老井产量，只考虑总产量。

表8-1 目标优化方法指标汇总

优化目标	总体利润最大	总成本最小	投资回报率最大
约束条件	产量≥Q_0	产量≥Q_0	Q_1>产量≥Q_0
	成本≤C_0	投资≤I_0	投资≤I_0
	投资≤I_0		
油区优化结果	油区的开发单元产量、财务单元组合、财务单元的产能、投资和成本		
公司优化结果	各油区产能和投资规模、产量优化配置、公司利润和投资回报率水平		

以指标评价体系——生产成本C、总产量、投资I和利润P为例，如果追求总体利润最大或追求总成本最小的目标函数分别为

$$\max G(t) = \max \sum_{i=1}^{n} p_i(t) x_i(t)$$

$$\min F(t) = \min \sum_{i=1}^{n} C_i(t) x_i(t)$$

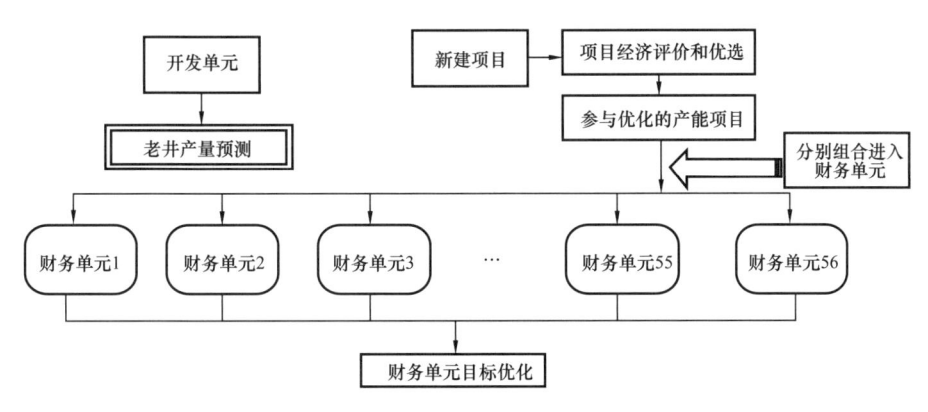

图 8-11 上游业务资源优化目标优化方法

其中，如果财务单元（区块）i 被选中，$x_i=1$，此时财务单元中包括被选中的产能项目。如果财务单元（区块）i 没有被选中，$x_i=0$，此时财务单元中即使包括被选中的产能项目，也将选中的产能项目去掉。

约束条件分别为：

$$总产量\ Q \geqslant Q_0$$

$$总投资\ I \leqslant I_0$$

优化后的统计结果为总产量、总投资、总生产成本、最大利润（给出单位或总规模）。

在建立了生产经营目标优化约束条件和优化目标后，需要研究相应的求解方法。在实际应用中，在搜索算法、遗传算法基础上，主要采用改进的遗传算法和改进的蚁群求解算法。

四、油气开发规模与效益关系的模型方法

油价的持续低迷对石油公司的生产经营提出了更高的要求，推动石油公司生产经营理念做出调整。高油价时代，石油公司注重规模扩张，以产量为中心，经济效益的权重相对较弱，造成了很多低效开发。低油价条件下，经济效益的权重日益加重。树立效益开发理念，坚持"效益第一，利润最大化"，减少无经济效益的开发项目，是国内外石油公司应对低油价的有效措施。对低油价下提高石油公司效益的方法也成为国内外学者关心的热点问题。

目前国内石油公司普遍采用效益产量评价来研究经济产量。油田（区块）效益评价是将油田各个评价单元，依据税后收入与各项成本的关系分为效益一类区块、效益二类区块、效益三类区块和无效益区块。效益评价为识别和改善低效区块提供了依据。然而，低油价情况下仅仅识别低效区块是不够的。一方面，由于各评价单元都摊分了一部分固定成本，固定成本已经发生，各种设施和设备已经存在，继续生产增加的成本可能不多。另一方面，油田公司是众多评价单元组合在一起形成的有机整体，增加或减少一个评价单元，对全公司的成本、产量、效益都会产生动态影响，需要整体分析。

为解决上述问题，提出了低油价下三种石油公司最优产量计算方法，并以某油田为例，计算了基于三种方法的最优产量，对结果进行了对比分析。

1. 原油生产成本分析

原油生产成本是指生产经营过程中所发生的全部消耗，是石油生产过程中实际消耗

的直接材料、直接工资、其他直接支出和其他生产费用等，具体包括操作成本、折旧、折耗，发生的期间费用（包括管理费用、财务费用、销售费用等），以及上缴的税费等，合计称为完全成本。在完全成本中，油气操作成本是指对油水井进行作业、维护及相关设备设施生产运行而发生成本。一般认为操作成本包括16项：直接材料费、直接燃料费、直接人员费、直接动力费、驱油物注入费、井下作业费、测井试井费、稠油热采费、油气处理费、轻烃回收费、天然气净化费、运输费、维护及修理费、其他直接费、厂矿管理费。折旧折耗是补偿油气资产和除油气资产以外的固定资产在生产过程中的价值损耗，在项目使用寿命期内，将油气资产和固定的价值以折耗和折旧的形式列入产品成本中，逐年摊还。期间费用包括管理费用、财务费用和销售费用。勘探费用是勘探过程中的各项支出和非成功探井支出（图8-12）。

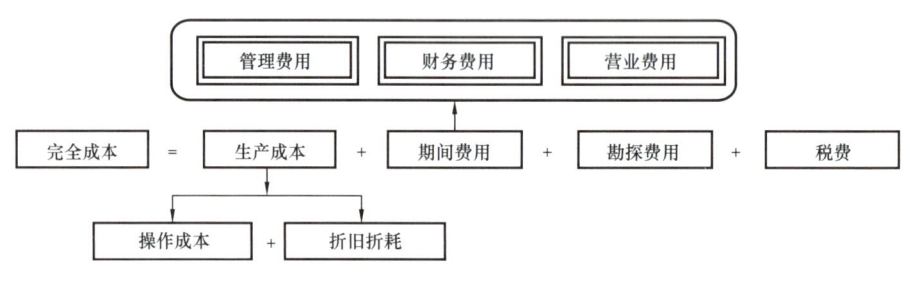

图8-12 原油完全成本的构成

实际上，原油生产过程中的成本费用按其与油气产量变化的关系可分为可变成本和固定成本。在成本费用中，有一部分费用随产量的增减而成比例的增减，称为可变成本；另一部分费用与产量的多少无关，称为固定成本。有些成本费用属于半可变（或半固定）成本，既有可变因素，又有固定因素。财务分析中进行简化处理，使成本费用最终分解成可变成本和固定成本。

按照油气开发的成本构成，设定不随产量变化而变化的成本为固定成本，包括期间费用、地质勘探费用、直接人员费、维护及修理费、其他直接费和厂矿管理费；随产量增加而变化的成本视为可变成本，包括折旧折耗、直接材料费、直接燃料费、直接动力费、驱油物、注入费、井下作业费、测井试井费、稠油热采费、油气处理费、轻烃回收费、天然气净化费、运输费。

2. 规模与效益理论模型

随着产量规模的上升，更多低品质区块被开发。因此总成本曲线斜率随产量的上升而不断增加。将所有原油区块按可变成本从小到大排序，统计累计产量和对应的总成本费用的关系，可确定不同产量规模下总成本、总收入和总利润。图8-13中，Q_1是效益产量，此时营业收入减税金及附加大于总成本费用；Q_2是规模效益产量，此时营业收入减税金及附加大于增加的可变成本；Q_3是无效益产量，营业收入减税金及附加小于增加的可变成本。产量从Q_2增加到Q_3，会导致总利润有所下降。低油价下，在保障石油供应的前提下适当减少无效益产量，对提高石油公司整体效益有积极作用[8]。效益产量判别式见表8-2。

表 8-2　效益产量判别式

指标	判别式
效益产量	Q_1：营业收入－税金及附加 ＞ 总成本费用
规模效益产量	Q_2：营业收入－税金及附加 ＞ 增加的可变成本（总成本费用－固定成本费用）
无效益产量	Q_3：营业收入－税金及附加 ＜ 增加的可变成本（总成本费用－固定成本费用）

3. 基于评价单元计算最优产量

基于评价单元计算最优产量的第一步是将油田划分为若干个相互独立的评价单元。划分的目的是为计算保留若干个评价单元的产量、效益等指标提供基础。评价单元的划分必须做到油气藏、地面集输系统和财务核算三方面相结合。评价单元的划分原则是：（1）以油气藏管理单元为基础，充分考虑地面集输系统、财务核算的相对独立性；（2）规模较大的油气田中，油气藏类型、流体性质、开发方式、开采工艺、开发阶段等有较大差异或地面集输系统、财务核算相对独立的油气藏（区块），可划分为若干个评价单元；（3）地理位置、油气藏类型、流体性质、开发方式、开采工艺、开发阶段相近，且同属一个地面集输系统和财务核算单元的规模较小的油气田，可合并为一个评价单元；（4）采用如聚合物驱、气驱等新型开采技术并工业化生产的油气田（区块）作为独立的评价单元。

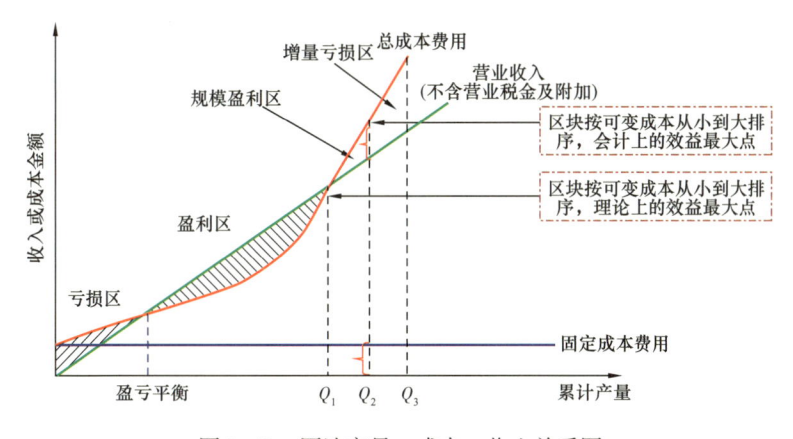

图 8-13　原油产量、成本、收入关系图

基于评价单元计算最优产量的基本思路是以评价单元为基本单位，以确定保留多少评价单元可实现效益最大化为基本目标，按照"关井则不发生的费用不计算"的原则，计算保留 n 个评价单元时石油公司的产量、成本和利润。使总利润最大化的产量即为最优产量。

由于无论保留评价单元数量如何，所有评价单元的固定成本都已经发生，而可变成本则是保留的评价单元的可变成本，不保留的评价单元不发生可变成本。因此，计算最优产量的步骤如下：（1）将所有评价单元按照单位可变成本排序，认为最应保留的是单位可变成本最低的评价单元；（2）排序后，计算保留的前 n 个评价单元的总成本（即固定成本与可变成本之和），其中，固定成本是所有评价单元固定成本之和，可变成本是前 n 个评价单元的可变成本之和；（3）计算前 n 个评价单元的税后收入之和，记为保留 n 个评价单元的总收入；（4）计算保留前 n 个评价单元的总利润，即总成本与总税后收入之差；（5）总利润最大时的产量即为最优产量。

具体地，保留 n 个评价单元的产量为：

$$Q_n = \sum_{i=1}^{n} q_i$$

收入为：

$$R_n = \sum_{i=1}^{n} r_i$$

成本为：

$$C_n = \sum_{i=1}^{N} FC_i + \sum_{i=1}^{n} VC_i$$

利润为：

$$Y_n = R_n - C_n$$

其中，q_i 为第 i 个评价单元的产量，r_i 为第 i 个评价单元的收入，FC_i 为第 i 个评价单元的固定成本，VC_i 为第 i 个评价单元的可变成本，N 为油田评价单元总数。

五、支持老油田稳定和低品位油气田开发的政策

我国已发现油气资源总体上呈劣质化趋势，老油田稳产和低品位储量效益开发难度正逐年加大。油气税费税种较多、税赋多重是公司上游盈利下降、效益下滑的重要因素。本节在梳理分析我国老油田稳产和低品位油气田开发生产经营现状和面临的挑战基础上，有针对性提出了8方面的优惠扶持政策，并进行了相应的效果评价，对于促进油气工业可持续发展，提高国内油气资源开发效率和国内油气生产供应保障能力，增强石油安全，具有重大战略意义[9]。

1. 我国油气开发生产经营概况

1）油气开发形势

我国油气资源勘探近年来发现储量已明显劣质化，并且随着已开发油田进入"双高"（高含水、高采出程度）开发阶段，老油田稳产和低品位储量有效开发难度越来越大。预计到2020年在每年探明的石油地质储量中，低渗透—特低渗透、稠油、特殊岩性、致密油等低品位储量所占比例将达到85%以上。东部以松辽盆地低渗透、渤海湾盆地复杂小断块、稠油、潜山为主；西部以鄂尔多斯超低渗透与致密油、准噶尔盆地低渗透及稠油、塔里木盆地复杂碳酸盐岩为主，呈现出典型的"低、深、难"特点。尽管近年来中国石油实现了"东部硬稳定、西部快发展"的目标，但从未来的发展形势看，东部油田面临开发历史长、开发程度高、产量结构和开发方式多元化、剩余油认识挖潜更加复杂，以及稳产接替能力变差等问题；西部油田则面临着新增探明储量低渗透特征更加突出、动用难度进一步加大、致密油开采技术有待突破等现实问题。

2）油气开发效益现状

随着勘探开发对象愈加复杂化，上游勘探开发投资和成本明显增长，投资回报率持

续下降，开发效益快速下滑。我国陆上油田开发已经进入全新阶段，一个显著特征是原油开采已处于"双高"和"双低"（新储量品位低、单井产量低）并存的状态，导致每年产能建设工作量持续增加。随着产量规模扩大，为弥补递减、实现产量增长，所需的原油生产能力建设规模逐年增加，同时由于单井产量下降，钻井工作量大幅度增加。由于井深加大、水平井数增多，钻井成本上升，加之新建产能规模增加，上游投资规模大幅上升。由于勘探开发综合投资不断增加，而新增动用可采储量不仅没有因工作量增加而增加，反而逐年减少。因此，油气开发成本近两年明显增长。与此同时，随着操作成本增加，折旧折耗加大，原油完全成本也大幅上升。在完全成本快速增长情况下，产能建设投资效益持续下降。由于完全成本上升和新建产能内部收益率的下降，使上游投资回报率以较大幅度下降。

3）油气开发效益预测

在我国现行税种和税赋条件下，按照操作成本的历史趋势、折旧折耗考虑现有资产和未来投资规模，根据"十三五"工作量测算，估计到 2020 年中国石油各油区和不同类型油田的完全成本和效益趋势。结果表明，"十三五"期间上游业务盈利空间将进一步下降，效益下滑形势严峻。其中效益较差的油区，地质条件或油品差，开采成本高，因此，在经济效益的约束下，影响了未来的勘探开发力度。其中税费负担重是效益差的重要原因之一，如果税费负担减轻，可加大勘探开发力度，获得较好的经济效益，可以增加上缴的税费，促进这类油田的良性发展。

4）税费对开发效益的影响

目前我国油气税种较多、税赋较重，是影响上游效益的主要因素之一，也在一定程度上影响油气开发可持续发展。据统计，在中国石油原油完全成本中，税费占近三分之一的比重。因此，税费减少对于完全成本的降低和利润增加影响很大。从 2000 年到 2014 年，中国石油上游业务各项税费大幅度增长，上缴税费增幅 263%；上缴税费与税前利润的比值由 2000 年的 0.57∶1 上升到 2014 年的 1.28∶1。优惠政策减免税费种类和力度也较小，优惠措施仅仅局限于某些低品位资源在资源税、采矿权和探矿权使用费上的减少，占税费比例低、减免幅度小，对低品位油气资源开发的支持作用不大。与此同时，计税方式也不尽合理。效益相差很大的开发单元税赋水平相差不大，不同品位储量单元的税赋水平差别不大。

2. 政策措施建议

根据我国老油田稳定和低品位油气田开发生产经营现状和面临的挑战，建议国家相关部门从 8 个方面给予政策和扶持，确保国内老油田边际储量挖潜动用和低品位油气储量规模有效开发利用。

1）取消特别收益金或进一步提高特别收益金起征点

石油、天然气是当今世界最具战略性的能源资源，石油安全关系国家安全和发展大局。目前，其他石油进口大国无一征收特别收益金（美国 1988 年就取消了原油暴利税），中国即将成为世界最大的石油进口国，石油对外依存度近 60%，在国内油田开发效益大幅下滑、已不存在特别收益的情况下，建议尽快取消特别收益金。从我国石油企业的生产现状看，受低品位资源比重不断上升、勘探开发难度加大、老油田稳定投入增大等因素影响，生产成本持续刚性上升。在当前的低油价形势下，取消石油特别收益金是最好的时间窗口。目前油田企业实际结算油价低于收益金起征点，事实上已没有特别收益金上缴。

如果暂时不能取消特别收益金，建议进一步提高起征点，低品位资源开发免征特别收益金。建议国家对低品位石油资源实行差别化的特别收益金政策：一是提高特别收益金起征点到75美元/bbl，将重油热采、低渗透、化学驱以及高含水（含水率超过95%）等油藏的特别收益金起征点进一步上调为85～90美元/bbl；二是在一定期限内免征特别收益金，如在低品位资源开发初期（3～5年）免征特别收益金，促进低品位石油资源开发、确保老油田稳定。

2）降低老油田与低品位资源所得税税率

从振兴东北老工业基地建设的角度，借鉴国家西部大开发的优惠政策中西部油田所得税调减到15%的做法，建议将东部的稠油和超低渗透油田所得税由25%降为15%。

3）继续实行所得税部分返还政策

已往的所得税部分返还资金支持了海外油气业务和储备油、储备气建设。这对优化调整结构，实现有效可持续发展发挥了重要的作用。建议继续执行该项政策，并将支持范围扩大到老油田和低品位油气田。建议转变资金返还方式，由资本金注入转变为设立各类专项资金，支持老油田和低品位油气田发展。

（1）三次采油专项基金。三次采油是提高老油田采收率的关键技术，也是稳定东部老油田的重要保证。三次采油专项基金可用于三次采油产能建设，加大三次采油的技术研发和应用力度，确保东部老油田稳定。

（2）双高（高含水、高采出程度）老油田专项基金。这类油田成本高、效益差。双特高老油田开发专项基金可加大其开发力度，充分挖掘剩余油潜力，提高整体经济效益。

（3）致密油气开发专项基金。目前有很多致密油开发工艺问题需要研究和探索。致密油气开发专项基金可加快致密油开发工艺的进步和发展，为下步的致密油气有效开发打好基础。

4）降低资源税税率并扩大优惠范围

目前国家对低品位资源的资源税优惠政策，主要针对高凝油、重油或化学驱等资源，没有包括低产、低渗透、高含水等资源。为进一步加强低品位资源开发利用，建议将低产、低渗透、高含水等资源纳入资源税优惠范围，进一步降低资源税征收税率。使资源税征收税率由目前的4%～6%进一步降低到2%～3%。由于分税制的存在，油田与地方政府关系紧张，尤其是在长庆地区，征地等外协工作难度非常大。由于资源税划归地方财政收入，资源税征收税率降低会引起地方财政收入减少。需要处理协调好油田和地方的关系，为了防止进一步激化这一矛盾，在政策调整中，需要谨慎调减资源税，甚至可以考虑建议部分特别收益金流向转向地方。

5）制订和出台低产低效井开采扶持政策

我国可借鉴美国、加拿大、印度尼西亚和马来西亚等国家建立低品位石油资源开发的资源耗竭补贴制度等扶持做法，设置低品位石油资源专项发展基金，从石油企业上缴的特别收益金等税费中提取一定比例资金，专门用于低品位石油资源的开发或新技术研发投入，促进低品位资源充分利用。同时，参考借鉴美国等国家的低品位开发政策，包括：（1）平均日产油低于1t的油井，其产油量减免50%的税费，资本支出的10%可用于税收抵免；（2）对产自效益边际井的油气产量给予一定的税收减免。

6）继续设立国家科技研发专项基金

从油气工业可持续发展和能源安全角度，国家层面组织相关技术攻关、直接投入资金，促进技术进步。大型油气田及煤层气开发国家科技重大专项是《国家中长期科学和技术发展规划纲要（2006—2020）》确定的国家科技重大专项之一。该专项为实现国家油气储量产量目标、油气工业可持续发展和能源安全提供了技术支撑。建议继续设立科技研发专项基金,支持老油田和低品位油气田开发技术进步。增加科技投资,通过技术进步,提高钻井效率,减少压裂、稠油开发和低渗透油田开发成本,提高总体投资效益。

7) 尽快出台支持致密气有效开发的财政补贴政策

美国非常规天然气革命起步于致密气,财税补贴政策促进了致密气产业的顺利起步和快速发展。我国的相关优惠政策也有力地支持了页岩气和煤层气的开发利用。比照现行页岩气扶持政策,建议尽快出台致密气开发 0.4 元/m^3 财政补贴政策。

8) 加大对尾矿资源开采补贴力度和扩大补贴范围

制订鼓励尾矿合理开发利用的法规条例,加大对尾矿的补贴力度,鼓励企业攻克尾矿开发技术难题,有效动用油气资源,调动企业参与的积极性。目前,国家对煤层气开发已正式出台了补贴政策,企业已受益。对于尾矿开发应考虑参照煤层气的优惠政策给予支持,给予一定的价格补贴。目前,政府已开始设立国家级矿产资源节约与综合利用专项,对盘活现有的石油尾矿资源起到了一定的示范引领作用,但其规模和支持力度还相对有限。国家投资力度还需加大,而且目前设立的示范区还没有配套政策的支持,对取得的部分示范成果的推广还举步维艰。针对这一情况,建议加大对尾矿示范区的国家投资力度,并配套相关政策,例如,对于水平井为主体技术的特低渗透致密开发,以及对于产量低于 1t/d 的特低产油井,按尾矿政策,减免各种税费,促进剩余资源利用。

3. 政策效果分析

通过申请国家扶持政策,可以有效规模动用难采储量,形成油公司新的产量增长点,达到企业增效、国家增收的双赢格局。

1) 通过特别收益金和资源税优惠政策降低原油开发总体成本

在油价 100 美元/bbl 和 80 美元/bbl 情况下,特别收益金起征点从 55 美元调整到 75 美元,资源税从 5%~6% 下调到 2%~3%,油公司上缴税费可分别减少 8 元/bbl 和近 7 元/bbl,原油开发完全成本将减少 10 个百分点以上。

2) 特别收益金和资源税优惠可使低效油田上缴国家税费相应增加

以某低渗透油田为例,按照现行政策,预计 2016 年税前利润将为负值。如果特别收益金征收点提高到 75 美元/bbl,资源税下调到 2%~3%,预计可以实现 4.22 美元/bbl 的税前利润,无效益开发的时间将往后推迟 2 年以上。如果按低渗透产量为 $400 \times 10^4 t$ 计算,在特别收益金起征点上调、资源税下调的条件下,上缴国家的所得税将净增加 3.7 亿元。

3) 优惠政策扶持支撑难动用石油储量经济有效开发

以某公司渗透率小于 1mD 的低渗透砂岩油藏为例,在已探明未动用地质储量达 $8.69 \times 10^8 t$ 中,按现行政策只能动用 $2.71 \times 10^8 t$。如果特别收益金起征点提高到 75 美元/bbl,将使 $2.78 \times 10^8 t$ 储量得到有效开发,未来 30 年累计增产原油 $2478 \times 10^4 t$,累计新增税收 284 亿。如果资本支出的 10% 抵扣税费,可以再增加动用储量 $2.55 \times 10^8 t$。如果资源税调整到 2%~3%,又能使 $6500 \times 10^4 t$ 储量有效开采。假如 3 项优惠政策全部到位,将使 $6 \times 10^8 t$ 低渗透储量经济有效开发,累计建产能近 $1000 \times 10^4 t$,30 年累计增产原油 $5000 \times 10^4 t$ 以上,累计增加税收 430 亿元以上(表 8-3)。

4) 政策减负可使近期原油产能建设部署的潜力储量有效增加

以某油区产能建设部署为例,低渗透产能建设项目百万吨产能投资高,新井单井产量低,内部收益率低于 12% 的基准值,效益差,难以动用。当特别收益金起征点提高到

70美元/bbl时，内部收益率提高到13.6%，可新增动用储量3177×10⁴t，10年累计增产原油404×10⁴t，累计增加税收42亿元。当资本投入的10%享受税费抵免政策时，内部收益率也可以提高到13.3%，可增加与特别收益金优惠政策等同的储量和产量规模，累计增加税收45亿元。由此可见，如果这些优惠政策到位，油公司近期产能建设部署的效益储量、产量相应会规模增加，同时国家也会从对低品位油气生产的扶持中获得丰厚的收益。此外，东部三采、大庆外围、辽河稠油、致密油、新疆稠油以及胜利油田低渗透和重油开发的效益评价表明了较好的政策支持效果。

表8-3 某公司不同优惠政策组合条件下的储量、产量和效益增量统计表

项目	增加可动用储量 10⁸t	新增产能 10⁴t	累计增加产量 10⁴t	累计增加税收 亿元	年均增加税收 亿元
政策Ⅰ	2.78	445	2478	284	9.4
政策Ⅰ+政策Ⅱ	5.33	854	4569	411	13.7
政策Ⅰ+政策Ⅱ+政策Ⅲ	5.98	957	5050	434	14.5
备注	政策Ⅰ：特别收益金起征点提高到75美元/bbl； 政策Ⅱ：资本支出10%抵扣税费； 政策Ⅲ：资源税下调到2%～3%					

4. 认识及建议

我国探明油气储量日渐劣质化，成本刚性增长的态势已经形成；已开发主力油田陆续进入开发后期，含水和开发成本不断上升。与此同时，税费税种较多、税赋较重，导致我国油公司上游业务盈利空间正在缩小、效益快速下滑。

（1）我国已发现油气资源总体上呈现劣质化趋势，老油田稳产和低品位储量效益开发难度正逐年加大。在我国老油田稳定和低品位油气田开发难度加大、效益不断下滑的情况下，建议国家从取消特别收益金、降低资源税等8方面给予优惠扶持政策，可以进一步挖掘老油田开发后期的潜力，实现低品位储量规模有效开发利用，做大支撑我国原油稳定并适度上产的储量基础，形成国家增收、企业增效的可持续发展战略格局，对保证国内油气供给的基础地位和实现国家能源安全意义重大。

（2）尾矿政策研究也是关系老油田挖潜和有效开发的重要方面，目前没有具体可操作的尾矿定义和标准，需要及时进行深化研究。初步建议通过不同类型油藏含水和可采储量采出程度指标建立尾矿标准（含水大于95%～98%、采出程度大于85%～95%），并以此确定尾矿区块和规模；同时向国家申请支持尾矿开发的具体扶持政策，促进尾矿开发利用。

第三节 应 用 实 例

一、某油田资源优化试点案例

1. 试点优化步骤

以某油田公司为试点，收集并校验各相关单元基础数据，建立了开发单元和财务单元的对应关系，并完成了某油田多个财务单元所属的开发单元的产量预测（2014—2019

年)。通过储量建产评价,分析了产能潜力和建产关键指标,完成了2014年产能建设项目经济评价优选和老井效益产量评价与优化。分析预测老区成本效益变化,得到了效益产量分类结果,完成2014年老井优化。在新、老井优化基础上,考虑1年实施效果,提出了2014年5个优化方案。考虑多年(2014—2019年)实施效果,提出了2014年总体优化方案,包括老区和新建产能的各类组合方案以及递进优化方案,其指标涵盖了投资、产能、产量、利润和投资回报率等关键指标。

2. 试点优化结果

1)新、老区组合优化模式

一体化优化是在经济优化基础上,将老井和新井统筹优化。老井和新井可以任意组合成一体化方案,然后评价对应的投资回报率等经济指标,也可以先确定投资回报率再反推组合方案。试点应用中,设定了三个典型组合方案:老井+新井、老井+达标新井和效益一类老井+达标新井。根据2014年方案优化结果,老井+达标新井的利润最大、投资回报率最高(图8-14)。2014—2019年评价结果显示,老井+新井组合的利润最大,老井+达标新井组合的投资回报率最高(图8-15)。

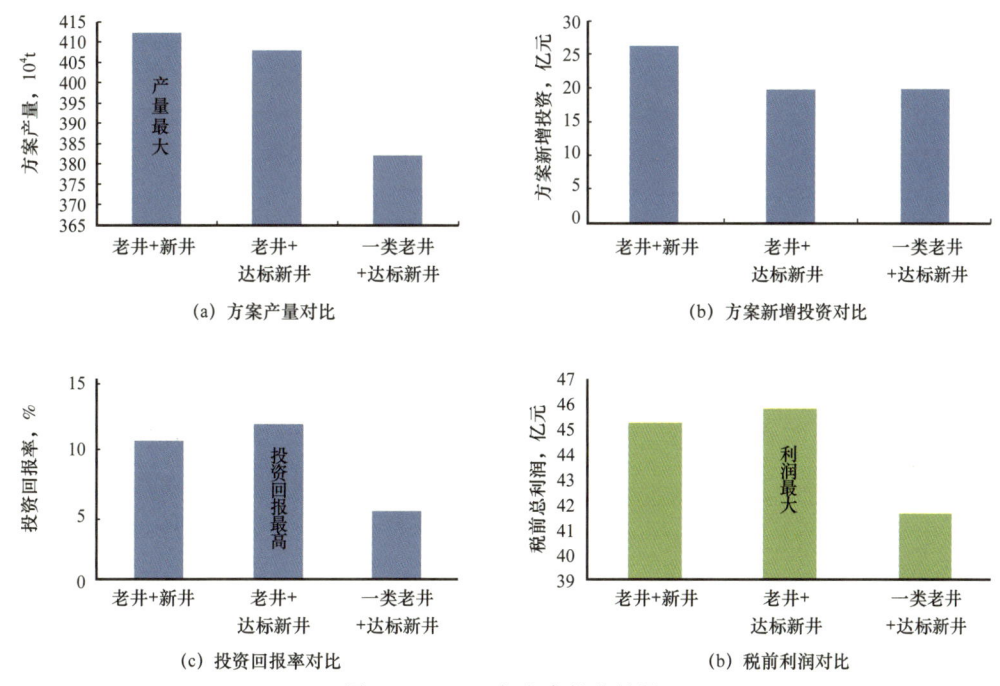

图 8-14　2014年方案优化结果

2)递进优化模式

(1)产能项目优化。产能项目进入区块单元后,以区块单元为主体进行效益测算。在达到基准收益率的项目中,不能改善单元利润水平的项目应优化扣除。

(2)区块单元优化。去掉不能改善单元利润水平的项目后,考虑固定成本和可变成本,按最小成本或最大效益曲线确定区块单元。单位完全成本随产量增加逐渐降低,累计产量大于一定规模后成本降低速度减缓,其中一个区块A是完全成本变化的拐点。

把新建产能项目归集到相应的财务单元后,对所有财务单元的利润进行了测算。扣除区块A的无效益产量，老井产量优化减少 2.5×10^4t。2014—2019年利润增加1.8亿元，平均回报率提高0.31%。

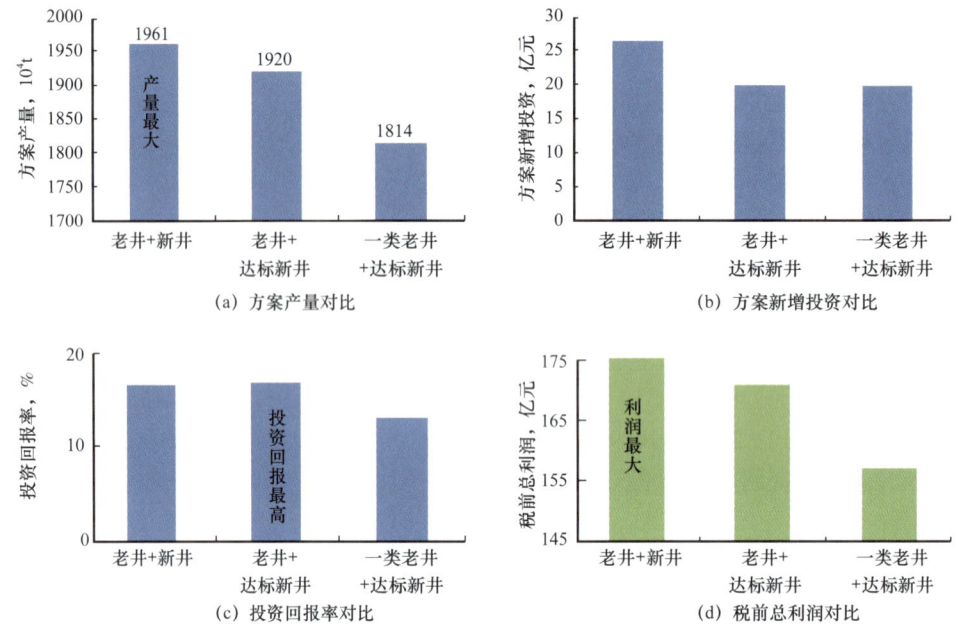

图8-15 方案优化结果（2014—2019年）

3）各类优化方案对比

技术优化、经济优化和一体化优化呈递进关系，可满足资源优化需求。一体化优化方案建立在经济优化方案基础上，体现了老井和新井的优化组合。不同一体化优化方案产量有所不同。新井+老井方案产量 414×10^4t，一类老井+达标新井方案产量 380×10^4t，递进优化产量 409×10^4t（图8-16）。几个典型组合方案和递进优化方案的利润具有一定的递增规律，但是相应的投资回报率并不对应一致。从投资回报率和利润的角度，递进优化方案效益最好，其利润比其他方案高出1.7~20亿元，优化效果显著提高。

3. 结果验证及认识

2014年的试点优化结果在2015年4月得到了较好的验证，如何按试点优化结果部署，生产效益会更好。研究提出的技术优化方案 414×10^4t 比实际产量 420×10^4t 低 6×10^4t，提出的两类一体化优化的产量 406×10^4t 和 409×10^4t（分别对应组合优化

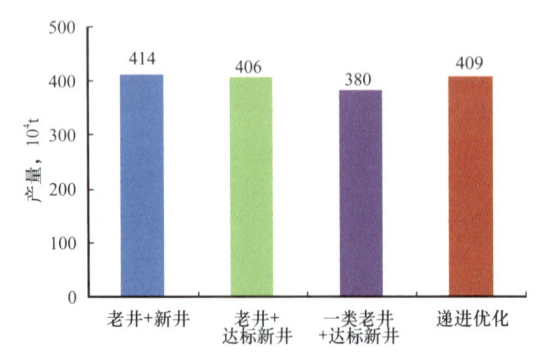

图8-16 不同一体化优化方案的2014年优化产量

和递进优化）与油田实际的效益产量 410×10^4t 基本一致。这说明研究提出的效益优化产量和实际生产相吻合，如果按提出的技术优化方案 414×10^4t 部署生产，虽然产量没有达到油田实际的产量，但是兼顾了效益和规模，比实际效益产量高，比实际产量低，相当于对比实际产量少产了一部分无效益产量。

二、某油田产量优化案例

1. 基于评价单元的产量优化

以某油田为例，该油田 2015 年总利润 155.42 亿元，总产量 $3587 \times 10^4 t$，共 134 个评价单元。按照上述计算方法，计算保留 N 个评价单元时的总成本、总收入和总利润。随着产量规模的增大，高成本产量越来越多，因此总成本曲线的斜率不断增加。由图 8–17 可知，随着产量规模的上升，油田总利润先增后降，这是因为个别评价单元单位可变成本大于油价，增加这些评价单元所增加的可变成本，大于这些评价单元生产的原油带来的收入。

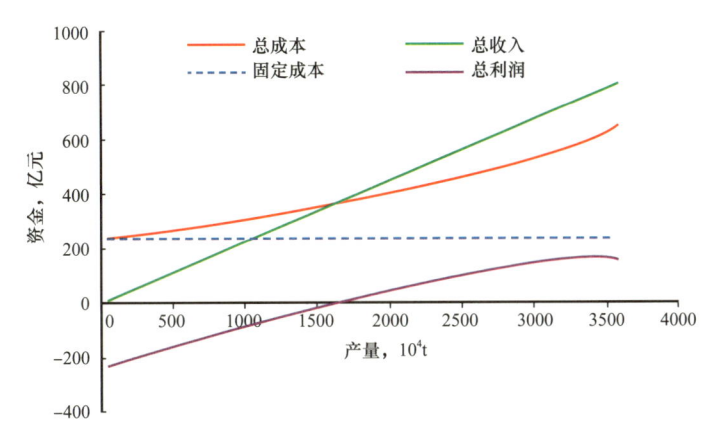

图 8–17 某油田产量规模与收入、成本、利润关系图

以利润最大化为目标，最优产量为 $3450 \times 10^4 t$，此时总利润为 169 亿元。若所有评价单元全部投入生产，则总产量为 $3587 \times 10^4 t$，比利润最大化产量多 $137 \times 10^4 t$，对应的成本增加 45 亿元，收入仅增加 31 亿元，因此油田总利润反而减少 14 亿元。这说明，低油价形势下有些产量变得不再经济。若适当减少生产规模，总利润会得到提高。

以一个评价单元为例具体分析。该油田的某区块经过 40 多年的水驱开发，已进入特高含水期，剩余油分布十分复杂。2015 年该区块产量为 $50.5 \times 10^4 t$，原油销售收入 12 亿元。但由于措施工作量大，该区块 2015 年井下作业费、油气处理费分别为 15539 万元和 8391 万元，导致总成本高达 19.6 亿元，比销售收入高了 7.6 亿元，属于当前油价情形下不经济的产量。类似区块在该油田共有 23 个。

2. 基于单位成本计算最优产量

基于评价单元计算最优产量的优点是计算结果较为精确，不足之处是对数据要求较大，需要掌握每个评价单元的收入和各项成本数据。为降低对数据的要求，提高算法的可操作性，提出第二种计算方法：基于单位成本、成本变化规律来计算最优产量。

石油公司的年报中一般会公布油气生产过程中的各项成本费用，包括操作费、折旧折耗、除所得税以外税费、一般管理费等。以某油公司为例，该公司 2015 年原油价格 2239 元 /t，操作成本 855 元 /t（其中固定部分 373 元 /t，可变部分 482 元 /t），折旧折耗 777 元 /t，期间费用 246 元 /t，勘探费用 89 元 /t，税费为 132 元 /t，其他成本 76 元 /t。按照固定成本和可变成本的划分，单位固定成本为 916 元 /t（=373+246+89+76+132），对应 2015 年实际产量的单位可变成本为 1259 元 /t。

因此，该公司产量为 x 时，收入、固定成本、利润分别为：
$$R_x=2239x$$
$$FC_x=916\max(x)$$
$$Y_x=R-FC-VC$$

可变成本与生产规模有关，产量少时，生产集中在优质区域，可变成本较低；扩大产量规模时，油气生产涵盖了条件更复杂的区域，因此总体可变成本相对较高。为刻画不同产量规模下可变成本的变化规律，需要在以往成本数据的基础上对产量和成本关系进行拟合，或者依据油田的特征，按照各类机构发布的成本曲线进行拟合。以该公司为例，按照历史规律可知，对应总产量的单位可变成本为 1259 元/t，若减产 5%，单位可变成本为 1197 元/t；减产 10%，单位可变成本为 1141 元/t；减产 15%，单位可变成本为 1071 元/t；减产 20%，单位可变成本为 1008 元/t。

基于单位成本数据，以及产量规模与可变成本的对应关系，可绘制出该公司在不同油价情景下的税前利润情况（图 8-18）。对应不同的油价情景，公司盈亏平衡产量和利润最大化产量有所不同。当油价为 30 美元/bbl 40 美元/bbl 时无法实现盈亏平衡；油价为 50 美元/bbl 时盈亏平衡产量为 7010×10^4t，利润最大化产量 10020×10^4t，最大利润 187 亿元；油价为 60 美元/bbl 时，盈亏平衡产量为 5000×10^4t，利润最大化产量 10553×10^4t，最大利润 638 亿元；油价为 70 美元/bbl 时，盈亏平衡产量 4115×10^4t，利润最大化产量 10832×10^4t，最大利润 1110 亿元。

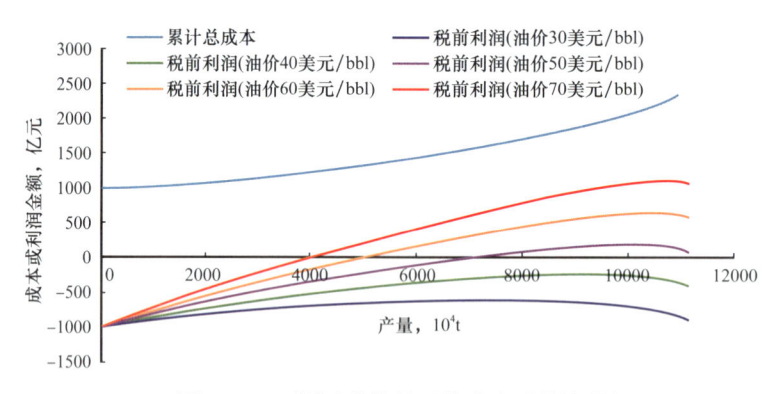

图 8-18 不同油价情景下某油公司税前利润

为研究不同产量规模和油价情景下的最优产量，设定九种油价情形：30 美元/bbl、35 美元/bbl、40 美元/bbl、45 美元/bbl、50 美元/bbl、55 美元/bbl、60 美元/bbl、65 美元/bbl、70 美元/bbl；以及 5 种减产方案：不减产、减产 5%、减产 10%、减产 15%、减产 20%。由图 8-19 可知，不同油价下最优方案不同。油价小于 45 美元/bbl 时，5 种减产方案税前利润均为负；油价 30 美元时减产 20% 亏损最少；油价 35 美元/bbl 时减产 10% 亏损最少；油价为 40 美元/bbl 和 45 美元/bbl 时减产 5% 亏损最少；油价为 50 美元/bbl 时，减产 5% 利润最大，税前利润为 106 亿元；油价 55 美元/bbl、60 美元/bbl 时，减产 5% 是最优方案；油价高于 65 美元/bbl 时不减产为最优方案。

3. 基于新老井组合计算最优产量

确定最优产量的第三种方法是计算新井、老井的最大产量，然后对新井和老井进行任意组合，确定效益最大化方案。具体步骤为：首先对新井和老井进行技术优化。技术优化阶段不考虑经济效益，只计算新井和老井的产量。其中，老井产量由历史产量数据和递减规律得到，新井产量由产能到位率、贡献率计算得到。其次，对新井和老井进行经济优化。老井经济优化主要采用已开发油田效益评价方法，将老井分为效益一类、效益二类、效益三类和无效益。新井经济优化采用产能建设项目经济评价方法，计算新井的内部收益率，并按内部收益率大小设计4个备选方案：全部新井、内部收益率大于8%、内部收益率大于12%、内部收益率大于18%。在此基础上，对新井和老井的方案进行任意组合，然后评价对应方案的利润、投资回报率等经济指标。累计产量大于一定程度后利润增加速度减缓，利润变化的拐点是最大利润点。

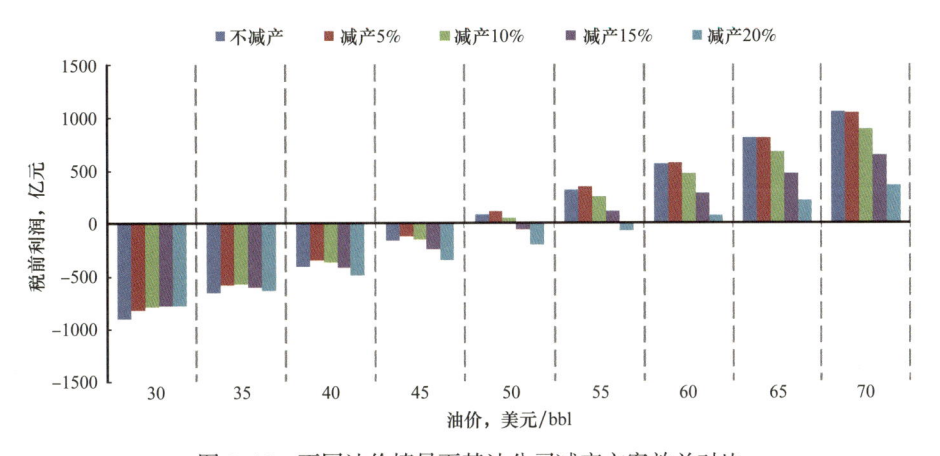

图 8-19　不同油价情景下某油公司减产方案效益对比

首先，根据到位率、贡献率、递减率，以及各财务区块产量、成本和效益参数，预测出新、老井的产量和投资、成本变化趋势；而后，对新井、老井进行不同方案的组合，计算组合后的产量、成本和效益。共有 16 种新老井组合，如所有新井 + 所有老井、内部收益率大于 8% 的新井 + 所有老井、内部收益率大于 18% 的新井 + 一类老井、内部收益率大于 18% 的新井 + 一类、二类老井等。上述组合方案以及效益指标的计算可通过编程实现。

经过测算，该公司效益最大化方案是内部收益率大于 8% 的新井 + 效益一类、二类、三类老井。此方案和产量最大化方案对比，投资、成本降低，效益提升明显。优化后产量减少 114×10^4t，利润增加 180 亿元。

2014 年下半年以来国际油价大幅下跌，世界油气行业步入景气周期低谷。为应对行业寒冬，石油公司生产经营理念正在从规模扩张向集中收缩转变。跨国石油公司普遍采取压缩生产规模、聚焦核心地区和优质项目的策略，我国主要石油公司也提出了有质量、有效益、可持续的发展理念。确定不同油价水平下效益最大的产量规模，是走效益发展路线的基础。

本节提出了三种计算低油价下利润最大化产量的方法。结果显示无论按哪种方法测算，都有一些产量在低油价情形下不具备经济效益。适当降低生产规模，石油公司的利润会有所提高。基于不同计算方法，利润最大化产量略有差异，需结合不同油田的实际情况选择适当的算法。在油价持续低迷，国内主要油田进入开发后期、开发成本居高不下的情况下，以效益为中心的理念会逐渐深化，按照利润最大化而非产量最大化的原则进行配产是必然趋势。

三、生产实效和应用实践

"十二五"期间，基于上游业务资源优化方法的储量、产能、投资、成本、效益一体化优化技术，原油规模与效益的关系认识，支持老油田挖潜和低品位储量有效开发政策建议，上游业务生产经营优化和经济评价面临的挑战和对策，以辽河为代表的经济评价体系全面建设，以大港油田为代表的突出边际成本和效益的财务与业务融合方法和理念等研究成果成功应用于公司"十二五"和"十三五"规划方案和2011—2016年度部署方案中，决策支持工作得到了中国石油天然气股份有限公司、国家能源局等上级部门的好评和采纳。

在规划计划优化和经济评价方法及软件系统在生产实践得到应用同时，紧密围绕公司原油开发业务的重大问题和重大需求，积极撰写决策参考，截至"十二五"末共撰写了8份决策参考，其中2篇得到中国石油党组的重要批示。这些决策参考对公司上游业务重大决策和战略制定起到了重要的决策支撑作用。

参 考 文 献

[1] 许红，赵连增，等.中华人民共和国住房和城乡建设部石油建设项目经济评价方法和参数[M].北京：中国计划出版社，2010.

[2] 曲德斌，李丰.油气开发规划优化方法及应用[M].北京：石油工业出版社，2013.

[3] 常毓文.油气开发战略规划的理论和实践[M].北京：石油工业出版社，2010.

[4] 李丰，常毓文，杨任敏，等.油气开发产能建设项目的收益—风险两目标优化模型及求解[J].石油学报，2008，29（3）：427-430.

[5] 刘斌，郭福军，谢艳艳.基于单井效益评价的油田效益配产方法研究[J].国际石油经济，2011，19（7）：90-93.

[6] 刘斌，郭福军，杨长欣，等.采油企业效益评价体系研究[J].国际石油经济，2014，22（8）：80-83.

[7] 曲德斌，王小林，兰丽凤，等.油气上游业务资源优化理论及应用[M].北京：石油工业出版社，2018.

[8] 诸鸣，安琪儿，曲德斌，等.油气生产规模与效益的关系研究[J].中国矿业，2018，27（6）：48-52.

[9] 曲德斌，张虎俊，李丰，等.支持老油田稳定和低品位油气田开发的政策思考和建议[J].石油科技论坛，2015（6）：1-5.

第九章　油气藏工程开发技术展望

中华人民共和国成立以来，我国几代专家和石油人自力更生、孜孜探索，在油气勘探与开发领域取得了开创性的突破，发现并高效开发了以大庆油田为标志的一个又一个的大油田。截至2015年年底，全国发现油气田980个，累计探明石油地质储量超过371×10^8t，探明天然气地质储量超过13×10^{12}m³。2015年原油产量2.15×10^8t，累计生产原油64×10^8t；2015年天然气产量1350×10^8m³，累计生产天然气1.69×10^{12}m³，为保障我国能源供给做出了积极贡献。

展望未来，我国国民经济进入稳定均衡发展阶段，同时，全球低碳经济发展的新趋势，进一步推动油气需求继续增大，给我国石油天然气产业可持续发展带来新的机遇和挑战。因此，随着现代科技结合、多个科学体系间融合，油气藏工程在完善各类油田开发主体技术基础上，进一步创新新能源、新领域开发方法，基础理论和实用技术都将迎来新一轮的发展。

一、大数据、智能科技助推油层物理与渗流力学发展

1. 面临的挑战

1）油层物理与渗流力学在油气资源勘探领域面临的挑战

致密油气资源、非常规油气资源的成岩、生烃、运移、成藏、储存机理与理论对油层物理与渗流力学有重大的技术需求。在机理方面的挑战是致密孔隙介质所含巨大数量的微孔、微缝界面吸附、解析烃类物质的历程及其与烃类物质运移、成藏的关系；致密孔隙介质有效赋存烃类物质的主要形式及其影响因素等。在理论方面的挑战是致密孔隙介质微孔、微缝结构的描述与表征；微孔、微缝系统的界面特征，毛细特征，润湿特征和色谱效应等对烃类物质组分组成的影响，以及对成藏类型的控制作用规律；温压条件下嗜氧或厌氧生物及其代谢产物对致密孔隙介质及其中烃类物质的作用规律等。

2）油层物理与渗流力学在油气开发领域面临的挑战

已探明的各类油气资源的效益开采原理与效益开发方法对油层物理与渗流力学有重大的技术需求。挑战一，已开发动用油气藏剩余储量资源的饱和度分布分散化，如何完善井网、优化工艺，进一步提高油气采收率；挑战二，未开发动用油气藏资源储层致密化，如何沟通宏观与微观渗流通道，增加油气渗流面积，大幅度提高油气采出程度；挑战三，新增油气储量资源的品位劣质化，如何改造资源品位、富集资源，实现效益开发。

3）油层物理与渗流力学在油气产业可持续发展中面临的挑战

在国际油气勘探发展新形势和全球低碳经济发展的新趋势下，我国油气产业可持续发展对油层物理与渗流力学有重大的技术需求。面临的主要挑战是低成本、低碳、绿色环保的油气生产方式和相关技术储备。

油层物理与渗流力学在油气资源勘探与开发面临的上述挑战是全球性和持续性的。在科学技术全面融入并助力各行各业创新发展的今天，在宏大的信息知识库支持和超强的学

习能力支撑下，人工智能在思考能力方面踏上了新的台阶，智能科技全面助力油气藏开发实验将是油层物理与渗流力学研究与应用的发展趋势与发展方向。

2. 多场耦合渗流理论

多场耦合渗流理论是地质学、渗流力学、岩石力学、工程热力学、物理化学、场论、现代数学、生物工程、系统工程等学科相互渗透、相互交叉形成的新理论学科。随着已开发动用油气藏剩余储量资源的饱和度分布分散化、未开发动用油气藏资源储层致密化、新增油气储量资源的品位劣质化的不可逆转，油气田现场急需新的理论指导，需要新的技术方法支持和支撑。综合考虑油气资源的成岩、生烃、运移、成藏、储存，以及开发过程的多场耦合渗流理论将成为解开上述谜题的密钥。从已有的理论与技术的发展和应用历程分析，多场耦合的建模、描述、表征、求解计算与工程应用环节还有一系列问题需要攻关和突破，毫无疑问，多场耦合渗流理论将成为油气资源勘探与开发技术升级换代的理论基础。

从顶层设计的角度考虑，需要按序做好以下几项工作。第一，梳理和整理现有的油层物理与渗流力学成果，例如：实验成果、数学模型成果，以及技术应用成果；第二，完善和夯实各类实验技术，例如：多尺度（宏、微、细观）实验技术；第三，完善和夯实多尺度实验的数学（值）模拟技术；第四，扎扎实实、由简到繁地开发多场耦合渗流模型和数值模型，例如：先从多场耦合的一维模型做起，然后发展二维、三维，以及考虑时间维的模型；或先从考虑力学场耦合的模型做起，然后发展化学场、生物场等多场耦合模型等；第五，理论与应用相结合，边开发、边应用、边总结，提升理论水平，扩大技术应用效果。

3. 与智能科技紧密结合的新一代油气藏开发实验技术方法

从人类开始利用油气资源以来，通过各类实践活动，例如，钻井录井、测井试井、岩心分析、流体分析、三维地震、地质建模、开发方案设计、地面工程设计、工艺与措施、生产动态监测等等，全球积累和形成了庞大的地质信息资源、油气田开发实验基础信息资源，以及油气开发与利用的动静态信息资源。这些信息资源包含了全球上万个油气田（藏）区块的勘探与开发研究和实践实例的决策、实施过程，以及成功与失败的经验总结。基于现代大数据技术与人工智能技术，通过统筹组织、系统梳理、归类整理、综合分析上述信息资源，构建与智能科技相融合的现代油气藏开发实验平台，形成集大数据信息资源支持、专家智力评判、先进实验设备支撑于一体的新一代的油气田（藏）开发实验技术。这一技术发展思路将给油气田（藏）勘探与开发技术带来跨越式发展，它将是一项颠覆性的技术。

从顶层设计的角度考虑，需要按序做好以下几项工作：第一，梳理和盘点信息资源家底；第二，论证和优化出1项或2项将要开发的新一代油气藏开发实验技术，明确其技术可行性与发展前景；第三，围绕确定的要开发的新一代油气藏开发实验技术，构建基于大数据系统的相关信息资源数据库，设计开放的人工智能实验平台；第四，结合目标实验技术，开发集大数据信息资源支持、专家智力评判和先进实验设备支撑的智能科技实验技术的软硬件体系；第五，技术检验、应用、技术完善与技术规范化。

4. 科研统筹与管理

油层物理与渗流力学是油气资源勘探与开发的理论与方式方法的基础。在几代人的努力下历经 70 余年的建设与发展，我国在油层物理与渗流力学领域已经培育并形成了一支以老中青技术专家为骨干、多学科交叉的学术创新团队；建成一批开放度较高、设备先进、在国际上有一定影响力的实验室；形成了以国家标准、行业标准为标志的实验分析方法与研究手段体系。在我国各类油气资源经济有效勘探与开发的基础理论问题和关键技术的攻关中发挥着越来越重要的作用。

在未来的 30 到 50 年，油层物理与渗流力学依然是各类油气资源经济有效勘探与开发的重要理论支柱。要保持油层物理与渗流力学学科在油气资源经济有效勘探与开发的超前研究和引领作用，抢占国际油气资源勘探与开发理论与技术的制高点，必须要跟踪国际发展趋势，明确发展目标，超前谋划、提前布局、合理统筹，在充分调研、科学论证、顶层设计的基础上，尽早启动一到两项超前理论与颠覆性技术的前期研究和攻关。

在超前理论和颠覆性技术项目的遴选与目标设定上，理论目标要纲举目张，体现引领上游业务发展；技术目标要升级换代，成为 20 年后的主力技术；应用目标要经济高效，切实解决生产实际问题；人才目标要出顶尖专家，带领团队持续创新；效益目标要降本增效，实现绿色环保双赢；知识产权目标要质量，不要数量，强化自主知识产权技术的有形化和应用实效。

在超前理论和颠覆性技术项目的统筹与管理上，项目负责人要公开竞争招聘，施行首席专家负责制，明确责权利；项目攻关团队组织要弱化行政层级，由首席专家聘任攻关团队成员，施行首席专家、责任专家、科研骨干岗位责任制；项目运行管理要扁平化，施行以任务目标为导向的项目管理方式，按年度与中期目标进行专家考核，评估项目前景，给出继续执行或终止的意见；经费管理要计划先行，按照专项施行总预算与年度预算结合，首席对经费的支出与合规管理负全责；项目知识产权管理要纳入公司管理，实施专项保密管理。

二、储层描述和油藏数值模拟不断向一体化、精细化发展

1. 面临的挑战

复杂储层地质特征的精确描述和精细网格建模是油气藏数值模拟得以成功应用于油气田开发中的第一步，它决定着油气藏构造、沉积、断层、隔夹层以及储层分布的准确性以及储层非均质、单砂体、尖灭、优势通道、裂缝等描述的精细性。在此基础上，准确描述复杂油气藏地下渗流机理和规律，建立准确的油气藏渗流数学模型是油藏数值模拟成功应用的关键，它不仅描述地下流体（油、气、水等组分）运移的物质守恒关系，也描述各组分的运动、物化反应等动量、能量守恒关系。经典的渗流模型如黑油模型、组分模型和热采模型，普遍采用线性的达西定律来描述运动关系。随着油藏数值模拟对象在储层介质（例如碳酸盐岩储层孔—缝—洞介质）、流体物性（例如化学驱流体）和开采方式（例如注 CO_2 驱和火烧油层等）等方面变得日益复杂，油藏数值模拟技术所针对的渗流模型呈现出多物理场、非线性和多尺度等方面的新特征。此外，高速度、大规模精细油气藏数值模拟的求解需求增大。针对复杂油气藏数值模拟的待求未知物理变量增加、方程非线性程度提高、数值离散不稳定性增加、稀疏矩阵求解规模增大的需求，需要发展先进的数值模拟求解技术。其中代数方程组的求解是数值模拟求解技术的关键，占用了数值模拟 60% 以上的计算时间。

2. 油藏数值模拟网格技术向精细储层网格建模和网格处理技术发展

如何精细描述储层断层、单砂体等地质特征；如何精准刻画储层尖灭、优势通道；如何精细描述天然裂缝和人工压裂缝的发育和展布规律；如何实现常规结构化网格和非结构化网格等不同网格类型的一体化处理，同时，杜绝不参与流体质量和能量交换的无效网格引入，节省计算机存储空间并提高数据读取效率，这些都是复杂油藏面临的主要问题。

3. 油藏数值模拟数学模型向一体化发展

多物理场强调渗流模型中待求物理量的数目，最简单的黑油模型只描述了三个组分的压力和饱和度变量的耦合，等温组分模型则描述了三个以上组分的压力、饱和度、化学势变量的耦合，而热组分模型在前面等温模型的基础上附加温度变量。对于应力敏感储层等具有动态属性油藏，需要考虑岩石应力场变化，对于有复杂物理化学渗流现象油藏，还需考虑物理化学变化，油藏—井筒—地面管网一体化模拟则需要引入更多变量描述井筒流体力学和管网节点压力分布。针对上述问题的描述需求，多物理场的数学模型构建不再局限于固定数目未知量的偏微分方程，而是根据模拟问题的物理场条件定制相应求解变量数目的数学模型。

非线性关系是影响油藏数值模拟稳定性、速度和精度的主要原因。低渗透油气藏、高含水油田和气藏开发中广泛存在非线性流动。如气藏开发中近井地带的高速流动和高含水油田大孔道中流体高速流动（不能忽略惯性力）、化学驱中聚合物溶液的黏弹性（不是牛顿流体）、低渗透或者致密油气藏中纳—微米孔隙流动（不能采用宏观的N—S方程）等诸多问题，都不能采用线性的达西定律，需要发展非线性渗流数学模型。

多尺度渗流模型主要用来描述孔隙—岩心—油藏不同尺度物理现象的关联。对于如下一些问题：微观孔喉结构的改变对岩心渗流参数有何影响？聚合物大分子变形对驱替液流变性质有何影响？上述微观尺度的改变又是如何影响整个油藏的采收率和剩余油分布？需要借助多尺度渗流模型描述，将孔隙尺度的微观机理和模拟方法、孔隙—岩心尺度的数字岩心技术及模拟方法、宏观渗流模型和油藏模拟技术这三个尺度关联起来的思路大大提高了油藏模拟技术的主动性和应用范围。

4. 油藏数值模拟求解技术向大规模高效多重预处理求解技术发展

从计算数学的角度看，油藏渗流模型的挑战主要在于其数学方程具有混合类型而非单一类型的数学物理特征。以黑油模型为例，其中压力方程具有椭圆方程特征，而饱和度方程具有双曲方程特征。发展先进的求解技术，充分利用数学方程的数学物理特征，采用多阶段预处理的迭代解法提高求解速度和求解规模。其中，预处理技术分多个阶段来适应混合型方程特征，如约束压力余量解法（CPR）预处理过程分为两个阶段：先用代数多重网格方法处理矩阵中压力部分，而后用不完全LU分解技术（ILU）处理剩余部分，最后用广义最小余量方法迭代求解直至收敛。

5. 主要技术对策措施

发展角点网格构建技术，充分利用角点网格的形状灵活性精细描述储层断层、单砂体等地质特征；发展非结构化网格构建技术，精准刻画储层尖灭、优势通道；发展离散裂缝建模技术，精细描述天然裂缝和人工压裂缝的发育和展布；发展面连通网格处理技术，利用网格面连通关系进行相邻网格间流体流动偏微分方程的有限差分，实现常规结构化网格和非结构化网格等不同网格类型的一体化处理。通过构建多物理场、非线性、多尺度渗流数学模型,从而准确描述复杂油气藏地下渗流机理和规律。发展基于多核 CPU、众核 GPU 等硬件发展的并行求解技术以应对对高效求解的需求。

三、油藏开发方案优化设计向新领域、个性化、协同化发展

1. 面临的挑战

1) 开发对象复杂化需技术精细化、多样化

长期水驱开发使多层砂岩油藏开发调整对象趋于复杂,中高渗透油藏主力油层水淹程度高,仅依托水驱调整效果差,以剩余油相对富集的微构造砂体、复杂小断块、窄小河道、薄差油层为对象进行调整,对技术要求高,制约规模开发调整。低—特低渗透油田储量丰度相对低,油田开发需要从注够水向有效注水方向发展。碳酸盐岩和致密油等特殊类型油藏储集空间、流动单元复杂,流体渗流特征与规律性认识有待深化。

2) 油田持续提高采收率迫切需要技术升级和接替技术

中高渗透油藏综合注采井网、细分注水、压裂等的优化调整配套技术有待继续发展,喇萨杏油田一类油层聚合物驱后进一步提高采收率技术尚未形成,喇萨杏其他类型油层、复杂断块、砾岩油藏等水驱后的开发接替技术处于试验阶段。低—特低渗透油藏动态裂缝易导致油井过早水窜,影响水驱开发效果。碳酸盐岩和致密油等特殊类型油藏面临如何补充能量实现有效开发的技术难题。

3) 低成本油田开发新技术有待攻关配套

油田开发面向对象复杂化,现有技术条件下新井产量低,措施效果逐年下降,因此迫切需要低成本的油田开发新技术。水驱开发油田需要不断突破油层技术界限和经济界限的工艺和装备、新型廉价化学驱油剂等。致密油、页岩油等非常规油藏,通过大规模压裂形成"人造油藏",但是,流体只在"人造油藏"内才能产生渗流,存在如何降低成本并增加单井可采储量的难题。

2. 水驱开发(调整)方案设计向个性化方向发展

针对复杂多变的储层特征和日趋精细的开发流动单元,开发井网设计在满足基本开发原则的前提下,针对不同开发对象开展方案设计。中高渗透油田以复杂的流动单元和剩余油分布特征为基础,研究层系井网与注采结构优化调整的软硬件平台,提高储量控制程度和采收率。低渗透油田需要发展控缝和动态裂缝—井网匹配优化调整技术。

3. 多层状砂岩油藏未来方案设计立足水驱,持续攻关发展"二三结合"新技术

针对单一水驱开发调整经济效益逼近临界点的特点,水驱开发技术要与未来三次采油技术协调发展。首先,在水驱开发阶段以复杂的流动单元和剩余油分布特征为基础,研究层系井网与注采结构优化调整的软硬件平台,为后续三次采油技术构建井网基础;其次,大力攻关高效、廉价三次采油驱油剂;第三,开展试验应用,不断完善配套技术。

4. 非常规油藏开采新技术

致密油、页岩油等非常规油藏,重点要解决提高单井产量和单井控制可采储量的技术难题。近年来,水平井、多分支井、丛式井等已成为越来越常用的开发井型,非常规油藏储层描述技术、微孔隙—裂缝中系统流体渗流特征、低成本水平井多段压裂(体积压裂)技术等是影响开发方案设计与成败的重要内容。

5. 多学科协同是技术应用取得突破的关键

无论是多层状水驱砂岩油藏还是碳酸盐岩油藏以及非常规油藏，其未来开发方案都离不开规模效应，离不开经济有效提高采收率，离不开能够支撑方案的新技术。为此，需要持续发展特高含水期控水控递减水驱开发优化调整配套技术，攻关中高渗透油田"二三结合"较大幅度提高采收率配套技术，突破低渗透油田控缝和动态裂缝—井网匹配优化调整技术，建立形成非常规油藏开采新技术，建立不同类型油田个性化方案设计的新理论。通过项目有序组织，建立开发地质、油藏工程、钻采工程和经济评价多专业协同攻关的稳定技术队伍。目标导向，重点突出，技术示范与试点先行，力争关键技术逐步取得突破。

四、高含水后期油田需要更为先进的提高水驱采收率技术

水驱开发油田进入高含水后期以后，油田剩余油分布更为复杂，相对富集剩余油呈现出"小规模"和"微规模"的分布模式，通过开发调整进一步提高采收率面临越来越艰巨的挑战，需要不断研发新的技术，才能有效指导油田开发调整。

1. 面临的挑战

1）剩余油定量化描述方法和精度如何更好地适应开发生产需求

尽管现阶段在利用检查井、水淹测井以及精细油藏数值模拟等手段认识剩余油方面取得了很大的进步，但是，仍然存在诸多难题。（1）通过检查井取心分析研究剩余油潜力比较适合喇萨杏这样的大型整装油藏，应用于复杂断块等复杂类型油藏代表性相对差，不足以指导油田（区块）单元的规模化调整；（2）薄差水淹层解释精度有待进一步提高；（3）精细地质建模与剩余油分布数值模拟应用技术对井间储层预测及非均质性描述精度要求高。

2）厚油层层内剩余油控制因素复杂多样

剩余油主要分布在厚油层层内，单一厚油层厚度一般为3～7m，层内剩余油控制因素多样，地质因素包括储层韵律性、夹层、层理、纹理以及低渗透油层中的裂缝等，开发因素包括注采井网和注采结构等，除利用较厚夹层调整油水井注采结构效果较好以外，不同类型剩余油水驱开发规律、转化开发方式后的开发规律及效果研究不足，已经成为制约水驱开发油田持续提高采收率的技术瓶颈。

3）进一步提高采收率新技术尚未形成

中深层、深层油藏地质条件复杂，地层温度高，现有精细注水和有效注水技术与油田稳油控水需求尚存在一定差距。细分层系、缩小井距开发调整方法面临低油价、高投入和提高采收率幅度相对有限等多重因素的制约，一些新技术尚需要试验完善并配套。

2. 剩余油分布模式及定量化描述技术发展方向

建立薄差水淹层解释方法和相应标准，提高水淹测井解释精度。发展低成本、高精度的井点剩余油饱和度监测技术，为油水井措施优化提供可靠的资料。建立并形成适合单砂层及其构型精细刻画为基础的地质建模与剩余油分布数值模拟应用技术，给出更为可靠的剩余油潜力评价结果。深化研究厚油层低效无效循环机理与治理方法，揭示层内不同类型剩余油水驱开发规律，建立特高含水期油田开发潜力评价技术。

3. 较大幅度提高采收率新型配套技术

中深层、深层油藏水井分注率和分注级数相对低，需要加快研制精细注水和有效注水

分注工艺和设备，不断完善稳油控水配套技术。继续研制低成本、高效化学驱油剂，建立技术可行、经济有效的层系井网重组调整理论方法，完善并形成二类、三类油层大幅度提高采收率配套技术。复杂断块油藏和砾岩油藏水驱仍有潜力，仍处于早期试验及小规模应用阶段，效果有待较大幅度提高，需要加快攻关研究该类油藏"二三结合"层系井网重组开发模式和三次采油配套技术（包括化学调剖）。

4. 项目管理与技术措施

在现有技术基础上，梳理关键技术及研究思路，升级已有实验方法、剩余油监测技术、油藏描述、地质建模、数值模拟技术等，深化特高含水期不同驱替方式下油田开发规律研究，取得新认识，指导油田水驱调整和未来转化开发方式持续提高采收率的开发实践，包括中高渗透油田"二三结合"较大幅度提高采收率配套技术、低渗透油田控缝和动态裂缝—井网匹配优化调整技术等。组建产学研一体化、多学科协同的联合项目团队，坚持目标导向、重点突出、统筹兼顾，使研究与生产应用紧密结合，通过开辟示范区推动关键技术示范应用并不断完善，逐步突破高含水油田进一步提高采收率技术。

五、稠油热采技术展望

经过"十一五""十二五"的科技攻关，中国目前的稠油开发技术已形成了以蒸汽吞吐、蒸汽驱、蒸汽辅助重力泄油（SAGD）、火烧驱油等为主体的新一代稠油开发技术。其中，蒸汽吞吐、蒸汽驱这两项开发技术已达到国际领先水平。未来5年内，SAGD技术仍需进一步完善配套，火烧油层技术需要工业化推广应用。未来5~10年，稠油及超稠油热采技术向地下改质、降低成本方向发展，在均匀动用油藏、提高油藏热利用率、降低操作成本、提高泄油速度及举升能力、绿色高效等方面有进一步发展。

1. 蒸汽辅助重力泄油的发展方向

一是针对油田锅炉年烟道气量大、而热采过程中非烃类气体不足的实际情况，开展烟道气辅助SAGD开发机理、腐蚀机理、关键设备研制等烟道气辅助SAGD开发技术，实现节能、创效和改善稠油开发效果。二是攻关解决过热蒸汽对中深层超稠油油藏储层、注采管柱及井下工具影响，探索形成过热蒸汽SAGD开发配套技术，有效提高油汽比及采收率。三是开展直井辅助、水平井辅助、多介质辅助等持续改善浅层SAGD开发效果的技术，通过实施注汽井网辅助、多介质辅助等技术手段，增产提效。四是开展溶剂改善SAGD开发机理、溶剂优选、注采参数优化等技术攻关，有效改善SAGD开发效果，填补国内技术空白。五是发展储备井下流体控制技术，减少或避免井下水窜和汽窜发生，并适时开展小型的矿场试验。

2. 火驱技术的工业化推广发展方向

对注蒸汽开发后期油藏，继续深化注空气原油氧化相关机理、注蒸汽后火驱过程中次生水体作用机理研究，建立和完善注蒸汽后转火驱油藏工程优化设计理论、平面火驱油藏筛选标准和火驱效果评价方法，加强腐蚀机理研究和防腐技术等火驱配套工艺攻关，为大规模工业化推广奠定坚实基础；攻关配套水平井火驱辅助重力泄油技术，促进超稠油、超深层稠油、浅薄层、薄互层稠油储量的有效动用。

六、天然气开发技术展望

"十三五"期间,天然气开发形势发生了较大变化,主要表现为:新增探明储量结构发生变化,深层、低渗透—致密、非常规成为主体,开发难度加大;主力气田相继进入稳产期,稳产与提高采收率成为技术攻关的主要方向;非常规天然气开发突破瓶颈技术,开发规模快速增长;提高单井产量和开发效益对工程技术提出更高的要求;对气田开发规划的指导性和开发指标的科学性提出了更高的要求。在新形势下,天然气开发技术需要新的突破和发展。

1. 未来天然气开发形势及面临的挑战

1)低渗透致密砂岩气藏的六大挑战

苏里格气田开发已进入稳产阶段,长期稳产面临着六方面挑战。一是气藏储层低渗透致密非均质性强,如何提高储层预测精度及部署井位。二是储层致密物性差,如何改进压裂技术以稳定气井生产。三是束缚水饱和度高,气体渗流阻力大,使得携液能力差,单井产量低,如何提高单井产量。四是气井能量衰竭快,如何延长气井生产寿命。五是投产气井具有产量低、投产即开始递减、有效波及范围小、储量动用程度低等典型特征,如何提高储量动用程度,提高气田采收率。另外,还面临降低劳动成本,提高效率,面对突发情况快速反应的挑战。

2)超深高压气藏有效动用与稳产技术仍待发展

以塔里木库车为代表的超深高压气藏未来发展的主基调是上产、稳产,这类气藏多以构造气藏为主,含气层系多,开发对象埋藏深、压力高、构造高陡、基质致密、裂缝发育、孔(洞)缝配置关系复杂,气水分布复杂等,气藏的储层评价、可动用储量评价、地质建模、开发设计等难度大。同时,现已投入开发的气田地层压力大都下降快,出水井逐年增多,非均匀水侵严重,多口气井出砂,产能下降快,目前防水治水经验不足,天然气稳产仍存在困难。

3)碳酸盐岩气藏开发工艺仍需继续配套完善

四川盆地为典型代表,近几年在磨溪地区龙王庙和震旦系取得重大突破,具备 $150 \times 10^8 \mathrm{m}^3$ 以上的生产能力。龙王庙气藏未来继续高产稳产需要解决部分气井见水、气井合理配产与防水治水等问题;由于各类碳酸盐岩气藏都表现出强烈的非均质性,气藏识别、储层精确预测、高产气井地质评价是震旦系等气藏未来建产、上产的关键;碳酸盐岩油藏进行酸压储层改造时,仍需配套完善减少井段伤害,最大限度地沟通有效储集体。

4)疏松砂岩气藏深化地质认识和高效开发的挑战

以青海疏松砂岩气藏为代表,青海疏松砂岩气藏埋藏浅、压实作用弱,颗粒胶结程度弱,岩石强度低,主要发育原生孔隙且孔隙度高;在纵向上含气小层多,含气井段长,层内和层间均表现一定的非均质性;气水关系复杂,各小层均具有各自的气水界面。开发上,目前对气砂体水侵机理仍认识不清,气田积液井和停躺井逐年增加,综合治水和多层均衡开发面临挑战。

5)火山岩气藏开发有效降低投资、提高单井产量的挑战

首先,火山岩气藏品质差异大,低效和致密气藏分布广、储量规模较大,目前仍有大量剩余Ⅰ类、Ⅱ类火山岩储量有待动用,如何提高这类储层单井产量,解决井控储量低,

产量、压力递减快面临挑战。其次，中国石油火山岩气藏普遍含有边底水，未来开发面临防水治水问题。第三，火山岩气藏普遍埋藏较深（超过3500m），钻井及开发成本高，如何降低投资成本，提升火山岩气藏开发效益面临挑战。

6）页岩气技术与效益优化开发的挑战

页岩气是一个新的开发领域，总体起步较晚，未来要在三个已规模开发的页岩气区块基础上扩大规模，仍存在一系列生产问题和技术需求。一是页岩气储层埋藏较深，不同井区或同一井区不同平台之间的储层特征存在较大差异，地质准确认识难度大；二是体积压裂后裂缝网络复杂且具有随机性，无法采用科学手段获取体积压裂后的"人造气藏"地质参数，开发指标准确评价难度大；三是不同区块生产方式优化没有定论，控压生产还是放压生产需进一步进行论证评价与开发试验验证；四是压裂缝宽度与有效缝长的关系不明确，现有井距条件下区块采收率仅有20%左右，合理井距难以准确确定。

2. 配套发展深层、超深层气藏两项增储上产新领域技术系列

一是针对四川盆地龙王庙组、灯影组气藏岩溶储层非均质性强、气水分布复杂的特点，发展形成4项主体开发技术，包括不同类型白云岩岩溶储层地震识别方法、高产井布井技术；强化裂缝—孔洞型有水气藏不同类型水侵特征研究，形成水侵监测与调控开发优化技术；配套大斜度井、水平井丛式井组开发技术，增大井筒与储层接触面积；采取大型气田模块化、橇装化、智能化建设模式，形成气田建设速度、智能化水平、安全环保的新典范。

二是针对塔里木盆地大北—克深多断块气藏储层描述和工程作业难度大的特点，发展了4项主体开发技术。（1）以构造建模为核心的气藏描述技术，通过宽方位三维地震落实构造形态，建立不同构造部位裂缝发育模式，优化井位。（2）以垂直钻井系统国产化为核心的快速钻井技术，自主研发垂直钻井系统、油基钻井液、抗冲击和抗研磨性PDC钻头等，使钻井周期和成本大幅下降。（3）以缝网压裂为核心的储层改造技术，重点针对Ⅱ类、Ⅲ类储层，采用缝网酸压和加砂压裂进行储层改造，单井日产气量达到$50 \times 10^4 m^3$以上。（4）以超高压压力测试为核心的开发优化技术，突破超高压气井投捞式压力测试技术，滚动评价断块气藏连通性，优化开发井数，实现稀井高产，确保气区持续上产、稳产。

3. 形成大型气田开发调整稳产模式和技术系列

"十三五"期间天然气开发进入上产与稳产并重发展阶段，很多大型气田进入开发调整期，如靖边、克拉2和涩北等气田，对此，将发展形成3种主体稳产模式，确保储量滚动接替和气田均衡开采。一是发展毛细沟槽与小幅度构造刻画及接替区优选评价技术、薄层水平井开发技术，实现2m薄层水平井开发，推动了外围扩边弥补递减产能建设、储量滚动接替稳产。二是建立千万节点大型数值模拟水侵动态预警机制，通过均衡开发技术进一步优化采气速度，调整开发规模，实现气田均衡开采。三是发展完善多套井网分层系开采技术、综合治水与防砂工艺，减小了多层系干扰，提高防砂效果，形成治水、控砂、多层系协调动用的气田稳产格局。

4. 致密气藏提高采收率技术

以苏里格气田为代表的致密气藏"十三五"将进入稳产期，针对多井低产、采收率偏低的现状，未来将发展大面积低丰度气藏开发井网优化技术、致密气藏提高采收率配套技术两大技术系列，通过不同井型优化组合、老井未动用层改造、气井工作制度优化、低产

期排水采气、区块与井间加密相结合,进一步提高储量动用程度和气田采收率。

5. 页岩气、煤层气开发技术取得进一步发展

针对页岩气、煤层气这个新的开发领域,重点发展页岩气藏水平井开发数值模拟技术、3500m以深页岩气目标优选、储层甜点和工程甜点定量识别与预测技术,攻关页岩气水平井体积压裂配套、3500m以深页岩气的有效开发技术,发展低阶煤煤层气开发技术,助推页岩气规模有效开发和煤层气产业稳定发展。

七、油气田开发规划和经济评价技术展望

我国石油公司的上游业务正处于国际原油市场油价频繁震荡、开发对象日益复杂、油气开发成本高、效益难以大幅改善、国家能源安全备受关注等内外部环境。需要研究和探索开发战略、规划计划编制和油气生产经济评价的新思路和重点攻关方向,助力油公司有质量、有效益、可持续发展。

1. 建立集数据管理、预测、优化、评价于一体的大数据智能决策系统

石油生产过程是一个复杂的动态分布式系统,因而为石油生产的决策带来了极大的困难和复杂性。石油生产全系统的优化控制涉及地质学、石油工程学、石油经济学、计算机科学、自动控制理论及系统科学等许多学科,靠单一功能的传统模式难以奏效,必须针对石油生产过程的特殊性,结合我国石油生产的实际情况,采用集成化系统优化的思想,建立一套集数据管理、预测、优化、评价于一体的辅助决策理论和系统,创立新的方法学,才能取得油气开发规划优化方面突破性的进展,使石油企业通过系统优化,确保可持续发展,获得更大的投资效益。

油气开发规划优化的发展方向是用科学高效的优化方法、管理方法和优秀的决策系统平台,围绕五年规划编制和年度计划部署,力争实现储量、产能、工作量、产量及投资、效益的优化配置,最大限度地提高整体经济效益,满足油公司实施科学决策的需要。

针对油气开发规划优化存在的问题及难点,今后的油气开发规划优化研究需要关注如下一些领域和方向,包括不确定性优化模型的建立和求解,多层优化模型和优化调节,多目标优化组合模型建模、求解及应用研究和油气开发规划优化智能系统建立和实施调控等方面。油气开发规划计划将更大程度地集管理、预测、优化、评价、实施调节于一体,更能体现出多因素、多学科、全过程、系统化协同研究和适时调节的工作特点,油气生产决策更加系统化、科学化、规范化和信息化。通过油气开发规划优化在各大油公司的落实推广、交互应用,将有效实现公司资源、产量、投资和效益的优化配置和优化运营,实现规划计划的适时调节,实现可持续发展。

2. 从技术创新到生产经营管理,确保上游业务优化运行,提高总体效益

上游业务优化运行除了技术上的创新和驱动外,还需要管理创新,促进生产经营管理和决策从定性向定量化转变,从局部向生产经营全过程优化转变。

目前的生产经营管理可以把上游业务的优化技术、经济评价手段和相应的软件平台作为重要抓手,目前的技术成果涵盖储量、产量、投资、成本、价格和效益等生产经营数据,涉及勘探、开发、生产、计划、财务、经济评价等相关部门,通过把各单元及各类技术经济数据资源统一到一个平台,增加数据的权威性和透明度。实现储量、产量、成本和效益的优化管理和配置,促进投资成本一体化管理。提升上游业务优化规范运行和过程管

控，提升上游业务优化油藏经营意识，最终达到过程有记录，管理有平台，优化有方法，风险有把控。

3. 充分利用信息化成果，通过精细经济评价和规划方案科学论证，实现精益性生产

"十二五"期间，中国石油信息化建设有了长足的发展。未来，油气田开发规划和经济评价将集成已有的信息系统，包括储量数据管理系统（A1）、油气水井生产数据管理系统（A2）、勘探与生产分公司全生命周期管理系统（ERP系统）、勘探与生产分公司财务预算系统等数据库。一方面，为生产经营优化和经济评价提供可靠参数，并提高规划计划优化工作的效率。另一方面，通过系统方法进一步创新，信息系统的理论指标、动态开发指标的调用评价（例如，建立年度计划跟踪分析及预警机制），油气开发优化理论目标的自适应设立，为规划编制和计划投资优化部署提供科学依据。最终通过精细经济评价和规划方案科学论证，促进从传统生产向精益生产的转变。